Integration von Entwicklungssystemen in Ingenieuranwendungen

Springer
Berlin
Heidelberg
New York
Barcelona
Hongkong
London
Mailand
Paris
Singapur
Tokio

Manfred Nagl · Bernhard Westfechtel (Hrsg.)

Integration von Entwicklungssystemen in Ingenieuranwendungen

Substantielle Verbesserung der Entwicklungsprozesse

Mit 170 Abbildungen

Springer

Prof. Dr.-Ing. Manfred Nagl
Dr. Bernhard Westfechtel
Lehrstuhl für Informatik III
RWTH Aachen
Ahornstr. 55
D-52074 Aachen
E-mail: nagl@i3.informatik.rwth-aachen.de

ISBN-13: 978-3-540-63920-6   e-ISBN-13: 978-3-642-59857-9
DOI:10.1007/978-3-642-59857-9

ISBN 978-3-540-63920-6 Springer-Verlag Berlin Heidelberg New York

ACM Classification (1998): C.2.4, D.2, E.2, H.2–5, I.2–3, I.6, J.1, J.6, K.6

Die Deutsche Bibliothek – CIP-Einheitsaufnahme

Integration von Entwicklungssystemen in Ingenieuranwendungen:
substantielle Verbesserung der Entwicklungsprozesse/Hrsg.:
Manfred Nagl; Bernhard Westfechtel. – Berlin; Heidelberg;
New York; Barcelona; Hongkong; London; Mailand; Paris; Singapur;
Tokio: Springer, 1999
   ISBN 3-540-63920-9

Reprint of the original edition 1999

Umschlaggestaltung: design & production GmbH, Heidelberg
Satz: Reproduktionsfertige Vorlagen der Autoren
SPIN 10648850   45/3142 – 5 4 3 2 1 0 – Gedruckt auf säurefreiem Papier

Vorwort

Dieses Buch beschreibt die Ergebnisse bzw. Ziele zweier größerer *Forschungsvorhaben*, die beide von der Deutschen Forschungsgemeinschaft gefördert wurden bzw. werden, und die sich beide der *Integration* bestehender *Anwendungssysteme* für die Unterstützung von Entwicklungsprozessen in ingenieurwissenschaftlichen Disziplinen widmen.

Dabei spielt in beiden Projekten die *A-posteriori-Integration* im Sinne des Zusammenschaltens existierender Entwicklungssysteme eine notwendige, aber untergeordnete Rolle. Integration ergibt sich nämlich nur unzureichend durch software- und hardwaremäßige Verknüpfung der einzelnen Entwicklungssysteme. Statt dessen muß Integration auf *verbesserte Funktionalität* des *integrierten Gesamtsystems* abzielen, durch Erweiterung der Funktionalität der Einzelsysteme, insbesondere aber durch konzertiertes Zusammenwirken der einzelnen Systeme im Verbund. Hierfür ist auch bei der Verwendung existierender Entwicklungssysteme zusätzliche Unterstützungs- und Integrationsfunktionalität zu realisieren.

Globale Zielsetzung dieser Bemühungen ist somit die *Verbesserung* von *Entwicklungsprozessen* bezüglich deren Effizienz (schneller, kostensparender) und Qualität (weniger Sackgassen und Rückgriffe, bessere Handhabung) durch Einsatz existierender und neuer Funktionalität. Insbesondere muß eine solche Anstrengung darauf abzielen, die Qualität des entstehenden komplexen *Produkts* des Prozesses zu verbessern (Konsistenz zwischen seinen Teilen, Wiederverwendung etc.).

Diese Verbesserung von Entwicklungsprozessen ist eine *wissenschaftliche Herausforderung*. Die Lösung der zugrundeliegenden Probleme hat auch enorme wirtschaftliche Bedeutung in einem Hochlohnland. Auch in anderen Bereichen hat die Frage der Prozeßverbesserung eine große Beachtung erlangt, z.B. für Geschäftsprozesse in Unternehmen und Verwaltungen sowie für Montage- und Fertigungsprozesse in Industrie und Handwerk. Wir befassen uns in diesem Buch mit den Entwicklungsprozessen für ingenieurwissenschaftliche Produkte, da dort die zugrundeliegenden Probleme wegen der Kreativität und Dynamik der Prozesse scharf zutage treten und zugleich wissenschaftlich nicht einfach zu lösen sind.

Zur Lösung dieses Problems müssen Entwicklungsprozesse empirisch untersucht, analysiert und verstanden, also durch *Formalisierung* durchdrungen werden – erst daraus kann abgeleitet werden, wie die erweiterte oder integrierte Funktionalität auszusehen hat. Dabei muß der dynamische und kreative Charakter berücksichtigt werden und erhalten bleiben. Prozesse laufen sehr verschiedenartig ab, je nach Anwendungsbereich, eingesetzten Methoden, beteiligten Entwicklern, Zielsetzung des Entwicklungsprozesses selbst etc. Eine Formalisierung muß also dieser *Verschiedenartigkeit* Rechnung tragen.

Integrationsprojekte gab es in den letzten 10 Jahren in großer Zahl in verschiedenen Anwendungsdisziplinen; für sie gilt:

a) Sie widmeten sich entweder der unmittelbaren Integration im Sinne des Zusammenschaltens (s.o.),
b) realisierten neue Integrationsfunktionalität nur einzelfallorientiert,

c) erstellten für die Integration neue Werkzeuge, die hierauf abgestimmt sind (A-priori-Integrationsansatz) oder

d) setzten eine Standardisierung für Entwicklungsprozeß- bzw. Produktstrukturierung voraus, die sich wegen der Verschiedenartigkeit der Entwicklungsprozesse kaum durchsetzen läßt.

Unser Ansatz besteht darin, Verschiedenartigkeit zuzulassen und trotzdem eine allgemeingültige Lösung zu erzielen und, wie schon erwähnt, wesentliche neue Integrationsfunktionalität hinzuzufügen.

Dies bedeutet, daß die klassischen *Integrationsdimensionen* (Kontroll-, Präsentations-, Daten- und Plattformintegration) allgemeiner verstanden werden müssen. Die Funktionalität der Entwicklungssysteme muß für den Einzelentwickler verbessert werden, um so angepaßte Unterstützung für seinen Teilprozeß zu gewährleisten. Insbesondere muß die Funktionalität Hilfestellung geben für die diversen Abstimmungsprozesse verschiedener Entwickler, die für die Güte des Gesamtprodukts besondere Bedeutung besitzen. Dabei ist auch die Koordination der Entwickler geeignet zu unterstützen. Schließlich laufen Entwicklungsprozesse abteilungs- und firmenübergreifend ab, was besondere Ansprüche an ihre Koordination und Teilproduktabstimmung stellt. Kurzum, die entstehende Gesamtentwicklungs-Umgebung muß auf den arbeitsteiligen Gesamtentwicklungsprozeß abgestimmt werden. Alle in beiden Forschungsprojekten angesprochenen neuen Konzepte lassen sich auch als *Erweiterungen* der Ansätze zur Standardisierung nach *STEP/EXPRESS* verstehen – die sich derzeit starker Aufmerksamkeit erfreuen – indem weitere Aspekte zu den Standardisierungskonzepten in Form von Datenmodellen und Software hinzugefügt werden. Darüber hinaus ist auch die Verschiedenartigkeit der Realisierung der Einzelsysteme zu beachten, wenn ein Integrationsrahmenwerk entstehen soll, das die A-posteriori-Integration allgemeingültig löst.

Teil I dieses Buches beschreibt die Ergebnisse der DFG-Forschergruppe SUKITS (Software- und Kommunikationsstrukturen in technischen Systemen). Diese betreffen Entwicklungsprozesse der *Fertigungstechnik*. Teil II, der die Vision des Sonderforschungsbereichs 476 IMPROVE (Informatische Unterstützung übergreifender Entwicklungsprozesse in der Verfahrenstechnik) beschreibt, widmet sich den Entwicklungsprozessen in der *Verfahrenstechnik*. Aufgrund der vielfältigen Erfahrung der Projektbeteiligten (neben Fertigungs- und Verfahrenstechnik auch Softwareentwicklung bzw. Geschäftsprozesse) ist die begründete Hoffnung gegeben, daß die *Ergebnisse verallgemeinerbar* sind. Gleichwohl gehen wir davon aus, daß Unterstützungshilfsmittel ihren Nutzen in einem spezifischen Anwendungsbereich nachweisen müssen, worauf dann ein Generalisierungsschritt folgen kann. Es ist nicht möglich, von vornherein für alle Arten die passende Unterstützung zu realisieren.

SUKITS hat die Funktionsfähigkeit der *grobgranularen Integration* über die Koordination von Entwicklungsprozessen durch Verteilung von Aufgaben und Aktivieren der entsprechenden Entwicklungssysteme nachgewiesen (I.1). Hierbei wird Simultaneous Engineering unterstützt, und der Einstieg in die übergreifende Koordination wurde gemacht. Hierfür wurde eine Kommunikations-Infrastruktur realisiert (I.3.1), damit die Einzelsysteme miteinander integriert werden können. Für die informelle Kooperation wurden erste Groupware-Werkzeuge realisiert (I.3.4). Die Funktionalität des entstandenen letzten Prototyps wird im Detail beschrieben (I.4). Anwendungsseitig mußten einige Klärungen vorab erzielt werden, einerseits zur Aufgaben- und Produktverwaltung (I.2.1), andererseits zu der in der Entwicklung ständig auftretenden Änderungsverwaltung (2.1 und 2.3) sowie der Unterstützung des Simultaneous Engineering (2.1 und 2.2). Anwendungsbeispiel ist hier die Entwicklung eines komplexen Bauteils aus Metall und Kunststoff.

Da der *SFB IMPROVE* erst Mitte '97 begonnen hat, können substantielle Ergebnisse, deren Nutzen bereits validiert wurde, naturgemäß noch nicht vorliegen. Der SFB widmet sich dem vorderen Teil verfahrenstechnischer Entwicklungsprozesse, nämlich dem Basic Engineering und dem konzeptionellen Entwurf. Das Problem der Entwicklungsprozeß-Unterstützung wird viel *breiter* angegangen als in SUKITS, von der Anzahl sowohl der beteiligten Gruppen als auch der eingesetzten Konzepte her. Aufgrund der Längerfristigkeit eines SFB stehen auch *grundsätzlichere Fragen* im Vordergrund, die im Übersichtsaufsatz II.1 im einzelnen beschrieben werden. Neben den längerfristigen Zielen werden in den einzelnen Beiträgen aber auch die Schritte erläutert, die nach kurzer Zeit zu einem ersten, vorweisbaren Zwischenergebnis führen sollen.

Der *SFB* kann kurz durch die folgenden Punkte *charakterisiert* werden: Zur Klärung der benötigten Unterstützungsfunktionalität durch einen neuen Entwicklungssystemverbund werden die Teilentwicklungsprozesse, ihre Interaktion und die Integration der Teilprodukte anwendungsseitig studiert, sowohl für die Chemietechnik (II.2.1 und II.2.2) als auch für die Kunststofftechnik (II.2.3). Diese Betrachtung konzentriert sich auf den konzeptuellen Entwurf und das Basic Engineering. Das anwendungsseitige Szenario ist der verfahrenstechnische Prozeß für ein Polymer, das anschließend extrudiert wird. Die Einbeziehung industrieller Erfahrungen und die Beobachtung der Vorgehensweise der Entwickler sowie die Evaluation der Ergebnisse werden durch zwei Teilprojekte gesichert (II.5.1 und II.5.2). Neuartige Konzepte der Informatik unterstützen die Nutzung der Erfahrung der beteiligten Entwickler (II.3.1), die Beachtung der vielfältigen Querbezüge in dem resultierenden Gesamtprodukt (II.3.2) sowie die Dynamik, Parametrisierung und Anpassung der Projektkoordination (II.3.3). Existierende Plattform- und Basiskomponenten werden nicht nur genutzt, vielmehr werden auch weitere hinzugefügt. So verwaltet das Data Warehouse die bestehenden und neu hinzugefügten Datenstrukturen und vollzieht den Abgleich zwischen den spezifischen, herstellerbestimmten Formaten externer Datenstrukturen und einem höheren semantischen Niveau (II.5.1). Störungsmanagement und Lastverteilung im Werkzeugverbund werden beachtet (II.5.2). Da die Entwicklung eines Gesamtverbunds eine bedeutende Softwareentwicklungsaufgabe darstellt, widmet sich ein Projekt der Planung und Durchführung der Integration der existierenden und entstehenden Software im Gesamtverbund (II.5.3).

Zusammenfassend seien für die Leserkreise aus Ingenieurwissenschaften, Informatik und Betriebswirtschaftslehre die Themen genannt, auf die dieses Buch eingeht:

1. Unterstützung von Entwicklerkooperation in abteilungs- und firmenübergreifenden Projekten aus Anwendungssicht,
2. Prozeßmodellierung, Produktmodellierung, ihr Zusammenhang und die Ebenen der Modellierung, als Vorstufe zur Realisierung von Werkzeugen und deren Integration,
3. Geschäftsprozesse und ihre Unterscheidung von Entwicklungsprozessen,

4. Werkzeugbau, Softwareentwicklungsumgebungen, Werkzeuge für ingenieurwissenschaftliche Anwendungen,
5. Plattformen und ihre Verwendung zur Integration,
6. Standardisierungsansätze zur A-posteriori-Integration, Verteilung und Entwicklung wiederverwendbarer Rahmenwerke.

Unser Dank richtet sich an alle, die zu einem erfolgreichen Abschluß dieses Buches beigetragen haben. Der Deutschen Forschungsgemeinschaft sei gedankt für die Finanzierung der beiden Forschungsprojekte sowie des Graduiertenkollegs "Informatik und Technik", da einige Dissertationsvorhaben auch die obigen Forschungsvorhaben verstärkt haben bzw. verstärken. Das Land Nordrhein-Westfalen hat die Grundfinanzierung übernommen sowie zusätzliche Unterstützung für den SFB gewährt. Die Projektpartner haben mit Engagement den Erfolg von SUKITS gesichert, und sie arbeiten mit großem Eifer und mit Phantasie an der neuen umfassenden Aufgabe. Unsere Mitarbeiterin Frau Volkova hat dankenswerterweise die zeitraubende Aufgabe der Integration von Textfragmenten aus verschiedenen Systemen in das Endlayout übernommen. Schließlich gilt unser Dank auch dem Springer-Verlag für die Herausgabe dieses Buches sowie für die langjährige vertrauensvolle Zusammenarbeit.

Aachen, im August 1998   *Manfred Nagl*
                                                                              Bernhard Westfechtel

Beteiligte Institutionen

Laboratorium für Werkzeugmaschinen und Betriebslehre
Lehrstuhl für Produktionssystematik, RWTH Aachen
Prof. Dr.-Ing. Dr. h.c. W. Eversheim [1,3]
Steinbachstr. 53B, 52074 Aachen

Laboratorium für Werkzeugmaschinen und Betriebslehre
Lehrstuhl für Werkzeugmaschinen, RWTH Aachen
Prof. Dr.-Ing. Dr. h.c. M. Weck [1]
Steinbachstr. 53B, 52074 Aachen

Institut für Kunststoffverarbeitung, RWTH Aachen
Prof. Dr.-Ing. W. Michaeli [1,2]
Pontstr. 49–55, 52062 Aachen

Lehrstuhl für Prozeßtechnik, RWTH Aachen
Prof. Dr.-Ing. W. Marquardt [2,6]
Turmstraße 46, 52064 Aachen

Lehrstuhl und Institut für Arbeitswissenschaft, RWTH Aachen
Prof. Dr.-Ing. H. Luczak [2]
Bergdriesch 25, 27, 52062 Aachen

Lehrstuhl für Informatik III, RWTH Aachen
Prof. Dr.-Ing. M. Nagl [1,2,4,5]
Ahornstr. 55, 52074 Aachen

Lehrstuhl für Informatik IV, RWTH Aachen
Prof. Dr. rer. nat. O. Spaniol [1,2]
Ahornstr. 55, 52074 Aachen

Lehrstuhl für Informatik V, RWTH Aachen
Prof. Dr. rer. pol. P. Jarke [2]
Ahornstr. 55, 52074 Aachen

Autoren dieses Buches

Dipl.-Ing. B. Bayer, Lehrstuhl für Prozeßtechnik
Dipl.-Ing. R. Bogusch, Lehrstuhl für Prozeßtechnik
Dipl.-Ing. F. Boshoff, Laboratorium für Werkzeugmaschinen und Betriebslehre
Dipl.-Inform. R. Dömges, Lehrstuhl für Informatik V
Prof. Dr.-Ing. Dr. h.c. W. Eversheim, Laboratorium für Werkzeugmaschinen und Betriebslehre
Dipl.-Ing. C. Foltz, Lehrstuhl und Institut für Arbeitswissenschaft
Dipl.-Inform. S. Gruner [1], Lehrstuhl für Informatik III
Dipl.-Inform. P. Heimann [2], Lehrstuhl für Informatik III
Dr. rer. nat. O. Hermanns [3], Lehrstuhl für Informatik IV
Prof. Dr. rer. pol. M. Jarke, Lehrstuhl für Informatik V
Dipl.-Inform. D. Jäger [1], Lehrstuhl für Informatik III
Prof. Dr. rer. nat. M. A. Jeusfeld [4], Lehrstuhl für Informatik V
Dipl.-Inform. P. Klein, Lehrstuhl für Informatik III
Dr. rer. nat. C.-A. Krapp [1] [5], Lehrstuhl für Informatik III
Dipl.-Inform. T. List, Lehrstuhl für Informatik V
Dr. rer. nat. C. Linnhoff-Popien, Lehrstuhl für Informatik IV
Dr.-Ing. B. Lohmann [6], Lehrstuhl für Prozeßtechnik
Prof. Dr.-Ing. H. Luczak, Lehrstuhl und Institut für Arbeitswissenschaft
Prof. Dr.-Ing. W. Marquardt, Lehrstuhl für Prozeßtechnik
Dr.-Ing. D. Menzenbach, Institut für Kunststoffverarbeitung
Dipl.-Inform. B. Meyer, Lehrstuhl für Informatik IV
Prof. Dr.-Ing. W. Michaeli, Institut für Kunststoffverarbeitung
Prof. Dr.-Ing. M. Nagl, Lehrstuhl für Informatik III
Dr. rer. nat. K. Pohl, Lehrstuhl für Informatik V
Dipl.-Ing. S. Prollius, Institut für Kunststoffverarbeitung
Dipl.-Ing. S. Pühl, Laboratorium für Werkzeugmaschinen und Betriebslehre
Dipl.-Ing. S. Reimann, Institut für Kunststoffverarbeitung
Dipl.-Ing. P. Ritz, Laboratorium für Werkzeugmaschinen und Betriebslehre
Dipl.-Inform. F. Sauer [7], Lehrstuhl für Informatik III
Dipl.-Inform. A. Schleicher, Lehrstuhl für Informatik III
Dipl.-Ing. K. Schlesinger, Institut für Kunststoffverarbeitung
Dipl.-Ing. C. Schlick, Lehrstuhl und Institut für Arbeitswissenschaft
Prof. Dr. rer. nat. A. Schürr [8], Lehrstuhl für Informatik III
Dr.-Ing. K. Sonnenschein, Laboratorium für Werkzeugmaschinen und Betriebslehre
Prof. Dr. rer. nat. O. Spaniol, Lehrstuhl für Informatik IV
Dr.-Ing. J. Springer [9], Lehrstuhl und Institut für Arbeitswissenschaft
Dipl.-Inform. D. Thißen, Lehrstuhl für Informatik IV
Dipl.-Ing. Dipl. Wirt.-Ing. M. Walz, Laboratorium für Werkzeugmaschinen und Betriebslehre
Prof. Dr.-Ing. Dr. h.c. M. Weck, Laboratorium für Werkzeugmaschinen und Betriebslehre
Dr. rer. nat. B. Westfechtel, Lehrstuhl für Informatik III
Dipl.-Inform. M. Wolf, Lehrstuhl und Institut für Arbeitswissenschaft

[1] Stipendiaten der DFG im Graduiertenkolleg für Informatik und Technik der RWTH Aachen
[2] cybercash GmbH, Frankfurt
[3] o.tel.o Communications GmbH, Düsseldorf
[4] University of Tilburg, The Netherlands
[5] Finansys Inc., New York
[6] Bayer AG, Leverkusen
[7] Lucas Arts, California
[8] Bundeswehrhochschule München
[9] Deutsche Telekom AG, Bonn

Inhalt

Teil I

Ergebnisse der Forschergruppe SUKITS[*]
für Entwicklungsprozesse
in der Fertigungstechnik

[*] Software und Kommunikation in Technischen Systemen

1 Die Integrationsproblematik und der SUKITS-Ansatz

W. Eversheim, M. Weck, WZL
W. Michaeli, IKV
M. Nagl, B. Westfechtel, Informatik III
O. Spaniol, Informatik IV

Zusammenfassung

Produktentwicklungsprozesse im Maschinenbau sind hochgradig dynamisch. Insbesondere hängen die durchzuführenden Schritte von der Produktstruktur ab, die erst während der Entwicklung festgelegt wird, aufgrund von Fehlern sind Rückgriffe in frühere Phasen notwendig, und Simultaneous sowie Concurrent Engineering führen zu hochgradiger Parallelität und intensiver Kooperation zwischen den beteiligten Entwicklern.

Zielsetzung des SUKITS-Projekts ist zunächst die Modellierung und die Erarbeitung von Methoden zum Management von Entwicklungsprozessen im Maschinenbau. Basierend auf diesen Arbeiten sollen dann Entwicklungsprozesse informationstechnisch unterstützt werden. Diese Unterstützung bietet ein Rahmenwerk, in dessen Zentrum ein verallgemeinertes Workflowsystem steht, das insbesondere die Dynamik von Entwicklungsprozessen berücksichtigt. Das Rahmenwerk unterstützt nicht nur die formale, sondern auch die informelle Kooperation zwischen Entwicklern. Bereits existierende Anwendungssysteme (z.B. CAD- oder CAP-Systeme) werden a posteriori mit Hilfe von Wrappern integriert. Als Rückgrat des Rahmenwerks dient eine Infrastruktur, die Dienste für Dateitransfer, Datenzugriff und multimediale Kommunikation zur Verfügung stellt.

1.1 Zielsetzung

Das SUKITS-Projekt [6, 7] befaßt sich mit der informationstechnischen Unterstützung der Entwicklung von Produkten im Maschinenbau. Einer der Kernpunkte des Projekts liegt im *Management von Entwicklungsprozessen*. Entwicklungsprozesse sind hochgradig kreativ und lassen sich daher nur in eingeschränkter Weise vorab planen. Vielfältige Entscheidungen werden erst zur Projektlaufzeit getroffen, so daß die durchzuführenden Entwicklungsaufgaben erst dynamisch festgelegt werden können. Termin- und Kapazitätsplanungen müssen fortlaufend ergänzt und korrigiert werden. Während der Produktentwicklung anfallende Änderungen aufgrund von technischen Fehlern, Verbesserungen und neuen Kundenanforderungen führen zu häufig unvorsehbaren Rückgriffen, deren Konsequenzen sich nicht vorab bestimmen lassen.

Moderne Entwicklungsmethoden wie *Concurrent* oder *Simultaneous Engineering* [20] zielen darauf ab, Produktentwicklungszyklen zu verkürzen, die Kosten von Produktentwicklung und Produktion zu verringern sowie die Qualität der Ergebnisse des Entwicklungsprozesses zu erhöhen. Dies geschieht durch eine intensive und interdisziplinäre Kooperation von Entwicklern, z.B. um eine fertigungsgerechte Konstruktion sicherzustellen.

Die dazu erforderlichen Abstimmungsprozesse implizieren die Weitergabe auch unvoll-
ständiger Dokumente sowie entsprechende Rückgriffe, um Sackgassen frühzeitig auszu-
schließen. Im SUKITS-Projekt werden sowohl ingenieurmethodische Grundlagen als auch
Hilfsmittel zur informationstechnischen Unterstützung mit dem Ziel erarbeitet, Simultaneous und Concurrent Engineering effektiv zu unterstützen. Einen besonderen Schwerpunkt bilden dabei die oben angesprochenen Dynamikprobleme.

Als gemeinsames *Szenario* wurde die Entwicklung einer Bohrmaschine ausgewählt.
Anhand dieses Szenarios lassen sich exemplarisch folgende Eigenschaften von Entwicklungsprozessen studieren:

- *Interdisziplinäre und unternehmensübergreifende Kooperation.* Eine Bohrmaschine
  besteht aus elektrischen und mechanischen Komponenten, wobei letztere aus Metall
  oder Kunststoff gefertigt sein können. Um eine Bohrmaschine zu entwickeln, müssen
  daher Entwickler aus unterschiedlichen Disziplinen zusammenarbeiten, die ggf. auch
  verschiedenen Unternehmen angehören.
- *Produktabhängige Entwicklungsprozesse.* Die Komponenten einer Bohrmaschine stehen bei einer Neuentwicklung nicht von vorneherein fest, sondern werden im Zuge des
  Entwurfs festgelegt. Erst dann lassen sich Entwicklungsaufgaben detailliert definieren
  und verteilen (z.B. Erstellen von Zusammenstellungs- und Einzelteilzeichnungen,
  Montageplänen etc.).
- *Rückgriffe im Entwicklungsprozeß.* Bei der Entwicklung treten vielfältige Rückgriffe
  auf, z.B. von der Simulation des Spritzgußprozesses für das Gehäuse der Bohrmaschine zur Werkstoffauswahl oder zur Formteilgestaltung. Rückgriffe sind individuell angepaßt zu behandeln, indem die davon betroffenen Entwicklungsaufgaben ermittelt,
  die Bearbeiter benachrichtigt und ggf. die Bearbeitung bestimmter Aufgaben suspendiert wird, bis überarbeitete Versionen von Eingabedokumenten verfügbar sind.

Eine zentrale Zielsetzung des Projekts besteht darin, die *Kooperation* zwischen Entwicklern (aber auch zwischen Entwicklern und Managern sowie von Managern untereinander) zu unterstützen. Dabei lassen sich zwei Formen der Kooperation unterscheiden, die
nicht lose nebeneinander stehen, sondern miteinander zu verzahnen sind:

- Die *formale Kooperation* regelt den Workflow [1, 13] in einem Entwicklungsprozeß.
  Der Entwicklungsprozeß wird in wohldefinierte Aufgaben zerlegt, denen jeweils Ein-
  und Ausgabedokumente zugeordnet werden (z.B. Erstellung einer Zeichnung gemäß
  den Vorgaben eines Pflichtenhefts). Die Kooperation findet durch Lesen von Eingangs-
  bzw. Weitergabe von Ausgangsdokumenten statt.
- Die *informelle Kooperation* [2] erfolgt spontan zwischen den Entwicklern, z.B. wenn
  sich Fragen bzgl. eines Eingabedokuments ergeben oder einander widersprechende
  Anforderungen eine Abstimmung zwischen den Entwicklern notwendig machen. Die
  informelle Kooperation wird nicht durch den Workflow kontrolliert; der Workflow bildet aber den Kontext, auf den die informelle Kooperation Bezug nimmt.

Um das Management von Entwicklungsprozessen informationstechnisch zu unterstützen, wird ein *Rahmenwerk* entwickelt, das sich durch folgende Eigenschaften auszeichnet:

- Anwendungssysteme (CAD-Systeme, PPS-Systeme, Arbeitsplanungs- und NC-Programmiersysteme) werden möglichst unverändert in das Rahmenwerk integriert. Durch diese *A-posteriori-Integration* werden umfangreiche und kostspielige Neuentwicklungen vermieden.
- Um die praxisgerechte A-posteriori-Integration zu unterstützen, ist das Rahmenwerk in einer *heterogenen Umgebung* einsetzbar, die durch unterschiedliche Rechner, Betriebssysteme, Netzwerke und Datenverwaltungssysteme charakterisiert ist.
- Um die *Wiederverwendbarkeit* des Rahmenwerks in unterschiedlichen Szenarien zu gewährleisten, läßt es sich durch Einbringung szenariospezifischen Wissens anpassen.

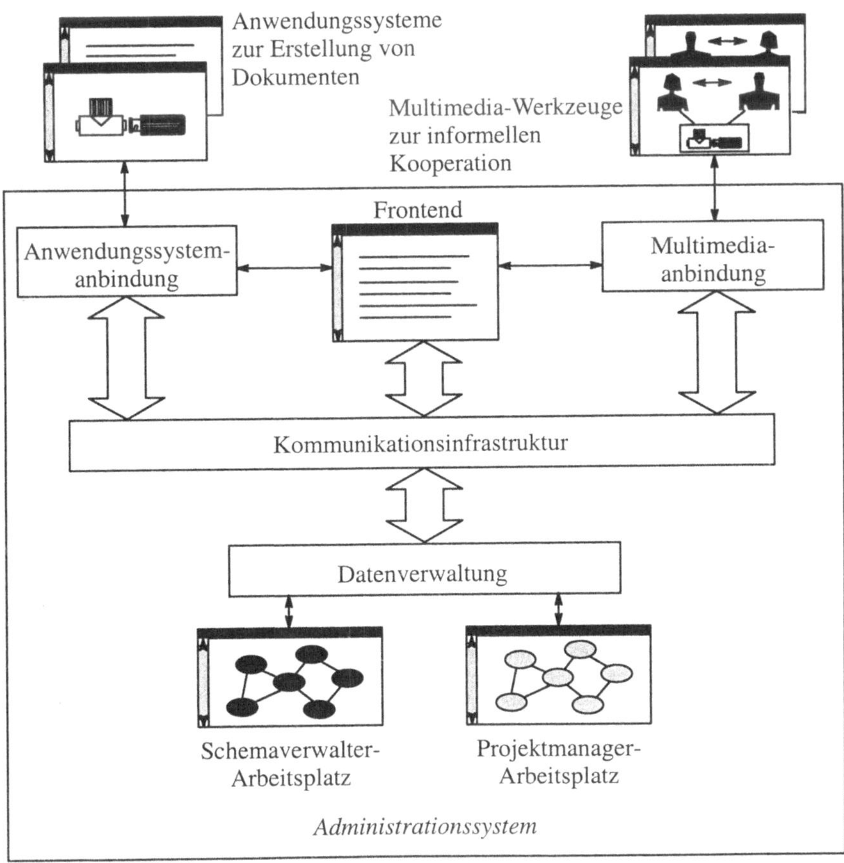

Abb. 1.1 : Rahmenwerk für die Produktentwicklung

Das *Administrationssystem* besteht aus verschiedenen Bestandteilen, die zusammen das Rahmenwerk darstellen (Abb. 1.1). Hierzu zählen Basisdienste für die Verwaltung administrativer Daten und die Anbindung von Anwendungssystemen (für die Erstellung von Dokumenten) und Multimedia-Werkzeugen (für die informelle Kooperation). Als Rückgrat dient eine Kommunikationsinfrastruktur, die Dienste für die Kommunikation in einem heterogenen Netzwerk bereitstellt (Datenzugriffs-, Dateitransfer-, Mail- und Multimedia-Dienste).

Ferner umfaßt das Administrationssystem *Arbeitsplätze* für unterschiedliche Benutzergruppen:

- Mit Hilfe des *Schemaverwalter-Arbeitsplatzes* wird ein Schema erstellt, das szenariospezifische Typen von Objekten und Beziehungen definiert. Mit Hilfe eines solchen Schemas wird das Administrationssystem an ein konkretes Szenario angepaßt.
- Der *Projektmanager-Arbeitsplatz* unterstützt Projektmanager bei der Planung, Durchführung und Überwachung von Entwicklungsprojekten (formale Kooperation, Workflow). Es werden Operationen zur Bearbeitung und Analyse von Produktkonfigurationen bzw. Aufgabennetzen angeboten.
- Das *Frontend* unterstützt Entwickler (z.B. Konstrukteure oder Arbeitsplaner) bei der Durchführung von Aufgaben. Jedem Entwickler wird eine Agenda von Aufgaben angeboten, und für jede Aufgabe wird ein entsprechender Arbeitskontext eingerichtet. Die Dokumente werden wie gewohnt mit Hilfe der Anwendungssysteme bearbeitet bzw. erstellt, die jedoch zur Konsistenzkontrolle über das Frontend aufgerufen werden. Multimedia-Werkzeuge dienen zur informellen Kooperation mit anderen Entwicklern oder Projektmanagern.

1.2 Wissenschaftliche Ergebnisse

Die erzielten Ergebnisse lassen sich in zwei Bereiche unterteilen:
- *Ingenieurmethodik.* Von den Ingenieurpartnern wurden Konzepte und Modelle zum Management von Entwicklungsprozessen ausgearbeitet und daraus Anforderungen an das Administrationssystem abgeleitet. Diese werden in Kap.2 von Teil I genauer beschrieben.
- *Informationstechnische Unterstützung.* Von den Informatikpartnern wurden entsprechende formale Modelle zur Unterstützung von Entwicklungsprozessen erstellt sowie Basiskomponenten und Arbeitsplätze entwickelt. Ferner wurden von den Ingenieurpartnern Demonstrationsszenarien ausgearbeitet und Anwendungssysteme mit dem Administrationssystem integriert. Der Erörterung dieser Ergebnisse ist Kap. 3 des Teils I gewidmet.

Im folgenden werden die wichtigsten in diesen Bereichen erzielten wissenschaftlichen Ergebnisse überblicksartig zusammengefaßt.

1.2.1 Ingenieurmethodik

Produktabhängige Aufgabennetze

Mit zunehmendem Auftragsfortschritt ist eine immer detaillierter werdende Planung sinnvoll. Zu Beginn der Auftragsplanung liegen zunächst nur wenige und teils instabile Planungsinformationen vor. Mit Beginn der Konstruktion des Produktes und fortschreitender kundenseitiger Detaillierung des Pflichtenheftes kann die Baustruktur des Produktes entwickelt werden. Auf Basis der *Produktstruktur* ist es dann möglich, auch die Planung der weiteren Produktentwicklung zu verfeinern [3–5].

Um den Aufwand bei der Erstellung der Auftragsstruktur zu verringern, werden *Standardpartialnetze* wiederverwendet. Da bei der Bearbeitung von Einzel- und Kleinserienaufträgen innerhalb der verschiedenen Unternehmensbereiche immer ähnliche Auftragsstrukturen vorliegen, lassen sich Vorlagen häufig auf wenige Varianten begrenzen. Unterschiede im Aufbau der zugehörigen Teilstrukturen können daraus resultieren, daß Baugruppen zugekauft werden oder einzelne Baugruppen bereits gefertigt wurden und somit keine Arbeitsplanung mehr erforderlich ist. Zur Abbildung der Montage fließen die Partialnetze wieder zusammen.

Termin- und Kapazitätsplanung

Entwicklungsprozesse lassen sich nicht mit dem gleichen Detaillierungsgrad und der gleichen Zuverlässigkeit planen wie Fertigungsprozesse. Standardpartialnetze erlauben jedoch auch die Planung von Entwicklungsprossen [5, 24]. In Abhängigkeit von der Planungstiefe werden eine *Grob-* und eine *Feinplanung* unterschieden. Bei der Grobplanung werden nur die Hauptprozesse für die Entwicklung des gesamten Produkts betrachtet (Konstruktion, Arbeitsplanung, NC-Programmierung etc.). Vorteilhaft sind dabei der geringe Planungsaufwand und der frühe Planungszeitpunkt. Für die Feinplanung ist die oben beschriebene Konfiguration auf Basis der Produktstruktur relevant, d.h. die Feinplanung erfolgt begleitend und nicht vorab. Neben der präziseren Planung ist eine genauere Verfolgung des Auftragsfortschritts möglich.

Management von Änderungen

Die Produktentwicklung ist ein hochgradig dynamischer Prozeß. Beispielsweise gibt es bei der Entwicklung eines Kunststofformteils komplizierte Wechselwirkungen zwischen Prozeß, Materialeigenschaften und Werkzeugen, die zu vielfältigen Änderungen führen. Um den Entwicklungsprozeß zu beherrschen, wurden *Strategien* zum *Management* von *Änderungen* entwickelt [3, 5, 16, 17]. Extern induzierte Änderungen haben ihre Ursache außerhalb des Unternehmens und können z.B. durch veränderte Kundenwünsche oder Herstellungsprobleme beim Zulieferer (z.B. im Werkzeugbau) entstehen. Demgegenüber kommt es zu intern induzierten Änderungen (Rückgriffen), wenn innerhalb der Entwicklungsschritte Fehler oder Unzulänglichkeiten auftreten. Änderungen werden in mehreren strukturierten Schritten durchgeführt (Problem beschreiben, Ursachen klären, die optimale Alternative auswählen, Änderung initiieren, Änderungen propagieren).

Prozeßorientierte Organisationsformen

Unterschiedliche Projektorganisationsformen wurden hinsichtlich ihrer Vor- und Nachteile für den Entwicklungsprozeß innerhalb der Konstruktion untersucht. Es wurde ein *Bewertungsschema* entwickelt, das unter Berücksichtigung unterschiedlicher Unternehmenskriterien die Auswahl einer Projektorganisationsform unterstützt. Anforderungen, die bei der systematischen Entwicklung komplexer Produkte entstehen, wurden bei der Gesamtkonzeption berücksichtigt [25]. Hier zeigte sich, daß insbesondere eine interdisziplinäre Zusammenarbeit unterschiedlicher Bereiche mittels kooperativer Multimedia-Werkzeuge sinnvoll unterstützt werden kann.

1.2.2 Informationstechnische Unterstützung

Versions- und Konfigurationsverwaltung

Im Zuge der Produktentwicklung entstehen vielfältige *Dokumente* (Zeichnungen, Arbeitspläne, NC-Programme, Pflichtenhefte) mit komplexen Abhängigkeiten. Wegen häufiger Änderungen während des Entwicklungsprozesses existieren Dokumente in mehreren *Versionen*. Die Konsistenzkontrolle zwischen voneinander abhängigen Dokumenten muß deren Versionierung berücksichtigen: Es ist präzise zu verwalten, welche Versionen voneinander abhängiger Dokumente miteinander konsistent zu halten sind.

Das *CoMa-Modell* zur Versions- und Konfigurationsverwaltung (*Configuration Mana-ger* [22, 26, 31]) erfüllt diese Anforderungen. CoMa verwaltet die Entwicklungsgeschichten versionierter Dokumente. Dokumentversionen werden zu *Konfigurationen* kombiniert; Abhängigkeiten legen fest, welche Dokumentversionen miteinander konsistent zu halten sind. Versionierung, Konfigurierung und Konsistenzkontrolle sind miteinander integriert. Durch Definition von Objekt- und Beziehungstypen wird CoMa an ein konkretes Szenario angepaßt.

Dynamische Aufgabennetze

Auf der Basis der Versions- und Konfigurationsverwaltung wurde ein *produktzentrierter Ansatz* zum Management von Entwicklungsprozessen ausgearbeitet [27–30]: Eine Konfiguration voneinander abhängiger Dokumente wird als Aufgabennetz interpretiert, indem mit jeder Komponente eine Entwicklungsaufgabe assoziiert wird und die Abhängigkeiten als Datenflüsse gedeutet werden. Eine Konfiguration wird also um Informationen zum Entwicklungsprozeß angereichert (z.B. wird jeder Komponente ein Zustand zugeordnet, der den Status der Ausführung der entsprechenden Entwicklungsaufgabe beschreibt).

Der Ansatz zum Management von Entwicklungsprozessen berücksichtigt insbesondere deren *Dynamik*. Die Struktur eines Aufgabennetzes steht nicht im Vorfeld fest, sondern ergibt sich erst während der Ausführung eines Projekts. Ein weiterer Aspekt der Dynamik betrifft während der Projektlaufzeit entstehende Rückgriffe. So kann z.B. bei der Erstellung des Fertigungsarbeitsplans festgestellt werden, daß ein Teil nicht fertigungsgerecht konstruiert wurde. Um solche Fehler möglichst frühzeitig erkennen zu können, wird Simultaneous Engineering durch vorzeitige Freigaben unterstützt. Edieren, Analysieren und Ausführen von Aufgabennetzen lassen sich beliebig verschränken.

Informelle Kooperation

Dynamische Aufgabennetze steuern die formale Kooperation von Entwicklern. Die Kooperation erfolgt dabei asynchron, indem freigegebene Dokumentversionen an die Bearbeiter nachfolgender Aufgaben weitergeleitet werden. Komplementär dazu wurden

Multimedia-Werkzeuge untersucht und entwickelt, welche *synchrones, kooperatives Arbeiten* zwischen *geographisch verteilten Entwicklern* unterstützen.

Basierend auf einer Analyse typischer Kooperationsformen in der Produktentwicklung wurden zwei *verteilte, mehrbenutzerfähige Editoren* entwickelt, welche den Benutzern eine gemeinsame Sicht auf ein gemeinsam bearbeitetes Dokument anbieten. Der kooperative Texteditor *GREDI* unterstützt die verteilte Erstellung von Anforderungslisten bei der Entwicklung von Kunststofformteilen [19, 16]. Der mehrbenutzerfähige Grafikeditor *MultiGraph* [15] ermöglicht neben der gemeinsamen Erstellung von vektororientierten Grafiken die Anzeige von Rastergrafiken (z.B. Screenshots von Fensterinhalten) und Zeigeoperationen mit Hilfe von Telepointern. Damit sind informelle kooperative Arbeitssitzungen zur Abstimmung von Entwurfsentscheidungen oder zur Klärung von Inkonsistenzen möglich.

Informelle und *formale Kooperation* sind miteinander *integriert*: Im Zuge der Bearbeitung einer Aufgabe werden *Annotationen* erstellt, die sowohl für die asynchrone als auch für die synchrone Kommunikation zwischen Entwicklern genutzt werden [14]. Im ersten Fall schickt ein Entwickler aufgabenbezogene Nachrichten an andere Entwickler oder den Projektmanager, z.B. um Fehler in einem von ihm zu verarbeitenden Eingabedokument zu beschreiben. Im zweiten Fall wird die Annotation als Grundlage einer verteilten Arbeitssitzung benutzt (beispielsweise wenn mehrere Entwickler über eine Zeichnung diskutieren). Protokolle für die Einberufung und die Organisation verteilter Arbeitssitzungen wurden entwickelt und mit dem administrativen Rahmenwerk integriert. So können Anwender eine kooperative Arbeitssitzung aus dem Frontend (s. Abschnitt 1.3) heraus starten, und die Ergebnisse dieser Sitzung werden als Annotationen der Aufgabenverwaltung zugeführt.

Kommunikationsinfrastruktur

Werkzeuge für synchrone verteilte Gruppenarbeit stellen hohe Anforderungen an die Leistungsfähigkeit und Funktionalität der unterliegenden Kommunikationsarchitektur. Um befriedigende Antwortzeiten und Audio-/Videoqualitäten zu erzielen, müssen große Datenmengen unter Realzeitbedingungen zwischen den Sitzungsteilnehmern ausgetauscht werden [12]. Zudem werden sogenannte *Multicast-Funktionalitäten* benötigt, um Arbeitssitzungen mit mehr als zwei Teilnehmern effizient unterstützen zu können [9].

Um eine Enscheidungsgrundlage für die *Auswahl unterstützender Protokolle* für kooperative, multimediale Werkzeuge zu erhalten, wurden multicastfähige Vermittlungs- und Transport-Protokolle (OSI-Schichten 3 & 4) modelliert und bewertet. Hierbei wurde ein generisches Simulationsmodell entwickelt, auf dessen Basis Leistungs- und Funktionalitätsuntersuchungen von Protokollen in ausgewählten Konferenzszenarien durchgeführt wurden [10, 23, 21]. Die Untersuchungen führten zu einer Erweiterung der SUKITS-Kommunikationsinfrastruktur um die Protokolle IP-Multicast und MTP. Der verteilte Grafikeditor MultiGraph wurde vollständig auf der Basis dieser Protokolle realisiert.

Integration von Anwendungssystemen

Zur *A-posteriori-Integration* heterogener Anwendungssysteme wurde ein Konzept entwickelt, das Eingriffe in die Anwendungssysteme vermeidet (d.h. existierende Anwendungssysteme können ohne Modifikation des Quelltextes wiederverwendet werden). Dazu wird für jedes Anwendungssystem ein Wrapper (d.h. ein Aufrufskript) erstellt, der die zu berbeitenden Dokumente bereitstellt (*Checkout*), das Anwendungssystem aufruft und danach die veränderten Dokumente wieder der Kontrolle des Administrationssystems unterstellt (*Checkin*) [11]. Um eine portable Lösung zu erzielen, werden die Wrapper als *Perl-Skripte* kodiert. Von den Ingenieurpartnern wurden entsprechende Skripte zur Einbindung von Anwendungssystemen in das Rahmenwerk erstellt.

1.3 Prototyp

Die im SUKITS-Projekt entwickelten Konzepte wurden anhand eines *Prototyps* validiert. Im Prototyp werden die von den Projektpartnern erstellten Komponenten zu einem umfassenden Administrationssystem für die Produktentwicklung zusammengeführt. Die Realisierung neuartiger Werkzeuge und Basisdienste verursacht erheblichen Implementierungsaufwand, der die Grenze von 100 000 Zeilen Quelltext (hauptsächlich C und Modula-2) weit überschreitet. Dabei sind die zur Implementierung genutzten, umfangreichen Programmpakete für Benutzerschnittstellen, Datenbanken und Kommunikation nicht mitgerechnet.

Die *erste Version* dieses Prototyps wurde im Herbst 1993 anläßlich der Begehung des Projektes durch die DFG vorgeführt. Danach wurde dieser Prototyp überarbeitet und deutlich erweitert. Während der Prototyp 1993 die Versions- und Konfigurationsverwaltung unterstützte, bietet der neue Prototyp zusätzliche Unterstützung für das Management von Entwicklungsprozessen (s. Abschnitt 1.2). Die *neue Prototypversion* wurde bei der Begehung im April 1996 vorgeführt.

Abb. 1.2 vermittelt einen Überblick über die Struktur des Prototyps. Wie bereits in Abschnitt 1.1 erwähnt, bietet das Administrationssystem *Arbeitsplätze* für unterschiedliche Typen von Benutzern an [28]. Den Entwicklern wird über das *Frontend* eine aufgabenbezogene Sicht angeboten, d.h. die von ihnen zu erledigenden Aufgaben werden in einer tabellarischen Agenda angezeigt. Auf Anforderung wird eine detaillierte Beschreibung einer Aufgabe angezeigt (Eingaben, Ausgaben, Aufgabenstellung etc.). Vom Frontend lassen sich sowohl Anwendungssysteme zur Bearbeitung von Dokumenten als auch Multimedia-Werkzeuge für die informelle Kooperation aufrufen. Dem Projektmanager wird eine *graphische Sicht* auf das Netz der Entwicklungsaufgaben angeboten; er kann dieses Netz während der Durchführung eines Projekts edieren und die Ausführung überwachen. Auch dem Schemaverwalter steht ein graphischer Editor zur Verfügung, mit dessen Hilfe szenariospezifische Objekt- und Beziehungstypen definiert werden. Das Schema kann zur Projektlaufzeit noch geändert werden.

Die vom Administrationssystem verwalteten *Daten* setzen sich folgendermaßen zusammen:

- In der *Integrationsdatenbasis* werden sowohl Schema- als auch Instanzdaten über Produkte, Prozesse, technische Ressourcen und Anwender gespeichert. Man beachte, daß

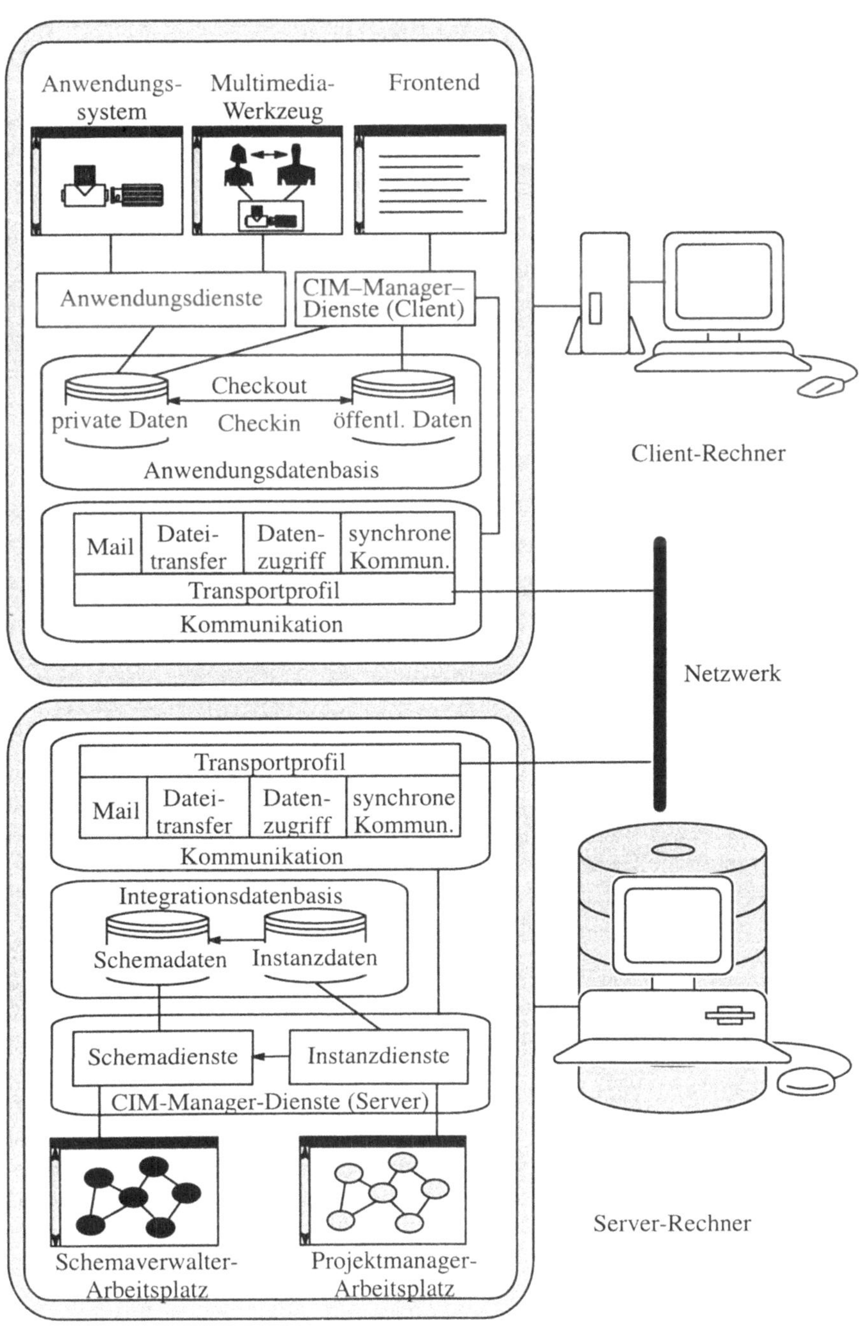

Abb. **1.2** : Integrationskonzept und Struktur des Prototyps

die Integrationsdatenbasis keine feingranularen Produktdaten (d.h. Inhalte von Dokumenten) enthält, sondern lediglich entsprechende Verweise verwaltet.

- Zusätzlich werden in *Anwendungsdatenbasen* die Dokumente gespeichert, die mit Hilfe von Anwendungssystemen bearbeitet werden. Um unerkannte Modifikationen durch die Anwendungssysteme zu vermeiden, wird ein Checkout/Checkin-Ansatz verfolgt: Öffentliche (d.h. freigegebene) Daten werden in eine private Datenbasis kopiert (Checkout), dort vom Anwendungssystem bearbeitet und anschließend durch ein Checkin freigegeben und damit der Kontrolle des Administrationssystems unterstellt.

Die Grundlage des Administrationssystems bildet eine *Kommunikationsinfrastruktur*, die partiell auf der OSI-konformen Entwicklungsumgebung ISODE basiert und Dienste für die Kommunikation in einem heterogenen Netzwerk zur Verfügung stellt [8]. Datenzugriffsdienste ermöglichen den Zugriff auf die Integrationsdatenbasis des Administrationssystems. Maildienste werden zur Benachrichtigung von Entwicklern, z.B. bei auftretenden Rückgriffen, benutzt. Der Dateitransfer dient dazu, entfernt gespeicherte Dokumente auf dem lokalen Rechner zur Verfügung zu stellen. Schließlich unterstützen synchrone Kommunikationsdienste die Durchführung geographisch verteilter Arbeitssitzungen.

Die Funktionalität des SUKITS-Prototyps wird in Kap. 4 von Teil I dieses Buches erläutert. Dort findet sich in Abschnitt 4.2 die Erörterung der Außenfunktionalität anhand eines Beispielszenarios. Die Struktur des Gesamtsystems wird in Abschnitt 4.1 diskutiert.

1.4 Erfahrungen und Validierung

Die im Rahmen des Projekts entwickelten Konzepte wurden anhand umfangreicher Fallstudien validiert. Insbesondere wurde eine Demonstration des Prototyps ausgearbeitet, die einen nichtrrivialen Ausschnitt aus der Entwicklung einer Bohrmaschine zeigt. In den Prototyp wurden ca. 10 Anwendungssysteme aus den Bereichen Metall- und Kunststoffverarbeitung integriert (sowohl kommerzielle als auch Eigenentwicklungen der Ingenieurpartner). Das Drehbuch für die Demonstration umfaßt ca. 30 Seiten, und die vollständige Demonstration dauert etwa 2 Stunden.

Weiterhin ist darauf hinzuweisen, daß der Prototyp in enger Kooperation zwischen Ingenieuren und Informatikern entstand. Insbesondere wurde die Entwicklung in starkem Maße von den Anforderungen der Ingenieurpartner getrieben.

Aufgrund des damit verbundenen Aufwands mußte aber leider darauf verzichtet werden, umfangreiche Fallstudien in realen Projekten durchzuführen. Dies hätte einen erheblichen Aufwand zur Systemadministration, Dokumentation, Schulung und auch zur Stabilisierung und Effizienzsteigerung bedeutet. Die Personalausstattung bot dafür bedauerlicherweise keine ausreichende Grundlage. Der in Teil II des Buches beschriebene Sonderforschungsbereich sieht die Einbeziehung seiner Ergebnisse in die industrielle Praxis vor. Insbesondere werden die entstehenden Prototypen dort auch exemplarisch in dem Sinne industriell erprobt, als ihre Funktionalität bezüglich ihres Nutzens für die Industriepartner validiert wird.

Literatur

[1] Bullinger, H.J. (Hrsg.): Workflow-Management bei Dienstleistern, FBO-Fachverlag für Büro- und Organisationstechnik , 1994

[2] Encarnação, J., Hornung, C., Noll, S.: Computer-Supported Cooperative Work (CSCW): Stand und Perspektiven, it + ti, vol. 36, no. 4/5, S. 96–104, 1994

[3] Eversheim, W., Pollack, A., Walz, M.: Auch Entwicklungsprozesse sind planbar: Workflow-Management unterstützt die Auftragsabwicklung, VDI-Z 136, Nr. 6, S. 78–83, Juni 1994

[4] Eversheim, W., Pollack, A., Walz, M.: Dokumentenverwaltung im technischen Bereich, Engineering Data Management Newsletter, S. 4–6, Januar 1994

[5] Eversheim, W., Pollack, A., Walz, M.: Planung der Produktentwicklung im Verbund. Vortrag im Rahmen der Tagung: Datenverarbeitung in der Konstruktion, 27.–28. Oktober, München. VDI-Bericht Nr. 1148, VDI-Verlag, Düsseldorf , 1994

[6] Eversheim, W., Weck, M., Michaeli, W., Nagl, M., Spaniol, O.: The SUKITS Project : An Approach to a posteriori Integration of CIM Components, Proc. GI-Jahrestagung 1992, Reihe "Informatik aktuell", Springer-Verlag, S. 494–503, 1992

[7] Große-Wienker, R., Hermanns, O., Menzenbach, D., Pollack, A., Repetzki, S., Schwartz, J., Sonnenschein, K., Westfechtel, B.: Das SUKITS-Projekt: A-posteriori-Integration heterogener CIM-Anwendungssysteme, Aachener Informatik-Berichte Nr. 93-11, 162 S., 1993

[8] Hermanns, O.: Erfahrungen mit einer OSI-basierten Infrastruktur für heterogene verteilte Systeme, Proceedings zur KiVS '95, Reihe "Informatik aktuell", Springer-Verlag, S. 430–444, Chemnitz, Februar 1995

[9] Hermanns, O.: Performance Evaluation of Connectionless Multicast Protocols for Cooperative Multimedia Applications, in: Beilner, H., Bause, F. (Ed.): Quantitative Evaluation of Computing and Communication Systems, Proc. of Performance Tools / MMB, LNCS 977, Springer-Verlag, S. 372–384, Sept. 1995

[10] Hermanns, O., Schuba, M.: Performance Investigations of the IP Multicast Architecture, Proceedings of the 6th Joint European Networking Conference, Tel Aviv, Israel, S. 121-1–121-7, Mai 1995

[11] Heimann, P., Westfechtel, B.: Realizing Management Environments and Embedding Technical Environments, in: [18], S. 482–493, 1996

[12] Jacobs, S., Hermanns, O.: Cooperative Design: Defining Requirements on Network Technology, Proceedings of the 6th Joint European Networking Conference, S. 223-1–223-8, Tel Aviv, Mai 1995

[13] Jablonski, S.: Workflow-Management-Systeme: Motivation, Modellierung, Architektur, Informatik-Spektrum 18, Springer-Verlag, S. 13–24, 1995

[14] Jansen, A.: Entwicklungs eines anpaßbaren Frontends für ein Administrationssystem im Ingenieurbereich, Diplomarbeit, RWTH Aachen, Lehrstuhl für Informatik III, August 1995

[15] Krause, W.,: Untersuchung von Gruppenkommunikations-Mechanismen zur Entwicklung eines verteilten Graphik-Editors, Diplomarbeit, RWTH Aachen, Lehrstuhl für Informatik IV, Mai 1995

[16] Menzenbach, D.: Aufbau einer integrierten Infrastruktur für die durchgängige Rechnerunterstützung des Entwicklungsprozesses von Kunststofformteilen, Dissertation an der RWTH Aachen, 1995

[17] Menzenbach, D., Schlesinger, K.: Unterstützung von Änderungsprozessen bei der Unterstützung von Kunststofformteilen, 17. Kunststofftechnisches Kolloquium des IKV, Aachen, 1996

[18] Nagl, M. (ed.): Building Tightly Integrated Software Development Environments: The IPSEN Approach, LNCS 1170, Springer-Verlag, 1996

[19] Printz, M.,: Entwicklung eines Editors zur simultanen Bearbeitung von Textdokumenten, Diplomarbeit, RWTH Aachen, IKV & Lehrstuhl für Informatik IV, April 1995

[20] Reddy, R., Srinivas, K., Jagannathan, V. et al.: Computer Support for Concurrent Engineering, IEEE Computer, vol. 26, no. 1, S. 12–16, 1993

[21] Schuba, M., Hermanns, O.: Modellierung von Multicastmechanismen zur Unterstützung von Gruppenkommunikation, 1. Aachener Workshop über "Neue Konzepte für die offene verteilte Verarbeitung", Aachener Beiträge zur Informatik Band 7, S. 137–147, Aachen, Sept. 1994

[22] Schwartz, J., Westfechtel, B.: Konfigurationsverwaltung in einer heterogenen CIM-Umgebung, in: Buchmann, A. (Hrsg.): Proceedings STAK '94 (Softwaretechnik in Automatisierung und Kommunikation), vde-Verlag, Berlin, S. 179–197, 1994

[23] Sennrat F., Hermanns, O.: Performance Investigation of the MTP Multicast Transport Protocol, Proc. of PROMS '95, Second Workshop on Protocols for Multimedia Systems, Salzburg, Oktober 1995

[24] Walz, M.: Entwicklung einer Systematik zur Termin-, Kapazitäts- und Kostenplanung in den indirekten Unternehmensbereichen unter Nutzung eines Auftragsdatenarchivs, Diplomarbeit RWTH Aachen, Lehrstuhl für Produktionssystematik, 1994

[25] Weck, M., Aßmann, S. Abteilungsübergreifendes Projektieren komplexer Maschinen und Anlagen, Methodik und Systemkonzept zur Verbesserung der Zusammenarbeit, VDI-Z 137, Nr. 10, S. 54–60, Oktober 1995

[26] Westfechtel, B.: Using Programmed Graph Rewriting for the Formal Specification of a Configuration Management System, in: Mayr, E., Schmidt, G., Tinhofer, G. (Ed.): Proceedings WG' 94 Workshop on Graph-Theoretic Concepts in Computer Science, LNCS 903, Springer-Verlag, Berlin, S. 164–179, 1995

[27] Westfechtel, B.: Engineering Data and Process Integration in the SUKITS Environment, in: Windsor, J. (ed.): Proceedings International Conference on Computer Integrated Manufacturing ICCIM '95, World Scientific, Singapur, S. 117–124, 1995

[28] Westfechtel, B.: Integration on Coarse-Grained Level: Tools for Managing Products, Processes, and Resources, in: [18], S. 222–241, 1996

[29] Westfechtel, B.: Specifying the Management of Products, Processes, and Resources, in: [18], S. 335–355, 1996

[30] Westfechtel, B.: Integrated Product and Process Management for Engineering Design Applications, Integrated Computer-Aided Engineering, vol. 3, no. 1, S. 20–35, 1996

[31] Westfechtel, B.: A Graph-Based System for Managing Configurations of Engineering Design Documents, International Journal of Software Engineering & Knowledge Engineering, vol. 6, no. 4, S. 549–583, 1996

2 Methodische Unterstützung der Produktentwicklung

Die Produktentwicklung im Maschinenbau (und in anderen Bereichen, z.B. in der Softwareentwicklung) bewegt sich im Spannungsfeld aus Zeit, Qualität und Kosten. Die Entwicklungszeiten müssen verkürzt werden, die Qualität muß erhöht werden, und die Kosten müssen gesenkt werden. Zur Erreichung dieser Ziele soll ein verallgemeinertes Workflowsystem beitragen, das die Produktentwicklung in durchgängiger Weise unterstützt und insbesondere der Dynamik der Entwicklungsprozesse Rechnung trägt. Bevor ein solches Workflowsystem entwickelt und eingesetzt werden kann, muß sein intendierter Anwendungsbereich eingehend untersucht werden. Im vorliegenden Kapitel werden *Entwicklungsprozesse im Maschinenbau* modelliert, und es werden Methodiken zum Management dieser Prozesse konzipiert.

Die Abschnitte dieses Kapitels sind der Produktentwicklung in der Metall– bzw. der Kunststoffverarbeitung gewidmet (Abschnitt 2.1 bzw. Abschnitte 2.2 und 2.3). Abschnitt 2.1 befaßt sich mit der *Entwicklung von Einzelteilen und Baugruppen*, wobei der Fokus auf den Arbeitsbereichen Konstruktion, Arbeitsplanung und NC–Programmierung liegt. Es werden die produktbeschreibenden Dokumente sowie die zwischen ihnen bestehenden Abhängigkeiten erläutert, die bei der Konsistenzkontrolle innerhalb eines Arbeitsbereichs und über Bereichsgrenzen hinweg zu berücksichtigen sind. Danach wird eine Methodik zum Management von Entwicklungsprozessen beschrieben, die den Aufbau von Auftragsstrukturen aus der Produktstruktur mit Hilfe von Standard–Partialnetzen vorsieht, Änderungen dieser Auftragsstrukturen klassifiziert und Vorgehensweisen zu ihrer Behandlung vorschlägt. Termin– und Kapazitätsplanung sowie Störungs– und Änderungsmanagement werden ebenfalls betrachtet. Darüber hinaus berücksichtigt die Methodik die vertikale und horizontale Integration von Arbeitsabläufen (Simultaneous und Concurrent Engineering).

In Abschnitt 2.2 wird die *Entwicklung von Kunststofformteilen* untersucht. Nach einer Beschreibung des Entwicklungsprozesses und der Analyse seiner Besonderheiten wird eine Methodik vorgeschlagen, die auf eine Parallelisierung der Enwicklungsschritte abzielt. Im Mittelpunkt dieser Methodik steht eine Entwurfsnotiz, die charakteristische Daten der Formteilgeometrie zusammenfaßt. Diese Daten können z.T. aus automatisch aus Geometriemodellen extrahiert werden. Die Weitergabe dieser Daten ermöglicht es, der Formteilkonstruktion nachfolgende Entwicklungsschritte zu beginnen, bevor die Geometrie endgültig festliegt.

Abschnitt 2.3 behandelt einen weiteren Aspekt der Formteilentwicklung, nämlich das *Störungsmanagement*. Zunächst werden die bei der Entwicklung entstehenden Dokumente und deren Abhängigkeiten beschrieben. Letztere werden dazu benutzt, um die Konsequenzen der Auswirkungen eines Dokuments im Zuge eines Rückgriffs festzustellen. Anschließend werden Rückgriffe klassifiziert, und es wird für jeden Typ eine entsprechende Vorgehensweise zur Behandlung von Rückgriffen vorgeschlagen. Ferner wird die Ermittlung der Ursache einer Störung durch eine Datenbank unterstützt, die spezifisches Wissen über die Entwicklung von Kunststofformteilen beinhaltet.

2.1 Auftrags- und Dokumentenverwaltung bei der technischen Produktentwicklung

W. Eversheim, M. Weck, S. Pühl, P. Ritz, K. Sonnenschein, M.Walz
Laboratorium für Werkzeugmaschinen und Betriebslehre

Zusammenfassung

Im folgenden werden Methoden zur Unterstützung der abteilungsübergreifenden Entwicklung von Einzelteilen und Baugruppen im Maschinenbau beschrieben. Hierzu wird zunächst ein Szenario aufgebaut, das den Ablauf der technischen Auftragsabwicklung, die verwendeten Dokumentenarten und die Abhängigkeiten zwischen den Dokumenten und Datenflüsse umfaßt. Der Abschnitt wird abgeschlossen mit einem Ausblick und ersten Lösungsansätzen zur Entwicklung komplexer Produkte, die aus mechanischen, elektrischen und pneumatischen Baugruppen bestehen können.

2.1.1 Übersicht

Mit dem im SUKITS Projekt entwickelten CIM-Manager wird ein Werkzeug bereitgestellt, mit dem eine Integration der Einzelfunktionen sowie der zum Einsatz kommenden Anwendungssysteme möglich ist (vgl. I.1 und I.3). Damit können die Kommunikation zwischen einzelnen CAx-Systemen kontrolliert, die ausgetauschten Dokumente verwaltet und die Bearbeitung der Aufträge organisiert werden. Die *Basisfunktionalität*, wie in Abb. 2.1 gezeigt, stellt ein Rahmenwerk zur Verbesserung der oben genannten Ziele dar [7, 27, 32].

Die Zielsetzung einer *Methodik* zur *Produktentwicklung* umfaßt aus Ingenieursicht im wesentlichen die folgenden Punkte:

- bessere Verfügbarkeit aktueller Informationen und Dokumente,
- Verbesserung der Kooperation bei der Produktentwicklung,
- durchgängige Unterstützung von Simultaneous und Concurrent Engineering sowie
- Verkürzung der Durchlaufzeiten und Termineinhaltung bei der Auftragsbearbeitung.

Gegenstand des folgenden *Abschnitts* ist die Beschreibung eines repräsentativen Ablaufs der Produktentwicklung im Maschinenbau. Dieser Ablauf und die beim Ablauf genutzten Dokumente stellen ein Szenario dar, das Grundlage zur Entwicklung und Validierung des CIM-Managers ist. Darauf aufbauend werden spezielle Methoden zur effizienten Auftragsabwicklung vorgestellt.

2.1.2 Ablauf der technischen Auftragsabwicklung

Im vorliegenden *Szenario* wird ein Auftrag über die Produktion eines Einzelteils von der Entwicklung bis zur Fertigung betrachtet. Dabei sind an verschiedenen Stellen Entscheidungen zu treffen, durch die Art und Anzahl der zur Produkt- und Prozeßspezifikation benötigten Dokumente festgelegt werden (Abb. 2.2). Ergebnis dieser Entscheidungen ist ein *produktspezifisches Auftragsnetz*, in dem alle zur Auftragsabwicklung erforderlichen Einzelschritte festgelegt sind.

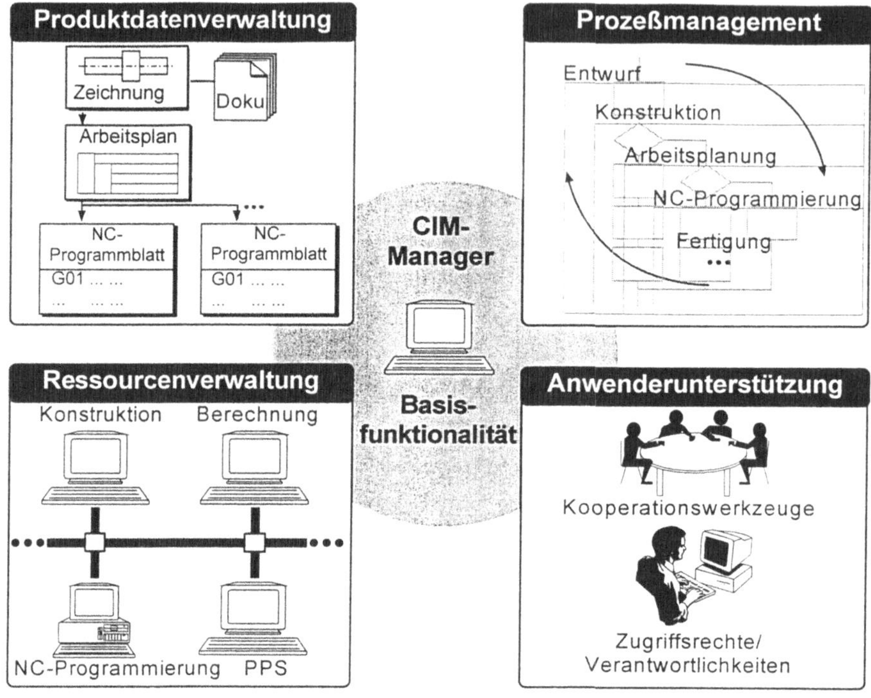

Abb. 2.1 : Basisfunktionen des CIM-Managers

Aufbauend auf der *Entwurfsskizze*, die in der Abteilung "Entwicklung" erstellt wird und Angaben über die Hauptabmessungen des Einzelteils enthält, werden in der Konstruktion die Geometrieinformationen detailliert. Die Ergebnisse werden in einer *Einzelteilzeichnung* dokumentiert, in der alle für die Fertigung des Bauteils notwendigen geometrischen und technologischen Merkmale enthalten sind.

Unter Berücksichtigung der Fertigteilgeometrie wird bei der Konstruktion die Rohteilgeometrie festgelegt. Dabei ist die Entscheidung zu treffen, ob als Rohteil lagerfertiges Stangenmaterial oder aber, z.B. aus Gründen der Wirtschaftlichkeit, ein Schmiede- oder Gußrohling verwendet werden soll. Im zweiten Fall muß die Geometrie des Rohteils in einer Rohteilzeichnung dokumentiert werden. Die *Erstellung* einer *Rohteilzeichnung* ist also nur erforderlich, falls die Eigenfertigung des Rohteils vorgesehen wird.

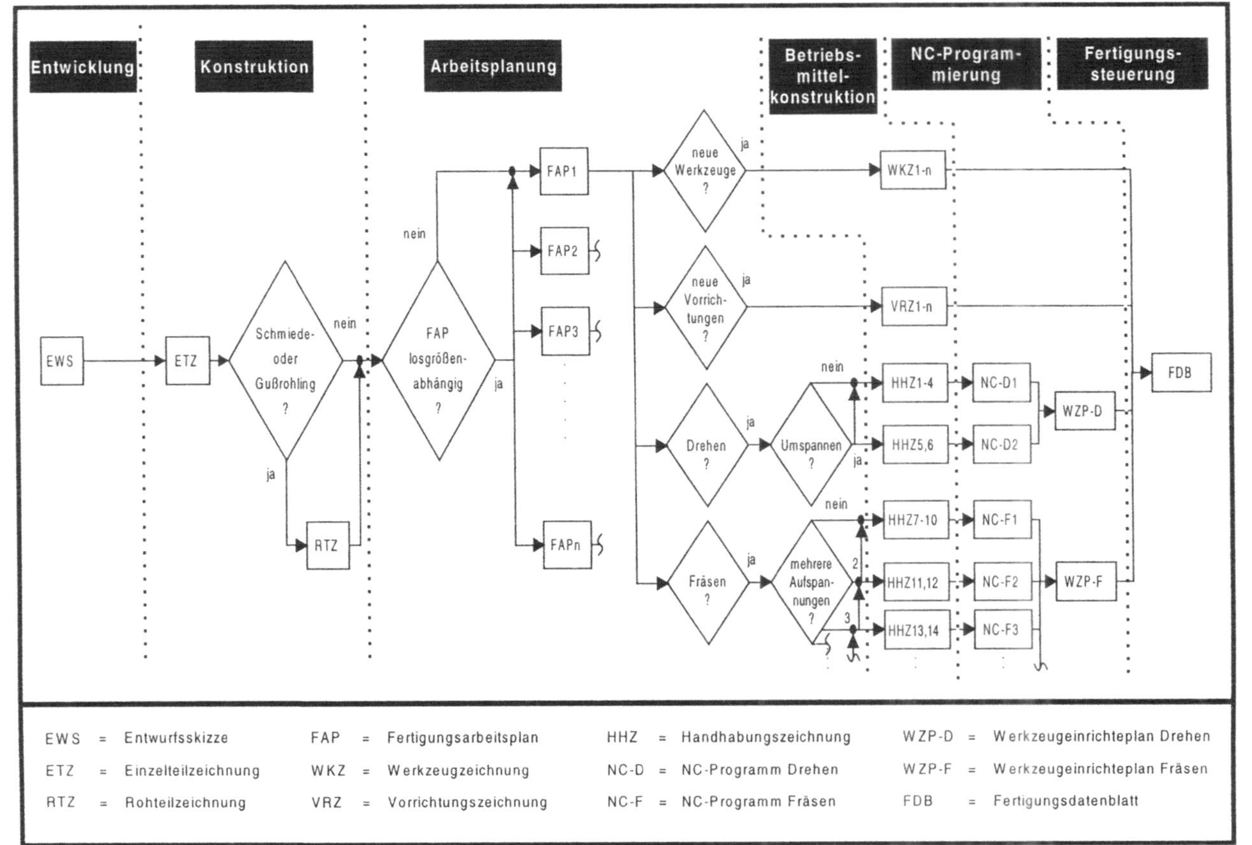

Abb. **2.2** : Ableitung eines produktspezifischen Auftragsnetzes

Nach der Festlegung der Rohteilgeometrie werden in der Abteilung "Arbeitsplanung" die zur Fertigung des Einzelteils erforderlichen Herstellprozesse bestimmt. Dazu werden *Fertigungsarbeitspläne* erstellt, in denen in Abhängigkeit der zu fertigenden Losgröße die wirtschaftlichsten Verfahrensfolgen zur Herstellung des Teils beschrieben werden. Bei der Festlegung der erforderlichen Anzahl an Fertigungsarbeitsplänen ist zu entscheiden, ob sich für verschiedene Losgrößen bzw. Losgrößenklassen unterschiedliche wirtschaftlich günstige Verfahrensketten ergeben. Ist letzteres der Fall, so müssen mehrere *alternative* Fertigungsarbeitspläne erarbeitet werden, die in der Fertigung abhängig von der im Kundenauftrag angegebenen Losgröße Gültigkeit erlangen.

Innerhalb des Dokuments "Fertigungsarbeitsplan" wird festgelegt, welche Werkzeuge, Vorrichtungen und Bearbeitungsverfahren zur Fertigung des Einzelteils benötigt werden. Dabei ist zu unterscheiden, ob die erforderlichen Betriebsmittel zu Auftragsbeginn bereits innerhalb des Unternehmens bereitstehen oder ob sie eigens für den zu bearbeitenden Auftrag hergestellt werden müssen. Für den Fall, daß neue Werkzeuge oder Vorrichtungen verwendet werden, die nicht dem Fundus des Unternehmens zu entnehmen sind und auch nicht extern beschafft werden, ist innerhalb der Abteilung "Betriebsmittelkonstruktion" die Erstellung von *Werkzeugzeichnungen* bzw. *Vorrichtungszeichnungen* erforderlich. Die Anzahl der für einen Auftrag notwendigen Werkzeug- und Vorrichtungszeichnungen ergibt sich aus dem Fertigungsarbeitsplan.

Weitere Abhängigkeiten müssen bei der Festlegung der Anzahl erforderlicher NC-Programme berücksichtigt werden. Innerhalb der Abteilung "NC-Programmierung" müssen ebenfalls für jede Aufspannung der beiden möglichen Bearbeitungsverfahren separate *NC-Programme* erstellt werden, die die notwendigen Informationen für die Steuerung der Werkzeugmaschinen enthalten. Die Programme werden von der NC-Programmierung an die Fertigungssteuerung weitergegeben.

Zur Beschreibung der Bearbeitungsprozesse sind weiterhin Werkzeugeinrichtepläne erforderlich, in denen die Bestückung des Werkzeugmagazins der Werkzeugmaschinen beschrieben ist. Innerhalb der NC-Programme werden bestimmte Magazinplätze angesprochen. Bei der Einrichtung der Maschine muß nun sichergestellt werden, daß sich die richtigen Werkzeuge auf den zugewiesenen Magazinplätzen befinden. Aus diesem Grund wird für jede bei der Fertigung des Einzelteils verwendete Maschine (Drehmaschine und Fräsmaschine) ein *Werkzeugeinrichteplan* benötigt.

Der beschriebene Ablauf zur Abwicklung eines Auftrags im Maschinenbau-Szenario ist dadurch charakterisiert, daß zu Auftragsbeginn weitgehend Unklarheit darüber besteht, *welche Dokumentenarten* in welcher *Anzahl* zur Komplettbeschreibung des Einzelteils und des Herstellprozesses erforderlich sind. Erst im Verlauf der Auftragsabwicklung stellt sich mit zunehmender Detaillierung des zu entwickelnden Produkts heraus, welche Aktivitäten im einzelnen durch die verschiedenen Benutzergruppen zu bearbeiten sind. Eine Übersicht über die notwendigen Aktivitäten kann den Anwendern (d.h. den Benutzern der Anwendungssysteme) z.B. in Form von Auftrags- und Dokumentenlisten übermittelt werden. Abhängig von den Angaben im Entwicklungsplan kann der Gesamtauftrag in *Einzelaufträge* für die einzelnen Bereiche aufgelöst werden, wobei innerhalb jedes Teilauftrags genau die Aktivitäten angestoßen werden, die von der jeweiligen Abteilung zu erbringen sind.

2.1.3 Dokumentenarten bei der technischen Auftragsabwicklung

Art und Anzahl der zu einem Erzeugnis gehörenden Dokumente sind sowohl *unternehmens-* als auch *produktspezifisch*. Allerdings existieren in den Unternehmen des Maschinenbaus eine Reihe typischer Dokumentenarten, mit deren Hilfe der Entwicklungsfortschritt während der einzelnen Phasen der Produktspezifikation festgehalten wird. Im folgenden werden diese Informationsträgergruppen als *"Dokumentenarten"* bezeichnet. Sie werden nun im einzelnen kurz beschrieben (Abb. 2.3).

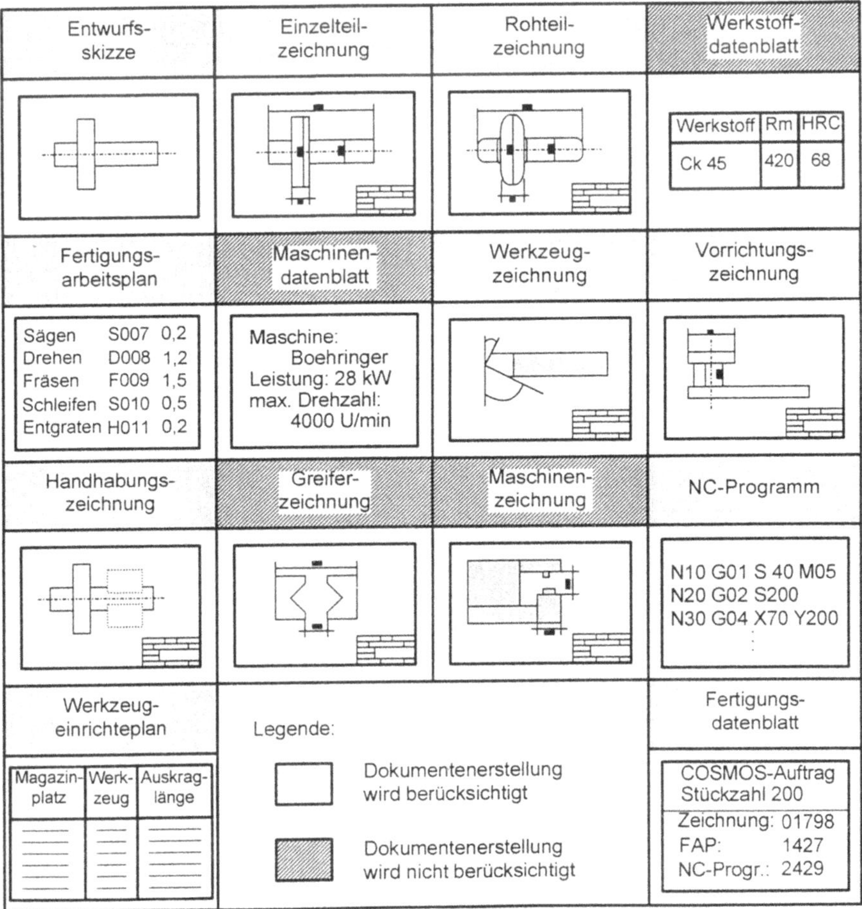

Abb. 2.3 : Dokumentenarten im Maschinenbau-Szenario

Diese Auflistung erhebt keinen Anspruch auf Vollständigkeit und Allgemeingültigkeit, da das Dokumentenwesen innerhalb eines bestimmten Unternehmens je nach Struktur der Auftragsabwicklung unterschiedlich ausgeprägt ist. Vielmehr ist sie als *Beispielkonfiguration* mit repräsentativem Charakter anzusehen.

Bei der Abwicklung eines Auftrags über ein Einzelteil werden nicht alle der ausgewählten Dokumente auftragsspezifisch erstellt. Vielmehr werden bestimmte Dokumentenarten lediglich als Eingangsinformation verwendet, aber *nicht selbst erstellt* oder *modifiziert*. Daher wird die Bearbeitung dieser Input-Dokumente im Szenario nicht berücksichtigt.

Entwurfsskizze

Die Entwurfsskizze ist die Darstellung eines Erzeugnisses, welche die *Geometrie* eines Einzelteils *grob* festlegen soll. Dieses Dokument enthält in der Regel eine maßstäbliche Zeichnung und die Hauptabmessungen sowie die verwendeten Toleranzen bei Anschlußmaßen [6]. Die Entwurfsskizze dient meist als Grundlage für die Ausarbeitung der Einzelteilzeichnung [4]. Die EDV-unterstützte Erstellung von Entwürfen erfolgt mit Hilfe von *CAD-Systemen.*

Einzelteilzeichnung

Unter einem Einzelteil versteht man einen Gegenstand, der nicht zerstörungsfrei zerlegbar ist [21]. Eine Einzelteilzeichnung liefert die genaue Beschreibung eines solchen Einzelteils hinsichtlich seiner *Form* und seiner *Eigenschaften*. Sie muß alle Informationen beinhalten, die zur Arbeitsplanerstellung, Materialbeschaffung, Fertigung und Montage erforderlich sind. Dazu zählen geometrische, technologische und organisatorische Angaben [6]. Die EDV-unterstützte Erstellung von Einzelteilzeichnungen erfolgt mit Hilfe von *CAD-Systemen.*

Werkstoffzerspanungsdaten

Die Werkstoffzerspanungsdaten werden als Eingangsinformationen bei der Arbeitsplanung und NC-Programmierung benötigt und beschreiben die *technischen Eigenschaften* des für das Einzelteil ausgewählten Werkstoffes. Da sich die Werkstoffzerspanungsdaten aufgrund der Lagerführung in der Regel nicht kurzfristig ändern, also nicht erzeugnisspezifisch angepaßt werden müssen, wird die Erstellung eines solchen Datensatzes im Szenario nicht betrachtet. Die Werkstoffzerspanungsdaten, die im Beispielfall innerhalb einer relationalen *Datenbank* EDV-mäßig erfaßt sind, werden somit nur als Eingangsinformationen für andere Dokumente verwaltet.

Rohteilzeichnung

Unter einer Rohteilzeichnung versteht man eine Zeichnung für ein Schmiede-, Gußoder Preßteil, das (meist spanend) nachbearbeitet werden muß [4]. Das Dokument enthält Angaben über *Geometrie, Abmessungen* und *Werkstoff* des Rohteils. Eine Rohteilzeichnung wird als wichtiges Eingangsdokument bei der Arbeitsplanung und NC-Programmierung verwendet, da die Ausgangsteilgeometrie z.B. bei der Ermittlung der Werkzeugwege bekannt sein muß [5]. Die EDV-gestützte Erstellung von Rohteilzeichnungen erfolgt mit Hilfe von *CAD-Systemen*.

Maschinendatenblatt

Ähnlich wie die Werkstoffzerspanungsdaten werden auch die Maschinendaten in der Regel nicht erzeugnisspezifisch modifiziert. Daher wird die Erstellung des Maschinendatenblatts nicht mit dem CIM-Manager verwaltet. Das Dokument liegt im Beispielszenario als Datensatz innerhalb einer relationalen *Datenbank* vor.

Fertigungsarbeitsplan

Neben der Einzelteilzeichnung ist der Fertigungsarbeitsplan der wichtigste Informationsträger für die Fertigung. Dieses Dokument dient der Strukturierung der *Herstellungsaufgabe* und als Unterlage zur Durchführung von *Termin-* und *Kapazitätsplanung* sowie der *Entlohnung* [5, 21].

Im Fertigungsarbeitsplan sind die zur Fertigung eines Einzelteils erforderlichen Vorgänge in technologisch sinnvoller Reihenfolge aufgeführt. Dabei werden mindestens das verwendete Material sowie für jeden Arbeitsvorgang der Arbeitsplatz, die Betriebsmittel, die Vorgabezeiten und auch die Lohngruppe angegeben [21]. Zur EDV-unterstützten Erstellung von Fertigungsarbeitsplänen werden *CAP-* oder *PPS-Systeme* verwendet.

Maschinenzeichnung

Als Eingangsinformation für die NC-Programmierung wird eine Maschinenzeichnung benötigt, die die *Geometrie* der einzelnen *Maschinenteile*, an denen Kollisionen möglich sind, ausweist. Da sich der Maschinenaufbau in der Regel nicht erzeugnisspezifisch ändert, wird die Erstellung der Maschinenzeichnung im Beispielszenario ebenfalls nicht berücksichtigt. Als Eingangsinformation liegt die Maschinenzeichnung als *CAD-Datei* vor.

Greiferzeichnung

Als Eingangsinformation für die NC-Programmierung wird ebenfalls eine Greiferzeichnung benötigt, die die *Geometrie* des *Greifers*, der zur Positionierung des Werkstücks in der Spannvorrichtung verwendet wird, beschreibt. Da sich die Greifergeometrie in der Regel nicht erzeugnisspezifisch ändert, wird die Erzeugung dieses Dokuments im Beispielszenario nicht berücksichtigt. Als Eingangsinformation liegt die Greiferzeichnung als *CAD-Datei* vor.

Werkzeugzeichnung

Als Grundlage für die NC-Programmierung werden Angaben über die *Geometrie* des *Werkzeugs* in Form einer Werkzeugzeichnung bereitgestellt. Zwar wird nicht für jedes Einzelteil ein neues Werkzeug benötigt, es ist jedoch denkbar, daß je nach Werkstückgeometrie keines der bereits im Unternehmen vorhandenen Werkzeuge verwendet werden kann, so daß ein neues Werkzeug konstruiert werden muß. Aus diesem Grund soll die Erstellung der Werkzeugzeichnung im Szenario berücksichtigt werden. Als EDV-Hilfsmittel für die Erzeugung dieser Dokumentenart kommen *CAD-Systeme* zum Einsatz.

Vorrichtungszeichnung

Ähnlich wie die Geometrie des Werkzeugs muß auch der *Aufbau* der zur *Fixierung* des *Werkstücks* in der Maschine verwendeten Vorrichtungszeichnung u.U. erzeugnisspezifisch variiert werden. Aus diesem Grund wird die Erstellung einer Vorrichtungszeichnung, die auf *CAD-Systemen* erfolgen kann, im CIM-Szenario berücksichtigt.

Handhabungszeichnung

Zur Beschreibung der *Spannoperationen*, die zum Einlegen des Werkstücks in die Maschine führen, werden Handhabungszeichnungen benötigt. In diesen Dokumenten werden für jede Operation (Einlegen, Entnehmen etc.) die vom Greifer auszuführenden *Bewegungen* dargestellt. Die EDV-unterstützte Erstellung der Handhabungszeichnungen erfolgt mit Hilfe von *CAD-Systemen*.

Werkzeugeinrichteplan

In den Fällen, in denen die auf einer Bearbeitungsmaschine zum Einsatz kommenden Werkzeuge nicht über einen speziellen Code identifizierbar sind, müssen der *Platz*, die *Anordnung*, die *Lage* sowie die *Abmessungen* der *Werkzeuge* auf der Werkzeugmaschine fest vorgegeben werden. Diese Informationen sind sowohl für den NC-Programmierer als auch für den mit der Einrichtung der Maschine betrauten Mitarbeiter unerläßlich und werden deshalb anhand eines Werkzeugeinrichteplans festgelegt [21].

Dieses Dokument enthält alle für eine bestimmte Werkstückaufspannung erforderlichen Werkzeuge sowie deren Platz, Abmessungen und Schneidstoff. Daneben gehören auch Angaben zum Werkstück, zur Werkzeugmaschine etc. zum Inhalt des Werkzeugeinrichteplans [21]. Die EDV-unterstützte Erstellung von Werkzeugeinrichteplänen kann heute mit Hilfe von *NC-Programmiersystemen* erfolgen.

NC-Programm

Zur Bearbeitung von Werkstücken auf numerisch gesteuerten Maschinen wird ein NC-Programm (NC = Numerical Control) benötigt. Dieses enthält alle für die Steuerung der Werkzeugmaschine erforderlichen Angaben. Im einzelnen unterscheidet man dabei zwischen *geometrischen* Daten (z.B. Positionskoordinaten), *technischen* Daten (z.B. Spindeldrehzahl) und *Werkzeugdaten* (z.B. Magazinplatz), die in codierter, maschinenlesbarer Form (z.B. als Lochstreifen oder als Magnetband) vorliegen müssen [21].

Ein NC-Programm besteht aus einer Anzahl von Sätzen, die jeweils einem Bearbeitungsschritt entsprechen. Die Bearbeitungsanweisungen in einem Satz werden durch sogenannte "Wörter" verschlüsselt. Die Bedeutung und Anordnung der Wörter ist im Programmschlüssel der jeweiligen NC-Steuerung auf Grundlage der DIN 66025 festgelegt [30]. NC-Programme sind *maschinenspezifisch* zugeschnitten und müssen für jedes im Fertigungsarbeitsplan genannte Fertigungsverfahren, welches auf einer NC-Maschine durchgeführt werden soll, erstellt werden (Drehen, Bohren, Fräsen etc.). Zur EDV-unterstützten Generierung von NC-Programmen werden vielfach *NC-Programmiersysteme* verwendet. Darüber hinaus kommen heute auch *CAD-Systeme*, die über ein Modul zur NC-Programmerstellung verfügen, zum Einsatz.

Fertigungsdatenblatt

Das Fertigungsdatenblatt enthält die zur Herstellung eines Einzelteils erforderlichen *operativen Angaben* über Palettenbelegungen, Werkstückfluß und Werkzeugfluß im Fertigungssystem. Es beinhaltet Verweise auf die zum Einzelteil gehörenden produkt- und prozeßbeschreibenden Dokumente und liefert so die Voraussetzungen für die Fertigung des Einzelteils.

Das vorgestellte Szenario erhebt keinen Anspruch auf Allgemeingültigkeit; hinsichtlich der ausgewählten Systeme und Dokumente stellt es lediglich eine Auswahl dar. In der betrieblichen Realität wird in der Regel eine Vielzahl verschiedener Anwendungssysteme eingesetzt. Mit dem Szenario wurde jedoch eine repräsentative Auswahl an *CAx-Systemen* bestimmt, mit der der Ablauf einer Auftragsabwicklung vollzogen werden kann.

2.1.4 Abhängigkeiten zwischen Dokumenten und Datenflüssen

Bei der Verwaltung eines zu einem bestimmten Einzelteil gehörenden Dokumentensatzes dürfen die einzelnen Dokumente nicht als voneinander isoliert betrachtet werden. Vielmehr ist zu beachten, daß die verschiedenen Informationsträger aufeinander aufbauen und infolge dessen zueinander *konsistent* gehalten werden müssen [28] (vgl. folg. Abschnitt). Bestimmte in einem Dokument abgelegte Informationen werden bei der Erstellung eines anderen Dokuments als Eingangsinformationen benötigt. Bei der Beschreibung der *Verknüpfungen* einzelner Dokumente lassen sich zwei grundsätzlich verschiedene Arten der Abhängigkeit unterscheiden:

Abhängigkeiten zwischen Dokumenten verschiedener Art

Während der Gestaltung eines Einzelteils werden in einer bestimmten Reihenfolge eine Anzahl von Dokumenten erzeugt, die das Teil oder den Herstellungsprozeß beschreiben. Sie bauen inhaltlich aufeinander auf und sind durch die enthaltenen *Informationen miteinander verknüpft*. So muß beispielsweise die im Fertigungsarbeitsplan oder in der Rohteilzeichnung angegebene Rohteilgeometrie bekannt sein, um die Bewegungsdaten bei der Erstellung des NC-Programms festzulegen. In diesem Fall wird also der Fertigungsarbeitsplan als Eingangsdokument für das NC-Programm benötigt.

Aus dieser informationsseitigen Verknüpfung der Dokumente ergeben sich Anforderungen an die Durchführung von *Änderungsvorgängen* an bestimmten Dokumenten (Abb. 2.4, vgl. auch Abschnitt I.2.3).

Werden die Rohteilmaße im Fertigungsarbeitsplan z.B. aus dispositiven Gründen geändert, so muß dieser Tatsache auch innerhalb des NC-Programms Rechnung getragen werden. Eine Änderung am Eingangsdokument macht in der Regel eine *Anpassung* des Folgedokuments erforderlich, um die Konsistenz zwischen Eingangs- und Folgedokument wiederherzustellen. Da mit Hilfe des CIM-Managers die Konsistenz des gesamten, zu einem Einzelteil gehörenden Dokumentensatzes auch bei der Durchführung umfangreicher Änderungen sichergestellt werden soll, muß die informationsseitige *Verknüpfung* der *Dokumentenarten* hier berücksichtigt werden. Diese Verknüpfung ist von der jeweiligen Struktur der Auftragsabwicklung abhängig, somit also unternehmensspezifisch, und muß bei der Implementierung eines Systems betriebsabhängig konfiguriert werden können.

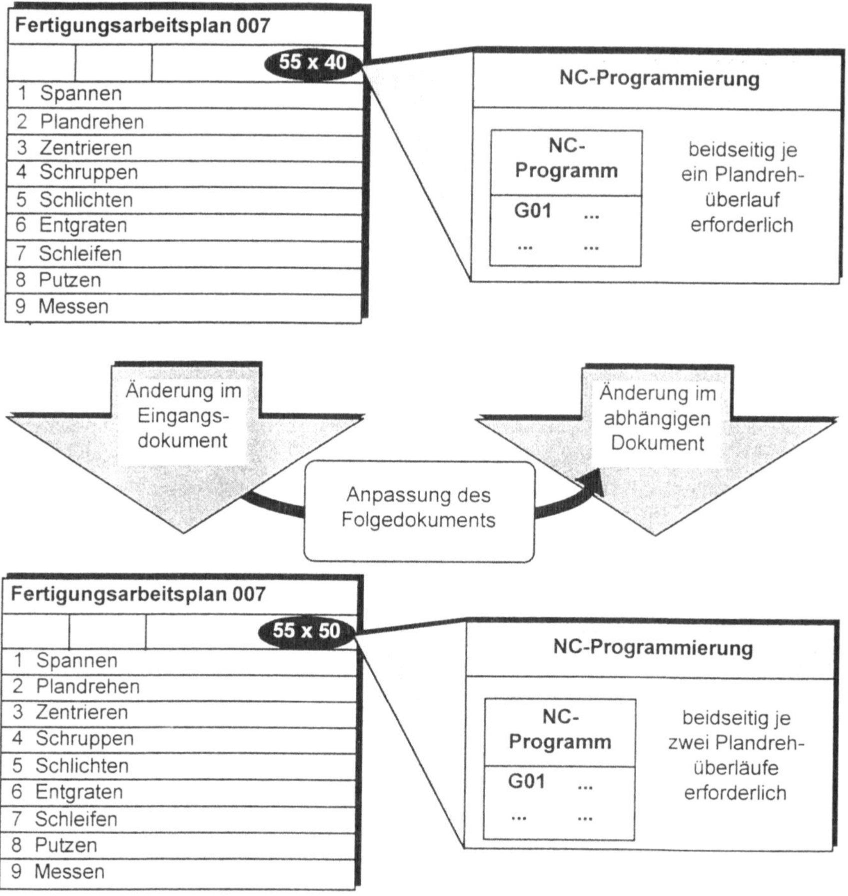

Abb. 2.4 : Konsistenzsicherung bei abhängigen Dokumenten

Abhängigkeiten zwischen Dokumenten gleicher Art

Neben den Abhängigkeiten aufeinander aufbauender Dokumente müssen weiterhin Abhängigkeiten zwischen sogenannten "Partnerdokumenten" berücksichtigt werden. Dabei handelt es sich um *artgleiche Dokumente*, zwischen denen eine informationsseitige Beziehung besteht.

So besteht z.B. eine Relation zwischen zwei NC-Drehprogrammen, von denen eines die Bearbeitung in der ersten und das andere den Drehprozeß in der zweiten Aufspannung beschreibt (Abb. 2.5). Ergibt sich in einem der beiden Programme eine Änderung, so hat diese bezüglich der Struktur des anderen Programms eventuell Konsequenzen. Eine *Anpassung* des *abhängigen* Dokuments muß erfolgen.

Abhängigkeiten zwischen verschiedenen Dokumenten als auch solche zwischen Partnerdokumenten können nicht im Vorfeld der Auftragsbearbeitung festgelegt werden, sondern ergeben sich erst, wenn die genaue Anzahl der Dokumente einer bestimmten Art festgelegt wird. Die entsprechenden Änderungsprozesse können sogar *erst in* einem *Entwicklungsprojekt* selbst angegeben werden.

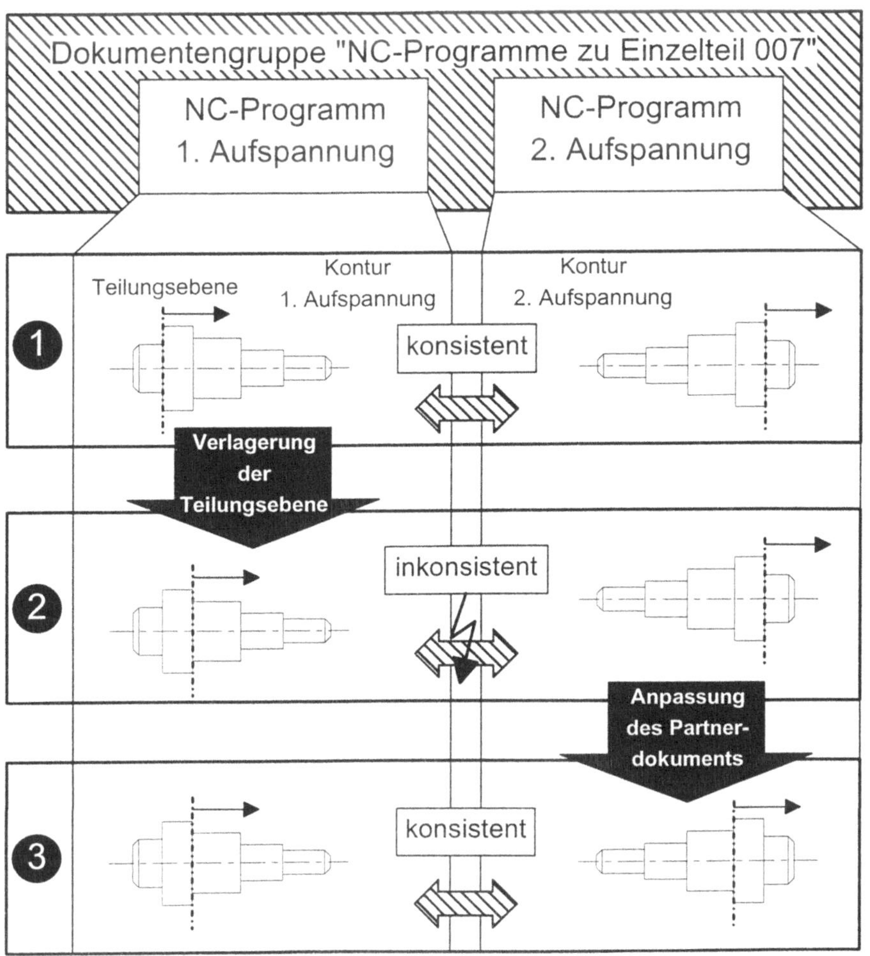

Abb. 2.5 : Abhängigkeiten innerhalb einer Dokumentengruppe

2.1.5 Konzepte zur Auftrags- und Dokumentenverwaltung

Auf Basis der in Abb. 2.1 dargestellten Basisfunktionen sind zur koordinierten Produktentwicklung *Methoden* zum *Auftragsmanagement* erforderlich. Sie werden in diesem Unterabschnitt vorgestellt (Abb. 2.6). Der Schwerpunkt der Methoden liegt dabei auf der Beherrschung der Dynamik während der Produktentwicklung.

Aufbau von dynamischen Auftragsstrukturen

Ein wichtiger Beitrag zur Beherrschung der Dynamik ist die Konfiguration eines Arbeitsablaufs, der auch die indirekten Bereiche umfaßt [16, 19]. Es ist jedoch nicht ausreichend, einmalig einen starren Ablauf vorzugeben, da zu Beginn der Auftragsplanung zunächst nur wenige und teils instabile Planungsinformationen vorliegen. Mit zunehmendem *Auftragsfortschritt* ist jedoch eine immer detaillierter werdende *Planung möglich*. Mit Beginn der Konstruktion eines Produktes und fortschreitender kundenseitiger Detaillierung des Pflichtenheftes kann die *Baustruktur* des *Produktes* entwickelt werden. Auf Basis der Produktstruktur ist es dann möglich, auch die Planung der weiteren Produktentwicklung zu verfeinern [10, 11, 12].

Um den Aufwand bei der Erstellung der Auftragsstruktur zu verringern, ist es sinnvoll, auf *vordefinierte Standardpartialstrukturen* zurückzugreifen. Der Vorteil, der mit Hilfe einer Vorgabe eines Arbeitsablaufs zur erzielen ist, führte zu einer weiten Verbreitung sogenannter Workflow-Management-Systeme [23, 2, 26]. Diese Systeme werden bis heute jedoch vor allem bei starren Abläufen eingesetzt [15].

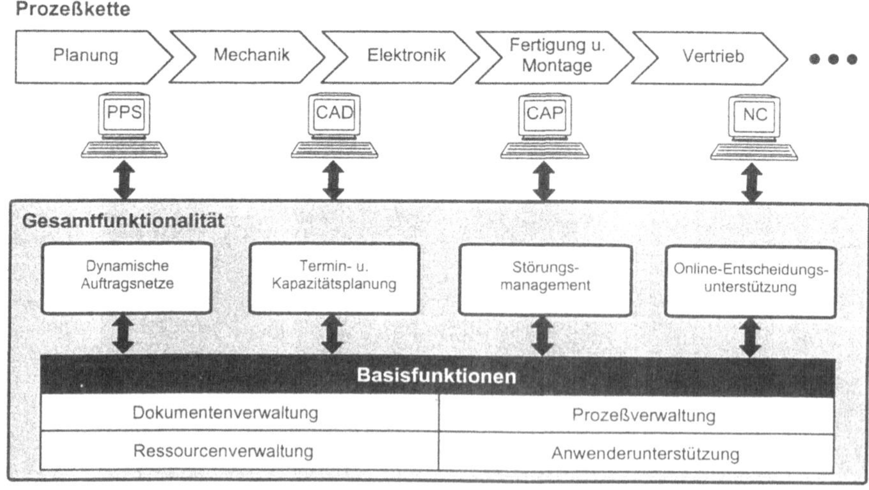

Abb. 2.6 : Zusatzfunktionen zur Auftrags- und Dokumentenverwaltung

Analog zur Produktstruktur läßt sich für die Produktentwicklung eine *Auftragsstruktur* kontinuierlich entwickeln, die dem Aufbau des Produktes weitgehend entspricht (Abb.

2.7). Eine montageorientierte Produktstruktur spiegelt dabei die Produktentwicklung vom gesamten Produkt bis hin zu den Einzelteilen wider.

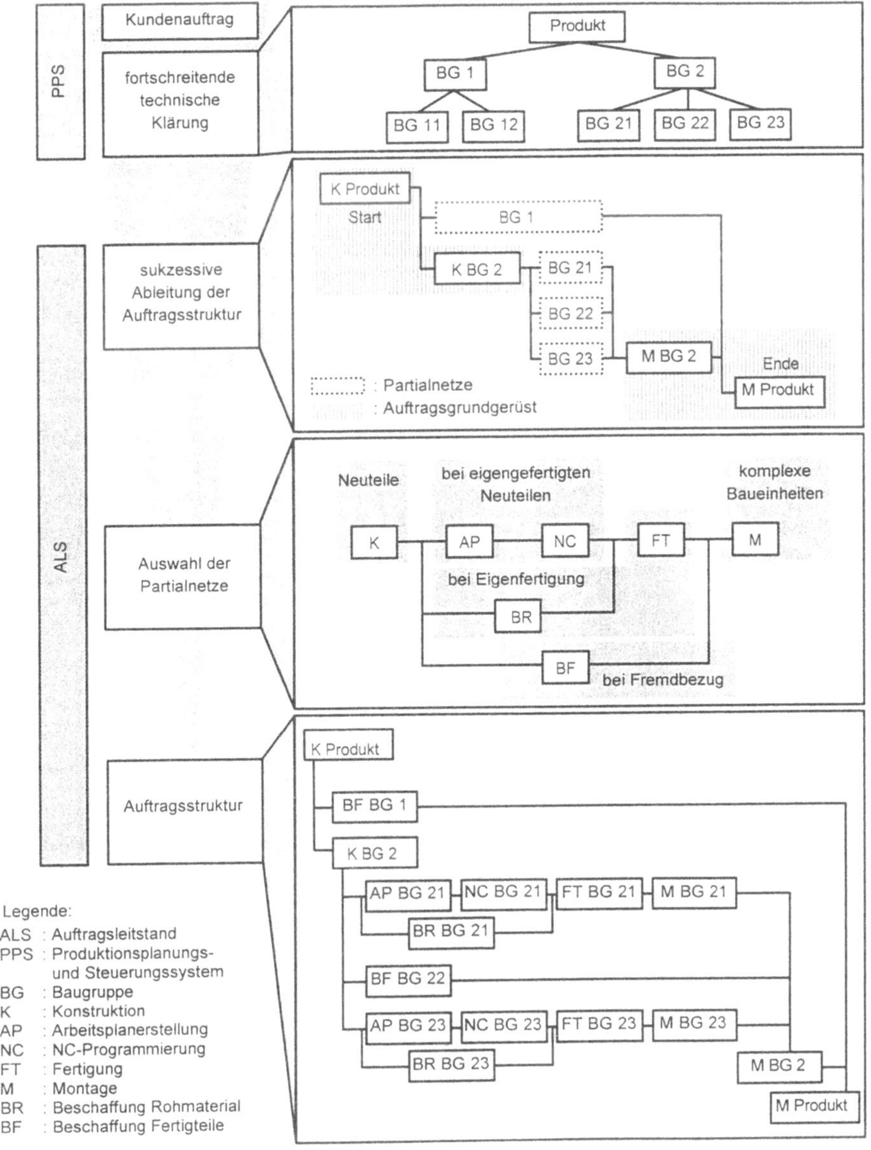

Abb. 2.7 : Aufbau der dynamischen Auftragsstruktur

Die Arbeitsvorgänge, die zwischen Konstruktion und Montage liegen, müssen für alle Baugruppen einzeln festgelegt werden können. Da bei der Bearbeitung von Einzel- und

Kleinserienaufträgen innerhalb der verschiedenen Unternehmensbereiche immer ähnliche Auftragsstrukturen vorliegen, lassen sich *Vorlagen* häufig auf wenige *Varianten* begrenzen. *Unterschiede* im Aufbau der zugehörigen Teilstrukturen können daraus resultieren, daß Baugruppen zugekauft werden oder einzelne Baugruppen bereits gefertigt wurden und somit keine Arbeitsplanung mehr erforderlich ist. Zur Abbildung der Montage fließen die Partialstrukturen wieder zusammen.

Dynamische Änderung von Auftragsstrukturen

Neben der stufenweisen Verfeinerung der Auftragsstruktur mit zunehmender Konkretisierung des Entwicklungsprodukts ergibt sich ein weiterer Dynamikaspekt aus *Änderungen*, die während der Auftragsbearbeitung einfließen. Änderungen können sowohl intern bedingt sein, als auch durch den Kunden gefordert werden. Problematisch ist die Beurteilung der *Änderungsauswirkung*, d.h. die Identifikation der Vorgänge in der Auftragsstruktur, die potentiell von der Änderung betroffen sind.

Gegenstand dieses Unterabschnitts ist die Beurteilung der Änderungsauswirkungen auf den Ablauf der Auftragsbearbeitung, d.h. auf die jeweiligen Partialnetze der von der Änderung betroffenen Objekte der Produktstruktur (Abb. 2.8). Haben sich die Randbedingungen für den Aufbau der jeweiligen Partialnetze geändert, muß auch das *Partialnetz* in seiner Struktur *angepaßt* werden (1. Fall). Wirkt sich die Änderung nicht auf die Randbedingungen aus, ist lediglich zu klären, ab welchem Punkt das Partialnetz erneut zu durchlaufen ist (2. Fall).

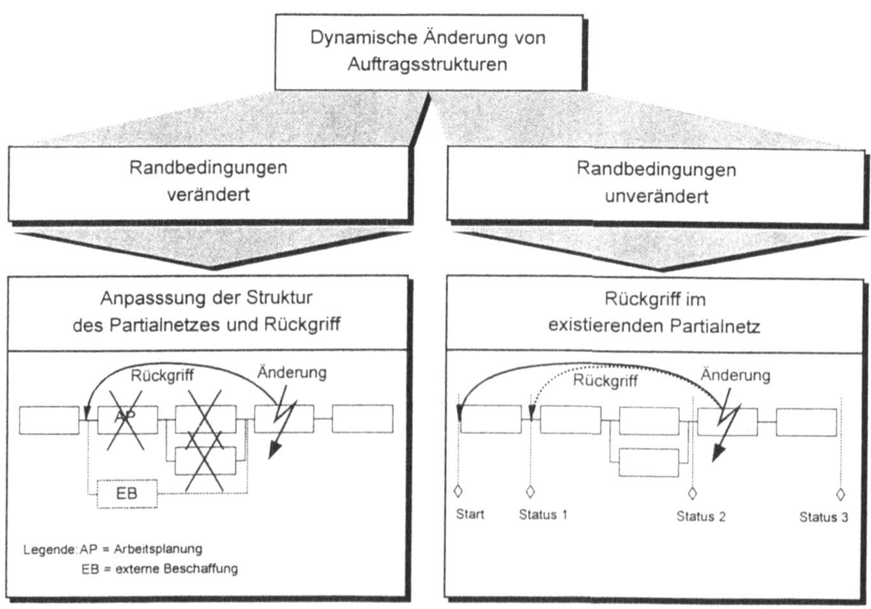

Abb. 2.8 : Änderungsauswirkungen in der Auftragsstruktur

1. Fall: Die Struktur des Partialnetzes wird geändert

Beim Aufbau der dynamischen Auftragsstrukturen wurde die Produktstruktur als Grundlage herangezogen. Aus ihr wird die *Grobstruktur* hergeleitet, in die die *Partialnetze integriert* werden. Die *Auswahl* der Partialnetze erfolgte vor SUKITS ohne EDV-Unterstützung, d.h. der Auftragsplaner klärt die Randbedingungen, die bei der Auswahl des Partialnetzes beachtet werden müssen, und wählt aus einer Vorlage das jeweils passende aus. Problematisch ist bei dieser Vorgehensweise, daß bei Änderungen der Randbedingungen die von dieser Änderung betroffenen Partialnetze nicht automatisch identifiziert und angepaßt werden können.

Die Produktstruktur ist jedoch nur eine *Information*, die in der im PPS-System verwalteten *Stückliste* enthalten ist. Weitere in diesem Dokument enthaltene Informationen können ebenfalls zum Aufbau der Auftragsstruktur genutzt werden. Als wesentliche *Einflußfaktoren* auf die Ausprägung der *Partialnetze* wurden folgende Eigenschaften identifiziert:

- Neuteil oder Wiederholteil,
- Eigenfertigung oder Fremdbezug und
- Komplexe oder einfache Baueinheiten.

Aus den im PPS-System enthaltenen Daten können diejenigen *Informationen extrahiert* werden, die für einen konkreten Fall die jeweilige *Ausprägung bestimmen*. So kann zu der Frage, ob ein Neuteil oder ein Wiederholteil vorliegt, geprüft werden, ob die zugehörigen Stammdaten für diesen Auftrag angelegt wurden oder ob auf existierende zurückgegriffen wurde. Stellt sich im Laufe der Auftragsbearbeitung heraus, daß ein zunächst vorgesehenes Wiederholteil nicht verwendet werden kann und dafür ein Neuteil eingesetzt werden muß, kann bei Anlage neuer Stammdaten das Partialnetz automatisch um den Vorgang "Konstruktion" erweitert werden. Ähnliche Mechanismen sind für weitere Unterscheidungen möglich. Damit kann bei einer Änderung die Anpassung der Partialnetze automatisiert vorgenommen werden.

2. Fall: Die Struktur des Partialnetzes bleibt erhalten

Für den Fall, daß die Randbedingungen, die den Aufbau der Auftragsstruktur bestimmen, von der Änderung nicht betroffen sind, muß lediglich der Vorgang im Partialnetz identifiziert werden, ab dem der Auftrag erneut zu bearbeiten ist. Ein solcher Fall tritt zum Beispiel bei intern bedingten *Änderungen* ein, etwa wenn bei der Auftragsbearbeitung ein Fehler gemacht wurde, der erst in einem der nachfolgenden Arbeitsschritte erkannt wird.

Da mit der Vorgabe des Partialnetzes für einen Teil der Auftragsbearbeitung ein standardisierter Ablauf vorgegeben wird, kann vorausgesetzt werden, daß die Erzeugung von Informationen (auf einem hinreichend groben Niveau) auch in einer standardisierten Reihenfolge vorgenommen wird. Damit ist es möglich, analog zu der Statusdefinition für Dokumente, auch eine *Statusdefinition* für einen *Ablauf* festzulegen. An jedem der Statuswechsel wird ein Teil der zu erarbeitenden Gesamtinformationen als festgelegt definiert. Bei einer Änderung werden die Informationen identifiziert, die von der Änderung betroffen sind. Der Rücksprung muß dann hinter den Statuswechsel erfolgen, der als höchster Status gerade nicht von der Änderung betroffen ist.

Termin- und Kapazitätsplanung

In der Fertigung ist eine sehr feine Auflösung der Planungseinheiten und eine sehr detaillierte Planung nur aufgrund des hohen Kenntnisstandes über das Ausgangsmaterial und das Endprodukt möglich. Demgegenüber ist für die Auftragsplanung in den *Entwicklungsbereichen* allgemein folgendes festzustellen: Die Unsicherheit der Daten im Planungsstadium und der Aufwand für ihre Ermittlung machen es erforderlich, das Arbeitsvolumen je Planungselement gröber als in der Fertigung zu wählen. Aus diesem Grund soll die *Terminplanung* in der Regel auf Bearbeitungseinheiten in der *Größenordnung* von *Baugruppen* basieren und nicht bis auf die Einzelteilebene reichen.

Erfahrungen aus ergänzenden Industrieprojekten haben gezeigt, daß sich für spezielle Produktgruppen mit vertretbarem Aufwand unternehmensspezifische *Auftragsklassen* bilden und darauf aufbauend *Standardauftragsstrukturen* entwickeln lassen. Dabei reicht in der Regel ein unternehmensspezifischer Katalog aus größenordnungsmäßig zehn Standardstrukturen für eine effektive Planung aus [12]. Bei der Verwendung der Standardauftragsstrukturen muß ein betrachteter Auftrag zuerst bezüglich seiner Komplexität und sonstiger, die *Durchlaufzeit beeinflussender Merkmale* klassifiziert und in ein Auftragsschema eingeordnet werden. Anschließend wird die geeignete Standardstruktur zugeordnet, die als Basis für die zeitliche Planung der einzelnen Prozeßschritte der Produktentwicklung dient.

In diesem Zusammenhang sind unterschiedliche Detaillierungsgrade bei der Planung zu unterscheiden. In Abhängigkeit von der Planungstiefe werden eine Grob- und eine Feinplanung differenziert. Bei der *Grobplanung* werden nur die Hauptprozesse für die Entwicklung des gesamten Produktes betrachtet. So werden dabei u.a. Konstruktion, Arbeitsplanung, Fertigung und Montage des Produktes nach Zeit und Ressourceneinsatz geplant. Vorteilig sind dabei der geringe Planungsaufwand und der frühe Planungszeitpunkt.

Im Gegensatz dazu betrachtet die *Feinplanung* auch einzelne Baugruppen und erreicht damit einen höheren Detaillierungsgrad. Für die Feinplanung ist die oben beschriebene Konfiguration auf Basis der Produktstruktur relevant. Neben der präziseren Planung ist eine genauere Verfolgung des Auftragsfortschritts möglich. Weiterhin kann die Entwicklung terminkritischer Teile oder Baugruppen in ein frühes Stadium des Gesamtprozesses gelegt werden. So können beispielsweise Baugruppen, deren Beschaffung sehr zeitaufwendig ist, termingerecht eingeplant werden. Außerdem besteht die Möglichkeit, änderungskritische Baugruppen möglichst spät zu terminieren. Allgemein sinkt die Fehlerrate bei der Planung mit steigender Planungstiefe, der Planungsaufwand jedoch nimmt zu.

Die in der Produktentwicklung ausgeführten Tätigkeiten dienen zumeist der Erzeugung produkt- und prozeßbeschreibender Informationen, die in Abhängigkeit vom unternehmensspezifischen Unterlagenwesen in verschiedenen Dokumenten bzw. Informationsmodellen zusammengefaßt und archiviert werden. Sollen einzelne Prozesse der Produktentwicklung geplant werden, so ist es erforderlich, den *Umfang* der bei der Abwicklung eines Auftrags auszuführenden *Tätigkeiten* nach Art und Anzahl der zu erstellenden *Dokumente* zu bestimmen. Ferner sind inhaltliche Abhängigkeiten zwischen einzelnen Dokumenten, die die zeitliche Abfolge der Einzelprozesse zur Dokumentenerstellung determinieren, zu berücksichtigen. Diese *Abhängigkeiten* werden in auftrags- bzw. produktspezifischen Dokumentenstrukturen abgebildet [10].

Bei der Nutzung von Auftragsstrukturen sind zur Unterstützung der Steuerung für die einzelnen durchzuführenden Aufgaben Listen zu erstellen, die neben Terminen auch Angaben über die *Aufgabeninhalte* enthalten [13]. Im SUKITS-Kontext werden dabei unter Aufgaben immer solche Bündelungen von Tätigkeiten verstanden, die die Erzeugung abgeschlossener Dokumente zum Ziel haben.

Die in der Auftragsstruktur verankerten Informationen über zu erstellende Dokumente können im Rahmen der *Auftragskontrolle* genutzt werden. Durch eine Verfolgung des Erstellungsfortschritts der einzelnen Dokumente kann Transparenz über den aktuellen Zustand eines Auftrags erzeugt werden. Hierzu trägt auch die Nutzung der einheitlich aufgebauten Partialstrukturen bei. Mit der so geschaffenen Transparenz bezüglich des Auftragsfortschritts ist die Voraussetzung für eine frühzeitige Nutzung von Informationen im Sinne des Simultaneous Engineering und damit für eine wesentliche Beschleunigung der Abläufe geschaffen.

Strategien zur Auftragsveranlassung

Auf Basis der Termin- und Kapazitätsplanung ist für den Entwickler eine Entscheidungsunterstützung zur optimalen *Auswahl* seiner *Entwicklungsaufgaben* bereitzustellen. Jeder Entwickler hat in der Regel eine Liste von Tätigkeiten zu bearbeiten, die ihm in einer ungeordneten Reihenfolge zur Verfügung stehen.

Aufgrund der Vielzahl unterschiedlicher Kriterien benötigt der Entwickler eine Entscheidungsunterstützung, welche dieser Tätigkeiten erstrangig von ihm bearbeitet werden sollen. In Abb. 2.9 ist die Einordnung der *Entscheidungsunterstützung* innerhalb der Produktentwicklung dargestellt. Die aufgeführten zusätzlichen Einflußgrößen müssen ebenfalls bei der Entscheidungsfindung in Form von Prämissen eingebunden werden können.

Die wesentlichen *Kriterien*, welche in eine *Entscheidungsfindung* einfließen, sind:

- externe Prioritäten der Entwicklungsaufträge, z.B. zur Berücksichtigung von "Chef"-Aufträgen;
- einzuhaltende Fertigstellungstermine der Termin- und Kapazitätsplanung;
- die Verfügbarkeit der Eingangsdokumente, um im Rahmen eines Simultaneous Engineering Aufgaben, deren Eingangsdokumente komplett verfügbar sind, zu bevorzugen;
- die voraussichtliche Bearbeitungsdauer einer Aufgabe; hier sollten kurz dauernden Aufgaben der Vorzug gegeben werden, um insgesamt kurze Durchlaufzeiten zu erhalten;
- In Abhängigkeit vom Aufgabentyp (Erstbearbeitung, Variante, Änderung) müssen unterschiedliche Kategorien definiert werden können.

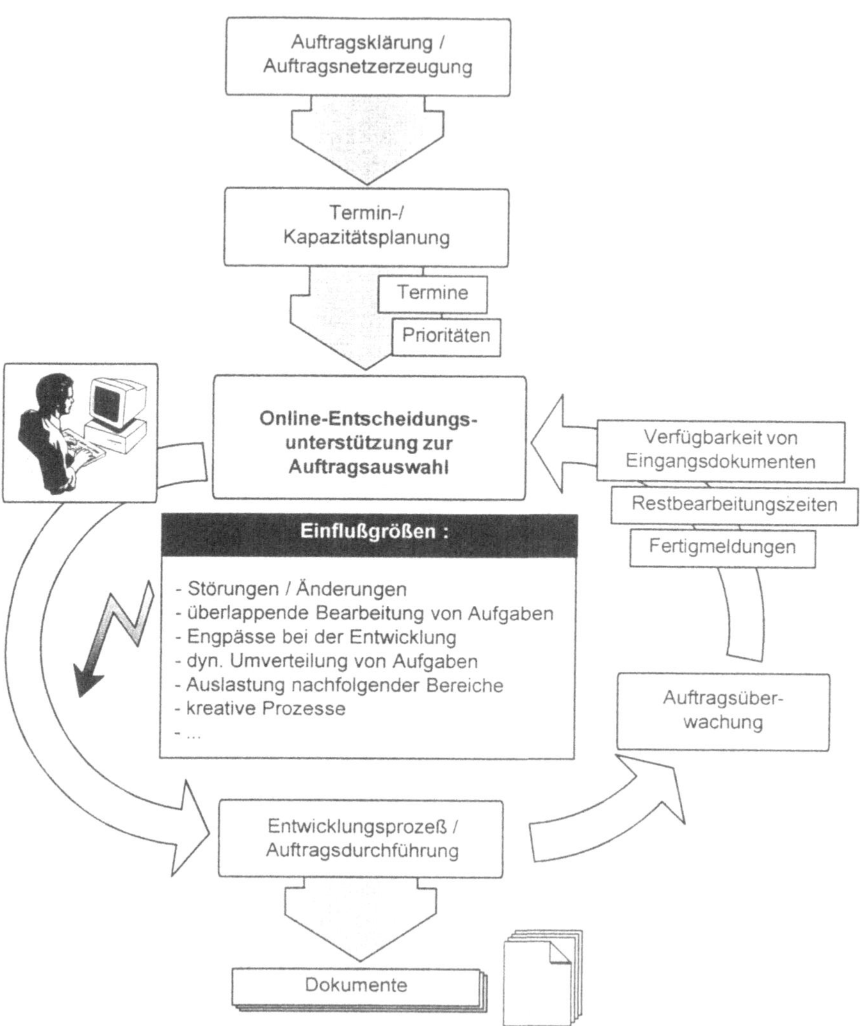

Abb. 2.9 : Entscheidungsunterstützung bei der Auftragsauswahl
in der Produktentwicklung

Auf Basis der unterschiedlichen Eingangskriterien ist eine Entscheidung zu fällen, welche der anstehenden Aufgaben die höchste Wichtigkeit hat. Dabei sind die Kriterien für jede Aufgabe (Konstruktion, Arbeitsplanung etc.) hinsichtlich Anzahl, Ausprägung und deren Zusammenwirken unterschiedlich. Als anwendbares Verfahren zur Entscheidungs-findung für diese Aufgabenstellung bietet sich die *Fuzzy-Decision* an [22]. Mit diesem Verfahren können in Abhängigkeit des Arbeitsplatztyps (Detailkonstruktion, Arbeitspla-nung, NC-Programmierung) unterschiedliche Entscheidungsregeln definiert werden und die einzelnen Kriterien vom Benutzer einzeln gewichtet werden. Dem Entwickler wird am

Arbeitsplatz somit die Wichtigkeit der einzelnen Aufgaben dargestellt, so daß er eine gesicherte Entscheidung treffen kann, in welcher Reihenfolge er die Dokumente bearbeiten soll. Da es sich bei der Entwicklung um einen äußerst kreativen Prozeß handelt, obliegt letztendlich dem Entwickler die endgültige Entscheidung, so daß die Entscheidungsunterstützung nur einen Vorschlag zur Auftragsauswahl darstellt.

Störungs- und Änderungsmanagement

Die Entwicklung eines Einzelteils bzw. einer Baugruppe ist ein iterativer Prozeß, der von einer Vielzahl von Schleifen und Änderungen begleitet ist. Allgemein werden Änderungen oder unvorhergesehene Ereignisse im Entwicklungsprozeß als *Störungen* bezeichnet.

Zielsetzungen eines entsprechenden *Störungsmanagements* sind

- ein geregeltes und dokumentiertes Änderungswesen,
- die Durchführung schneller Rückgriffe bei fehlerhaften Dokumenten,
- die unverzügliche Berücksichtigung extern induzierter Änderungen (z.B. geänderte Kundenanforderungen) sowie
- die schnelle Umsetzung intern induzierter Änderungen (z.B. Verbesserungsvorschläge, Fehler).

Bei der Behandlung von Änderungen wird grundsätzlich zwischen *extern* und *intern induzierten Änderungen* unterschieden. Extern induzierte Änderungen haben ihre Ursache außerhalb des betrachteten Szenarios und können z.B. durch veränderte Kundenwünsche entstehen. Intern induzierte Änderungen treten auf, wenn innerhalb der betrachteten Dokumentenkette z.B. Verbesserungswünsche aufkommen und durchgesetzt werden sollen. Demgegenüber sind bei Fehlern Rückgriffe erforderlich, bei denen erst die Fehlerursache festgestellt werden muß. So kann z.B. eine Änderung erforderlich werden, wenn der Werker bei der Einzelteilfertigung feststellt, daß in einem von ihm zu verwendenden NC-Programm Fehler auftreten.

Der grundsätzliche Ablauf des Störungsmanagements ist in Abb. 2.10 dargestellt. Um für die unterschiedlichen Fälle ein geeignetes Störungsmanagement zu erzielen, wurden zusätzliche Dokumente zur Verarbeitung von Rückgriffen und Änderungen definiert. Hierzu zählen zum einen *Änderungsanfragen* zur Eingabe und Mitteilung allgemeiner Änderungswünsche, die von entsprechenden Instanzen (z.B. Projektmanager) geprüft werden, bevor sie Gültigkeit erlangen. Zum anderen existieren *Änderungsmitteilungen* zur genauen Beschreibung einer Änderung, so daß auf dieser Grundlage eine Überarbeitung durch sämtliche betroffenen Bereiche durchgeführt werden kann. Änderungsmitteilungen können sowohl bei unternehmensextern motivierten Änderungen (z.B. geänderte Kundenanforderungen) als auch bei intern auftretenden Modifikationen (z.B. technische Probleme, Verbesserungen) ausgelöst werden [20] (vgl. Abschnitt I.2.3).

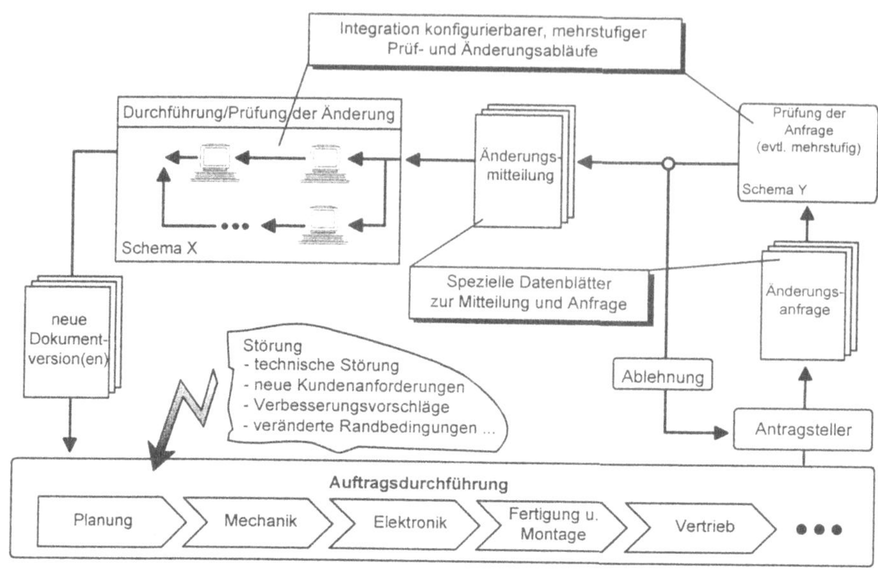

Abb. 2.10 : Ablauf des Änderungswesens bei Auftreten einer Störung

Bei der *Durchführung* einer *Änderung* oder Prüfung (Schema X in Abb. 2.10) wird folgende *Ablaufkette* vorgeschlagen, die von den verschiedenen betroffenen Bereichen zu durchlaufen ist:

- Sperren des fehlerhaften Dokuments (mit Angabe eines Sperrgrundes) durch den Verwender des Dokuments, der den Fehler entdeckt;
- Generieren einer Änderungsmitteilung für das gesperrte Dokument;
- Ändern des gesperrten Dokuments durch die entsprechende Abteilung;
- Wiederfreigabe und Erhöhen der Versionsnummer des geänderten Dokuments;
- Sperren der Folgedokumente des geänderten Dokuments;
- Generieren von Änderungsaufträgen für die gesperrten Folgedokumente;
- falls erforderlich: Ändern der gesperrten Folgedokumente;
- Wiederfreigabe und, falls geändert wurde, Versionsnummererhöhung;
- bedingtes Sperren der Folgedokumente der geänderten Folgedokumente usw.

Das Generieren der *Änderungsaufträge* kann nicht vollautomatisch geschehen, vielmehr ist dies interaktiv von einer *berechtigten Stelle* (z.B. Auftragsleitstelle) vorzunehmen. Der CIM-Manager kann hierbei zwar Unterstützung leisten (z.B. Auflisten der anzupassenden Dokumente), die Änderungstermine müssen jedoch von der verantwortlichen Stelle bestimmt werden. Die Abwicklung der Änderung erfolgt nach dem dargestellten Schema, bis alle betroffenen Dokumente wieder freigegeben und ggf. angepaßt wurden und die gesamte Dokumentenkette somit wieder in einem konsistenten Zustand ist (vgl. Abschnitt I.3.2).

In diesem Zusammenhang sind zur übergreifenden *Abstimmung* und *Kommunikation* zwischen den involvierten Bereichen die entwickelten multimedialen Werkzeuge eine wesentliche Unterstützung bei der Kommunikation (vgl. Abschnitt I.3.4). Beispielsweise erfordert die Freigabe von Dokumenten i.d.R. die vorherige Prüfung ein oder mehrerer Instanzen (z.B. Freigabe durch Abteilungsleiter). Ein Prüf- bzw. Freigabeprozeß wird als Bestandteil des Aufgabennetzes integriert und ein zu prüfendes Dokument über "Teilfreigaben" an die entsprechenden Instanzen verschickt (vgl. Abschnitt I.3.3).

2.1.6 Kooperative Entwicklung komplexer Produkte

Während im bisherigen Projekt der Schwerpunkt auf der vertikalen Integration, d.h. entlang der Zeitachse lag, ist für die Entwicklung komplexer Produkte die *horizontale Integration*, d.h. die Integration der verschiedenen Konstruktionsabteilungen, wie die mechanische, elektrische, hydraulische / pneumatische Konstruktion und SPS-Programmentwicklung, aufgrund des zunehmend mechatronischen Charakters innovativer Produkte von fundamentaler Bedeutung (Abb. 2.11).

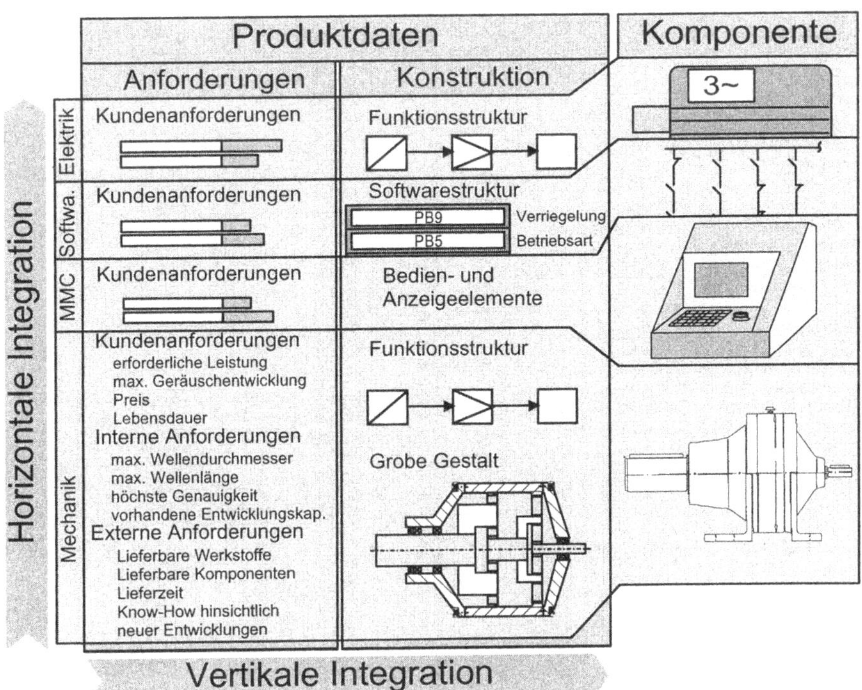

Abb. 2.11 : Vertikale und horizontale Integration bei der Entwicklung komplexer Produkte

Dies wird auch durch eine Umfrage, die durch das WZL bei verschiedenen Maschinenbauunternehmen durchgeführt wurde, bestätigt [31, 1]. So wurde als dringlichstes Handlungsfeld zur Verbesserung der Auftragsabwicklung in diesen Unternehmen die *Verbesserung* der *Zusammenarbeit* der mechanischen und elektrischen Konstruktion gesehen. Dabei beinhaltet die mechanische auch die fluidtechnische Konstruktion und die elektrische Konstruktion auch die SPS-Programmierung.

Problemstellungen bei der horizontalen Integration

Die horizontale Integration wird durch eine Reihe von *Randbedingungen erschwert* (s. Abb. 2.12). Beispielsweise haben die Mitarbeiter entlang des vertikalen Entwicklungsablaufes in der Regel eine maschinenbauliche oder eine ähnliche Ausbildung und haben daher in den Zeichnungen, Arbeitsplänen und NC-Programmen eine Kommunikationsgrundlage, die alle Beteiligten verstehen. Dies ist bei der horizontalen Integration nicht mehr der Fall. Hier müssen unter anderem Elektrokonstrukteure, Softwareentwickler und Mechanikkonstrukteure miteinander kommunizieren. Daher ist die Verfügbarmachung von Dokumenten alleine noch kein Ansatz zur Verbesserung der abteilungsübergreifenden Zusammenarbeit. Zusätzlich zu diesen ausbildungsbedingten Problemen wird der Informationsaustausch auch durch die räumlichen und organisatorischen Randbedingungen beeinflußt. So hat sich in Untersuchungen gezeigt, daß diese Abteilungen in der Regel organisatorisch und räumlich getrennt sind, was die Kommunikation entsprechend erschwert [1].

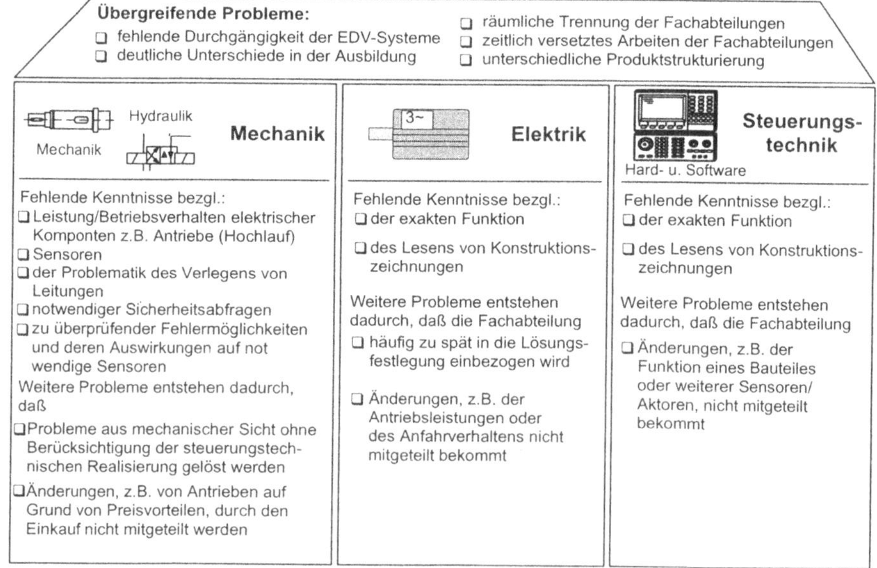

Abb. 2.12 : Problemstellung bei der bereichsübergreifenden Entwicklung

Ein weiteres Problem ergibt sich durch die Nutzung der *fachspezifischen CAX-Systeme* - Elektro-CAD, SPS-Programmiersysteme etc. Hierdurch sind Brüche im Informationsfluß bisher unvermeidlich [25]. So findet sich eine Komponente wie z.B. ein Elektromotor, in verschiedenen Dokumenten wieder, ohne daß ein Bezug zwischen diesen verschiedenen Dokumenten und insbesondere der Komponente existiert. Der CIM-Manager bietet zwar die Möglichkeit zur Verknüpfung von Dokumenten, es können jedoch keine Verknüpfungen zwischen den verschiedenen Darstellungen und Beschreibungen einer Komponente und damit eines speziellen Teiles eines Dokumentes hergestellt werden.

Abb. 2.13 verdeutlicht, wie *unterschiedlich* die verschiedenen *Sichtweisen* der Fachabteilung auf ein und dieselbe Komponente – hier einen Elektromotor – sein können. Für den Mechanikkonstrukteur sind die relevanten Informationen u.a. die geometrischen Abmaße zum Anschluß des Antriebes sowie der erforderliche Bauraum. Diese Informationen sind in der Zusammenbauzeichung der Baugruppe dokumentiert. Für den Elektrokonstrukteur sind die relevanten Informationen die Anschaltung des Antriebes, die erforderliche Verkabelung und Leistungsversorgung. Dies wird in einem Stromlaufplan dokumentiert. Der Steuerungstechniker wiederum, der das Ein- und Ausschalten sowie die Fehlerüberwachung projektieren muß, dokumentiert seine Arbeit in einer Funktionsbeschreibung, einem Funktionsablaufplan und einem SPS-Programm.

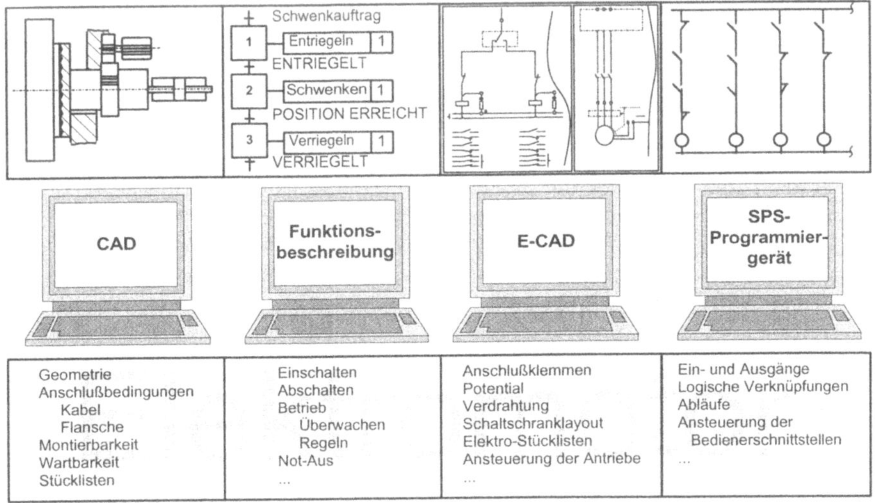

Abb. 2.13 : Abteilungsspezifische Sichtweisen auf eine Komponente

Ein weiteres Problem stellt die konsistente Bereitstellung einer *fachspezifischen Produktstruktur* dar. Diese ist für die zielgerichtete fachspezifische Arbeit jedoch erforderlich. Eine detaillierte Analyse einer Werkzeugmaschine offenbart, wie unterschiedlich die Produktstrukurierung in den verschiedenen Fachdisziplinen ist (s. Abb. 2.14).

Eine weitere Schwachstelle in der Zusammenarbeit und im Informationsfluß zwischen den verschiedenen Konstruktionsabteilungen ist häufig die *zu späte Einbeziehung einzelner Abteilungen* in die Produktentwicklung. Daher werden häufig Lösungen gewählt, die aus Sicht einer Abteilung optimal sind, die jedoch von einem aus Sicht aller Konstruktionsabteilungen möglichen Gesamtoptimum einer Lösung weit entfernt sind. Dies bezieht sich sowohl auf die Auswahl einzelner Komponenten, als auch auf die Realisierung von Funktionen durch die einzelnen konstruktiven Bereiche.

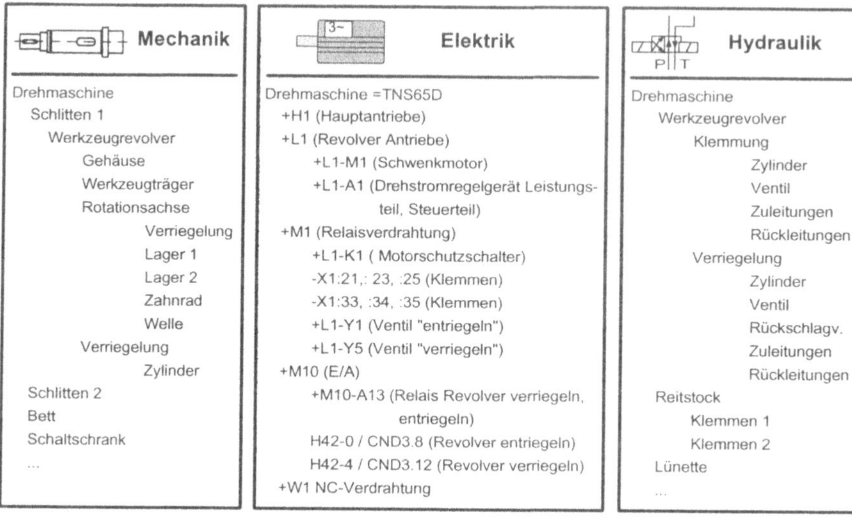

Abb. 2.14 : Fachspezifische Produktstrukturen

Ein weiterer Schwachpunkt in der bereichsübergreifenden Entwicklung ist die unzurei-
chende oder fehlende *Information nachgelagerter Abteilungen* über geänderte Funktionen,
Komponenten und Abläufe. Daraus entstehen vermeidbare Fehler, die häufig erst in der
Inbetriebnahme entdeckt werden. Die Problemstellungen, die bei der fachübergreifenden
Zusammenarbeit existieren, sind in Abb. 2.12 zusammengefaßt.

Werkzeug zur Verbesserung der kooperativen Produktentwicklung

Ziel eines *Werkzeuges* zur *Verbesserung* der *abteilungsübergreifenden Zusammenarbeit*
bei der Produktentwicklung muß es also sein, die frühzeitige Einbeziehung aller Konstruktionsabteilungen zu ermöglichen, den Informationsaustausch zu verbessern und gleichzeitig die Anforderungen der verschiedenen Fachabteilungen, z.B. hinsichtlich einer fachspezifischen Produktstruktur, zu erfüllen.

Es gibt eine Reihe von *Ansätzen*, die die *Verbesserung* des *Informationsaustausches*
anstreben und damit das Simultaneous Engineering und Concurrent Engineering unterstützen sollen [14, 9, 3]. Es gibt jedoch bisher kein Werkzeug, welches die frühen Phasen der
Produktentwicklung, in denen beispielsweise die Produktstruktur oder die Stücklisten
noch gar nicht vollständig vorliegen, unterstützt. So ist die Erzeugung einer für die abteilungsinterne Arbeit erforderlichen fachspezifischen Produktstrukturierung nicht möglich.

Da Dokumente in der Regel erst weitergeleitet werden, wenn sie vollständig erstellt
sind, ist darüber hinaus bei einem dokumentenbasierten Integrationsansatz die frühzeitige
Einbeziehung aller Fachabteilungen nur bedingt möglich, auch wenn der CIM-Manager
mit der Verknüpfung von Produktstruktur und Entwicklungsabläufen hier einen ersten
Verbesserungsansatz liefert. Jedoch kann die horizontale Integration aufgrund der alleini-
gen Verknüpfung der Informationen auf Dokumentenebene durch dieses System nicht

entscheidend verbessert werden. Während bei der vertikalen Integration immer von einer Fertigungszeichnung für ein Einzelteil ausgegangen werden kann und eine 1:1-Verknüpfung z.B. zwischen Fertigungszeichnung und NC-Programm besteht, ist dies für die o.g. abteilungsübergreifend relevanten Dokumente nicht mehr der Fall. Daher kann für die *vertikale Integration nicht* mehr das *Dokument* die *kleinste Informationseinheit* sein.

Aufgrund der genannten Schwachstellen und Anforderungen muß eine *feingranulare Informationsebene* realisiert werden, die die Zusammenarbeit der verschiedenen Konstruktionsabteilungen verbessert (s. Abb. 2.15). Für den Bereich der Kunststofformteilentwicklung wird diese Problematik in Abschnitt I.2.2 beschrieben.

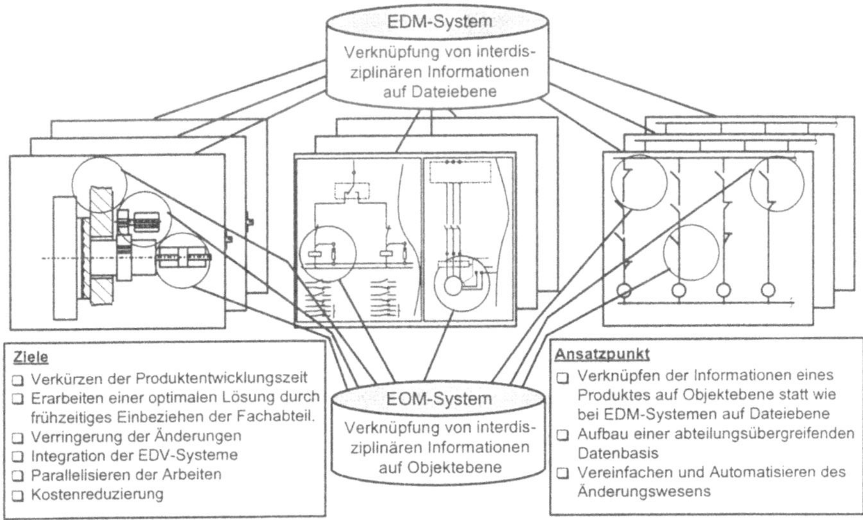

Abb. 2.15 : Horizontale Integration auf Konstruktionsobjektebene

Diese feingranulare Ebene muß Daten zu einem Konstruktionsobjekt beinhalten und zur Verfügung stellen können. Zusätzlich ist eine Verknüpfung zwischen den verschiedenen Sichtweisen auf eine Komponente herzustellen, um eine *Konsistenzsicherung* der Daten zu ermöglichen. Hierzu sind die verschiedenen CAX-Systeme um die Funktionalitäten zur Eingabe dieser Daten zu erweitern und es sind Werkzeuge zu entwickeln, die die Verknüpfung der verschiedenen Sichtweisen erzeugen und überwachen. Weiterhin ist ein Kommunikationssystem bereitzustellen, welches den Informationsfluß zwischen den verschiedenen Systemen unterstützt.

Basierend auf den Arbeiten des Lehrstuhls für Werkzeugmaschinen im SUKITS-Projekt und angrenzenden Forschungsvorhaben, wie z.B. dem Sonderforschungsbereich 361 "Modelle und Methoden zur integrierten Produkt und Prozeßgestaltung" [8], sowie den Erfahrungen, die in einigen Industriearbeitskreisen gemacht wurden [31], wird zur Zeit ein Prototyp zur Unterstützung der bereichsübergreifenden Produktentwicklung konzipiert und realisiert. Der Schwerpunkt liegt hier auf der *Integration* der Elektrokonstruktion, der hydraulischen und pneumatischen Konstruktion sowie der SPS-Projektierung unter Einbeziehung der mechanischen Konstruktion.

Kernelement des Systems ist ein Objektbrowser, der den Zugriff auf die Komponenten und die zugehörigen Daten ermöglicht. Er unterstützt dabei sowohl die schrittweise Detaillierung und Konkretisierung eines Produktes und seiner Komponenten als auch den Informationszugriff. Unter *Detaillieren* wird dabei das weitere Aufteilen einer Aufgabe bzw. Funktion in Teilelemente verstanden [29, 24, 18]. Dies könnte z.B. die Detaillierung einer Funktionsstruktur in einer Teil-Funktionsstruktur sein. *Konkretisieren* bedeutet die schärfere Festlegung einer Realisierungsalternative [29, 24, 18]. Dies wäre beispielsweise die exakte Auswahl eines Getriebemotors aus dem Katalog eines Herstellers oder auch nur die schärfere Festlegung eines produkt- bzw. komponentenbeschreibenden Parameters.

In der Phase der Konkretisierung bietet der Objektbrowser dem Konstrukteur *mögliche Lösungen*, z.B. für die Realisierung eines Antriebes, an. In Abb. 2.16 ist dargestellt, wie die Angaben zu einem Antrieb immer weiter spezifiziert werden. Zunächst wird nur ein Antrieb mit den technischen Daten "Leistung, Drehzahl und Drehmoment" definiert. Wird dann ein elektrischer Antrieb als optimale Lösung gewählt, werden die entsprechenden Daten abgefragt und in diesem Fall durch den Elektrokonstrukteur ergänzt. Diese Konkretisierung wird soweit durchgeführt, bis ein Bauteil, welches der Spezifikation entspricht, aus einem Katalog ausgewählt werden kann. Die vom System angebotenen Lösungen können dabei selbstverständlich jederzeit um neue Entwicklungen und Möglichkeiten ergänzt werden.

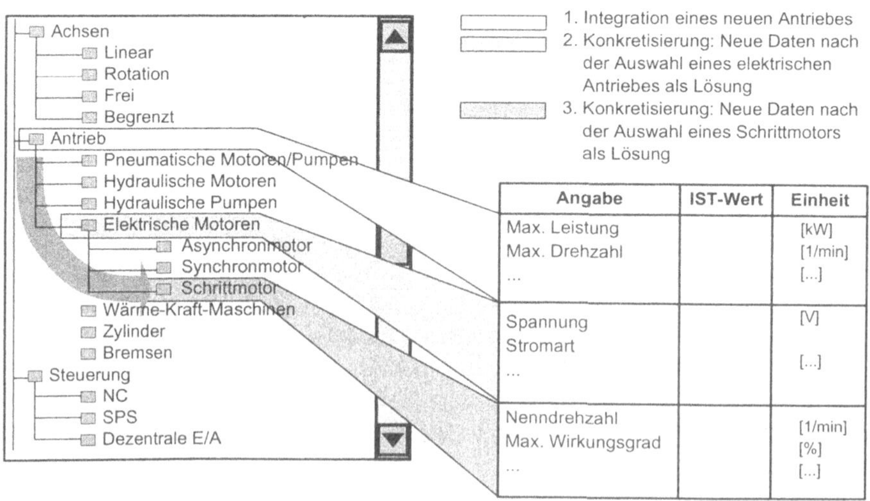

Angabe	IST-Wert	Einheit
Max. Leistung		[kW]
Max. Drehzahl		[1/min]
...		[...]
Spannung		[V]
Stromart		
...		[...]
Nenndrehzahl		[1/min]
Max. Wirkungsgrad		[%]
...		[...]

Abb. 2.16 : Schrittweise Konkretisierung einer Baugruppe

Der Objektbrowser unterstützt auch die *Integration neuer Komponenten* in die fachspezifischen Produktstrukturen und damit die schrittweise Detaillierung. Werden beispielsweise durch einen Mechanikkonstrukteur erforderliche Sensoren für die Endlagenüberwachung einer Achse in eine Baugruppe integriert, so wird diese Information anderen Mitarbeitern mit Hilfe des Objektbrowsers zur Verfügung gestellt (s. Abb. 2.17). Im linken Maskenteil sind die zusätzlich eingesetzten Komponenten dargestellt. Diese sind nun per Drag&Drop in die im rechten Teil dargestellte SPS-Produktstruktur zu integrieren, um dann entsprechend bei der Projektierung und Programmierung berücksichtigt zu werden. Durch dieses Vorgehen wird auch die konsistente Entwicklung in allen Entwicklungsabteilungen unterstützt.

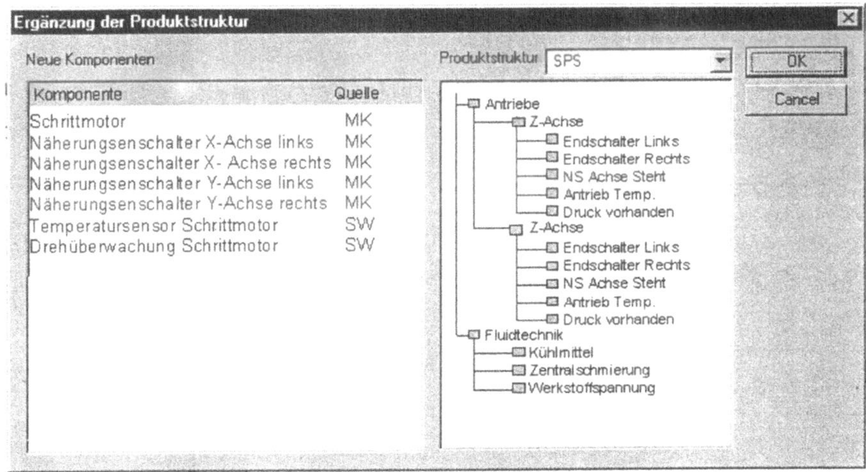

Abb. 2.17 : Schrittweise Detaillierung der fachspezifischen Produktstruktur

Auch für den *Zugriff* auf *Komponenten* und die entsprechenden Daten wird der Objektbrowser eingesetzt. Dabei können verschiedene Zugriffsweisen gewählt werden:

- Zugriff über die fachspezifische Produktstruktur
- Zugriff über die Auftragsspezifikation bzw. das dynamische Pflichtenheft

Abb. 2.18 zeigt beispielhaft, wie über die *fachspezifische Produktstruktur* auf eine Komponente *zugegriffen* wird und die Daten durch den Konstrukteur weiter *spezifiziert* und *ergänzt* werden können. Dargestellt sind hier die technischen Daten zum "Endschalter Links". In diesem Fallbeispiel können die Daten nun durch den SPS-Programmierer um die Eingangsbelegung der SPS-Steuerung sowie die erforderliche Schaltzeit des Sensors ergänzt werden.

Die *Ansätze,* die bisher im *SUKITS-Projekt* entwickelt wurden und hier insbesondere die Termin- und Kapazitätsplanung sowie das Änderungsmanagement, können sehr gut in dieses EDV-System *integriert* werden und bieten eine gute Grundlage für dessen zielgerichtete Realisierung.

Das hier skizzierte Werkzeug kann den *Informationsfluß* aufgrund des gewählten Ansatzes zur Informationsbereitstellung auf *Komponentenebene* zwischen den verschiedenen Konstruktionsabteilungen *verbessern.* Insbesondere wird eine Zusammenarbeit schon in den frühen Phasen der Produktentwicklung ermöglicht. Durch die Parallelisierung der Arbeiten der verschiedenen Konstruktionsabteilungen kann die Produktentwicklungszeit durch die Vermeidung von Iterationsschleifen reduziert, die Entwicklungskosten verringert und die Produktqualität erhöht werden. Anwendung kann das System bei der Entwicklung komplexer Produkte finden, an der Abteilungen verschiedener Fachrichtungen beteiligt sind.

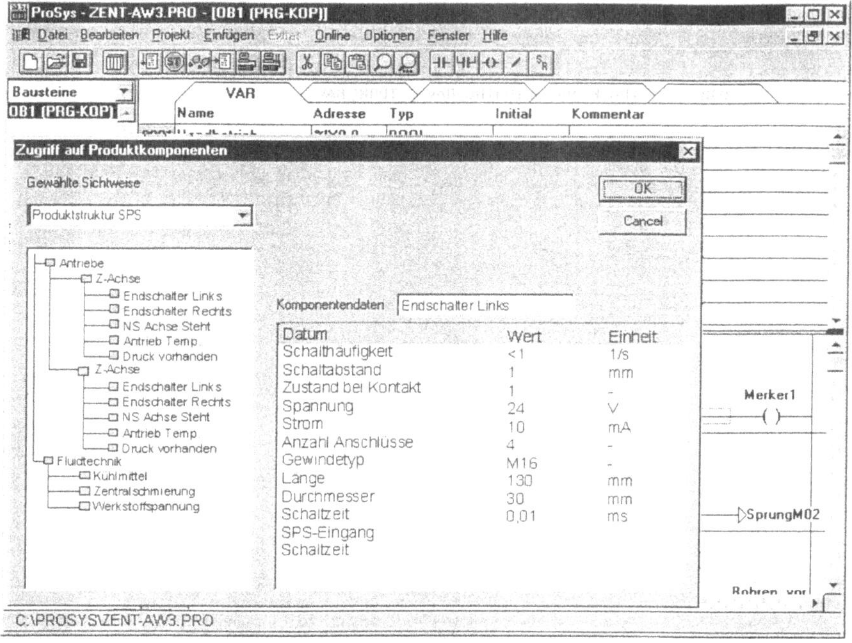

Abb. 2.18 : Zugriff auf Produktkomponenten

Literatur

[1] Assmann, S.: Methoden und Hilfsmittel zur abteilungsübergreifenden Projektierung komplexer Maschinen und Anlagen, Dissertation RWTH-Aachen 1996

[2] Boyd, S.: Process-Driven Workflow in: Fisher, L.: New Tools for New Times: The Workflow Paradigm, Second Edition, Future Strategies Inc., Lighthouse Point, 1995, S. 15–24

[3] Bullinger, H.-J., Fischer, D., Wißler, K.F.: Rapid Product Development: Schneller von der Idee zum innovativen Produkt, Industrie Management 13 (1997) 1, S. 52–54

[4] DIN 199, Technische Zeichnungen, in: DIN-Taschenbuch 2, Zeichnungswesen, Berlin, 1980

[5] Eversheim, W.: Organisation in der Produktiontechnik, Bd. 3: Arbeitsvorbereitung, Düsseldorf, 1989

[6] Eversheim, W.: Organisation in der Produktionstechnik, Bd. 2: Konstruktion, Düsseldorf, 1990

[7] Eversheim, W., Michaeli, W., Nagl, M., Spaniol, O., Weck, M.: The SUKITS-Project: An Approach to A-posteriori-Integration of CIM Components, Proc. GI-Jahrestagung 92, Informatik Aktuell, S. 494–504, Berlin, Springer-Verlag 1992

[8] Eversheim, W. et.al.: SFB 361 Modelle und Methoden zur integrierten Produkt- und Prozeßgestaltung. Arbeits- und Ergebnisbericht 1995, RWTH Aachen

[9] Eversheim, W., Bochtler, W., Kölscheid, W.: Shortened Product Development Time by Means of Integrated Design and Process Planning, Beitrag auf der International Conference on Rapid Product Development – RPD, 1996

[10] Eversheim, W., Pollack, A., Walz, M.: Auch Entwicklungsprozesse sind planbar, Work-Flow-Management unterstützt die Auftragsabwicklung, VDI-Z 136 (1994), Nr.6, Juni 1994, S. 78–83

[11] Eversheim, W., Pollack, A., Walz, M.: Dokumentenverwaltung im technischen Bereich. Engineering Data Management Newsletter. Januar 1994, S. 4–6

[12] Eversheim, W., Pollack, A., Walz, M.: Planung in der Produktentwicklung im Verbund, VDI-Bericht Nr. 1148, VDI-Verlag, Düsseldorf

[13] Eversheim, W., Pollack, A., Walz, M.: Work-Flow-Management im technischen Bereich, Engineering Data Management Newsletter. Februar 1994, S. 18–20

[14] Eversheim, W., Rozenfeld, H., Bochtler, W., Gräßler, R.: A Methology for an Integrated Design and Process Planning Based on a Concurrent Engineering Reference Model, Annals of the CIRP Vol. 44/1/1995, S. 403–406

[15] Eversheim, W., Ritz, P., Walz, M.: Einsatz einer Engineering Data Base – Erfahrungen und Potentiale, VDI-Bericht 1289, Düsseldorf 1996, S. 348–367

[16] Koulopoulos, T.: The Workflow Imperative: Building Real World Business, van Nostrand Reinhold, New York et al., 1995

[17] Krause, F.-L.: Verteilte Systeme zur Unterstützung teamorientierter Produktentwicklungsprozesse, Konstruktion 47 (1995), S. 395–400

[18] Kuttig, D.: Rechnerunterstützte Funktions- und Wirkstrukturverarbeitung beim Konzipieren. Dissertation TU-Berlin, 1993

[19] Lloyd, P., Whitehead, R.: Transforming Organisations Through Groupware, springer-Verlag, London 1996

[20] Menzenbach, D.: Aufbau einer integrierenden Infrastruktur für die durchgängige Rechnerunterstützung des Entwicklungsprozesses von Kunststofformteilen, Dissertation, RWTH Aachen 1995

[21] N.N.: Methodenlehre der Planung und Steuerung, München, 1985

[22] Roggatz, A.: Entscheidungsunterstützung für die frühen Phasen der integrierten Produkt- und Prozeßgestaltung, Dissertation, RWTH Aachen 1997

[23] Rozenfeld, H., Rentes, A., König, W.: Workflow Modelling for Advanced Manufacturing Concepts, Annals of the CIRP Vol. 43/1/1994, S. 385–388

[24] Rude, S.: Rechnerunterstützte Gestaltfindung auf der Basis eines integrierten Produktmodells. Dissertation TU-Berlin, 1991

[25] Spath, D., Osmer, U., Guinand, P.: 3D-Projektierung und Simulation komplexer Produktionssysteme am Beispiel SPS-gesteuerter Anlagen. Industrie Management 13 (1997) 1, S. 38 –41

[26] Schäl, T.: Workflow Management Systems for Process Organisations, springer-Verlag, Berlin, 1996

[27] Schwartz, J., Westfechtel, B.: Konfigurationsverwaltung in einer heterogenen CIM-Umgebung" in Buchmann (Hrsg.): Proc. STAK'94 (Softwaretechnik in Automatisierung und Kommunikation) S. 179–197, Berlin, vde-verlag, 1994

[28] Simon, A., Marion, W.: Workgroup Computing: Workflow, Groupware and Messaging, McGraw-Hill , New York, 1996

[29] Steinmetz, O.: Die Strategie der Integrierten Produktentwicklung. Vieweg-Verlag Braunschweig, 1993

[30] Weck, M.: Werkzeugmaschinen, Bd. 3: Automatisierung und Steuerungstechnik, Düsseldorf, 1989

[31] Weck, M., Assman, S., Pühl, S.: Abteilungsübergreifende Projektierung komplexer Maschinen und Anlagen, VDW-Bericht 0162, 1995

[32] Westfechtel, B.: Integrated Product and Process Management for Engineering Design Applications, Integrated Computer-Aided Engineering, Special Issue on Integrated Product and Process Management 3, 1, S. 20–35, 1996

2.2 Parallelisierung von Teilschritten der Kunststofformteilentwicklung

W. Michaeli, D. Menzenbach, K. Schlesinger
Institut für Kunststoffverarbeitung

Zusammenfassung

Um die Entwicklung von Kunststoffprodukten in ihrer Effizienz zu steigern, kommt der Reduzierung der Entwicklungszeiten bis zur Markteinführung oberste Priorität zu. In diesem Abschnitt wird daher der Entwicklungsprozeß auf seine Parallelisierbarkeit hin untersucht.

Dazu erfolgt zunächst die Modellierung des Prozeßablaufs unter Berücksichtigung moderner Konstruktionsmethodiken mit Hilfe des CIM-OSA-Ansatzes. Basierend auf der Analyse des erzeugten Modells, insbesondere der in den Einzelschritten verwendeten Ressourcen und Daten, werden Vorschläge für die Stauchung des Entwicklungsablaufs durch zeitlich vorgezogenes Einsetzen der einzelnen Schritte erarbeitet. Durch die Zuordnung von Risikogruppen kann die prognostizierte Zeiteinsparung gegen das erhöhte Risiko der evtl. notwendigen Nacharbeit einzelner Schritte abgeschätzt werden.

Neben vorzeitigen Freigaben von Dokumenten bedingt diese Vorgehensweise auch die Weitergabe feingranularer Dokumentinformationen. Hierzu wurden im SUKITS-Projekt unter anderem die Hilfsmittel "Formteilgeometrie-Extraktionsroutine" und "Entwurfsnotiz" entwickelt, die ebenfalls vorgestellt werden.

2.2.1 Bedeutung der Entwicklungszeit für den Markterfolg

Vom Rechnereinsatz in der Konstruktion erhoffen sich produzierende Unternehmen heute verschiedene Vorteile, die den Bereichen Zeit, Kosten und Qualität zuzuordnen sind. In einer Expertenbefragung [19] wurde die *Bedeutung* der in Abb. 2.19 dargestellten *Unternehmensziele* bewertet. Die Verringerung der Durchlaufzeit nimmt demnach den höchsten Stellenwert ein.

Bei der Analyse des Entwicklungsprozesses hat sich gezeigt, daß viele Abläufe bislang noch weitgehend sequentiell durchgeführt werden. Um einen möglichst flexiblen und schnellen Ablauf in der Entwicklung zu erhalten, ist in vielen Fällen eine *Parallelisierung* von *Arbeitsschritten* im Sinne des Simultaneous Engineering notwendig [16, 38]. Um dies zu erreichen, wurden die Arbeitsbereiche bei der Formteilentwicklung einzeln auf ihre Parallelisierbarkeit hin untersucht [14].

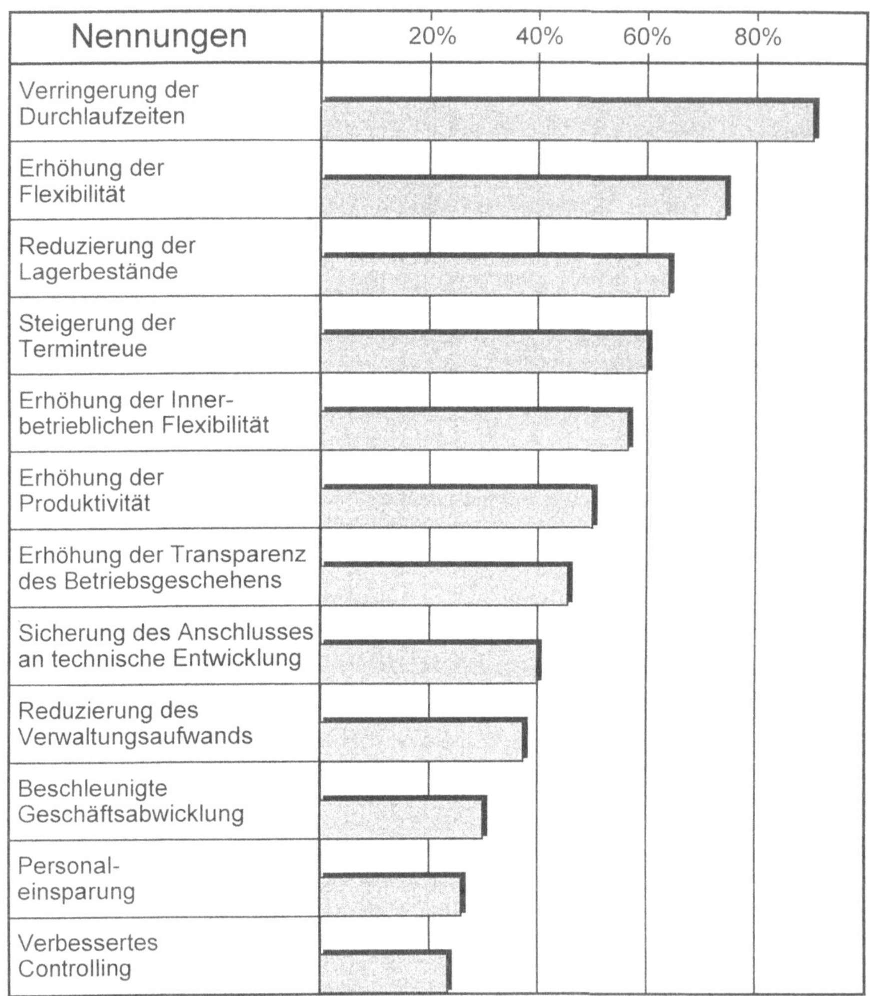

Abb. 2.19 : Bewertung von Unternehmenszielen durch die Unterstützung von CIM

2.2.2 Besonderheiten des Entwicklungsprozesses von Kunststofformteilen

Die Konstruktion von Kunststoffspritzgußteilen stellt eine Spezialform des allgemeinen Konstruierens dar [39, 54]. Spritzgußteile zeichnen sich nicht durch die Zugehörigkeit zu einer bestimmten Branche oder die Erfüllung gleicher oder ähnlicher Teilfunktionen aus, sondern werden nach dem gleichen Fertigungsverfahren hergestellt. Ein *methodisches Vorgehen* muß sich daher nach Schmitz [54] weniger an der Funktion als vielmehr an den *spezifischen Anforderungen* orientieren, die sich aus dem Werkstoff Kunststoff und dem Fertigungsverfahren Spritzgießen ergeben.

Bei der Herstellung von Kunststofformteilen fallen zwei unterschiedliche Produktionsarten zusammen, nämlich einerseits die *Einzelfertigung* des *Werkzeuges* und andererseits die Serien- bzw. *Massenfertigung* des *Kunststofformteils* [43]. Abb. 2.20 zeigt einige Merkmale dieser Dualität im Entwicklungsprozeß, wie z.B. unterschiedliche Stückzahlen oder auch anders ausgerichtete Hauptziele.

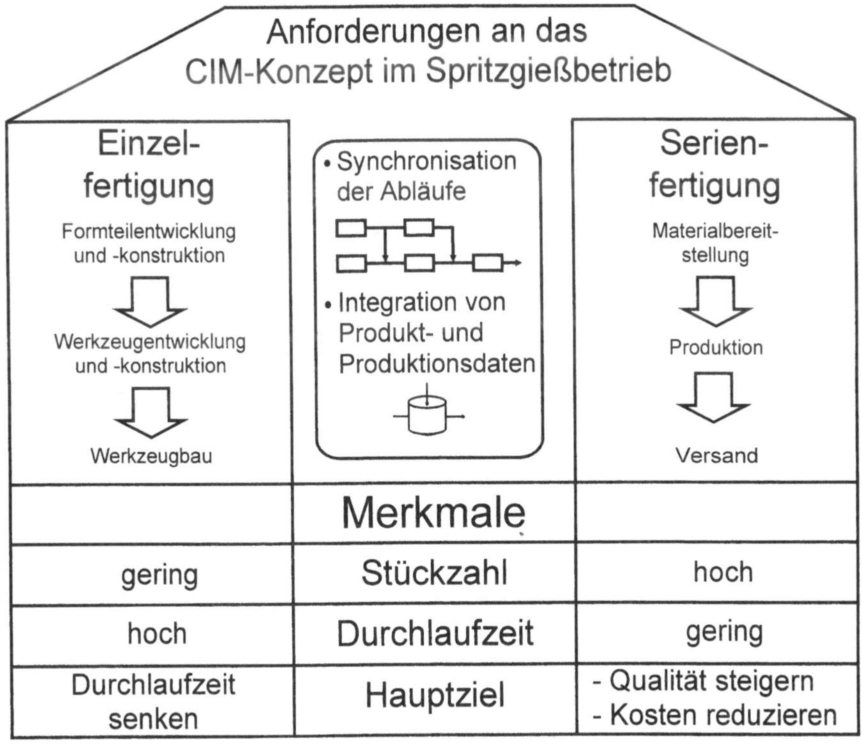

	Merkmale	
gering	Stückzahl	hoch
hoch	Durchlaufzeit	gering
Durchlaufzeit senken	Hauptziel	- Qualität steigern - Kosten reduzieren

Abb. 2.20 : Dualität im Entwicklungsprozeß von Kunststofformteilen [43]

Diese beiden charakteristischen *Produktionsarten* stehen darüber hinaus nicht einfach nebeneinander, sondern sind auf engste Weise *miteinander verflochten*. Das geht soweit, daß z.B. in manchen Fällen bei einer gewünschten Farbänderung des Kunststofformteils ein neues Spritzgießwerkzeug erstellt werden muß, da durch veränderte Schwindungseigenschaften des Materials vorgegebene Toleranzen nicht mehr eingehalten werden können. Dies zeigt, daß beide Fertigungsarten gemeinsam betrachtet werden müssen, um zu einem betriebsspezifischen Optimum zu gelangen.

Weiterhin muß berücksichtigt werden, daß mit der Fertigstellung des Werkzeuges die Produkteigenschaften noch nicht vollständig festgelegt sind. Die Qualität der Kunststofformteile hängt ebenfalls noch in starkem Maße von den *Produktionsparametern* ab.

Wichtige Einflüsse, wie z.B. Schwindung und Verzug, werden ihrerseits durch Größen wie Nachdruck oder Abkühlzeit entscheidend mitbestimmt.

2.2.3 Analyse von Unternehmensstrukturen

Seit der Euphorie um das Schlagwort "CIM" in der Mitte der achtziger Jahre ist eine erhebliche Ernüchterung bezüglich der Philosophie und der Realisierung eingetreten. Viele Unternehmen haben erkannt, daß der Einsatz informationsverarbeitender Technologien allein nicht zum Erfolg führt, wenn notwendige *organisatorische Voraussetzungen* nicht erfüllt sind [5]. Für jedes einzelne Unternehmen müssen die entsprechenden Strukturen in Form von Ablaufschemata aufgebaut werden, was in der Regel die ausführliche Analyse der bestehenden Abläufe voraussetzt.

Die *Analyse* des *Ist-Zustandes* liefert ein Bild der Ausgangssituation und der vorliegenden Schwachstellen im Unternehmen. Bei dieser Analyse wird ein Modell des Unternehmens erstellt, das die Strukturen und Abläufe aus unterschiedlichen Sichten darstellt. Für diesen Schritt wurde eine Vielzahl von Mechanismen und sogenannten Referenzmodellen entwickelt. Die meisten Ansätze beschreiben ein Unternehmen zumindest in Bezug auf

- Funktionen im Ablauf,
- erzeugte und verwendete Informationen sowie
- Organisationsstrukturen.

Die so gewonnenen Informationen über den Ist-Zustand dienen anschließend zur *Erstellung* von neuen Strukturen des Unternehmens in einem *Sollkonzept*. Hierbei erfordern Veränderungen der betrieblichen Abläufe häufig den Einsatz zu ihrer Umsetzung notwendiger Hilfsmittel, die zunächst integriert werden müssen. Daher umfaßt das Sollkonzept neben einer Verbesserung der Abläufe und Strukturen im Modell auch eine Planung der weiteren Vorgehensweise.

Als einzelne *Teilprojekte* für die *Realisierung* werden festgelegt:

- Teilprojekte für einzelne Punkte im Ablauf

Diese Projekte zielen auf bestimmte Schwachstellen in Teilbereichen des Entwicklungsprozesses. Es werden z.B. Hilfsmittel erarbeitet wie spezielle Makros für CAD-Systeme oder Vereinfachungen in NC-Programmiersystemen.

- Integrierende Teilprojekte

Die Projekte für die einzelnen Teilbereiche müssen durch übergeordnete, integrierende Teilprojekte koordiniert und zusammengehalten werden. Hier werden z.B. Schnittstellenkonzepte erarbeitet oder auch übergreifende Ablaufstrukturen festgelegt.

Für die Durchführung der Teilprojekte wird in der Regel ein *Projektleiter* bestimmt, der über eine direkte fachliche Weisungsbefugnis gegenüber den weiteren Projektmitgliedern verfügen sollte [59]. Dieser überprüft die Erreichung der Ziele und reagiert entsprechend auf eventuelle Abweichungen.

Im folgenden soll die *Analyse* bzw. die formale *Darstellung* der *Betriebsstrukturen* und der *Abläufe* im Entwicklungsprozeß vorgenommen werden. Für diese Phase gibt es im

Bereich des CIM eine Reihe von Hilfsmitteln in Form von Modellierungsansätzen und Referenzmodellen [51, 4, 22, 30].

2.2.4 Modellierung der Unternehmensstrukturen von Spritzgießbetrieben

Zwischen dem Ende der 70er und der Mitte der 80er Jahre wurden in Amerika und Europa mehrere Ansätze zur Beschreibung von Fertigungssystemen entwickelt. Diese umfassen zum einen allgemeine *Beschreibungsformalismen* für Strukturen und Abläufe und zum anderen *Referenzmodelle*, d.h. "inhaltlich gefüllte konzeptionelle Modelle mit generell gültigen, von individuellen Besonderheiten freigehaltene Ausprägungen" [56, 17, 18].

Die für den hier betrachteten Bereich *wichtigsten Ansätze* sind:

- ICAM (Integrated Computer Aided Manufacturing [15, 9]),
- GRAI (Graph with Results and Activities Interrelated [11, 12, 55, 44, 45])
- ARIS (Architektur Integrierter Informationssysteme [50, 51, 49])
- CIM-OSA (CIM – Open Systems Architecture [58, 34, 35, 1, 29, 6, 36])

Die Ansätze sind nacheinander entstanden und bauen teilweise aufeinander auf. Die Vor- und Nachteile der einzelnen Modellierungsmethoden sollen an dieser Stelle nicht näher betrachtet werden; statt dessen sei auf die angegebene Literatur verwiesen.

Für die Beschreibung unterschiedlicher Modelle greifen die einzelnen Ansätze auf verschiedene Strukturierungs- und Planungsmethoden zurück. Insbesondere sind hier die eigens für ICAM entwickelten und später auch in anderen Modellierungsmethoden eingesetzten *Hilfsmittel* zur *Analyse* von *Informationsstrukturen* zu nennen:

- IDEF0:   Beschreibung des funktionalen Modells
- IDEF1:   Beschreibung des informationalen Modells
- IDEF2:   Beschreibung des dynamischen Modells

Die Gegenüberstellung der genannten Ansätze mit ihren jeweiligen Vor- und Nachteilen und die Bewertung hinsichtlich des Einsatzes für die Modellierung von Abläufen in Kunststoffprodukte entwickelnden Unternehmen hat ergeben, daß insbesondere der *CIM-OSA-Ansatz* durch seine breit angelegten Konzepte anwendbar erscheint. Die im CIM-OSA verwendeten Beschreibungsverfahren des ICAM-Modells bilden zudem hervorragende Basismechanismen [42].

Im folgenden soll die funktionsorientierte Beschreibung des technischen Systems mit Hilfe der in CIM-OSA verankerten *IDEF0-Beschreibung* erfolgen. Diese Repräsentationstechnik beruht weitgehend auf der sogenannten SADT-Methode. Die im Abschnitt I.2.3 behandelten Änderungsprozesse im Rahmen des Störungsmanagements bei der Entwicklung von Kunststofformteilen basieren hingegen schwerpunktmäßig auf der Informationssicht und der dynamischen Prozeßsicht des CIM-OSA-Ansatzes, die auf dem *IDEF1*-Ansatz bzw. dem *IDEF2*-Ansatz aufbauen.

Bei IDEF0 wird entsprechend SADT das zu untersuchende System nach dem *Top-Down-Ansatz* hierarchisch *ebenenweise* in *Einzelfunktionen* zergliedert. Die einzelnen

Teilfunktionen werden, wie in Abb. 2.21 gezeigt, durch Eingangs-, Ausgangs- und Steuerdaten sowie genutzte Ressourcen beschrieben. Durch eine Markierung im Diagramm (schwarze Ecke) kann auf eine weitere, detailliertere Beschreibung der jeweiligen Funktion verwiesen werden.

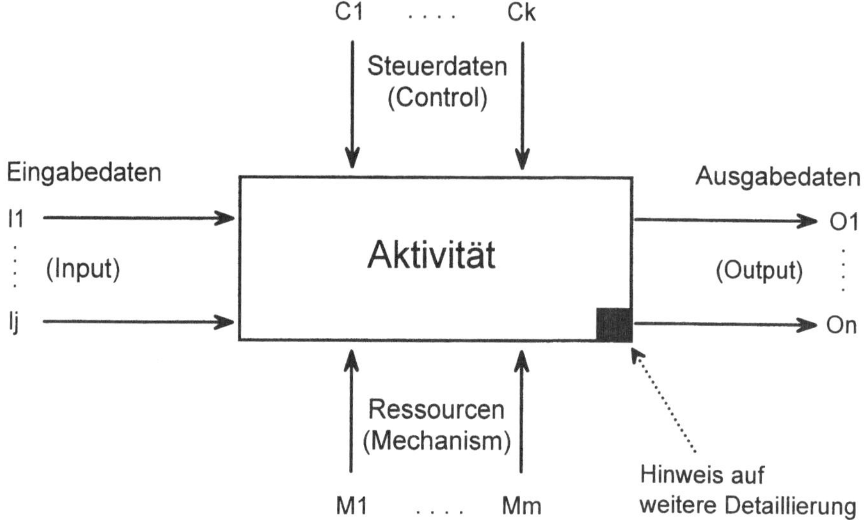

Abb. 2.21 : Prinzip der funktionalen Beschreibung in IDEF0 [56]

Um die Parallelisierung von Teilschritten im Entwicklungsprozeß und damit eine Reorganisation von Unternehmensbereichen zu erreichen, ist es zunächst erforderlich, zu *definieren, welche Bereiche* des *Prozesses* abgebildet werden sollen.

Die Entwicklung eines Kunststofformteils läßt sich grundsätzlich in *vier Teilbereiche* unterteilen, die durch eine Reihe von Wechselwirkungen eng miteinander verknüpft sind:

- Formteilkonstruktion,
- Werkzeugkonstruktion,
- Werkzeugfertigung und
- Formteilfertigung.

In der Praxis können die vier dargestellten Bereiche durchaus auf *verschiedene Firmen* verteilt sein. Das Spektrum reicht hier von Unternehmen, die mit dem gesamten Entwicklungsprozeß befaßt sind, bis hin zu sogenannten Lohnspritzern oder Werkzeugbaubetrieben ohne eigene Werkzeugkonstruktion. Für die Beschreibung der Abläufe soll zunächst vereinfachend der Fall angenommen werden, daß alle Bereiche im *selben* Unternehmen angesiedelt sind. Dieser Fall bezieht bereits eine *räumliche Trennung* der einzelnen Bereiche mit ein. Die zusätzliche organisatorische Trennung kann in späteren Untersuchungen relativ leicht durch Erweiterung der hier erarbeiteten Konzepte mit berücksichtigt werden.

Weiterhin wird der *Schwerpunkt* auf die *konstruktiven Bereiche* gelegt. Das bedeutet, daß die Fertigungsaspekte nur insofern berücksichtigt werden, als Wechselwirkungen mit den Konstruktionsbereichen auftreten.

Zur Strukturierung des Entwicklungsprozesses von technischen Bauteilen werden seit vielen Jahren verschiedenste Methodiken entwickelt. Eine Gegenüberstellung dieser Methodiken findet sich z.B. bei Lessenich-Henkys [39]. Eine spezielle Methodik zur Konstruktion von Spritzgußteilen wurde von Schmitz entwickelt [54]. Die von Schmitz entwickelte *methodische Vorgehensweise* zum *Konstruieren von Kunststofformteilen* findet in verschiedenen Unternehmen Verwendung [28, 21, 10, 27], so daß nun das Funktionsmodell des Entwicklungsprozesses in Anlehnung an diese Methodik erarbeitet wird.

Die *Teilbereiche* sind im Funktionsmodell nicht rein sequentiell verknüpft, sondern weisen in der Regel eine Reihe von *Iterationen* auf, wie Abb. 2.22 in Form eines SADT-Diagramms zeigt. Die schwarze Ecke in jedem Rechteck weist wiederum auf ein noch folgendes Unterdiagramm hin.

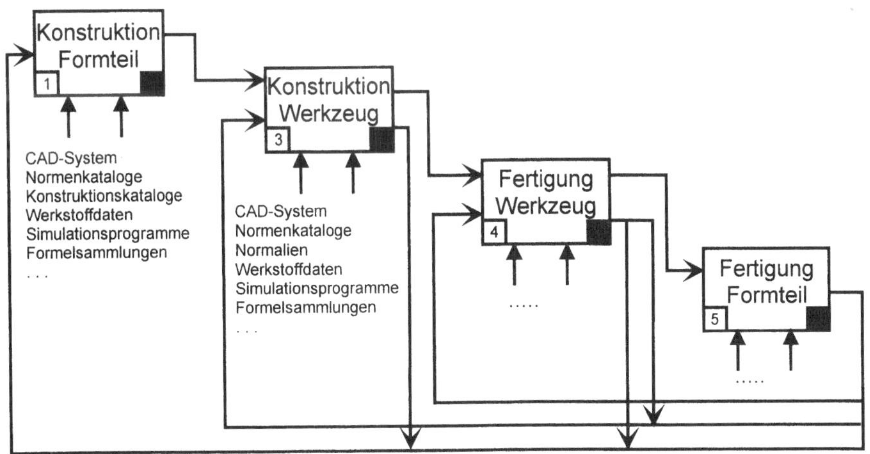

Abb. 2.22 : Überblick über den Gesamtprozeß in SADT

Im folgenden wird eine *detailliertere Darstellung* dieses Funktionsmodells für die *vier* einzelnen *Bereiche* vorgenommen. Dabei werden die Einzelschritte jeweils kurz verbal beschrieben, anschließend wird für jeden Bereich eine formale Darstellung in Form eines SADT-Diagramms vorgelegt. Abschließend erfolgt die formale Beschreibung durch die tabellarische Auflistung von benötigten Daten, benutzten Ressourcen und Ergebnisdaten.

Formteilkonstruktion

Erstellung der Anforderungsliste

Bei der Erstellung der Anforderungsliste wird der in der Regel von außen kommende Auftrag in definierte Anforderungen an das einzelne Kunststoffbauteil umgesetzt. Die stark auftragsabhängige Erstellung der Anforderungslisten erfolgt heute normalerweise ohne Programmunterstützung [57, 21]. Die Anforderungen umfassen z.B. mechanische und thermische Eigenschaften oder auch einzuhaltende Produktkosten.

Konzeptentwicklung

In diesem Schritt wird ein den Anforderungen entsprechendes Konzept des Formteils erarbeitet. Hierzu kann die Funktionalität des Formteils in Teilfunktionen zerlegt werden, für die dann jeweils Teillösungen erarbeitet werden, die anschließend wieder zu einer Gesamtlösung zusammenfügt werden. In jüngerer Zeit wurden für diesen Schritt erste Hilfsmittel entwickelt wie z.B. eine Datenbank für Konstruktionskataloge [46] oder auch eine Datenbank zur Archivierung von Erfahrungen aus der Entwicklung von früheren Formteilen [33, 52].

Ermittlung der Werkstoffanforderungen

Die Anforderungen an den zu verwendenden Werkstoff werden aus den Bauteilanforderungen abgeleitet. Zu ihrer Ermittlung sind jedoch zum Teil bereits erste Konstruktionsentscheidungen notwendig. Um z.B. Anforderungen bezüglich der Festigkeit des Werkstoffes quantifizieren zu können, müssen die zu erwartenden Spannungen im Bauteil abgeschätzt werden, was zumindest eine ungefähre Kenntnis der Wanddicken voraussetzt.

Werkstoffauswahl

Bei der Werkstoffauswahl wird aus den vielen verwendbaren Werkstoffen derjenige ermittelt, der die gestellten Anforderungen am besten erfüllt. Für diesen Arbeitsschritt haben sich in den letzten Jahren Werkstoffdatenbanken weitgehend durchgesetzt [7], allen voran das von den Rohstoffherstellern entwickelte Programmsystem CAMPUS [60, 61]. Für die in nahezu allen Datenbanken nicht abgedeckte Chemikalienbeständigkeit der Materialien wurde am IKV ergänzend das Expertensystem MEDEX entwickelt [47].

Gestaltung und Dimensionierung

Im Teilschritt der Gestaltung wird die Geometrie des Formteils festgelegt. Gerade das Spritzgießverfahren verlangt eine entsprechende verfahrensgerechte Gestaltung, um gute Qualität bei vertretbaren Kosten zu erreichen [40, 8]. Die Gestaltung wird in den meisten Fällen mit Hilfe eines CAD-Systems durchgeführt. Teilweise sind diese Systeme mit anwenderdefinierten spezifischen Gestaltungshilfen für immer wiederkehrende Funktionselemente versehen, sogenannten Makros [31, 13]. Diese umfassen z.B. Schnapphaken, Zahnräder oder auch Einschraubtuben für Schraubverbindungen.

Sehr eng verzahnt mit der Gestaltung wird auch die Dimensionierung der einzelnen Formteilmaße vorgenommen. Die hierbei eingesetzten Hilfsmittel reichen von überschlägigen analytischen Berechnungsmethoden über die genannten Makroprogramme bis hin zu den im nächsten Teilschritt beschriebenen Finite-Elemente-Berechnungen.

Dieser Entwicklungsschritt ist hochgradig dynamisch, da ein ständiger Abgleich mit den übrigen Prozeßschritten erfolgen muß, um die dort gewonnenen Erkenntnisse in die

Gestalt des Bauteils einfließen zu lassen (vgl. horizontale Integration, Abschnitt I.2.1 [2], [20]).

Simulation

Die Finite-Elemente-Simulation der Formteileigenschaften und des Prozeßverlaufs bildet einen sehr komplexen Bereich der Entwicklung. Hier wird eine Reihe von Schritten durchgeführt, die zudem noch häufige Iterationen zur Folge haben. Im einzelnen sind dies:

Erstellung des *Finite-Elemente-Netzes* (FE-Netz) :
Aus der CAD-Geometrie des Formteils wird die Struktur eines Finite-Elemente-Netzes erzeugt. Dieses Netz wird durch entsprechende Verfeinerungen und Festlegung von Randbedingungen dem jeweiligen Belastungsfall angepaßt. Die Art des Netzes kann je nach Anforderung des nachfolgend eingesetzten Berechnungsprogramms variieren. So ist das Netz für die Prozeßsimulation in der Regel nicht mit dem Netz für die Strukturanalyse identisch.

Prozeßsimulation :
In der Prozeßsimulation wird der Verlauf des Spritzgießprozesses vorherberechnet. Dies ermöglicht zum Beispiel das Auffinden der optimalen Angußlage, die Vorausberechnung von Faserorientierungen im Formteil oder auch Angaben über die zu erwartende Verarbeitungsschwindung [32]. Zusätzlich können erste Anhaltswerte für die Maschineneinstelldaten errechnet werden, was bei der Produktion zu einer Zeitersparnis beim Anfahrvorgang führt.

Strukturanalyse :
Die Strukturanalyse ermöglicht Aussagen über das mechanische Verhalten des Formteils bei einem vorgegebenen Belastungsfall. Diese können dazu beitragen, die Anzahl der erforderlichen Versuche am fertigen Formteil zu verringern. Dadurch lassen sich kürzere Entwicklungszeiten realisieren und Kosten reduzieren, da Fehler früher entdeckt werden können. Bei dieser Simulation werden oftmals vorherige Ergebnisse der Prozeßsimulation mit einbezogen, z.B. durch anisotrope Werkstoffmodelle unter Berücksichtigung der berechneten Faserorientierung.

Erstellung von Prüfunterlagen

In diesem Teilbereich des Entwicklungsprozesses wird festgelegt, welche Eigenschaften des Formteils auf welche Weise wie oft zu prüfen sind. Bei der Prüfplanerstellung entsteht eine Arbeitsanweisung (Prüfplan) und eine Prüfzeichnung, d.h. eine Formteilzeichnung, in der nur die Prüfmaße enthalten sind. Der Prüfplan ist nicht nur bedeutsam für die Qualitätssicherung des Formteils, sondern z.B. auch für die Abmusterung des Spritzgießwerkzeuges, da erst anhand der Formteileigenschaften eine endgültige Bewertung und Bemusterung des Werkzeuges vorgenommen werden kann [3].

Abb. 2.23 faßt die Schritte des Bereiches Formteilkonstruktion in Form eines SADT-Diagrammes zusammen. Anschließend geht Abb. 2.24 auf den Teilbereich der Simulation ein.

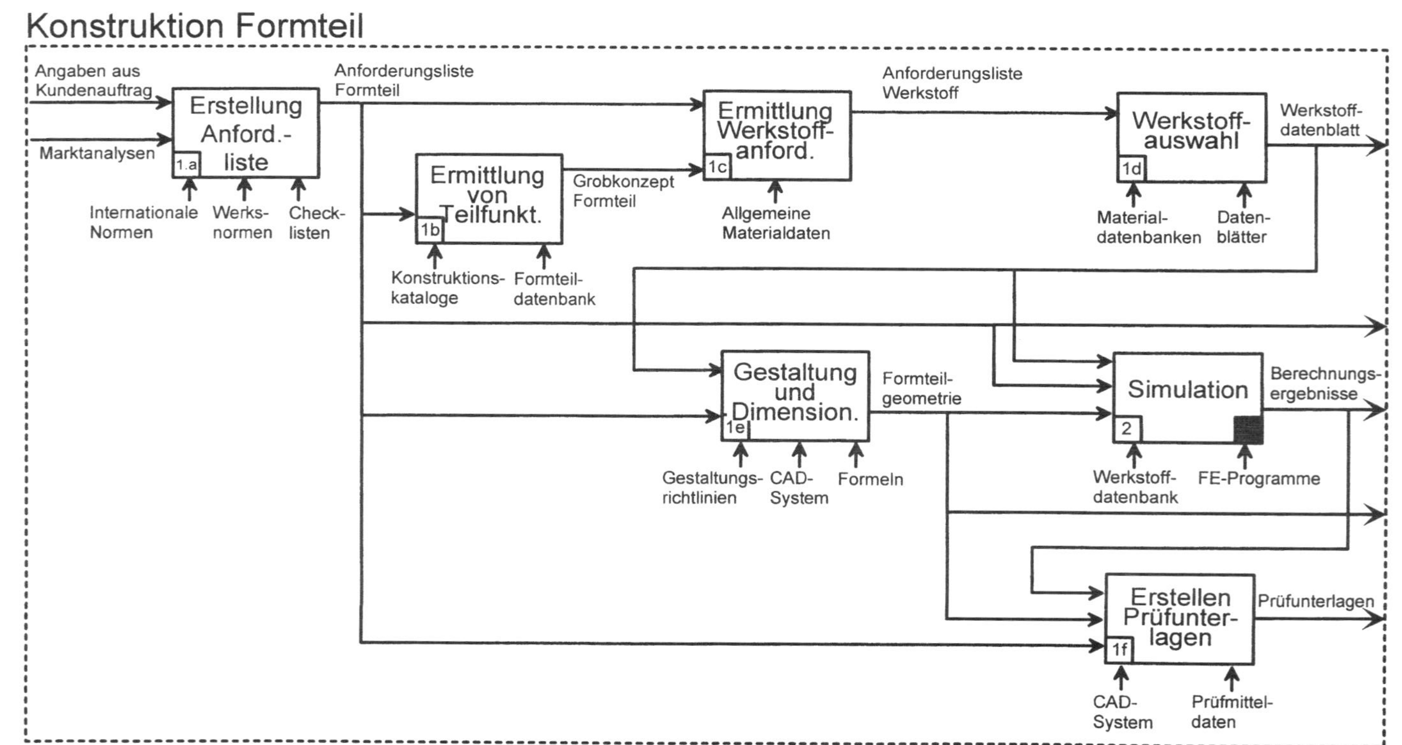

Abb. **2.23** : SADT-Diagramm der Formteilkonstruktion

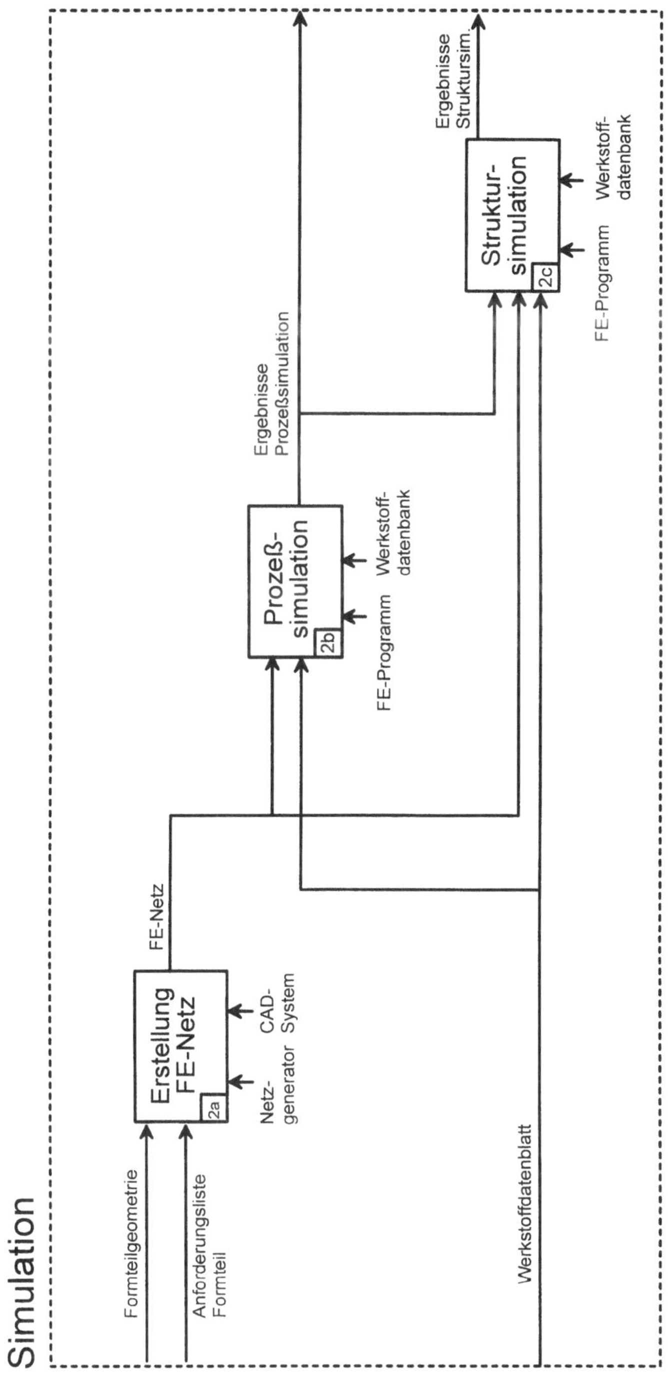

Abb. 2.24 : SADT-Diagramm der Simulation

Werkzeugkonstruktion

Allgemeine Angaben festlegen

Zu Beginn der Werkzeugkonstruktion müssen einige wichtige Entscheidungen über die Gestalt des Werkzeuges getroffen werden [41]:

Anzahl der Formnester :
Die Bestimmung der Formnestzahl ist der erste Konstruktiosschritt für das Werkzeug. Als Kriterien dienen hierzu sowohl technische Daten (z.B. über den zur Verfügung stehenden Maschinenpark) als auch wirtschaftliche Größen (z.B. Liefertermin oder Stückzahlen).

Anordnung der Formnester :
Nach der Ermittlung der Formnestzahl sind die Formnester in der Trennebene des Werkzeuges möglichst geschickt unterzubringen. Dabei müssen verschiedene Forderungen erfüllt werden, z.B. gleichzeitige Füllung der Formnester, kurze Fließwege oder Balancierung der Sprengkräfte. Mögliche Lösungen sind etwa Sternverteilung, Reihenverteilung oder Symmetrieverteilung.

Anzahl der Trennebenen :
Ein Standardwerkzeug besitzt eine Trennebene. Soll jedoch der Anguß beim Entformen automatisch vom Formteil getrennt werden, so ist in der Regel eine zweite Trennebene nötig. Falls die Formteile etagenförmig im Werkzeug angeordnet werden sollen, sind weitere Trennebenen erforderlich.

Formnestgestaltung

Die Gestalt des Formnestes kann im Prinzip aus der Formteilgeometrie durch Beaufschlagung der erwarteten lokalen Schwindmaße und Ausgleich des erwarteten Verzuges abgeleitet werden. In der Praxis erfordert dies jedoch normalerweise mehrere Iterationsschritte. Um hier die Anzahl der nötigen Iterationen möglichst gering zu halten, können Ergebnisse aus der Prozeßsimulation zusätzlich einbezogen werden.

Prozeßsimulation

Auch im Bereich der Werkzeugkonstruktion kann eine Simulation des Spritzgießprozesses durchgeführt werden, falls dies in der Formteilkonstruktion noch nicht geschehen ist. Die Daten sind analog zu den oben beschriebenen.

Angußsystem bestimmen

Das Angußsystem dient dazu, die vom Plastifizierzylinder kommende, aufgeschmolzene Formmasse aufzunehmen und in den Werkzeughohlraum zu leiten. Es beeinflußt den Werkzeugfüllvorgang und damit weitgehend auch die Qualität des Formteils. Wichtige Festlegungen bei der Auslegung betreffen:

– Angußart (z.B. Heiß-, Kaltkanal),
– Angußform (z.B. Schirm-, Tunnelanguß),
– Angußbuchse sowie

– Gestalt der Angußkanäle.

Entformungssystem auslegen

Bei der Auslegung und Gestaltung des Entformungssystems sind folgende Teilschritte durchzuführen:

– Abschätzung der Entformungskräfte,
– Gestaltung und Dimensionierung der Auswerferstifte und
– Konzeption der Betätigung von Auswerferplatten.

Für die Abschätzung der Entformungskräfte können z. Z. nur Überschlagsrechnungen durchgeführt werden [41]. Berechnungen mit Hilfe von FE-Programmen sind nur beschränkt möglich [33]. Bei Formteilen mit Hinterschneidungen müssen zusätzliche Maßnahmen getroffen werden, z.B. eine geeignete Auslegung von Schiebern.

Temperiersystem auslegen

Das Spritzgießwerkzeug ist in seiner Wirtschaftlichkeit entscheidend abhängig von der Geschwindigkeit, mit der der Wärmeaustausch zwischen der eingespritzten Formmasse und dem Werkzeug erfolgt [41]. Hierzu müssen in das Werkzeug entsprechende Kühlkanäle eingebracht werden, die eine möglichst schnelle, gleichmäßige Kühlung gewährleisten, so daß möglichst wenig Eigenspannungen im Bauteil entstehen. Dies ist insbesondere in Formteilecken von Bedeutung.

Mechanische Werkzeugauslegung

Das Werkzeug muß eine genügende Steifigkeit aufweisen, da unzulässige Verformungen zum einen Störungen beim Spritzgießprozeß und zum anderen Maßabweichungen oder Überspritzungen beim Formteil verursachen können. Zur mechanischen Auslegung können Methoden wie z.B. das Überlagerungsverfahren angewendet werden [41]. In besonders komplexen Fällen kann auch eine Strukturanalyse des Werkzeuges durchgeführt werden.

Abb. 2.25 zeigt die Darstellung der *Funktionen* im Bereich *Werkzeugkonstruktion* in Form eines SADT-Diagramms.

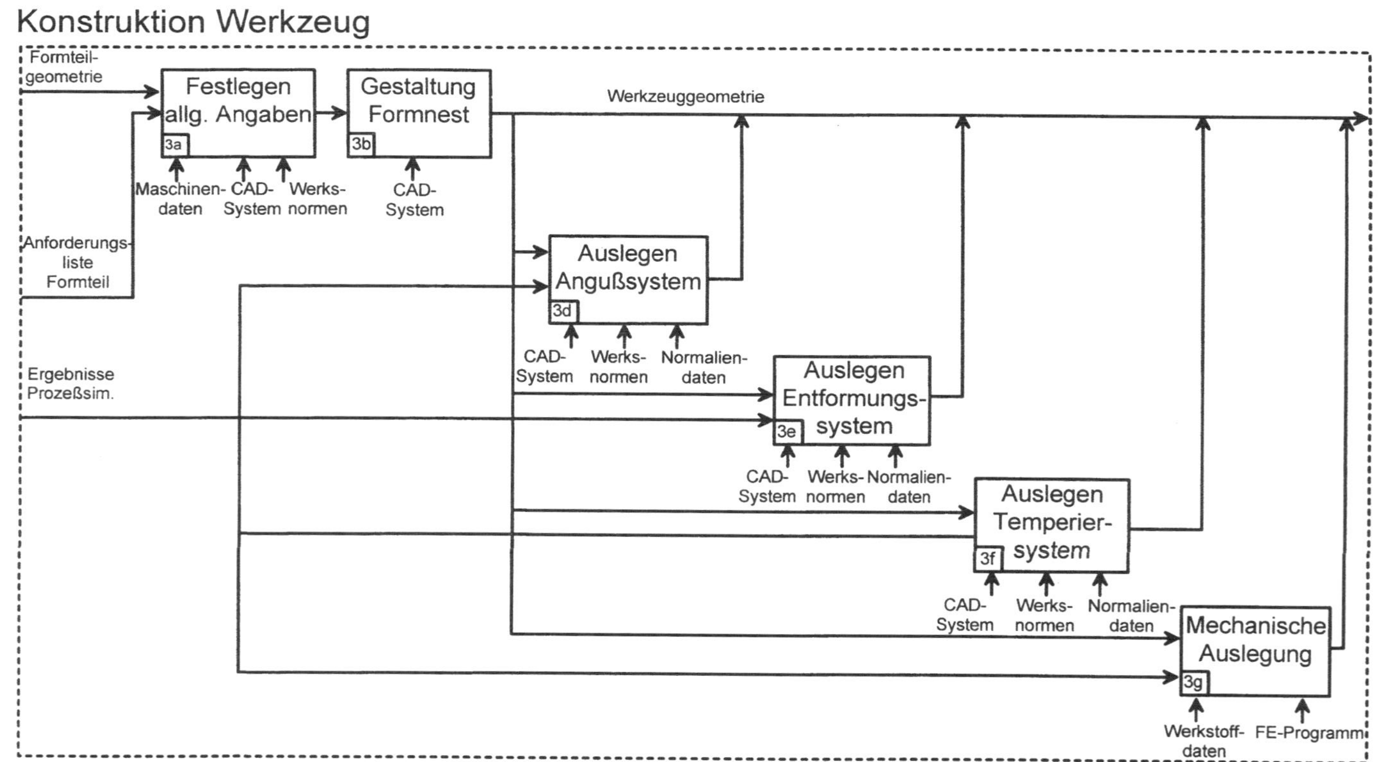

Abb. 2.25 : SADT-Diagramm der Werkzeugkonstruktion

Werkzeugfertigung

Da die Bereiche der Fertigung in diesem Abschnitt nicht schwerpunktmäßig betrachtet werden, wird für diese nur eine zusammengefaßte Funktionsbeschreibung gegeben. Die Fertigung des Spritzgießwerkzeuges entspricht der Fertigung eines Bauteils im allgemeinen Maschinenbau. Im einzelnen sind folgende Schritte durchzuführen:

a) Material und Normalien bereitstellen (z.B. Aufspannplatten, Angußsysteme),
b) Fertigungsunterlagen erstellen (z.B. Arbeitsplan, NC-Programme),
c) Einzelteile fertigen und
d) Werkzeug montieren.

Abschließend erfolgt die Werkzeugbemusterung. Dazu wird eine bestimmte Anzahl von Formteilen mit dem Werkzeug abgespritzt und begutachtet, z.B. durch Vermessung.

Abb. 2.26 zeigt eine Übersicht der *Tätigkeiten* zur *Werkzeugfertigung* in Form eines SADT-Diagramms.

Formteilfertigung

Analog zur Werkzeugfertigung soll auch die *Produktion* des *Formteils* nur zusammengefaßt beschrieben werden. Im einzelnen müssen folgende *Tätigkeiten* durchgeführt werden:

a) Material bereitstellen,
b) Werkzeug einbauen,
c) Prozeßfenster bestimmen und
d) Formteil produzieren.

Auch dieser Bereich wird in Abb. 2.27 in Form eines SADT-Diagramms dargestellt.

Zusammenfassung

Tabelle 2.28 zeigt abschließend die Zusammenstellung der einzelnen Teilbereiche mit jeweils den benötigten *Daten*, den benutzten *Ressourcen* und den *Ergebnisdaten*.

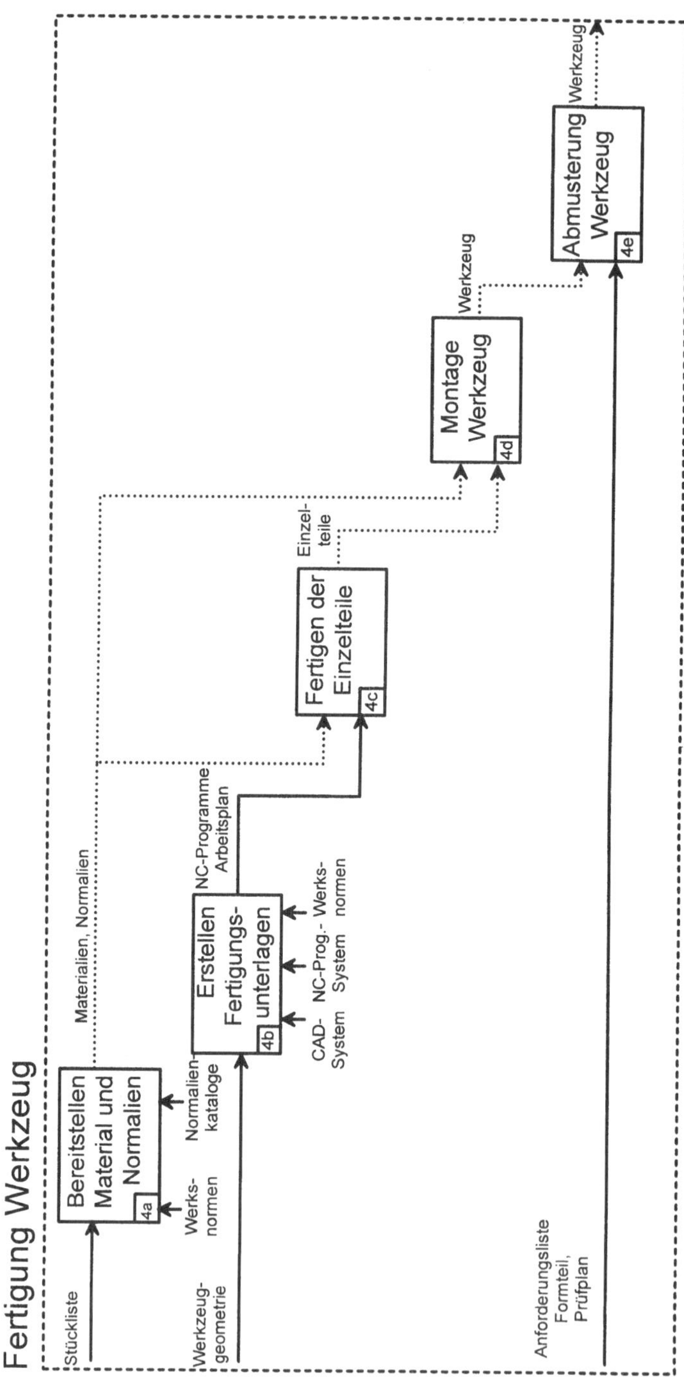

Abb. 2.26 : SADT-Diagramm der Werkzeugfertigung

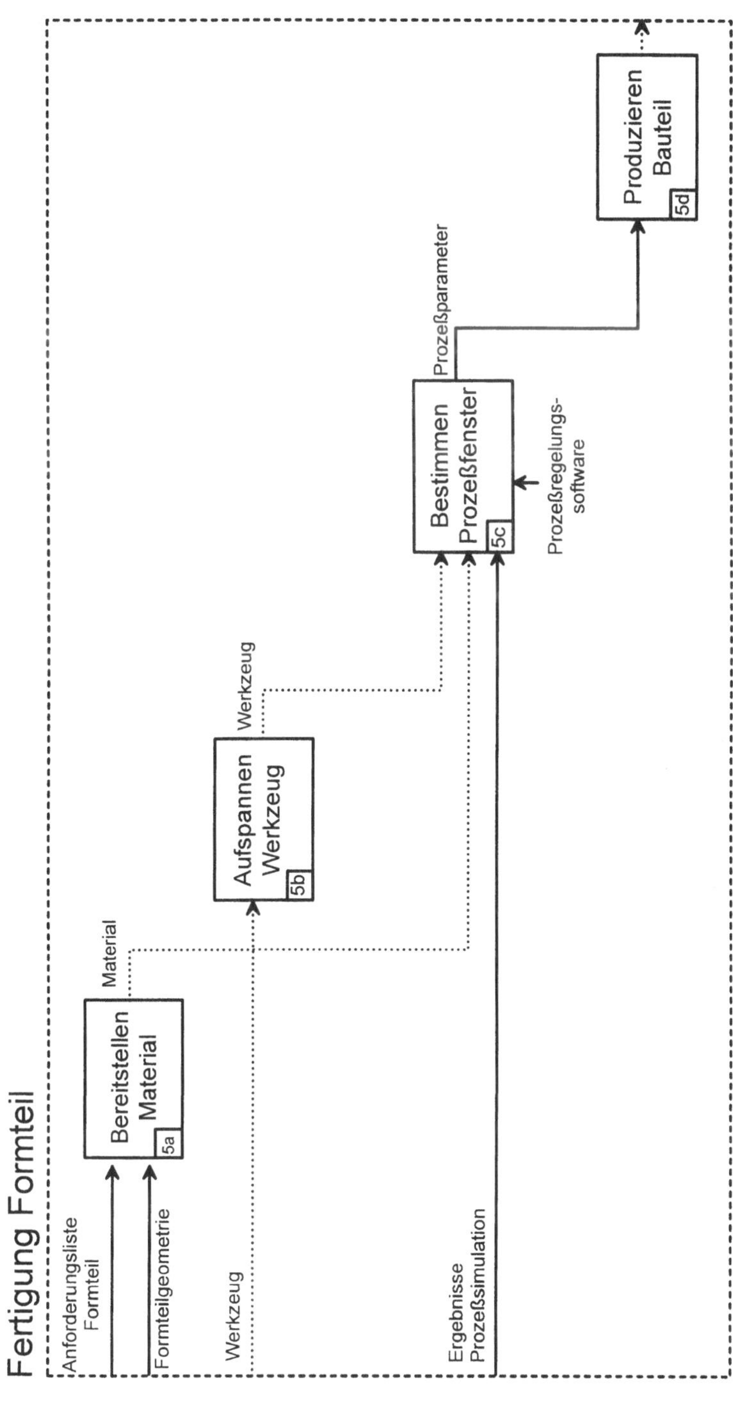

Abb. 2.27 : SADT-Diagramm der Formteilfertigung

Nr.	Teilschritt	Benötigte Daten	Benutzte Ressourcen	Ergebnisdaten
1	**Formteilkonstruktion**			
1a	Erstellung der Anforderungsliste	- Angaben aus dem Kundenauftrag (Lastenheft) bzw. - Marktanalysen	- Internationale Normen - Werksnormen - Checklisten	- Anforderungsliste
1b	Ermittlung von Teilfunktionen bzw. Teillösungen	- Anforderungen an das Formteil	- Konstruktions-kataloge - Datenbank Konstruk-tionskataloge - Formteildatenbank	- Grobkonzept des Formteils
1c	Ermittlung der Werkstoff-anforderungen	- Anforderungen an das Formteil - Grobkonzept des Formteils	- Allgemeine Werkstoff-daten	- Anforderungsliste für den Werkstoff
1d	Werkstoffauswahl	- Anforderungen an den Werkstoff	- Werkstoffdatenban-ken (z.B. CAMPUS, MEDEX) - Datenblätter der Rohstoffhersteller	- Liste der Werk-stoffkandidaten mit den dazugehöri-gen Kennwerten
1e	Gestaltung und Dimensionierung	- Anforderungen an das Formteil, z.B. - Bauraum, - Belastungen, - Werkstoffdatenblatt	- Gestaltungsrichtlinien - CAD-Systeme - Dimensionierungs-formeln	- Geometrie-beschreibung des Formteils als - CAD-Datei (3D) - Zeichnung (2D-Datei oder Papier)
1f	Erstellung von Prüfunterlagen	- Geometriebeschrei-bung des Formteils - Anforderungen an das Formteil, z.B. Einbau-maße, Toleranzen	- CAD-System - Daten über Prüfmittel	- Prüfzeichnung - Prüfplan
2	**Simulation**			
2a	Erstellung FE-Netz	- Geometriebeschrei-bung des Formteils - Anforderungen an das Formteil, z.B. Bela-stungen	- Netzgenerator	- Finite Elemente-Netz
2b	Prozeßsimulation	- FE-Netz	- FE-Programm zur Prozeßsimulation, z.B. CADMOULD	- Berechnungs-ergebnisse, z.B. - Füllbild - Faserorientie-rungen - Optimale An-gußlage (in Teilegeometrie)
2c	Strukturanalyse	- FE-Netz	- FE-Programm zur Strukturanalyse, z.B. ABAQUS	- Berechnungs-ergebnisse, z.B. - Spannungsver-teilungen - Verformungen

Nr.	Teilschritt	Benötigte Daten	Benutzte Ressourcen	Ergebnisdaten
3	**Werkzeugkonstruktion**			
3a	Allgemeine Angaben festlegen	- Anforderungen an das Formteil - Losgrößen - Formteilgeometrie - Lage des Angusses - Werkstoffdaten	- Daten über verfügbare Spritzgießmaschinen, z.B. Holmabstand, Plastifizierleistung - Werksnormen - CAD-System	- Festlegung der Größen Formnestzahl, Trennebenenanzahl - Skizze der Formnestanordnung
3b	Formnestgestaltung	- Formteilgeometrie - lokale Schwindungen bzw. Verzugsdaten	- CAD-System	- Formnestgeometrie - Werkzeuggeometrie (grob)
3c	Angußsystem bestimmen	- Formteilgeometrie (Volumen) - Anforderungen an die Formteilfertigung	- Werksnormen - Daten über verfügbare Normalien - CAD- System	- Gestalt des Angußsystems (in Werkzeuggeometrie) - Stückliste der verwendeten Standardkomponenten
3d	Entformungssystem auslegen	- Formteilgeometrie - Anforderungen an das Formteil, z.B. Angaben über Sichtflächen - Werkstoffdatenblatt	- CAD-System - Normalienkataloge	- Lage und Anzahl von Auswerferstiften relativ zum Formteil - Aufteilung des Werkzeuges in formgebende Bereiche (Platten, Schieber usw.)
3e	Temperiersystem auslegen	- Geometrie des Formteils - Werkstoffdatenblatt - Temperaturleitfähigkeiten der Werkzeugmaterialien	- CAD-System	- Lage und Abmessungen der Kühlkanäle (in Werkzeuggeometrie)
3f	Mechanische Werkzeugauslegung	- Geometrie des Formteils - Berechnete Drücke aus der Prozeßsimulation	- FE-Programm zur Strukturanalyse - Werkstofftabellen zu verwendeten Werkzeugmaterialien	- Dimensionierte Werkzeugplatten (in Werkzeuggeometrie)
4	**Werkzeugfertigung**			
4a	- Material und Normalien bereitstellen (z.B. Aufspannplatten, Angußsysteme)	- Stückliste - Werkzeuggeometrie	- Werksnormen - Normalienkataloge	
4b	- Fertigungsunterlagen erstellen (z.B. Arbeitsplan, NC-Programme)	- Stückliste - Werkzeuggeometrie	- Werksnormen - Werkzeugmaschinendaten - CAD-System - NC-Programmiersyst.	- Arbeitsplan - NC-Programme
4c	- Einzelteile fertigen	- Arbeitsplan - NC-Programme		
4d	- Werkzeug montieren	- Arbeitsplan - Werkzeuggeometrie		

Nr.	Teilschritt	Benötigte Daten	Benutzte Ressourcen	Ergebnisdaten
5	**Formteilfertigung**			

5a	- Material bereit-
	  stellen
		- Anforderungsliste
		  (Losgröße)
		- Formteilgeometrie
		  (Volumen)
		- Werkstoffdatenblatt		

5b	- Werkzeug auf- spannen			

5c	- Prozeßfenster be-
	  stimmen
		- Ergebnisse
		  Prozeßsimulation
		- Werkstoffdatenblatt
				- Prozeßparameter

5d	- Bauteil fertigen	- Prozeßparamter		

Tab. 2.28 : Teilschritte des Entwicklungsprozesses

2.2.5 Untersuchung der Parallelisierbarkeit von Teilschritten

Zur Auflösung der Sequentialität von Arbeitsschritten im Sinne von Simultaneous Engineering werden die oben beschriebenen *Arbeitsbereiche* im folgenden einzeln auf ihre *Parallelisierbarkeit* hin untersucht [14].

Der gesamte zeitliche *Ablauf* der *Konstruktion* wird in Abb. 2.29–2.31 in netzplanähnlicher Form dargestellt. Die Arbeit eines jeden Teilbereichs ist in diesem Diagramm als Balken dargestellt. Start und Ende jedes Teilbereichs werden durch Anfang und Ende des Balkens symbolisiert. Die Balkenlänge zeigt die Dauer des Teilbereichs an, die aber nicht maßstäblich eingetragen ist. Der zeitliche Zusammenhang der einzelnen Teilbereiche untereinander wird durch die Position der einzelnen Balken im Diagramm deutlich.

Wird bei der Entwicklung des Produktes großer Wert auf eine möglichst schnelle Entwicklung gelegt, können einige *Teilbereiche* im zeitlichen Ablauf der Konstruktion weit *vorgezogen* werden. Dies ist aber zum Teil mit einem hohen *Risiko* entstehender Doppelarbeit und daraus resultierender höherer Entwicklungskosten verbunden. Teilbereiche, die im Ablauf vorgezogen werden können, sind im Diagramm mit mehreren Balken eingetragen. Jeder Balken symbolisiert die möglichen Positionen im Konstruktionsablauf. Zur Abschätzung des durch das Vorziehen eines Teilbereichs entstehenden Risikos ist jeder Balken mit der entsprechenden Risikogruppe markiert.

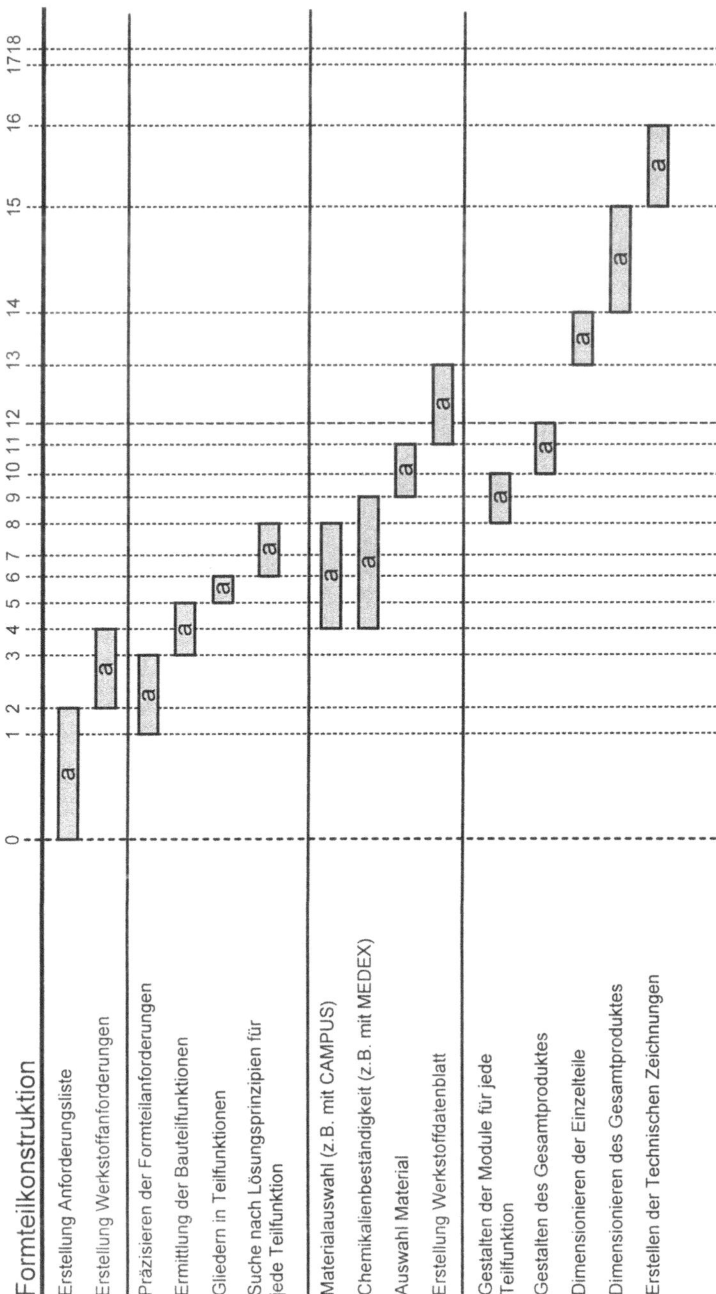

Abb. 2.29 : Parallelisierung von Teilschritten im Entwicklungsprozeß [14], Teil 1

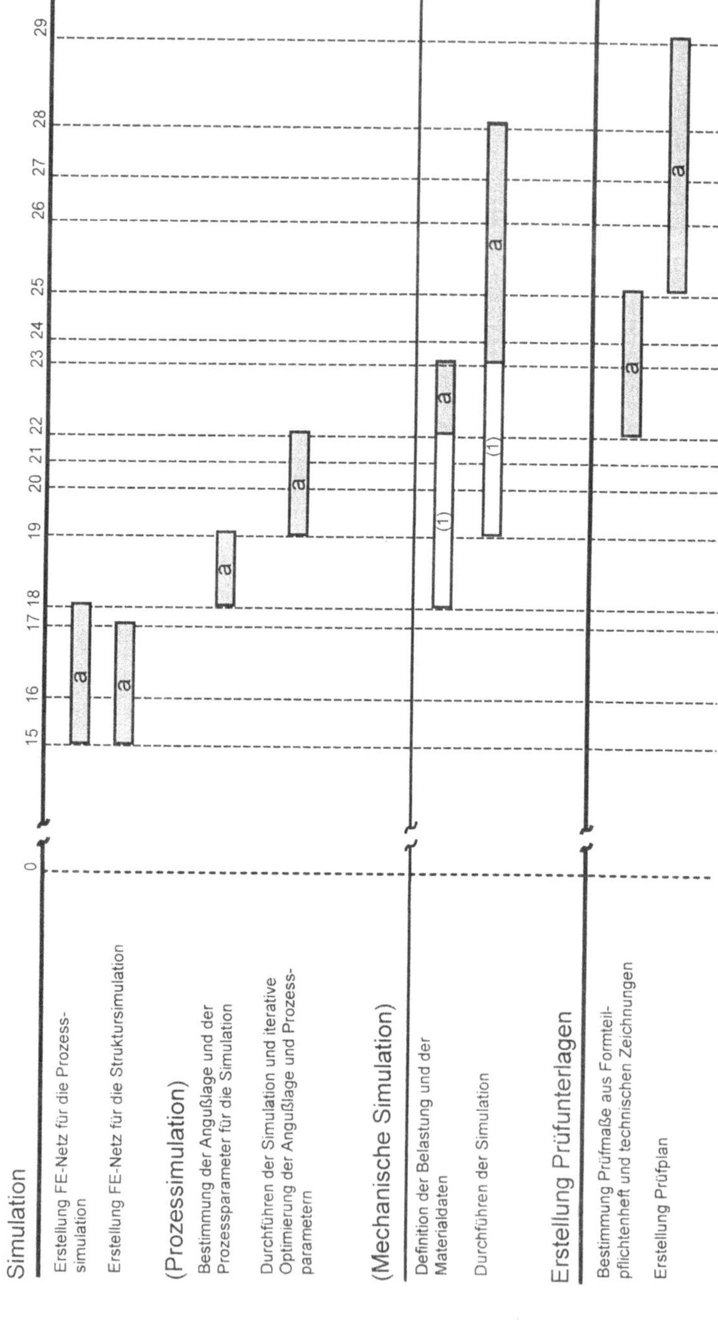

Abb. 2.30 : Parallelisierung von Teilschritten im Entwicklungsprozeß [14], Teil 2

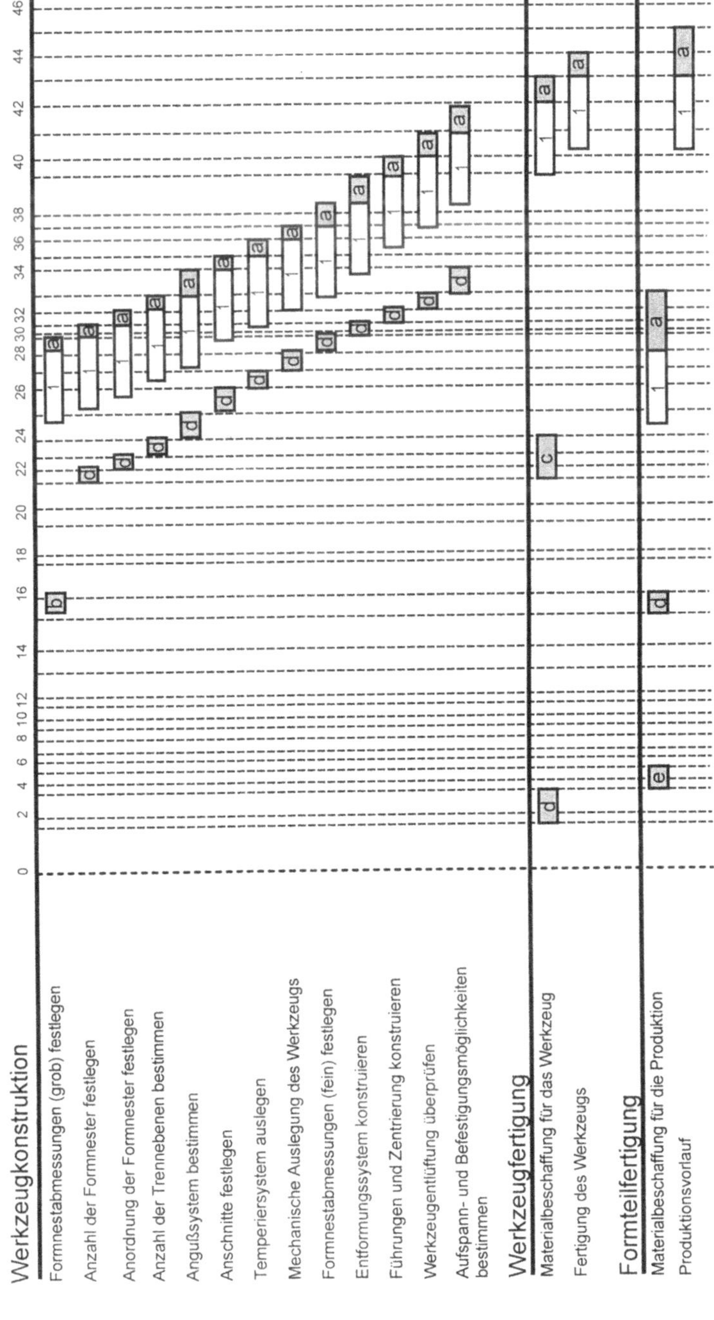

Abb. 2.31 : Parallelisierung von Teilschritten im Entwicklungsprozeß [14], Teil 3

Es wurden die *Risikogruppen* a–e eingeführt, wobei die Bezeichnungen die in Tabelle
2.32 angegebenen Bedeutungen haben:

Gruppe	Risiko	Beschreibung
a	kein	Risikoloser Beginn des Teilschritts zu diesem Zeitpunkt
b	gering	Geringes Risiko entstehender Doppelarbeit
c	mittel	Mittleres Risiko
d	hoch	Hohes Risiko entstehender Doppelarbeit
e	sehr hoch	Sehr hoher Risikofaktor (aber sehr hoher Parallelisierungsgrad)

Tab. 2.32 : Risikogruppen der Parallelisierung

Die Gruppen mit *höherem Risiko* tauchen dabei im Netzplan naturgemäß erst bei den
späteren Entwicklungsschritten auf. Die Balken mit der Bezeichnung "(1)" gelten, falls in
der Strukturanalyse keine Faserorientierung berücksichtigt werden soll. In diesem Fall
müssen die Ergebnisse der Prozeßsimulation nicht abgewartet werden.

Mit Hilfe dieser Tabelle kann nun in jedem Betrieb individuell nach den Randbedingungen des jeweiligen Entwicklungsauftrages (Termine etc.) *entschieden werden*, welche
Schritte parallel durchgeführt werden können.

Dies findet dann Berücksichtigung in dem vom Projektmanagement bereitzustellenden
Workflow (Abschnitte I.3.2 und 3.3). Unter Umständen kann es während des laufenden
Projekts erforderlich werden, den Grad der Parallelisierung und damit den zugrundegeleg-
ten Workflow reaktiv anzupassen [24, 23].

2.2.6 Parallelisierung durch Verwendung feingranularer Dokument-informationen

Die Unterstützung des Entwicklungsprozesses mit Hilfe der Basiskonzepte geht von
einer sogenannten *grobgranularen*, dokumentorientierten Betrachtungsweise aus. Das bedeutet, daß Dokumente als Einheiten betrachtet werden, deren interne Struktur nicht weiter
aufgeschlüsselt werden kann. Dies bringt, wie bereits bemerkt, einige *Einschränkungen*
mit sich, z.B.:

- Die Inhalte der Dokumente sind nur mit entsprechenden Anwendungsprogrammen
  sichtbar (z.B. CAD-Systemen);
- Detailinformationen sind nicht einzeln verfügbar;
- Einzelheiten sind in der Regel erst nach Freigabe des gesamten Dokuments für nachfolgende Bereiche verwendbar.

Dies soll beispielhaft am *Übergang* von der *Formteil-* zur *Werkzeugkonstruktion* gezeigt
werden. Abb. 2.33 zeigt das derzeit übliche Ablaufschema, in dem erst nach Abschluß der

Formteilkonstruktion die vollständige Formteilzeichnung an die Werkzeugkonstruktion übergeben wird.

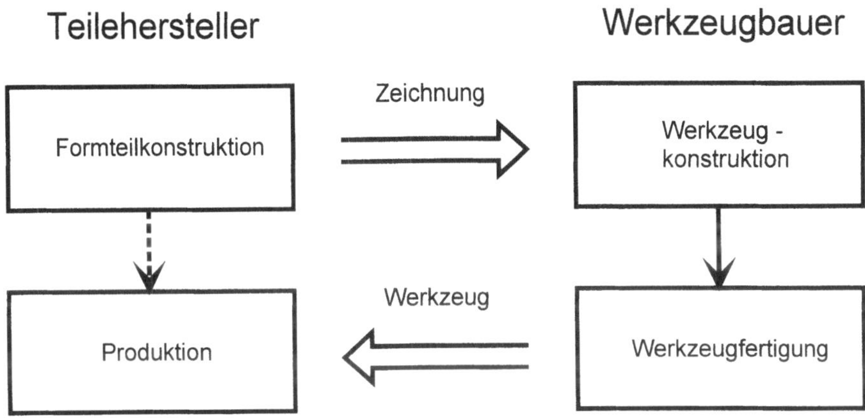

Abb. 2.33 : Schema der Formteil- und Werkzeugkonstruktion

Die Formteilgeometrie enthält jedoch eine Vielzahl von *Informationen*, die bereits *parallel* in der Werkzeugkonstruktion verwendet werden könnten, wie Abb. 2.34 schematisch zeigt. So kann beispielsweise die frühzeitige Kenntnis über die zu erwartende projizierte Fläche des Formteils für die Festlegung der Anzahl der Kavitäten oder zur Bestellung von Aufspannplatten genutzt werden. Informationen über maximale Wanddicken können z.B. erste Hinweise auf die Auslegung der Kühlkanäle geben usw.

Es wurden daher im Rahmen des SUKITS-Projektes Studien durchgeführt, die die für den *Ablauf* der *Entwicklung wichtigen* charakteristischen *Informationen* der Formteilgeometriedatei *ermitteln* sollten [37, 25]. Hierzu wurde analysiert, welche Geometriedaten in den nachfolgenden Entwicklungsschritten benötigt werden. Auf diese Weise wurden die folgenden wichtigen Größen ermittelt:

- Formteilvolumen
- Länge, Höhe und Breite (Verpackungsmaße)
- projizierte Fläche
- Oberfläche des Formteils
- min./max. Wanddicke
- min./max. vorkommende Winkel
- min./max. Radien
- Sichtflächen
- Informationen zu Funktionselementen:
    - Typ (z.B. Rippe, Schnapphaken, Entformungsschräge)
    - Richtung (z.B. Fügerichtung eines Schnapphakens)
    - Lage
    - Höhe bzw. Länge

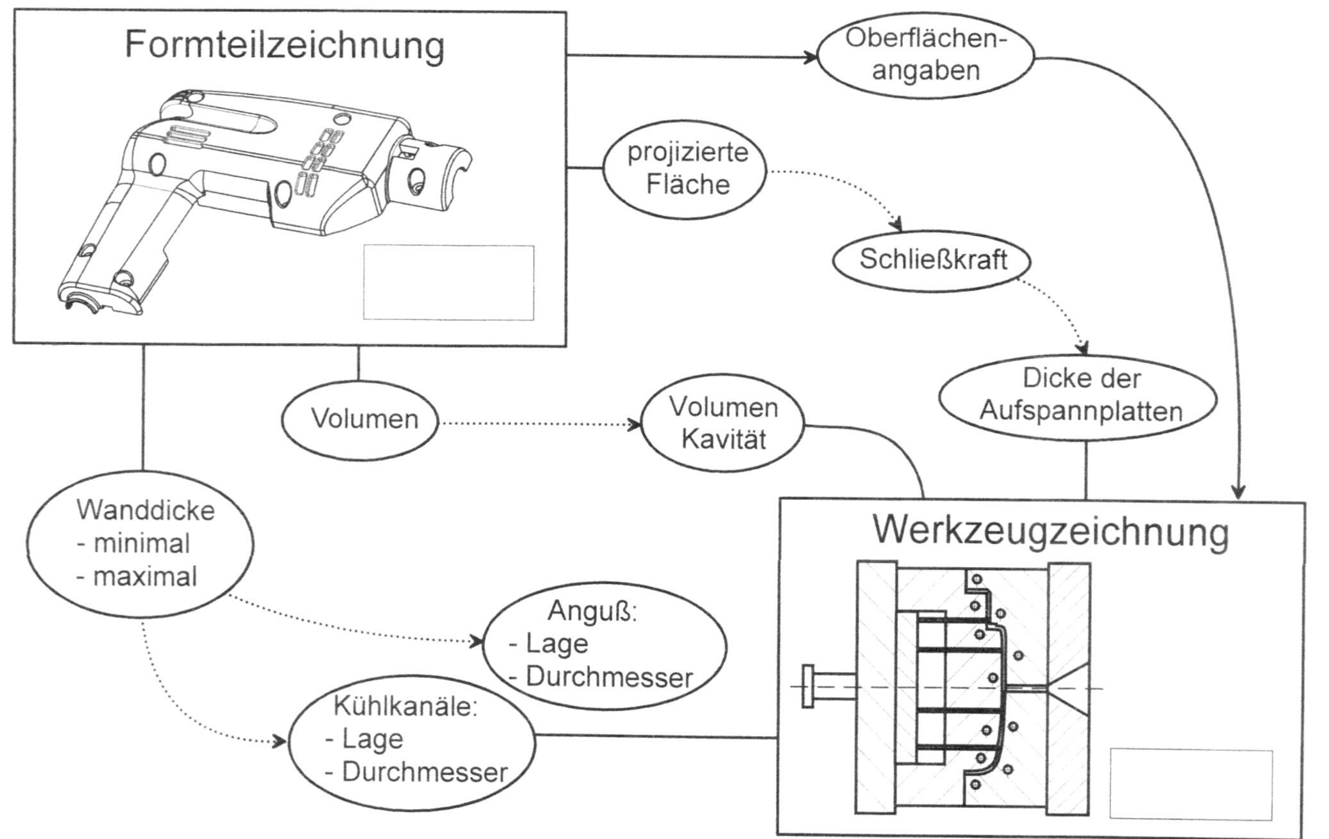

Abb. 2.34 : Nutzung von Formteilgeometriedaten im Werkzeugbau

Zur Nutzung feingranularer Dokumentbeschreibungen für zeitlich vorgezogene Teilschritte wie die Werkzeugkonstruktion wurden am IKV aufgrund der zentralen Bedeutung der Formteilgeometrie im gesamten Entwicklungsprozeß entsprechende *Hilfsmittel* entwickelt.

Entwurfsnotiz		
Projekt:	**Versionsnummer:**	**Bearbeiter:**
Bauteilkennung:	**Grund für den Entwurf:**	

Vorgang	Versionsnummer(n)
ändert	
ersetzt	
alternativ zu	
Nachtrag zu	
betroffene Entwürfe	

Einleitung:

Beschreibung:

Erörterung:

Berechnungsergebnisse:

Besondere Hinweise/Anweisungen:

Genehmigt Bearbeiter:
Name:

Angenommen Verantwortlicher der Abteilung:
Name:

Abb. 2.35 : Entwurfsnotiz

Zum einen handelt es sich um die sogenannte *"Entwurfsnotiz"*, die die Entstehung des sehr informationsdichten Dokuments "Formteilgeometrie" transparent machen soll. Eine solche Entwurfsnotiz ist beispielhaft in Abb. 2.35 dargestellt.

Der *Kopf* dieser Notiz kann durch entsprechende Verweise direkt von der integrierenden Infrastruktur ausgefüllt werden. So kann beispielsweise bei einer Änderung automatisch der Verweis auf das zu ändernde Dokument dargestellt werden.

Im *Mittelteil* erfolgt die eigentliche Entwurfsbeschreibung mit folgenden Gliederungspunkten:

a) Einleitung
Hier sollte eine kurze Schilderung der Ereignisse, der Situation oder der Diskussionen, die den Entwurf erforderlich machen, abgegeben werden.

b) Beschreibung
In diesem Feld erfolgt eine kurze Beschreibung des Bauteils und seiner Aufgaben, welches mit diesem Entwurf definiert wird (Verweis auf Anforderungsliste). Die Erläuterungen sollten dabei vom Allgemeinen ausgehen, bevor wichtige Einzelheiten beschrieben werden. Die Angaben sollten so erfolgen, daß andere auch noch zu einem späteren Zeitpunkt die Bauteilaufgabe verstehen können.

c) Erörterung
Hier soll in groben Zügen der Gedankengang beschrieben werden, der letztlich zum Entwurf geführt hat. Etwaige Alternativen, die erwogen wurden, sowie die Gründe für die Wahl des einen und die Ablehnung des anderen Konstruktionselements sind deutlich darzustellen. Diese Überlegungen können, wenn Schwierigkeiten auftreten, von großer Bedeutung sein.

d) Berechnungsergebnisse
Unter dieser Überschrift sind die Ergebnisse von analytischen Berechnungen, die im Zusammenhang mit der Geometriedimensionierung vollzogen wurden, aufzuführen. Gerade wichtige Annahmen, die im Zuge der Berechnungen getroffen wurden, dürfen hier nicht fehlen.

e) Besondere Hinweise/Anweisungen
In diesem Feld sollten gegebenenfalls die besonderen Verhältnisse des neuen Entwurfs zu anderen, mit ihm in Verbindung stehenden Entwürfen erläutert werden. Zudem sollten hier alle wichtigen Aspekte, die noch nicht an anderer Stelle erwähnt wurden, aufgeführt werden.

Die *letzten* beiden *Formularfelder* sollen sicherstellen, daß zu jeder Formteilgeometriedatei eine vollständig und sinnvoll ausgefüllte Entwurfsnotiz vorhanden ist. Erst wenn der Verantwortliche die Freigabe der Entwurfsnotiz vollzogen hat, kann auch das zugehörige Geometriedokument freigegeben werden.

Die Entwurfsnotiz wird von der integrierenden Infrastruktur durch einen *Verweis* an die zugehörige *Dokumentenversion* angebunden, so daß jede Abteilung mit Leserecht auf die Formteilgeometriedatei auch die Entwurfsnotiz einsehen kann.

Die Verwaltung von geometrischen Zahlenwerten in der Entwurfsnotiz wäre nicht effektiv, da sie nur bedingt rechnerinterpretierbar ist. Die Beschreibungen in den einzelnen Feldern sind freier Text und somit nicht automatisch nutzbar.

Aus diesem Grund wurden, wie oben beschrieben, charakteristische Beschreibungsdaten für die Formteilgeometrie ermittelt, die sich *automatisch* aus einer vorhandenen CAD-Datei extrahieren lassen. Dieser Extraktionsprozeß selbst ist jedoch stark abhängig von den Möglichkeiten des jeweils verwendeten CAD-Systems. Beispielhaft wurden hier entsprechende Extraktionsroutinen für das CAD-System PRO/Engineer erstellt [25].

Durch einen *Eingriff* in die *Benutzermenüs* des Programms können beim Abspeichern einer Datei die charakteristischen Daten erzeugt und in einer für den CIM-Manager interpretierbaren Weise ausgegeben werden, so daß diese Daten automatisch in die entsprechenden Dokumentbeschreibungen eingetragen werden können.

Über die frühere Bereitstellung von detaillierteren, aussagekräftigeren Informationen hinaus sind für eine verbesserte Kooperation auch entsprechende *Kommunikationsmechanismen* erforderlich, die die Interaktion der betroffenen Personen optimal unterstützen [26]. Solche Mechanismen werden in Abschnitt I.3.4 beschrieben.

Literatur

[1]   N.N.: CIMOSA: Open System Architecture for CIM, Springer-Verlag, Berlin, Heidelberg, New York, 1991

[2]   Assmann, S.: Methoden und Hilfsmittel zur abteilungsübergreifenden Projektierung komplexer Maschinen und Anlagen, Dissertation an der RWTH-Aachen, 1996

[3]   Bodschwinna, H., Gravel, G., Jagodzinski, V.: Aufgabenorientierte Geometrieprüfung von Kunststoffspritzgießteilen, in: Innovative Qualitätssicherung in der Produktion, S. 11–17, FQS-Schrift 96-04, Beuth Verlag, Berlin, 1994

[4]   Brombacher, R., Hars, A., Scheer, A.-W.: Informationsmodellierung, in: Scheer, A.W., Handbuch Informationsmanagement, S. 173–188, Gabler Verlag, 1993

[5]   Binner, F.: CIM ist nur in den Köpfen zu realisieren, CIM Management 8 (1992) 1, S. 37–39

[6]   Bürli, A., Jaccottet, B., Knolmayer, G., Myrach, T., Küng, P.: Vorgehen beim Aufbau von CIM-Datenmodellen, Management Zeitschrift 61 (1992) 12, S. 82–86, Verlag Industrielle Organisation, Zürich 1992

[7]   Brinkmann, Th.: Werkstoffinformationssysteme für die Kunststoffindustrie, Kunststoffe 80 (1990) 2, S. 247–252

[8]   Brinkmann, Th.: Konstruieren mit Kunststoffen – Stand der Technik und Zukunftsperspektiven, Promotionsvortrag an der RWTH Aachen, 1992

[9]   Bravoco, R.R., Yadav, S.B.: A Methodology to Model the Dynamic Structure of an Organisation, Information Systems 10 (1985) 3, S. 299–317

[10] Budich, A.: Untersuchung zur Verkürzung der Entwicklungszeiten bei Kunststofformteilen, unveröffentlichte Diplomarbeit an der Fachhochschule Köln, 1992

[11] Bünz, D.: Die GRAI-Methode, Teil 1, CIM-Management (1987) 4, S. 43–47

[12] Bünz, D.: Die GRAI-Methode, Teil 2, CIM-Management (1988) 2, S. 56–59

[13] Cappel, C.: Entwicklung eines universellen Programms zur Auslegung von Funktionsele-
     menten mit Hilfe einer CAD-Normschnittstelle, unveröffentlichte Studienarbeit am IKV,
     1994, Betreuer: D. Menzenbach

[14] Cappel, C.: Aufbau eines Szenarios für ein CIM-Manager-System, unveröffentlichte Di-
     plomarbeit am IKV, 1995, Betreuer: D. Menzenbach

[15] Doumeingts, G., Chen, D.: State-of-the-Art on models, architectures and methods for CIM
     systems design, in: Human Aspects in Computer Integrated Manufacturing, (Editors: Olling,
     G.J.;Kimura, F.), Elsevier Science Publishers, Amsterdam, 1992, S. 27–40

[16] Eversheim, W., Laufenberg, L., Marczinski, G.: Integrierte Produktentwicklung mit einem
     zeitparallelen Ansatz, CIM Management 9 (1993) 2, S. 4–8

[17] Erkes, K. F: Planung flexibler CIM-Systeme mit Hilfe von Referenzmodellen (Teil1), CIM
     Management 5 (1989) 1, S. 62–68

[18] Erkes, K. F: Planung flexibler CIM-Systeme mit Hilfe von Referenzmodellen (Teil 2), CIM
     Management 5 (1989) 2, S. 46–53

[19] Esser, U., Köhle, E.: Auwertung der CIM-Expertenbefragung, FIR Aachen, Februar 1988

[20] Eversheim, W., Pollack, A., Walz, M.: Planung der Produktentwicklung im Verbund, in Da-
     tenverarbeitung in der Konstruktion, VDI-Berichte 1148, VDI-Verlag, Düsseledorf, 1994

[21] Feron, B.: Entwicklung von Hilfsmitteln für die systematische Erstellung von Anforderung-
     slisten für Spritzgußformteile, unveröffentlichte Diplomarbeit am IKV, 1994, Betreuer:
     D. Menzenbach

[22] Groditzki, G.: Entwicklung und Einführung von CIM-Systemen (Teil2), CIM Management 5
     (1989) 3, S. 60–65

[23] Heimann, P., Krapp, C.-A., Nagl, M., Westfechtel, B.: An adaptable and reactive project
     management environment, in [48], S. 504–534

[24] Heimann, P., Westfechtel, B.: A Generalized Workflow System for Mechanical Engineering,
     Softwaretechnik-Trends der Gesellschaft für Informatik, Band 17, Heft 3 (1997), S. 21–24

[25] Hemesath, L.: Automatische Extraktion von charakteristischen Daten aus einer CAD-Datei,
     unveröffentlichte Studienarbeit am IKV, erscheint demnächst, Betreuer: D. Menzenbach

[26] Hermanns, O. "Multicast-Kommunikation in kooperativen Multimedia-Systemen", Dis-
     sertation, RWTH-Aachen, 1996

[27] Jansen, U.: Konstruktion eines Transportrollensystems aus Kunststoff, unveröffentlichte Di-
     plomarbeit am IKV, 1989, Betreuer: T. Brinkmann , V. Lessenich-Henkys

[28] Jochheim, E.: Analyse von Vorgehensweisen und Entscheidungen bei der Formteil- und
     Werkzeugkonstruktion in einem kunststoffverarbeitenden Unternehmen, unveröffentlichte
     Diplomarbeit am IKV, 1991, Betreuer: V. Lessenich-Henkys, D. Menzenbach

[29] Klittich, M., Neuscheler, F.: Ist die Zeit reif für CIMOSA?, CIM Management 10 (1994) 6, S.
     17–20, Oldenbourg Verlag

[30] Klotz, M.: Strategische Planung des Einsatzes von Informations- und Kommunikations-
     systemen im Unternehmen, in: Innovative Anwendungen der Informations- und Kommu-
     nikationstechnologien in den 90er Jahren, S. 39–50, Hrg.: H. Krallmann, Oldenbourg Verlag,
     1990

[31] Baur, E., Filz, P., Greif, H., Groth, S., Lessenich, V., Ott, S., Pötsch, G., Schleede, K.:
     Formteil- und Werkzeugkonstruktion aus einer Hand – die modernen Hilfsmittel für den
     Konstrukteur, Tagungsumdruck 14. Kunststofftechnisches Kolloquium, Aachen, 9.–11.
     März 1988, S. 242–274

[32] Menzenbach, D., Aengenheyster, G., Brinkmann, T., Grundmann, M., Turek, J., Smets, H.:
     Formteilauslegung mit moderner Software, Tagungsumdruck 16. Kunststofftechnisches
     Kolloquium, Aachen, 11.–13. März 1992, S. 307–344

[33] Menzenbach, D., Aengenheyster, G., Findeisen, H., Galuschka, St., Schlegel, W.: Anwen-
     derorientierte Rechnerprogramme zur Produktgestaltung, Tagungsumdruck 17. Kunststoff-
     technisches Kolloquium, Aachen, 2.–4. März 1994, S. 171–219

[34] König, H., de Ridder, L.: CIMOSA: Architektur für offene Systeme und Modellierung von Unternehmensprozessen, CIM Management 8 (1992) 4, S. 4–11

[35] Kosanke, K.: CIMOSA: Offene System-Architektur, in: Scheer, A.W., Handbuch Informationsmanagement, S. 113–138, Gabler Verlag, 1993

[36] Kosanke, K., Vernadat, F.: CIM-OSA: A Reference Architecture for CIM, in: Human Aspects in Computer Integrated Manufacturing (Editors: Olling, G.J.;Kimura, F.), Elsevier Science Publishers, Amsterdam, 1992, S. 41–48

[37] Kox, J.: Produktmodelle für Spritzgußformteile, unveröffentlichte Diplomarbeit am IKV, 1992, Betreuer: D. Menzenbach

[38] Krause, F.-L., Beitz, W.: Produktentwicklung mit Simultaneous Engineering FACTS (1993), S. 4–11, Springer-Verlag

[39] Lessenich-Henkys, V.: Aufbau einer firmenspezifischen, wissensbasierten Konstruktionssoftware für Spritzgußteile – Möglichkeiten und Grenzen, Dissertation an der RWTH Aachen, 1991, zugleich: Wissensbasierte Formteilkonstruktion für das Spritzgießen – Lösungen für die betriebliche Praxis, TÜV Rheinland, Köln 1991

[40] Michaeli, W., Brinkmann, T., Lessenich-Henkys, V.: Kunststoffverarbeitung III, Teil 3, Konstruktion von Spritzgußteilen, Vorlesungsumdruck an der RWTH Aachen, 1990

[41] Menges, G., Mohren, P.: Anleitung für den Bau von Spritzgießwerkzeugen, Carl Hanser Verlag, München, Wien, 1983

[42] Menzenbach, D.: Aufbau einer integrierenden Infrastruktur für die durchgängige Unterstützung des Entwicklungsprozesses von Kunststofformteilen, Dissertation an der RWTH Aachen, 1996

[43] Michaeli, W., Eversheim, W.: CIM im Spritzgießbetrieb: wirtschaftlich fertigen durch Rechnerintegration, Hanser Verlag, München, Wien, 1993

[44] Michaeli, W., Lessenich-Henkys, V.: Expertensysteme in der Formteilentwicklung, Teil 1, Plastverarbeiter, 42 (1991) 4, S. 93–99

[45] Michaeli, W., Lessenich-Henkys, V.: Expertensysteme in der Formteilentwicklung, Teil 2, Plastverarbeiter, 42 (1991) 5, S. 58–64

[46] Michaeli, W., Menzenbach, D.: Konstruktionsführung bei der Auswahl von Funktionselementen für Kunststofformteile, Abschlußbericht zum AiF-Forschungsvorhaben Nr. 8018, Aachen, 1992

[47] Michaeli, W., Menzenbach, D., Turek, J.: Korrosionsdatenverwaltung für Kunststoffe auf dem PC, VDI Werkstofftag 1993, München, VDI Berichte Nr. 1021, 1993

[48] Nagl, M.: Building Tightly-Integrated Software Development Environments: The IPSEN Approach, LNCS 1170, Springer-Verlag, Berlin, 1996

[49] Nüttgens, M., Keller, G., Scheer, A.-W.: Informationsmodelle als Grundlage integrierter Fertigungsarchitekturen, CIM Management 8 (1992) 4, S. 12–20

[50] Scheer, A.-W.: Architektur integrierter Informationssysteme, Springer-Verlag, Berlin, Heidelberg, New York, 1992

[51] Scheer, A.-W.: ARIS – Architektur integrierter Informationssysteme, in: Handbuch Informationsmanagement, S. 81–112, Scheer, A.-W. (Herausg.), Gabler Verlag, Wiesbaden 1993

[52] Schlegel, W.: Unterstützung der frühen Phasen in der Produktentwicklung von Kunststofformteilen, Dissertation an der RWTH Aachen, 1995

[53] Schlesinger, K.: Integrierte Produktdatenmodelle für die umfassende Beschreibung von Kunststoffprodukten, Tagungsumdruck zur Fachbeiratsgruppe Werkstoffkunde und Formteilauslegung, IKV, Aachen, November 1996

[54] Schmitz, J.: Anleitung zum methodischen Konstruieren von Spritzgießteilen, Dissertation an der RWTH Aachen, 1984

[55] Scholz, B., Hoyer, R.: Methoden zur Gestaltung von CIM-Strukturen Teil 1: Rechnergestützte Werkzeuge zur Entwicklung von integrierten Informations- und Kommunikationsstrukturen in Produktionsunternehmen, FB/IE 37 (1988) 4, S. 172–178

[56] Scholz-Reiter, B.: CIM-Informations- und Kommunikationssysteme, Oldenbourg Verlag, München, 1990

[57] Simsheuser, A.: Studie zur Unterstützung der Erstellung von Anforderungslisten, unveröffentlichte Studienarbeit am IKV, 1993, Betreuer: D. Menzenbach

[58] Stotko, E. C.: CIM-OSA, CIM Management 5 (1989) 1, S. 9–15

[59] Wiendahl, H.-P.: Betriebsorganisation für Ingenieure, Carl Hanser Verlag, München, Wien, 1989

[60] Wübken, G.: Rechnereinsatz bei der Konstruktion von Kunststoffteilen, Teil 1: Qualifikation des Personals entscheidet über Erfolg, Plastverarbeiter, 42 (1991) 4, S. 20–27

[61] Wübken, G.: Rechnereinsatz bei der Konstruktion von Kunststoffteilen, VDI Berichte Nr. 917, 1992, S. 163–169

2.3 Störungsmanagement bei der Entwicklung von Kunststofformteilen

W. Michaeli, D. Menzenbach, K. Schlesinger
Institut für Kunststoffverarbeitung

Zusammenfassung

Der iterative Charakter des Entwicklungsprozesses führt dazu, daß es im Laufe des Projekts zu zahlreichen Rückgriffen kommt. Um den Projektverlauf dennoch zeitoptimiert und zugleich nachvollziehbar zu gestalten, ist ein effektives Änderungsmanagement unerläßlich. Im SUKITS-Projekt wurden unter anderem leistungsfähige Mechanismen zur Unterstützung von Änderungsabläufen entwickelt, die je nach Ursache einer anstehenden Änderung variieren.

In diesem Abschnitt werden Gründe für Änderungen und die dadurch ausgelösten Vorgänge analysiert. Die Abhängigkeiten der für die Entwicklung von Kunststoffartikeln charakteristischen Dokumenttypen untereinander werden geklärt. Es werden neue Dokumenttypen zur Unterstützung von Änderungsabläufen eingeführt und in das SUKITS-Rahmenwerk integriert. Abschließend wird ein neues Werkzeug zur Ermittlung geeigneter Maßnahmen im Fehlerfall vorgestellt, eine FMEA-Datenbank zur Ermittlung des optimalen Rückgriffs.

2.3.1 Einleitung

Der Entwicklungsprozeß eines Kunststofformteils stellt einen komplexen Vorgang dar. Durch diese Komplexität bedingt sind in beinahe allen Fällen im Verlauf der Entwicklung mehr oder weniger *Änderungen* bzw. *Rückgriffe* in frühere Entwicklungsphasen notwendig (Abb. 2.36). Diese hängen von der Art der Entwicklung und der Bauteilkomplexität ab. Sie verursachen grundsätzlich auch zusätzliche Kosten und führen zu nur selten tolerierbaren Zeitverzögerungen.

In nahezu jedem Unternehmen gibt es daher ein *Änderungswesen*. Es betrifft jedoch vornehmlich den Zeitraum des Konstruktionsabschlusses und des Fertigungsanlaufes [23]. Eine Ausdehnung des Änderungswesens auf die früheren Phasen der Entwicklung ist bislang nicht die Regel. Dies hängt sicherlich damit zusammen, daß auf konventionellem Wege der Änderungsprozeß sehr schnell zu formalistisch wird und in Verbindung mit zeitaufwendiger Entscheidungsbildung eher zu einem Verzögerungs- und Chaosinstrument wird, als Ordnung und Transparenz zu schaffen [23].

Auf der anderen Seite treten bei einem zu *wenig strukturierten* und *koordinierten* Änderungsablauf eine Reihe von *Problemen* auf:

- zu schlechte Nachvollziehbarkeit von Entscheidungen
- Kompetenzunklarheiten
- zu schlechter Informationsstand über Änderungen
- Kursieren von ”alten” Dokumenten
- zu wenige Informationen über Konsequenzen von Änderungen

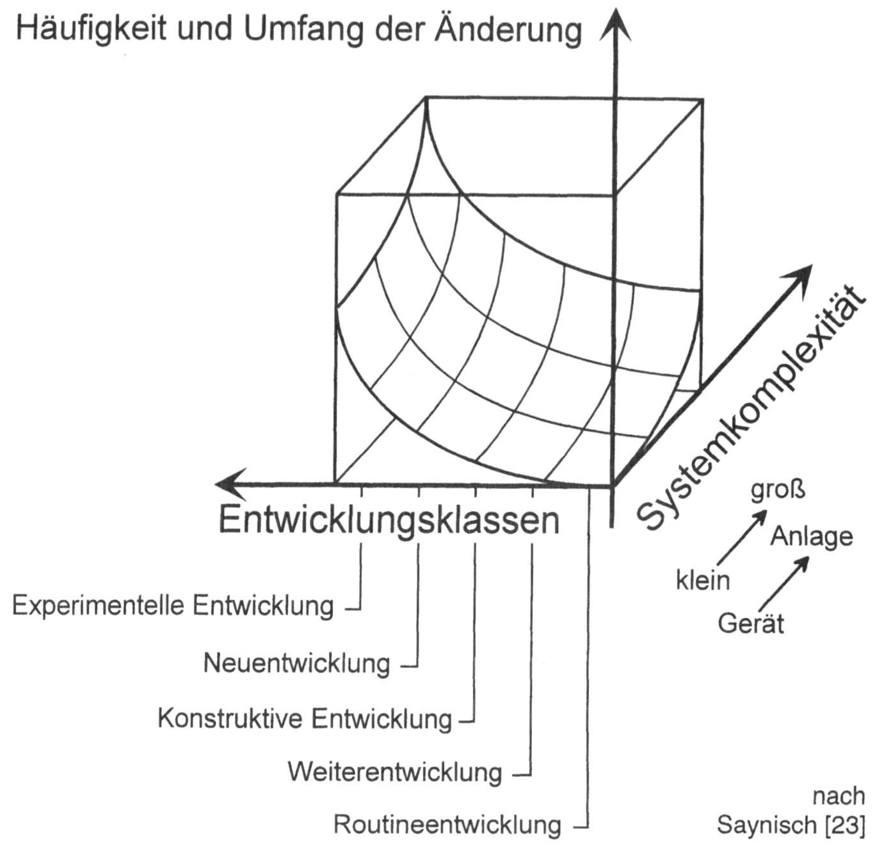

Abb. 2.36 : Einfluß auf Häufigkeit und Umfang von Änderungen

Aus diesem Grund wurden in der Forschergruppe SUKITS *Konzepte* und *Hilfsmittel* erarbeitet, die den Ablauf von Änderungen von Beginn der Entwicklung an unterstützen [7, 8, 9, 13, 15, 17, 18].

2.3.2 Informationsmodell

Nachdem in Abschnitt I.2.2 das Funktionsmodell zur Strukturierung und Parallelisierung des Entwicklungsprozesses aufgestellt wurde, steht für die Konzeption des Störungsmanagements die *Sicht* auf die benötigten und erzeugten *Informationen* im Vordergrund. Diese können z.T. direkt aus dem Funktionsmodell abgeleitet werden.

Man kann dabei in der Darstellung zwei Arten von Informationen unterscheiden, und zwar *Dokumente* und *Nachrichten*. Während Dokumente das Produkt beschreiben und aus Gründen des Qualitätsmanagements im Sinne von ISO 9000 ff [1] *archiviert* werden müssen [4, 10], dienen Nachrichten eher der dynamischen Steuerung der Abläufe und haben häufig einen *temporären* Charakter.

Dokumente

Als *Dokumente* werden im folgenden Informationspakete bezeichnet, die die Ergebnisse von einzelnen Entwicklungsschritten beschreiben. Zur Fortsetzung der Entwicklung werden die Dokumente zwischen den einzelnen Teilbereichen ausgetauscht und an geeigneter Stelle archiviert [2]. Die temporären Daten, die intern in jedem Teilschritt entstehen, werden in diesem Abschnitt zunächst nicht weiter betrachtet.

Aus der Analyse der Abläufe im Entwicklungsprozeß von Kunststofformteilen wurde eine Reihe von *Dokumenttypen* ermittelt, die die Ergebnisse der jeweiligen Teilschritte enthalten. Dabei wurden möglichst Dokumentarten gewählt, die auch in der Konstruktionspraxis üblich sind.

Zur *Formalisierung* der Dokumenttypen werden diese nachfolgend in der Reihenfolge ihrer Entstehung im Entwicklungsprozeß einzeln beschrieben und anschließend deren Abhängigkeiten voneinander in geeigneter Weise dargestellt.

Technische Maschinendaten (TMD)

Unter den "Technischen Maschinendaten" ist ein Dokument zu verstehen, in dem alle technischen Daten der Spritzgießmaschine(n) enthalten sind, auf der das Formteil gefertigt werden soll, z.B. Holmabstand, maximale Drücke, Schließkraft usw. Das Dokument wird als allgemeine Ressource genutzt und daher nicht für jede Entwicklung neu angelegt.

Anforderungsliste Formteil (AnfFt)

Die "Anforderungsliste Formteil" enthält alle Anforderungen an das Bauteil, die sich aus dem Auftrag und weiteren Angaben wie z.B. Werksnormen ergeben. Diese Liste umfaßt z.B. mechanische, thermische oder auch Fertigungsanforderungen [21].

Anforderungsliste Werkstoff (AnfWst)

Die "Anforderungsliste Werkstoff" enthält die Anforderungen an das zu verwendende Material. Diese können z.T. direkt aus der Anforderungsliste Formteil abgeleitet werden (z.B. thermische Eigenschaften oder die Forderung nach einer Fertigung im Spritzgießen), teilweise sind aber auch zuvor erste Konstruktionsentscheidungen zu treffen (z.B. Abschätzung der benötigten Materialsteifigkeit aus geforderter Bauteilsteifigkeit und grober Angabe der Wanddicken). Diese Anforderungsliste dient als Grundlage für die Werkstoffauswahl.

Werkstoffdatenblatt (WDB)

Das Werkstoffdatenblatt enthält Kennwerte zu einem oder mehreren bei der Werkstoffauswahl als geeignet ermittelten Materialien. Diese umfassen z.B. mechanische Kennwerte oder auch Verarbeitungskennwerte. Diese Kennwerte können in der Regel von der verwendeten Werkstoffdatenbank (z.B. CAMPUS) in Form einer Datei ausgegeben werden. Es gibt allerdings noch keine systemübergreifenden Darstellungsformate. Normierungen, wie sie etwa für CAD-Daten erfolgt sind (z.B. STEP), stehen für Materialdaten noch ganz am Anfang [24].

Formteilgeometriedatei (FtGeo)

Bei einer Gestaltung des Formteils mit einem 3D-CAD-System kann die vollständige Beschreibung der Geometrie in Form einer Datei auf dem Rechner abgelegt werden. Dies kann entweder in einem Systemformat oder auch in einem Standardformat wie z.B. IGES oder STEP erfolgen [12, 26, 14]. Aus dieser Geometriebeschreibung kann auch die nachfolgende Zeichnung abgeleitet werden.

Formteilzeichnung (FtZei)

Die Zeichnung des Formteils enthält alle nötigen Geometrieinformationen und Maße des Formteils. Desweiteren enthält die Zeichnung im Schriftfeld allgemeine Informationen, die das Formteil weiter spezifizieren, z.B. durch Angaben über die Benennung des Teils oder auch zulässige Toleranzen.

Finite-Elemente-Netz (FENet)

Das Finite-Elemente-Netz enthält die vernetzte Geometrie des Formteils für die Simulation. Das Netz für die Strukturanalyse kann sich dabei von dem für die Prozeßsimulation unterscheiden, da z.B. Netzverfeinerungen an unterschiedlichen Stellen erforderlich sein können oder unterschiedliche Elementtypen verwendet werden [19]. Daraus folgt, daß es sich bei dem FE-Netz um eine Gruppe von Dokumenten handeln kann.

Ergebnisse Prozeßsimulation (FEPro)

Die Ergebnisse der Prozeßsimulation werden mit einem geeigneten Simulationsprogramm, z.B. mit dem am IKV entwickelten CADMOULD [3], erstellt. Dieses Dokument wird als eine Zusammenfassung von unterschiedlichen Ergebnisdaten betrachtet. Dies umfaßt z.B. Faserorientierungen in jeder Schicht, Eigenspannungen beim Abkühlen und Verzug des Formteils nach dem Entformen.

Ergebnisse Strukturanalyse (FEStr)

Analog zur Prozeßsimulation werden die mit einem entsprechenden Finite-Elemente-Programm ermittelten Ergebnisse der Strukturanalyse z.B. in Form von Spannungsverteilungen oder Verformungen dokumentiert.

Werkzeugparameter (WzPar)

In diesem Dokument werden die in Unterabschnitt I.2.2.4 erläuterten allgemeinen Werkzeugparameter abgelegt. Hierzu gehören z.B. die Anzahl der Formnester, der Trennebenen usw.

Werkzeuggeometrie (WzGeo)

Analog zur Beschreibung der Formteilgeometrie wird in diesem Dokument die Geometrie des Spritzgießwerkzeuges abgelegt. Dies kann entweder wiederum in Form einer 3D-CAD-Datei erfolgen, aus der dann die entsprechenden Zeichnungen abgeleitet werden können, oder es wird von vornherein nur eine zweidimensionale Zeichnung erstellt, was z.Z. noch in den meisten Betrieben dem Stand der Technik entspricht.

Stückliste Werkzeug (StüLi)

Die Stückliste Werkzeug enthält eine Auflistung aller Komponenten des Spritzgießwerkzeuges. Aus dieser Liste können z.B. die notwendigen Normalien abgelesen werden.

Arbeitsplan (ArbPl)

Der Fertigungsarbeitsplan ist der wichtigste Informationsträger für die Fertigung der Werkzeugkomponenten. Er enthält die einzelnen zur Fertigung eines Einzelteils erforderlichen Vorgänge in technologisch sinnvoller Reihenfolge unter Angabe von verwendetem Material, Arbeitsplatz, Betriebsmittel und Vorgabezeiten.

NC-Programme (NCPro)

Zur Bearbeitung von Werkstücken auf numerisch gesteuerten Maschinen werden NC-Programme benötigt. Diese enthalten alle für die Steuerung der Werkzeugmaschine erforderliche Angaben. Im einzelnen sind dies geometrische und technologische Daten sowie Werkzeugdaten.

Prüfplan Formteil (PrfPl)

Der Prüfplan ist die Arbeitsanweisung, in der festgelegt wird, welche Eigenschaften des Formteils mit welchen Prüfmitteln zu prüfen sind und bei wievielen Teilen dies zu geschehen hat.

Prüfzeichnung (PrfZei)

In der Prüfzeichnung sind die Prüfmaße für das Formteil mit den zulässigen Toleranzen verzeichnet.

Prozeßparameterliste (ProPar)

Die *Prozeßparameter* bilden einen Satz von Werten, die an einer Spritzgießmaschine für einen optimalen Prozeßverlauf eingestellt werden müssen. Einige dieser Werte sind in den Technischen Maschinendaten als Vorgabewerte enthalten, die unverändert übernommen werden können. Weitere prozeßspezifische Werte entstehen bei der Prozeßsimulation. Die Startdaten müssen in der Regel zu Beginn der Produktion an der Maschine optimiert werden.

Um die Abläufe im Entwicklungsprozeß und insbesondere die Rückgriffe imÄnderungsablauf mit Hilfe von Rechnerprogrammen unterstützen zu können, ist es notwendig, die *wechselseitigen Abhängigkeiten* der Dokumente voneinander geeignet zu formalisieren. Diese Abhängigkeiten lassen sich ermitteln, wenn man die Eingangsdaten der einzelnen Teilschritte des Entwicklungsprozesses den Ausgangsdaten gegenüberstellt. In Tab. 2.37 sind die Abhängigkeiten in Form einer sogenannten Abhängigkeitsmatrix dargestellt. Die Daten in der Zeile sind dabei von den Daten in der Spalte mit der am Kreuzungspunkt angegebenen Kardinalität abhängig. So bedeutet z.B. der Eintrag in der 7. Zeile und 5. Spalte, daß von genau einer (d.h. mindestens einer und höchstens einer) Formteilgeometriedatei (1,1) möglicherweise keines, maximal jedoch bis zu n FE-Netze abhängen (0,n).

Spalte / Zeile	1 TMD	2 AnfFt	3 AnfWst	4 WDB	5 EntNot	6 FtGeo	7 FtZei	8 FeNet	9 FEPro	10 FEStr	11 WZPar	12 WZGeo	13 StüLi	14 ArbPl	15 NCPro	16 PrfPl
1 TMD																
2 AnfFt	1,n:1,1															
3 AnfWst		1,1:1,1														
4 WDB			1,1:0,n													
5 FtGeo		1,1:1,1		0,1:1,1	1,1:1,1											
6 FtZei						1,1:1,n										
7 FeNet		1,1:0,n				1,1:0,n										
8 FEPro		1,1:0,n		1,1:0,n				1,1:1,n								
9 FEStr		1,1:0,n		1,1:0,n				1,1:1,n								
10 WZPar	1,n:1,1	1,1:1,1														
11 WZGeo		1,1:1,1		0,n:1,1		1,1:1,1			0,n:1,1		1,1:1,1					
12 StüLi											1,1:1,1	1,1:1,1				
13 ArbPl												1,1:1,n	1,1:1,n			
14 NCPro												1,1:0,n	1,1:0,n	1,1:0,n		
15 PrfPl		1,1:1,1				1,1:1,1										
16 PrfZei		1,1:1,n				1,1:1,n										1,1:1,n
17 ProPar	1,n:1,1								0,n:1,1			1,1:1,1				

Zeile hängt ab von Spalte;
Kardinalität: vor dem Doppelpunkt Anzahl auslaufender, nach dem Doppelpunkt Anzahl einlaufender Relationen (jeweils obere und untere Schranke)

Tab. 2.37 : Abhängigkeiten der Entwicklungsdokumente

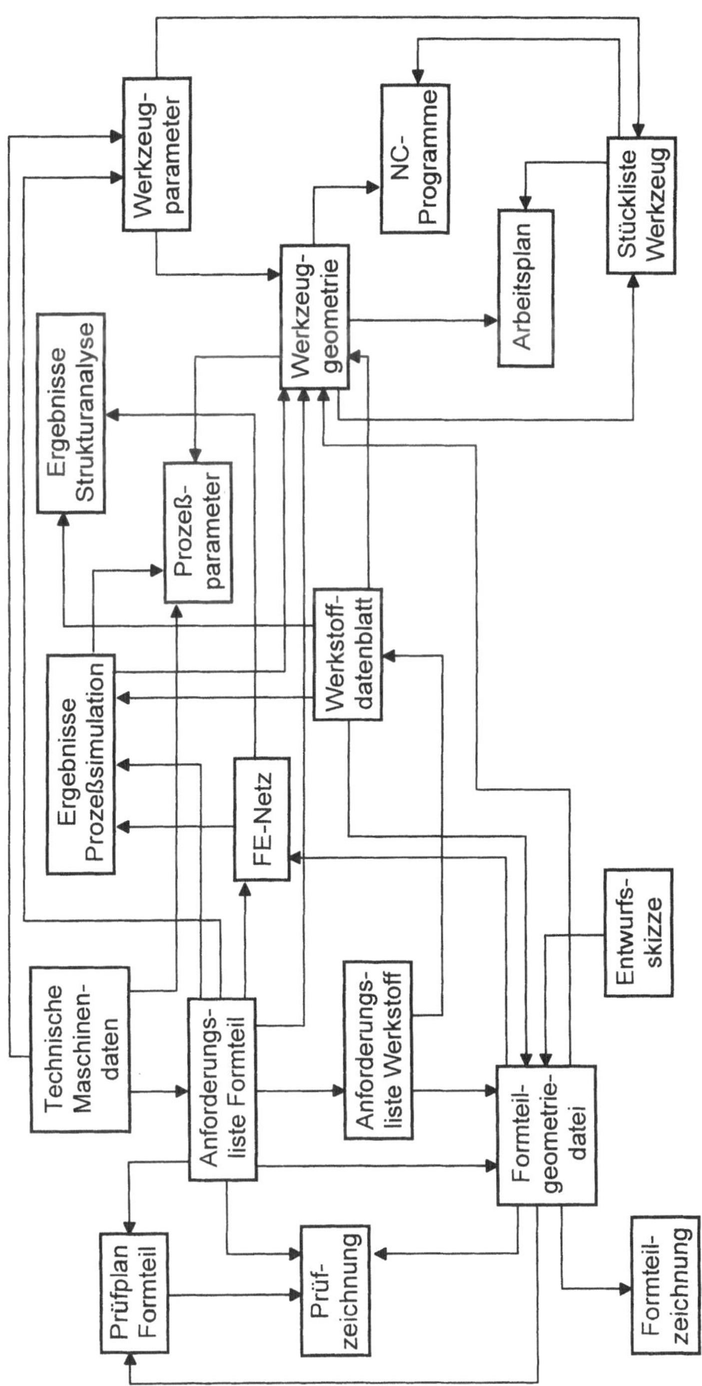

Abb. 2.38 : Entity-Relationship-Diagramm der Dokumentenabhängigkeiten

Mit Hilfe eines Entity-Relationship-Diagrammes [6] lassen sich diese Abhängigkeiten sehr gut nachvollziehen, wie in Abb. 2.38 dargestellt ist.

Eine Abhängigkeit bedeutet im Regelfall, daß bei Änderungen an einem Dokument davon abhängige Dokumente ebenfalls geändert oder doch zumindest überprüft werden müssen. Um solche Aktionen unterstützen zu können, ist es erforderlich, *Änderungen* des *Zustandes* von Dokumenten darzustellen. Eine Möglichkeit hierzu bieten Statuskenner.

Ein Dokument durchläuft während des Entwicklungsprozesses verschiedene Phasen. Diese einzelnen Zwischenzustände können durch einen *Dokumentenstatus* kenntlich gemacht werden. Beispiele für einen solchen Status sind etwa Bezeichnungen wie "in Arbeit" oder "freigegeben".

Die Verwendung von *Statuskennern* hat verschiedene *Ziele* (vgl. auch Unterabschnitt I.2.1.5):

- In Abhängigkeit vom Status können unterschiedliche Schreib- oder Leserechte für die Dokumente vergeben werden.
- Anhand des Status der zu einem Auftrag gehörenden Dokumente können Aussagen über den Stand der Entwicklung getroffen werden. Dies führt zum einen zu einer besseren Planbarkeit der Abläufe, zum anderen können die Teilbereiche, die ein bestimmtes Dokument verwenden, durch verbesserten Informationsstand frühzeitiger auf Ereignisse reagieren.
- Der Übergang von einem Status zu einem anderen kann von einem integrierenden System mit automatischen Mechanismen versehen werden, z.B. mit der Benachrichtigung betroffener Personen.

Durch diesen Automatismus wird die Statusbeschreibung der Dokumente sehr eng mit den dynamischen *Ablaufsteuerungsmechanismen* des Entwicklungsprozesses *verknüpft*, z.B. mit entsprechenden Freigabemechanismen für Dokumente. In vielen Fällen ist es darüber hinaus sinnvoll, mit der Änderung des Status eines Dokuments eine Benachrichtigung der davon betroffenen Bereiche des Unternehmens zu verknüpfen.

Nachrichten

Neben den Dokumenten stellen *Nachrichten* die zweite Form der auftretenden Informationen im Entwicklungsprozeß dar. Sie bilden ein wichtiges Instrument zur Steuerung der Abläufe innerhalb dieses Prozesses. Wie oben bereits genannt, haben Nachrichten derzeit einen eher temporären Charakter. Im Sinne eines Qualitätsmanagements sollten jedoch künftig Nachrichten zur besseren Nachvollziehbarkeit des Entwicklungsablaufes festgehalten werden. Bei Verwendung einer Rechnerunterstützung, wie sie im Rahmen des SUKITS-Projektes entwickelt wurde, erfolgt dies automatisch.

Aus Sicht der Strukturierung für eine Rechnerunterstützung müssen dabei Nachrichten nach der *Interpretierbarkeit* in formale Nachrichten und informelle Nachrichten *unterteilt* werden.

Formale Nachrichten

Formale Nachrichten weisen eine genau *definierte Struktur* auf. Das bedeutet, daß formale Nachrichten in der Regel rechnerinterpretierbar sind, weshalb sie auch ein Programm als Absender oder Empfänger haben können. Möglichkeiten für den Einsatz von formalen Nachrichten sind etwa:

Bearbeitungsaufträge

Ein Bearbeitungsauftrag enthält die Benennung eines Objektes und einer durchzuführenden Tätigkeit. Beispielsweise kann ein Mitarbeiter angewiesen werden, für ein bestimmtes Produkt das Dokument "Finite-Elemente-Netz" zu erstellen oder, im Falle eines Rückgriffs, dieses Dokument zu ändern. Eine solche Nachricht kann dabei auch durch ein integrierendes Programmsystem automatisch ausgelöst werden.

Statusübergangsmitteilung

Eine Statusübergangsmitteilung enthält die Bezeichnung eines Dokuments mit der entsprechenden Angabe über den vorherigen und aktuellen Status. Auch eine solche Nachricht kann von einem integrierenden System automatisch ausgelöst werden, was z.B. bei Freigaben oder Sperrungen von Dokumenten notwendig ist.

Nicht alle Nachrichten lassen sich jedoch in dieser Weise formalisieren, was im folgenden Abschnitt an einigen Beispielen gezeigt wird.

Informelle Nachrichten

Im Gegensatz zu den formalen haben informelle Nachrichten *keine* fest *vorgegebene Struktur.* Sie sind nicht rechnerinterpretierbar und daher ausschließlich für die Kommunikation zwischen Menschen geeignet. Solche Nachrichten können daher bei Verwendung eines integrierenden Programmsystems zwar automatisch gespeichert, jedoch nicht in automatisierte Abläufe eingebunden werden. Beispiele für informelle Nachrichten sind etwa Anfragen, Kommentare zu Konstruktionsentscheidungen oder Beschreibungen von entdeckten Fehlern.

Sowohl das *Versenden* von Nachrichten als auch eine notwendige *Kontrolle* des *Zugriffs* auf Dokumente, z.B. in Abhängigkeit vom aktuellen Status, stellen Notwendigkeiten für effiziente Änderungsabläufe dar. Diese werden im folgenden untersucht.

2.3.3 Änderungsablauf von Dokumenten

Um den Änderungsprozeß zu strukturieren, muß grundsätzlich zwischen den *Gründen* unterschieden werden, die zum *Einleiten* einer Änderung führen können (Abb. 2.39). Je nach Grund für die Änderung ist mit einer unterschiedlichen Ausbildung des ausgelösten Änderungsprozesses zu rechnen.

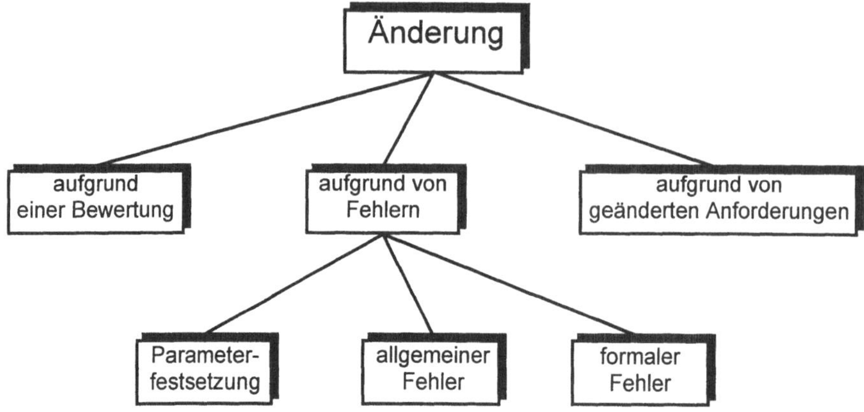

Abb. 2.39 : Gründe für das Einleiten einer Änderung

Änderungen aufgrund einer Bewertung

Zum einen kann die Bewertung am Ende eines Teilschrittes im Konstruktionsprozeß eine Iteration auslösen und damit zu einer *Änderung* der für diesen Schritt gesetzten *Annahmen* führen. In diesem Fall muß der Zustand aller im Zuge des Konstruktionsschrittes veränderten Dokumente auf den Ausgangszustand vor diesem Teilschritt zurückgesetzt werden. Hierfür ist es notwendig, daß die einzelnen Versionen der Dokumente reproduzierbar abgelegt werden.

Änderungen aufgrund von Fehlern

Während des Entwicklungsprozesses hat der Konstrukteur eine Reihe von Parametern festzulegen, die das Bauteil bestimmen. Jeder dieser Parameter kann zunächst zwischen einer Ober- und einer Untergrenze frei gewählt werden. Die Grenzen werden durch Einträge in der Anforderungsliste oder durch vorher getroffene Parameterfestlegungen bestimmt. Wenn jedoch durch die Festlegung eines Gestaltungsparameters eine Forderung für einen anderen Parameter entsteht, die nicht mehr erfüllt werden kann, wird aus der Festlegung ein *Gestaltungsfehler* (Abb. 2.40). Zu diesem Fehlertyp kommen noch allgemeine Fehler, z.B. falsche Berechnungsergebnisse sowie formale Fehler, z.B. Schreibfehler hinzu.

Zur *Durchführung* einer solchen Änderung müssen normalerweise folgende *Punkte* beachtet werden, auf die nachfolgend eingegangen werden soll:

- optimale Maßnahme ermitteln
- Änderung in Auftrag geben
- Konsistenz der Unterlagen sichern
- Änderungen baldmöglichst an betroffene Stellen melden

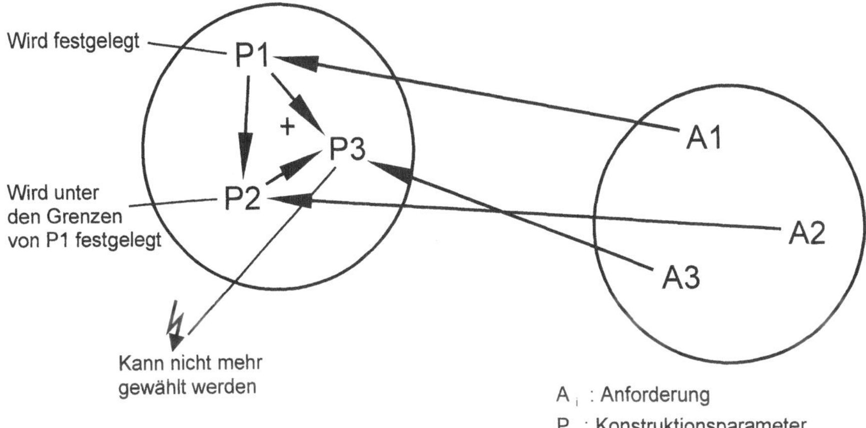

Abb. 2.40 : Fehler durch Parameterfestsetzung

Ermitteln der optimalen Maßnahme

Im ersten Schritt kommt es darauf an, zu bestimmen, wo der Fehler liegt, bzw. welche Änderung vorgenommen werden muß. Handelt es sich um einen *allgemeinen Fehler*, wie z.B. ein falsches Berechnungsergebnis, so ist normalerweise die Änderung relativ leicht zu bestimmen. Schwieriger ist es, falls ein *Gestaltungsparameter falsch* gewählt wurde. Eine mögliche Vorgehensweise zur Ermittlung der optimalen Maßnahme umfaßt:

a) *Problembeschreibung*
Der Mitarbeiter bzw. der Teilbereich, der einen Fehler feststellt, leitet mit einer Problembeschreibung den Änderungsprozeß ein.

b) *Einholen von Maßnahmenvorschlägen*
Unter Zuhilfenahme zusätzlicher Informationsquellen (z.B. FMEA) sucht der Projektverantwortliche nach möglichen Ursachen für den Fehler. Unterstützend kann er eine Reihe von Teilbereichen auswählen, die zu dem Fehler Maßnahmen vorschlagen sollen. Diese Maßnahmen sollten zugleich auch mit einer Aufwandsabschätzung versehen werden.

c) *Maßnahme auswählen*
Der Projektverantwortliche wählt aus den vorgeschlagenen Maßnahmen die optimale aus und gibt die Änderung in Auftrag.

Sicherung der Konsistenz von Unterlagen

Bei der Durchführung der Änderung muß gewährleistet sein, daß die Dokumente für das Bauteil wieder einen konsistenten Zustand erreichen. Hierzu sollte folgende *Vorgehensweise* durchgeführt werden:

a) Sperren des zu ändernden Dokumentes und aller davon abhängigen Dokumente
b) Durchführen der Änderung
c) erneute Freigabe des Dokumentes
d) Sukzessive für alle abhängigen Dokumente

- Überprüfung, ob Änderung notwendig
- ggf. Änderung durchführen
- Dokument freigeben

Gleichzeitig mit dem Sperren eines Dokumentes muß prinzipiell auch gewährleistet werden, daß keine ungültigen Kopien mehr in Gebrauch sind.

Informieren betroffener Stellen

Bei einer Änderung ist es von großer Bedeutung, daß die betroffenen Teilbereiche bzw. Mitarbeiter möglichst bald informiert werden. Dies vermeidet unnötige und in manchen Fällen nur mühsam rückgängig zu machende Arbeiten mit inkonsistenten Dokumenten.

Änderung von Anforderungen

Anforderungsänderungen kommen in der Regel vom Kunden. Diese Änderungen sind im Prinzip so zu behandeln wie ein *Rückgriff* in die Phase der *Erstellung* der *Anforderungsliste*, d.h. alle Dokumente des Entwicklungsprozesses (z.B. Zeichnungen) müssen für die weitere Verwendung gesperrt und sukzessive auf ihre weitere Gültigkeit hin überprüft werden. Falls das entsprechende Dokument nicht von der geänderten Anforderung betroffen ist, kann eine erneute Freigabe erfolgen. Bei dieser Art von Änderung kommt es vor allem auf die schnelle Weitergabe von Informationen an, um Arbeiten mit möglicherweise nicht mehr gültigen Dokumenten zu vermeiden.

2.3.4 Änderungsunterstützung der integrierenden Infrastruktur

Die hier geschilderten Maßnahmen sind in vielen Fällen mit konventionellen Mitteln nur mühsam umzusetzen. Die Fülle an nötigen Formularen verlangsamt den Änderungsprozeß häufig noch zusätzlich. Abhilfe kann hier nur eine geeignete *Rechnerunterstützung* bieten, wie sie in diesem Buch vorgestellt wird. Erst dadurch wird eine übersichtliche Bearbeitung der Einzelschritte ermöglicht.

Der im SUKITS-Projekt entwickelte Prototyp eines integrierten Systems verbindet existierende Anwendungssysteme über ein Kommunikationssystem mit einem Dokumentenverwaltungs- und Projektmanagementsystem. Das System bietet dadurch folgende *Unterstützung* für das *Störungsmanagement* (vgl. Abschnitt I.3.3) :

- Automatische Verwaltung von Änderungsdokumenten
- Automatisches Sperren von betroffenen Dokumenten incl. Folgedokumenten, d.h.
  - Verhinderung des nicht autorisierten Zugriffs sowie
  - Kontrolle über existierende Kopien
- Kontrollierte Freigabemechanismen, d.h. kontrollierte Änderung des Status von Dokumenten
- Kontrolle über Durchführung von Änderungen, d.h.
  - Einholen von Vorschlägen zu Maßnahmen
  - Erstellen von Änderungsaufträgen
- Automatisches Informieren von betroffenen Bereichen des Unternehmens

Insbesondere die kontrollierte Änderung des Dokumentenstatus sorgt hierbei für einen konsistenten Dokumentenbestand. Abb. 2.41 zeigt das Statusübergangsdiagramm des Systems. Jeder *Übergang* ist mit genau *festgelegten Bedingungen* verbunden (z.B. Freigabe darf nur erfolgen, wenn alle Eingangsdokumente ebenfalls freigegeben sind) ebenso wie mit definierten Aktionen (z.B. bei teilweiser Freigabe alle betroffenen Bereiche automatisch benachrichtigen). Die Tab. 2.43 faßt die im Einzelfall zutreffenden Bedingungen und Aktionen zusammen.

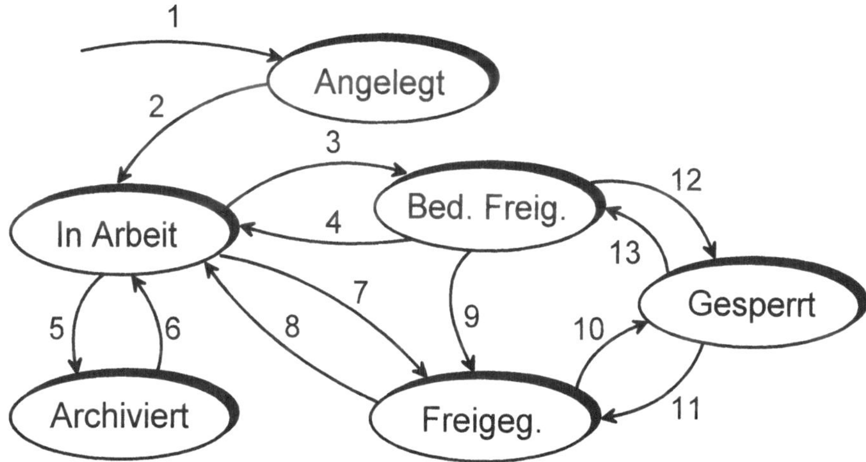

Abb. 2.41 : Statusübergangsdiagramm des SUKITS-Systems

Gerade in den früheren Phasen der Konstruktion, in denen noch viele Änderungen anfallen, ist es wichtig, die Entscheidungen bei den Änderungsvorgängen *nachvollziehen* zu können. Hier bietet das im SUKITS-System integrierte *Versionsmanagement* von Dokumenten ein starkes Hilfsmittel. Mindestens bei jeder Änderung eines bereits freigegebenen Dokumentes wird automatisch eine neue Version angelegt. Die Abfolge dieser Versionen bietet bereits eine komprimierte Entwicklungsgeschichte.

Verbessert wird dies noch durch die Kopplung von Dokumenten mit entsprechenden *Änderungsbeschreibungen* für jede Version, in denen stichwortartig die Gründe und Konsequenzen der Änderung beschrieben werden. Ein zusätzliches Hilfsmittel für das Störungsmanagement zur Einbindung in den integrierten Prozeßablauf stellt die im folgenden beschriebene FMEA-Datenbank dar.

2.3.5 Datenbank zur Ermittlung des optimalen Rückgriffs

Wie bereits oben erwähnt, ist die Ermittlung des *optimalen Rückgriffs*, d.h. der Änderung, die mit minimalen Kosten und Zeitverzögerungen zu einem anforderungsgerechten Formteil führt, einer der wesentlichen Schritte bei einem Änderungsvorgang. Je weiter ein Rückgriff in frühere Entwicklungsphasen zurückgeht, umso teurer und zeitaufwendiger wird in der Regel die Änderung. Abb. 2.42 veranschaulicht dies anhand der *Zehnerregel* für die Kosten über dem Entdeckungszeitpunkt eines Fehlers [16].

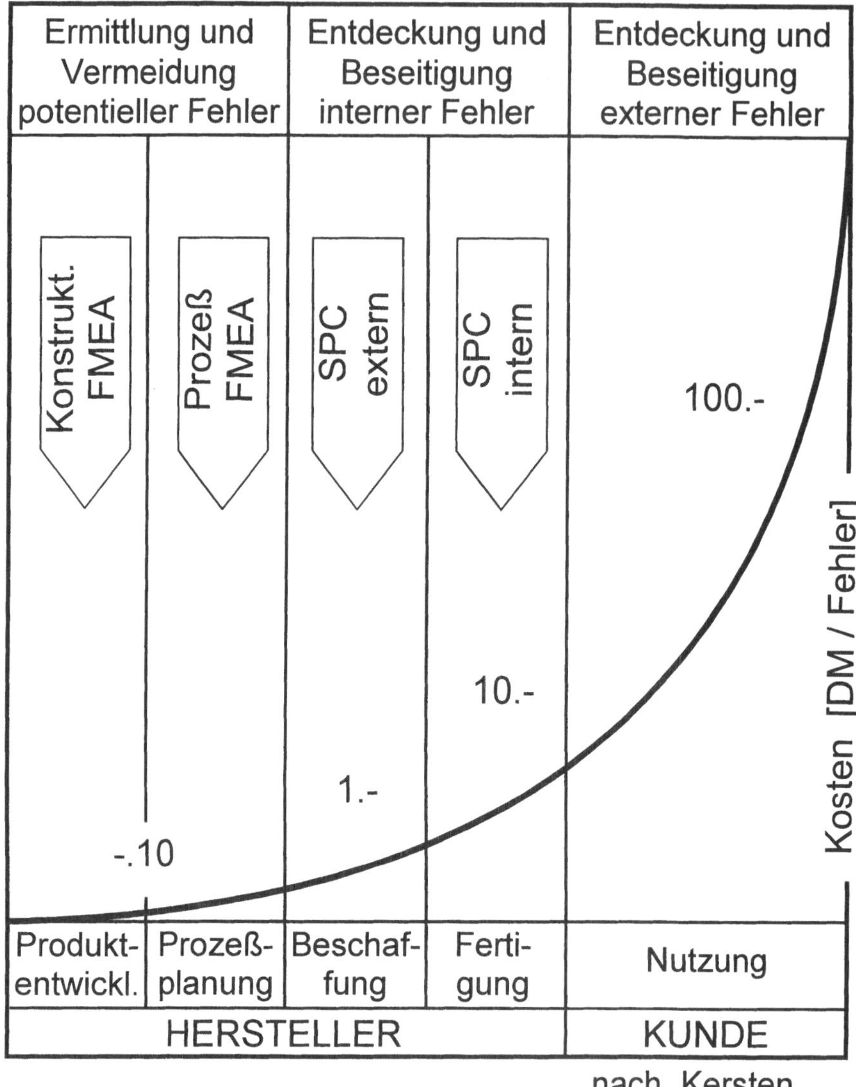

Abb. 2.42 : Zehnerregel für Kosten nach Entdeckungszeitpunkt eines Fehlers

Ein mögliches Hilfsmittel für diesen Schritt stellt die *Fehlermöglichkeits-* und *Einfluß-
analyse* (FMEA) dar, ein in DIN 25448 genormtes Verfahren der Qualitätssicherung, um
Fehler systematisch und frühzeitig erkennen und bewerten zu können [25, 16, 20]. Ziel der
FMEA ist das Auffinden von Schwachstellen in Bauteilen und deren qualitative Bewer-
tung, um so Fehler im Konstruktionsprozeß frühzeitig zu finden und durch geeignete
Maßnahmen beseitigen zu können.

Nr.	Bedingung	Aktion
1	Neuer Entwicklungsauftrag wird gestartet.	Leere Version der Standarddokumente wird angelegt.
2	Dokument wird zum ersten Mal zur Bearbeitung geladen.	Transfer einer Kopie des Dokuments zum Arbeitsplatz
3	Bearbeitetes Dokument liegt im Zugriffsbereich der integrierenden Infrastruktur.	Nachricht an Teilbereiche, für die die Teilfreigabe erteilt wurde.
4	keine	Automatisches Anlegen einer neuen Version des Dokuments; Nachricht an Teilbereiche, für die die Teilfreigabe aufgehoben wurde.
5-6	keine	keine
7	Bearbeitetes Dokument liegt im Zugriffsbereich der integrierenden Infrastruktur; alle Eingangsdokumente sind bereits freigegeben und nicht gesperrt.	Nachricht an alle Teilbereiche, die dieses Dokument als Eingangsdokument haben; Dokument darf nur noch zum Lesen geladen werden.
8	Änderungsdokumente „Problembeschreibung" und „Maßnahmenvorschläge" liegen vor, Änderung wurde genehmigt.	Automatisches Anlegen einer neuen Version des Dokuments; Nachricht an alle Teilbereiche, die dieses Dokument als Eingangsdokument haben.
9	Bearbeitetes Dokument liegt im Zugriffsbereich der integrierenden Infrastruktur; alle Eingangsdokumente sind bereits freigegeben und nicht gesperrt.	Nachricht an alle Teilbereiche, die dieses Dokument als Eingangsdokument haben; Dokument darf nur noch zum Lesen geladen werden.
10	Eingangsdokument wurde gesperrt, oder durch einen autorisierten Anwender wurde ein Fehler erkannt.	Nachricht an alle Teilbereiche, die dieses Dokument als Eingangsdokument haben; Einziehen aller Kopien des Dokuments durch die integrierende Infrastruktur; Alle abhängigen Dokumente werden gesperrt.
11	Bestätigung durch autorisierten Anwender, daß Sperre aufgehoben werden kann.	Nachricht an alle Teilbereiche, die dieses Dokument als Eingangsdokument haben; Wenn sich keines der jeweiligen Eingangsdokumente geändert hat, kann auch Sperre der Nachfolgedokumente aufgehoben werden, d.h. alte Versionen sind wieder freigegeben.
12	analog zu 9	analog zu 9
13	analog zu 10	analog zu 10

Tab. 2.43 : Bedingungen und Aktionen für Statusübergänge in Abb. 2.41

Zur Durchführung einer FMEA werden möglichst alle Fehler, die bei einem Bauteil auftreten können, systematisch (z.B. mit Hilfe von Brainstorming) aufgelistet. Anschließend erfolgt die *Beurteilung* der Folgen und die Bestimmung der möglichen Fehlerursachen. In manchen Fällen wird die FMEA auch mit einer *Wertanalyse* gekoppelt, um den Kostenaspekt verstärkt zu berücksichtigen [5].

Die Ergebnisse der FMEA können dann einerseits zum Ergreifen von *fehlervorbeugenden* Maßnahmen verwendet werden, andererseits kann mit ihrer Hilfe aber auch auf *Ursachen* von bereits aufgetretenen Fehlern zurückgeschlossen werden.

Dieser zweite Aspekt stand bei einer am IKV durchgeführten Untersuchung im Vordergrund [25], bei der eine allgemeine FMEA des Entwicklungsprozesses von Kunststofformteilen durchgeführt wurde. Zu diesem Zweck wurde jeder *Teilschritt* des Entwicklungspro-

zesses einzeln systematisch auf mögliche *Fehler* untersucht. Anschließend wurden die
Einflüsse dieser Fehler auf den weiteren Entwicklungsprozeß *analysiert*.

Die Einflüsse können dabei eine ganze Kette bilden, an deren Ende erst ein Fehler am
Formteil steht. So kann z.B., wie in Abb. 2.44 gezeigt, der Fehler "ungleiche Wanddicken"
zum Effekt "Verzug" führen, der wiederum Ursache für "schlechte Montierbarkeit" sein
kann. Dadurch entsteht ein komplexes *Netz* von *Ursachen* und *Effekten*.

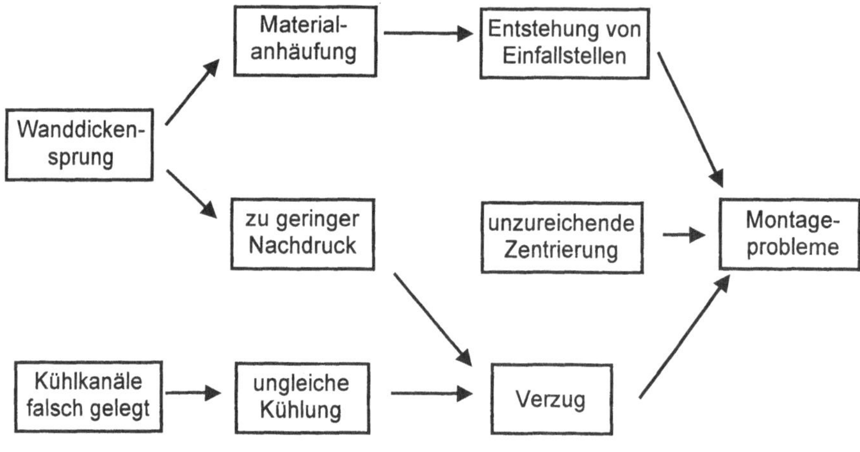

Abb. 2.44 : Datenstruktur der FMEA

Um dieses komplexe Netz handhabbar zu machen, wurde auf den Untersuchungen
basierend eine *Datenbank* zur FMEA des Entwicklungsprozesses von Kunststofformteilen
entwickelt (Abb. 2.45). Diese Datenbank erlaubt eine schnelle Ermittlung von möglichen
Ursachen zu gegebenen Fehlern, auch über mehrere Stufen hinweg. Sie kann damit als
Basis für weitere Änderungsentscheidungen dienen. Da die Fehlermöglichkeiten sehr
allgemein analysiert wurden, konnten selbstverständlich nicht alle Möglichkeiten abgedeckt werden. Dennoch stellt das vorliegende System eine gute Grundlage für den Aufbau
eines betriebsspezifisch angepaßten Systems dar. Es ist mit geringem Aufwand möglich,
eigene Erfahrungen zu Fehlern in das System zu integrieren.

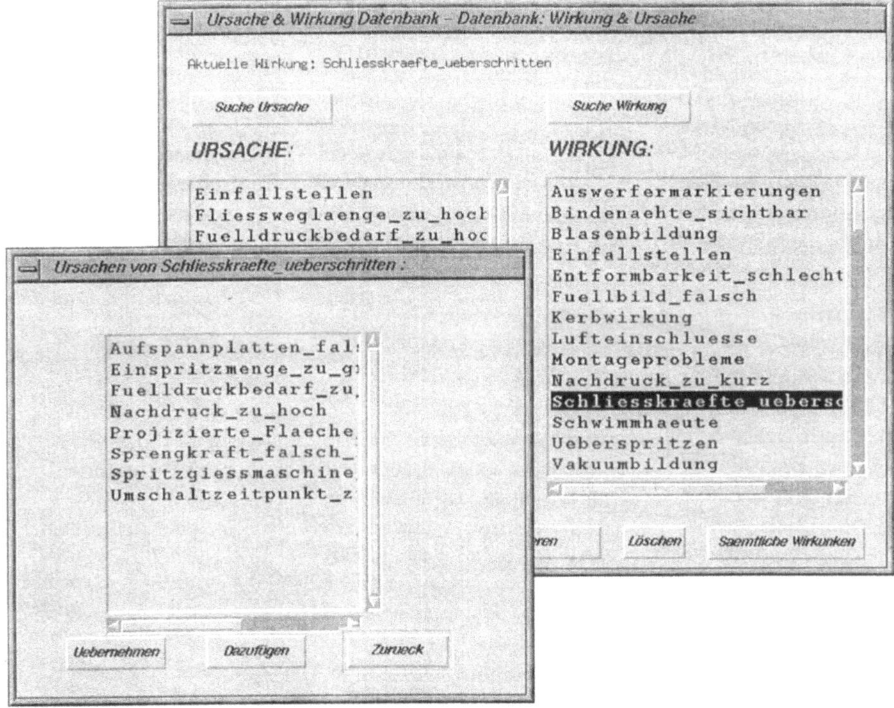

Abb. **2.45** : Benutzeroberfläche der FMEA Datenbank

Literatur

[1]   N.N.: DIN/EN/ISO 9000-1 ff: Normen zum Qualitätsmanagement und zur Qualitätssicherung / QM-Darstellung, Deutsches Institut für Normung e.V., Berlin, 1994

[2]   Abramovic, M., Bickelmann, S.: Engineering Data Management (EDM) Systeme – Anforderungen, Stand der Technik und Nutzenpotentiale, CIM Management 9 (1993) 5, S. 20–28

[3]   Aengenheyster, G., Brinkmann, T.,Grundmann, M., Menzenbach, D., Smeets, H., Turek, J.: Formteilauslegung mit moderner Software, Tagungsumdruck 16. Kunststofftechnisches Kolloquium, Aachen, 11.–13. März 1992, S. 307–344

[4]   Braunsperger, M.Ehrlenspiel, K.: Qualitätssicherung in Entwicklung und Konstruktion, Konstruktion 45 (1993), S. 397–405

[5]   Brunner, F.J.: Kombination FMEA-WA, QZ 35 (1990) 4, S. 203–308

[6]   Chen, Q.: The Entity Relationship Model: Towards a Unified View of Data, ACM TODS, 1 (1976) 6, S. 9–36

[7]   Eversheim, W., Michaeli, W., Nagl, M., Spaniol, O.: SUKITS: Management von Entwicklungsprozessen in Maschinenbau, Softwaretechnik-Trends der Gesellschaft für Informatik, Band 17, Heft 3 (1997), S. 13–16

[8]   Eversheim, W., Pollack, A., Walz, M.: Dokumentenverwaltung im technischen Bereich, Engineering Data Management Newsletter, Januar 1994, S. 4–6

[9]   Eversheim, W., Pollack, A., Walz, M.: Planung der Produktenentwicklung im Verbund, Vortrag im Rahmen der Tagung: "Datenverarbeitung in der Konstruktion", 27.–28. Oktober 1994, München, VDI-Berichte Nr. 1148, VDI-Verlag, Düsseldorf, 1994

[10]   Friedrich, T: EDM-Systeme im Rahmen der ISO 9000, CAD-CAM Report (1994) 5, S. 92–99

[11]   Giersbeck, M., Keller, H., Menzenbach, D., Schlegel, W., Schlesinger, K., Stommel, M.: Spritzgußbauteile – Optimale Entwicklung durch Rechnerunterstützung, Tagungsumdruck 18. Kunststofftechnischen Kolloquium, Aachen, 6.–8. März 1996

[12]   Grabowski, H., Anderl, R., Polly, A.: Integriertes Produktmodell, Beuth Verlag, Berlin, Wien, Zürich, 1993

[13]   Heimann, P., Westfechtel, B.: Realizing Management Environments and Embedding Technical Environments, in: [22], 1996, S. 482–493

[14]   Hemesath, L.: Produktdatenmodelle in der STEP-Norm, unveröffentlichte Studienarbeit am IKV, 1994

[15]   Hermanns, O.: Perfomance Evaluation of Connectionless Multicast Protocols for Cooperative Multimedia Applications, in: Beilner, H., Bause, F. (Ed.): Quantitative Evaluation of Computing and Communication Systems, Proc. of Perfomance Tools / MMB, LNCS 977, Springer-Verlag, S. 372–384 (September 1995)

[16]   Kersten, G.: FMEA-Methode zum systematischen Vermeiden potentieller Fehler in Konstruktion und Planung, Kunststoffberater (1990) 6, S. 16–23

[17]   Menzenbach, D.: Aufbau einer integrierenden Infrastruktur für die durchgängige Rechnerunterstützung des Entwicklungsprozesses von Konststofformteilen, Dissertation, RWTH Aachen, 1996

[18]   Menzenbach, D., Schlesinger, K.: Unterstützung von Änderungsprozessen bei der Entwicklung von Kunstofformteilen, in [11], 1996

[19]   Michaeli, W., Brinkmann, T., Lessenich-Henkys, V.: Kunstoffbauteile werkstoffgerecht konstruieren, Hanser-Verlag, München, Wien, 1995

[20]   Michaeli, W., Eversheim, W.: CIM im Spritzgießbetrieb: wirtschaftlich fertigen durch Rechnerintegration, Hanser Verlag, München, Wien, 1993

[21]   Michaeli, W., Schlesinger, K.: Rechnergeschützte Anforderungslisten für die Entwicklung von Kunststofformteilen, Softwaretechnik-Trends der Gesellschaft für Informatik, Band 17, Heft 3 (1997), S. 43–46

[22]   Nagl, M. (Ed.): Building Tightly-Integrated Software Development Environments: The IPSEN Approach, LNCS 1170, Springer-Verlag, Berlin 1996

[23]   Saynisch, M.: Konfigurationsmanagement, Verlag TÜV Rheinland, 1984

[24]   Schlesinger, K.: Integrierte Produktdatenmodelle für die umfassende Beschreibung von Kunstoffprodukten, Tagungsumdruck zur Fachbeiratsgruppe Werkstoffkunde und Formteilauslegung, IKV, Aachen, November 1996

[25]   Vogler, S.: Systematisierung von Fehlermöglichkeiten im Entwicklungsprozeß von Spitzgußbauteilen mit Hilfe der FMEA, unveröffentlichte Studienarbeit am IKV, 1995

[26]   Wingard, L.: Product Modelling Using Application Specific Engineering Terminology, in: Olling, G.J., Kimura, F. (Ed.): Human Aspects in Computer Integrated Manufacturing, Elsevier Science Publishers, Amsterdam, 1992, S. 311–319

3 Konzeption und Realisierung des Integrations-Rahmenwerks

Im letzten Kapitel wurden Entwicklunsprozesse aus *ingenieurwissenschaftlicher Sicht* betrachtet. In der Metallverarbeitung wurde die Entwicklung von Baugruppen, in der Kunststoffverarbeitung die Entwicklung von Kunststofformteilen untersucht. Aus diesen Untersuchungen ergeben sich Anforderungen an die *informatische Unterstützung*, die der Gegenstand des vorliegenden Kapitels ist.

Zur Unterstützung von Entwicklungsprozessen dient ein *Rahmenwerk*, in dessen Mittelpunkt ein verallgemeinertes Workflowsystem zum Management von Produkten, Prozessen und Ressourcen steht. Das Workflowsystem basiert auf einem Kommunikationssystem, das Dienste zum Dateitransfer, zum Datenbankzugriff und zur multimedialen Kommunikation in einer heterogenen Umgebung bereitstellt. Schließlich werden Anwendungssysteme a posteriori mit Hilfe von Wrappern mit dem Workflowsystem integriert.

Dieses Kapitel ist in vier Abschnitte unterteilt. Abschnitt 3.1 ist der *Kommunikations–Infrastruktur* gewidmet, mit deren Hilfe Anwendungssysteme über das Workflowsystem gekoppelt werden. Bedingt durch die A–posteriori–Integration, laufen die Anwendungssysteme auf Rechnern unterschiedlicher Hersteller, die mit unterschiedlichen Betriebs– und Kommunikationssystemen ausgestattet sind. Die Kommunikationsinfrastruktur überbrückt die Kluft zwischen diesen Systemen durch Dienste für Dateitransfer und Datenbankzugriffe.

Abschnitt 3.2 stellt die *Modelle zum Management der Produktentwicklung* dar, die dem Workflowsystem zugrunde liegen. Die Produkte von Entwicklungsprozessen werden in Konfigurationen versionierter, voneinander abhängiger Dokumente dargestellt. Entwicklungsprozessen werden mit Hilfe dynamischer Aufgabennetze gesteuert. Den Aufgaben werden sowohl menschliche als auch technische Ressourcen (Entwickler bzw. Anwendungssysteme) zugeordnet.

In Abschnitt 3.3 werden dann die *Funktionalität* und die *Realisierung* des verallgemeinerten Workflowsystem beschrieben. Den Benutzern werden unterschiedliche Arten von Umgebungen angeboten: eine Managementumgebung zur Unterstützung der Planung und Überwachung von Entwicklungsprozessen, ein Frontend zur Durchführung von Entwicklungsaufgaben und eine Parametrisierungsumgebung zur Anpassung des Workflowsystems an einen bestimmten Anwendungsbereich. Anwendungssysteme werden mit Hilfe von Wrappern grobgranular integriert.

Abschnitt 3.4 ist schließlich der informellen Kooperation gewidmet. Der Schwerpunkt liegt dabei auf der multimedialen, synchronen Kommunikation in verteilten Arbeitssitzungen. Es werden die spezifischen Anforderungen herausgearbeitet, die sich aus der Unterstützung von Entwicklungsprozessen ergeben, und darauf zugeschnittene Dienste und Werkzeuge dargestellt.

3.1 Kopplung von Ingenieuranwendungen durch eine Kommunikations-Infrastruktur

Oliver Hermanns
Lehrstuhl für Informatik IV [*]

Zusammenfassung

Dieser Beitrag stellt eine Möglichkeit zur kommunikationstechnischen Integration existierender Anwendungssysteme im CIM-Bereich vor. Die Integration erfolgt hierbei auf der Basis einer Infrastruktur für heterogene, verteilte Systeme. Die Architektur der Infrastruktur ist an Konzepten der internationalen Normung (OSI-Referenzmodell) orientiert. Im Beitrag werden das Design der Infrastruktur und deren prototyphafte Implementierung auf der Basis des ISODE-Softwarepakets beschrieben. Dabei wird anhand von funktionalen und Leistungsgesichtspunkten die Eignung von OSI-Standards für die Realisierung eines solchen verteilten Systems diskutiert.

3.1.1 Einleitung

Beim Einsatz betrieblicher Informations- und Rechnersysteme ist ein deutlicher Trend zu Dezentralisierung und Vernetzung beobachtbar. Neben leistungsfähigen Arbeitsplatzrechnern und Netzwerken als treibende Kräfte dieser Entwicklung, spielt die Verfügbarkeit geeigneter *Infrastrukturen für verteilte Systeme* hierbei eine entscheidende Rolle. Diese Softwarepakete bauen auf den lokalen Betriebssystemen und transportorientierten Kommunikationsdiensten der Arbeitsplatzrechner auf und fungieren als Bindeglied zwischen den in einem Verbund verteilter Rechner autonom laufenden Anwendungsprozessen. Sie erweitern die lokalen Betriebssysteme um Funktionalitäten wie verteilte Dateisysteme, Verzeichnisdienste, verteilte Programmierprimitive, Dienstvermittlung, Sicherheitsmechanismen, leichtgewichtige Prozesse, Synchronisation und Transaktionsverwaltung [10, 28].

Da sich die funktionalen Schnittstellen dieser Infrastrukturen logisch oberhalb von Rechnerhardware und Betriebssystem befinden, wird die Möglichkeit geschaffen, verteilte Software unabhängig von spezifischen Rechnersystemen zu entwickeln. Wesentliche Voraussetzung hierfür ist, daß die Infrastruktur auf möglichst vielen heterogenen Rechnersystemen lauffähig ist (z.B. durch Offenlegen von Spezifikationen und Schnittstellen). Ist dies der Fall, spricht man von Infrastrukturen für *heterogene* verteilte Systeme.

Infrastrukturen für heterogene verteilte Systeme unterstützen neben der Entwicklung neuer verteilter Applikationen auch die Integration bestehender, ursprünglich für autonomes Arbeiten konzipierter Anwendungssysteme. Diese sogenannte *A-posteriori-Integration* wird im Rahmen der DFG Forschergruppe SUKITS untersucht [6, 11]. Gegenstand dieses Projektes sind die Planungs- und Entwicklungsbereiche mittelständischer Maschinenbauunternehmen. Dort werden spezialisierte, rechnergestützte Anwendungssysteme eingesetzt (z.B. CAD- oder Simulationssysteme), um alle für die Fertigung und Montage

---

[*] derzeit o.tel.o Communications GmbH, Düsseldorf

eines Produktes notwendigen Dokumente (Zeichnungen, NC-Programme, Arbeitspläne, ...) zu erstellen. Ein Schwerpunkt des Projektes ist die Untersuchung von Integrationsmöglichkeiten der auf heterogenen Rechnern laufenden Anwendungssysteme. Weiterhin untersucht die Forschergruppe auch Möglichkeiten der Daten- und Prozeßintegration von Entwicklungsprozessen [29]. Diese Problemstellung ist repräsentativ für viele technische Entwurfsanwendungen, so daß Erkenntnisse aus den Arbeiten auf andere Anwendungsfelder übertragen werden können.

Im vorliegenden Papier werden die Erfahrungen bei der Entwicklung der *SUKITS-Kommunikationsinfrastruktur* diskutiert. Dabei geht es um die Frage, ob und wie sich OSI-Protokolle und Dienste in Infrastrukturen für verteilte Systeme einsetzen lassen und insbesondere ob das Public Domain Softwarepaket ISODE (ISO Development Environment) [25] als Infrastruktur für die Integration in der industriellen Produktentwicklung geeignet ist. Der Beitrag schafft einen Überblick über die gewonnenen Erkenntnisse. Lösungen zu speziellen Problemstellungen des Projekts sind an den entsprechen Stellen referenziert.

Der SUKITS-Ansatz unterscheidet sich von anderen, im akademischen Umfeld entwikkelten bzw. kommerziell verfügbaren Infrastrukturen, da von einer *konkreten Problemstellung* ausgegangen wird. In der industriellen Produktentwicklung bestehen einerseits klare Anforderungen an anwendungsorientierte Dienste, andererseits erwachsen durch die A-posteriori-Integration erhöhte Anforderungen an Offenheit. Daher werden verstärkt Normen berücksichtigt und Erkenntnisse über deren Eigenschaften abgeleitet. Die Anlehnung an OSI-Normen ermöglicht weiterhin die Interoperabilität mit MAP/TOP-Architekturen [15].

Kommerziell verfügbare *Infrastrukturen* wie beispielsweise DCE (Distributed Computing Environment [23]), ANSAware (Advanced Network System Architecture [1]) oder OMA/CORBA (Object Management Architecture / Common Object Request Broker Architecture [22]) lehnen sich nur zum *Teil* an die *internationale Normung* an. Gleiches gilt für Ansätze aus dem wissenschaftlichen Umfeld, wie z.B. DACNOS [9], Amoeba [30] oder V [4].

Der *Text* ist wie folgt gegliedert: In Unterabschnitt I.3.1.2 werden zunächst Integrationsanforderungen umrissen und daraus die Architektur für eine verteilte Infrastruktur abgeleitet. In I.3.1.3 wird der Prototyp der Kommunikationsinfrastruktur beschrieben, in I.3.1.4 wird die Infrastruktur bewertet und kritisch diskutiert. Hier wird auch auf Stärken und Defizite von OSI-Protokollen eingegangen.

3.1.2 Konzept zur Integration heterogener CIM-Anwendungssysteme

Trotz der bereits über eine Dekade andauernden Forschung und Entwicklung im CIM-Bereich (Computer Integrated Manufacturing), liegt noch kein allgemein anerkanntes Integrationskonzept vor. Neben betriebsorganisatorischen Problemen, die hier nicht diskutiert werden sollen, ist die *Heterogenität* der *Rechner-* und *Anwendungssysteme* immer noch eines der großen Probleme. Im BMFT Verbundprojekt "CAD-Referenzmodell" wurden weltweit allein ca. 250 unterschiedliche CAD/CAM-Systeme identifiziert [3, S.85].

Heterogene Rechnersysteme sind durch eine (fast) beliebige *Kombination* von Ausprägungen der folgenden *Merkmale* gekennzeichnet:

* *Netzwerke:* unterschiedliche Übertragungsmedien, Schnittstellen, Signalisierungstechniken, Vernetzungstopologien, Dienste und Protokolle;
* *Hardware:* unterschiedliche Prozessoren, Rechnerarchitekturen und Ein-/Ausgabegeräte in Verbindung mit spezifischen Befehlssätzen, Datendarstellungen und Schnittstellen;
* *Betriebssysteme:* unterschiedliche Prozeßmodelle, Dateisysteme, Systemkommandos, Sicherheitsmechanismen, Benutzerverwaltungen, Namenskonzepte und Fenstersysteme;
* *Anwendungssysteme:* (Softwarewerkzeuge, z.B. CAD-Systeme) unterschiedliche Funktionalitäten, Schnittstellen, Datenhaltungen und interne Datenrepräsentationen.

Der Einsatz verteilter Infrastrukturen, mit ihrer potentiellen Fähigkeit, Hardware-, Betriebssystem- und Netzwerkspezifika zu verbergen, verspricht nun, diese Heterogenitätsprobleme zu mildern. Die Problematik *inkompatibler Anwendungssysteme* mit spezifischen lokalen Datenrepräsentationen wird durch verteilte Systeme *nicht gelöst*. Hier verspricht jedoch die Standardisierung von Produktdatenmodellen, wie beispielsweise STEP (Standard for the Exchange of Product Model Data, [16]), eine Lösung.

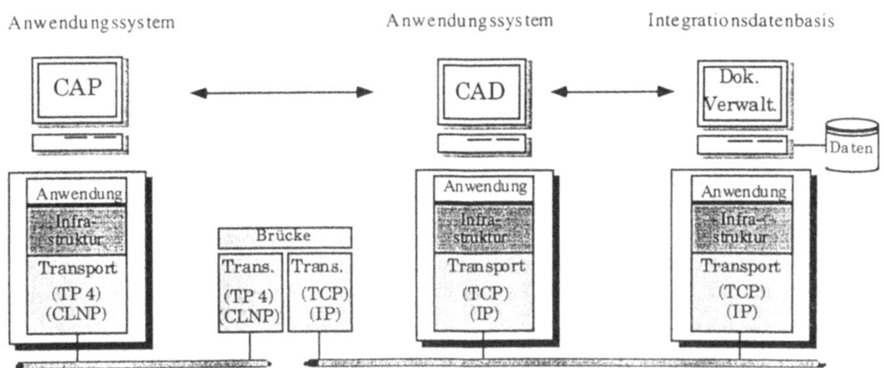

Abb. 3.1 : Ebenenmodell einer verteilten Infrastruktur für CIM-Systeme

Die im SUKITS-Projekt zu entwickelnde Infrastruktur sollte alle Aspekte, welche sich aus der Heterogenität und Verteilung von Rechnersystemen in der Produktentwicklung ergeben, verbergen. Weiterhin sollten dem Benutzer Dienste zum ungehinderten Informationsaustausch zur Verfügung gestellt werden. Für diese Infrastruktur wurden zunächst *drei* grobe *Abstraktionsebenen* definiert (vgl. Abb. 3.1, um Verwechselungen zu vermeiden, werden die "Layer" des OSI-Referenzmodells in dieser Arbeit als Schichten bezeichnet):

* *Transportebene:* Diese bis zum Niveau der OSI-Transportschicht reichende Ebene ermöglicht den Ende-zu-Ende-Datenaustausch zwischen Rechnersystemen. Sie verbirgt damit Spezifika unterschiedlicher Netzwerktechnologien (LANs, wie Ethernet, Token

Ring, FDDI, ...) sowie inkompatibler Protokollarchitekturen (Vermittlungs- und Transportprotokolle, wie TCP/IP, IPX/SPX, SNA, DECnet oder OSI-TP4/CLNP, etc.).

* *Infrastrukturebene*: Diese baut auf den Diensten der Transportebene auf und realisiert Funktionalitäten von Infrastrukturen für verteilte Systeme (vgl. Abschnitt 1).
* *Anwendungsebene:* Diese Ebene enthält Instanzen spezieller verteilter Anwendungen. Die Instanzen bieten dem menschlichen Benutzer entweder direkt nutzbare Dienste (z.B. Electronic Mail), oder Dienste, die von Anwendungssystemen genutzt werden.

Wesentliche *Anforderungen* an die *Transport-* und *Infrastrukturebene* sind Offenheit, Transparenz, Effizienz, Funktionalität, einheitliche Dienstschnittstellen sowie die Einbeziehung möglichst vieler unterschiedlicher Rechnersysteme. Dabei ist eine zentrale Anforderung, die Autonomie der zu integrierenden Systeme zu erhalten und alle Softwareelemente der verteilten Infrastruktur als Erweiterungen zu installieren. Die in der Anwendungsebene erbrachte Funktionalität ist direkt von den Anforderungen der durch sie unterstützten Anwendung abhängig.

Die Transportebene

Die *Transportebene* stellt durch die Festlegung einer einheitlichen Dienstschnittstelle sowie durch die Definition eines Kopplungskonzeptes für inkompatible Teilnetze die *Konnektivität* der heterogenen Rechnersysteme sicher. Dadurch wird eine Basis geschaffen, auf welcher die Software der Infrastrukturebene aufbauen kann.

Wegen der existierenden Vielfalt etablierter Netzwerklösungen wurden folgende *Anforderungen* für die Transportebene festgelegt:

* Neben der Gewährleistung von Effizienz und Konnektivität besteht ein Ziel darin, vorhandene Kommunikationsmöglichkeiten der Anwendungssysteme nicht einzuschränken, sondern vielmehr eine Grundlage zur *Erweiterung* der Systeme zu schaffen.
* Die Transportebene muß eine einheitliche, universelle *Dienstschnittstelle* zum gesicherten Austausch von Informationen zwischen Endsystemen anbieten.
* Es müssen unterschiedliche lokale Netze sowie *heterogene* Transport- und Netzwerkprotokolle *integriert* und *transparent gekoppelt* werden.

Als Dienst der Transportebene wurde der verbindungsorientierte *OSI-Transportdienst* (ISO 8072) ausgewählt. Dieser bietet einerseits die benötigte Offenheit, da er standardisiert ist, und andererseits auch ausreichende Universalität, da er lediglich die Phasen Verbindungsaufbau, Datenübertragung und Verbindungsabbau kennt. Für verbindungslose Anwendungen steht auch der verbindungslose OSI-Transportdienst zur Verfügung.

Um den einheitlichen Transportdienst auf der Basis nicht OSI-konformer Protokollarchitekturen zu realisieren, wird ein *Konvergenzprotokoll* benötigt. Da in allen bekannten Protokollarchitekturen ein Dienst mit Transportfunktionalität vorgesehen ist, muß das Konvergenzprotokoll im wesentlichen nur eine syntaktische Umsetzung der Dienstprimitive vornehmen. Ein Beispiel hierfür ist die Internet-Protokollfamilie (TCP/IP) [5]. Hier realisiert das RFC1006-Konvergenzprotokoll den ISO-konformen Transportdienst unter Verwendung der TCP-Dienste. In [13] wurde eine Generalisierung dieses Ansatzes für andere Netze vorgestellt.

Die Infrastrukturebene

Innerhalb dieser Ebene werden allgemein *nutzbare Funktionalitäten* von *Infrastrukturen* für verteilte Systeme realisiert. In der Begriffswelt des OSI-Referenzmodells umfaßt diese Ebene die sogenannten "höheren Schichten": Steuerung (Session Layer), Darstellung (Presentation Layer), die allgemeinen Dienstelemente der Anwendungsschicht (CASE, Common Application Service Elements) sowie einige der speziell definierten Anwendungsdienstelemente (z.B. den Verzeichnisdienst, X.500). Es werden jedoch nicht alle Funktionalitäten verteilter Systeme von den Protokollen des OSI-Referenzmodells abgedeckt. Ein Abgleich der in CIM-Umgebungen benötigten allgemeinen Funktionalität und der von OSI-Protokollen angebotenen Funktionalität führte zunächst zu einer Reduzierung der Grundfunktionalitäten auf die Klassen verteilte Programmierprimitive, Verzeichnisdienst und Dateitransferdienst. Diese werden im folgenden separat vorgestellt.

Klassische *Programmierprimitive* für verteilte Anwendungen sind nachrichtenbasierte Primitive mit Operationspaaren, wie Request/Reply und der Remote Procedure Call (RPC) [30]. Für asymmetrische, nach dem Client-Server-Modell strukturierte Anwendungen wird meist der RPC verwendet [2, 27].

In der OSI Anwendungsschicht existiert mit dem *Remote Operations Service Element* (ROSE, ISO 9072) ein verbindungsorientierter Basisdienst, der den Aufruf entfernter Operationen sowie die zugehörige Parameterübergabe und Ergebnisrückgabe erlaubt. Dieser Dienst bildet die Grundlage einer RPC-Norm (ECMA-127). Da diese noch nicht stabil ist, wird hier direkt auf den ROSE-Dienst zurückgegriffen. Dabei erfolgt die Spezifikation entfernter Operationen, zugehöriger Parameter- und Ergebnisdatentypen sowie möglicher Fehlerzustände in ASN.1 (Abstract Syntax Notation, ISO 8824).

Von vorrangiger Bedeutung in verteilten Systemen sind Mechanismen zur Unterstützung von Namens- und Ortstransparenz [26]. Benutzer und Applikationen sollten transparent auf Ressourcen zugreifen können, indem sie diese durch einen "natürlichen" Namen bezeichnen. Die Abbildung des Namens auf einen bestimmten Ort (eine Adresse etc.) wird dann automatisch von einer bestimmten Komponente im Systemverbund durchgeführt. Hierzu werden in der Infrastrukturebene üblicherweise *Verzeichnisdienste* eingesetzt [10]. Durch die ISO wurde zu diesem Zweck der X.500 *Directory Service* definiert. Dieser Verzeichnisdienst ist ein Kernbaustein der Infrastrukturebene [17] und wird auch in anderen verteilten Systemen, wie beispielsweise DCE verwendet.

Ein weiterer zentraler Baustein der Infrastrukturebene ist das *verteilte Dateisystem*. Dessen Aufgabe ist die ortsunabhängige Bereitstellung aller Dateien im verteilten System [20]. Hier erwachsen im Zusammenhang mit Heterogenität und der Verwendung von OSI-Protokollen erhebliche Probleme. Zum einen obliegt die Dateiverwaltung in Rechnern den lokalen Betriebssystemen, mit jeweils spezifischen Dateiorganisationen, Dateiattributen oder Dateioperationen. Um hier eine "Öffnung" der lokalen Dateisysteme zu erreichen, wäre eine Veränderung des Betriebssystemkerns erforderlich. Zum anderen existiert keine Norm für verteilte Dateisysteme. Der FTAM Standard (File Transfer Access and Management, ISO 8571) wurde für die explizite Übertragung von Dateien zwischen zwei Rechnersystemen entwickelt. Diese Modell setzt voraus, daß einem potentiellen

Dienstnutzer Quelle und Ziel der Dateiübertragung bekannt sind, und bietet daher keine Ortstransparenz.

Für die SUKITS-Infrastrukturebene wurde trotzdem auf *FTAM* zurückgegriffen. Es wird als Basisdienst für die zuverlässige Übertragung von Dateien benutzt und gewährleistet ein einheitliches Datenmodell für heterogene Dateisysteme (den FTAM Virtual File Store), auf das sich alle Dateioperationen der verteilten Infrastruktur beziehen können. Dieser Ansatz in weniger aufwendig, als der in [15] beschriebene, in dem explizit die Dateiformate, Dateiattribute und -operationen heterogener Dateisysteme syntaktisch aufeinander abgebildet werden. Zur Gewährleistung von Ortstransparenz wurde eine *zusätzliche Abstraktionsebene* über den FTAM-Dienst gelegt, welche den expliziten Dateitransfer mit Informationen aus einer anwendungsspezifischen Integrationsdatenbasis integriert [12].

Die Anwendungsebene

In der Anwendungsebene werden spezifische, auf die Anforderungen einer bestimmten Anwendung zugeschnittene Dienste realisiert. Die zentrale Anwendung in der Produktentwicklung ist die Erstellung produktbeschreibender Dokumente (CAD-Zeichnungen, NC-Programme, ...) unter Zuhilfenahme rechnergestützter Anwendungssysteme. Dabei muß der Austausch von Dokumenten und Auftragsnachrichten zwischen den Anwendungssystemen unterstützt werden. Im SUKITS-Projekt werden die Informationen über Dokumente in einer Datenbank abgelegt. Diese *Integrationsdatenbasis* (auch: Dokumentenverwaltung) verwaltet Dokumente, deren Versionen, die Produktzugehörigkeit etc. [29].

Entsprechend wurden die folgenden *Dienste* definiert (Abb. 3.2):

- Lesender und manipulierender Zugriff auf die Integrationsdatenbasis (*Datenzugriff*): Die zu übertragenden Informationen sind dabei die zu den Dokumenten gehörigen *Beschreibungsdaten*.
- *Dateitransfer*: Der Dateitransfer stellt Dienste zum Austausch von *Dokumenten* in Form von Dateien zur Verfügung. Die Dateien werden so zur Weiterbearbeitung oder zur Ansicht in die lokalen Datenbestände der Anwendungssysteme kopiert.
- Dienste zum Senden und Empfangen von Nachrichten (*Mail-System*): Das Mail-System ermöglicht den Austausch von *Nachrichten* zwischen Benutzern sowie die Übermittlung von Aufträgen and Benutzer.

Wir beschränken uns hier auf die *Beschreibung* des *Datenzugriffsdienstes*. Dieser stützt sich auf den oben beschriebenen ROSE/RPC-Mechanismus und ist damit repräsentativ für die Struktur von Client-Server-Applikationen. Eine ausführlichere Behandlung der anderen Dienste findet sich in [12, 7].

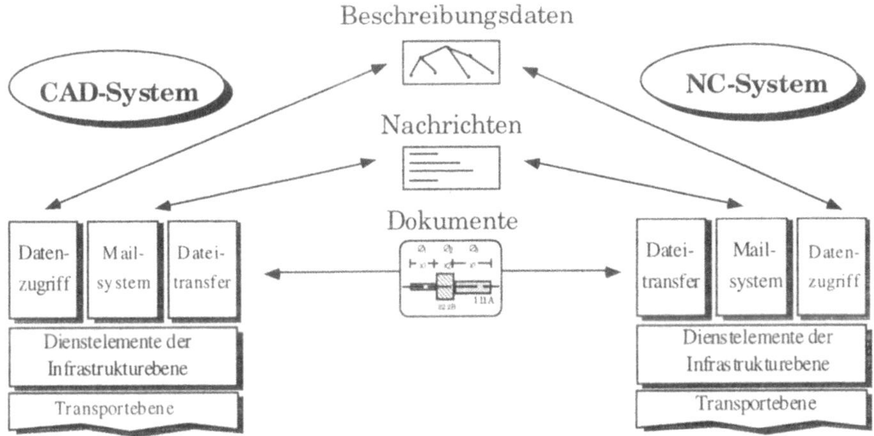

Abb. 3.2 : Anwendungsorientierte Dienste im verteilten CIM-System

Der Datenzugriffsdienst stellt Operationen auf der Integrationsdatenbasis als Programmierschnittstelle zur Verfügung. Benutzer können von ihren Arbeitsplätzen aus über ein fensterbasiertes *Frontend* auf die Integrationsdatenbasis zugreifen. Weiterhin sollen Anwendungssysteme, falls sie über eine Programmierschnittstelle verfügen, ohne direkte Benutzerinteraktion auf die Integrationsdatenbasis zugreifen können. Letztlich übernimmt die Integrationsdatenbasis auch die Abbildung von Dokument- auf Dateinamen und Ablageorte und bildet zusammen mit dem Dateitransferdienst (FTAM) das verteilte Dateisystem.

Die Integrationsdatenbasis wurde von einem Projektpartner entwickelt [11]. Sie wird auf der Basis eines *Non-Standard-Datenbankmodells* definiert und bietet keine Schnittstelle in einer standardisierten Datenbanksprache (z.B. SQL) an. Daher wurde für das Datenzugriffsprotokoll nicht auf ISO-Standards, wie RDA (Remote Database Access) oder DFR (Document Filing and Retrieval) zurückgegriffen, sondern eine ROSE/RPC-basierte Spezifikation gewählt [14].

Die zu realisierende *Client-Schnittstelle* enthält Operationen zum Erzeugen/Löschen von Objekten und zum Setzen/Lesen von Attributen. Unter Verwendung dieser Operationen können am Frontend beispielsweise Funktionen zum Lesen der Beschreibungsdaten eines Dokuments realisiert werden.

Alle Basisoperationen der Dokumentenverwaltung werden als *entfernte Operationen* (remote operations) in ASN.1 spezifiziert. Abb. 3.3 zeigt diese Spezifikation beispielhaft für die Operation `CreateVersion`. Aus der Spezifikation kann automatisch C-Quellcode für den Client und den Server erzeugt werden.

```
CM DEFINITIONS ::=
BEGIN
-- Operationen auf der Dokumentenverwaltung
createVersion OPERATION
   ARGUMENT CreateVersionARG          -- Aufrufparameter
   RESULT    Entity                   -- Datentyp des Ergebnisses
   ERRORS    { congested, ErrNum }    -- Moegliche Fehler
   ::=       10
-- Parameter der Operationen
CreateVersionARG ::=
   SEQUENCE {                         -- Liste der Parameter
      database[0]       Database,
      object[1]         Entity
   }
END
```

Abb. 3.3 : Beispielspezifikation einer ROSE-Operation in ASN.1

3.1.3 Implementierung der verteilten Infrastruktur

Der *Prototyp* wurde auf der Basis der ISODE-Entwicklungsumgebung *realisiert* [25].
ISODE ist eine im Quellcode verfügbare Implementierung höherer OSI-Protokolle. Sie
wird im folgenden kurz vorgestellt. Danach werden die implementierten Protokolle und
Dienste des Prototyps beschrieben.

Das *ISODE-Paket* umfaßt neben Protokollen der Schichten 4, 5 und 6 des OSI-Referenzmodells auch die Anwendungsprotokolle FTAM, VT und Directory Service (X.500)
sowie einen X.400 Message Transfer Agent [18]. Weiterhin werden Softwarewerkzeuge
zur Eigenentwicklung von Anwendungsprotokollen mitgeliefert. In TCP/IP-Netzwerken
setzt ISODE auf dem RFC1006-Konvergenzprotokoll auf. Die Software kann aber auch
andere Netzwerktechnologien (z.B. X.25 oder ISO-CLNP) benutzen.

ISODE eignet sich als *Implementierungsbasis* für die Infrastruktur, da sie im Quellcode
verfügbar ist, auf heterogenen Teilnetzen aufsetzt und ferner Portierungen für viele UNIX-
Derivate sowie für VAX/VMS-Maschinen und für PC/DOS-Systeme existieren. Diesen
Vorzügen der ISODE-Software stehen allerdings auch einige *Schwächen* gegenüber. Unter
anderem erfordert die Programmentwicklung aufgrund der schwachen Dokumentation
erheblichen Einarbeitungsaufwand.

Im folgenden wird der entwickelte *Prototyp beschrieben*. Abb. 3.4 zeigt die gekoppelten
Anwendungssysteme und deren Hard- und Softwareplattformen. Alle Rechner kommuni-
zieren über Ethernet und TCP/IP-Protokolle. Auf der TCP-Socketschnittstelle setzt die
ISODE-Software auf. Diese realisiert zunächst das RFC1006-Konvergenzprotokoll zwischen TCP und dem ISO-8072-Transportdienst. Darauf setzen Implementierungen von
Protokollen der Steuerungs-, Darstellungs- und Anwendungsschicht auf. Die Dienstschnittstellen werden als C-Funktionsbibliotheken zur Verfügung gestellt. Da die verteilte
Infrastruktur auf diese Weise als Erweiterung der Systemsoftware in die Rechner eingebettet wird, ist ihre Funktionalität in den Anwendungssystemen verfügbar, ohne daß bereits
vorhandene Kommunikationsmöglichkeiten eingeschränkt werden.

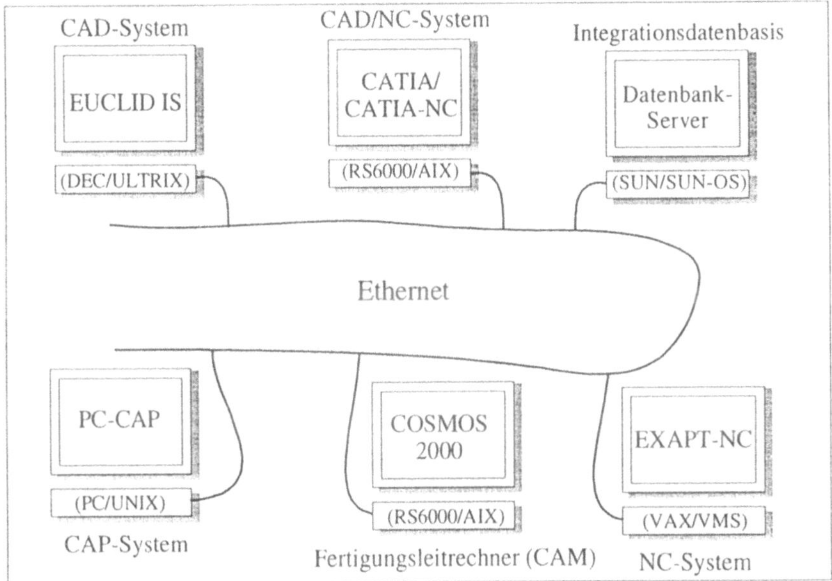

Abb. **3.4** : Vernetzungsstruktur des Prototyps

Das Dateitransferprotokoll stützt sich auf die in ISODE enthaltene Implementierung des FTAM-Standards. Der *Dateitransferdienst* ermöglicht den Austausch von Dokumenten in Form von Dateien zwischen den Anwendungssystemen. Dabei wird vorausgesetzt, daß ein bestimmtes Dokument über den Dateinamen und Ablageort identifiziert wird. Diese Informationen werden über das Datenzugriffsprotokoll aus der Integrationsdatenbasis erfragt. Der prinzipielle Ablauf eines Dokumentenaustausches gestaltet sich so, daß zunächst eine Verbindung zu dem Rechnersystem aufgebaut wird, auf welchem sich die Datei befindet. Dann werden entsprechende Dateitransferfunktionen aufgerufen, welche die Datei in die Datenhaltung des Rechnersystems kopieren. Dazu wurde eine vereinfachte Dienstschnittstelle mit den Operationen `connect`, `get`, `put` und `disconnect` entwikkelt.

Der *Datenzugriffsdienst* stellt dem fensterbasierten Frontend Funktionen zur Verfügung, mit welchen interaktiv auf die Dokumentenverwaltung zugegriffen werden kann. Der Aufruf und die Ausführung von Operationen sowie die Übertragung von Ergebnissen wird durch das beschriebene Client-Server-Protokoll auf der Basis des ROSE-Dienstes ermöglicht. Die Schnittstelle des Datenzugriffsdienstes entspricht den Basisoperationen auf der Integrationsdatenbasis, erweitert um die Operationen `bind` und `unbind`, mit welchen die Verbindung zur Dokumentenverwaltung auf- und abgebaut wird. Realisiert wird diese Schnittstelle, indem im Frontend ein Client-Stub die Funktionsaufrufe und deren Parameter entgegennimmt und diese zu einem mit der Dokumentenverwaltung assoziierten Server-Stub überträgt. Der Server führt die entsprechende Basisoperation aus und überträgt die Ergebnisse zurück zum Client. Dabei läuft die Interaktion blockierend ab, d.h., der aufrufende Prozeß wartet so lange, bis er vom Client-Stub ein Ergebnis oder eine Fehlermeldung erhält.

Das *Mail-System* unterstützt den Nachrichtenaustausch zwischen Benutzern und die Übermittlung von Aufträgen. Für den Prototyp wurden ein User Agent und ein Message Store entwickelt [7]. Die Dienstschnittstelle des User Agent wird dem Frontend zur Verfügung gestellt. Damit können am Frontend Funktionen zum Senden, Empfangen und Manipulieren von Nachrichten angeboten werden. Im Message Store können Nachrichten permanent abgelegt werden. Damit wird gewährleistet, daß Nachrichten auch zugestellt werden können, wenn der Adressat nicht am Arbeitsplatz ist. Als zentraler X.400 Message Transfer Agent wurde die im ISODE-Paket verfügbare PP-Software eingesetzt.

3.1.4 Qualitative und quantitative Untersuchung des Prototyps

In diesem Unterabschnitt werden einige der an der ISODE-Basissoftware sowie am darauf aufbauenden Kommunikationsprototyp durchgeführten *Leistungsmessungen* erläutert. Weiterhin werden Erkenntnisse in Bezug auf die *funktionale Eignung* von OSI-Protokollen als Komponenten einer Infrastruktur für heterogene verteilte Systeme präsentiert. Parallel dazu sollen kurz Unterschiede bzw. Gemeinsamkeiten mit *anderen Ansätzen* diskutiert werden.

Bei der Diskussion ist zu beachten, daß sich einerseits Argumente auf die *OSI-Protokollarchitektur* als solche und andererseits Argumente auf *eine spezielle Implementierung* dieser Architektur beziehen. So beziehen sich die Performanceaussagen ausschließlich auf den Prototyp, während sich funktionale Aussagen sowohl auf Eigenschaften von OSI-Protokollen als auch auf deren Umsetzung beziehen. Wir verzichten aus Platzmangel auf eine Diskussion der anwendungsorientierten Dienste.

Die Performance-Aussagen basieren auf *Messungen* am realisierten Prototyp. Gemessen wurde über einem 10 Mbit/sec Ethernet zwischen UNIX-Workstations. Alle Ergebnisse sind Mittelwerte aus 100 Meßläufen. Konfidenzintervalle mit 95% Konfidenzlevel sind – wenn möglich – angegeben.

Transportebene

Im Zusammenhang mit der Transportebene, also den Kommunikationsprotokollen der Schichten 1–4 des OSI Referenzmodells, werden die Aspekte *Funktionalität* und *Effizienz* betrachtet. Der im Prototyp verwendete ISO-Transportdienst ist funktional äquivalent mit dem in anderen Infrastrukturen verwendeten TCP-Dienst. Er unterstützt in seiner jetzigen Form keine Dienstgüteparameter und gestattet ausschließlich verbindungsorientierte Punkt-zu-Punkt Kommunikation.

Sinnvolle *Verbesserungen* wären:

- Um *verbindungslose Kommunikation* zu ermöglichen, wäre die Bereitstellung eines verbindungslosen Dienstes wünschenswert. Kommerzielle Infrastrukturen verwenden hier die Kombination UDP/IP. Das ISO-Äquivalent dazu ist der "Connectionless Transport Service" in Verbindung mit dem "Connectionless Transport Protocol".

- Experimentelle Infrastrukturen im wissenschaftlichen Bereich wie Amoeba [30] oder V [4] verwenden eigene, *transaktionsorientierte Transportprotokolle*. Diese bieten neben höherer Effizienz auch erweiterte Funktionalität, wie z.B. Multicasting. Derartige Funktionalitäten müssen auch in standardisierte Protokolle einfließen.

Das an der *Transportschnittstelle* des Prototyps beobachtbare *Leistungsverhalten* ist vergleichbar mit dem des TCP-Protokolls. Dabei wird von der durch ISODE vorgegebenen Implementierung ausgegangen (also ein Protokollstack RFC1006/TCP/IP/Ethernet). Eine an unserem Lehrstuhl durchgeführte Verbesserung der RFC1006-Implementierung [24] führte jedoch zu einer Steigerung der real erzielbaren Durchsatzes von 700 Kbyte/sec auf ca. 1050 Kbyte/sec (vgl. Abb. 3.5).

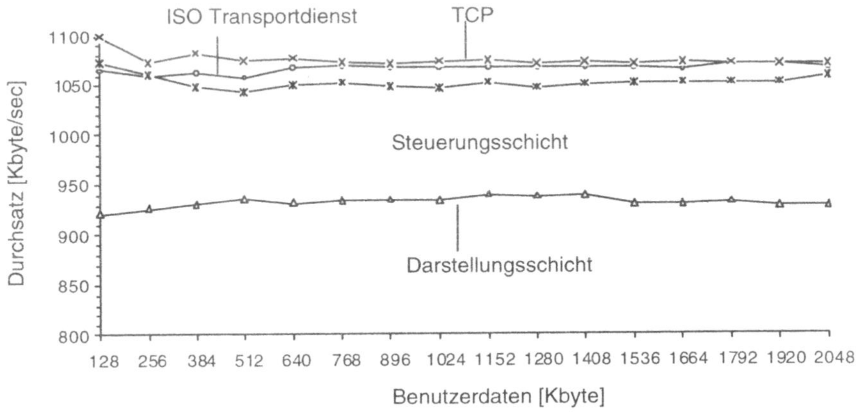

Abb. 3.5 : Mittlerer Durchsatz unterschiedlicher Protokollschichten

Infrastrukturebene

Zur *Übersicht*: Hier soll zunächst kurz auf die Protokolle der höheren Schichten des OSI-Referenzmodells, die unserer Definition zufolge zur Infrastrukturebene zählen, eingegangen werden. Dann folgt die Diskussion des benutzten RPC-Mechanismus, des FTAM-Protokolls und des OSI Directory Service.

Bei Verwendung von Protokollen der Anwendungsschicht des ISO-Referenzmodells (Schicht 7) für eine verteilte Infrastruktur werden auch die *Protokolle* der *Schichten 5* und *6* (Steuerungs- und Darstellungsschicht) benötigt. Gemäß der OSI-Philosophie erbringen sie universelle Querschnittsfunktionalitäten (z.B. Definition von Wiederaufsetzpunkten im Fehlerfall oder Aushandeln geeigneter Darstellungsformate), die sonst jeweils einzeln in die Anwendungsdienstelemente integriert werden müßten. Da diese Protokolle äußerst umfang- und optionsreich sind, ist ihr Sinn inzwischen umstritten. So entstehen z. B. sehr große ausführbare Programme, und es muß viel Adressierungsballast bei der Entwicklung verteilter Anwendungen berücksichtigt werden. Weiterhin bedingt die Konvertierung der

Protokolldateneinheiten zwischen der lokalen rechnerinternen Darstellung und der ASN.1-Transfersyntax einen beachtlichen Durchsatzeinbruch, wie in Abb. 3.5 zu sehen ist. Der Prototyp baut derzeit auf einer vollen Implementierung dieser Protokolle auf, im weiteren Projektverlauf wurde mit neuen Ansätzen für schlankere Protokolle der Schichten 5 und 6 experimentiert [19, 8].

Der *Remote Operations Dienst* (ROSE) stellt einen ausgezeichneten *Basisdienst* für verteilte RPC Programmierung dar. Er integriert mit ASN.1 eine mächtige Notation für abstrakte Datentypen, er bietet flexible Dienstsemantiken von at-least-once bis exactly-once, er kann blockierend und nicht-blockierend genutzt werden, und er bietet fortgeschrittene Konzepte, wie Upcalls (Rückaufrufe des Servers an den Client).

Daneben gibt es allerdings auch *Kritikpunkte*: Eine wesentliche Eigenschaft von RPC-Systemen ist die Programmiersprachenintegration. Diese erlaubt die Spezifikation von Schnittstellen und entfernten Operationen in der Notation einer "üblichen" Programmiersprache. So kann die Programmierung fast unabhängig von der Aufteilung der Software zwischen Client und Server erfolgen. Entfernt realisierte Operationen werden durch spezielle syntaktische Elemente gekennzeichnet. Beim Binden der Programmteile wird dann für entfernte Aufrufe das RPC-Laufzeitsystem referenziert. ROSE bietet keine Programmiersprachenintegration, da aus den ASN.1-Definitionen erst Schnittstellen in einer herkömmlichen Programmiersprache (etwa C) erzeugt werden müssen. Weiterhin ist ROSE nur für einen verbindungsorientierten Basisdienst vorgesehen, wogegen fast alle anderen RPC-Systeme entweder einen verbindungslosen Dienst nutzen, oder zwischen verbindungslos und verbindungsorientiert auswählen können [27].

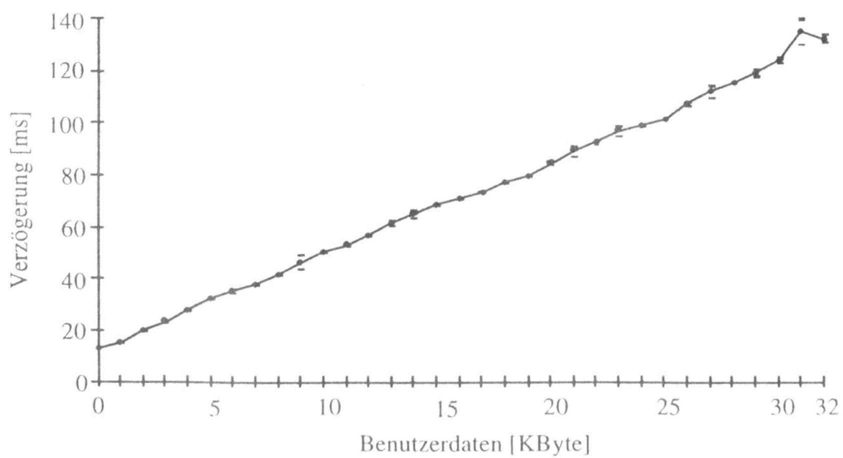

Abb. 3.6 : Mittlere Bearbeitungszeit der ROSE Operationen

Der in ISODE implementierte ROSE-Dienst bietet nur eine Teilmenge der oben angegebenen Funktionalitäten, so sind beispielsweise keine Upcalls vorgesehen. Zur Leistung wurden Messungen der *Ausführungszeit* von *Operationen* (ohne Verbindungsauf- und

-abbau) in Abhängigkeit von der Rückgabeparametergröße (ASCII-String) durchgeführt. Die in Abb. 3.6 dargestellten Ergebnisse zeigen, daß die Ausführungszeit mit ca. 15 Millisekunden für eine parameterfreie Operation, in der Größenordnung der Ausführungszeiten des DCE-RPC liegt [28]. Optimierte verteilte Systeme, wie Amoeba, kommen jedoch auf Werte von unter 1 Millisekunde [30].

Der in die Infrastruktur integrierte *Verzeichnisdienst* (X.500) wird von den anderen Dienstelementen zur Auflösung von Namen genutzt [17]. Aufgrund seiner umfangreichen Funktionalität und des offensichtlichen Praxisbezugs zählt X.500 zu den wenigen, in vielen Implementierungen umgesetzten ISO/OSI-Standards. Generell kann gesagt werden, daß der Dienst alle Anforderungen für den Einsatz in verteilten Infrastrukturen erfüllt. In bezug auf die vorliegende X.500 Implementierung [18] sollte beachtet werden, daß die Beantwortung einer *Anfrage* an den Directory Server zwischen 0,5 sec und 1 sec dauert. Demzufolge ist es ineffizient, für jeden Dienstaufruf eine Adressauflösung über den Directory Service vorzunehmen. Abhilfe schaffen geeignete Caching-Strategien oder auch effiziente Directory-Zugriffsprotokolle.

Fast alle Infrastrukturen für verteilte Systeme besitzen ein *verteiltes Dateisystem*. Dessen Hauptfunktionalität ist die effiziente, orts- und zugriffstransparente Bereitstellung von Dateien. In verteilten Systemen beinhaltet dies auch die Dateiübertragung zwischen unterschiedlichen Rechnern [20]. Wie bereits erwähnt, genügt der FTAM-Standard zwar den Anforderungen an den Dateiaustausch und definiert ein einheitliches Dateimodell, er schafft jedoch keine Ortstransparenz. Daher wurden die in [12] beschriebenen Erweiterungen spezifiziert und implementiert.

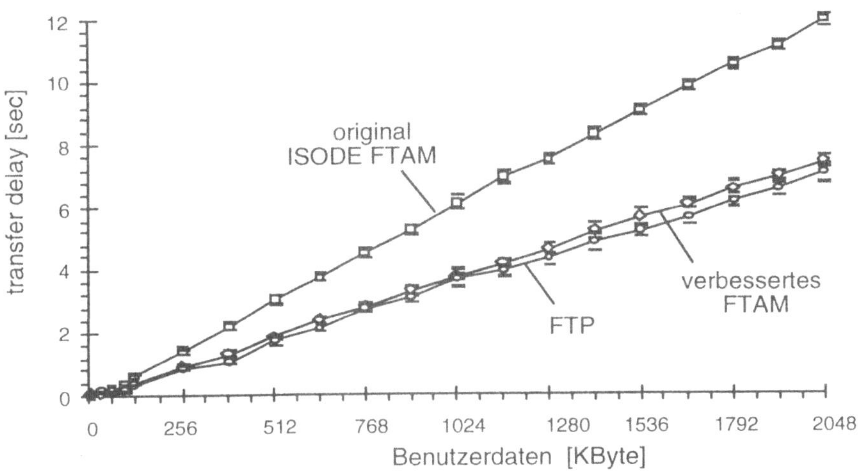

Abb. 3.7 : Mittlere Übertragungszeit unterschiedlicher Dateitransferprotokolle

Auch der *FTAM-Basisdienst* wurde einer *Leistungsuntersuchung* unterzogen. Dabei wurden die Übertragungszeiten der originalen ISODE-FTAM Implementierung mit dem in SUKITS verwendeten, auf der verbesserten Transportschnittstelle aufsetzenden FTAM-

Protokoll und dem FTP Protokoll verglichen. Es zeigte sich, daß die reinen Übertragungszeiten durch die Verbesserungen an die des FTP-Protokolls heranreichen (vgl. Abb. 3.7).

Zuletzt sollen die *Funktionalitäten unterschiedlicher Infrastrukturen* für heterogene
verteilte Systeme *gegenübergestellt* werden (Tab. 3.8). Die Vorteile anderer Infrastrukturen liegen insbesondere in der Herstellerunterstützung und in der breiteren realisierten
Funktionalität (in DCE werden z.B. leichtgewichtige Prozesse (Threads) und Zeitsynchro-
nisation unterstützt; auch ist ein integriertes Sicherheitskonzept vorhanden). Auch werden
hier bereits die großen Potentiale objektorientierter, verteilter Systementwicklung genutzt
(z.B. in CORBA). Allerdings werden in kommerziellen Infrastrukturen bisher nur wenige
Standards berücksichtigt, so daß von einer Interoperabilität zwischen unterschiedlichen
Infrastrukturen keine Rede sein kann. Aufgrund der unterschiedlichen IDLs (Interface
Definition Languages) können verteilte Anwendungen, die z.B. mit ANSAware realisiert
wurden, nicht ohne weiteres auf DCE portiert werden. Dafür sind die IDLs allerdings für
die jeweilige Infrastruktur optimiert und durch Werkzeuge unterstützt. Der bei ISODE
gewählte IDL-Umweg über ASN.1 ist umständlich und erhöht den Programmieraufwand.

	ISODE	DCE	OMA/CORBA	ANSAWare
Rechnersysteme	PC/DOS, UNIX VMS	UNIX, PC/DOS	UNIX	UNIX, VMS
Transportebene	TCP/IP, X.25 OSI TP0/4	TCP/IP, UDP/IP	TCP/IP, UDP/IP	TCP/IP, UDP/IP
Dateisystem	m. E. FTAM	DFS (Andrew)	–	–
Programmierprimtive	ROSE (ASN.1)	RPC (DCE-IDL)	RPC (C++-IDL)	RPC (ANSA-IDL)
Directory Service	X.500	X.500 (CDS/GDS)	ORB	Trader
Dienstvermittlung	m. E. X.500	m. E. CDS/GDS	m.E. ORB	Trader
Sicherheit	–	Security Kerberos	(geplant)	–
zentrale Uhr	–	Time Service	(geplant)	–
Threads	–	Thread Service	(geplant)	Threads

Tab. **3.8** : Funktionalitäten von Infrastrukturen für verteilte Systeme

3.1.5 Fazit

In diesem Beitrag wurde die für das SUKITS-Projekt entwickelte *Infrastruktur* für
heterogene verteilte CIM-Systeme *vorgestellt.* Dabei lag das Augenmerk zunächst auf der
Beschreibung der Designentscheidungen in der Transport-, Infrastruktur- und Anwendungsebene. Zur Gewährleistung von Offenheit wurden für die Infrastruktur weitestge-
hend OSI-Protokolle und OSI-Dienstelemente verwendet.

Für das Anwendungsbeispiel "Integration von Anwendungssystemen für die verteilte
Entwicklung produktbeschreibender Dokumente" wurde ein *Prototyp* der Infrastruktur
realisiert und *bewertet.*

In der zugehörigen Beschreibung lag das Hauptaugenmerk auf einer *vergleichenden Diskussion* der *Eignung* von *OSI-Protokollen* für eine solche Infrastruktur. Dabei konnte festgestellt werden, daß OSI-Protokolle grundsätzlich in verteilten Infrastrukturen eingesetzt werden können. Insbesondere an der (kommunikationsorientierten) Transportschnittstelle bieten die standardisierten verbindungslosen und verbindungsorientierten OSI-Transportdienste ausreichende Funktionalität. Da OSI-Protokolle für diese (unteren 4) Kommunikationsschichten allerdings universell gestaltet sind, bieten Protokollarchitekturen die für den Einsatz in Umgebungen mit geringer räumlicher Ausdehnung optimiert sind, erheblich größere Effizienz [30, 21].

Ein Teil der in der Infrastrukturebene benötigten *Funktionalität* kann durch *Dienstelemente* der *höheren OSI-Schichten* erbracht werden. Beispiele hierfür sind der OSI-Verzeichnisdienst und der ROSE-Dienst. Der OSI-FTAM-Standard ist nur mit Einschränkungen zur Realisierung eines transparenten, verteilten Dateisystems geeignet. Während die Funktionalität der Darstellungsebene (Bereitstellung rechnerunabhängiger Datenrepräsentationen) in diesem Zusammenhang sinnvoll ist, wird die Steuerungsebene, mit ihrem komplexen Protokoll im Grunde nicht benötigt und könnte eigentlich entfallen.

Die Erstellung der anwendungsorientierten Client/Server-Software erfordert aufgrund der mangelnden Programmierschnittstellen und der unvollständigen Werkzeugunterstützung bei *ISODE* mehr *Aufwand* als bei kommerziellen Infrastrukturen. Dies ist allerdings kein generelles Problem von OSI-Architekturen sondern ein ISODE-spezifisches Problem. Eine Wiederverwendbarkeit der Software ist überall dort gegeben, wo entweder ISODE- oder OSI-orientierte Kommunikationsarchitekturen vorhanden sind.

Der implementierte Prototyp zeigt weiterhin, daß die *Integration* heterogener Rechnersysteme mittels OSI-basierter *verteilter Infrastrukturen* durchaus *möglich* ist, daß dabei die Autonomie der Systeme nicht eingeschränkt wird und daß die Leistungsfähigkeit (in Bezug auf Kommunikationsoverhead etc.) durchaus im Rahmen kommerziell verfügbarer Infrastrukturen liegt. Eindeutige Vorteile kommerzieller Infrastrukturen liegen in der reichhaltigeren Funktionalität (insbes. zentrale Uhr und Sicherheitsdienste) und den modernen Programmierkonzepten, wie der Unterstützung leichtgewichtiger Prozesse (Threads) und objektorientierter Modellierung und Programmierung.

Im SUKITS-Projekt lagen die *weiteren Arbeitsschwerpunkte* im Bereich der Unterstützung kooperativer Arbeitsprozesse in der Produktentwicklung durch geeignete Softwaretools und Kommunikationsmechanismen und in der Untersuchung leichtgewichtiger Protokollvarianten für die höheren Schichten des OSI-Referenzmodells.

Literatur

[1]   Architecture Project Management Ltd.: The ANSA Reference Manual, 1992

[2]   Birrel, A., Nelson, B.: Implementing Remote Procedure Calls, ACM Transactions on Computer Systems, Vol. 2, No. 1, S. 39–59, Feb. 1984

[3]   Verbundprojekt: CAD-Referenzmodell, "Aktueller Stand der CAD-Technik und der rechnergestützten Konstruktionsarbeit – Eine kritische Beurteilung der Problemfelder", Bericht des FZI Uni Karlsruhe, April 1993

[4]   Cheriton, D.: Request-Response and Multicast Interprocess Communication in the V Kernel,
      in Müller, (ed.): "Networking in Open Systems", LNCS 248, Springer, S. 296–312, Juni 1986

[5]   Comer D.E.: Internetworking with TCP/IP, Volume 1 "Principles, Protocols and Architecture,
      2nd Edition"; Prentice Hall, 1991

[6]   Eversheim, W., Weck, M., Michaeli, W., Nagl, M., Spaniol, O.: The SUKITS Project: An ap-
      proach to a posteriori Integration of CIM Components, Proc. GI-Jahrestagung, Informatik ak-
      tuell, Springer-Verlag, S. 494–503, Sep. 1992

[7]   Flick, H.: Kommunikationsintegration innerhalb eines CIM-Systems unter dem Aspekt des
      Nachrichtenaustausches, Diplomarbeit, RWTH Aachen, Lehrstuhl für Informatik IV, Ok-
      tober 1993

[8]   Furness, P.: Thin-OSI upper-layers cookbook, Internet Draft, April 1993

[9]   Geihs, K.: Retrospective on DACNOS, Comm. of the ACM, Vol. 33, No.4, S. 439–48, April
      1990

[10] Geihs, K.: Infrastrukturen für heterogene verteilte Systeme, Informatik Spektrum, (1993) 16,
      S. 11–23, Springer 1993

[11] Große-Wienker, R., Hermanns, O., Menzenbach, D., et al: Das SUKITS-Projekt: A-poste-
      riori-Integration heterogener CIM-Anwendungssysteme, Aachener Informatik-Berichte
      11-93, Aachen, Nov. 1993

[12] Hermanns, O., Engbrocks, A.: Design, Implementation and Evaluation of a Distributed File
      Service for Collaborative Engineering Environments, Proc. of 3rd IEEE Workshop of Enab-
      ling Technologies – Infrastructures for Collaborative Enterprises, Morgantown WVa, April
      1994

[13] Hermanns, O.: Ein offenes Kommunikationskonzept zur Vernetzung von CAD-Systemen, in
      VDI-Fachberichte 993.3, VDI-Verlag, S. 87–102 1992

[14] Hermanns, O.: Data Access Protocols for Integrated Engineering Environments, Proc. of
      COMPEURO '93, Paris, IEEE Computer Society Press, S. 350–357, Mai 1993

[15] Hollberg, U.: Transparenter Fernzugriff auf Dateien in heterogenen Netzen, Informatik For-
      schung und Entwicklung, 4, S. 115–128, Springer 1989

[16] ISO CD 10303: Standard for the Exchange of Product Model Data, Sept. 1992

[17] Jakobs, K., Hermanns, O., Fichtner, M.: Using the Directory to support CIM-Management, in
      Proc. of the Factory 2000 Conference University of York, Juli 1992

[18] Kille, S.-E.: Implementing X.400 and X.500: The PP and QUIPU Systems, Artech House
      (1991)

[19] Kille, S.-E.: The Simple OSI Stack, Internet Draft, März 1992

[20] Levy, E., Silberschatz, A.: Distributed File systems: Concepts and Examples, ACM Comput-
      ing Surveys, Vol. 22, No.4, S. 321–374, Dez. 1990

[21] Mullender, S. (ed.): Distributed systems, ACM Press, 1989

[22] Object Management Group: The Common Object Request Broker: Architecture and Specifi-
      cation, OMG 1991

[23] Open Software Foundation: Distributed Computing Environment – DCE Users Guide and
      Reference, OSF, Cambridge, USA (1992)

[24] Reinhardt, W., Fenger, E.: Performance Measurements of ISODE and the Convergence Proto-
      col RFC 1006, Proc. of Intl. Conf. on Information Networks and Data Communication,
      INDC, Madeira, April 1994

[25] Rose M.T., Onions J., Robbins C.J.: The ISO Development Environment: User's Manual, Vol.
      1–5, Version 7.0; Palo Alto, California, USA, 1992

[26] Schill, A.: Namensverwaltung in verteilten Systemen: Ein Überblick, Praxis in der Informa-
      tionsverarbeitung und Kommunikation, Vol. 15, Nb. 1, S. 11–21, 1992

[27] Schill, A.: Remote Procedure Call: Fortgeschrittene Konzepte und Systeme – ein Überblick,
      Informatik Spektrum 15, S. 79–87, Springer 1992

[28] Schill, A.: DCE – Das OSF Distributed Computing Environment: Einführung und Grundlagen, Springer 1993

[29] Schwartz, J., Westfechtel, B.: Integrated Data Management in a Heterogenous CIM Environment, Proc. of COMPEURO '93, Paris, IEEE Computer Society Press, S. 248–257, Mai 1993

[30] Tanenbaum, A.S.: Modern Operating Systems, Prentice-Hall 1992

3.2 Modelle für verallgemeinerte Workflowsysteme zur Handhabung der Dynamik von Entwicklungsprozessen

P. Heimann, B. Westfechtel
Lehrstuhl für Informatik III

Zusammenfassung

Viele Workflowsysteme zwängen Entwickler in das Korsett starrer Abläufe, die der Dynamik von Entwicklungsprozessen nicht gerecht werden. Im Rahmen des SUKITS-Projekts wurde dagegen ein Modell zum Management dynamischer Entwicklungsprozesse ausgearbeitet, die sich durch produktstrukturabhängige Aufgabennetze, vielfältige Rückgriffe und Simultaneous Engineering auszeichnen.

Die Ergebnisse von Entwicklungsprozessen werden in Produktkonfigurationen verwaltet, deren Komponenten durch Abhängigkeiten verbunden sind. Mit der Hilfe dieser Abhängigkeiten wird die Konsistenz zwischen versionierten Dokumenten hergestellt, die in verschiedenen Arbeitsbereichen (Konstruktion, Arbeitsplanung, NC-Programmierung etc.) entstehen. Schließlich berücksichtigt das Modell sowohl menschliche als auch technische Ressourcen. Jedem Entwickler kann eine beliebige Menge von Rollen zugeordnet werden, die ihrerseits die Typen von Aufgaben bestimmen, die dem Entwickler zugewiesen werden können. Technische Ressourcen sind die Anwendungssysteme, die den Entwickler bei der Bearbeitung von Aufgaben unterstützen (z.B. CAD-Systeme oder Simulatoren).

3.2.1 Einleitung

In Kapitel 2 wurden Entwicklungsprozesse im Maschinenbau untersucht, und es wurden Methoden zum Management dieser Prozesse ausgearbeitet. Dabei wurden zwei Anwendungsbereiche betrachtet, nämlich die Entwicklung von Einzelteilen und Baugruppen in der Metallverarbeitung (Abschnitt 2.1) und die Entwicklung von Formteilen in der Kunststoffverarbeitung (Abschnitte 2.2 und 2.3). Bei der Untersuchung dieser Anwendungsbereiche sind viele Gemeinsamkeiten identifiziert worden. Insbesondere sind Entwicklungsprozesse hochgradig dynamisch: Aufgabennetze hängen von der Produktstruktur ab, die erst während der Entwicklung festgelegt wird [11]. Die Bearbeitung von Aufgaben wird so weit wie sinnvoll parallelisiert (Concurrent und Simultaneous Engineering [12]). Schließlich finden während der Entwicklung vielfältige Rückgriffe statt, die ein anspruchsvolles Störungsmanagement erfordern [25].

Die informatische Unterstützung, die den derzeitigen Stand der Technik charakterisiert, wird diesen Anforderungen nicht gerecht. In den letzten Jahren ist eine große Zahl von *Workflowsystemen* entwickelt worden, die vor allem zur Steuerung stark repetitiver Vorgänge, z.B. von Sachbearbeitertätigkeiten in Banken und Versicherungen, eingesetzt werden (Übersichten finden sich z.B. in [16, 20]). Die meisten dieser Systeme betrachten *Workflowdefinitionen* als Programme, die zur Laufzeit ausgeführt werden. Dabei liegen unterschiedliche Sprachparadigmen zugrunde, z.B. prozedurale Ansätze [37] und netzbasierte Ansätze [1, 18]. Die Formalisierung eines Workflows durch ein solches Programm setzt voraus, daß bereits zur Definitionszeit alle möglichen Abläufe bekannt sind. Diese Voraussetzung ist in vielen Fällen nicht realistisch, insbesondere wenn man kreative Entwicklungsprozesse betrachtet (vgl. Kap. 2 des Teils I). Abweichungen von der Workflowdefinition zur Laufzeit werden von den meisten Systemen nicht adäquat unterstützt und beschränken sich häufig auf Spezialmechanismen wie das Überspringen bestimmter Schritte während der Ausführung oder Änderungen der Definition beim Eintreten vordefinierter Ereignisse. Aufgrund ihrer Starrheit sind die Einsatzmöglichkeiten klassischer Workflowsysteme zum Management von Entwicklungsprozessen somit stark eingeschränkt.

Aus diesen Gründen muß in Entwicklungsprozessen ein neuer Ansatz verfolgt werden. Wesentlich ist vor allem, daß die Beschreibung eines Entwicklungsprozesses nicht nur als ein Programm gesehen wird, das ausgeführt werden muß. Darüber hinaus ist diese Beschreibung als ein *Produkt* aufzufassen, das während der Ausführung ständig modifiziert werden muß. Planen und Ausführen müssen daher nahtlos verschränkt werden können – eine Anforderung, der heute nur wenige Systeme genügen, wobei es sich vor allem um Forschungsprototypen handelt [21].

Im Rahmen des SUKITS-Projekts wurde ein *verallgemeinertes Workflowsystem* (als Bestandteil des in Kap. 1 skizzierten Rahmenwerks für die Produktentwicklung) entwickelt, das die Dynamik von Entwicklungsprozessen berücksichtigt und vor allem Managern eine deutlich erweiterte Funktionaliät anbietet [41, 42].

Im Mittelpunkt stehen *dynamische Aufgabennetze*, die aus der *Produktstruktur abgeleitet* werden (produktzentrierter Ansatz). Aufgabennetze sind hierarchisch strukturiert. Aufgaben eines Teilnetzes sind durch Datenflüsse verbunden, die eine partielle Ordnung bei der Ausführung induzieren. Diese Ordnung kann jedoch insofern aufgelöst werden, als die Bearbeitung von Aufgaben mit Hilfe vorzeitiger Freigaben parallelisiert werden kann (Simultaneous Engineering). Schließlich werden auch Rückgriffe im Entwicklungsprozeß unterstützt. Zu diesem Zweck werden Managern Basisoperationen zur Verfügung gestellt, um die Konsequenzen eines Rückgriffs abzuschätzen, entsprechende Maßnahmen zu ergreifen, die den aktuellen Ausführungszustand beeinflussen (z.B. Suspendierung vom Rückgriff betroffener Aufgaben), und die im Zuge des Rückgriffs durchgeführten Änderungen durch das Aufgabennetz zu propagieren.

Zum *Inhalt* dieses *Abschnitts*: Bevor wir auf das Management von Entwicklungsprozessen eingehen (Unterabschnitt I.3.2.3), wird zunächst das Modell für die Versions- und Konfigurationsverwaltung eingeführt, das als Basis des Prozeßmanagements dient (Unterabschnitt I.3.2.2). Das Management von Ressourcen ist kein Schwerpunkt dieses Aufsatzes und wird daher in Unterabschnitt I.3.2.4 nur knapp behandelt. Bevor das Workflowsystem eingesetzt werden kann, muß es an einen konkreten Anwendungsbereich angepaßt werden. Diesen Vorgang nennen wir Parametrisierung (Unterabschnitt I.3.2.5). Aufgrund seiner Komplexität wurde das Workflow-Modell formal spezifiziert, bevor eine Implementierung in Angriff genommen wurde (Unterabschnitt I.3.2.6). Schließlich fassen wir die wesentlichen Ergebnisse zusammen (Unterabschnitt I.3.2.7).

3.2.2 Management von Versionen und Konfigurationen

Versions- und Konfigurationsgraphen

Den Kern des Workflow-Modells bildet ein Modell für das Management von Versionen und Konfigurationen der Produkte des Entwicklungsprozesses (Zeichnungen, Arbeitspläne, NC-Programme etc.). Das *CoMa-Modell* (*Co*nfiguration *Ma*nagement, [35]) integriert eine bewußt klein gehaltene Menge von für die Konfigurationsverwaltung essentiellen Basiskonzepten, die von traditionellen Werkzeugen, wie z.B. Make [13] oder RCS [38], voneinander isoliert unterstützt werden:

- *Versionen*: Dokumente wie CAD-Zeichnungen, NC-Programme oder Arbeitspläne durchlaufen im Zuge ihrer Entwicklung verschiedene Zustände, die als Versionen bezeichnet werden. Der Begriff der Version bezieht sich dabei nicht nur auf die zeitliche Entwicklung von Dokumenten, sondern schließt auch die Bildung von Varianten, die simultan entwickelt werden, ein. Die Verwaltung von Versionen ermöglicht es insbesondere, bei der Bearbeitung eines Auftrags auf früher erstellte Versionen von Dokumenten zurückzugreifen, und unterstützt somit die Wiederverwendbarkeit. Ferner werden Versionen erzeugt, um alte Zustände reproduzieren zu können (Backup-Funktion) und Änderungen nachvollziehen zu können.

- *Komplexe Objekte*: Dokumente lassen sich zu *Konfigurationen* zusammenfassen, die ihrerseits wiederum als Komponenten auftreten könnnen (d.h. Konfigurationen lassen sich auch schachteln). Beispielsweise lassen sich alle Dokumente zur Beschreibung eines Einzelteils in einer Konfiguration zusammenfassen, die ihrerseits in eine Gesamtkonfiguration für eine Baugruppe eingeht. Nicht nur Dokumente sondern auch Konfigurationen werden der Versionskontrolle unterstellt (einheitliche Versionierung von Dokumenten und Konfigurationen).

- *Abhängigkeiten*: Zwischen den Dokumenten, die im Zuge der Bearbeitung eines Auftrags erstellt werden, gibt es Abhängigkeiten, die von der Konfigurationsverwaltung erfaßt und überwacht werden müssen. Es muß kontrolliert werden, ob voneinander abhängige Dokumente auch tatsächlich miteinander konsistent sind (d.h. ob z.B. ein NC-Programm an die in einer CAD-Zeichnung beschriebene Geometrie eines Werkstücks angepaßt wurde).

Im CoMa-Modell werden zwei Ebenen unterschieden, die *Objektebene* und die *Versionsebene* (Abb. 3.9). Auf der Objektebene werden alle versionierten Objekte (Dokumente bzw. Konfigurationen) und ihre Relationen untereinander dargestellt, während auf der Versionsebene alle Objektversionen und deren gegenseitige Beziehungen dargestellt werden. Die Versionsebene stellt somit eine Verfeinerung der Objektebene dar: jedem Objekt wird eine Menge von Versionen zugeordnet, und jeder Relation zwischen zwei Objekten wird eine Menge von Relationen zwischen ihren Versionen zugeordnet.

Objekte, Versionen und deren Beziehungen werden formal mit Hilfe von *Graphen* repräsentiert. Dabei unterscheidet das CoMa-Modell drei Arten von Teilgraphen, die wir im folgenden nacheinander erläutern (Abb. 3.10).

Ein *Versionsgraph* wird durch eine Menge von Versionen gebildet, die durch *Nachfolge-relationen* miteinander verknüpft sind. Ist v_2 ein Nachfolger von v_1, so ist v_1 aus v_2

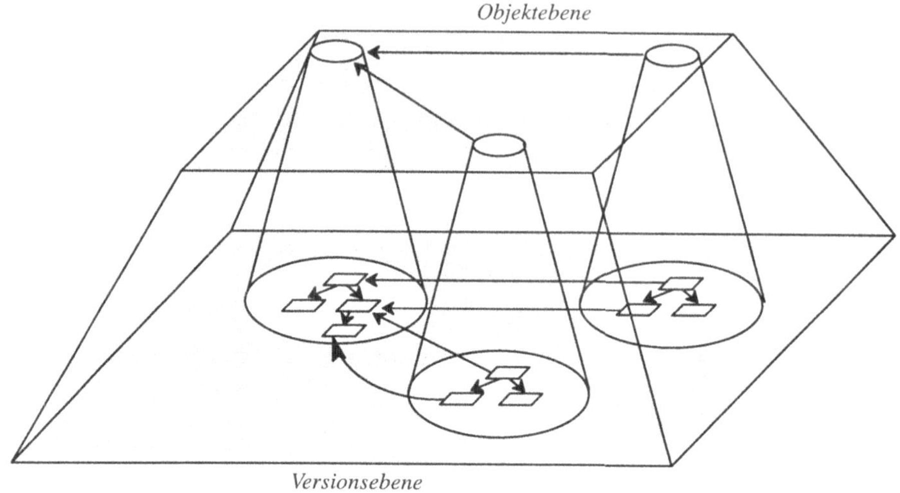

Abb. 3.9 : Objekt- und Versionsebene

entwickelt worden. Typischerweise geschieht dies, indem man eine Kopie von v_1 erzeugt und diese anschließend modifiziert. Im einfachsten Fall sind Versionen in einer Sequenz angeordnet. Parallelentwicklung führt zu Verzweigungen (Versionsbäume), die ggf. später wieder zusammengeführt werden (azyklische Versionsgraphen). Schließlich ist es auch möglich, daß ein Versionsgraph in mehrere Zusammenhangskomponenten separiert ist (nicht in der Abbildung gezeigt). Dieser Fall kommt vor, wenn verschiedene Varianten von vorneherein getrennt voneinander entwickelt werden.

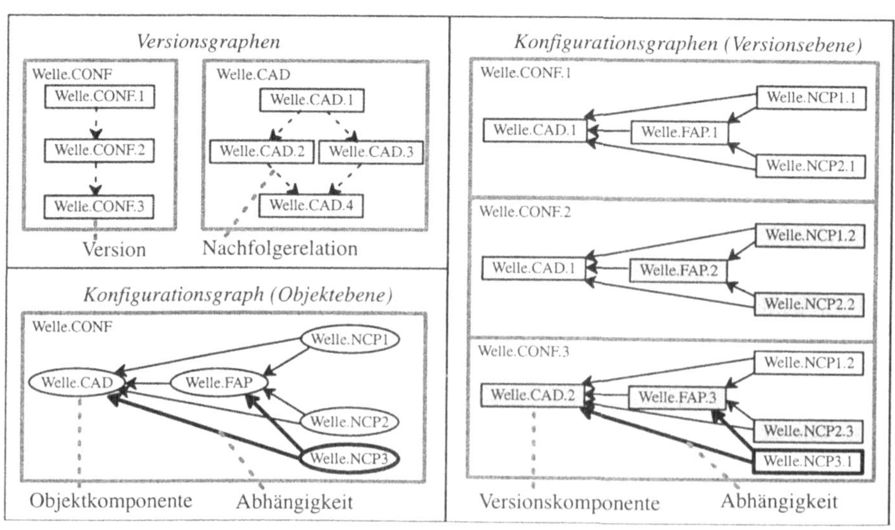

Abb. 3.10 : Versions- und Konfigurationsgraphen

Ein *Konfigurationsversionsgraph* ist der Versionsebene zuzuordnen und repräsentiert einen Schnappschuß einer Menge voneinander abhängiger Komponenten. Drei Beispiele sind im rechten Teil von Abb. 3.10 angegeben. In allen Fällen handelt sich um Konfigurationen für ein Einzelteil, nämlich eine Welle. Welle.CONF.1 besteht aus initialen Versionen einer Zeichnung, eines Arbeitsplans und zweier NC-Programme. Welle.CONF.2 ist genauso strukturiert wie Welle.CONF.1, unterscheidet sich aber hinsichtlich der Versionen der Komponenten. Der Arbeitsplan für das Einzelteil wurde geändert; dies hatte Auswirkungen auf alle NC-Programme. Der Übergang zu Welle.CONF.3 illustriert schließlich, daß auch strukturelle Änderungen stattfinden können (Einführung eines dritten NC-Programms).

Ein *Konfigurationsobjektgraph* repräsentiert versionsunabhängige strukturelle Information auf der Objektebene. Er stellt in folgendem Sinn eine Vereinigung über alle Konfigurationsversionsgraphen dar: Für jede Versionskomponente, die in irgendeiner Konfigurationsversion vorkommt, muß eine entsprechende Objektkomponente in dem Konfigurationsobjekt enthalten sein. Analog verhält es sich mit Abhängigkeiten. Der Konfigurationsobjektgraph aus dem linken Teil von Abb. 3.10 genügt dieser Bedingung. Konfigurationsobjektgraphen abstrahieren von Versionsinformationen und ermöglichen somit einen Überblick über alle Konfigurationsversionsgraphen. Da diese sich jedoch strukturell unterscheiden können, muß man im Konfigurationsobjektgraphen zwischen varianten und invarianten Anteilen unterscheiden. Dies wird durch entsprechende Analysen unterstützt, die z.B. die Einzelteilzeichnung als invariante und das dritte NC-Programm als variante Komponente kennzeichnen würden.

Zusammenfassend läßt sich feststellen, daß unser Modell für die Konfigurationsverwaltung mit einer bewußt klein gehaltenen *Menge* von *Basiskonzepten* auskommt, die in integrierter Weise unterstützt werden (Versionierung von Objekten, komplexe Objekte, Abhängigkeiten). Es gibt viele andere Ansätze, die nur einen Teil dieser für die Konfigurationsverwaltung essentiellen Basiskonzepte unterstützen. Als Beispiele lassen sich Make [13] (Abhängigkeiten), RCS [38] (Versionen von Textdateien), PCTE [27] und DAMOKLES [17] (Versionen komplexer Objekte) anführen. Ein dem SUKITS-Ansatz ähnliches Modell ist in Nelsis [39], einem CAD-Framework, realisiert. Dort werden jedoch Abhängigkeiten in eingeschränkterer Weise benutzt (Verwaltung abgeleiteter Objekte ähnlich wie in Make). Die größte Ähnlichkeit weist das OVM-Modell [23] auf, das ebenfalls zwischen einer Objekt- und einer Versionsebene unterscheidet, allerdings weder die Schachtelung noch die Versionierung von Konfigurationen unterstützt.

Datenintegration

Mit dem CIM-Manager werden Anwendungssysteme *a-posteriori* integriert, die ihre Daten in unterschiedlichen Formaten abspeichern. Dabei ist es in vielen Fällen nicht möglich, von außen auf die feingranulare Struktur der Daten zuzugreifen. Angesichts dieser Randbedingungen wurde ein Konzept für die Datenintegration entworfen, das sich durch folgende *Merkmale* auszeichnet [34]:

- Die *Autonomie der Anwendungssysteme* bleibt so weit wie möglich erhalten. Insbesondere werden die Datenverwaltungssysteme der Anwendungssysteme auch weiterhin zur Speicherung von Dokumenten genutzt. Damit werden unnötige Eingriffe in die Anwendungssysteme vermieden. Es werden also nicht, wie z.B. in IMDAS [2], die Anwendungssysteme gezwungen, über eine zentrale Datenbankkomponente auf ihre eigenen Daten zuzugreifen.

- Um Beziehungen zwischen den Datenbasen heterogener Anwendungssysteme herzustellen, wird eine (logisch, nicht notwendigerweise physikalisch) zentrale *Integrationsdatenbasis* eingeführt, die vom CIM-Manager verwaltet wird. In der Integrationsdatenbasis werden die Entwicklungsgeschichten von Dokumenten, deren gegenseitige Abhängigkeiten, Aufbau von Konfigurationen etc. erfaßt. In dieser Datenbasis sind jedoch nicht die mit Hilfe der Anwendungssysteme erstellten Dokumente selbst, sondern nur entsprechende Verweise (Beschreibungsdaten) abgelegt.

- Da i.a. nicht vorausgesetzt werden kann, daß der externe Zugriff auf die Inhalte von Dokumenten unterstützt wird, beschränkt sich die Datenintegration im CIM-Manager i.w. auf die *grobgranulare Ebene*, d.h. die Internstruktur der Dokumente wird nicht betrachtet. Insbesondere wird nicht versucht, ein universelles Schema aufzubauen, das Daten sowohl auf der grob- als auch auf der feingranularen Ebene umfaßt.

- Änderungen werden nur auf Anforderung propagiert. Dies wird mit Hilfe einer Versionsverwaltung erreicht, die einen Checkout/Checkin-Mechanismus anbietet. Mit Hilfe eines Checkin in die Integrationsdatenbasis werden logisch abgeschlossene Änderungen freigegeben, die dann mit Hilfe von Checkout von nachgelagerten Anwendungssystemen abgerufen werden können.

Durch die oben beschriebenen Merkmale unterscheidet sich der SUKITS-Ansatz zur Datenintegration von Ansätzen zur A-posteriori-Integration *heterogener Datenbanksysteme*, die folgendermaßen vorgehen [19, 36]: Ausgehend von einer Analyse der vorhandenen Daten wird in einem neutralen Datenmodell ein universelles Schema entworfen, das sowohl grob- als auch feingranulare Daten umfaßt. Anschließend werden Zugriffsoperationen bereitgestellt, die das Gesamtsystem wie ein homogenes, logisch zentrales Datenbanksystem erscheinen lassen. Dieser Ansatz wird im SUKITS-Projekt nicht verfolgt, weil zum einen die Anwendungssysteme den Zugriff auf feingranulare Daten u.U. überhaupt nicht unterstützen und zum anderen die Unterschiede zwischen den zugrundeliegenden Datenmodellen bzw. Dateiformaten zu groß sind. Ferner wird bei den oben zitierten Ansätzen übersehen, daß nicht nur die ohnehin bereits vorhandenen Daten integriert werden müssen, sondern darüber hinaus Daten hinzugefügt werden müssen, die Integrationssachverhalte beschreiben (die oben erwähnte Integrationsdatenbasis).

Einen *Überblick* über das *Integrationskonzept* vermittelt Abb. 3.11. Die strukturelle Integrationsdatenbasis verwaltet Konfigurationen, die sich aus Versionen von Dokumenten und zwischen ihnen bestehenden Abhängigkeiten zusammensetzen. Sie enthält Verweise auf die Datenbasen der Anwendungssysteme, in denen die Inhalte von Dokumentversionen gespeichert sind. Diese Datenbasen werden in einen öffentlichen und einen privaten Teil zerlegt. Der öffentliche Teil liegt unter der Kontrolle des CIM-Managers (dem allerdings die Internstruktur der dort gespeicherten Dokumentversionen unbekannt ist). Aus dem öffentlichen Teil wird eine Version mit Hilfe von Checkout in den privaten Teil kopiert und dort wie gewohnt mit dem Anwendungssystem bearbeitet. Nach Ende der Bearbeitung wird die modifizierte Version mit Hilfe von Checkin in den öffentlichen Teil zurückkopiert.

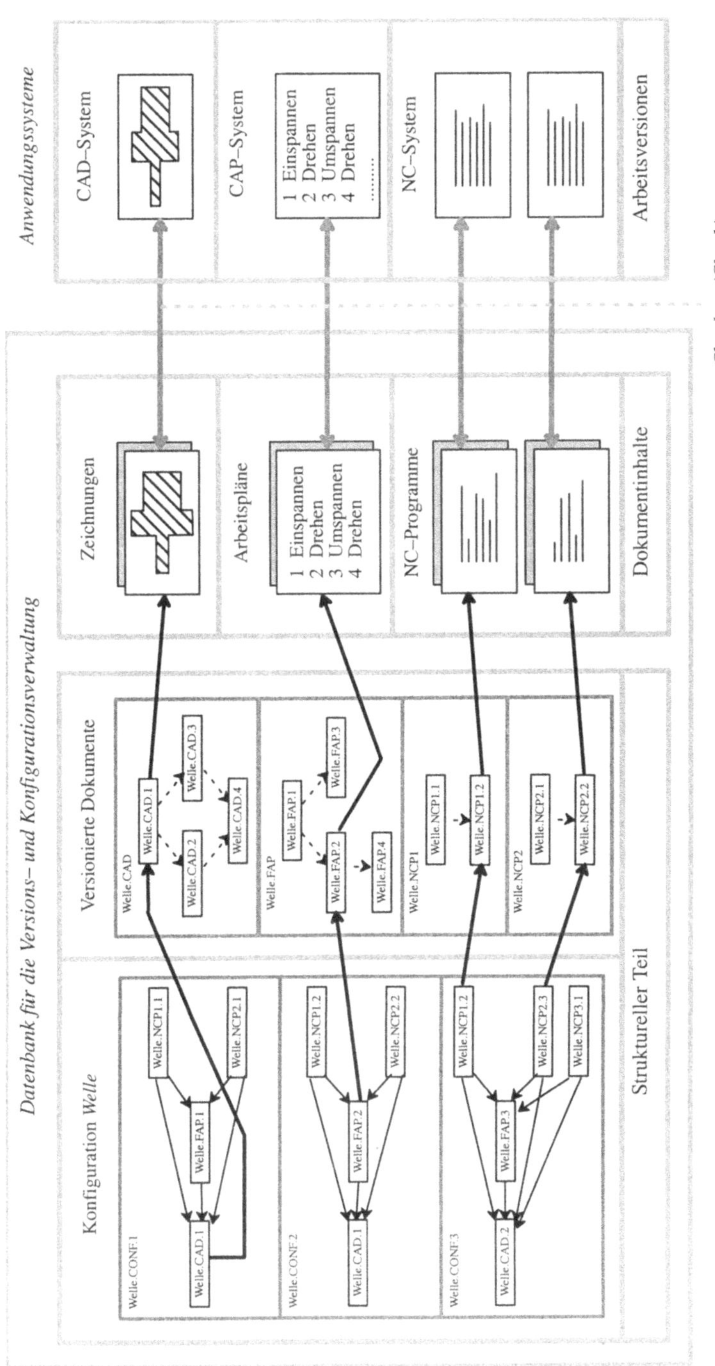

Abb. 3.11 : A-posteriori-Integration von Anwendungssystemen

Dieses Konzept stellt nur *minimale Anforderungen an* die zu integrierenden *Anwendungssysteme*. Die Datenbasis des Anwendungssystems muß sich in einen öffentlichen und einen privaten Teil zerlegen lassen, wobei die Zugriffsrechte sich so setzen lassen müssen, daß der Zugriff auf den öffentlichen Teil ausschließlich vom Administrationssystem kontrolliert wird. Ferner müssen sich mit vertretbarem Aufwand `Checkout`/`Checkin`-Operationen zum Transfer zwischen öffentlichem und privatem Teil realisieren lassen. Letzteres ist insbesondere dann erfüllt, wenn die Anwendungssysteme Dokumente in Form von Dateien abspeichern, die sich dann mit Hilfe entsprechender Dienste des Dateiverwaltungssystems kopieren lassen.

Soll ein Anwendungssystem integriert werden, das *keinerlei externen Zugriff* auf die von ihm verwalteten Daten unterstützt, so kann man lediglich Verweise in der Integrationsdatenbasis abspeichern, ohne den Zugriff auf die Dokumentinhalte selbst in irgendeiner Weise kontrollieren zu können. Dies ist zwar prinzipiell möglich, führt aber zu schwerwiegenden Problemen bei der Konsistenzkontrolle (dieser Fall unterscheidet sich nämlich nicht von der Verwaltung von Dokumenten, die überhaupt nicht in einem Datenverwaltungssystem abgespeichert sind, sondern z.B. nur in Papierform vorliegen).

3.2.3 Prozeßmanagement

Dynamik von Entwicklungsprozessen

Entwicklungsprozesse sind hochgradig dynamisch. Während ihrer Ausführung sind sie vielfältigen Änderungen unterworfen. Abb. 3.12 illustriert einige der relevanten *Einflußfaktoren*: Die Anforderungen an das Produkt können sich ändern, neue Termine können festgesetzt werden, der Prozeß hängt davon ab, inwieweit früher erstellte Produkte wiederverwendet werden können, es sind vielfältige Rückgriffe zu beachten, das zugrundeliegende Prozeßmodell kann modifiziert werden, etc. (auf die Faktoren Produktevolution, Rückgriffe und Simultaneous Engineering gehen wir später noch genauer ein).

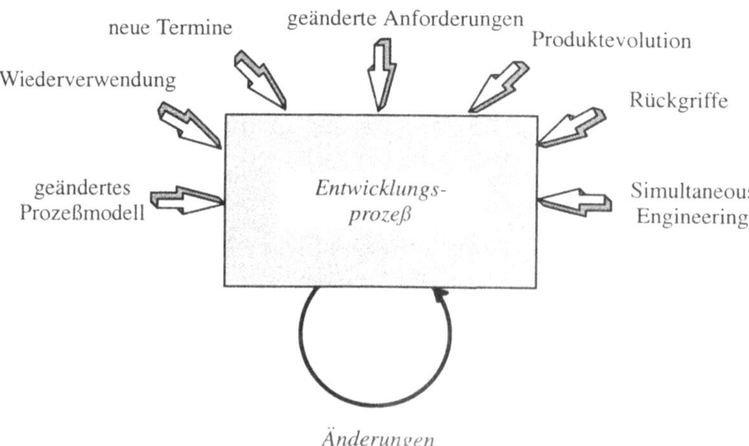

Abb. 3.12 : Dynamik von Entwicklungsprozessen

Dynamische Aufgabennetze

Abb. 3.13 verdeutlicht das Prinzip *dynamischer Aufgabennetze*. Es wird zwischen der Typebene und der Instanzebene unterschieden.

- Auf der *Typebene* werden Typen von Aufgaben und Beziehungen festgelegt. Im oberen Teil von Abb. 3.13 geschieht dies durch ein ER-ähnliches Diagramm, das insbesondere sowohl den Aufgaben- als auch den Beziehungstypen Kardinalitäten zuordnet. Dadurch ist z.B. festgelegt, daß für ein Einzelteil genau eine Konstruktionsaufgabe zu instantiieren ist; andererseits ergibt sich die Zahl der benötigten NC-Programme erst zur Laufzeit des Entwicklungsprozesses. Ein Aufgabennetz auf der Typebene wird von einem Prozeßmodellierer erstellt.

- Auf der *Instanzebene* werden konkrete Aufgaben erzeugt, die an Entwickler zugewiesen werden. Die einem Entwickler zugeordneten Aufgaben erscheinen in einer Agenda; zur Bearbeitung einer Aufgabe wird jeweils ein entsprechender Arbeitskontext bereitgestellt. Den Aufbau eines Aufgabennetzes bezeichnen wir auch als Planung. Diese wird von einem Manager durchgeführt (mit entsprechender Werkzeugunterstützung). Die Planung erfolgt begleitend zum Entwicklungsprozeß, d.h. sie wird ständig aktualisiert und korrigiert (inkrementelle Planung).

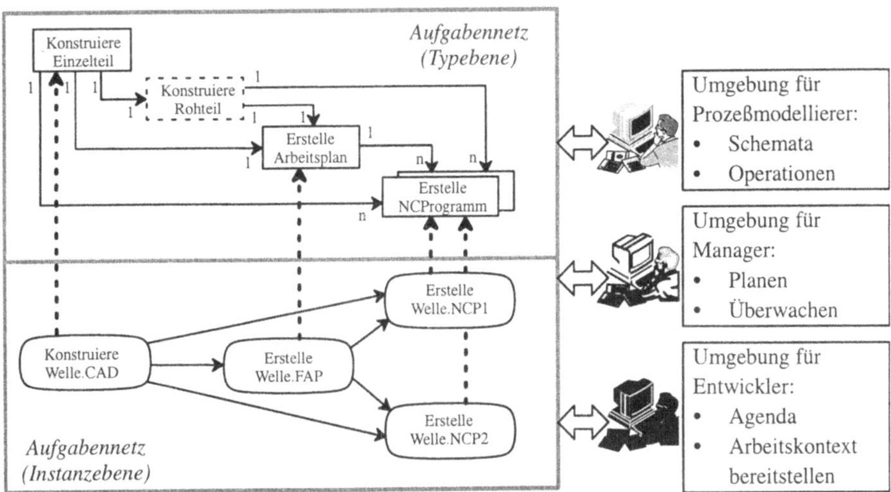

Abb. 3.13 : Dynamische Aufgabennetze

Wichtig ist hier der duale Charakter von Aufgabennetzen: Zum einen definieren sie Aufgaben, die auszuführen sind; zum anderen stellen sie das *Produkt* von Managementaktivitäten dar. Der erste Aspekt wird von klassischen Workflowsystemen adäquat unterstützt. Ein Prozeßmodell wird dort als Programm gesehen, das zur Laufzeit ausgeführt wird (von menschlichen oder technischen Aktoren). Dies gilt beispielsweise für auf Petri-Netzen basierende Systeme, z.B. ProcessWeaver [14], MELMAC/Leu [18, 7] und SPADE [1]. Dort wird die Ausführung angestoßen, indem ein Netz kopiert und mit entsprechenden Marken versehen wird. Während der Ausführung bleibt die Netzstruktur dann in der Regel konstant (wobei aber in allen erwähnten Systemen mehr oder weniger eingeschränkte Möglichkeiten zur Erweiterung/Änderung der Netze zur Laufzeit vorhanden sind).

Der Kopiermechanismus in Petri-Netz-Ansätzen steht im Gegensatz zur oben beschriebenen *dynamischen Instantiierung*, bei der sich die Netzstruktur grundsätzlich erst zur Laufzeit ergibt. Der Manager wird hier mit wesentlich reichhaltigeren Informationen versorgt. Beispielsweise kann er dem Instanznetz aus Abb. 3.13 entnehmen, wieviele und welche NC-Programme zu erstellen sind und an welche Mitarbeiter diese Aufgaben zugeteilt wurden. Derartige Instanznetze werden in Systemen wie ProcessWeaver, MELMAC/ Leu oder SPADE nicht aufgebaut. Die Petri-Netze ähneln dort eher Aufgabennetzen auf der Typebene und werden u.U. dem Benutzer nicht einmal angezeigt. In der Tat bieten viele Workflowsysteme, z.B. Mobile [20], eine Agenda als einzige Benutzerschnittstelle; das instantiierte Prozeßmodell bleibt ein "Geheimnis" der Prozeßmaschine, die auf magische Weise die Abläufe steuert.

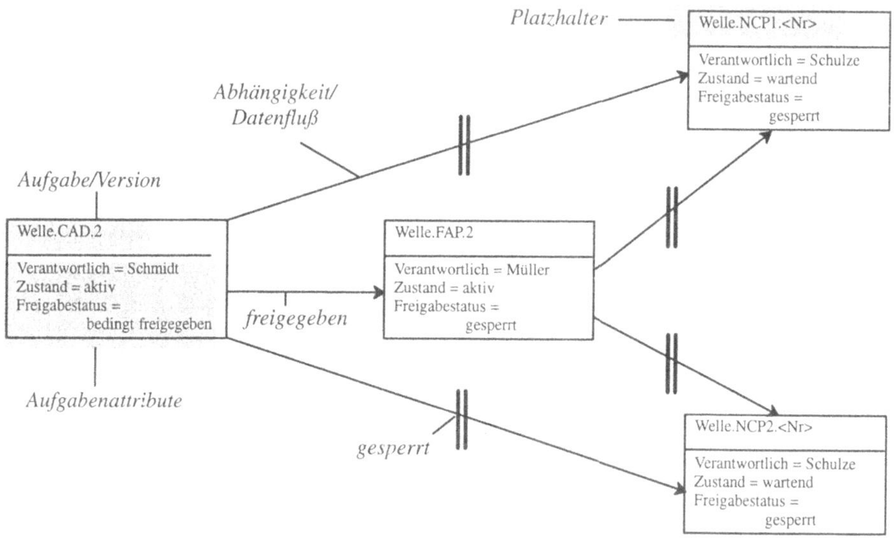

Abb. 3.14 : Produktzentrierter Ansatz zum Management von Entwicklungsprozessen

Im Rahmen des SUKITS-Projekts wurde ein *produktzentrierter Ansatz* zum Management von Entwicklungsprozessen verfolgt. Prozesse werden durch Anreicherung der Produktstruktur dargestellt. Zu diesem Zweck werden Konfigurationsversionen zu Aufgabennetzen erweitert, indem jede Versionskomponente als Aufgabe und jede Abhängigkeit als Datenfluß interpretiert wird (Abb. 3.14). Dieser Ansatz hat den Vorteil, daß er sich, ausgehend von der Versions- und Konfigurationsverwaltung, einfach realisieren läßt. Weitere Beispiele von produktzentrierten Ansätzen sind etwa Merlin [22] und SOCCA [10]. Im Gegensatz dazu führt eine Separation von Prozeß und Produkt zu höherer Komplexität, da hier zwei voneinander abhängige Strukturen miteinander konsistent gehalten werden müssen. Dies gilt beispielsweise für EPOS [5] und CoMo-Kit [8], die jeweils inkrementelle Algorithmen zum Erzeugen/Anpassen von Aufgabennetzen aus der Produktstruktur anbieten. Andererseits ist damit auch eine höhere Flexibilität gegeben, da die Definition des Produkts den Prozeß noch nicht eindeutig festlegt.

Abb. 3.14 illustriert noch einen weiteren wichtigen Aspekt der Unterstützung von Entwicklungsprozessen in unserem Ansatz. Um Entwicklungszeiten zu verkürzen und die Qualität der Produkte zu erhöhen, sind im Ingenieurbereich Methoden entwickelt worden, die unter den Schlagworten *Concurrent Engineering* [29] und *Simultaneous Engineering* [3] zusammengefaßt werden. Es existieren unterschiedliche Definitionen für diese Begriffe; wir verwenden sie hier wie folgt: Concurrent Engineering bezeichnet die parallele Entwicklung unterschiedlicher Teile eines Produkts, z.B. der elektrischen und mechanischen Komponenten einer Bohrmaschine. Simultaneous Engineering bezieht sich dagegen auf die Parallelisierung von Entwicklungsschritten, die konventionell sequentiellen Phasen wie Konstruktion, Arbeitsplanung und NC-Programmierung zugeordnet waren.

Unser Schwerpunkt im SUKITS-Projekt liegt auf der Unterstützung von Simultaneous Engineering. Dabei werden zwei Ziele verfolgt. Zum einen gilt es, *Aktivitäten* zu *parallelisieren*, um damit die Länge des kritischen Pfades zu verkürzen. Dies kann jedoch bei undisziplinierter Anwendung auch zu erheblicher Mehrarbeit führen, wenn Zwischenergebnisse zu früh weitergegeben werden und obsolete Arbeiten auf der Basis inkorrekter Eingabedokumente durchgeführt werden. Ein weiterer Aspekt besteht deshalb darin, durch Simultaneous Engineering den *Gesamtaufwand* zu *reduzieren*, indem Sackgassen frühzeitig erkannt werden (z.B. "Design for manufacturing").

Simultaneous Engineering wird durch *vorzeitige Freigaben* unterstützt. Abb. 3.14 illustriert, daß diese Freigaben auch *selektiv* erfolgen können: Die Zeichnung ist bereits für die Arbeitsplanung freigegeben, da zur Festlegung der Arbeitsgänge detaillierte Geometrieinformationen nicht benötigt werden. Andererseits ist es nicht sinnvoll, in einem frühen Stadium der Konstruktion bereits mit der NC-Programmierung zu beginnen. Daher sind die entsprechenden Datenflüsse noch gesperrt, und die NC-Programmierer müssen auf eine Folgeversion der Zeichnung warten, die detaillierte und möglichst endgültige Geometrieinformationen enthält.

Der folgende Beispielablauf dient dazu, die am Anfang dieses Abschnitts andiskutierten Dynamikaspekte zu illustrieren (Abb. 3.15 und 3.16). Neben dem Simultaneous Engineering sind dies insbesondere die *Produktevolution* (Abhängigkeit der Aufgabennetze von der sich verändernden Produktstruktur) sowie die Behandlung von *Rückgriffen*. Das Beispiel (Entwicklung eines Getriebes) zeigt, daß dynamische Aufgabennetze ein zentrales Hilfsmittel für Projektmanager darstellen, um Entwicklungsprozesse zu beobachten und zu steuern:

1. Nach dem Erstellen des Pflichtenhefts werden 3-D-Modell und Stückliste parallel bearbeitet (Simultaneous Engineering). Der übrige Anteil des Netzes ist noch unbekannt, da die Produktstruktur noch nicht feststeht.
2. 3-D-Modell und Stückliste sind nun abgeschlossen. Aus der Stückliste ergeben sich die Komponenten der Baugruppe (im folgenden seien eine Welle und zwei Zahnräder angenommen). Für jede Komponente werden Aufgaben zur Erstellung einer Zeichnung und eines Arbeitsplans in das Netz eingefügt (produktabhängige Netzerweiterung).

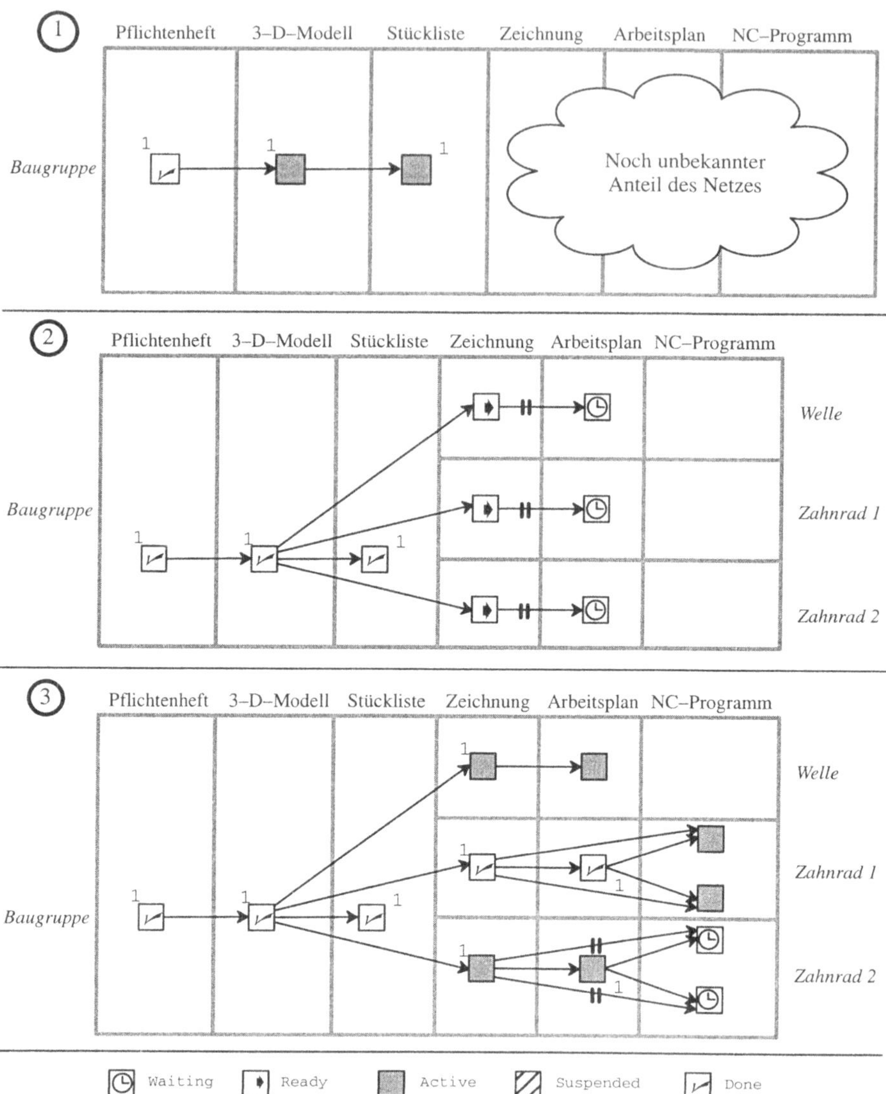

Abb. **3.15** : Beispiel: Entwicklung eines Getriebes (I)

Die Zahl der NC-Programme ist zu diesem Zeitpunkt jeweils noch unbekannt; sie ergibt sich erst aus dem jeweiligen Arbeitsplan.

3. Der Entwicklungsprozeß ist weiter fortgeschritten. Dabei sind die Fortschritte auf den einzelnen Zweigen des Aufgabennetzes für die Einzelteile unterschiedlich: Für die Welle werden Zeichnung und Arbeitsplan momentan erstellt; für das erste Zahnrad werden bereits die NC-Programme geschrieben (mit Unterstützung von Generatoren); beim zweiten Zahnrad sind die NC-Programme zwar bereits im Arbeitsplan festgelegt,

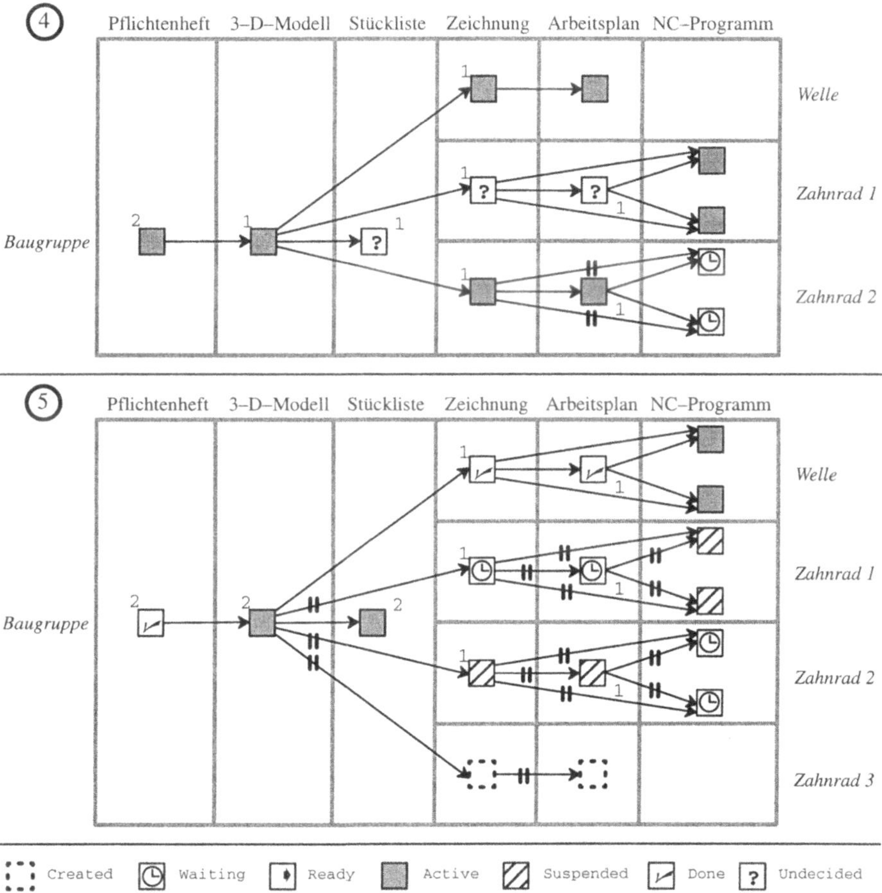

Abb. 3.16 : Beispiel: Entwicklung eines Getriebes (II)

die entsprechende Zeichnung ist aber noch nicht für die NC-Programmierung freigegeben worden.

4. Der Kunde ändert die Anforderungen an das Getriebe (extern induzierter Rückgriff). Pflichtenheft und 3-D-Modell sind entsprechend anzupassen; die entsprechenden Aufgaben werden reaktiviert. Auch die Stückliste muß ggf. aktualisiert werden; dies ist jedoch zur Zeit noch nicht sicher. Die den Einzelteilen zugeordneten Aufgaben laufen zunächst ungestört weiter. Welche nachgelagerten Aufgaben von einem Rückgriff betroffen sein werden, läßt sich i.a. nicht automatisch feststellen. Welche Aufgaben weiterbearbeitet werden können und welche suspendiert werden sollten, unterliegt damit der Entscheidung des Managers.

5. Um die Anforderungen zu erfüllen, wird eine konstruktive Änderung durchgeführt: Ein drittes Zahnrad kommt hinzu, das Übersetzungsverhältnis der bestehenden Zahnräder wird geändert. Nun sind die Auswirkungen auf nachgelagerte Aufgaben besser abschätzbar. Die Entwicklung der Zahnräder wird zunächst suspendiert, bis die Details

der konstruktiven Änderung geklärt sind. Die Entwicklung der Welle kann ungestört weiterlaufen, da sie von der Änderung nicht betroffen ist. Um dies zu unterstützen, benötigt man sowohl selektives Sperren (Rücknahme der Freigabe des 3-D-Modells für bestimmte Einzelteilzeichnungen) als auch transitives Sperren (sonst würden die Sperren beispielsweise die NC-Programmierung von Zahnrad 1 nicht erreichen).

Kooperierende Zustandsautomaten

Welche Operationen auf dynamischen Aufgabennetzen zulässig sind, wird durch *kooperierende Zustandsautomaten* festgelegt. Jeder Aufgabe ist ein Zustand zugeordnet. Welche Zustände eine Aufgabe einnehmen kann und welche Übergänge möglich sind, wird durch ein Zustandsübergangsdiagramm festgelegt, das gleichermaßen für atomare und komplexe Aufgaben gilt (Abb. 3.17). Die Zustände haben folgende Bedeutung:

- Created: Hier wird eine Aufgabe definiert, d.h. es werden Ein- und Ausgaben festgelegt, und es wird ein Aktor zugeordnet. Im Falle einer komplexen Aufgabe kann auch das verfeinernde Netz bereits ausgestaltet werden; dies kann aber auch noch später geschehen.
- Waiting: Die Aufgabe ist definiert und wartet darauf, daß ihre Startbedingung erfüllt ist.
- Ready: Die Startbedingung ist nun erfüllt, d.h. es sind alle erforderlichen Eingaben verfügbar (freigegeben durch die Vorgängeraufgaben). Die Vorgängeraufgaben müssen noch nicht terminiert sein (Simultaneous Engineering).
- Active: Die Aufgabe wird ausgeführt. Wie bereits erwähnt, kann die Ausführung mehrere Arbeitssitzungen erfordern, und es werden dazu ggf. mehrere Werkzeuge benutzt. Während der Ausführung können Eingaben konsumiert (gelesen) bzw. Ausgaben produziert werden. Im Falle einer komplexen Aufgabe kann darüber hinaus das verfeinernde Netz ediert werden.
- Suspended: Der Aktor hat die Ausführung der Aufgabe unterbrochen, z.B. weil er einen Fehler in seinen Eingabedaten entdeckt und einen Rückgriff zu seiner Behebung ausgelöst hat.
- Blocked: Auch hier ist die Ausführung unterbrochen. Die Unterbrechung wird allerdings nicht vom Aktor selbst, sondern von außen ausgelöst. Eine Blockierung erfolgt beispielsweise, wenn eine Vorgängeraufgabe eine Freigabe zurückzieht und damit für die aktuelle Aufgabe keine ausreichende Arbeitsgrundlage mehr besteht.
- Done: Die Ausführung der Aufgabe wird erfolgreich beendet. Dies erfordert, daß alle Vorgängeraufgaben ebenfalls erfolgreich beendet worden sind und alle Eingaben aktuell sind (d.h., es liegen keine noch nicht gelesenen Versionen von Eingabedokumenten an).
- Failed: Die Ausführung konnte nicht erfolgreich beendet werden. Dies verhindert die erfolgreiche Terminierung nachgelagerter Aufgaben.
- Undecided: Im Falle eines Rückgriffs drückt dieser Zustand aus, daß eine zuvor beendete Aufgabe möglicherweise erneut durchlaufen werden muß. Ist dies der Fall, so kehrt die Aufgabe in den Startzustand zurück; ansonsten wird sie erneut als beendet erklärt.

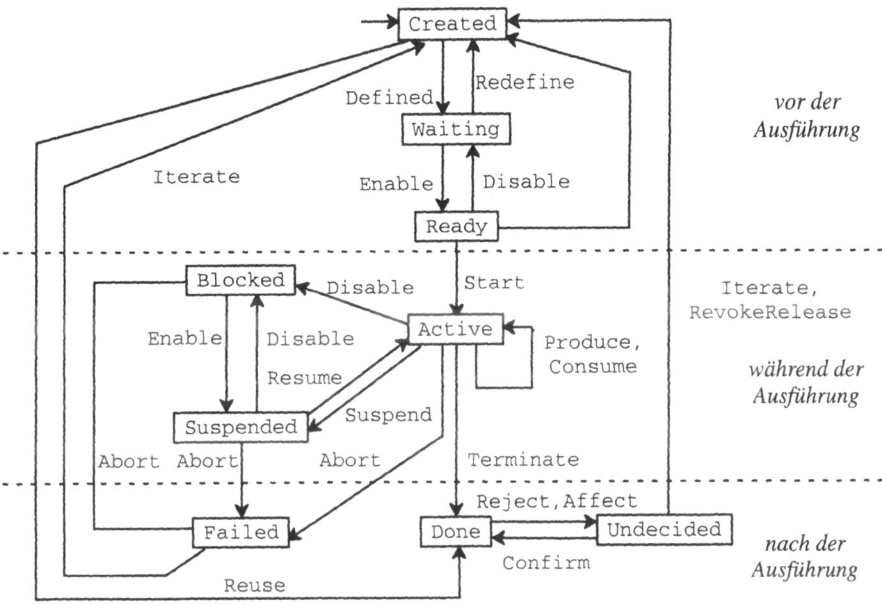

Abb. 3.17 : Zustandsübergangsdiagramm für Aufgaben

Arbeitskontexte

Bisher haben wir dynamische Aufgabennetze primär aus der Perspektive von Managern betrachtet. Entwickler werden, wie in Abb. 3.13 angedeutet wurde, durch *Agenden* und *Arbeitskontexte* unterstützt. Eine Agenda zeigt einem Entwickler eine Menge von Aufgaben an, die ihm zugeordnet sind. Dies zählt zur klassischen Funktionalität von Workflowsystemen und ist z.B auch in SPADE [1], Merlin [22] oder Mobile [20] realisiert.

Nach Auswahl einer Aufgabe aus einer Agenda wird dem Entwickler der *Arbeitskontext* zu dieser Aufgabe angezeigt (Abb. 3.18). Hier sind einige Punkte zu nennen, in denen sich unser Workflowsystem von anderen unterscheidet:

- *Granularität.* Eine Aufgabe ist eine recht grobgranulare Einheit, deren Bearbeitung Tage, Wochen oder sogar Monate in Anspruch nehmen kann. Dies erfordert in der Regel mehrere Arbeitssitzungen, in denen der Entwickler verschiedene Werkzeuge auf Eingabe-, Ausgabe- oder lokalen Hilfsdokumenten aktiviert. Im Gegensatz dazu werden z.B. in MELMAC [18], SPADE [1] oder Mobile [20] Aufgaben bis auf einzelne Werkzeugaktivierungen hinunter verfeinert (z.B. Starten eines CAD-Systems zur Erstellung einer Zeichnung). PRO-ART [28] verfeinert Aufgaben sogar bis auf die Ebene einzelner Werkzeugkommandos. In SUKITS ist der Prozeß zur Erledigung einer atomaren Aufgabe (Blatt des Aufgabennetzes) dagegen nicht festgelegt.
- *Versionierung.* Versionen sind ein essentielles Hilfsmittel, um eine geregelte Kooperation zwischen Entwicklern zu unterstützen. Versioniert werden sowohl Ein- und Ausgabedokumente als auch lokale Hilfsdokumente. Für jede Ein- oder Ausgabeversion wird vermerkt, ob sie freigegeben ist (in Abb. 3.18 kennzeichnet + eine freigegebene

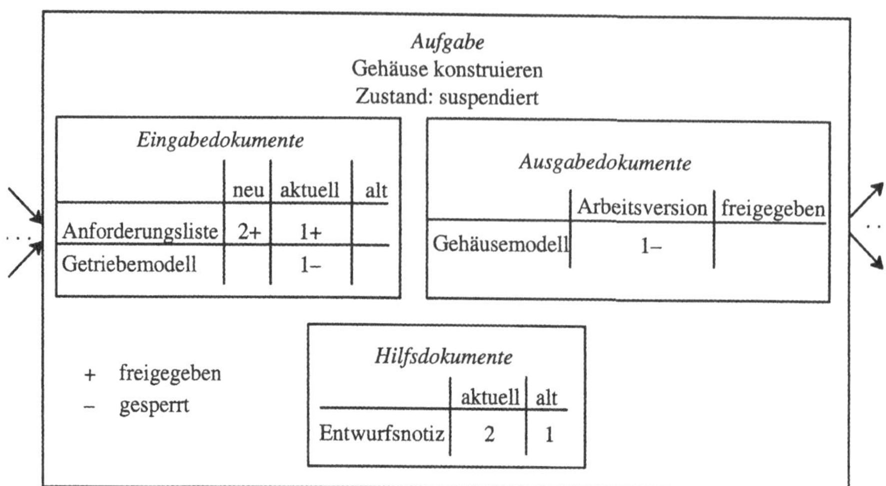

Abb. 3.18 : Arbeitskontext einer Aufgabe

und – eine gesperrte Version). Mit Hilfe der Freigabekontrolle wird, wie oben (in Abb. 3.14) ausgeführt, Simultaneous Engineering unterstützt. Viele Versions- und Konfigurationsverwaltungssysteme gestatten zwar die Definition persönlicher Workspaces, es fehlt aber in aller Regel der explizite Bezug zum Prozeßmanagement. Erst in einigen neueren Ansätzen wird nun dieser Bezug hergestellt [9, 24].

Integration mit informeller Kooperation

Bisher haben wir uns auf den Aspekt der *formalen Kooperation* konzentriert. Dynamische Aufgabennetze definieren die Aufgaben, die den Entwicklern zugewiesen werden, Zeitschranken für ihre Erledigung sowie deren Ein- und Ausgaben. Darüber hinaus sind Aufgaben durch Datenflüsse verbunden, die implizit auch die Ausführungsreihenfolge regeln. Kooperation zwischen Entwicklern findet i.w. durch die Weitergabe von Ausgabedokumenten an nachgelagerte Aufgaben statt. Diese Art der Kooperation wird durch das Management kontrolliert und deshalb als formal bezeichnet.

Die formale Kooperation wird durch *informelle Kooperation* ergänzt, die nicht durch das Projektmanagement geregelt wird. Um Probleme zu klären, Fehler zu lokalisieren, etc., kommunizieren Entwickler spontan. Informelle Kooperation ist für den Erfolg eines Projekts von entscheidender Bedeutung. Dies gilt insbesondere für moderne Entwicklungsmethoden wie Simultaneous und Concurrent Engineering. Hier ist eine enge Kooperation zwischen Entwicklern notwendig, um frühzeitig Probleme zu erkennen oder Schnittstellen abzustimmen.

Üblicherweise wird informelle Kooperation durch Werkzeuge unterstützt, die vom Workflowsystem getrennt sind. Beispielsweise kann *asynchrone Kommunikation* über E-Mail abgewickelt werden; für die *synchrone Kommunikation* werden multimediale Werkzeuge zum Abhalten von Telekonferenzen bereitgestellt.

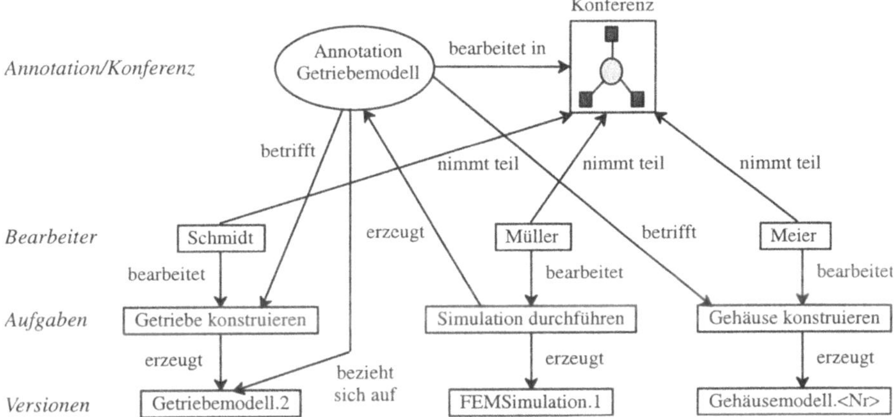

Abb. 3.19 : Annotationen

Im Rahmen des SUKITS-Projekts wurde ein Ansatz entwickelt, der informelle und formale Kooperation integriert. Ferner werden asynchrone und synchrone Kommunikation in einheitlicher Weise unterstützt. Dies geschieht mit Hilfe von Annotationen (Abb. 3.19):

- Eine *Annotation* ist ein Dokument, das von beliebigem Typ sein kann. Als Beispiele lassen sich etwa Textdateien, Zeichnungen, Bewegtbilder, Voice-Mails etc. anführen.
- Jeder Annotation ist eine *Bezugsaufgabe* zugeordnet. Ein Entwickler (oder Manager) erzeugt eine Annotation im Zuge der Bearbeitung einer bestimmten Aufgabe. Im Beispiel erzeugt der Bearbeiter Müller eine Annotation zum Getriebemodell, nachdem dessen Simulation zu unbefriedigenden Resultaten geführt hat.
- Analog können mit einer Annotation *Bezugsdokumente* zugeordnet werden. Im Beispiel ist dies die Version des Getriebemodells, die der Simulation zugrunde lag.
- Als *Empfänger* werden typischerweise Aufgaben eingetragen, die mit der Bezugsaufgabe direkt oder indirekt verbunden sind. Man beachte, daß Personen nur indirekt als Empfänger auftreten – nämlich als Bearbeiter von Aufgaben. Wechselt die Aufgabenzuordnung, so wird automatisch der neue Bearbeiter zum Empfänger. Im Beispiel sind die Konstrukteure von Getriebe und Gehäuse die (indirekten) Empfänger. Der Gehäusekonstrukteur wird hier einbezogen, weil seine Arbeit von Änderungen des Getriebemodells betroffen ist.
- Annotationen können sowohl zur *synchronen* als auch *asynchronen Kommunikation* verwendet werden. Wozu sie benutzt werden können, hängt nur davon ab, welche Werkzeuge auf dem entsprechenden Dokumenttyp angeboten werden. Im Falle einer Textdatei ist beispielsweise sowohl eine kooperative Erstellung mit Hilfe eines mehrbenutzerfähigen Texteditors als auch eine lokale Erstellung und anschließende Versendung denkbar. Im obigen Beispiel wird eine multimediale Konferenz einberufen, um die Auslegung des Getriebes zu diskutieren.
- Auch für Annotationen gibt es (wie für Dokumentversionen und Aufgaben) eine *Statusverwaltung*. Eine Annotation wird erst für die Empfänger sichtbar, wenn sie freigegeben ist. Sie kann vom Erzeuger als obsolet und vom Empfänger als gelesen oder ob-

solet markiert werden. Eine Annotation kann erst dann gelöscht werden, wenn sie von allen Beteiligten als obsolet gekennzeichnet ist.

Eine weitere Unterstützung informeller Kooperation ergibt sich durch gemeinsames Arbeiten verschiedener Entwickler auf einem Dokument, was in Abschnitt I.3.4 beschrieben wird.

3.2.4 Ressourcenmanagement

Unter dem Begriff *Ressource* werden alle Aktoren und Hilfsmittel zusammengefaßt, die Aufgaben bearbeiten bzw. die Bearbeitung unterstützen. Ressourcen lassen sich folgendermaßen klassifizieren:

- *Aktive Ressourcen* führen Aufgaben aus und benutzen dazu *passive Ressourcen.*
- Alle Mitglieder des Entwicklungsteams (sowohl Manager als auch Entwickler) werden als *menschliche Ressourcen* bezeichnet. Unter *technischen Ressourcen* verstehen wir die Anwendungssysteme (Werkzeuge), mit denen Dokumente bearbeitet werden (CAD-Systeme, PPS-Systeme, Texteditoren etc.).

Das SUKITS-Modell trennt zwischen menschlichen und technischen Ressourcen. Jeder Aufgabe wird genau eine Person als *Aktor* zugeordnet. Dieser benutzt als Hilfsmittel technische Ressourcen, um Dokumente zu bearbeiten.

```
team Getriebeentwicklung;
    user Hartmann; roles {Baugruppe,Pflichtenheft}; ...
    user Müller; roles {Geometriemodell,Zeichnung}; ...
    user Schulze; roles {Arbeitsplan,NCProgramm};
    ...
end;
```

Abb. 3.20 : Projektteam mit Rollenverteilung

Im Bereich der menschlichen Ressourcen wird ein flexibles *Rollenmodell* angeboten. Jedes Mitglied eines Projektteams kann beliebig viele Rollen spielen. Jede Rolle entspricht einem Aufgabentyp, der dem Mitarbeiter zugeordnet werden kann. Wegen des produktzentrierten Prozeßmanagements entspricht ein Aufgabentyp 1:1 einem Objekttyp; Rollen werden daher als Objekttypen repräsentiert. Beispielsweise sind in Abb. 3.20 dem Mitarbeiter Schulze die Rollen Arbeitsplan und NCProgramm zugeordnet. Dies bedeutet, daß er im Rahmen dieses Projekts Arbeitspläne oder NC-Programme bearbeiten darf. Man beachte, daß zwischen Entwicklern und Managern in diesem Modell nicht explizit unterschieden wird. Beispielsweise sind dem Mitarbeiter Hartmann die Rollen Baugruppe und Pflichtenheft zugeordnet. Aufgrund der ersten Rolle können ihm Managementaufgaben (Koordination der Entwicklung von Baugruppen) zugewiesen werden; die zweite Rolle erlaubt die Erstellung von Pflichtenheften (technische Aufgaben).

Anwendungssysteme werden in einer einfachen textuellen Notation beschrieben, die in Abb. 3.21 dargestellt ist. Die Beschreibung umfaßt den Namen, die Typen der Ein- und Ausgabeobjekte, den Namen des Skripts zum Aufruf des Anwendungssystems etc. Welche

Anwendungssysteme zur Bearbeitung eines Dokuments angeboten werden, hängt vom Typ des Dokuments ab und wird aus den Signaturen der Anwendungssysteme inferiert. Beispielsweise dient CATIA zur Erzeugung und Modifikation von Geometriemodellen, während EXAPT_GEN aus Zeichnungen NC-Programme erzeugt. Weitere Details zur Werkzeugintegration werden in Abschnitt I.3.3 besprochen.

```
tool   CATIA: -> Geometriemodell;
       script "catia.pl";
       ...
end;

tool   EXAPT_GEN: Zeichnung -> NCProgramm;
       script "exapt_gen.pl";
       ...
end;
```

Abb. 3.21 : Beschreibung von Anwendungssystemen

3.2.5 Parametrisierung

Ein wesentliches Ziel der Entwicklung des SUKITS-Workflowsystems bestand in der *Wiederverwendbarkeit* in unterschiedlichen Anwendungsbereichen. Innerhalb des SU-KITS-Projekts wurden unterschiedliche Teilbereiche des Maschinenbaus untersucht (Metall- und Kunststoffverarbeitung, vgl. Abschnitte I.2.1–I.2.3). Darüber hinaus haben wir in [44] gezeigt, daß sich der Ansatz z.B. auch auf die Softwareentwicklung anwenden läßt.

Um Wiederverwendbarkeit zu erreichen, wird zwischen *allgemeinen* und *spezifischen Modellanteilen* unterschieden. Das allgemeine Grundmodell ist für alle Anwendungsbereiche identisch. Es legt Begriffe wie z.B. Dokument, Konfiguration, Version, Aufgabe etc. fest, ohne auf deren Ausprägungen in bestimmten Anwendungsbereichen einzugehen. Spezifische Modellanteile reichern das allgemeine Modell an, indem sie Typen definieren, die dem jeweiligen Anwendungsbereich entnommen sind. Beispielsweise werden in der Metallverarbeitung Dokumenttypen für Zeichnungen, Arbeitspläne oder NC-Programme definiert, es werden Typen von Abhängigkeiten eingeführt (z.B. Abhängigkeit eines NC-Programms vom Arbeitsplan), etc.

Die Parametrisierung des Grundmodells wird in SUKITS durch ein ER-ähnliches *Schema* vorgenommen. Im oberen Teil von Abb. 3.13 wurde ein solches Schema für Aufgabennetze skizziert. Wegen des produktzentrierten Ansatzes setzt die Parametrisierung allerdings am Produktmodell an, d.h. anstelle eines Aufgabenschemas wird ein Produktschema angegeben, das Dokument-, Konfigurations- und Abhängigkeitstypen in einer ER-ähnlichen Notation definiert. Durch das Produktschema ist implizit auch das Aufgabenschema festgelegt. Auch das Modell für menschliche Ressourcen wird auf diese Weise implizit angepaßt, denn die Objekt- bzw. Aufgabentypen legen die Rollen fest, die den Mitgliedern eines Projektteams zugeordnet werden können.

Zur Parametrisierung gehört darüber hinaus die Beschreibung und Integration technischer Ressourcen. Die Beschreibung wurde bereits ansatzweise im letzten Abschnitt diskutiert; s. insbesondere Abb. 3.21. Auf die Integration gehen wir in Abschnitt I.3.3 näher ein.

3.2.6 Formale Spezifikation

Nachdem wir oben die Modelle zum Management von Produkten, Prozessen und Ressourcen auf informeller Ebene beschrieben haben, gehen wir nun auf deren formale Spezifikation ein. Aus Platzgründen beschränken wir uns darauf, die wesentlichen Ideen zu vermitteln; ausführliche Darstellungen finden sich in [40, 43, 45].

Motivation

Die oben dargestellten Modelle sind recht komplex, ihre Umsetzung in entsprechende Managementwerkzeuge ist eine nichttriviale Aufgabe. Vor der Implementierung empfiehlt es sich daher, die Modelle *formal* auf einer möglichst hohen Abstraktionsebene zu *spezifizieren*. Darüber hinaus dient die Spezifikation auch als Grundlage zum präzisen Verständnis der Modelle.

Zur Formalisierung der Managementmodelle wird die Spezifikationssprache *PROGRES* (*PRO*grammed *Graph RE*writing *S*ystems [33]) benutzt, die auf attributierten Graphen basiert. Diese Spezifikationssprache ist als Hilfsmittel für den Entwerfer eines Modells gedacht. Hier wird also die Ebene der *internen Modellierung* beschrieben. Der Endbenutzer des SUKITS-Systems kommt mit den internen Modellen nicht in Berührung, sondern die Informationen werden ihm in einer für ihn leichter verständlichen, aus textuellen und graphischen Elementen bestehenden Notation dargestellt.

Attributierte Graphen sind außerordentlich gut für die Darstellung komplexer, stark vernetzter Sachverhalte geeignet. Objekte werden duch getypte Knoten repräsentiert, denen Attribute zugeordnet sind. Binäre, gerichtete Beziehungen ohne Attribute lassen sich direkt durch getypte Kanten darstellen. Attributierte Graphen sind ein einfaches und dennoch mächtiges Datenmodell. Sie stellen einen Kompromiß dar zwischen attributierten Syntaxbäumen [30], die sich als Spezialfall attributierter Syntaxgraphen auffassen lassen, und Entity-Relationship-Modellen [4], die n-stellige, attributierte Beziehungen direkt unterstützen. Sowohl attributierte Bäume als auch Entity-Relationship-Modelle lassen sich mit Hilfe attributierter Graphen simulieren.

Ein besonderes Merkmal von PROGRES besteht darin, daß es im Gegensatz zu vielen anderen Ansätzen die deklarative Beschreibung komplexer Transformationen unterstützt (häufig lassen sich nur Anfragen deklarativ spezifizieren). Dies geschieht mit Hilfe von *Graphersetzungsregeln*, die die Ersetzung von Teilgraphen beschreiben (der auf der linken Regelseite angegebene Teilgraph wird durch die rechte Seite ersetzt). Derartige komplexe Graphtransformationen müssen in konventionellen Ansätzen prozedural aus Elementaroperationen zum Erzeugen/Löschen einzelner Objekte/Beziehungen zusammengesetzt werden. Da sich nicht alle komplexen Graphtransformationen in natürlicher Weise durch einzelne Graphersetzungsregeln beschreiben lassen, bietet PROGRES aber auch Konstrukte für die Komposition von Graphersetzungsregeln mit Hilfe von Kontrollstrukturen an. Damit läßt sich dann auf einem viel höheren Abstraktionsniveau programmieren, als dies in konventionellen Ansätzen möglich ist.

Die Kenntnis der Sprache PROGRES wird im folgenden nicht vorausgesetzt; die einzelnen Sprachkonstrukte werden begleitend erklärt. Eine detaillierte Beschreibung von PROGRES findet sich in [31, 32].

Graphen und Graphschemata

Ein *Graphschema* dient als Datenbankschema, das Typinformationen deklariert (Knotenklassen, Kantentypen, Attribute). Graphinstanzen müssen mit dem Schema konform sein; die Korrektheit von Graphtransformationen bezüglich des Schemas wird in PROGRES durch umfangreiche kontextsensitive Analysen sichergestellt.

Im Schema werden *Knotenklassen* und *Kantentypen* deklariert. In einer Knotenklassendeklaration lassen sich Attribute definieren; eine Kantentypdeklaration beschreibt die Klassen von Quell- und Zielknoten sowie die Kardinalität der dadurch gestellten Beziehung. Auf den Knotenklassen läßt sich eine Vererbungshierarchie aufbauen, die Verbandstruktur haben muß. Eine Unterklasse erbt alle Attribute und Kantentypen ihrer Oberklassen.

Abb. 3.22 zeigt als Beispiel ein Graphschema für die Versions- und Konfigurationsverwaltung. Man erkennt auch in der internen Darstellung die logischen Teilgraphen, aus denen sich der Gesamtgraph zusammensetzt (Versionsgraphen, Konfigurationsgraphen auf Objekt- bzw. Versionsebene; vgl. Abschnitt I.3.2.2). Jeder *Teilgraph* wird durch einen Wurzelknoten repräsentiert, der mit allen Inhaltsknoten durch entsprechende Kanten verbunden ist. Die Inhaltsknoten sind ihrerseits ebenfalls durch Kanten verbunden. Um eine saubere Strukturierung zu erreichen, ist das Graphmodell so aufgebaut, daß sich die Inhalte verschiedener Teilgraphen nicht überlappen. Dies impliziert insbesondere, daß eine Konfiguration mit den in ihr enthaltenen Versionen nicht direkt über entsprechende Kanten verbunden wird, sondern daß dies über eine Indirektionsstufe (d.h. einen Zwischenknoten) geschieht.

In den meisten Fällen werden im Graphmodell für die Versions- und Konfigurationsverwaltung *Beziehungen* durch Knoten und Verbindungskanten dargestellt. Abgesehen von der Trennung verschiedener Teilgraphen geschieht dies aus folgenden Gründen:

- Kanten lassen sich keine Attribute zuordnen. Eine attributierte Beziehung muß also durch einen Knoten und entsprechende Verbindungskanten dargestellt werden.
- Kanten können nicht durch Kanten verbunden werden. Um Beziehungen zwischen Beziehungen darstellen zu können, müssen diese also als Knoten modelliert werden.

Beziehungen zwischen Objekt- und Versionsebene werden durch Kanten vom Typ `HasInstance` dargestellt. Elemente auf der Objektebene werden auf der Versionsebene *instantiiert*, d.h. ihnen werden Ausprägungen auf der Objektebene zugeordnet (eine Version ist eine Ausprägung genau eines Objekts; analog verhalten sich Versionskomponente und Objektkomponente bzw. Versionsabhängigkeit und Objektabhängigkeit zueinander).

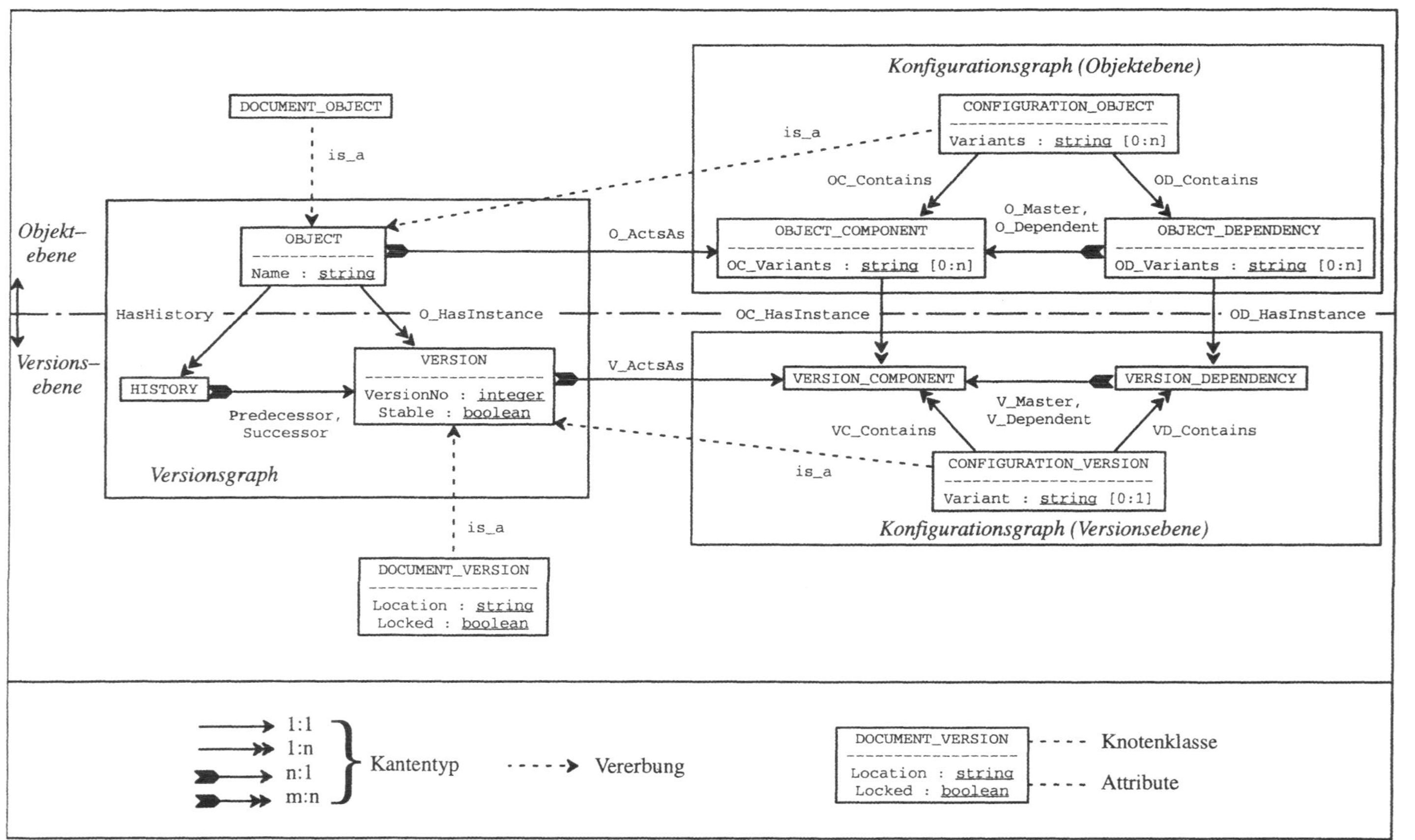

Abb. 3.22 : Graphschema für die Versions- und Konfigurationsverwaltung

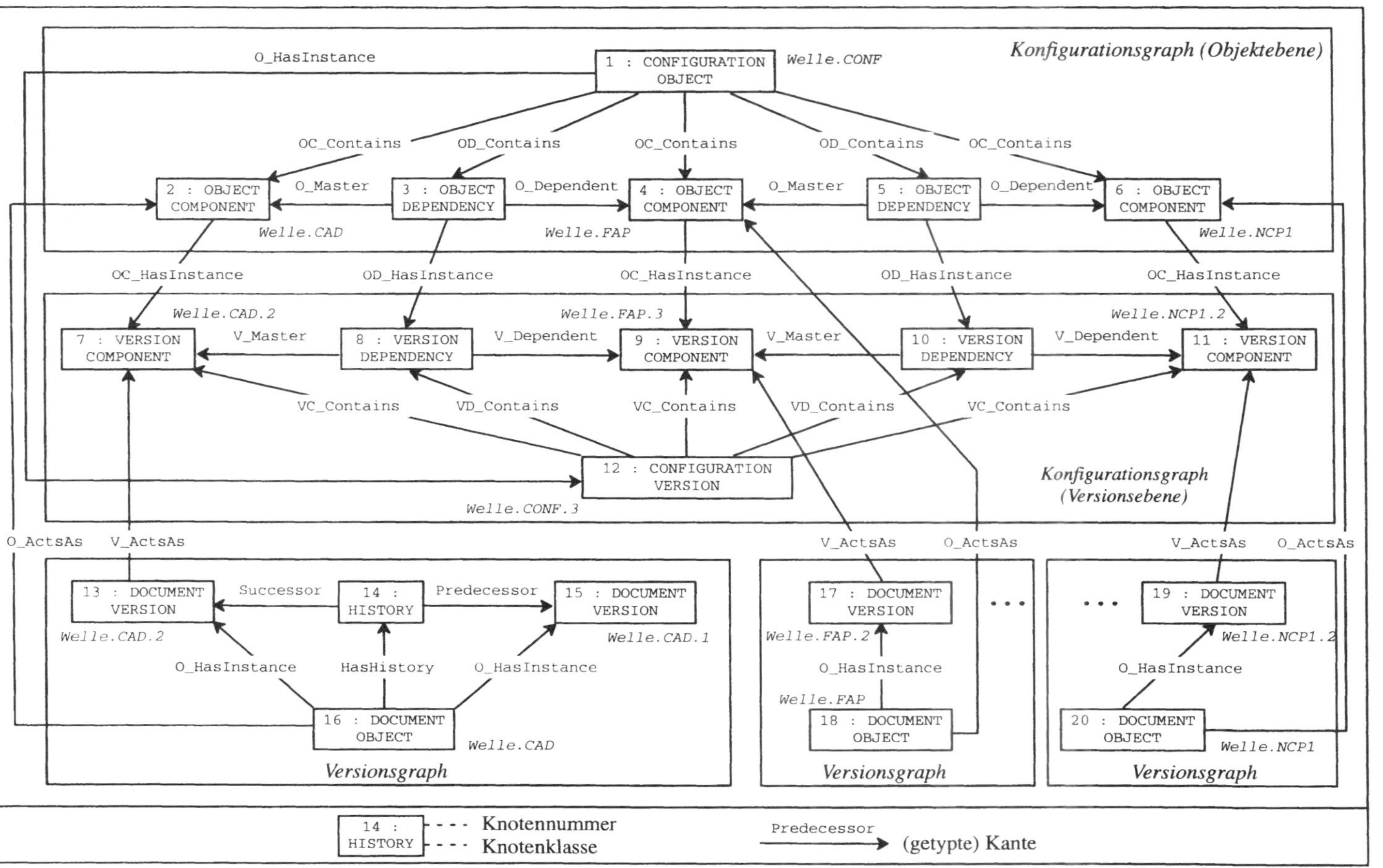

Abb. 3.23 : Versions- und Konfigurationsverwaltungsgraph (Ausschnitt)

Auf diese Weise wird der Sachverhalt modelliert, daß die Versionsebene eine Verfeinerung der Objektebene bzw. die Objektebene eine Vergröberung der Versionsebene darstellt.

Ein *Beispielgraph*, der diesem Schema genügt, ist in Abb. 3.23 zu sehen. Es handelt sich um einen Ausschnitt aus der internen Repräsentation der Graphen, die in Abb. 3.10 aus Benutzersicht dargestellt wurden. Der Vergleich dieser beiden Darstellungen macht auch den Unterschied zwischen externer und interner Modellierung deutlich.

Graphtransformationen

Die besondere Stärke von PROGRES besteht in der deklarativen Spezifikation komplexer Graphtransformationen mit Hilfe von *Graphersetzungsregeln*. Eine Graphersetzungsregel besteht aus einem Parameterteil, der Ein- und Ausgabeparameter deklariert, einer linken Seite, die den zu ersetzenden Teilgraphen beschreibt, und einer rechten Seite, die den dafür einzusetzenden Teilgraphen spezifiziert. Als Ergänzung zur linken Regelseite dient der condition- Teil dazu, zusätzliche Bedingungen an die Attribute von Knoten der linken Seite zu beschreiben; analog beschreibt der transfer-Teil, welche Werte den Attributen der Knoten der rechten Seite zuzuordnen sind. Schließlich werden im return-Teil den Ausgabeparametern der Regel Werte zugewiesen.

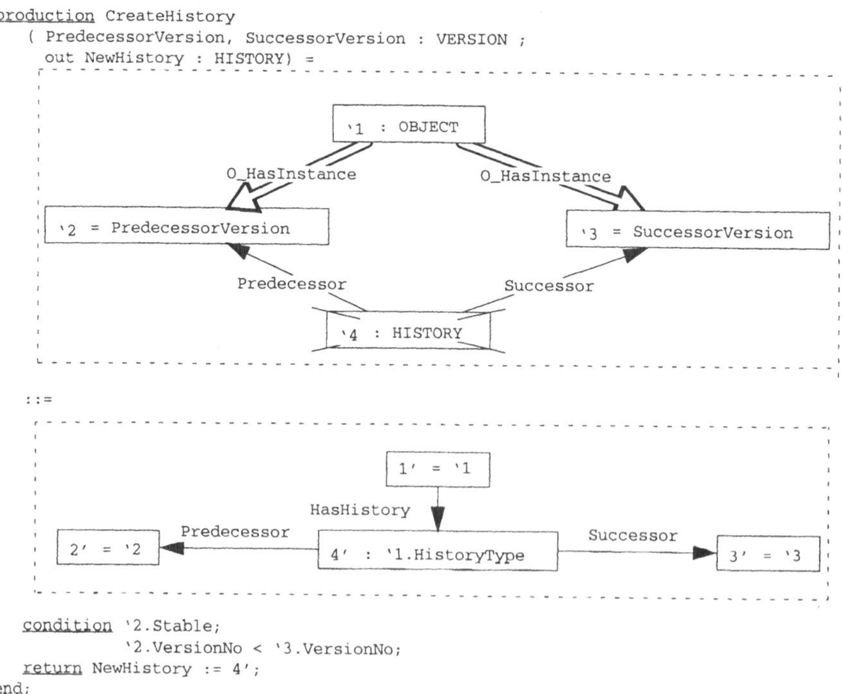

Abb. 3.24 : Erzeugen einer Nachfolgerelation

Als Beispiel für eine Regel aus dem Bereich Versions- und Konfigurationsverwaltung ist in Abb. 3.24 das *Erzeugen einer Nachfolgerelation* angegeben. Vorgänger und Nachfolger werden als Parameter übergeben; damit sind bereits zwei Knoten der linken Regelseite fixiert. Dabei muß es sich um zwei Versionen desselben Objekts (Knoten `1) handeln, die noch nicht durch eine Nachfolgerelation verbunden sein dürfen. Letzteres wird durch eine negative Anwendbarkeitsbedingung ausgeschlossen (durchkreuzter Knoten `4). Ferner wird im Bedingungsteil gefordert, daß der Vorgänger bereits stabil ist und der Nachfolger eine größere Versionsnummer als der Vorgänger hat. Letzteres schließt Zyklen aus. Falls alle Bedingungen erfüllt sind, wird ein Knoten erzeugt, der die Nachfolgerelation repräsentiert, und durch entsprechende Kanten in seinen Kontext eingebettet.

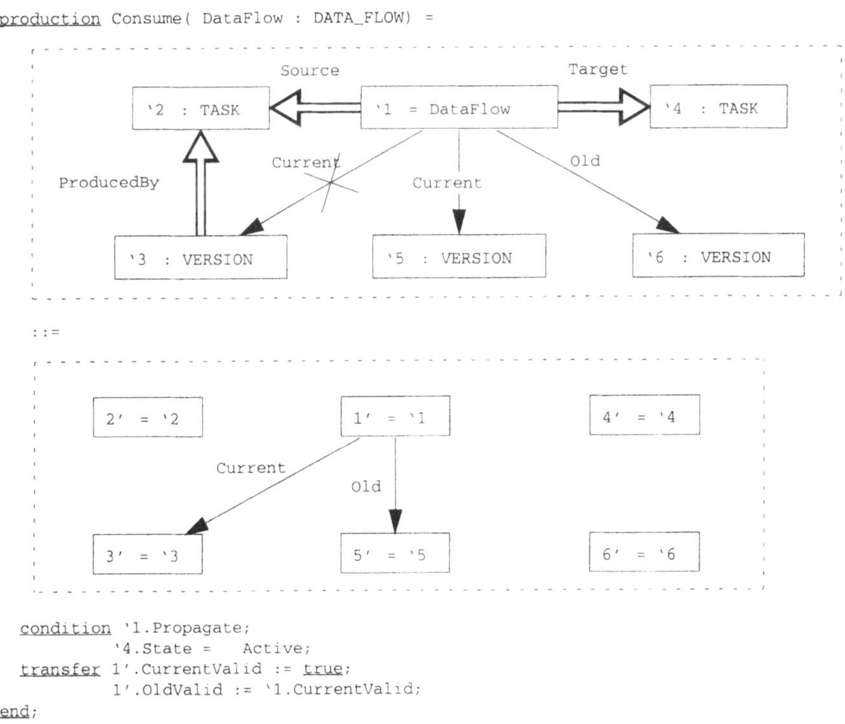

Abb. 3.25 : Konsumieren einer Eingabeversion

Aus dem Bereich des Prozeßmanagements zeigt Abb. 3.25 das *Konsumieren einer Eingabeversion*. Diese Operation wird auf einem Datenfluß angeboten, der einer Abhängigkeit in einem Konfigurationsgraphen entspricht (produktzentrierter Ansatz). Von der Quellaufgabe muß zuvor eine Freigabe entlang dieses Datenflusses erteilt worden sein; dies wird im Bedingungsteil über den Wert des Propagate-Attributs überprüft. Ferner muß die Zielaufgabe aktiv sein. Schließlich darf die Eingabeversion noch nicht zuvor konsumiert worden sein; dies wird durch eine negative Kante zwischen dem Datenfluß und der Eingabeversion ausgedrückt (Current bezeichnet die aktuelle Eingabeversion, Old die zuvor konsumierte). Sind all diese Bedingungen erfüllt, so werden die aktuelle und die alte Version entsprechend neu gesetzt (die Information über die vormals alte Eingabeversion geht dabei verloren).

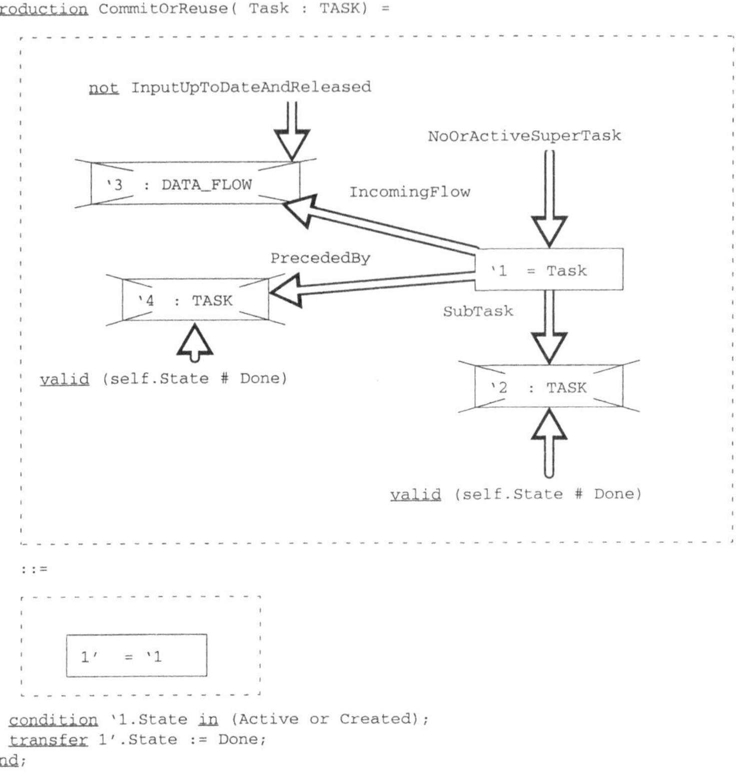

Abb. 3.26 : Beenden einer Aufgabe

Schließlich stellt Abb. 3.26 ein Beispiel für einen Zustandsübergang dar. Beim *Beenden einer Aufgabe* mit `Commit` (oder auch beim Überspringen mittels des `Reuse`-Übergangs; vgl. Abb. 3.17) sind eine Reihe von Konsistenzbedingungen zu überprüfen:

- Die aktuelle Aufgabe muß im Zustand `Active` oder `Created` sein.
- Falls eine Oberaufgabe existiert, muß sie aktiv sein. Dies wird durch die Restriktion `NoOrActiveSuperTask` sichergestellt, deren Definition aus Platzgründen hier nicht angegeben ist (eine Restriktion ist eine einstellige Relation auf Knotenklassen).
- Alle Unteraufgaben müssen erfolgreich beendet sein. Die Verletzung dieser Bedingung wird durch eine negative Anwendbarkeitsbedingung ausgeschlossen, d.h. ein Allquantor wird auf einen Existenzquantor und doppelte Negation zurückgeführt. Dieser technische Trick wird auch für die folgenden Bedingungen eingesetzt.
- Alle Vorgängeraufgaben (erreicht über den Pfad `PrecededBy`) müssen erfolgreich beendet worden sein. Diese konservative Terminierungsbedingung stellt sicher, daß Aufgaben nicht zu früh beendet werden.
- Für alle einlaufenden Datenflüsse (Pfad `IncomingFlow`) muß gelten: Der Datenfluß ist aktuell, d.h. produzierte und konsumierte Version stimmen überein. Ferner müssen für alle Eingaben entsprechende Freigaben vorliegen.

3.2.7 Zusammenfassung der Modellierungserkenntnisse

Wir haben Modelle zum Management von Entwicklungsprozessen vorgestellt, die die Grundlage eines verallgemeinerten Workflowsystems bilden. Nach einer informellen Beschreibung haben wir die Modelle formal mit Hilfe von Graphersetzungssystemen spezifiziert. Komplexe Graphstrukturen mit vielen Konsistenzbedingungen lassen sich damit auf einer hohen Abstraktionsebene beschreiben. Ferner sind die Graphersetzungsregeln ein mächtiges Hilfsmittel zur Beschreibung von Graphtransformationen. Die formale Spezifikation umfaßt ca. 60 Seiten; für eine umfassendere Darstellung sei der Leser nochmals auf [43, 45] verwiesen.

Das in diesem Abschnitt dargestellte Modell zeichnet sich durch die Integration von Produkten, Prozessen und Ressourcen sowie die Behandlung der Dynamik von Entwicklungsprozessen aus. Die in Kap. I.4 beschriebenen Erfahrungen mit dem Modell waren insgesamt positiv. Andererseits zeigten sich einige Schwachstellen, die eine Überarbeitung des Modells erforderlich machten:

- Der *produktzentrierte Ansatz* zum *Prozeßmanagement* ist zu eingeschränkt. I.a. sind Produkt und Prozeß zu separieren (und zu integrieren), so daß zwischen unterschiedlichen Arten von Prozessen zur Entwicklung eines Produkts ausgewählt werden kann. Im SUKITS-Modell ist dagegen mit dem Produkt zugleich eine einzige, fest definierte Ausführungssemantik verknüpft.
- Das Ressourcenmodell berücksichtigt insbesondere keine *projektübergreifende Auslastungskontrolle*. Zu diesem Zweck müssen die konkreten Ressourcen eines Unternehmens den abstrakten Ressourcen mehrerer Projekte geeignet zugeordnet werden. Darüber hinaus unterscheidet das SUKITS-Ressourcenmodell von vorneherein zwischen menschlichen und technischen Ressourcen, ohne deren Gemeinsamkeiten herauszufaktorisieren.
- Schließlich wurde die *Parametrisierung* in SUKITS nur rudimentär behandelt. Sie beschränkt sich auf die Produktstruktur; Prozeß- und Ressourcenmodell werden nur implizit angepaßt. Verhaltensanpassungen werden in SUKITS überhaupt nicht unterstützt.

Literatur

[1]   Bandinelli, S., Fugetta, A.: Computational Reflection in Software Process Modelling: The SLANG Approach, Proc. 15th Int. Conf. on Software Engineering, S. 144–154, 1993

[2]   Barkmeyer, E., Libes, D.: The Integrated Manufacturing Data Administration System (IMDAS) – An Overview, Int. Journal of Computer Integrated Manufacturing, vol. 1, no. 1, S. 44–49, 1988

[3]   Bullinger, H.-J., Warschat, J. (Ed.): Concurrent Simultaneous Engineering Systems, Springer Verlag, Berlin, 1996

[4]   Chen, P. : The Entity-Relationship Model – Toward a Unified View of Data, ACM Transactions on Database Systems, vol. 1, no. 1, S. 9–36, März 1976

[5]   Conradi, R. et al.: EPOS: Object-Oriented and Cooperative Process Modelling, in: [13], S. 33–70, 1994

[6]   Conradi, R. (ed.): Software Configuration Management: ICSE '97 SCM-7 Workshop, LNCS 1235, Springer Verlag, 1997

[7]   Dinkhoff, G., Gruhn, V., Saalmann, A., Zielonka, M.: Business Process Modeling in the Workflow Management Environment Leu, Proc. 13th Int. Conf. on Object-Oriented and Entity-Relationship Modeling (ER '94), LNCS 881, S. 46–63, 1994

[8]   Dellen, B., Pews, G., Maurer, F.: Knowledge Based Techniques to Increase the Flexibility of Workflow Management, erscheint in: Data and Knowledge Engineering Journal, 1997

[9]   Estublier, J., Dami, S., Amiour, M.: High Level Process Modeling for SCM Systems, in: [6], S. 81–97, 1997

[10] Engels, G., Groenewegen, L.: SOCCA: Specification of Coordinated and Cooperative Activities, in: [13], S. 71–102, 1994

[11] Eversheim, W., Pollack, A., Walz, M.: Auch Entwicklungsprozesse sind planbar, Work-Flow-Management unterstützt die Auftragsabwicklung, VDI-Z 136 (1994), Nr.6, S. 78–83, Juni 1994

[12] Eversheim, W. et.al.: SFB 361 Modelle und Methoden zur integrierten Produkt- und Prozeßgestaltung. Arbeits- und Ergebnisbericht, RWTH Aachen, 1995

[13] Feldman, S.: Make – A Program for Maintaining Computer Programs, Software – Practice and Experience, vol. 9, no. 4, S. 255–265, April 1979

[14] Fernström, C.: PROCESS WEAVER: Adding Process Support to UNIX, Proc. 2nd Int. Conf. on the Software Process, S. 12–26, 1993

[15] Finkelstein, A. (ed.): Software Process Modelling and Technology, Research Studies Press, Taunton, Somerset, England,,1994

[16] Georgakopoulos, D., Hornick, M., Sheth, A.: An Overview of Workflow Management: From Process Modeling to Workflow Automation Infrastructure, Distributed and Parallel Databases, vol. 3, S. 119–153, 1995

[17] Gotthard, W.: Datenbanksysteme für Software-Produktionsumgebungen, Informatik Fachberichte 193, Springer Verlag, 1988

[18] Gruhn, V.: Validation and Verification of Software Process Models, Dissertation, Universität Dortmund, Technischer Bericht 394/91, 1991

[19] Hsu, C., Bouziane, L., Rattner, L., Yee, L.: Information Resource Management in Heterogeneous, Distributed Environments: A Metadatabase Approach, IEEE Transactions on Software Engineering, vol. 17, no. 6, S. 604–625, Juni 1991

[20] Jablonski, S., Bußler, C.: Workflow Management – Modeling Concepts and Architecture, International Thomson Publishing, Bonn,1996

[21] Jaccheri, M., Conradi, R.: Techniques for Process Model Evolution in EPOS, IEEE Transactions on Software Engineering, vol. 19, no. 12, S. 1145–1156, Dezember 1993

[22] Junkermann, G., Peuschel, B., Schäfer, W., Wolf, S.: MERLIN: Supporting Cooperation in Software Development through a Knowledge-Based Environment, in: [13], S. 103–129, 1994

[23] Käfer, W., Schöning, H.: Mapping a Version Model to a Complex-Object Data Model, Proc. 8th Int. Conf. on Data Engineering, S. 348–357, 1992

[24] Leblang, D.: Managing the Software Development Process with ClearGuide, in: [6], S. 66–80, 1997

[25] Menzenbach, D.: Aufbau einer integrierenden Infrastruktur für die durchgänge Rechnerunterstützung des Entwicklungsprozesses von Konststofformteilen, Dissertation, RWTH Aachen, 1996

[26] Nagl, M. (ed.): Building Tightly Integrated Software Development Environments: The IPSEN Approach, LNCS 1170, Springer Verlag, Berlin, 1996

[27] Oquendo, F. et al.: Version Management in the PACT Integrated Software Engineering Environment, Proc. 2nd European Software Engineering Conference, LNCS 387, S. 222–242, 1989

[28] Pohl, K.: Process-Centered Requirements Engineering, Research Studies Press, Taunton, Somerset, England, 1996

[29] Reddy, R. et al.: Computer support for Concurrent Engineering, IEEE Computer, vol. 26, no. 1, S. 12–16, Januar 1993

[30] Reps, T., Teitelbaum, T.: The Synthesizer Generator, Springer Verlag, 1988

[31] Schürr, A.: Operationale Spezifikation mit programmierten Graphersetzungen: Formale Definitionen, Anwendungen und Werkzeuge, Deutscher Universitäts Verlag, Wiesbaden, 1991

[32] Schürr, A.: Introduction to the Specification Language PROGRES, in: [23], S. 248–279, 1996

[33] Schürr, A., Winter, A., Zündorf, A.: Graph Grammar Engineering with PROGRES, Proc. 5th European Software Engineering Conference (ESEC '95), LNCS 989, S. 219–234, 1995

[34] Schwartz, J., Westfechtel, B.: Integrated Data Management in a Heterogenous CIM Environment, Proc. COMPEURO '93, S. 248–257, Mai 1993

[35] Schwartz, J., Westfechtel, B.: Konfigurationsverwaltung in einer heterogenen CIM-Umgebung, Proc. STAK '94 (Softwaretechnik in Automatisierung und Kommunikation), vde-verlag, Berlin, S. 179–197, 1994

[36] Sheth, A.P., Larson, J.A.: Federated Database Systems for Managing Distributed, Heterogeneous, and Autonomous Databases, ACM Computing Surveys, vol. 22, no. 3, S. 183–236, September 1990

[37] Sutton, S., Heimbigner, D., Osterweil, L.: APPL/A: A Language for Software Process Programming, ACM Transactions on Software Engineering and Methodology, vol. 4, no. 3, S. 221–286, Juli 1995

[38] Tichy, W. : RCS – A System for Version Control, Software : Practice and Experience, vol. 15, no. 7, S. 637–654, Juli 1985

[39] van der Wolf, P., Bingley, P., Dewilde, P.: On the Architecture of a CAD Framework: The Nelsis Approach, Proc. 1st European Design Automation Conference, S. 29–33, 1990

[40] Westfechtel, B.: Using Programmed Graph Rewriting for the Formal Specification of a Configuration Management System, Proc. WG' 94 Workshop on Graph-Theoretic Concepts in Computer Science, LNCS 903, Springer Verlag, Berlin, S. 164–179, 1995

[41] Westfechtel, B.: Engineering Data and Process Integration in the SUKITS Environment, Proc. Int. Conf. on Computer Integrated Manufacturing ICCIM '95, World Scientific, Singapur, S. 117–124, 1995

[42] Westfechtel, B.: Integrated Product and Process Management for Engineering Design Applications, Integrated Computer-Aided Engineering, vol. 3, no. 1, John Wiley & Sons, New York, S. 20–35, 1996

[43] Westfechtel, B.: A Graph-Based System for Managing Configurations of Engineering Design Documents, Int. Journal of Software Engineering & Knowledge Engineering, vol. 6, no. 4, S. 549–583, 1996

[44] Westfechtel, B.: Integration on Coarse-Grained Level: Tools for Managing Products, Processes, and Resources, in: [23], S. 222–241, 1996

[45] Westfechtel, B.: Graph-Based Models and Tools for Managing Development Processes, in Vorbereitung, 1998

3.3 Ein Workflowsystem für die Entwicklerkooperation: Außenfunktionalität und Realisierung

P. Heimann, B. Westfechtel
Lehrstuhl für Informatik III

Zusammenfassung

Das im SUKITS-Projekt realisierte verallgemeinerte Workflowsystem zum Management dynamischer Entwicklungsprozesse bietet auf jeweils bestimmte Aufgabenbereiche zugeschnittene Umgebungen an: Die Managementumgebung unterstützt Projektmanager durch graphische, globale Sichten, die einen Überblick über den aktuellen Stand eines Entwicklungsprozesses vermitteln und Kommandos zum Planen von Aufgabennetzen, Zuordnung von Ressourcen, Analysieren des aktuellen Stands der Entwicklung etc. anbieten. Das Frontend unterstützt Entwickler, indem es eine Agenda durchzuführender Aufgaben anzeigt, zu jeder Aufgabe einen Arbeitskontext zu bearbeitender Dokumente verwaltet sowie Kommandos zur Aktivierung von Anwendungssystemen anbietet, die grobgranular mit Hilfe von Wrappern integriert werden. Schließlich ermöglicht es die Parametrisierungsumgebung, das Workflowsystem an einen bestimmten Anwendungsbereich anzupassen.

3.3.1 Einleitung

Um Entwicklungsprozesse effektiv zu unterstützen, werden Modelle benötigt, die deren Dynamik gerecht werden. Diese Modelle wurden in Abschnitt I.3.2 beschrieben. Entscheidend aus der Sicht der Endbenutzer sind aber nicht die zugrundeliegenden Modelle, sondern Funktionalität und Benutzerschnittstelle der ihnen zur Verfügung gestellten Werkzeuge. In diesem Abschnitt beschreiben wir nun die *Werkzeuge*, die ein Workflowsystem für Entwicklungsprozesse unterschiedlichen Arten von Benutzern anbietet (I.3.3.2). Werkzeuge für Manager liefern globale Sichten auf Konfigurationen und Aufgabennetze und erlauben sowohl die Überwachung als auch die Steuerung dynamischer Entwicklungsprozesse. Werkzeuge für Entwickler bieten diesen auf sie zugeschnittene, lokale Sichten an (z.B. eine Agenda ihnen zugeordneter Aufgaben) und unterstützen sie bei der Durchführung von Aufgaben durch die Verwaltung von Arbeitskontexten, die sowohl die zu bearbeitenden Dokumente als auch entsprechende Anwendungssysteme umfassen. Schließlich dienen Parametrisierungswerkzeuge dazu, das Workflowsystem an einen konkreten Anwendungsbereich anzupassen.

Ein weiterer Aspekt dieses Aufsatzes ist die *Realisierung* des Workflowsystems (I.3.3.3). Dabei handelt es sich um ein heterogenes Gesamtsystem, das aus unterschiedlich strukturierten Komponenten besteht und insbesondere die A-posteriori-Integration bestehender Anwendungssysteme vorsieht. Die Heterogenität bringt auch eine physische Verteilung des Gesamtsystems auf mehrere Rechner mit sich, die ggf. unter unterschiedlichen Betriebssystemen laufen. Neben der Realisierung der Managementwerkzeuge selbst betrachten wir auch die Struktur der integrierten Gesamtumgebung, in die diese eingebettet sind.

3.3.2 Werkzeuge: Funktionalität und Benutzerschnittstelle

Managementumgebung

Unter dem Begriff *Managementumgebung* fassen wir alle Werkzeuge zusammen, die Projektmanagern zur Verfügung gestellt werden. Hier stehen in erster Linie globale Zusammenhänge im Mittelpunkt, denn Projektmanager benötigen globale Sichten, mit denen sie Projekte planen, verfolgen, analysieren und ggf. umplanen können.

Alle Managementwerkzeuge besitzen eine einheitliche Benutzerschnittstelle, die der im IPSEN-Projekt entwickelten Philosophie folgt. *IPSEN* (*I*ntegrated *P*roject *S*upport *EN*vironment [3]) steht für eine Familie von integrierten Umgebungen, die ursprünglich auf den Bereich der Softwareentwicklung ausgerichtet waren. Im weiteren Verlauf wurden auch andere Anwendungsbereiche untersucht. Insbesondere wurde im Rahmen des SUKITS-Projekts IPSEN-Technologie für den Bau von Managementwerkzeugen eingesetzt.

IPSEN-Werkzeuge zeichnen sich durch folgende Merkmale aus:

* Alle Werkzeuge arbeiten *syntaxgestützt*. Für die Dokumente, auf denen sie operieren, gibt es eine formale Definition der Syntax, die sowohl textuelle als auch graphische Elemente umfaßt. Text und Graphik können beliebig gemischt werden. Syntaxgestützt bedeutet, daß die Werkzeuge die Syntax der zugrundeliegenden Sprache kennen. Syntaktische Elemente der Sprache werden im folgenden als *Inkremente* bezeichnet. Dies können z.B. Entities und Relationen in ER-Diagrammen oder Statements einer Programmiersprache sein.
* Dokumente werden in *Fenstern* angezeigt. Zu jedem Fenster gehört ein *aktuelles Inkrement*, das durch Mausklick oder Cursorbewegungen selektiert werden kann. In einem *Menü* werden alle Kommandos angezeigt, die auf dem aktuellen Inkrement angeboten werden. Das Menü hängt vom Typ des aktuellen Inkrements ab; z.B. werden im Anweisungsteil eines Programms andere Kommandos angeboten als im Deklarationsteil.
* Komandos werden zu *Kommandogruppen* zusammengefaßt, die durch Großbuchstaben gekennzeichnet sind (z.B. `EDIT` oder `ANALYZE`). Kommandogruppen beeinflussen die Repräsentation von Kommandos an der Benutzerschnittstelle (hierarchische Menüs), es gibt aber nicht notwendigerweise eine 1:1-Korrespondenz zwischen Kommandogruppen und Werkzeugen.
* Ein *Werkzeug* bietet dem Benutzer eine logisch zusammengehörige Menge von Kommandos an. I.a. können Kommandos einer Gruppe von mehreren Werkzeugen stammen, und ein Werkzeug kann seine Kommandos auf mehrere Werkzeuge verteilen. Werkzeuge sind eng miteinander integriert: Mehrere Werkzeuge können Kommandos auf dem aktuellen Inkrement anbieten; ferner können Kommandos unterschiedlicher Werkzeuge in nahezu beliebiger Reihenfolge aufgerufen werden.

Insbesondere unterscheidet sich die Werkzeugintegration in IPSEN fundamental von der Integration von Werkzeugen (Anwendungssystemen) mit dem Workflowsystem. Im ersten Fall stellt ein Werkzeug einen integralen Bestand einer Umgebung dar, wobei es im Extremfall einen fließenden Übergang zwischen den Werkzeugen geben kann. Im zweiten Fall handelt es sich um ein Anwendungssystem, das grobgranular mit Hilfe eines Wrappers mit dem Workflowsystem integriert wird. Das Anwendungssystem ist eine eigenständige Einheit, die auch unabhängig vom Workflowsystem benutzt werden kann.

Das Workflowsystem bietet Werkzeuge zum Management von Produkten, Prozessen und Ressourcen an. Diese werden im folgenden nacheinander beschrieben, wobei z.T. auf Beispiele aus Abschnitt I.3.2 zurückgegriffen wird.

Das *Management* von *Produkten* wird durch Werkzeuge zum Edieren und Analysieren von Versions- und Konfigurationsgraphen unterstützt. Abb. 3.27 zeigt einen Versionsgraphen für die Zeichnung einer Welle. Ausgehend von der initialen Version 1, wurden alternative Versionen 2 und 3 entwickelt, die anschließend zur Version 4 verschmolzen wurden. Der Text unterhalb des Versionsgraphen zeigt die Versionsattribute. Typische Kommandos auf Versionsgraphen sind das Erzeugen von Wurzelversionen, das Ableiten von Nachfolgerversionen, das Einfrieren von Versionen oder die Bereinigung der Versionshistorie (Entfernen aller Versionen, die in keiner Konfiguration vorkommen). Diese Kommandos sind in der Kommandogruppe EDIT zusammengefaßt.

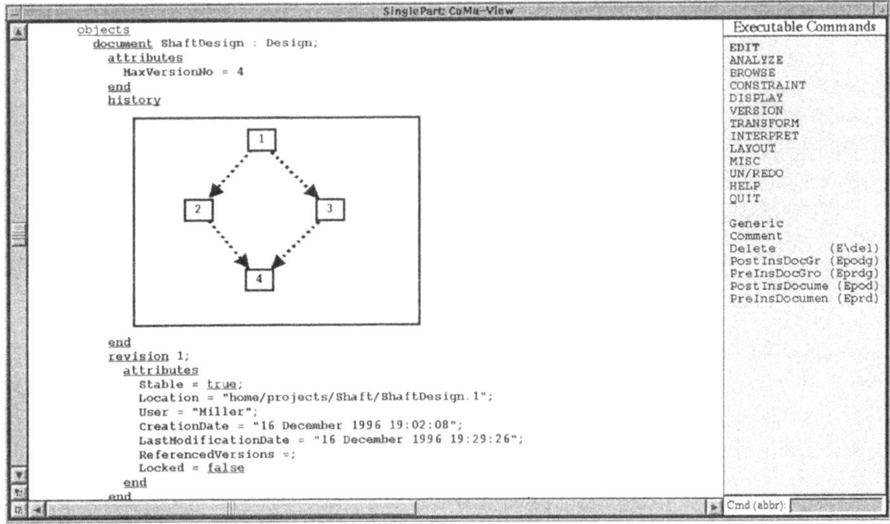

Abb. 3.27 : Versionsgraph

Analoge Kommandos werden zum Edieren von Konfigurationsgraphen auf der Versionsebene angeboten (z.B. Einfügen, Löschen von Komponenten oder Abhängigkeiten, Binden von Komponenten an konkrete Versionen etc.). Darüber hinaus gibt es eine Reihe von Analysekommandos. Als Beispiel läßt sich ein Diff-Kommando anführen, das zwei Konfigurationsversionen miteinander vergleicht. In Abb. 3.28 werden zwei Versionen einer Konfiguration für eine Welle miteinander verglichen. Identische Komponenten werden durch weiße Boxen repräsentiert. Schwarze Boxen zeigen an, daß unterschiedliche Versionen der entsprechenden Komponente in beiden Konfigurationsversionen enthalten sind. Falls eine Komponente nur in einer der beiden Konfigurationsversionen enthalten ist, so wird dies durch eine graue Box ausgedrückt.

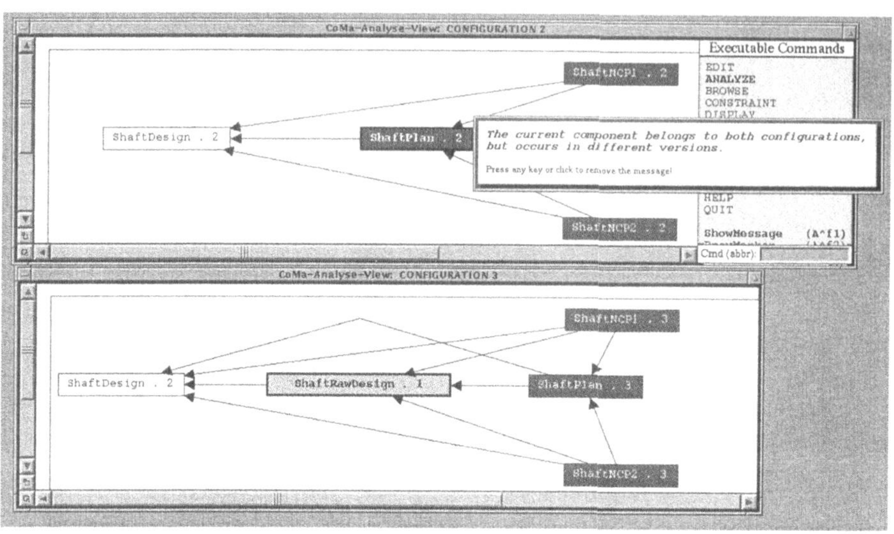

Abb. 3.28 : `Diff`-Analyse für Konfigurationsversionen

Abb. 3.29 zeigt eine weitere Analyse, die auf Konfigurationsgraphen auf der Objektebene angeboten wird. Alle variierenden Anteile des Konfigurationsgraphen werden markiert. Dabei handelt es sich um Komponenten und Abhängigkeiten, die nicht in allen
Konfigurationsversionen vorkommen (im Beispiel ist dies eine Rohteilzeichnung). Dabei
wird von Versionsinformationen abstrahiert, d.h. es spielt keine Rolle, welche Versionen
einer Komponente in den Konfigurationsversionen enthalten sind.

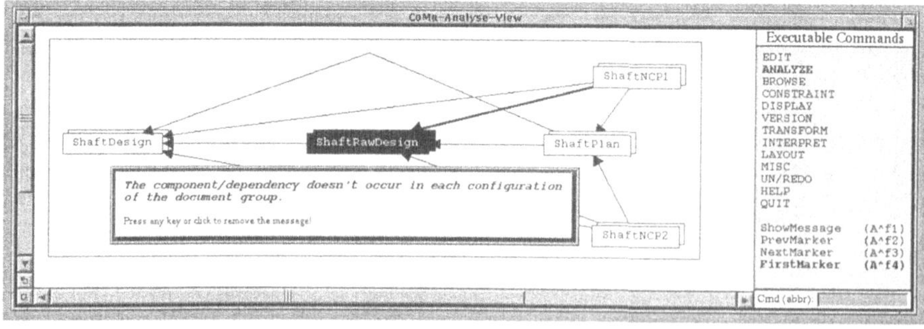

Abb. 3.29 : Variierende Anteile eines Konfigurationsobjekts

Das *Management* von *Entwicklungsprozessen* wird durch Kommandos unterstützt, die
auf dynamischen Aufgabennetzen operieren. Aufgrund des produktzentrierten Ansatzes
fallen Aufgabennetze mit Konfigurationsversionen zusammen. Kommandos zum Edieren
von Aufgabennetzen entstehen, indem man die entsprechenden Kommandos auf Konfigurationsversionen so redefiniert, daß die Ausführungszustände der Aufgaben berücksichtigt werden. Hinzu kommen Kommandos für Zustandsübergänge, die Verwaltung von

Arbeitskontexten und die Durchführung von Freigaben, die alle unter der Kommandogruppe INTERPRET zusammengefaßt werden.

Typischerweise wird nur ein Teil dieser Kommandos von einem Manager ausgeführt (obwohl er das Ausführungsrecht für alle Kommandos besitzt). Beispielsweise führt der Manager einen Defined-Übergang durch, sobald die Definition einer Aufgabe abgeschlossen. Anschließend erscheint die Aufgabe auf der Agenda des Entwicklers, der seinerseits den Start-Übergang durchführt. Letzteres bezeichnen wir auch als *delegierte Managementfunktionalität*.

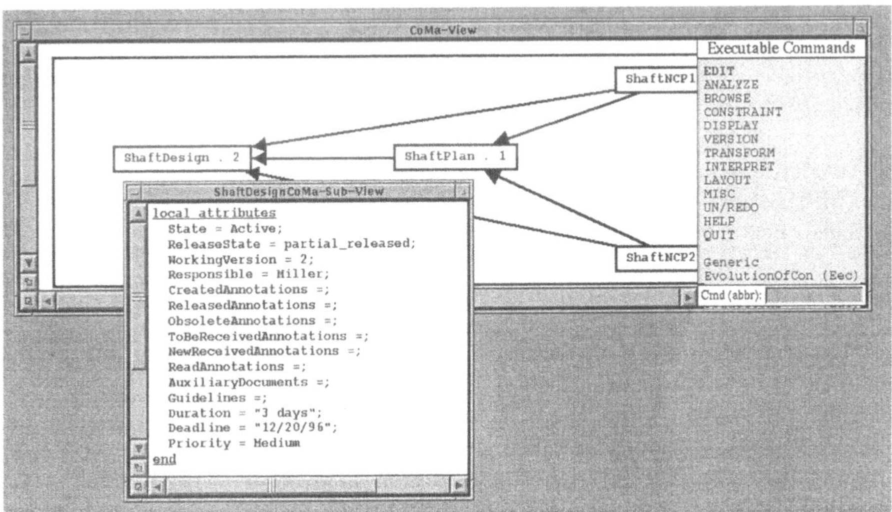

Abb. 3.30 : Aufgabennetz

Abb. 3.30 illustriert, wie Aufgabennetze an der Benutzerschnittstelle präsentiert werden. Man beachte, daß die Richtung der Beziehungen vom Produktmanagement geeerbt werden. Dort verläuft eine Abhängigkeit von einer abhängigen zur bestimmenden Komponente. Aus der Sicht des Prozeßmanagements ist dies die "falsche" Richtung. Deutet man das Aufgabennetz als PERT-Chart, so sind die Pfeilrichtungen gedanklich umzudrehen.

Aufgabenattribute werden auf Anforderung in separaten Fenstern angezeigt. Diese umfassen Zustandsattribute für Aufgaben, geschätzte Bearbeitungszeiten, Endtermine, aber auch Informationen über die Dokumente, die zum Arbeitskontext gehören, sowie für die entsprechende Aufgabe relevante Annotationen.

Das *Ressourcenmanagement* umfaßt sowohl menschliche als auch technische Ressourcen. Für menschliche Ressourcen wird ein syntaxgesteuerter Editor bereitgestellt, mit dessen Hilfe die Mitglieder eines Projektteams definiert werden und ihnen Rollen zugeordnet werden können. Analoges gilt für technische Ressourcen: Hier wird für jedes Anwendungssystem festgelegt, auf welchen Dokumenttypen es arbeiten kann, in welchen Modi es aufgerufen werden kann und welcher Wrapper für den Aufruf bereitgestellt wird. Wir verweisen hier auf die Ausführungen in Unterabschnitt I.3.2.4 und verzichten auf einen weiteren Bildschirmabzug.

Frontend

Das Frontend bietet eine *aufgabenzentrierte Schnittstelle* zum Workflowsystem an. Es umfaßt sowohl technische als auch Managementaufgaben, die atomaren bzw. komplexen Aufgaben in der Hierarchie entsprechen. Die Managementumgebung wird benutzt, um Aufgaben an Manager oder Entwickler zuzuweisen. Über das Frontend kann ein Mitarbeiter sich dann eine Agenda ihm zugewiesener Aufgaben anzeigen lassen, Zustandsübergänge (z.B. Starten und Beenden) durchführen, Freigaben erteilen, Versionen von Eingabedokumenten konsumieren bzw. Versionen von Ausgabedokumenten produzieren und freigeben, sowie Werkzeuge aufrufen. Dabei werden technische und Managementaufgaben einheitlich behandelt. Im Falle einer technische Aufgabe werden Dokumente mit Hilfe externer Anwendungssysteme manipuliert. Bei einer Managementaufgabe werden Konfigurationen anstelle von Dokumenten bearbeitet; zur Bearbeitung werden die Werkzeuge der Managementumgebung bereitgestellt. Diese lassen sich in der gleichen Weise wie externe Anwendungssysteme vom Frontend aus aufrufen.

Das Frontend wurde mit Hilfe eines kommerziellen User-Interface-Toolkits (*XVT* [7]) entwickelt, das vor allem wegen seiner Verfügbarkeit auf einer großen Zahl von Plattformen ausgewählt wurde. Die Benutzerschnittstelle unterscheidet sich deutlich von den oben beschriebenen IPSEN-Umgebungen. Das Frontend arbeitet weder syntaxgestützt noch dokumentenorientiert. Es bietet eine Reihe von Fenstern an, die unterschiedliche Sichten auf administrative Daten darstellen. Dies geschieht typischerweise mit Hilfe von textuellen Listen, Masken etc. Auf graphische Repräsentationen (z.B. graphische Darstellungen von Aufgabennetzen) mußte aufgrund der eher rudimentären Unterstützung durch das Toolkit aus Aufwandsgründen verzichtet werden.

Nach Aufruf des Frontends gibt der Benutzer zunächst Name und Paßwort ein. Abb. 3.31 zeigt eine Hierarchie von Fenstern, die geöffnet wurden, um das Ausgabedokument `ShaftDesign` zu bearbeiten.

- `Project listing` (oben links) zählt alle Projekte auf, in denen dem Mitarbeiter eine Aufgabe zugeordnet wurde. Ein Projekt entspricht einem Kundenauftrag, der durch die Auftragsnummer, das zu entwickelnde Produkt, den Namen des Kunden etc. beschrieben wird.
- Nach Auswahl eines Projekts wird eine Agenda von Aufgaben angezeigt (`Task listing`). Jede Aufgabe wird durch Namen, Zustand, Dauer, Termin und Verantwortlichen charakterisiert. Man beachte, daß ein Mitarbeiter sich auch benachbarte Aufgaben in einer Liste anzeigen lassen kann (z.B. kann er von einer selektierten Aufgabe zu allen direkten Vorgängern im Netz durch Anklicken von < navigieren).
- Das Task-Fenster dient als Einstieg zur Bearbeitung einer Aufgabe, die in der Agenda selektiert wurde. In diesem Fenster können Zustandsübergänge aktiviert werden, und es können detaillierte Informationen über den Arbeitskontext der Aufgabe abgerufen werden.

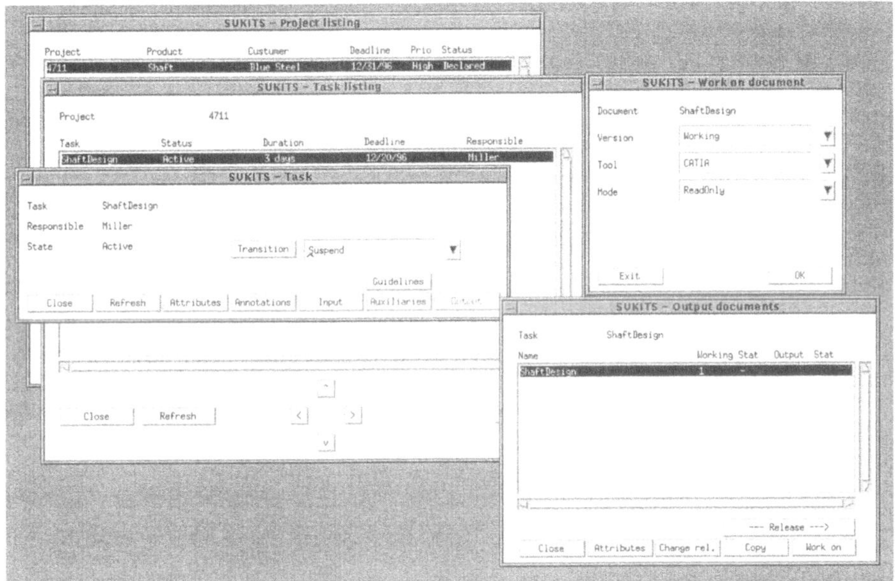

Abb. 3.31 : Benutzerschnittstelle des Frontends

- Selektiert der Benutzer nun `Output`, so wird ein Fenster (`Output documents`) geöffnet, das eine Liste aller Ausgabedokumente anzeigt. Für jede Ausgabe wird zwischen Arbeitsversion und freigegebener Version unterschieden. Die mit `Stat` gekennzeichneten Spalten enthalten Freigabezustände (+, (+) und − stehen für total, bedingt bzw. nicht freigegeben).
- Die Aktivierung von `Work on` führt dazu, daß ein Fenster erscheint, in dem der Benutzer die Dokumentversion, das Werkzeug sowie den Bearbeitungsmodus auswählt und anschließend das Werkzeug startet.

Wählt man im Fenster `Output documents` den Knopf `Release` aus, so wird ein Fenster geöffnet, das Kommandos zur *Freigabekontrolle* anbietet (Abb. 3.32). Hier kann man zwischen den Alternativen "totale Freigabe", "bedingte Freigabe" und "Sperren" wählen. Im Falle der bedingten Freigabe werden in der rechten Liste die Nachfolgeraufgaben angezeigt, für die eine Freigabe erteilt werden kann. Die linke Liste wird gefüllt, indem man Elemente der rechten Liste selektiert und anschließend auf `<----` klickt. Für alle Elemente der linken Liste wird nach entsprechender Bestätigung (`OK`-Knopf) das Ausgabedokument freigegeben.

Abschließend gehen wir noch kurz darauf ein, wie das Frontend die Bearbeitung von *Annotationen* unterstützt. In Abb. 3.33 erzeugt ein Arbeitsplaner einen Problembericht, der sich auf die als Eingabedokument vorliegende Zeichnung bezieht. Das mit `Annotations` bezeichnete Fenster (rechts) zeigt alle für diese Aufgabe relevanten Annotationen an. Dabei wird zwischen eingehenden und ausgehenden Annotationen unterschieden. Durch Aktivierung von `New` (unten im Fenster) wird das Fenster `Annotation` auf der linken Seite geöffnet. Der Bearbeiter gibt den Namen der Annotation ein, wählt einen geeigneten

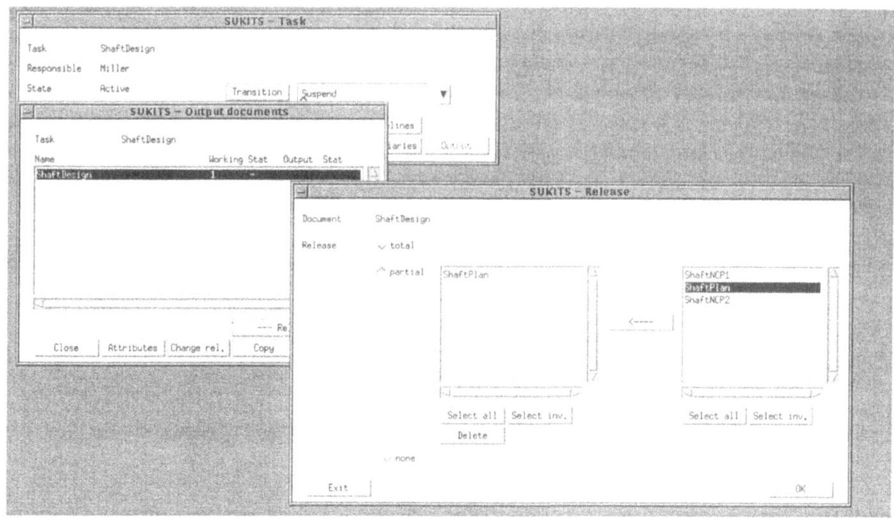

Abb. 3.32 : Freigabekontrolle

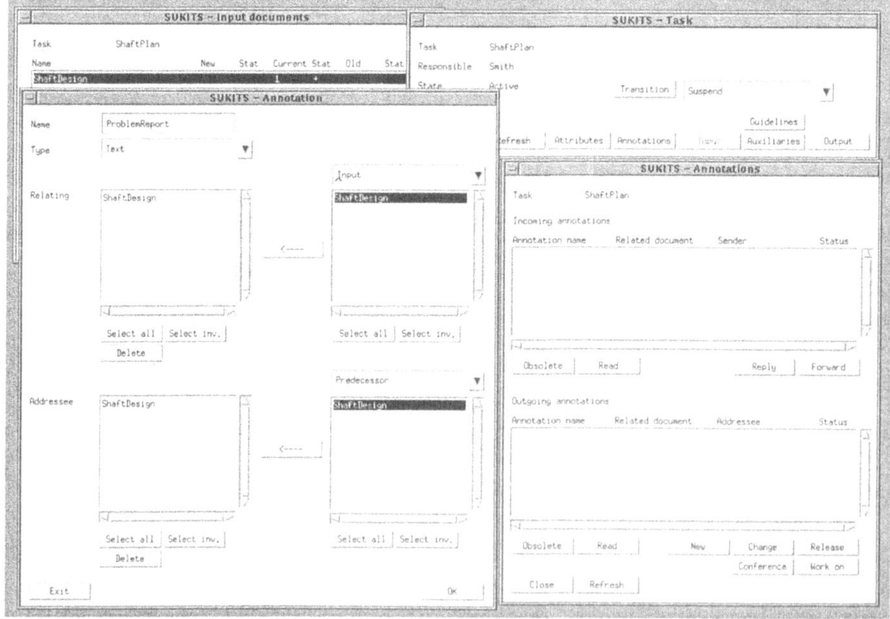

Abb. 3.33 : Annotationen

Dokumenttyp aus (in diesem Falle `Text`) und bestimmt Bezugsdokumente (`Relating`)
und Empfänger (`Addressee`). Nach Bestätigugn durch `OK` wird die Annotation erzeugt
und anschließend in der Liste `Outgoing Annotations` angezeigt. Mittels `Work on` kann
die Annotation dann bearbeitet werden (im Beispiel mit Hilfe eines Texteditors). `Release`

dient zur Freigabe ("Versenden") der Annotation; mit Hilfe von `Conference` kann eine verteilte Arbeitssitzung einberufen werden.

Parametrisierungsumgebung

Mit Hilfe der Parametrisierungsumgebung wird das Workflowsystem an ein konkretes Szenario angepaßt. Dabei steht ein *Schema* für das Produktmanagement im Vordergrund. Durch dieses Schema werden implizit auch das Prozeß- und Ressourcenmanagement angepaßt:

- Der produktzentrierte Ansatz zum Prozeßmanagement zeichnet sich dadurch, daß Dokument- und Konfigurationstypen 1:1 auf Aufgabentypen abgebildet werden. Analoges gilt für Abhängigkeitstypen und Daten- bzw. Kontrollflußtypen.
- Ebenso werden durch die Dokument- und Konfigurationstypen implizit auch die Rollen festgelegt, die Entwickler und Manager spielen können.

Allerdings sind zusätzlich zum Produktschema noch die technischen Ressourcen zu modellieren und zu integrieren. Wir kommen auf diesen Punkt in Unterabschnitt I.3.3.3 zurück.

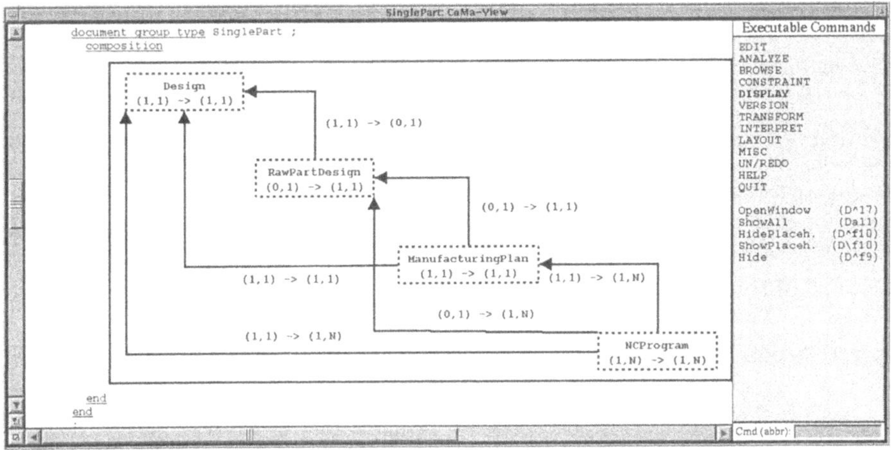

Abb. 3.34 : Parametrisierungsumgebung

Abb. 3.34 zeigt ein ER-ähnliches Schema für einen Konfigurationstyp `SinglePart`. Durch dieses Schema werden implizit sowohl Objekt- als auch Versionstypen definiert, da ansonsten der Parametrisierer alle Typen doppelt definieren müßte (einmal für die Objektebene und einmal für die Versionsebene). Lediglich bei der Definition von Attributen (in der Abb. nicht gezeigt) wird zwischen Objekt- und Versionsattributen unterschieden. In vielen Fällen braucht aber der Parametrisierer solche Attribute nicht selbst zu definieren, da bereits ein häufig ausreichender Satz von Standardattributen vordefiniert ist.

Im Schemadiagramm repräsentieren Boxen und Pfeile Komponenten- und Abhängigkeitstypen. Kardinalitäten sind sowohl den Komponenten- als auch den Abhängigkeitstypen zugeordnet. Für einen Komponententyp bezieht sich die Kardinalität auf die Enthaltenseinsrelation, die vom umfassenden Konfigurationstyp ausgeht. Eine Kardinalität wird in der Form (l_1,u_1)–>(l_2,u_2) notiert, wobei l_i und u_i für untere bzw. obere Schranken stehen. Die Angabe vor bzw. hinter dem Pfeil bezieht sich auf die Zahl auslaufender bzw. einlaufender Beziehungen. So geht beispielsweise von einem NC-Programm genau eine Abhängigkeit zu einem Arbeitsplan aus; umgekehrt ist von einem Arbeitsplan mindestens ein NC-Programm abhängig. Die Kardinalitäten im Beispieldiagramm besagen u.a., daß eine Konfiguration für ein Einzelteil jeweils genau eine Zeichnung und genau einen Arbeitsplan, höchstens eine Rohteilzeichnung und mindestens ein NC-Programm enthält.

Das Schema wird zum einen verwendet, um den Benutzer zu führen. Will er beispielsweise ein Dokument erzeugen, so wird ihm in einem Menü die Menge aller im Schema definierten Dokumenttypen angeboten. Zum anderen werden Konsistenzüberprüfungen durchgeführt und alle Operationen abgewiesen, die zu Inkonsistenzen mit dem Schema führen. Versucht der Benutzer z.B. in eine Konfiguration für ein Einzelteil einen zweiten Arbeitsplan einzutragen, so wird dies wegen Überschreitung der Kardinaliätsoberschranke abgelehnt.

Üblicherweise wird das Schema vorab erzeugt, es kann aber auch noch modifiziert werden, wenn bereits Instanzdaten existieren. Dabei werden nicht nur Erweiterungen sondern beliebige Änderungen des Schemas unterstützt. Die interne Konsistenz des Schemas muß jedoch gewahrt bleiben (z.B. dürfen nicht mehrere Objekttypen desselben Namens deklariert werden). Darüber hinaus darf die Konsistenz der Instanzdaten mit dem Schema nicht verletzt werden. So kann z.B. eine Kardinalität nur dann eingeschränkt werden, wenn dadurch in den aktuellen Instanzdaten kein Überlauf entsteht. Auch Datenverluste auf der Instanzebene werden nicht toleriert. Beispielsweise ist es nicht sinnvoll, beim Löschen eines Dokumenttyps die Konsistenz dadurch zu erzwingen, daß man sämtliche Dokumentinstanzen ebenfalls löscht. Alle Schemamodifikationen werden interpretativ ausgeführt (Anhalten und Neustart des Workflowsystems ist nicht nötig).

3.3.3 Realisierung

Die Architektur des Rahmenwerks für die Produktentwicklung wurde bereits in Kapitel 1 skizziert. Im folgenden gehen wir auf die hier relevanten Teile der Architektur ein. Diese sind in Abb. 3.35 gekennzeichnet, die eine leicht modifizierte Variante von Abb. 1.1 darstellt. Für die einzelnen Komponenten der Architektur ist jeweils angegeben, mit welchen Hilfsmitteln sie erstellt wurden. Im folgenden besprechen wir nacheinander die Management- und Parametrisierungsumgebung, das Frontend, die Werkzeugintegration sowie Kommunikation und Verteilung.

Management- und Parametrisierungsumgebung

Die Management- und Parametrisierungsumgebung wurde mit Hilfe von *IPSEN*-Technologie realisiert [3]. Im Rahmen des IPSEN-Projekts wurden eng integrierte Entwicklungsumgebungen zunächst für den Bereich Softwareentwicklung konzipiert und realisiert; später wurden dann die Aktivitäten auf andere Bereiche ausgedehnt (u.a. im Rahmen von SUKITS auf die Produktentwicklung im Maschinenbau).

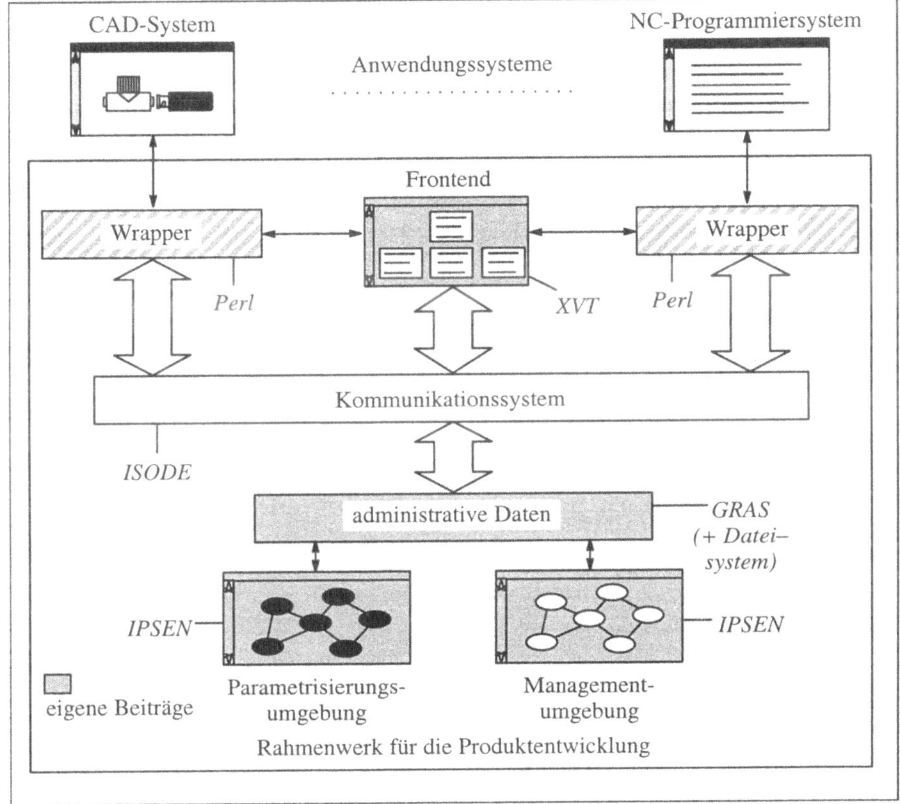

Abb. 3.35 : Das Workflowsystem als Bestandteil des Rahmenwerks

IPSEN-Werkzeuge operieren auf Dokumenten, deren Syntax mit Hilfe einer *normierten EBNF* beschrieben wird. Aus dieser EBNF läßt sich ein syntaxgestützter Editor generieren, der Operatioinen auf abstrakten Syntaxbäumen zur Verfügung stellt (Expandieren von Platzhaltern, Einfügen von Listenelementen, Löschen von Teilbäumen etc.). Diese Operationen garantieren die Korrektheit von Dokumenten bzgl. der kontextfreien Syntax. Hinzu kommen kontextsensitive Analysen, die inkrementell während des Edierens durchgeführt werden. Auch diese Analysen können z.T. generiert werden; der verbleibende Rest ist manuell zu erstellen.

Eine EBNF beschreibt die Syntax einer textuellen Sprache. Der oben beschriebene Ansatz wurde so erweitert, daß er sich auch auf graphische und hybride Sprachen anwenden läßt. Dies wird i.w. durch strukturierte Kommentare erreicht, die die Grenzen graphischer und textueller Anteile markieren und Zuordnungen von syntaktischen Einheiten zu graphischen Elementen (Objekte und Links) festlegen.

Intern werden Dokumente durch *abstrakte Syntaxgraphen* repräsentiert. Dies gilt unabhängig von der externen Repräsentation (graphisch oder textuell). Ein abstrakter Syntaxgraph besteht aus einem abstrakten Syntaxbaum, der mit kontextsensitiven Kanten angereichert ist. Jeder Teilbaum entspricht einem Inkrement. Kontextsensitive Kanten dienen beispielsweise dazu, angewandte Auftreten von Bezeichnern mit ihren Deklarationen zu verbinden, Daten- und Kontrollflüsse in Programmen darzustellen etc.

Als Ausgangspunkt für die Implementierung der Management- und Parametrisierungsumgebung diente die formale Spezifikation, die in Unterabschnitt I.3.2.6 skizziert wurde. Bei den dort beschriebenen Graphen handelt es sich jedoch nicht um abstrakte Syntaxgraphen (aus einer Reihe von technischen Gründen, deren Erläuterung den Rahmen dieses Aufsatzes sprengen würde). Daher wurde ausgehend von der formalen Spezifikation zunächst eine EBNF definiert, die die textuelle bzw. graphische Repräsentation der administrativen Daten festlegte. Anschließend wurde ein kontextfreier Editor generiert, kontextsensitive Analysen wurden per Hand geschrieben. Da ein generierter Editor nur Elementaroperationen auf abstrakten Syntaxbäumen zur Verfügung stellt, wurden schließlich die graphorientierten, komplexen Operationen für das Management von Produkten, Prozessen und Ressourcen mit Hilfe der Elementaroperationen realisiert.

Zur Speicherung und Manipulation der administrativen Daten wurde das im Rahmen von IPSEN entwickelte Datenbanksystem *GRAS* [2] eingesetzt. GRAS stellt Elementaroperationen zum Erzeugen/Löschen von Knoten und Kanten, zum Manipulieren von Attributen etc. zur Verfügung. Ein Graphschema, das Typen von Knoten, Kanten und Attributen definiert, dient als Datenbankschema, gegenüber dem Graphoperationen auf ihre Konsistenz überprüft werden. Weiterhin bietet GRAS abgeleitete Attribute, Events und Trigger sowie geschachtelte ACID-Transaktionen an. Schließlich kann GRAS auch in einer verteilten Umgebung eingesetzt werden; wir kommen darauf später noch zurück.

Die Architektur der Management- und Parametrisierungsumgebung wird hier nicht diskutiert, da dies umfangreiche Kenntnisse über IPSEN voraussetzen würde. In IPSEN wurde eine Standardarchitektur für eng integrierte, syntaxgestützte Entwicklungsumgebungen entworfen, die in [3, Kap. 4] eingehend dargestellt ist. Dieser Architektur haben wir uns auch bei der Realisierung der Management- und Parametrisierungsumgebung bedient; dies hat zu einer maßgeblichen Reduktion des Realisierungsaufwands geführt.

Frontend

Die im Rahmen des SUKITS-Projekts eingesetzten Anwendungssysteme laufen auf vielen unterschiedlichen Betriebssystemen. Das Frontend, von dem aus die Anwendungssysteme gestartet werden, muß daher hohe Anforderungen an die Portabilität erfüllen. Um diesen Anforderungen gerecht zu werden, wurde ein kommerzielles Tool-Kit für den Bau von Benutzeroberflächen verwendet. Dieses Tool-Kit – *XVT* [7] – stellt eine Bibliothek zur Verwaltung von Fenstern sowie ein interaktives Werkzeug zum Entwurf von Benutzerschnittstellen zur Verfügung. Ein Generator erzeugt aus dem Entwurf C-Code, der auf der spezifischen Plattform übersetzt und mit der XVT-Bibliothek gebunden werden muß.

Um Portabilität zu erreichen, mußten sich die Entwickler von XVT auf einen gemeinsamen Kern von Funktionen abstützen, die von den plattformspezifischen Fenstersystemen angeboten werden. Dies impliziert gewisse Einschränkungen in der Funktionalität von

XVT; insbesondere werden graphische Anwendungen von XVT nur rudimentär unterstützt. Daher mußte auf graphische Sichten im Frontend verzichtet werden.

Die Architektur einer XVT-Anwendung weicht von der IPSEN-Architektur signifikant ab:

- In IPSEN bilden Datenbanksystem und Fenstersystem die unteren Schichten der Architektur; darüber liegen Werkzeuge und Kontrolle. Die Kontrolle fragt die Werkzeuge nach den Kommandos, die diese auf dem aktuellen Inkrement anbieten. Nach Auswahl eines Kommandos wird das entsprechende Werkzeug aktiviert (Kommandozyklus).
- XVT-Anwendungen sind dagegen *ereignisgetrieben*. In der XVT-Bibliothek ist ein generisches Kontrollmodul enthalten, das auf Ereignisse wartet und die entsprechenden Ereignisbehandler aufruft. Die Kontrolle liegt somit im Fenstersystem selbst und nicht oberhalb. Eine XVT-Anwendung besteht somit i.w. aus einer Menge von Ereignisbehandlern. Im Falle des Frontends besteht der Code aus ca. 140 Ereignisbehandlern in entsprechend vielen Dateien; hinzu kommt der vom XVT-Entwurfswerkzeug generierte Code.

Den Ereignisbehandlern wird zum Zugriff auf die administrativen Daten eine Datenbankschnittstelle zur Verfügung gestellt, die die vom Frontend benötigten Sichten und Operationen realisiert. Diese als `FrontEndView` bezeichnete Schnittstelle exportiert keine Operationen, die vom Frontend aus nicht aktiviert werden dürfen. So kann z.B. das szenariospezifische Schema nicht über das Frontend geändert werden, hierfür ist vielmehr die Parametrisierungsumgebung zuständig.

Um den Wartungsaufwand für das Frontend zu minimieren, wird das szenariospezifische Schema vom Frontend interpretiert. Wir hatten bereits in Unterabschnitt I.3.3.2 darauf hingewiesen, daß diese interpretative Lösung auch für die Parametrisierungsumgebung gewählt wurde, um Schemaänderungen auch zur Laufzeit unterstützen können. Dies impliziert, daß über die Schnittstelle von `FrontendView` Daten über im Schema definierte Typen und Attribute zur Laufzeit bereitgestellt werden und sich diese nicht im Quelltext des Frontends wiederfinden. An der Benutzerschnittstelle macht sich dies z.B. dadurch bemerkbar, daß die Attribute von Dokumenten in Scrollisten statt an festen Positionen in vordefinierten Fenstern angezeigt werden.

Darüber hinaus wurde so weit wie möglich von Merkmalen des spezifischen Modells abstrahiert, die sich später ändern könnten. Dies betrifft beispielsweise das Zustandsübergangsdiagramm für Aufgaben. Weder die Zustände noch die Kommandos für die Übergänge sind im Frontend fest verdrahtet. Ferner spielt es beispielsweise keine Rolle, wie Reihenfolgebeziehungen zwischen Aufgaben realisiert sind (als eigenständige oder abgeleitete Relationen).

Werkzeugintegration

Das Frontend selbst operiert nur auf grobgranularen administrativen Daten. Es startet externe Werkzeuge (Anwendungssysteme), die auf Dokumentinhalten (feingranularen Daten) operieren. Der Benutzer aktiviert ein Werkzeug durch Selektion des Knopfs `Work` on. Dabei muß er sich um die Details des Aufrufs nicht kümmern; es reicht in aller Regel aus, zwischen Bearbeiten zum Lesen und Schreiben zu unterscheiden.

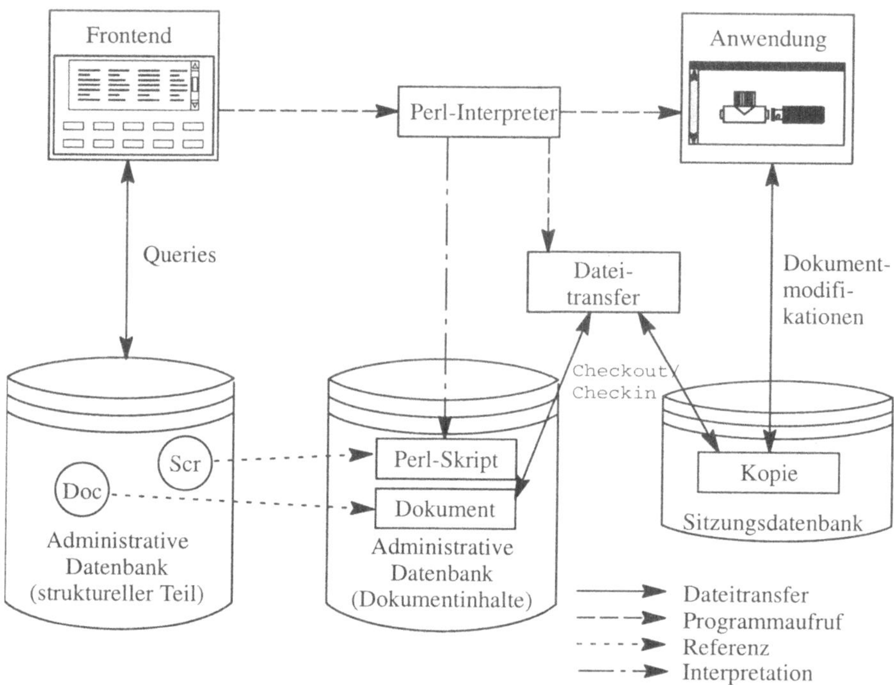

Abb. 3.36 : Integration von Anwendungssystemen mit Wrappern

Ein anwendungsspezifischer *Wrapper* realisiert diese Abstraktion (Abb. 3.36). Der Wrapper ist für die Checkout/Checkin-Operationen zuständig, die Daten zwischen der administrativen Datenbank und der temporären *Sitzungsdatenbank* transferieren. Nach einem Checkout arbeitet das Anwendungssystem auf einer lokalen Kopie des zu bearbeitenden Dokuments. Am Ende der Sitzung (mit dem Anwendungssystem, nicht mit dem Frontend) wird ggf. der geänderte Dokumentinhalt in die administrative Datenbank zurückkopiert. Schließlich wird die lokale Kopie gelöscht.

Bisher haben wir implizit vorausgesetzt, daß ein Dokument in genau einer Datei gespeichert ist und in dem Format vorliegt, das das Anwendungssystem verlangt. Sind diese Voraussetzungen nicht erfüllt, so sind die Wrapper entsprechend zu ändern:

- Viele Anwendungssysteme speichern ein Dokument in mehreren Dateien ab. In diesem Fall sorgt der Wrapper dafür, daß die Menge dieser Dateien als atomare Einheit betrachtet wird, d.h. beim Checkout oder Checkin werden stets alle zusammengehörigen Dateien kopiert, so daß diese miteinander konsistent sind.
- Stimmt das vom Anwendungssystem verlangte Format nicht mit dem gespeicherten Format überein, so ruft der Wrapper einen entsprechenden Konverter auf.

- Verwendet das Anwendungssystem ein eigenes Datenbanksystem, so läßt sich die oben skizzierte Lösung realisieren, wenn letzteres Operationen zum Export und Import von Daten anbietet. Diese Operationen werden dann beim `Checkout`/`Checkin` aufgerufen. Werden Ex- und Importe nicht unterstützt, d.h. die Daten sind vollkommen verkapselt, so kann man in der administrativen Datenbank keine Dokumentinhalte mehr speichern, sondern ist auf Verweise beschränkt (Namen zur Identifikation von Objekten im Datenbanksystem der Anwendung).

Um Portabilität sicherzustellen, wurden die Wrapper in der Skriptsprache Perl [8] realisiert. Perl-Interpreter existieren für eine große Zahl verschiedener Plattformen. Insbesondere lassen sich Dateizugriffe und Aufrufe externer Programme leichter plattformunabhängig realisieren, als dies z.B. in der Programmiersprache C möglich ist. Ein weiterer Vorteil besteht in der interpretativen Ausführung. Neue Anwendungssysteme lassen sich daher mit dem Frontend integrieren, ohne daß dieses neu übersetzt werden muß. Ferner kann zu Testzwecken das Perl-Skript unabhängig vom Frontend ausgeführt werden.

Kommunikation und Verteilung

Alle Komponenten, die im Rahmen des IPSEN-Projekts entwickelt wurden, lassen sich in einem homogenen Netzwerk von Workstations betreiben. Es handelt sich dabei um Sun-Workstations, die unter Unix laufen und das NFS als netzwerkweites Dateisystem benutzen. Ferner unterstützt das Datenbanksystem GRAS eine *Client/Server-Verteilung* in folgender Weise: Um einen Graphen zu öffnen, sendet die Anwendung eine `Open`-Anfrage an einen Öffnungsserver und erhält von diesem einen Zeiger auf einen (möglicherweise entfernt laufenden) Graphserver. Auf diese Weise können mehrere Clients mit einem Server kommunizieren, der den Graphen verkapselt und die Zugriffe der Clients synchronisiert. Zugriffsoperationen werden durch entfernte Aufrufe von Prozeduren realisiert, die an der GRAS-Schnittstelle angeboten werden (z.B. Erzeugen und Löschen von Knoten und Kanten).

Im SUKITS-Projekt ist die Voraussetzung einer homogenen Plattform jedoch nicht erfüllt. Die Anwendungssysteme laufen auf heterogenen Plattformen und benutzen unterschiedliche, inkompatible Kommunikationssysteme. I.a. können wir nicht voraussetzen, daß die IPSEN-Komponenten auf jeder dieser Plattformen verfügbar sind. Aus diesem Grund wurde das *SUKITS-Kommunikationssystem* [1] entwickelt, das Interoperabilität in einem heterogenen Netzwerk ermöglicht. Dieses Kommunikationssystem beruht teilweise auf ISODE [5], einer experimentellen Entwicklungsumgebung für OSI-konforme Anwendungen. Es bietet insbesondere Dienste für den Dateitransfer und Datenbankzugriff an. Diese Dienste werden vom Frontend aus benutzt, nicht jedoch von der Management- und Parametrisierungsumgebung, die direkt über das in GRAS integrierte Kommunikationssystem auf die administrative Datenbank zugreift.

Abb. 3.37 illustriert, wie das GRAS- und das SUKITS-Kommunikationssystem beim Zugriff auf die administrative Datenbank zusammenspielen. Die Maschinen C, D und E gehören zu einem homogenen Teilnetz, das vom GRAS-Kommunikationssystem abgedeckt wird. Das SUKITS-Kommunikationssystem wird innerhalb dieses Teilnetzes nicht benötigt. Die Managementumgebung auf Maschine E greift als GRAS-Client auf die

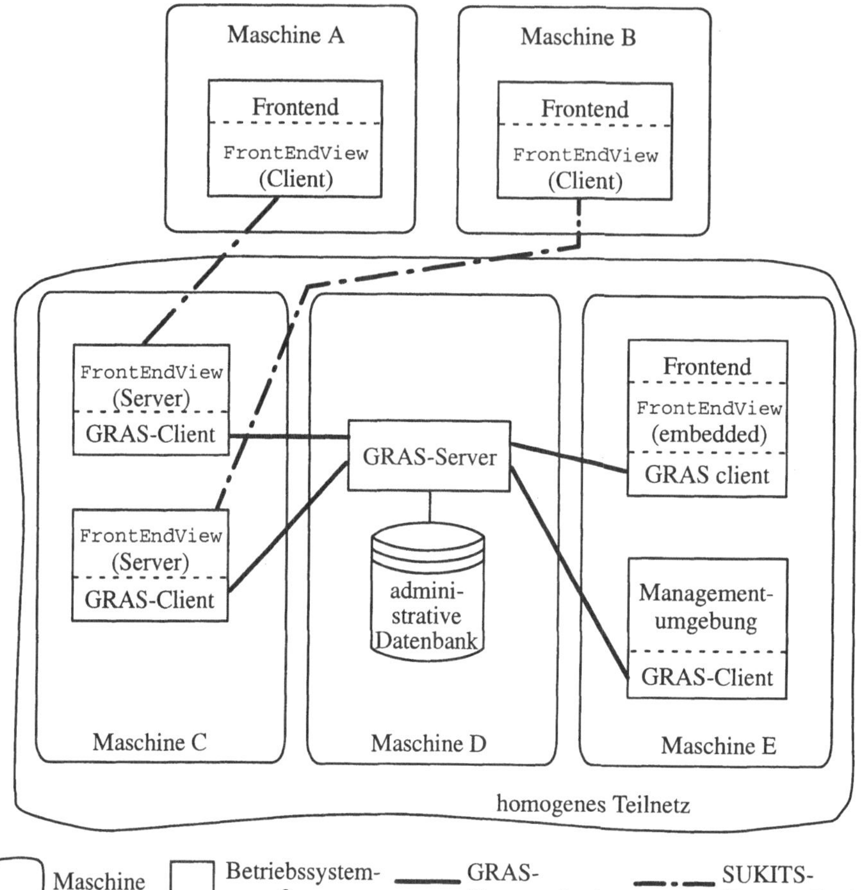

Abb. 3.37 : Kommunikation und Verteilung

administrative Datenbank zu. Ein Frontend, das innerhalb des homogenen Teilnetzes läuft, greift auf die administrative Datenbank über das eingebundene Modul `FrontEndView` zu. Dies gilt beispielsweise für das Frontend auf Maschine E. Schließlich gehen Frontends außerhalb des homogenen Teilnetzes den Weg über das SUKITS-Kommunikationssystem (Maschinen A und B).

Man beachte, daß im letzten Fall zwei Interprozeßkommunikationen involviert sind: Zunächst nimmt das SUKITS-Kommunikationssystem Kontakt mit einem `FrontEnd-View`-Server auf, der seinerseits mit dem entsprechenden Graphserver kommuniziert. Diese Lösung war einfacher zu realisieren, als dafür zu sorgen, daß sich alle Frontends an denselben Server wenden (der dann aufgrund des ihm eingeräumten exklusiven Zugriffs lokal auf den entsprechenden Graphen zugreifen könnte, statt sich an einen separaten Graphserver zu wenden). Andernfalls hätte man einen innerhalb von GRAS bereits vorhandenen Öffnungsserver nämlich nachimplementieren müssen. Bei der hier realisierten Lösung ist übrigens der Overhead für Zugriffe "von außen" nicht so hoch, wie er zunächst erscheinen mag: Ein innerhalb des homogenen Teilnetzes laufendes Frontend greift über den Graphserver zu, bei einem externen Frontend kommt der Aufwand für die Kommunikation mit einem `FrontEndView`-Prozeß hinzu. Dieser ist aber nicht hoch, da einer von `FrontEndView` exportierten Operation eine ggf. große Zahl von GRAS-Operationen entspricht. Der Kommunikationsaufwand wird also durch die Kommunikation mit dem Graphserver dominiert.

3.3.4 Schlußbemerkungen

Wir haben in diesem Abschnitt zunächst Funktionalität und Benutzerschnittstelle aller vom Workflowsystem bereitgestellten Umgebungen besprochen. Im Falle des Frontends basiert die Realisierung auf einem kommerziellen Tool-Kit; Management- und Parametrisierungsumgebung sind mit IPSEN-Technologie entwickelt worden. Ferner sind wir kurz auf die Realisierung der verschiedenen Komponenten des Workflowsystems eingegangen.

Interoperabilität in einer heterogenen Umgebung und Flexibilität gegenüber waren wichtige Gesichtspunkte, die bei der Realisierung zu beachten waren. Die Implementation des Workflowsystems umfaßt insgesamt mehr als 100.000 Zeilen (Modula-2 bzw. C). Auf den hier dargestellten Anteil (ohne das SUKITS-Kommunikationssystem) entfallen etwa 60.000 Zeilen.

Über die mit dem Workflowsystem gewonnenen Erfahrungen werden wir in Kap. 4 von Teil I berichten. Dort steht eher die Funktionalität als die Realisierung im Vordergrund. Hinsichtlich der Realisierung haben sich eine Reihe von Unzulänglichkeiten gezeigt, die im Rahmen des in Teil II beschriebenen SFB eine grundlegende Neuimplementierung auf anderen Basiskomponenten nahelegen:

- Die formale Spezifikation des Managementmodells wurde (weitgehend) manuell in eine Implementierung umgesetzt. In Zukunft sollen dafür *Generatoren* eingesetzt werden, die aus einem Graphersetzungssystem Code generieren [6].
- Die Funktionalität des eingesetzten *User-Interface-Toolkits* ist insbesondere im Bereich *Graphik* zu stark eingeschränkt. Z.Zt. werden alternative Toolkits auf ihre Einsatzfähigkeit hin untersucht.
- Das *Kommunikationssystem* basiert auf *ISODE* [5], einer OSI-konformen Entwicklungsumgebung. Der OMG-Standard *CORBA* [4] setzt sich zunehmend durch und wird als Basis des zukünftigen Kommunikationssystems dienen.

Literatur

[1] Hermanns, O.: Data Access Protocols for Integrated Engineering Environments, Proc. of COMPEURO '93, Paris, IEEE Computer Society Press, S. 350–357, Mai 1993

[2] Kiesel, N., Schürr, A., Westfechtel, B.: GRAS, a Graph-Oriented (Software) Engineering Database System, Information Systems, vol. 20-1, S. 21–51 , 1995

[3] Nagl, M. (Ed.): Building Tightly Integrated Software Development Environments: The IPSEN Approach, LNCS 1170, Springer-Verlag, Berlin, 1996

[4] Object Management Group: The Common Object Request Broker: Architecture and Specification, 1991

[5] Rose, M.T, Onions, J., Robbins, C.J.: The ISO Development Environment: User's Manual, vol. 1–5, Vers. 7.0, Palo Alto, 1992

[6] Schürr, A., Winter, A., Zündorf, A.: Graph Grammar Engineering with PROGRES, Proc. 5th European Software Engineering Conference (ESEC '95), LNCS 989, S. 219–234, 1995

[7] XVT – Development Solution for C, Continental Graphics, Broomfield, Colorado, 1993

[8] Wall, L., Schwartz, R.L.: Programming Perl, Sebastopol: O'Reilly & Associates, 1991

3.4 Multimedia-Werkzeuge zur informellen Kooperation

Oliver Hermanns
Lehrstuhl für Informatik IV *)

Zusammenfassung

In diesem Beitrag werden multimediale Anwendungssysteme für die verteilte, rechnerunterstützte Gruppenarbeit (*kooperative Multimedia-Systeme*), ihre Integrationsmöglichkeiten in technische Entwicklungsumgebungen und ihre Kommunikationsanforderungen beschrieben. Dazu wird zunächst ein allgemeiner Überblick über Anwendungsfelder kooperativer Multimedia-Systeme gegeben, wobei auf den Bereich Produktentwicklung genauer eingegangen wird. Im Anschluß daran werden die charakteristischen Eigenschaften der unterschiedlichen Anwendungsfelder herausgearbeitet.

Danach wird auf die generelle Architektur und auf spezielle Komponenten kooperativer Multimedia-Systeme, wie den kooperativen Graphikeditor MultiGraph, eingegangen und ein Ansatz zur Integration derartiger Systeme in das organisatorische und informationstechnische Umfeld vorgestellt. Den zweiten Schwerpunkt dieses Beitrags bildet die Untersuchung der Kommunikationsanforderungen kooperativer Systeme. Dazu werden die zur Codierung und Decodierung der multimedialen Datenströme verwendeten Verfahren und Normen beschrieben. Schließlich wird noch kurz auf eine Kommunikationsarchitektur eingegangen, welche sogenannte Multicast-Kommunikationsdienste realisiert und somit in besonderer Weise für die Unterstützung kooperativer Multimedia-Systeme geeignet ist.

3.4.1 Einleitung

Kooperative Multimedia-Systeme ermöglichen die Zusammenarbeit von geographisch voneinander getrennten Personen in sogenannten *Multimedia-Konferenzen*. Dabei wird durch den Einsatz multimedialer Technologien, also die integrierte Übertragung und Darstellung von Daten, Audio- und Videosignalen, eine identische Sicht der Konferenzteilnehmer auf den gemeinsamen Arbeitsgegenstand erzeugt. Diese Art der *synchronen, verteilen Gruppenarbeit* bildet ein Teilgebiet der rechnerunterstützten Gruppenarbeit (engl. Computer Supported Cooperative Work, CSCW) [5, 11] und wird auch als *informelle Kooperation* bezeichnet [47]. Die Anwendungsmöglichkeiten kooperativer Systeme reichen von der industriellen Produktentwicklung über die öffentliche Verwaltung, die Gesundheitsfürsorge oder Ausbildung bis hin zur privaten Nutzung.

Kooperative Multimedia-Systeme sind in der Regel in vernetzte Rechnersysteme integriert und werden am Arbeitsplatz benutzt. So können Benutzer ihre gewohnte Arbeitsumgebung beibehalten und die am Arbeitsplatz verfügbaren Daten sowie die dort installierten Anwendungssysteme in Konferenzen benutzen (vgl. Abb. 3.38). In der Literatur werden solche Systeme auch als Computer-Konferenzsysteme oder als *Telekooperationssysteme* bezeichnet [12, 56]. In den vergangenen Jahren ist eine Reihe derartiger Systeme entwickelt worden. Sie stammen aus dem Forschungsumfeld, wie den BERKOM- [2] und

---

*) derzeit o.tel.o Communications GmbH, Düsseldorf

POLIKOM-Initiativen [36, 55] oder anderen Projekten [3] und werden teilweise bereits kommerziell vermarktet. Eine Übersicht marktgängiger Systeme findet sich in [33].

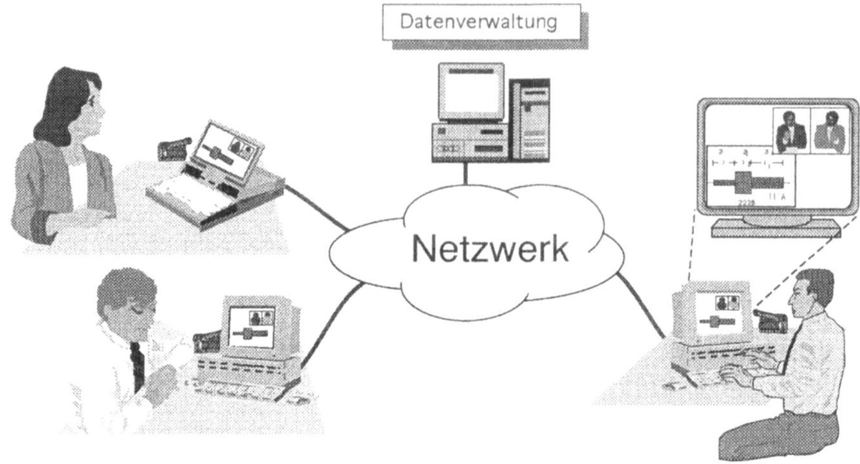

Abb. 3.38 : Informelle Kooperation

Kooperative Multimedia-Systeme stellen eine Reihe neuartiger *Kommunikationsanforderungen*, die von den heute verfügbaren Kommunikationssystemen nicht oder nur unzureichend erbracht werden. Charakteristische Anforderungen erwachsen aus der zeitgleichen Existenz mehrerer Benutzer, der parallelen Nutzung unterschiedlicher, teilweise zeitkontinuierlicher Medien und dem hohen Interaktivitätsgrad der Anwendungen. Demgegenüber wurden die heute verbreiteten Rechnernetze und Protokolle für die Übertragung diskreter Informationen zwischen lediglich zwei Kommunikationspartnern ohne die Berücksichtigung von Zeitschranken konzipiert.

3.4.2 Anwendungsfelder kooperativer Systeme

Dieser Unterabschnitt skizziert die verschiedenen *Anwendungsfelder* kooperativer Multimedia-Systeme. Danach wird die für dieses Buch einschlägige Entwicklung *industrieller Produkte* genauer diskutiert.

Übersicht über verschiedene Anwendungsfelder

Anwendungsfelder für kooperative Multimedia-Systeme finden sich überall dort, wo geographisch getrennte Personen zusammenarbeiten müssen oder wollen [38]. Ein klassisches Anwendungsgebiet ist die industrielle *Produktentwicklung* [12]. Die Komplexität neuer Produkte und die Spezialisierung von Unternehmen auf enge Kernkompetenzen hat zur Folge, daß an einem Entwicklungsprojekt heute mehrere Unternehmen oder auch Teile eines Unternehmens beteiligt sind, die sich an unterschiedlichen Standorten befinden. Der Einsatz kooperativer Systeme in diesem Umfeld führt zu einem schnelleren Informationsfluß zwischen den projektbeteiligten Personen und hilft somit den gesamten Entwicklungsprozeß zu beschleunigen. Dies gilt natürlich nicht nur für Entwicklungsprojekte im industriellen Umfeld, sondern auch für die Planung von Bauvorhaben oder für die Entwicklung von Software [7, 46].

Ein weiteres Anwendungsfeld kooperativer Systeme ist die *Telearbeit*. In jüngerer Zeit wird unter diesem Schlagwort die Auslagerung von Arbeitsplätzen aus den betrieblichen Standorten in sogenannte Telearbeitszentren oder sogar in die heimische Wohnung diskutiert. Die Anbindung der Telearbeitsplätze an das Unternehmen soll dabei über kooperative Multimedia-Systeme erfolgen [38].

Großes Potential wird auch im Einsatz kooperativer Systeme im *Dienstleistungsbereich* gesehen. Hier ist zunächst die Betreuung von Kunden durch Experten, beispielsweise eines IT-Anbieters, zu nennen. Kunden können sich mit Fragen zu ihrer Systeminstallation direkt an sogenannte Support-Zentren des Anbieters wenden. Die Fragen können dann innerhalb einer Multimedia-Konferenz beantwortet werden, wobei der Experte auch das System des Kunden "fernbedienen" kann, um bestimmte Problemlösungen vorzuführen. Weitere Einsatzfelder im Dienstleistungssektor sind das Abwickeln von Bankgeschäften (Schlagwort Telebanking) oder die Ausbildung (Schlagworte Teleteaching oder Distance Learning) [10].

An dieser Stelle soll vor allem festgehalten werden, daß kooperative Systeme potentiell in allen *arbeitsteiligen Vorgängen* des *beruflichen* und des *privaten Lebens* eingesetzt werden können. Im folgenden wird das Anwendungsgebiet "industrielle Produktentwicklung" genauer betrachtet, um daraus genauere Aussagen über die Anforderungen kooperativer Anwendungen an Kommunikationssysteme ableiten zu können.

Kooperation in der industriellen Produktentwicklung

Da die Produktentwicklung eine komplexe und oft auch unternehmensübergreifende Aufgabe ist, an der mehrere Bearbeiter beteiligt sind, muß insbesondere die *informelle Kooperation* und *Kommunikation* zwischen den projektbeteiligten Entwicklern unterstützt werden [47, 30, 24, 12, 34, 54].

Die Entwicklung technischer Produkte wird heute meist in *Projektteams* durchgeführt. In diesen Teams werden Anwender, Entwickler und Experten aus der Fertigung zusammengeführt. Bei überbetrieblichen Entwicklungsprojekten sind in den Teams auch Fachleute unterschiedlicher Unternehmen vertreten.

Ein typisches *Kooperationsszenario* soll anhand von Abb. 3.39 erläutert werden. Hier ist eine Projektmitarbeiterin mit der Berechnung der Festigkeitseigenschaften eines Bauteils beschäftigt. Die Bauteilgeometrie ist durch die Konstruktionszeichnung festgelegt. Während der Berechnung stellt sie fest, daß bestimmte, in der Anforderungsdefinition des Bauteils geforderte Eigenschaften nicht erfüllt werden können. Zur Behebung dieses Problems muß entweder eine konstruktive Veränderung vorgenommen oder ein anderes Material für das Bauteil verwendet werden. Da die Berechnerin diese Veränderungen nicht alleine festlegen darf, ruft sie eine *Multimedia-Konferenz* mit dem Konstrukteur des Bauteils und dem für die Materialauswahl zuständigen Entwickler ein. In der Konferenz kann dann das Problem erörtert und eine Lösung beschlossen werden.

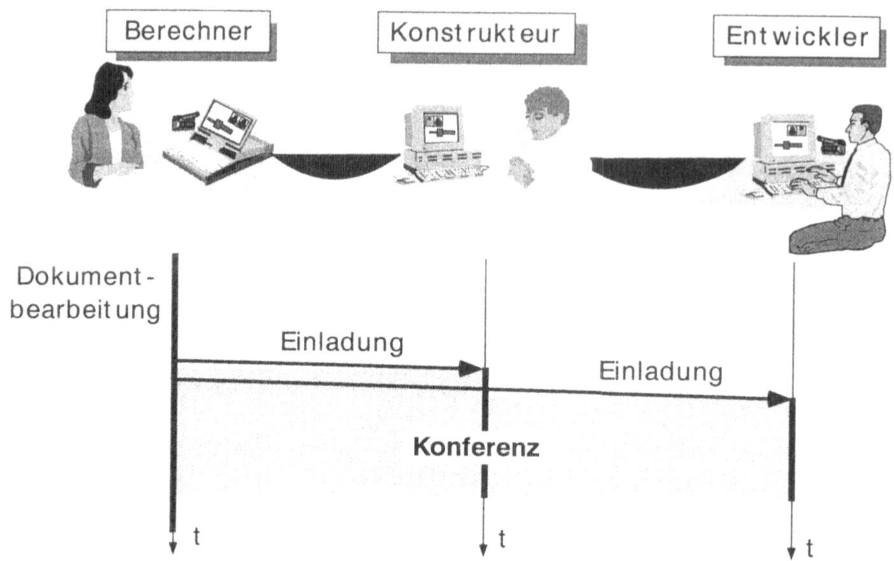

Abb. 3.39 : Informelle Kooperation in der Produktentwicklung

In realen Entwicklungsprojekten treten häufig derartige Abstimmungsprobleme und Inkonsistenzen zwischen einzelnen Entwurfsdokumenten auf. Daneben gibt es zahlreiche Anlässe für Projektbesprechungen, Koordinationstreffen und Terminfestlegungen. Viele dieser Sitzungen können mit Hilfe *kooperativer Multimedia-Systeme* durchgeführt werden, was letztlich zu einer Beschleunigung des Entwicklungsprozesses und oft auch zu einer Reduzierung von Reisekosten führen kann.

Charakteristisch für *multimediale Konferenzen* in der Produktentwicklung ist die relativ begrenzte Teilnehmerzahl. Je nach Anwendungsfall und konkreter Problemstellung rangieren die Gruppengrößen zwischen 2 und höchstens 10 Teilnehmern. Dabei können im Verlauf einer Konferenz durchaus Teilnehmer hinzukommen oder austreten.

Da während der Konferenz ein Arbeitsgespräch zwischen allen Beteiligten geführt wird, sendet jeder Teilnehmer Datenströme zu allen anderen Teilnehmern und empfängt auch deren Datenströme. Dabei wird *interaktiv* auf Dokumente und Anwendungssysteme am *eigenen* und an den *beteiligten* Arbeitsplätzen zugegriffen.

3.4.3 Charakterisierung von Konferenzszenarien

In diesem Abschnitt werden unterschiedliche Anwendungsfelder kooperativer Systeme hinsichtlich ihrer charakteristischen *Merkmale* klassifiziert. Dazu werden zunächst die hier zugrundegelegten Merkmale erläutert. Aus den verwendeten Merkmalen werden später spezifische *Kommunikationsanforderungen* abgeleitet.

Merkmale von Konferenzszenarien

Ein grundlegendes Merkmal von Konferenzen ist *Gruppengröße*. Sie entspricht der Anzahl der an einer Konferenz teilnehmenden Personen und kann je nach Szenario zwischen 2 und mehreren hundert schwanken. Daneben ist auch die durch das Rollenverhalten der Mitglieder definierte *Gruppenstruktur* von Interesse. In einer Konferenz können ein oder mehrere Gruppenmitglieder eine Sprecherrolle haben, während ein anderer Teil ausschließlich eine Zuhörerrolle einnimmt. In anderen Szenarien können wiederum alle Konferenzteilnehmer beide Rollen einnehmen.

Ein zentrales Merkmal von Konferenzen ist die *Mitgliedschaftsdynamik*. Hierdurch wird einerseits das Rollenwechselverhalten der Konferenzteilnehmer und andererseits ihr Ein- und Austrittsverhalten in die Gruppe charakterisiert. In statischen Gruppen gibt es keine Ein- oder Austritte, nachdem die Konferenz begonnen hat. Dagegen sind in dynamischen Gruppen jederzeit Ein- und Austritte möglich.

Weiterhin ist der *Informationsfluß* innerhalb der Konferenz relevant. Grundsätzlich werden Informationen von jedem aktiven Konferenzteilnehmer zu allen anderen Teilnehmern übertragen. Die Gruppenstruktur bestimmt dabei, ob es mehrere aktive Teilnehmer gibt oder nur einen. Der *Interaktionsgrad* gibt zusätzlich Aufschluß darüber, ob und wie häufig ein wechselseitiger Informationsaustausch zwischen den Konferenzteilnehmern stattfindet.

Ein weiteres Merkmal von Konferenzen sind die verwendeten *Medien*. Das einfachste Medium, das innerhalb einer Konferenz eingesetzt werden kann, ist ein gemeinsames Textfenster, in welchem sich die Konferenzbeteiligten Nachrichten zukommen lassen können. Dies ist jedoch fraglos die rudimentärste Form einer Konferenz. Eine adäquate Medienzusammensetzung besteht aus einem Audiokanal zur Übertragung von Sprache, einem Videokanal zur Übertragung von Kamerabildern und einen gemeinsam benutzten Text- oder Grafikeditor zur Anzeige der in einer Konferenz verwendeten Dokumente.

Die Anforderungen an die *Qualität* der *Medienrepräsentation* variieren von Anwendung zu Anwendung. Beispielsweise kann es in der Produktentwicklung genügen, lediglich ein einfaches Skizzenbrett mit geringer graphischer Genauigkeit als gemeinsames Visualisierungswerkzeug zu verwenden. Bei medizinischen Anwendungen, wie der Telediagnose von Röntgenbildern, ist es dagegen notwendig, detailgenaue Graphiken an den Arbeitsplätzen anzuzeigen, um Fehldiagnosen zu vermeiden.

Merkmale des Beispielszenarios

Die charakteristischen *Eigenschaften* des oben vorgestellten *Beispielszenarios* sind in Tab. 3.40 dargestellt. Anhand der Tabelle wird deutlich, daß eine universelle Unterstützung kooperativer Anwendungen hohe *Anforderungen* an die verwendeten Werkzeuge und Kommunikationssysteme stellt. So müssen einerseits große Gruppen mit hoher Ein- und Austrittsdynamik und andererseits kleinere Gruppen mit hoher Interaktivität unterstützt werden. Dabei müssen multimediale Informationen unter Realzeitbedingungen zwischen den konferenzbeteiligten Arbeitsplätzen ausgetauscht werden.

Merkmal	Szenario "Produktentwicklung"
Teilnehmerzahl	2–8
Informationsfluß	N –> N
Interaktivität	hoch
Gruppendynamik	mittel
Medien	Video, Audio, Daten

Tab. 3.40 : Merkmale des Beispielszenarios

3.4.4 Architektur kooperativer Systeme

Kooperative Multimedia-Systeme basieren auf verteilten, durch Daten- und Telekommunikationsnetze gekoppelten Rechnersystemen. *Hardwareseitig* bestehen sie jeweils aus einem Personal Computer oder einer Workstation zusammen mit einem Netzanschluß und Audio- und Videohardware zur Ein- und Ausgabe multimedialer Informationen. Daneben werden spezielle *Software-Komponenten* zum Ansteuern der Multimedia-Hardware, zur Darstellung und Manipulation gemeinsam benutzter Datenobjekte sowie zur Koordination von Multimedia-Konferenzen benötigt.

Komponenten und Plattformen

Die Systeme lassen sich in *anwendungsbezogene* und *kommunikationsbezogene Komponenten* unterteilen. Die kommunikationsbezogenen Komponenten bestehen aus dem Transfersystem, zu welchem die Vermittlungs- und Transportprotokolle gehören, und den Netzen, auf welchen schließlich alle Daten übertragen werden. Zur Unterstützung von Konferenzen mit mehr als zwei Teilnehmern muß das Transfersystem Dienste für die Mehrparteienkommunikation (engl. Multicast) bereitstellen. Hierauf wird in den späteren Teilen dieses Abschnitts noch eingegangen. Zu den anwendungsbezogenen Komponenten zählen einerseits die kooperativen Werkzeuge, wie Audio- und Video-Tools und verteilte Editoren, und andererseits Module, die Basisfunktionalitäten, wie die Steuerung von Konferenzen (engl. Session Management), oder die Synchronisation unterschiedlicher Werkzeuge und Medienströme realisieren.

Werden die einzelnen Komponenten als separate und integrierte Module mit wohldefinierten Schnittstellen realisiert, so erhält man eine *Plattform* für kooperative Multimedia-Systeme (vgl. Abb. 3.41). Diese kann um beliebige Komponenten und Werkzeuge erweitert werden. In den vergangen Jahren ist im Forschungsumfeld eine beträchtliche Anzahl derartiger Plattformen entwickelt worden [31, 41]. Hierzu zählen der Multimedia-Teledienst der DeTeBerkom [2], die Ergebnisse der POLIKOM-Forschungsinitiative [55, 36], der Teledienst des RACE-II Projektes CIO [53], der Internet-MBONE [13] oder die Kommunikationsplattform der Forschergruppe SUKITS an der RWTH Aachen [47], um nur einige Beispiele zu nennen.

Die *Standardisierung* derartiger Plattformen und ihrer Komponenten wird vor allem von der International Telecommunication Union (ITU) in den Normen der H- und der

T-Serie [21, 60, 61] und im Internet in den IETF-Arbeitsgruppen "Multiparty Multimedia Session Control", "Audio/Video Transport" sowie "Integrated Services" vorangetrieben. Hervorzuheben ist in diesem Zusammenhang die ITU-Empfehlung H.320 "Narrow-Band Visual Telephone Systems and Terminal Equipment" [21]. Sie enthält eine Rahmenempfehlung für die technische Gestaltung von kooperativen Multimedia-Systemen, die auf schmalbandigen Kommunikationskanälen (z.B. ISDN-Telefon-Netzen) operieren können.

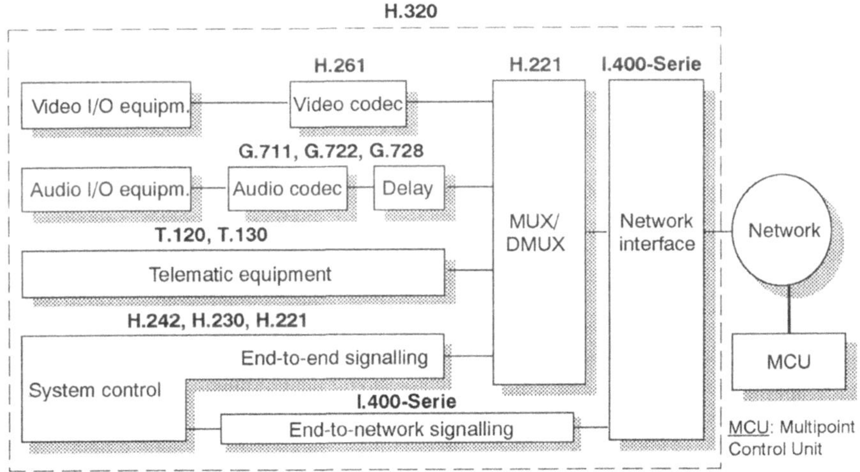

Abb. 3.41 : Architektur kooperativer Systeme nach ITU H.320

Abb. 3.41 zeigt den in der H.320-Empfehlung vorgeschlagenen *Aufbau* eines *kooperativen Endsystems*. An der Schnittstelle zum Benutzer gibt es vier funktionale Komponenten:

- Die Video-Ein-/Ausgabe (Video I/O equipment),
- die Audio-Ein-/Ausgabe (Audio I/O equipment),
- kooperative Editoren und sonstige Werkzeuge (Telematic equipment) und
- die Systemkontrolle (System control).

Daneben gibt es noch die *Multiplexer/Demultiplexer-Einheit* (MUX/DMUX), welche die von den Werkzeugen generierten Medienströme zu einem gemeinsamen Datenstrom vereinigt bzw. eingehende Datenströme aufteilt. Die *Netz-Schnittstelle* (Network interface) nimmt letztendlich die Abbildung der Medienströme auf Übertragungseinheiten und Kommunikationsdienste vor. Eine dedizierte Netz-Komponente, die *Multipoint Control Unit* (MCU), ist für die Realisierung von Multicast-Diensten zuständig.

Kooperative Multimedia-Werkzeuge

Im folgenden werden die *gebräuchlichsten Arten* kooperativer Werkzeuge kurz vorgestellt:

Audio-Tools: Diese Werkzeuge steuern die Ein- und Ausgabe digitalisierter Sprache.
Auf Senderseite besteht die Hauptaufgabe im Lesen der Audio-Schnittstelle, in der Konvertierung der digitalisierten Audio-Daten in ein vereinbartes Audio-Format (Codierung),
im Erzeugen von Audio-Datenpaketen und im Übertragen dieser Pakete auf dem Netz. Auf
Empfängerseite werden ankommende Audio-Pakete zunächst, wenn nötig, sortiert. Dann
werden sie in ein geeignetes Ausgabeformat umgewandelt und in einem möglichst gleich-
mäßigen Ausgabestrom an die Lautsprecher-Hardware übergeben. Der Benutzer kann
diverse Parameter, wie Lautstärke, Sprachcodierung oder Sprachpausenerkennung einstel-
len. Beispiele für Audio-Tools sind das Visual Audio Tool Vat des Lawrence Berkeley
Laboratoriums [13] und das Network Voice Tool NeVot [56].

Video-Tools: Diese Werkzeuge steuern die Ein- und Ausgabe von digitalen Videoströ-
men. Auf Senderseite werden codierte oder uncodierte Bildfolgen von der Videohardware
ausgelesen, in ein vereinbartes Übertragungsformat konvertiert, in Datenpakete verpackt
und gesendet. Auf Empfängerseite wird, wenn nötig, die Reihenfolge der ankommenden
Pakete wiederhergestellt und gegebenenfalls eine Konvertierung des Videoformats vorgenommen. Dann erfolgt die Ausgabe der Video-Bilder auf dem Bildschirm. Auch hier
können diverse Parameter, wie Helligkeit, Schärfe, Bildgröße, Videoformat, etc. durch den
Benutzer eingestellt werden. Beispiele für Video-Tools sind das INRIA Video Conferencing System IVS [62], das Network Video Tool nv des XEROX Palo Alto Research Centers
[17] und das Video Conferencing Tool Vic des Lawrence Berkeley Laboratoriums [44].

Display-Verteiler: Dies sind Programmpakete, mit deren Hilfe die grafische Benutzerschnittstelle von Anwendungssystemen auf den Bildschirmen mehrerer Rechnersysteme
gleichzeitig angezeigt werden kann [1, 18, 19]. Hierdurch können Anwendungssysteme,
die ursprünglich für den Einbenutzerbetrieb entwickelt wurden, ohne Änderungen mehrbenutzerfähig gemacht werden. Display-Verteiler nutzen die Client-Server-Architektur
moderner Fenstersysteme, wie z. B. X-Windows, aus. Auf jedem Rechnersystem mit
Fensterausgabe läuft genau ein X-Server. Dieser Prozeß ist für den Aufbau, die Gestaltung
und alle Veränderungen an der Bildschirmausgabe eines Rechners zuständig. Laufende
Anwendungssysteme werden X-Clients genannt. Sie senden dem X-Server Informationen
über den Inhalt ihrer jeweiligen Fenster, und der X-Server setzt diese dann in Bildschirm-
ausgaben um. Daneben vermittelt der X-Server alle Benutzereingaben (z.B. mittels Maus
oder Keyboard) an die entsprechenden Anwendungssysteme. Der Display-Verteiler fun-
giert nun als Pseudo-X-Server. Er hat nach außen hin die gleiche Schnittstelle wie ein
X-Server. Allerdings empfängt er lediglich die Kommandos der X-Clients, repliziert diese
und sendet sie an die X-Server der Rechnersysteme, auf welchen die wirkliche Ausgabe
erfolgt. Umgekehrt werden im Display-Verteiler die Benutzereingaben von den beteiligten
Rechnern nach bestimmten Strategien gebündelt und an den X-Client übergeben.

Kooperative Editoren: Diese werden in der Regel für die Erstellung, Visualisierung und
Veränderung von Dokumenten innerhalb einer Multimedia-Konferenz eingesetzt. Die Dokumente bestehen im allgemeinen aus Texten, Grafiken und Bildern. Sie stellen eine
identische Sicht der verteilten Benutzer auf ein gemeinsam benutztes Dokument her. Beispiele für kooperative Editoren sind das MBONE Whiteboard wb [16], der an der Universität Erlangen entwickelte Graphikeditor CoDraft [35] oder die am Lehrstuhl für Informatik
IV der RWTH-Aachen entwickelten Editoren MultiGraph [37] und GREDI [50].

Session-Management-Werkzeuge: Diese Werkzeuge übernehmen koordinierende Funktionen bei der Durchführung von Multimedia-Konferenzen. Hierzu zählen die Auswahl geeigneter Gruppenadressen, die Auswahl der verwendeten Werkzeuge sowie die Abstimmung der zugehörigen Datenformate. Weitere Funktionen sind die Initiierung, Verwaltung und Auflösung von Konferenzen. Session-Management-Werkzeuge werden nicht immer als eigenständige Werkzeuge realisiert. Ihre Funktionalität ist oft bereits in die einzelnen oben aufgeführten Werkzeuge integriert [15, 51, 28].

3.4.5 Der kooperative Graphikeditor MultiGraph

Um genauere Erkenntnisse über die Architektur und die Kommunikationsanforderungen kooperativer Editoren zu gewinnen, wurde der verteilte Grafikeditor *MultiGraph* entwickelt. Auf diesen wird im folgenden genauer eingegangen.

MultiGraph ist ein *mehrbenutzerfähiger* Editor für die *verteilte* Erstellung und Manipulation von Graphiken [37, 26]. Mehrbenutzerfähig heißt, daß beliebig viele verteilte Benutzer gleichzeitig ein Dokument bearbeiten können. MultiGraph besitzt die Funktionalität eines konventionellen Einbenutzereditors. Es können graphische Objekte, wie Ellipsen, Rechtecke und Linien, erzeugt und verändert, Texte eingefügt und Bitmaps importiert werden. Dokumente können gesichert und wieder geladen werden (vgl. Abb. 3.42).

MultiGraph-*Konferenzen* werden von einem einzelnen Benutzer initiiert, indem dieser einen Konferenz-Namen angibt. Existiert bereits eine Konferenz mit diesem Namen, so tritt der Benutzer dieser bei. So können Konferenzen mit *dynamischer* Mitgliedschaft unterstützt werden.

Die Darstellung des *gemeinsam bearbeiteten Dokuments* erfolgt nach einem gelockerten WYSIWIS-Prinzip (What you see is what I see), d.h. die Konferenzteilnehmer haben nicht zwangsläufig die gleiche Sicht auf das Dokument. Verschiedene Benutzer können verschiedene Ausschnitte des Dokuments betrachten und verändern.

MultiGraph verfügt über eine Reihe von *Interaktions-* und *Visualisierungshilfen*:

- Mit einem globalen Mauszeiger, dem Telepointer, können Benutzer die anderen Teilnehmer einer Konferenz auf Details der Zeichnung hinweisen.
- Durch temporäre Objekte, sogenannte Rubberbanding-Objekte, werden die Teilnehmer einer Konferenz über den Verlauf der Erzeugung und Veränderung von Objekten informiert. Zum Beispiel werden bei der Größenveränderung eines Rechtecks durch Verschieben einer Ecke die Zwischenstadien vom Aufgreifen bis zum Loslassen der Ecke angezeigt.
- Die Benutzernamen aller Konferenzteilnehmer können angezeigt werden. Jeder Benutzer kann sich somit über die Identität der anderen Teilnehmer informieren.

Architektur des Editors

MultiGraph besitzt eine *symmetrische* Architektur. Die einzelnen MultiGraph-*Instanzen* sind *identisch* und verfügen über die selbe Funktionalität. Jede Instanz verwaltet eine lokale *Kopie* des bearbeiteten Datenobjektes sowie den gesamten Konferenz-Zustand.

Zwischen den Instanzen werden im wesentlichen manipulierende *Operationen* auf dem Datenobjekt ausgetauscht. Im Gegensatz dazu wird der Zustand bei einer zentralen Systemarchitektur nur an einer Stelle verwaltet (vgl. [42]).

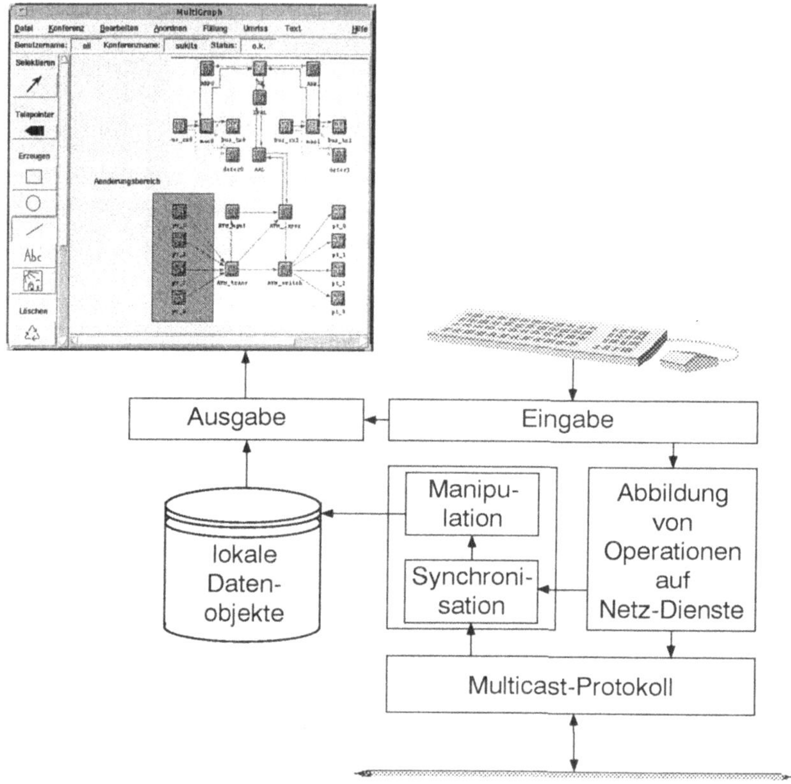

Abb. 3.42 : Architektur der kooperativen Editors Multigraph

Die *Symmetrie* und der sich hieraus ergebende *replizierte Datenbestand* ergeben für einen graphischen Editor folgende *Vorteile*:

- Nicht-globale Zustände (z.B. der gewählte Bildschirmausschnitt) können lokal gespeichert, geändert und ausgewertet werden.
- Viele Operationen auf dem gemeinsamen Dokument können lokal abwickelt werden: Vorgänge wie das Abspeichern und Ausdrucken des Dokuments benötigen keine Kommunikation über das Netzwerk.
- Durch die Autonomie kann der Editor auch als Stand-Alone-Werkzeug benutzt werden. Dadurch ist es z.B. möglich, Dokumente lokal vorzubereiten und die Ergebnisse später in eine Konferenz mit mehreren Teilnehmern einzubringen.
- Der verteilte Datenbestand macht eine Konferenz unempfindlicher gegen den Ausfall einer Instanz.

Symmetrische Architekturen stellen im allgemeinen *hohe Anforderungen* an das verwendete *Kommunikationssystem*. Änderungen des Dokuments müssen sowohl bei dem Benutzer, der diese Änderungen erzeugt hat, als auch bei den anderen Konferenzteilnehmern ohne merkliche Verzögerung auf dem Bildschirm sichtbar gemacht werden. Dies erfordert eine schnelle Übertragung der manipulierenden Operationen an alle konferenzbeteiligten Instanzen.

Ein Problem ist die *Konsistenzerhaltung* der *replizierten Dokumente*. Es muß sichergestellt werden, daß die Replikate in allen Instanzen identisch sind. Diese Bedingung kann verletzt werden, wenn die Instanzen des verteilten Editors Operationen in unterschiedlicher Reihenfolge auf ihren lokalen Datenobjekten ausführen oder wenn Operationen in einzelnen Instanzen gar nicht ausgeführt werden.

Reihenfolgeerhaltung (Ordnung)

Die *Ordnungssemantik* beschreibt die Reihenfolge, mit welcher Nachrichten bei Empfänger-Instanzen ausgeliefert werden. Das wesentliche Ziel ist dabei, daß Nachrichten, die im Sinne einer globalen Zeit nacheinander gesendet wurden, auch in dieser Reihenfolge bei allen Empfängern ankommen. Die geordnete Zustellung von Nachrichten ist für kooperative Editoren mit replizierten Architekturen von besonderem Interesse, denn auf diese Weise kann die Konsistenz der Dokumente gesichert werden.

Da in verteilten Systemen *keine* global eindeutige *Uhrensynchronisation* erreicht werden kann, werden *Mechanismen* benötigt, die die Ordnung sicherstellen. Bei der Punkt-zu-Punkt-Kommunikation wird Ordnung einfach dadurch hergestellt, daß die gesendeten Informationseinheiten durchnumeriert werden. Bei der Mehrparteienkommunikation ist die Reihenfolgenerhaltung schwieriger, denn Nachrichten von unterschiedlichen Sendern können bei den Empfängern in verschiedener Reihenfolge eintreffen.

Man unterscheidet unterschiedlich mächtige *Ordnungsbegriffe*, wie Quellenordnung, Bündelordnung oder totale Ordnung, etc. [42]. Der Kommunikationsdienst eines kooperativen Editors muß eine Ordnungssemantik bereitstellen, die den Ordnungsbedürfnissen des Editors entspricht, indem sie hilft, Inkonsistenzen zu verhindern. Die Ordnungssemantik darf auf keinen Fall zu schwach sein, sollte aber auch nicht stärker als nötig sein, um die Auslieferung der Datenpakete nicht zu verzögern.

Atomarität

Damit der Datenbestand von replizierten Systemen identisch bleibt, muß der verwendete Kommunikationsdienst die *Atomaritätseigenschaft* erfüllen. Wenn eine Nachricht an eine Gruppe gesendet wird, trifft sie entweder bei allen Mitgliedern korrekt ein oder bei keinem.

Um die Konsistenz der Dokumente und eine schnelle Auslieferung der Nachrichten an die Instanzen einer Konferenz zu gewährleisten, verwendet MultiGraph das *Multicast Transport Protocol* MTP-2 [4]. MTP-2 ist ein Multicast-Protokoll mit zuverlässiger, atomarer und total geordneter Nachrichtenauslieferung. MTP-2 beinhaltet nur die Funktionalität der Transportschicht und verwendet Dienste existierender unzuverlässiger Protokolle der Netzwerkschicht, wie z.B. IP-Multicast.

Die *Synchronisation*, die bei anderen graphischen Editoren auf Anwendungsebene oder mit Synchronisationsmechanismen verteilter Datenbanken stattfindet, erfolgt bei Multi-Graph ausschließlich unter Verwendung der durch MTP-2 garantierten totalen Ordnung und Atomarität.

Die vom Benutzer ausgelösten *Operationen* auf dem Dokument werden auf die Netz-Dienste abgebildet. Dort werden die Operationen getrennt behandelt, je nachdem, ob es sich um draw- und xfer- oder banding-Operationen handelt. Zu den draw-Operationen gehören die Operationen zum Erzeugen und Löschen von Objekten, zum Verändern der Objektattribute (Farbe, Größe usw.) und zum Ändern der relativen Anordnung auf der Zeichenfläche. Die xfer-Operationen werden benötigt, um den Zustandstransfer beim Eintritt eines neuen Konferenzteilnehmers durchzuführen. Die banding-Operationen beziehen sich auf die Rubberbanding-Objekte und den Telepointer.

Durch die *Verwendung* von *zwei Streams* werden die Synchronisationsverzögerungen minimiert. Der draw-Stream überträgt die Nachrichten zuverlässig, total geordnet und atomar, während der banding-Stream unzuverlässig, nicht geordnet und nicht atomar überträgt.

Die draw- und xfer- Operationen werden über den *draw-Stream* versendet. Da die Nachrichten an die Multicast-Gruppe gerichtet sind, werden sie auch von der sendenden Instanz empfangen. Diese Tatsache wird für die Synchronisation genutzt. Das Multicast-Protokoll liefert die Nachrichten des draw-Streams bei allen Instanzen in der gleichen Reihenfolge aus. Um die Dokumente konsistent zu halten, führt der Sender demnach seine eigene Operation nicht sofort aus, sondern wartet auf die durch MTP-2 geordnete Selbstauslieferung. Erst nach dem Empfang wird die Operation auch beim Sender durchgeführt.

Eine ungeordnete Auslieferung der *banding-Operationen* hat keine Auswirkungen auf die Konsistenz des Dokuments. Da die Anzeige der Umrisse während der Objekterzeugung in jedem Fall nur provisorisch bis zum Abschluß und zur Verbreitung der endgültigen draw-Operation erfolgt, ist z.B. ein Fehlen von Zwischenstufen durch Nachrichten, die die letzte Mausposition beinhalten, hinnehmbar. Aus diesem Grund können diese Operationen bei der sendenden Instanz direkt ausgeführt werden, ohne auf die Selbstauslieferung zu warten. Die durch das Multicast-Protokoll ausgelieferten eigenen banding-Operationen werden verworfen. Durch dieses Verfahren wird gewährleistet, daß die momentane Größe und Position des Rubberbanding-Objekts bzw. Telepointers auf das Bildschirm zu jedem Zeitpunkt mit der Mausbewegung korrespondieren.

3.4.6 Integration kooperativer Systeme

Kooperative Multimedia-Systeme unterstützen den informellen, aufgabenbezogenen Informationsaustausch zwischen geographisch voneinander getrennten Personen. Dabei ermöglichen sie durch den Einsatz der im vorigen Abschnitt beschriebenen Werkzeuge die gemeinsame Sichtung und Bearbeitung von Dokumenten und stellen durch die Übertragung audiovisueller Informationen eine enge Bindung zwischen den Kooperationspartnern her. Um einen benutzerfreundlichen Einsatz dieser "Kommunikationshilfsmittel" zu gewährleisten, wird allerdings noch *weitergehende Systemunterstützung* für das Identifizieren von Kooperationspartnern, für die Auflösung von Netzadressen, für das Initiieren von Konferenzen oder für die Auswahl konferenzrelevanter Dokumente benötigt. Daher kommt der Integration dieser Systeme in ihr informationstechnisches und arbeitsorganisatorisches Umfeld besondere Bedeutung zu [23]. In diesem Abschnitt wird am Beispiel der industriellen Produktentwicklung ein Ansatz zur Realisierung dieser Integration vorgestellt.

Schema für die Integration

Das arbeitsorganisatorische Umfeld kooperativer Multimedia-Systeme wird in der Regel in den *Datenstrukturen dedizierter Informationssysteme* abgebildet. Im Falle der Produktentwicklung sind dies Dokument- und Workflow-Managementsysteme, welche zur Verwaltung von Entwicklungsunterlagen und Entwicklungsprojekten eingesetzt werden [47, 63]. Sie speichern formale Kooperationsbeziehungen zwischen allen Personen, die im Rahmen bestimmter Projekte mit der Erstellung der zugehörigen Entwicklungsdokumente beschäftigt sind. In der Produktentwicklung lassen sich also die drei Informationsklassen Personen, Aktivitäten und Dokumente unterscheiden. Diese Klassen und ihre wechselseitigen Abhängigkeiten bilden das Grundgerüst eines konzeptuellen Schemas für die Datenverwaltung in Entwicklungsumgebungen. Eine Integration der informellen Kooperationsbeziehungen von Multimedia-Konferenzen in den formalen Kontext von Entwicklungsprojekten kann nun anhand eines solchen Schemas erfolgen.

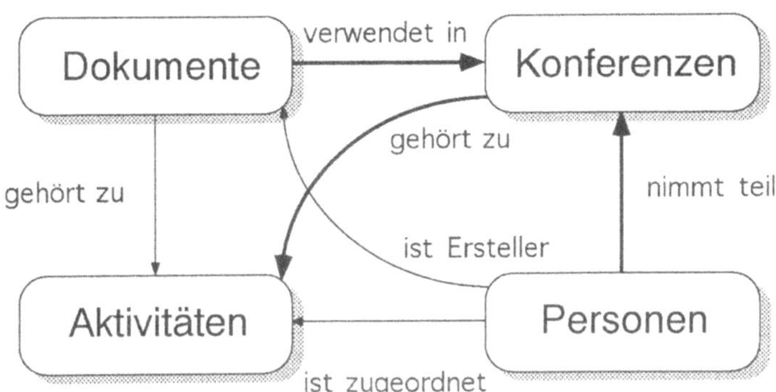

Abb. 3.43 : Konzeptuelles Datenbankschema für die Produktentwicklung

Abb. 3.43 zeigt beispielhaft ein konzeptuelles *Datenbankschema* für die Produktentwicklung unter Berücksichtigung *informeller Kooperationsbeziehungen.* Die grundlegenden Bestandteile des Schemas sind die Informationsklassen Dokumente, Aktivitäten und Personen und ihre Querbeziehungen. In dem Beispiel nehmen Aktivitäten wie Entwicklungsprojekte eine zentrale Rolle ein (vgl. Abb. 3.44). Datenbankschema zur Integration kooperativer Systeme in Entwicklungsprozesse). Ihnen sind Dokumente (z.B. Konstruktionszeichnungen) und Personen (z.B. Konstrukteure, Berechner, Manager) zugeordnet. Weiterhin gibt es eine "ist-Ersteller-von"-Relation zwischen Personen und Dokumenten.

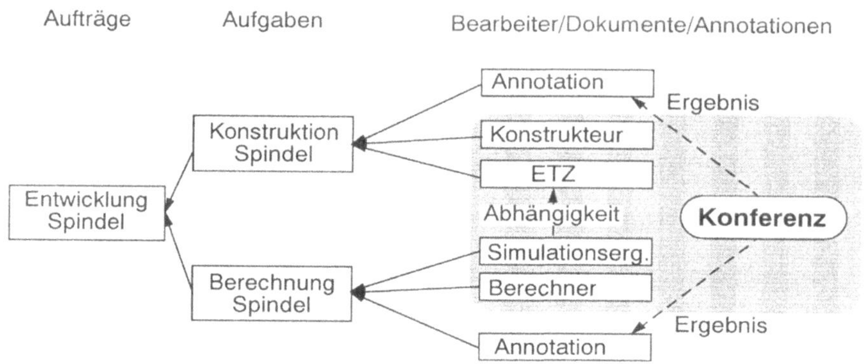

Abb. 3.44 : Beispielausprägung

Multimedia-Konferenzen lassen sich sehr einfach als weitere *Informationsklasse* in dieses Schema einbetten, da es zu allen anderen Informationsklassen Relationen gibt. Konferenzen finden im Zusammenhang von bestimmten Entwicklungsprojekten statt, dabei bezieht man sich auf projektbezogenen Dokumente. Der Teilnehmerkreis ist eine Teilmenge der Projektbearbeiter. Der Nutzen einer solchen Integration ist offensichtlich: Durch die dargestellte Zuordnung und die Auswertung der in einer Datenbank abgelegten Informationen kann der Kontext einer Multimedia-Konferenz automatisch aufgelöst werden, d.h. potentielle Teilnehmer werden automatisch eingeladen, verteilt abgelegte Dokumente werden in aktuellen Versionen gefunden und verwendet, und mögliche Ergebnisse einer Konferenz können dem richtigen Projekt zugeordnet werden.

Realisierung

Eine konkrete *Umsetzung* dieses *Modells* wurde im Rahmen der Forschergruppe SU-KITS erarbeitet [47]. Abb. 3.44 zeigt eine Instantiierung des hierbei verwendeten Schemas. Im Mittelpunkt steht eine mehrstufige Hierarchie von Aktivitäten (Aufträge und Aufgaben). Diesen sind Bearbeiter und Dokumente zugeordnet. Konferenzen finden im Zusammenhang bestimmter Aufgaben und Dokumente statt und haben die Bearbeiter der Aufgaben als Teilnehmer. Abhängigkeiten zwischen unterschiedlichen Aufgaben können benutzt werden, um Konferenzen mit breiterer Teilnehmerzahl zu initiieren, beispielsweise zur Diskussion von Designänderungen mit Auswirkungen auf viele Teilaspekte des Entwicklungsprojekts. Die Ergebnisse von Konferenzen (z.B. Protokolle oder Skizzen) können als sogenannte Annotationen in das Dokument integriert werden.

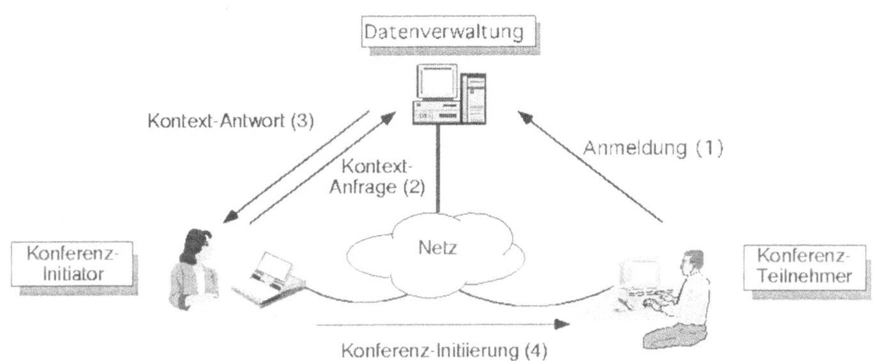

Abb. 3.45 : Client-Server-basiertes Integrationskonzept für kooperative Systeme

Dieses Integrationskonzept kann in verteilten Systemen auf der Basis der in Abb. 3.45 dargestellten Client/Server-Architektur realisiert werden [25]. Ein logisch zentrales *Informationssystem* verwaltet das oben beschriebene Datenbankschema und seine Instantiierung. Benutzer, die potentiell an einer Konferenz teilnehmen könnten, melden sich bei dem Informationssystem an. So wird bekanntgemacht, welche Benutzer erreichbar sind und wo sie sich aufhalten. Zur Initiierung einer Konferenz muß dann lediglich eine Kontext-Anfrage an das Informationssystem gestellt werden. Dort werden die benötigten Informationen bereitgestellt und an den anfragenden Benutzer zurückgeliefert. Auf der Basis der erhaltenen Informationen kann der Initiator andere Benutzer in die Konferenz einladen.

3.4.7 Kommunikationsanforderungen

Die in Multimedia-Konferenzen eingesetzten Rechnersysteme werden über Daten- oder Telekommunikationsnetze miteinander verbunden. Um eine identische Sicht der Teilnehmer auf den Konferenzzustand zu generieren, müssen die von den verwendeten Werkzeugen erzeugten Medienströme über das Netz zu allen Teilnehmern übertragen werden. Da das kooperative Multimedia-System von allen Konferenzteilnehmern zeitgleich und interaktiv benutzt wird, dürfen die durch die Übertragung entstehenden Verzögerungszeiten nicht so groß werden, daß sie als störend langsam empfunden werden. Hieraus ergeben sich insgesamt äußerst hohe *Kommunikationsanforderungen*, denn es wird eine Kommunikationsarchitektur für den Austausch multimedialer Informationen zwischen mehreren verteilten Rechnersystemen unter Echtzeit-Bedingungen benötigt.

In diesem Abschnitt werden diese Anforderungen genauer beschrieben. Dazu wird zunächst eine *Charakterisierung* multimedialer Datenströme auf der Basis der in Multimedia-Systemen gebräuchlichen Komprimierungs- und Codierungsverfahren vorgenommen. Dann werden *Messungen* vorgestellt, mit deren Hilfe das Datenaufkommen realer Multimedia-Konferenz-Systeme untersucht wurden. Darauf aufbauend werden konkrete *Leistungsanforderungen* kooperativer Systeme formuliert.

Codierung und Übertragung multimedialer Datenströme

Die in einer Multimedia-Konferenz parallel eingesetzten kooperativen Werkzeuge erzeugen mehrere sich überlagernde *Medienströme*. Sendende Teilnehmer erzeugen Audioströme, Videoströme und mehrere Datenströme, die Kontrollinformationen enthalten oder von einem gemeinsam benutzten Anwendungssystem generiert werden. Diese Informationen werden digitalisiert, in Datenpakete aufgeteilt und sequentiell auf einem gemeinsamen Kommunikationskanal übertragen (Multiplexen). Auf Empfängerseite werden die ankommenden Datenpakete an die unterschiedlichen Werkzeuge übergeben (vgl. Abb. 3.46).

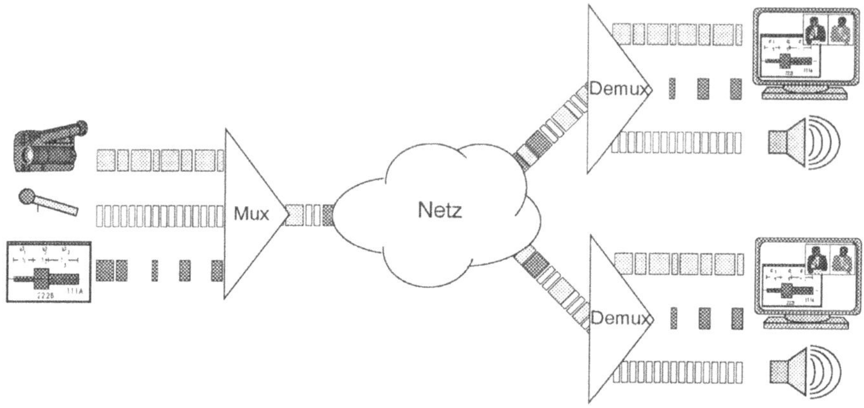

Abb. 3.46 : Übertragung multimedialer Datenströme

Kennzeichnender Bestandteil multimedialer Datenströme sind die *audiovisuellen Informationen*. Diesen Medien liegen zeit- und wertkontinuierliche analoge Signale zugrunde. Da die rechnerinterne Verarbeitung und Übertragung von Audio- und Video-Daten digital erfolgt, müssen die Signale zunächst digitalisiert werden. Da hierbei teilweise sehr große Datenmengen anfallen, erfolgt zusätzlich eine Komprimierung. Der gesamte Umwandlungsprozeß der analogen Signale in ein digitalisiertes komprimiertes Format wird Codierung genannt. Die Rekonstruktion des ursprünglichen Signals nennt man Decodierung. Zur Übertragung der codierten Informationen über Daten- und Telekommunikationsnetze werden zeitlich oder logisch zusammenhängende Informationen zu Übertragungseinheiten, wie z. B. Datenpaketen, zusammengefaßt.

Sowohl bei der Digitalisierung als auch bei der Komprimierung können Details des ursprünglichen analogen Signals verlorengehen, so daß dieses Signal nicht mehr exakt rekonstruiert werden kann. Der Verlust ist jedoch meist kaum wahrnehmbar und wird in Kauf genommen, um eine zusätzliche Reduktion des Datenaufkommens zu erreichen. Abhängig vom Medium, der Repräsentationsgenauigkeit und dem verwendeten Komprimierungsverfahren weisen die *multimedialen Datenströme* unterschiedliche Charakteristika auf. Daher werden im folgenden kurz die gebräuchlichsten Codierungsverfahren für Audio- und Video-Datenströme vorgestellt.

Audio-Codierung

Die Digitalisierung kontinuierlicher Audio-Signale basiert auf der regelmäßigen Abtastung des analogen Signals und der Abbildung des Abtastwertes auf einen diskreten Wert (Quantisierung). So erhält man eine *Folge* sogenannter *Audio-Samples*, die jeweils den Signalpegel zu einem bestimmten Zeitpunkt repräsentieren. Einige gängige Verfahren sind die PCM- und die ADPCM-Codierung:

PCM: Ein verbreitetes Verfahren zur Audio-Codierung ist die sogenannte Pulse Code Modulation (PCM) [G.711]. Hierbei wird das Audio-Signal mit einer Abtastrate von 8000 Hz und einer Auflösung von 8 Bit/Sample quantisiert. So ergibt sich ein Datenstrom von 64 kBit/s. Das PCM-Verfahren wird unter anderem zur Codierung von Sprachsignalen in digitalen Telefonsystemen wie ISDN (Integrated Services Digital Network) verwendet. Zur Erzielung einer besseren Codierungsqualität müssen Abtastrate und Quantisierung erhöht werden. Für CD-Qualität wird beispielsweise pro Stereokanal eine Abtastrate von 44,1 kHz und eine Quantisierung von 16 Bit/Sample eingesetzt. Dies ergibt eine Datenrate von 1,4 MBit/s.

ADPCM: Aus der Verringerung der Datenrate resultiert jedoch auch ein Problem der DPCM-Technik. Bei starken Veränderungen des Signalverlaufs folgt der codierte Wert dem Originalwert zu langsam. Daher wurden sogenannte Adaptive Differential Pulse Code Modulation (ADPCM) Verfahren entwickelt [G.726], welche eine adaptive Anpassung der Auflösung des Differenzwertes erlauben. So werden bei schwachen Veränderungen des Pegelwertes Samples mit nur wenigen Bit übertragen und bei starken Veränderungen entsprechend mehr. Mit dieser Technik sind Datenraten von bis zu 32 kBit/s ohne Qualitätsverlust gegenüber der ISDN-Telefonie erreichbar. Die stärkste Datenreduktion im Bereich der digitalen Telefonie wird derzeit in GSM-Mobilfunknetzen erreicht. Mit der dort verwendeten Variante der ADPCM-Technik werden Datenraten von 13,2 kBit/s rezielt. Die Wiedergabequalität ist dabei etwas schlechter als bei der ISDN-Telefonie [45].

Video-Codierung

Da Video-Daten wesentlich mehr Informationen enthalten als Audio-Daten, benötigen sie bei unkomprimierter Übertragung deutlich mehr Bandbreite. Entsprechend aufwendiger sind hier die *Codierungsverfahren*. Ein einzelnes Bild (engl. Frame) wird im Rechner normalerweise als eine Matrix von Bildpunkten (engl. Pixel) mit vordefinierter Farbtiefe dargestellt. In der Video-Technik sind auch Matrix-Darstellungen gebräuchlich, welche Farb- (Crominanz) und Helligkeitsinformationen (Luminanz) der Bildpunkte separat repräsentieren. Gebräuchliche Bildgrößen wurden beispielsweise für die Video-Telefonie festgelegt. Das in der H.261-Empfehlung [20] definierte Common Interchange Format for Video Images (CIF) verwendet 352 x 288 Pixel, und seine kleinere Variante Quarter CIF (QCIF) verwendet 176 x 144 Pixel. Bei einer angenommenen Farbauflösung von 8 Bit ergibt sich dann für ein CIF-Bild eine Datenmenge von etwa 100 KByte/Bild.

Die *Komprimierung* von Bewegtbild-Sequenzen kann nun zusätzlich den Umstand ausnutzen, daß sich aufeinanderfolgende Bilder meist nur geringfügig voneinander unterscheiden. Änderungen treten oft nur lokal auf und sind auch dort nur graduell. Werden derartige Ähnlichkeiten aufeinanderfolgender Bilder bei der Codierung berücksichtigt, spricht man von Inter-Frame-Codierung.

H.261: Ein häufig eingesetztes Video-Codierungsverfahren wird in der H.261-Empfehlung der ITU definiert [20]. Es wurde speziell für die Bild-Telefonie und für Video-Konferenzen in Schmalband-ISDN-Systemen entwickelt, eignet sich aber für eine Vielzahl von Multimedia-Anwendungen mit limitierter Übertragungskapazität und verhältnismäßig geringen Anforderungen an die Übertragungsqualität. Beim H.261-Verfahren ist der durch die Codierung erzeugte Datenstrom abhängig von der im Netz zur Verfügung stehenden Bandbreite. Ein einfacher Schmalband-ISDN-Anschluß (S0-Anschluß) besteht aus zwei B-Kanälen mit einer Kapazität von jeweils 64 kBit/s und einem D-Kanal für die Signalisierung. Der kapazitätsstärkste ISDN-Anschluß bietet 30 B-Kanäle (sog. Primämultiplex- oder S2M-Anschluß). In einem S2M-Anschluß können für eine Verbindung mehrere B-Kanäle zusammengeschaltet werden, so daß sich eine Übertragungskapazität von p x 64 kBit/s ergibt (p in $\{1, \ldots, 30\}$). Gebräuchliche H.261-Codierer liefern Datenraten von 64, 128 und 384 kBit/s.

MPEG: Die MPEG-Norm (Moving Pictures Expert Group) [29, 40] unterstützt neben der Komprimierung von Bewegtbildsequenzen auch die Codierung von Audio-Daten. Sie wurde für die Speicherung und Übertragung qualitativ hochwertiger Video-Daten entwickelt und generiert Datenströme mit höheren Bandbreite-Anforderungen als H.261. MPEG definiert eine Auflösung von 720 * 576 Pixel/Bild bei einer angestrebten Übertragungsrate von 1,5 MBit/s. Weiterentwicklungen von MPEG sind MPEG-2 für hochqualitative Videos und MPEG-4 für schmalbandige Anwendungen.

Struktur codierter Multimedia-Daten

Die verschiedenen Codierungsverfahren erzeugen jeweils *unterschiedliche Datenströme*. Manche Verfahren, insbesondere Verfahren zur Sprachcodierung wie PCM, generieren einen regelmäßigen konstanten Datenstrom (engl. Constant Bit Rate, CBR). Durch die 8-Bit-Quantisierung und die Abtastrate von 8000 Hz generiert ein PCM-Codierer jeweils nach 125 ms ein Byte. Diese Daten können dann einzeln oder in größeren Blöcken übertragen werden.

In der Regel erzeugen die Codierer jedoch keinen gleichförmigen, sondern einen *zeitlich variablen* Datenstrom (engl. Variable Bit Rate, VBR). Dies gilt insbesondere für Videocodierungsverfahren, da dort lediglich die Veränderungen des Eingangssignals codiert werden. Die genaue Struktur variabel codierter Datenströme hängt vom verwendeten Codierungsverfahren und von der zugrunde liegenden Bild- und Tonsequenz ab. Untersuchungen hierzu finden sich unter anderem in [27] und [32].

Paketisierung codierter Multimedia-Daten

Viele Codierungsverfahren für multimediale Daten erzeugen einen *strukturierten Bitstrom*, welcher in regelmäßiger Folge bestimmte Anteile der codierten Informationen enthält. Beispielsweise werden in H.261 die Huffman-codierten Informationen zu 512-Bit Paketen zusammengefaßt, welche 2 Bit zur Synchronisation, 18 Bit zur Fehlerkorrektur und 492 Datenbit enthalten. Diese Pakete werden dann gemeinsam mit den Audio-Daten auf einer p x 64 kBit/s-Verbindung übertragen.

In Datennetzen müssen die codierten Informationen ebenfalls zu Paketen gruppiert und dann übertragen werden. *Größe* und *Aufbau* der Pakete haben hierbei einen entscheidenden Einfluß auf die *Leistungsfähigkeit* der Übertragung. Wichtige Randbedingungen sind die Übertragungszeit und die Verlustwahrscheinlichkeit der Pakete. Da in jedem Paket neben den Nutzdaten noch Protokollinformationen enthalten sind, verbessern große Pakete das Nutzdaten-zu-Overhead-Verhältnis. Andererseits dauert die Übertragung großer Pakete länger, und der Verlust eines großen Paketes beeinflußt die Übertragungsqualität stärker als der Verlust eines kleinen Paketes.

3.4.8 Leistungsanforderungen

In diesem Unterabschnitt werden *Leistungsanforderungen* kooperativer Multimedia-Systeme an Kommunikationssysteme beschrieben. Hierbei wird auf die zulässige Übertragungszeit, auf die erforderliche Bandbreite und auf Zuverlässigkeitsanforderungen eingegangen. Andere Übersichten zu diesem Themenkomplex finden sich in [30, 14, 22, 64, 43, 59, 52].

Zeitliche Anforderungen

Alle Informationen, die zwischen den Teilnehmern einer Multimedia-Konferenz ausgetauscht werden, erfahren im Kommunikationssystem eine bestimmte *Verzögerung*. Sie entspricht der Übertragungszeit über das Netz und bestimmt damit die Antwortzeit des Systems auf Benutzereingaben. Die Antwortzeit wird durch die verwendeten Protokolle, die Topologie des Netzes und durch die jeweilige Lastsituation im Netz beeinflußt.

Wegen der interaktiven Benutzung kooperativer Multimedia-Systeme bestehen *Echtzeit-Anforderungen* an die Übertragungszeit. Der Begriff Echtzeit wird durch die DIN Norm 44300 wie folgt definiert: "Echtzeitbetrieb ist ein Betrieb eines Rechnersystems, bei dem Programme zur Verarbeitung anfallender Daten ständig derart betriebsbereit sind, daß die Verarbeitungsergebnisse innerhalb einer vorgegebenen Zeitspanne verfügbar sein müssen." Echtzeit-Anforderungen werden durch die Anwendung in Form von Zeitschranken formuliert.

Die zitierte DIN-Norm beschreibt sogenannte harte Echtzeitanforderungen. In Systemen, die harte Echtzeitanforderungen stellen, kann ein *Überschreiten* der vorgegebenen Zeitschranken zum *Zusammenbruch* der Steuerungsfunktionalität führen, was nicht nur fatale Folgen für das Rechnersystem selbst, sondern auch für seine Umgebung haben kann (z.B. in Steuerungen von Bremsanlagen, Flugzeugen, Raketen oder Kernkraftwerken).

Im hier betrachteten Fall hat ein Verletzen der Echtzeitschranken jedoch keine fatalen Folgen für das Funktionieren des kooperativen Multimedia-Systems, sondern führt lediglich zu *Unzufriedenheit* und einem damit einhergehenden *Sinken* der *Akzeptanz* beim Benutzer. Man spricht daher von sogennannten weichen Echtzeitanforderungen, bei welchen die vorgegebenen Zeitschranken von einem bestimmten Prozentsatz der übertragenen

Pakete geringfügig überschritten werden dürfen. Derartige Zeitschranken werden in [58] auch als Fristen bezeichnet.

Bei kooperativen Multimedia-Systemen hängen diese Fristen von der subjektiven menschlichen Reaktions- und Wahrnehmungszeit ab. Benutzer sollen keine deutlichen, durch die Übertragung verursachten Verzögerungen beim Umgang mit ihrem System erfahren. In der einschlägigen Literatur finden sich kaum konkrete *Angaben* bezüglich der in Multimedia-Konferenzen *einzuhaltenden Fristen*. Eine der wenigen Quellen ist die ITU-Empfehlung G.114, welche die tolerierbaren Übertragungszeiten für Telefongespräche definiert. Da Telefongespräche auch eine bestimmte Klasse von interaktiven, kooperativen Anwendungen darstellen, soll diese Empfehlung hier als Grundlage verwendet werden. Dies entspricht auch dem in [49] gewählten Ansatz. Danach sollen Fristen von bis zu 300 ms als gut und Fristen von bis zu 800 ms als noch akzeptabel angesehen werden. Dabei müssen die Fristen von allen Teilnehmern einer Multimedia-Konferenz erfüllt werden. Somit bestimmt also die maximale Übertragungszeit zwischen zwei Konferenzteilnehmern die Antwortzeit in der Konferenz.

Neben der absoluten Ende-zu-Ende-Übertragungszeit sind in multimedialen Anwendungen auch *Schwankungen* der *Übertragungszeit* (engl. Jitter) von Bedeutung. Auswirkungen von zu hohem Jitter lassen sich als "Rucken" beim Video oder als Tonhöhenschwankungen bzw. Aussetzer beim Audio beobachten.

Funktionale Anforderungen

Neben den im vorangegangenen Abschnitt beschriebenen Leistungsanforderungen stellen kooperative Multimedia-Systeme noch eine Reihe *funktionaler Anforderungen* an Kommunikationssysteme. Diese Anforderungen werden wesentlich von der parallelen Existenz mehrerer Teilnehmer in Multimedia-Konferenzen und von den anderen Eigenschaften bestimmt. Traditionell sind die Dienste von Daten- und Telekommunikationsnetzen nur auf die Übertragung von Daten zwischen zwei kommunizierenden Partnern ausgelegt.

Mehrparteienkommunikation: Wegen der Existenz mehrerer Teilnehmer in Multimedia-Konferenzen muß das Kommunikationssystem einen Dienst bereitstellen, der die Übertragung identischer Informationen von einem Sender an mehrere Empfänger ermöglicht (sog. Multicast-Dienst). Da in bestimmten Szenarien mehrere hundert Teilnehmer in einer Konferenz zusammenkommen, darf dieser Dienst keine Einschränkungen hinsichtlich der Empfängerzahl diktieren und muß die effiziente Übertragung der Informationen unabhängig von der Empfängerzahl realisieren [56, 48].

Dynamische Gruppen: Da Gruppenmitglieder in vielen Kooperations-Szenarien dynamisch in eine bestehende Konferenz eintreten oder diese verlassen, muß der Multicast-Dienst eine nachträgliche Erweiterung oder Verkleinerung der Verbindung ermöglichen [8].

Synchronisation und Ordnung: Um innerhalb einer Konferenz und insbesondere in den replizierten Datenbeständen kooperativer Werkzeuge einen konsistenten Zustand herzustellen und zu erhalten, werden spezielle Mechanismen zur Inter- und Intramedien-Synchronisation und zur Realisierung diverser Ordnungssemantiken in der Multicast-Kommunikation benötigt [42].

3.4.9 Mehrparteienkommunikation in kooperativen Systemen

Der Fokus dieses Abschnitts liegt auf der *Untersuchung* geeigneter *Kommunikationssysteme* zur Übertragung der diversen multimedialen Datenströme unter Berücksichtigung anwendungsspezifischer Quality-of-Service-Parameter. Ein vorherrschendes Thema ist dabei insbesondere die Realisierung sogenannter *Multicast-Dienste* zur Unterstützung von Multimedia-Konferenzen mit mehr als zwei kooperierenden Teilnehmern [26].

Um als Grundlage für die Entwicklung und den Betrieb kooperativer Multimedia-Systeme dienen zu können, müssen digitale Daten- und Telekommunikationsnetze neben den etablierten Punkt-zu-Punkt-Kommunikationsdiensten für die Übertragung von Informationen zwischen zwei Kommunikationspartnern auch *Punkt-zu-Mehrpunkt-Kommunikationsdienste* für die simultane Übertragung identischer Informationen von einem Sender an mehrere Empfänger anbieten [9]. Die Realisierung solcher Dienste erfordert umfangreiche Erweiterungen von Protokollen und Netzkomponenten, bietet aber entscheidende Funktionalitäts- und Leistungsvorteile gegenüber den heute vorherrschenden reinen Punkt-zu-Punkt-Kommunikationssystemen.

Bei der Mehrparteienkommunikation kann zwischen Broadcast, Multicast und Multipoint unterschieden werden (vgl. Abb. 3.47). Beim *Broadcast* werden die gesendeten Informationen bei allen an das Kommunikationssystem angeschlossenen Endsystemen ausgeliefert. Beim *Multicast* erreichen die Informationen lediglich eine wohldefinierte Empfängergruppe. Multicast ist damit die allgemeinste Form der Punkt-zu-Mehrpunkt-Kommunikation, denn es umfaßt die Sonderfälle Unicast, wenn die Empfängergruppe genau ein Endsystem enthält, und Broadcast, wenn alle Endsysteme der Empfängergruppe angehören. Eine weitere Verallgemeinerung stellt die *Multipoint-* oder Gruppenkommunikation dar. Hierbei existieren mehrere gleichberechtigte Sender innerhalb einer Gruppe. Zur Realisierung von Multipoint-Diensten werden in der Regel Multicast-Kommunikationskanäle von jedem Sender zu allen Mitgliedern der Empfängergruppe aufgebaut.

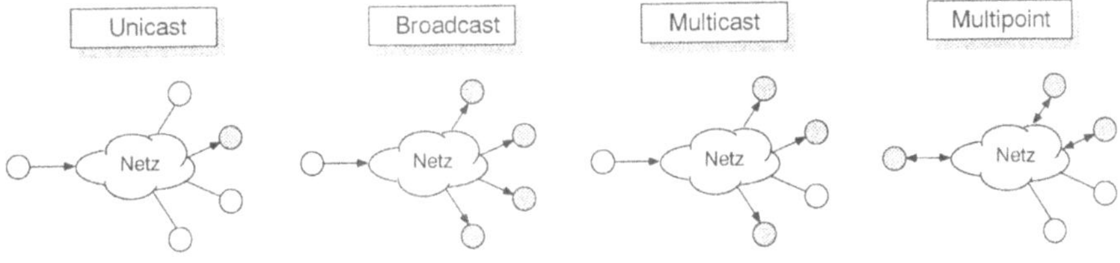

Abb. 3.47 : Kommunikationsformen [57]

Während heute viele lokale Netze Multicast- und Broadcast-Dienste auf der Sicherungsschicht anbieten, fehlt in den meisten existierenden Kommunikationsarchitekturen bislang noch eine durchgängige Unterstützung derartiger Dienste durch Protokolle der *Vermittlungs-* und *Transportschicht*. Hierdurch können Anwendungen, welche Mehrparteienkommunikationsdienste benötigen, nur innerhalb der Grenzen lokaler Netze betrieben werden. Die weltweit zunehmende Vernetzung erfordert die Ausweitung der Mehrparteienkommunikation von lokalen Umgebungen auf Weitverkehrsnetze, was die Lösung einer Vielzahl von Problemen, wie Adressierung, Routing, Intra- bzw. Intermedia-Synchronisation, Zuverlässigkeits- und Fehlerkontrolle, etc. erschwert, aber voraussetzt [22].

Realisierung von Multicast-Diensten

Es gibt drei prinzipielle Möglichkeiten zur *Realisierung* von Multicast-Diensten. Senderseitig kann ein Multicast-Dienst mit eingeschränkter Funktionalität durch das sequentielle Versenden identischer Kopien an alle Empfänger emuliert werden. Dieses Verfahren kann auf der Basis vorhandener Punkt-zu-Punkt-Kommunikationsdienste implementiert werden und ist daher einfach zu realisieren. Innerhalb des Kommunikationssystems bestehen die wesentlichen Alternativen zwischen einer Broadcast-Realisierung und einer Realisierung als sogenannter "echter Multicast" [6]. Bei der Broadcast-Realisierung werden die gesendeten Informationen bei allen an das Kommunikationssystem angeschlossenen Empfängern ausgeliefert. Diese filtern dann die für sie bestimmten Informationen heraus. Bei der Realisierung als echter Multicast werden die Informationen unter Ausnutzung gemeinsamer Übertragungswege ausschließlich an die entsprechenden Empfänger vermittelt.

Wird der Multicast-Dienst innerhalb des Kommunikationssystems realisiert, genügt eine Sendeoperation, um eine beliebig große Empfängergruppe zu erreichen. Die Broadcast-Realisierung ist in diesem Zusammenhang nur in Kommunikationssystemen mit geringer Knotenzahl und begrenzter Ausdehnung praktikabel, da hierdurch in allen Knoten eine hohe Belastung durch das Empfangen und Untersuchen eingehender Informationen entsteht und das Kommunikationssystem auch in den Bereichen belastet wird, die überhaupt nicht zu potentiellen Empfängern führen. Daher konzentrieren sich die weiteren Ausführungen auf die Realisierung als *echter Multicast*.

Hierbei ergeben sich einige wesentliche *Effizienzvorteile gegenüber* der *Emulation* durch die sequentielle Übertragung identischer Kopien:

- Rechenzeitersparnis im Sender, da bei der sequentiellen Übertragung ein nicht unerheblicher Aufwand durch das Absenden der einzelnen Kopien entsteht.
- Bandbreiten- und Ressourcenersparnis im Netz, da durch die Ausnutzung gemeinsamer Übertragungswege zu den Empfängern weniger physikalische Kopien im Kommunikationssystem übertragen werden.
- Skalierbarkeit, da durch die Parallelisierung der Übertragung und die Nutzung gemeinsamer Übertragungswege die Übertragungszeit und die Belastung des Kommunikationssystems und des Senders unabhängig von der Gruppengröße ist.

Der Aufwand von *echter* und *emulierter Multicast-Übertragung* wird im folgenden gegenübergestellt. Bei der Emulation eines Multicast-Dienstes in einem Szenario mit N miteinander kommunizierenden Teilnehmern werden insgesamt N·(N-1) (logische) Simplex-Übertragungskanäle benötigt. Dabei muß jeder Sender N-1 identische Kopien der von ihm erzeugten Informationen verschicken und diese auf den einzelnen Kanälen an alle anderen Gruppenmitglieder senden. Zusätzlich muß er für jeden Kanal Fehlersicherungsfunktionen übernehmen. Der Berechnungsaufwand jedes Senders steigt also linear mit der

Gruppengröße. Die durch die Übertragung der Informationen verursachte Netzbelastung ist gleich der Anzahl der Übertragungskanäle. Sie steigt damit quadratisch mit der Anzahl aktiver Teilnehmer. Dieses lineare bzw. quadratische Wachstum des Kommunikationsaufwandes begrenzt die Anzahl der möglichen Teilnehmer erheblich.

Da der Kommunikationsaufwand im wesentlichen durch die Replikation identischer Informationen beim Sender verursacht wird, liegt es nahe, diese *Replikation* im *Netz* durchzuführen. Werden Multicast-Dienste verwendet, beträgt der Aufwand beim Sender lediglich O(1) und ist unabhängig von der Gruppengröße. Sind alle Gruppenmitglieder an ein gemeinsames Netzsegment angeschlossen, reduziert sich die Netzbelastung auf O(N).

Kommunikationsarchitektur zur Realisierung von Multicast Diensten

Zur Realisierung kooperativer Multimedia-Systeme besteht also großer Bedarf nach einer netzweiten Realisierung von Multicast-Diensten in Kommunikationssystemen. Existierende *Multicast-Mechanismen* in lokalen und Weitverkehrsnetzen sind im Hinblick auf eine Verwendung in kooperativen Multimedia-Systemen *unbefriedigend*:

- Es existiert keine Kommunikationsarchitektur, welche Multicast-Dienste durchgängig in allen netznahen Protokollschichten (OSI-Schichten 1 bis 4) realisiert.
- Durch die fehlende Unterstützung von Multicast-Diensten in der Vermittlungs- und Transportschicht können Anwendungen, die derartige Dienste benötigen, nur innerhalb der Grenzen lokaler Netze betrieben werden.
- Wie oben erläutert, können Multicast-Dienste nur sehr eingeschränkt durch die separate Übertragung von Unicast-Datenpaketen an alle Empfänger emuliert werden. Das ohnehin hohe Datenaufkommen kooperativer Multimedia-Systeme würde bereits bei wenigen Konferenzteilnehmern zu Netzüberlastungen führen.
- Keines der vorhandenen multicastfähigen Protokolle unterstützt anwendungsspezifische Leistungs- und Funktionalitätsanforderungen durch Dienstgüteparameter.

Eine *Kommunikationsarchitektur*, welche Multicast-Funktionalitäten durchgängig in allen Protokollschichten realisiert ist in Abb. 3.48 dargestellt [26]. Die Protokolle der Vermittlungs- und Transportschicht tragen hierbei die Hauptverantwortung für die Leistungsfähigkeit und Funktionalität der Datenübertragung. Sie ist unabhängig von den konkreten, in der Sicherungs- und Bitübertragungsschicht eingesetzten Netzen gestaltet, d.h. sie kann sowohl in Broadcast- als auch in Punkt-zu-Punkt-Netzen betrieben werden. Es wird lediglich vorausgesetzt, daß Broadcast-Netze bereits einen lokalen Multicast-Dienst bereitstellen. Die Kommunikationsarchitektur ist so gestaltet, daß anwendungsspezifische Dienstgüteparameter bei der Datenübertragung berücksichtigt werden können.

In der *Vermittlungsschicht* wird ein paketvermittelndes multicastfähiges Routingprotokoll verwendet. Hier werden Konzepte zur Adressierung und Verwaltung von Multicast-Gruppen sowie zur Berechnung von Routen zwischen einem Sender und mehren Empfängern realisiert. Für die *Wegwahl* wird ein neues Quality-of-Service-basiertes Routingprotokoll verwendet, das ressourcensparende und verzögerungsgünstige Multicast-Leitwege berechnet. Der darin verwendete Routingalgorithmus erlaubt die Angabe oberer Schranken für die Übertragungszeit zwischen Sender und Empfängern sowie die Berechnung von Routen für dynamische Multicast-Gruppen.

In der *Transportschicht* wird ein streamorientiertes und ein zuverlässiges Multicast-Transportprotokoll verwendet. So können die spezifischen Anforderungen an die Übertragung der unterschiedlichen in Multimedia-Konferenzen verwendeten Medien durch genau angepaßte Protokollmechanismen erbracht werden. Das streamorientierte Protokoll realisiert die Übertragung kontinuierlicher Medien wie Video und Audio. Hier wird das im Internet entwickelte Protokoll RTP verwendet. Diskrete Medien, wie Texte, Daten und Konferenzoperationen, werden durch das zuverlässige Transportprotokoll MTP übertragen.

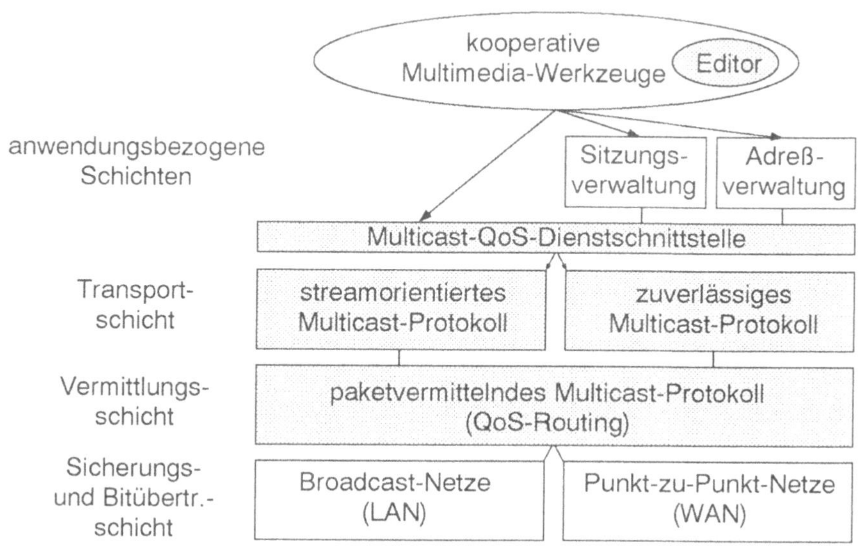

Abb. 3.48 : Kommunikationsarchitektur für kooperative Multimedia-Systeme

Eine weitere wesentliche Komponente kooperativer Multimedia-Systeme ist die *Sitzungsverwaltung*. Sie ist für die Einrichtung und Auflösung von Konferenzen zuständig und stellt Funktionen zur Koordinierung der Teilnehmeraktivitäten zur Verfügung. Diese Komponente bildet außerdem das Bindeglied zwischen dem System und dem organisatorischen Umfeld der Benutzer.

3.4.10 Zusammenfassung der wesentlichen Ergebnisse

In diesem Abschnitt wurden kooperative *Multimedia-Systeme* zusammen mit ihren *Anwendungsfeldern* und *Kommunikationsanforderungen* beschrieben. Anhand typischer Multimedia-Konferenz-Szenarien wurde gezeigt, daß diese Systeme sehr vielfältige Anforderungen an die Funktionalität und Leistungsfähigkeit von Daten- und Telekommunikationsnetzen stellen. Wesentliche Merkmale von Multimedia-Konferenzen sind die geographische Verteilung der kooperierenden Personen, die zeitgleiche Zusammenarbeit in Form von Konferenzen und die Nutzung unterschiedlicher Medien für den Informationsaustausch zwischen den Benutzern. Hieraus ergeben sich insgesamt äußerst hohe Kommunikationsanforderungen, denn es wird eine Kommunikationsarchitektur für den Austausch multimedialer Informationen zwischen mehreren verteilten Rechnersystemen unter Echtzeit-Bedingungen benötigt.

Die innerhalb von Multimedia-Konferenzen erzeugten *Medienströme* lassen sich grob in die folgenden *drei Klassen* unterteilen:

- Ströme mit konstanter Bitrate (CBR) und vergleichsweise geringem Datenaufkommen von weniger als 64 kBit/s pro Quelle für die Übertragung von Audio-Daten.
- Ströme mit variabler Bitrate (VBR) und vergleichsweise hohem Datenaufkommen von mehr als 128 kBit/s pro Quelle für die Übertragung von Video-Daten.
- Burstartige Ströme mit sehr inhomogener Charakteristik für die Übertragung von Daten, Operationen und Steuerungssignalen innerhalb von Konferenzen.

Für jeden einzelnen Medienstrom gelten zusätzlich unterschiedliche Anforderungen an die Übertragungszeit und die tolerierbare Fehlerrate. Diese diversen anwendungs- und szenarioabhängigen *Kommunikationsanforderungen* kooperativer Multimedia-Systeme können *nicht* von *einem* universellen *Kommunikationsdienst* erfüllt werden. Ein solcher Dienst würde nur selten ein zufriedenstellendes Verhältnis zwischen geforderter und erbrachter Leistung und Funktionalität realisieren. Daher müssen die unterschiedlichen kooperativen Systeme ihre übertragungsspezifischen Anforderungen mit Hilfe sogenannter Dienstgüteparameter (engl. Quality of Service Parameter, QoS) ausdrücken und dem Kommunikationsdienst mitteilen. Der Dienst muß seinerseits Mechanismen zur Interpretation dieser Parameter bereitstellen und die Einhaltung der geforderten Dienstgüte überwachen [30]. Eingehendere Diskussionen von Quality-of-Service-Konzepten finden sich in [52] und [39].

Aus den skizzierten Untersuchungen der Kommunikationsanforderungen geht hervor, daß kooperative Systeme die *vielfältigsten* Funktionalitäts- und Leistungsanforderungen an *Multicast-Dienste* stellen.

Literatur

[1] Abdel-Wahab, H., Feit, M.: XTV: A Framework for Sharing X Window Clients in Remote Synchronous Collaboration, Proc. of IEEE Tricomm '91, Chapel Hill, 1991

[2] Altenhofen, M., Dittrich, J., Hammerschmidt, R., Käppner, T., Kruschel, C., Kückes, A., Steinig, T.: The BERKOM multimedia collaboration service, in Proc. of ACM Multimedia, Anaheim, California, S. 457–463, Aug. 1993

[3] Ahuja, Ensor, Horn: The Rapport Multimedia Conferencing System, in Proc. of the 2nd IEEE Conf. on Computer workstations, S. 52–58, 1988

[4] Bormann, C., Ott, J., Gehrcke, H.: MTP-2: Towards achieving the S.E.R.O. Properties for Multicast transport, Proc. of ICCC&N, San Francisco, September 1994

[5] Borghoff, U., Schlichter, J.: Rechnergestützte Gruppenarbeit: Eine Einführung in verteilte Anwendungen, Springer-Verlag, 1995

[6] Deering, S.: Multicast Routing in a Datagram Internetwork, Ph.D. Dissertation, Stanford University, Dezember 1991

[7]   Dewan, P., Riedl, J.: Toward Computer Supported Concurrent Software Engineering, IEEE Computer, S. 17–27, Januar 1993

[8]   Effelsberg, W., Müller-Menrad, E.: Dynamic Join and Leave for Real-Time Multicast, Technical Report TR-93-056, International Computer Science Institute, Berkeley, Oktober 1993

[9]   Effelsberg, W.: Multicast for Multimedia: An Introduction, Proc. of GI-Jahrestagung '94, Springer, September 1994

[10] Effelsberg, W.: Das Projekt TeleTeaching der Universitäten Heidelberg und Mannheim, Praxis in der Informationsverarbeitung und Kommunikation, PIK 18(1995)4, S. 205–208, Saur Verlag 1995

[11] Ellis, C.A., Gibbs, S.J., Rein, G.L.: Groupware – Some Issues and Experiences, Communications of the ACM, Vol. 34, No.1, S. 38, Januar 1991

[12] Encarnação, J., Hornung, C., Noll, S.: Computer-Supported Cooperative Work (CSCW): Stand und Perspektiven, it + ti 36 (1994) 4/5, S. 96–104, 1994

[13] Eriksson, H.: MBONE: The Multicast Backbone, Communications of the ACM, Vol. 37, No. 8, S. 54–61, August 1994

[14] Ferrari, D.: Client Requirements of Real-Time Communication Services, IEEE Communications Magazine, S. 65–72, November 1990

[15] Fingerhuth, M.: Modellierung und Bewertung von Konferenzkontrollprotokollen zur Unterstützung verteilter Gruppenarbeit, Diplomarbeit, RWTH Aachen, Lehrstuhl für Informatik IV, Juni 1995

[16] Floyd, S., Jacobson, V., McCanne, S., Liu, C., Zhang, L.: A Reliable Multicast Framework for Light-Weight Sessions and Application Level Framing, ACM SIGCOMM 1995

[17] Frederick, R.: NV – X11 video-conferencing tool, Unix Manual Page, XEROX PARC, 1992

[18] Gutekunst, T., Bauer, D., Caronni, G., Plattner, B.: A Distributed and Policy-Free General-Purpose Shared Window System, IEEE/ACM Transactions on Networking, S. 51–62, Vol. 3, No. 1, Februar 1995

[19] Gutekunst, Th., Plattner, B.: Sharing Multimedia Applications among Heterogeneous Workstations, Proc. of 2nd European Conf. on Broadband Islands, S. 103–114, Athen, 1993

[20] ITU-T Recommendation H.261: Video Codec for audiovisual services at p x 64 kbit/s, 1993

[21] ITU-T Recommendation H.320: Narrow-band visual telephone systems and terminal equipment, März 1993

[22] Heinrichs, B.: Transfersysteme zur Hochleistungskommunikation, Dissertation RWTH Aachen, Springer-Verlag, Juni 1994

[23] Hermanns, O.: Eine Kommunikationsarchitektur für die Integration von CIM-Anwendungssystemen und Groupware, in Proc. zur GI Jahrestagung Karlsruhe, Reihe "Informatik aktuell", Springer-Verlag, S. 377–386, September 1992

[24] Hermanns, O., Engbrocks, A.: Design, Implementation and Evaluation of a Distributed File Service for Collaborative Engineering Environments, Proc. of 3rd IEEE Workshop of Enabling Technologies – Infrastructures for Collaborative Enterprises, IEEE Computer Soc. Press, S. 170–177, Morgantown West Virginia, April 1994

[25] Hermanns, O.: Erfahrungen mit einer OSI-basierten Infrastruktur für heterogene verteilte Systeme, Proceedings zur KiVS '95, Reihe Informatik aktuell, Springer-Verlag, S. 430–444, Chemnitz, Februar 1995

[26] Hermanns, O.: Multicast-Kommunikation in kooperativen Multimedia-Systemen, Dissertation RWTH Aachen, Shaker Verlag, Mai 1997

[27] Hamdi, M., Rolin, P., Duboc, M., Ferry, M.: Rosource Requirements for VBR MPEG Traffic in Interactive Applications, in "Multimedia Transport and Teleservices", Springer LNCS Nr. 882, 1994

[28] Handley, M., Wakeman, I., Crowcroft, J.: The Conference Control Channel Protocol (CCCP): A scalable base for building conference control applications, Proc. of ACM SIGCOMM, London, September 1995

[29] International Standardization Organisation: Coding of Moving Pictures and Associated Audio, ISO 11172, 1992

[30] Jacobs, S., Hermanns, O.: Cooperative Design: Defining Requirements on Network Technology, Proceedings of the 6th Joint European Networking Conference, S. 223-1–223-8, Tel Aviv, Mai 1995

[31] Jonas, K., Kaul, M., Rebensburg, K., Ruge, F.: Distributed multimedia: research projects and applications in Germany, ERCIM News, vol. 19, S. 9–10, Oktober 1994

[32] Karabek, R., Heinrichs, B.: Sprachübertragung über ISPNs: Messung und Modellierung, in Tagungsband GI/ITG Fachtagung "Messung, Modellierung und Bewertung von Rechnersystemen MMB'93", Aachen, S. 267-279, Springer-Verlag, September 1993

[33] Kaldowski, R.: Analyse der Kommunikationsanforderungen von Design-Konferenz-Systemen, Diplomarbeit, RWTH Aachen, WZL & Lehrstuhl für Informatik IV, Februar 1996

[34] Kimura, F., Kjellberg, T., Krause, F.-L., Wozny, M.: Workshop results of First CIRP International Workshop on Concurrent Engineering for Product Realization, in Concurrent Engineering Research in Review, Vol. 5, 1993

[35] Kirsche, T., Lenz, R., Lührsen, H., et. al.: Communication Support for Cooperative Work, Computer Communications, Vol. 16, No. 9, S. 594–602, September 1993

[36] Klöckner, K., Mambrey, P., Sohlenkamp, M., Prinz, W., Fuchs, L., Kolvenbach, S., Pankoke-Babatz, U., Syri, A: POLITeam Bridging the Gap between Bonn and Berlin for and with the Users, In: Proceedings of the 4th European Conference on Computer-Supported Cooperative Work ECSCW '95, S. 17–31, Marmolin, Sundblad, Schmidt (ed.), Kluwer Academic Publishers, 1995

[37] Krause, W.: Untersuchung von Gruppenkommunikations-Mechanismen zur Entwicklung eines verteilten Graphik-Editors, Diplomarbeit, RWTH Aachen, Lehrstuhl für Informatik IV, Mai 1995

[38] Krönig, D.: Mobilität und Informatik, Informatik Spektrum, S. 344–346

[39] Kurose, J.: Open Issues and Challenges in Providing QoS Guarantees in High-Speed Networks, ACM Computer Communications Review, Nol. 23, No. 1, S. 6–15, Januar 1993

[40] Le Gall, D.: MPEG: A Video Compression Standard for Multimedia Applications, Communications of the ACM, S. 305–313, Vol. 34, No. 4, April 1991

[41] Lukacs, M., Boyer, D.: A Universal Broadband Multipoint Teleconferencing Service for the 21st Century, IEEE Communications Magazine, S. 36–43, November 1995

[42] Mayer, E.: Synchronisation in kooperativen Systemen, Vieweg 1994

[43] Mauthe, A., Coulson, G., Hutchinson, D., Namuye, S.: Group Support in Multimedia Communications Systems, Proc. of Cost 237 Workshop on 'Teleservices and Multimedia Communications', S. 1–18, Kopenhagen, November 1995

[44] McCanne, S., Jacobson, V.: vic: A Flexible Framework for Packet Video, Proc. of ACM Multimedia '95, San Francisco, November 1995

[45] Mouly, M., Pautet, M.-B.: The GSM System for Mobile Telecommunications, im Eigenverlag erschienen, ISBN 2-9507190-0-7, 1992

[46] Nagl, M.: Eng integrierte Software-Entwicklungsumgebungen, Informatik Forschung und Entwicklung, S. 105–119, Band 8, 1993

[47] Nagl, M., Eversheim, W., Weck, M., Michaeli, W., Spaniol, O.: Arbeitsbericht der DFG-Forschergruppe SUKITS an die Deutsche Forschungsgemeinschaft, RWTH Aachen, März 1996

[48] Ngoh, L.H.: Multicast support for group communications, Computer Networks and ISDN Systems, 22(1991) S. 165–178, 1991

[49] Partridge, C.: Gigabit Networking, Addison-Wesley 1994

[50] Printz, M.: Entwicklung eines Editors zur simultanen Bearbeitung von Textdokumenten, Diplomarbeit, RWTH Aachen, IKV & Lehrstuhl für Informatik IV, April 1995

[51] Rajagopalan, B.: Membership Protocols for distributed conference control, Computer Communications, S. 695–708, Vol. 18, No. 10, Oktober 1995

[52] Reinhardt, W.: Dienstgüte-Management in paketvermittelnden Netzen, Dissertation, RWTH Aachen, 1996

[53] Rozek, A., Christ, P: The CIO Multimedia Communication Platform, Proc. of IWACA '94, S. 251–265, Springer LNCS, Heidelberg, September 1994

[54] Reddy, R., Srinivas, K., Jagannathan, V. et.al: Computer support for Concurrent Engineering, IEEE Computer, S. 12–16, Januar 1993

[55] Schäfer, J.: Telekooperation – POLIKOM, GMD-Spiegel 3'94, S. 52, September 1994

[56] Schulzrinne, H.: Conferencing and Collaborative Computing: Where are we?, it+ti, 37 (1995) 4, S. 58–63, 1995

[57] Schuba, M., Hermanns, O.: Modellierung von Multicastmechanismen zur Unterstützung von Gruppenkommunikation, 1. Aachener Workshop über 'Neue Konzepte für die offene verteilte Verarbeitung', Aachener Beiträge zur Informatik, Band 7, S. 137–147, Aachen, September 1994

[58] Steinmetz, R., Nahrstedt, K.: Multimedia: Computing, Communications & Applications, Prentice Hall Innovative Technology Series, 1995

[59] Szyperski, C., Ventre, G.: A Characterization of Multi-Party Interactive Multimedia Applications, Technical Report, TR-93-006, The Tenet Group, International Computer Science Institute, Univ. Berkeley, Februar 1993

[60] ITU-T Draft-Recommendation T.120: Data Protocols for Multimedia Conferencing, März 1995

[61] ITU-T Draft-Recommendation T.130: Real Time Architecture for Multimedia Conferencing, Februar 1996

[62] Turletti, T.: The INRIA videoconferencing system (IVS), ConneXions 8, Vol. 10, S. 20–24, Oktober 1994

[63] Westfechtel, B.: Integrated Product and Process Management for Engineering Design Applications, Integrated Computer-Aided Engineering, vol. 3-1, John Wiley & Sons, New York, 1996

[64] Yavatkar, R., Lakshman, K.: Communication support for distributed collaborative applications, Multimedia Systems (1994) 2, S. 72–88, Springer, 1994

[65] Zhang, L., Deering, S., Estrin, D., et. al.: RSVP: A New Resource Reservation Protocol, IEEE Network, S. 8–18, September 1993

4 Der SUKITS-Prototyp

P. Ritz, M. Walz, F. Boshoff, K. Sonnenschein, WZL
K. Schlesinger, IKV
P. Heimann, B. Westfechtel, Informatik III
O. Hermanns, Informatik IV

Zusammenfassung

In den vorangegangenen Kapiteln haben wir die Ergebnisse des SUKITS-Projekts vorgestellt. Dabei haben wir zwischen Ingenieurmethodik (Kapitel 2) und informatischer Unterstützung (Kapitel 3) unterschieden. Im vorliegenden Kapitel gehen wir nun auf den SUKITS-Prototyp ein, mit dessen Hilfe die im Projekt entwickelten Konzepte validiert wurden.

Bei diesem Prototyp handelt es sich um ein verallgemeinertes Workflowsystem mit vollständig realisierter Funktionalität, mit dem etwa ein Dutzend heterogener Anwendungssysteme a posteriori integriert wurden. Zur Demonstration der Funktionalität wurde ein umfassender Demoablauf ausgearbeitet, der Ausschnitte aus der Entwicklung einer Bohrmaschine zeigt. Als wesentliche Kernpunkte des Prototyps lassen sich produktabhängige Aufgabennetze, Rückgriffe, Simultaneous Engineering, multimediale Kommunikation, Integration von formaler und informeller Kooperation sowie unternehmensübergreifende Kooperation herausstellen.

4.1 Überblick

Prototypen markierten wichtige Meilensteine im SUKITS-Projekt. Der erste Prototyp wurde anläßlich der ersten Begehung der Forschergruppe durch die DFG im Herbst 1993 fertiggestellt. Im Mittelpunkt des *SUKITS-Prototyps '93* stand die Versions- und Konfigurationsverwaltung voneinander abhängiger Dokumente. Mit dem damals noch als "CIM-Manager" bezeichneten Administrationssystem wurden heterogene Anwendungssysteme integriert, die hauptsächlich dateibasiert arbeiteten und unter unterschiedlichen Betriebssystemen liefen (Unix, VMS, MS-DOS). Insbesondere das Prozeßmanagement wurde nur rudimentär unterstützt.

Der *SUKITS-Prototyp '96*, der im April 1996 anläßlich der zweiten Begehung fertiggestellt wurde, stellt eine Erweiterung des SUKITS-Prototyps '93 dar. Die Erweiterungen beziehen sich insbesondere auf das Management von Entwicklungsprozessen und die informelle, multimediale Kommunikation. Ferner wurde die Benutzerschnittstelle grundlegend überarbeitet und verbessert. Im folgenden konzentrieren wir uns auf den (aktuelleren und umfassenderen) SUKITS-Prototyp '96; eine detaillierte Beschreibung des SUKITS-Prototyps '93 wird in [1] gegeben.

Den *Begriff Prototyp* haben wir gewählt, um deutlich zu machen, daß es sich nicht um ein kommerzielles Produkt handelt. Dies hätte hinsichtlich Stabilität, Effizienz und Dokumentation erhebliche Anstrengungen erfordert, für die im Rahmen dieses Forschungsprojekts keine ausreichenden Ressourcen zur Verfügung standen. Andererseits handelt es sich weder um ein "Pappmodell" noch um einen "Türken". Die Funktionalität wurde vollständig realisiert; der Implementierungsaufwand war erheblich. Die Zielsetzung des Prototyps bestand vor allem darin, anhand von realistischen Beispielen neuartige Funktionalität zu demonstrieren, die in kommerziellen Systemen nicht realisiert ist.

Im folgenden gehen wir zunächst auf die Struktur des Prototyps ein (Abschnitt I.4.2) und besprechen anschließend ein größeres Beispiel (Entwicklung einer Bohrmaschine, Abschnitt I.4.3). Schließlich fassen wir die wesentlichen Ergebnisse zusammen und machen einige Anmerkungen zur Evaluierung (Abschnitt I.4.4).

4.2 Struktur des Prototyps

Die *Struktur* des Prototyps wurde in grober Form bereits in Kapitel 1 skizziert (Abb. 1.1). Abb. 4.1 zeigt eine detailliertere Darstellung. Es handelt sich um eine Client/Server-Architektur, in deren Mittelpunkt das in den Abschnitten 3.1 und 3.4 beschriebene Kommunikationssystem steht. Die dort angebotenen Dienste für Mail, Dateitransfer, Datenzugriff und synchrone Kommunikation basieren partiell auf ISODE [4], einer Entwicklungsumgebung für OSI-konforme Anwendungen. Die Integrationsdatenbasis wird durch GRAS [2] verwaltet, ein auf attributierten Graphen basierendes Datenbanksystem. Parametrisierungs- und Managmentumgebung wurden mit Hilfe von IPSEN-Technologie realisiert (im Rahmen des IPSEN-Projekts [3] wurde eine Standardarchitektur für eng integrierte, strukturbezogenene Entwicklungsumgebungen entworfen und implementiert). Zur Entwicklung des Frontends wurde ein kommerzielles User-Interface-Toolkit (XVT [5]) benutzt. Heterogene Anwendungssysteme werden mit Hilfe von Wrappern integriert, die in der Skriptsprache Perl [6] geschrieben sind. Mit Hilfe von `Checkout` werden Anwendungssysteme mit Dokumentkopien versorgt, die im Falle von schreibenden Zugriffen am Ende einer Sitzung mit `Checkin` zurückgeschrieben und damit der Kontrolle des Administrationssystems unterstellt werden. Weitere Details zum Administrationssystem können insbesondere in Abschnitt I.3.3.3 nachgelesen werden.

Abb. 4.2 vermittelt einen Überblick über die mit dem SUKITS-Prototyp '96 integrierten *Anwendungssysteme*. In der oberen bzw. unteren Hälfte sind Anwendungssysteme aus der Metall- bzw. Kunststoffverarbeitung dargestellt, die im Beispielprozeß aus Abschnitt I.4.3 für die Entwicklung des Getriebes bzw. des Gehäuses einer Bohrmaschine benutzt werden. Es handelt sich teilweise um kommerzielle Systeme, teilweise um Eigenentwicklungen der Ingenieurpartner.

Die (grobgranulare) *Integration* dieser Systeme mit Hilfe von Wrappern stellte in den meisten Fällen kein großes Problem dar. Insbesondere für dateibasierte Systeme lassen sich `Checkout`- und `Checkin`-Operationen auf einfache Weise implementieren. Um die Weitergabe von Daten zu unterstützen, wurden eine Reihe von Konvertern integriert, die z.B. Umsetzungen zwischen verschiedenen Arten von Geometriemodellen durchführen. Einige der Anwendungssysteme speichern ihre Daten in (selbstentwickelten oder relationalen) Datenbanksystemen. Im Falle von CAMPUS und FMEA führte dies nicht zu Problemen, da auf deren Datenbanken ohnehin nur lesend zugegriffen wurde und eine Konvertierung in andere Datenformate nicht erforderlich war. Im Falle des Produktionsplanungssy-

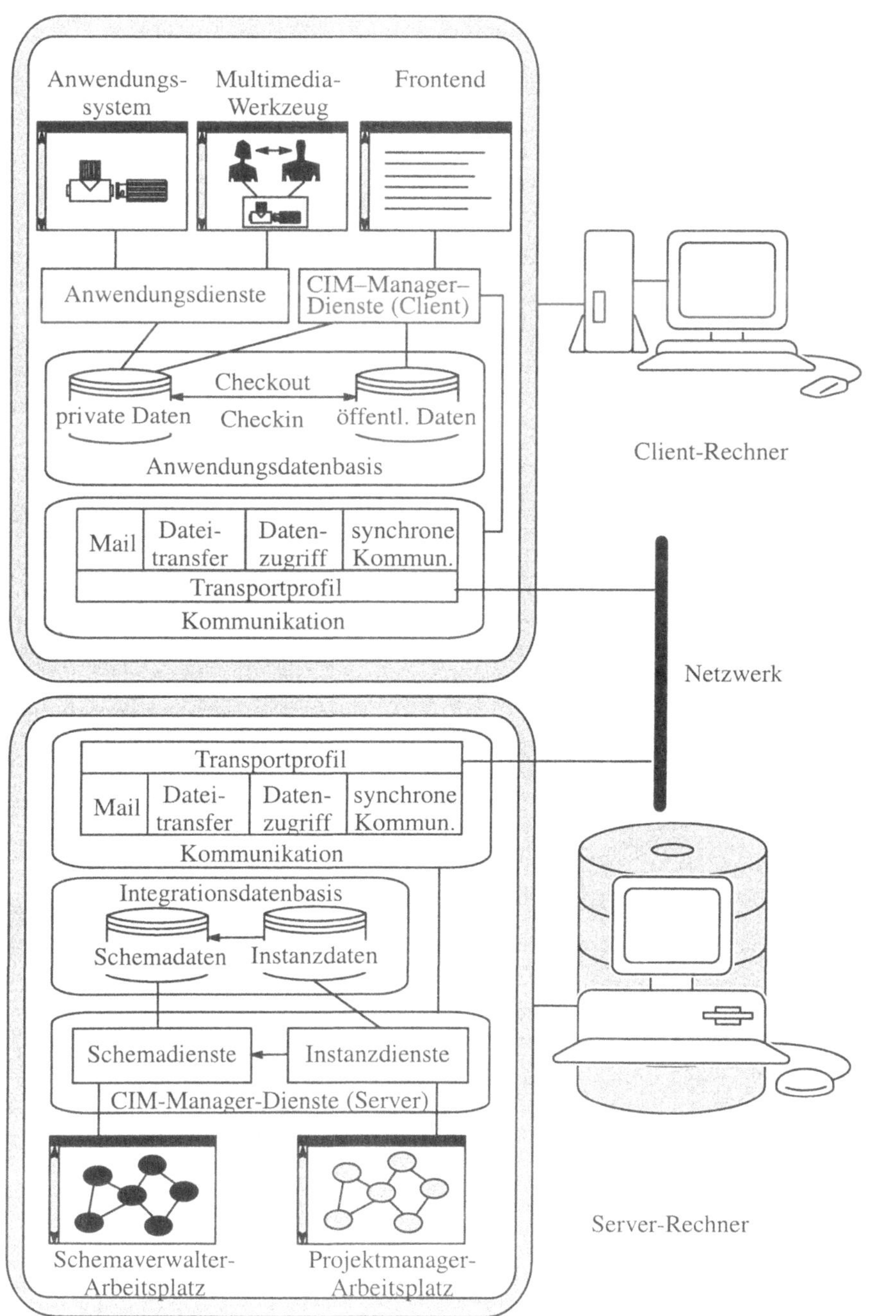

Abb. 4.1 : Struktur des SUKITS-Prototyps

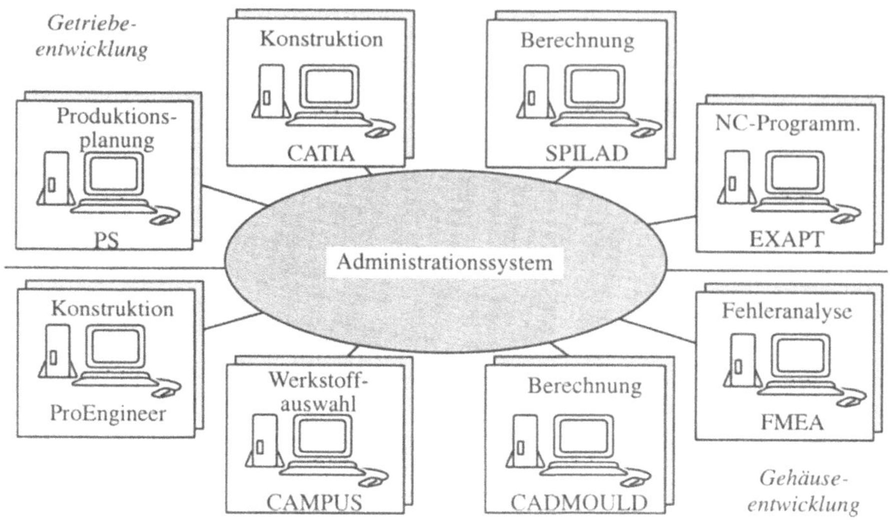

Abb. 4.2 : Integrierte Anwendungssysteme

stems PS, das auf einer relationalen Datenbank basiert, wurde ein Konverter geschrieben, der eine ASCII-Repräsentation einer Stückliste erzeugt. Diese wurde wiederum vom Administrationssystem genutzt, um ein Aufgabennetz entsprechend der Produktstruktur zu vervollständigen.

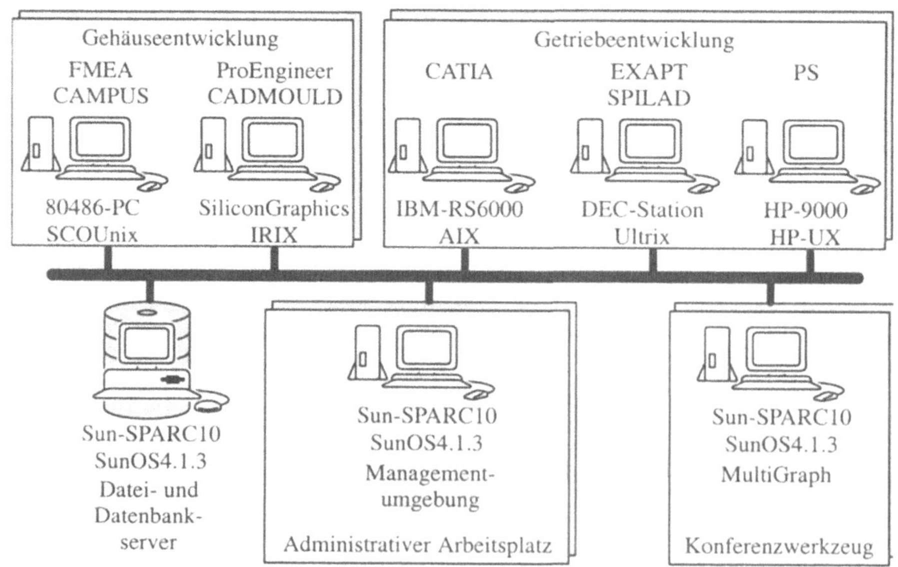

Abb. 4.3 : Hardware-Konfiguration für die Demonstration
des SUKITS-Prototyps '96

Einen Überblick über die *Hardware-Konfiguration* für die Demonstration des SUKITS-Prototyps im April 1996 liefert Abb. 4.3. Das Demo-Netzwerk bestand aus einer Reihe von Workstations verschiedener Hersteller und einem Datei- und Datenbankserver. Alle Maschinen liefen unter verschiedenen Unix-Varianten; die Integration anderer Betriebssysteme (VMS, MS-DOS) wurde bereits vom SUKITS-Prototyp '93 demonstriert.

4.3 Beispielprozeß: Entwicklung einer Bohrmaschine

4.3.1 Überblick

Um den SUKITS-Prototyp '96 vorzuführen, wurde eine umfangreiche Demo-Sitzung ausgearbeitet, die einen Ausschnitt aus der Entwicklung einer Bohrmaschine zeigt (Entwicklung des Getriebes bzw. des Gehäuses). Dabei standen folgende Aspekte der Funktionalität im Mittelpunkt:

- *Produktabhängige Aufgabennetze.* Das Aufgabennetz für das Getriebe hängt von der Produktstruktur ab (das Gehäuse besteht lediglich aus zwei Hälften, die Produktstruktur ist trivial und steht vorher fest). Anfänglich enthält das Netz nur einige wenige Aufgaben, die vorab bekannt sind. Nachdem die Produktstruktur festgelegt ist, wird das Aufgabennetz entsprechend erweitert (Erstellen von Zeichnungen und NC-Programmen für neu zu entwickelnde Einzelteile).
- *Simultaneous Engineering.* Um mit der Entwicklung des Gehäuses zu beginnen, reicht es aus, den Umriß des Getriebes (und anderer, in der Demo nicht betrachteter Teile) zu kennen. Getriebe- und Gehäuseentwicklung können also parallelisiert werden, indem frühzeitig ein Bauraummodell des Getriebes weitergegeben wird. Ferner lassen sich innerhalb der Getriebeentwicklung die Erstellung des Geometriemodells und der Stückliste parallelisieren.
- *Rückgriffe.* Sowohl für das Getriebe als für das Gehäuse werden verschiedene Simulationen durchgeführt. Falls diese zeigen, daß die Anforderungen nicht erfüllt sind, so kommt es zu Rückgriffen in frühere Phasen des Entwicklungsprozesses.
- *Integration zwischen formaler und informeller Kooperation.* Das Frontend integriert formale und informelle Kooperation mit Hilfe von Annotationen, die sowohl zur synchronen als auch zur asynchronen Kommunikation genutzt werden können. Die entsprechenden Werkzeuge (z.B. Mail, multimediale Konferenzen) werden nicht losgelöst vom Administrationssystem verwendet, sondern Annotationen sind stets auf Entwicklungsaufgaben bezogen und werden vom Frontend ausgehend bearbeitet.
- *Unternehmensübergreifende Kooperation.* Getriebe und Gehäuse werden in verschiedenen Unternehmen (metallverarbeitender bzw. Spritzgießbetrieb) entwickelt. Die Koordination erfolgt über die jeweils verantwortlichen Manager. Damit wird ein erster Ansatz zur übergreifenden Kooperation gezeigt, der jedoch durch weitere Arbeiten noch vertieft werden muß.

Die *Konfigurationshierarchie* der bei der Entwicklung entstehenden Dokumente ist in Abb. 4.4 skizziert. In der Teilkonfiguration `Machine` (innerhalb der Wurzelkonfiguration `Drill`) wird zunächst ein Grobentwurf der Bohrmaschine durchgeführt. Dort werden

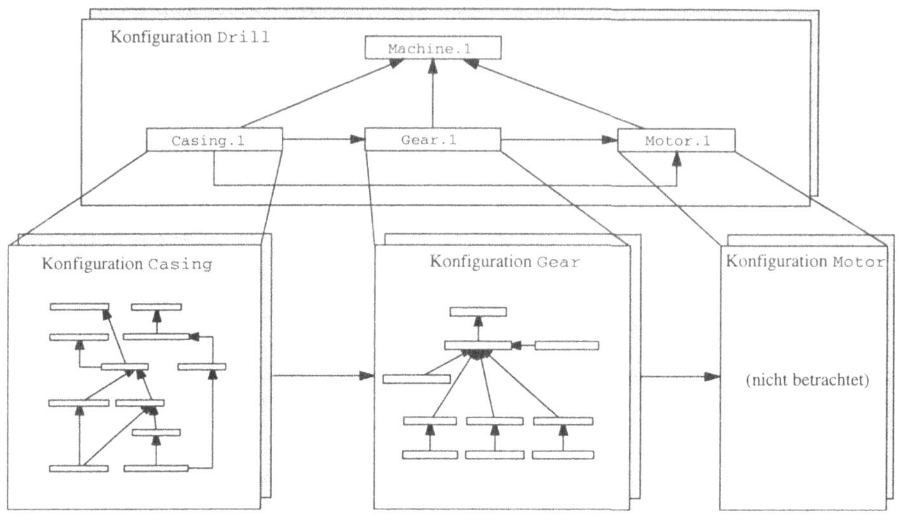

Abb. 4.4 : Konfigurationshierarchie

Baugruppen wie z.B. Motor, Getriebe und Gehäuse definiert, für die dann entsprechende Teilkonfigurationen erzeugt werden. Man beachte, daß aufgrund des produktzentrierten Ansatzes die Konfigurationen gleichzeitig als Aufgabennetze fungieren.

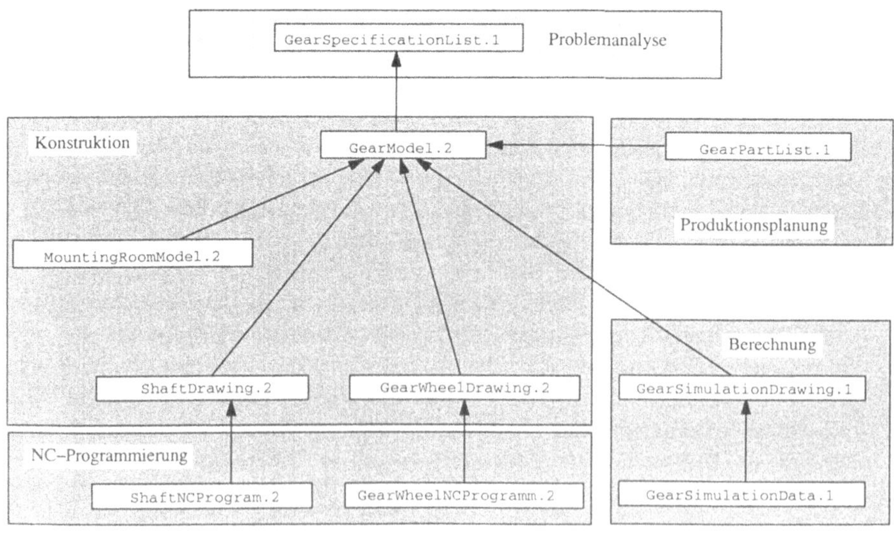

Abb. 4.5 : Konfiguration für das Getriebe

Abb. 4.5 zeigt die *Konfiguration* für das *Getriebe*. Die von der Demo abgedeckten Arbeitsbereiche sind dunkelgrau hinterlegt; das Pflichtenheft (Problemanalyse) dient als Eingangsinformation. Ausgehend von dem Pflichtenheft wird ein Volumenmodell des Getriebes konstruiert; parallel dazu wird die Stückliste aufgebaut. Aus dem Volumenmodell wird ein Bauraummodell abgeleitet, das an die Gehäuseentwicklung weitergegeben wird. Für Einzelteile, die nicht als Zukaufteile bezogen werden können, werden entsprechende Zeichnungen und NC-Programme erstellt (in diesem Fall für eine Welle und ein Zahnrad). Diese Dokumente können erst in die Konfiguration eingetragen werden, wenn die Stückliste erstellt ist. Schließlich wird zum Zwecke der Simulation aus dem Getriebemodell zunächst eine Zeichnung abgeleitet, die dann als Eingabe für den Simulator dient.

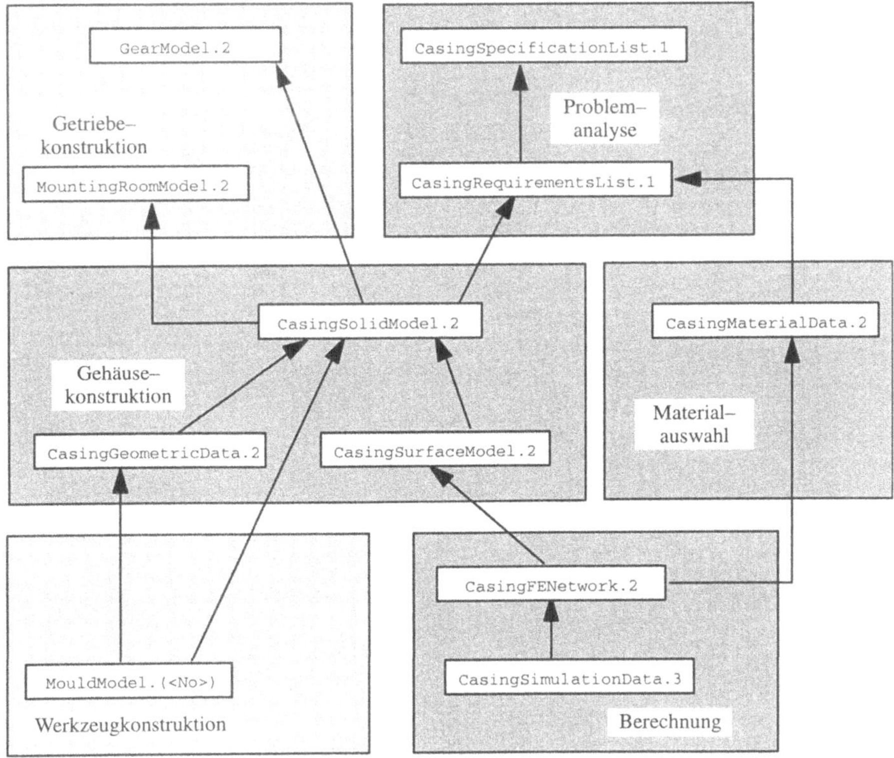

Abb. 4.6 : Konfiguration für das Gehäuse

Im Gegensatz zur Konfiguration des Getriebes ist die Struktur der *Konfiguration* für das *Gehäuse* vorab bekannt (Abb. 4.6). Getriebemodell und Bauraummodell dienen als Eingabedokumente für die Gehäuseentwicklung und werden aus der Teilkonfiguration für das Getriebe importiert. Ebenso ist das Pflichtenheft für das Gehäuse aus dem Pflichtenheft für die Bohrmaschine extrahiert werden. Ausgehend vom Pflichtenheft wird eine detaillierte Anforderungsliste erstellt, die sich auf die Geometrie des Formteils, mechanische und thermische Belastung etc. bezieht. Diese Anforderungsliste spielt eine zentrale Rolle für die Formteilentwicklung – sowohl für die Erstellung des Geometriemodells als auch für die

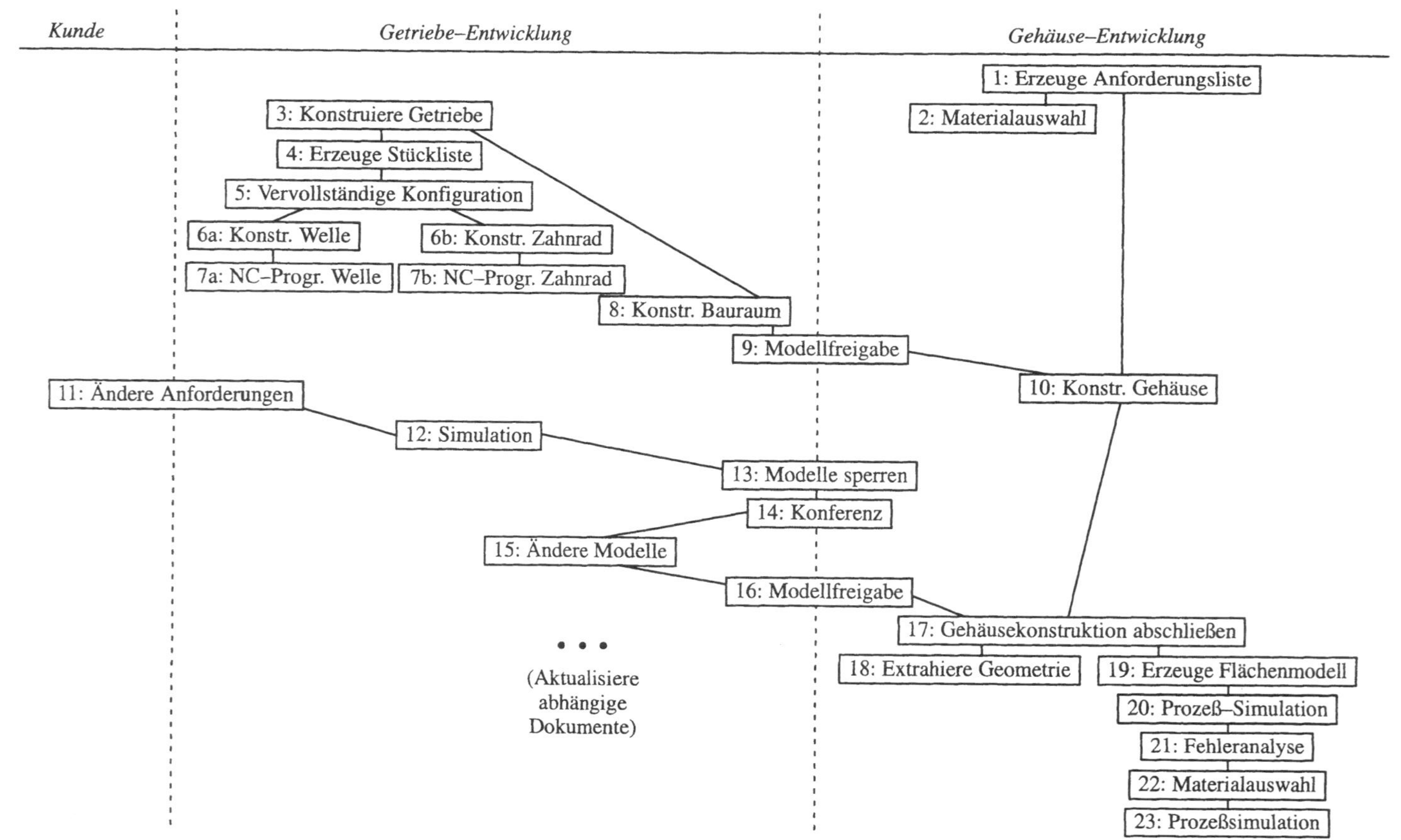

Abb. 4.7 : Demoschritte

Werkstoffauswahl. Aus dem Geometrie-Volumenmodell werden charakterische Daten extrahiert, die in die Konstruktion des Spritzgießwerkzeugs eingehen. Ferner wird daraus ein Flächenmodell erzeugt, auf dessen Basis eine Simulation des Spritzgießprozesses durchgeführt wird.

Der *Ablauf* der Demo ist in Abb. 4.7 zusammengefaßt. Die Abfolge der einzelnen Schritte läßt sich z.T. direkt aus den Konfigurationen/Aufgabennetzen der vorherigen Abbildungen ableiten. Zu einem großen Teil können Gehäuse und Getriebe unabhängig und parallel entwickelt werden (Concurrent Engineering). Innerhalb der beiden Teilnetze werden ebenfalls Aufgaben parallelisiert, z.B. die Konstruktion des Getriebes und die Erstellung der entsprechenden Stückliste (Simultaneous Engineering). Es gibt eine kleine Zahl von Synchronisationspunkten, an denen Informationen zwischen Gehäuse- und Getriebeentwicklung ausgetauscht werden. Ferner ändert der Kunde während der Entwicklung seine Anforderungen. Dies führt zu Änderungen der Getriebekonstruktion, die auch Konsequenzen für das Gehäuse haben. Neben diesem übergreifenden Rückgriff wird am Ende des Demoablaufs ein lokaler Rückgriff innerhalb der Gehäuseentwicklung gezeigt; dieser geht von der Prozeßsimulation aus und führt nach einer Fehleranalyse zurück zur Materialauswahl.

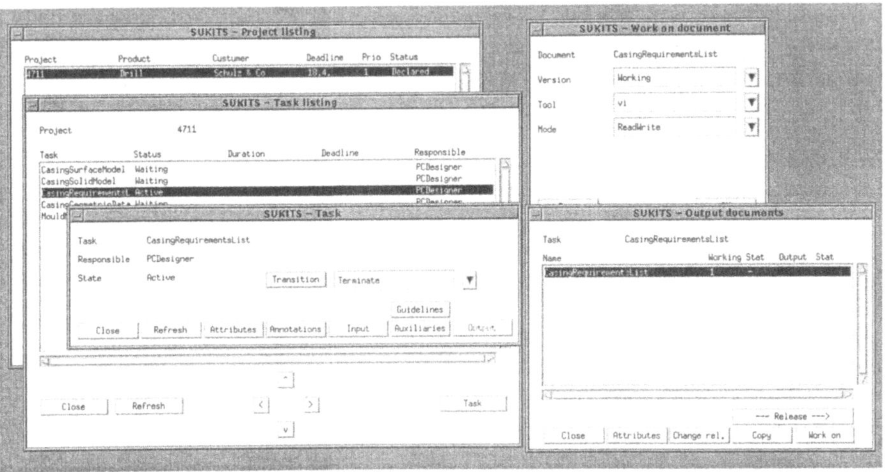

Abb. 4.8 : Werkzeugaktivierung über das Frontend

4.3.2 Demoschritte

1. Erzeugung der Anforderungsliste

Ausgehend von einem externen Pflichtenheft, das vom Kunden geliefert wird, wird eine interne Anforderungsliste erstellt. Zu diesem Zweck ruft der verantwortliche Entwickler das Frontend auf (Abb. 4.8). Aus der Liste der Projekte, an denen er beteiligt ist, wählt er eines aus und läßt sich die Agenda seiner Aufgaben anzeigen. Daraus selektiert er die Erstellung der Anforderungsliste und aktiviert den Knopf Output. Auf dem (einzigen)

Ausgabedokument startet er anschließend den Texteditor vi (der Schnappschuß zeigt den Zustand vor Aufruf des Texteditors). Schließlich erklärt er die Aufgabe für beendet (Zustandsübergang `Terminate`).

2. Materialauswahl

Abb. 4.9 zeigt den Arbeitskontext der Aufgabe "Materialauswahl". Als Eingabedokument dient die im vorigen Schritt erstellte Anforderungsliste, aus der der Materialexperte ein Anforderungsprofil für das auszuwählende Material extrahiert. Dieses Anforderungsprofil ist wiederum in einer Textdatei gespeichert, die im Arbeitskontext der Aufgabe als Hilfsdokument klassifiziert ist. Anschließend stellt der Materialexperte eine Anfrage an die Werkstoffdatenbank CAMPUS, die hier als Richtlinie modelliert ist. Richtlinien sind unveränderliche Dokumente, die wie die Eingabedokumente dem Bearbeiter einer Aufgabe zur Verfügung gestellt werden (die Unterscheidung zwischen Eingabedokumenten und Richtlinien entspricht der Unterscheidung zwischen Eingaben und Kontrolle in SADT bzw. IDEF0). Als Ergebnis der Anfrage erhält der Experte eine Liste von Kandidaten, aus denen er einen auswählt und dessen Daten ins Ausgabedokument überträgt (wiederum eine Textdatei).

Nach Beendigung der Materialauswahl kann die Entwicklung des Gehäuses nicht mehr weiter fortschreiten, da nun Getriebe- und Bauraummodell für die Konstruktion benötigt werden.

3. Getriebekonstruktion

Ein Volumenmodell des Getriebes wird mit Hilfe des CAD-Systems CATIA erstellt (Abb. 4.10). Die entsprechende Stückliste kann parallel dazu aufgebaut werden (Simultaneous Engineering). Zu diesem Zweck erteilt der Konstrukteur eine vorzeitige Freigabe. Man beachte, daß zu diesem Zeitpunkt noch keine Freigabe für das Bauraummodell sinnvoll ist, da für dessen Erstellung detaillierte Geometriedaten erforderlich sind.

4. Erstellung der Stückliste

Mit Hilfe des PPS-Systems PS wird eine Stückliste des Getriebes aufgebaut. PS benutzt ein relationales Datenbanksystem. Der Inhalt der Stückliste wird benötigt, um die Konfiguration für die Getriebeentwicklung zu vervollständigen. Dies geschieht automatisch (s. nächster Schritt). Aus pragmatischen Gründen wird mit Hilfe eines Konverters aus der Stücklistentabelle eine ASCII-Datei erzeugt (s. Abb. 4.11, die nur einige Beispieleinträge enthält; eine reale Stückliste wäre erheblich umfangreicher). Jede Zeile besteht aus folgenden Angaben: Stufennummer in der Teilehierarchie, Name des Teils, Teilenummer und die Angabe, ob es sich um eine Baugruppe (Assembly part), ein Zukaufteil (Supplied part) oder ein neu zu konstruierendes Einzelteil (New part) handelt.

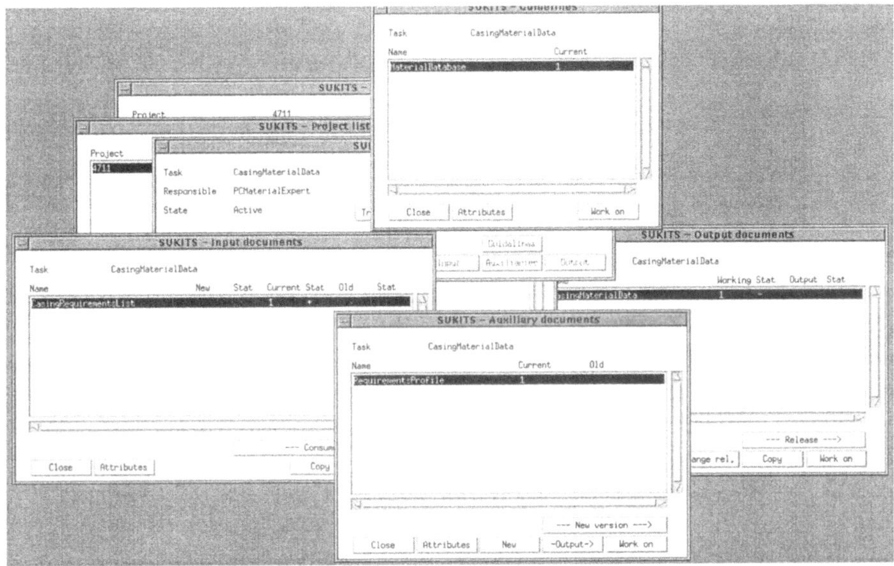

Abb. 4.9 : Arbeitskontext einer Aufgabe

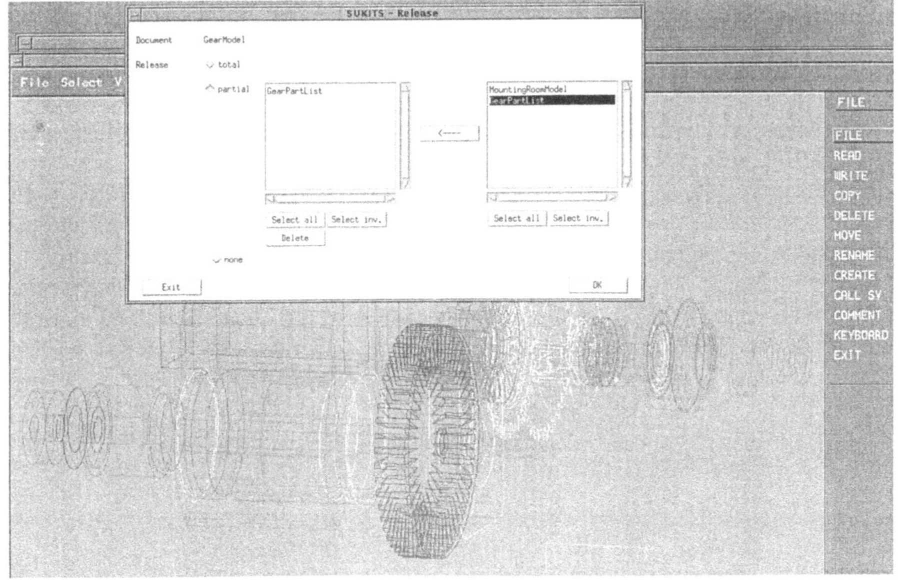

Abb. 4.10 : Selektive Freigabe für Simultaneous Engineering

```
1  Gear          KT016 A
2  Shaft         ET003 N
2  Bearing       KT002 S
2  GearWheel1    ET004 N
2  GearWheel2    ET005 N
2  Adapter1      KT002 S
2  Adapter2      KT003 S
```

Abb. 4.11 : ASCII-Repräsentation der Stückliste

5. *Vervollständigung der Getriebekonfiguration*

Sobald die Stückliste verfügbar ist, benachrichtigt der Produktionsplaner den Manager der Getriebeentwicklung durch eine Annotation. Der Manager benutzt das Frontend in gleicher Weise wie die Entwickler. Der Unterschied besteht darin, daß ihm komplexe und nicht atomare Aufgaben zugeordnet werden. Für die komplexe Aufgabe "Getriebeentwicklung", deren Bearbeitung vom Manger koordiniert wird, wird ein entsprechender Arbeitskontext eingerichtet. Als Ausgabe wird die Teilkonfiguration für das Getriebe eingetragen, die gleichzeitig auch als verfeinerndes Aufgabennetz dient.

Der Manager selektiert nun diese Teilkonfiguration und startet über das Frontend die Managementumgebung. Abb. 4.12 zeigt den aktuellen Zustand der Teilkonfiguration/des Aufgabennetzes. Der Manager hat eine Analyse aktiviert, die die aktiven Aufgaben des Netzes ermittelt. Getriebekonstruktion und Stücklistenerstellung sind beide noch aktiv: Die Getriebekonstruktion ist zwar noch nicht im Detail abgeschlossen, die relevanten Stücklisteninformationen liegen aber bereits vor. Man beachte, daß die Stücklistenerstellung in diesem Zustand nicht beendet werden kann, weil die Vorgängeraufgabe noch nicht terminiert ist (konservative Terminierungsbedingung).

Der Manager aktiviert nun ein Kommando zur Vervollständigung des Aufgabennetzes. Die ASCII-Repräsentation der Stückliste wird auf neu zu konstruierende Einzelteile durchsucht. Für jedes gefundene Teil wird eine entsprechende Konstruktionsaufgabe als Nachfolger der Konstruktion des Getriebemodells ins Aufgabennetz eingetragen. Anschließend wird ein weiteres Kommando aktiviert, das das zugrundeliegende Schema analysiert. Dort ist u.a. festgelegt, daß es zu jeder Einzelteilzeichnung mindestens ein NC-Programm geben muß. Aufgaben zur Erstellung der NC-Programme werden nun ebenfalls ins Netz eingetragen. Insgesamt erhält man das Aufgabennetz aus Abb. 4.13. Ggf. muß dieses noch nachbearbeitet werden, wenn man mehrere NC-Programme für ein Einzelteil benötigt (dieses Wissen könnte man aus Arbeitsplänen ableiten, die in der Demo aber nicht erfaßt sind). Schließlich weist der Manager den neuen Aufgaben verantwortliche Entwickler zu.

6. *Konstruktion der Einzelteile*

Getriebekonstruktion und Stücklistenerstellung werden beendet. Anschließend werden die Einzelteilzeichnungen mit Hilfe von CATIA erstellt (ein Beispiel ist in Abb. 4.14 angegeben).

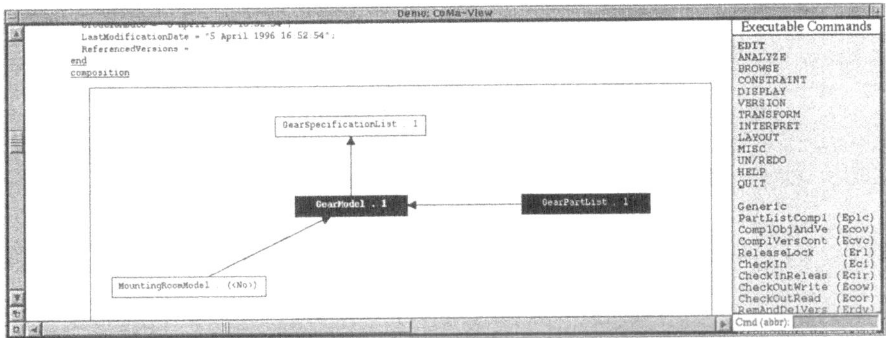

Abb. **4.12** : Vor der Vervollständigung des Aufgabennetzes

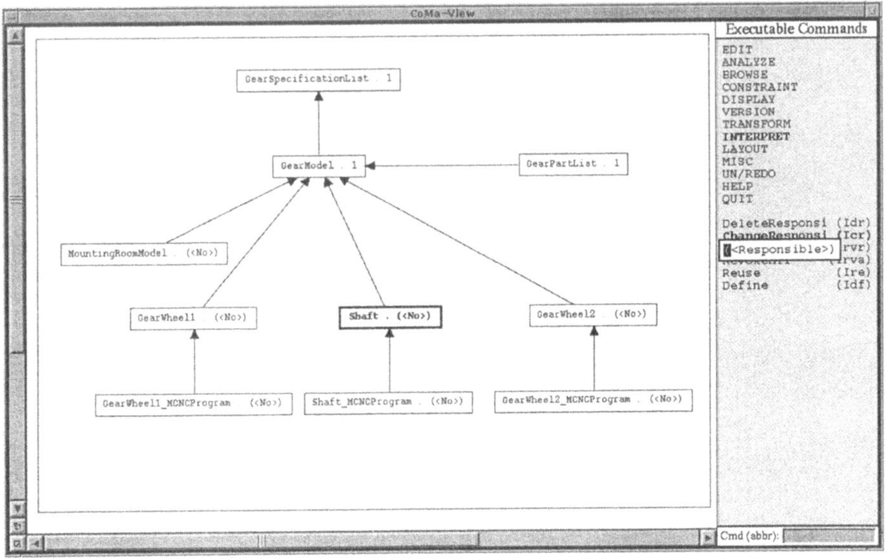

Abb. **4.13** : Nach der Vervollständigung des Aufgabennetzes

7. *NC-Programmierung*

Konstruktion der Einzelteile und Erstellen der NC-Programme lassen sich nicht sinnvoll parallelisieren, da für die NC-Programme vollständige und stabile geometrische Daten vorhanden sein müssen. In diesem Fall läßt sich Simultaneous Engineering also nicht einsetzen. Die NC-Programme werden mit Hilfe von EXAPT erstellt. Das EXAPT-System besteht aus einer Reihe von Werkzeugen und umfaßt u.a. einen Konverter, der eine CATIA-Zeichnung ins EXAPT-Format überführt. Dies geschieht im Frontend dadurch, daß zunächst ein leeres Hilfsdokument für die EXAPT-Zeichnung erzeugt wird und anschließend auf diesem der Konverter aktiviert wird. In ähnlicher Weise wird aus der EXAPT-Zeich-

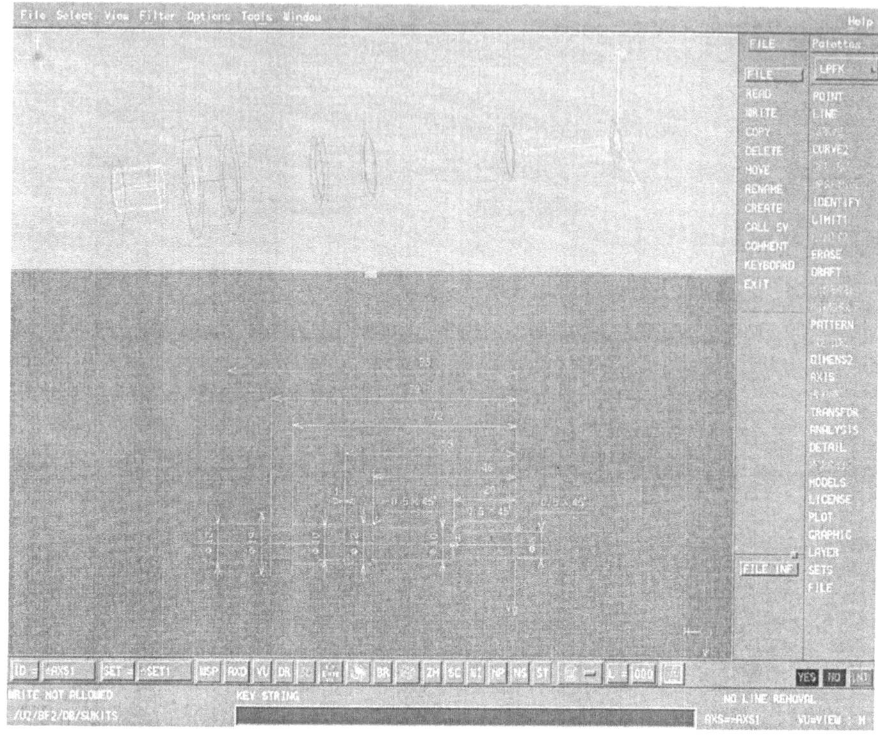

Abb. 4.14 : Fertigungszeichnung für eine Welle

nung ein NC-Programm als Ausgabedokument generiert; bei Bedarf kann dieses noch
manuell verändert werden.

8. *Konstruktion des Bauraums*

Aus dem Getriebemodell wird ein Bauraummodell abgeleitet (wiederum mit Hilfe von
CATIA). Dies geschieht i.w. dadurch, daß das Getriebemodell auf die Anteile reduziert
wird, die für die Entwicklung des Gehäuses relevant sind. Dies sind die Umrisse des
Getriebes, die vom Gehäuse ummantelt werden müssen. Dieser Konstruktionsschritt läuft
zwar mechanisch ab, ist jedoch nicht automatisiert. Sobald der Konstrukteur seine Aufgabe
beendigt hat, verständigt er seinen Manager durch eine Annotation. Annotationen werden
nicht grundsätzlich bei der Beendigung von Aufgaben verschickt, da ansonsten der Manager von der Flut eingehender Annotationen überwältigt würde. In diesem Fall ist aber eine
Reaktion des Managers erforderlich.

9. *Freigabe des Getriebemodells*

Der Manager für die Getriebeentwicklung empfängt diese Annotation in einer Liste, die
mit `Incoming annotations` bezeichnet ist (Abb. 4.15 oben rechts). Er läßt sich die
entsprechende Textdatei anzeigen (Fenster unten rechts) und reagiert, indem er eine Anno-

tation an den Manager der Gehäuseentwicklung verschickt. Dazu gibt er im linken Fenster den Namen der Annotation an, wählt einen Dokumenttyp aus (in diesem Fall `TextAnnotation`) und bestimmt Bezugsdokumente und Empfänger. Als Bezugsdokumente wählt er das Getriebemodell und das Bauraummodell aus. Empfänger ist der Manager für eine Folgeaufgabe im übergeordneten Aufgabennetz (der Manager der Gehäuseentwicklung ist hier der einzige Kandidat).

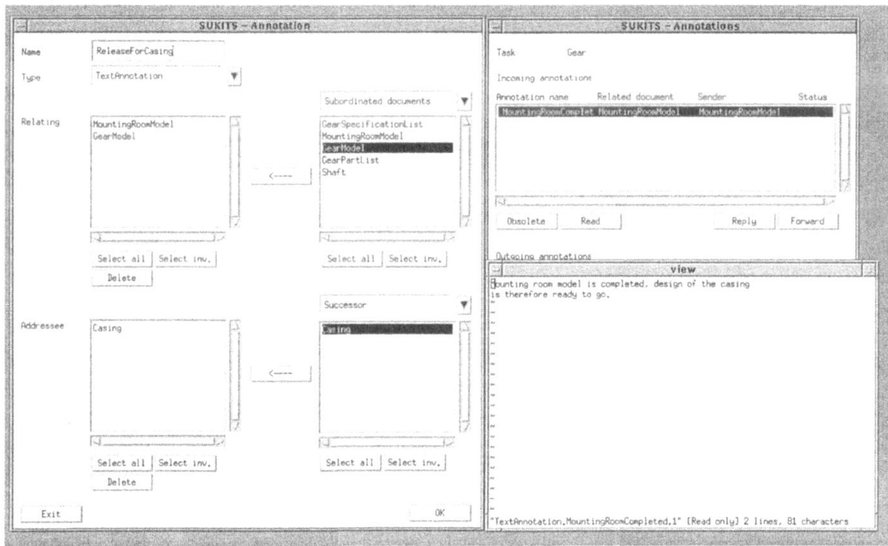

Abb. 4.15 : Empfangen und Senden einer Annotation

Der Manager für die Gehäuseentwicklung empfängt nun diese Annotation (Fenster links unten in Abb. 4.16). Wie bereits in Schritt 5 erwähnt, benutzen Manager das Frontend in gleicher Weise wie Entwickler. Als Aufgabe ist dem empfangenden Manager die Gehäuseentwicklung zugeordnet (mittleres Fenster unten). Dessen Ausgabe ist die Konfiguration für das Gehäuse, auf dieser wird die Managementumgebung aktiviert (Fenster auf der rechten Seite). In die Gehäusekonfiguration waren bisher lediglich Platzhalter für Getriebe- und Bauraummodell eingetragen. Nun trägt der Manager dort die Nummern der freigegebenen Versionen und die verantwortlichen Konstrukteure ein. Ferner führt er für die entsprechenden Aufgaben jeweils `Reuse`-Übergänge durch, d.h. die Aufgaben werden als bereits durchgeführt notiert.

Dieser Demoschritt liefert ein erstes Beispiel für unternehmensübergreifende Kooperation. Während innerhalb eines Unternehmens die Aktivitäten stark gekoppelt sind, ist über Unternehmensgrenzen hinweg eher eine lose Kopplung wünschenswert. Im SUKITS-Prototyp wird dies i.w. durch das Versenden von Annotationen und den Ex- und Import von Dokumenten unterstützt.

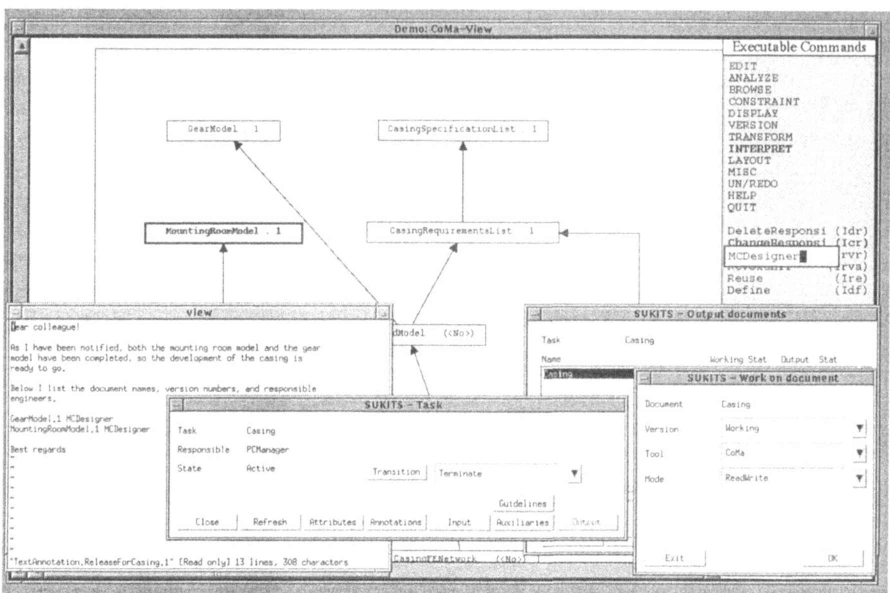

Abb. 4.16 : Empfangen einer Annotation und Importieren von Dokumenten

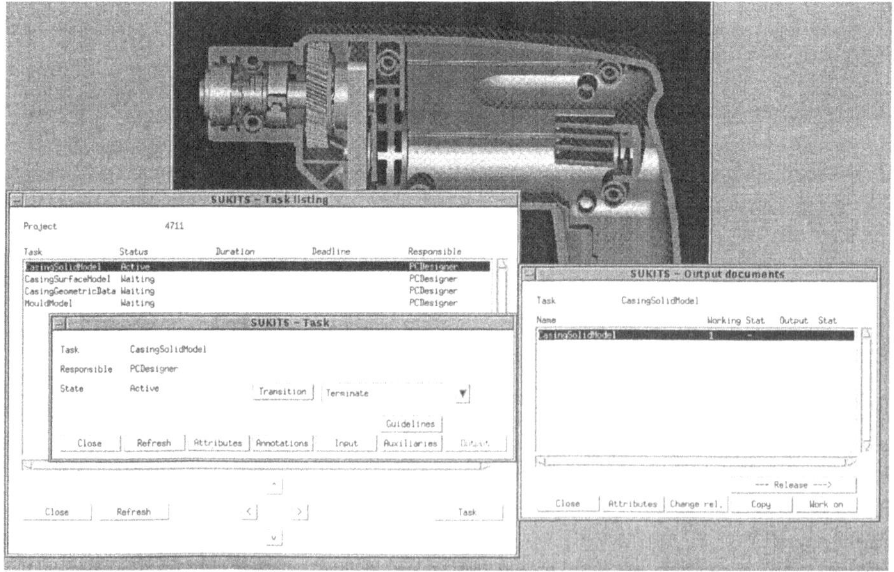

Abb. 4.17 : Konstruktion des Gehäuses

10. Gehäusekonstruktion

Nun kann mit der Gehäusekonstruktion begonnen werden (Abb. 4.17). Zu diesem Zweck wird das CAD-System ProEngineer benutzt. CATIA-Modelle lassen sich mit einem mitgelieferten Konverter in ProEngineer laden. Dies ermöglicht es dem Konstrukteur, das Volumenmodell des Getriebes und seines Bauraums im ProEngineer zu betrachten.

11. Änderung der Kundenanforderungen

Inmitten der Entwicklung ändert der Kunde die Anforderungen an die Bohrmaschine. Insbesondere wird nun eine höhere Drehzahl verlangt. Das Pflichtenheft wird aktualisiert, die Konsequenzen auf nachfolgende Entwicklungsschritte sind zu diesem Zeitpunkt unklar.

12. Getriebesimulation

Um zu überprüfen, ob das Getriebe der höheren Drehzahl standhält, wird eine FEM-Simulation durchgeführt. Der Manager erweitert das Aufgabennetz entsprechend. Zunächst wird aus dem Volumenmodell des Getriebes eine Zeichnung abgeleitet. Anschließend wird die Simulation mit Hilfe des CAE-Systems SPILAD durchgeführt (Abb. 4.18); das dafür benötigte FEM-Netz wird von SPILAD automatisch erzeugt. Die Simulation zeigt, daß konstruktive Änderungen am Getriebe erforderlich sind.

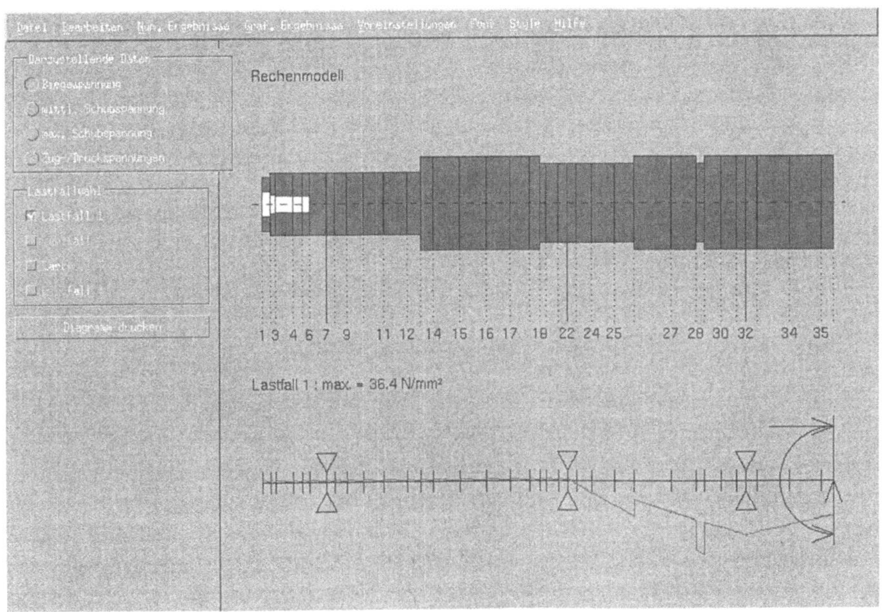

Abb. 4.18 : FEM-Simulation des Getriebes

13. Sperren des Getriebe- und des Bauraummodells

Der Manager wird mittels einer Annotation über das Simulationsergebnis informiert. Er muß nun die Konsequenzen auf den Entwicklungsprozeß abschätzen. Dabei ist zwischen lokalen und globalen Konsequenzen zu unterscheiden.

Lokal ist zu klären, welche Auswirkungen der Rückgriff innerhalb des Teilnetzes für die Getriebeentwicklung hat. Der Manager kann zwischen verschiedenen Strategien wählen. Die optimistische Variante geht davon aus, daß die Änderungen geringfügig sein werden. Bereits aktive Aufgaben können weiter bearbeitet werden; später werden die Änderungen durch das Aufgabennetz propagiert. In der Demo entscheidet sich der Manager für die pessimistische Alternative und benutzt ein komplexes Kommando der Managementumgebung, um alle der Getriebekonstruktion transitiv folgenden Aufgaben zu suspendieren. Dies führt z.B. dazu, daß die Aufgabe "NC-Programm für Welle erstellen" in den Zustand `Blocked` überführt wird (rechtes Fenster in Abb. 4.19). Im linken Fenster wird dem NC-Programmierer angezeigt, daß die Zeichnung der Welle gesperrt worden ist (Zeichen – in der `Stat`-Spalte).

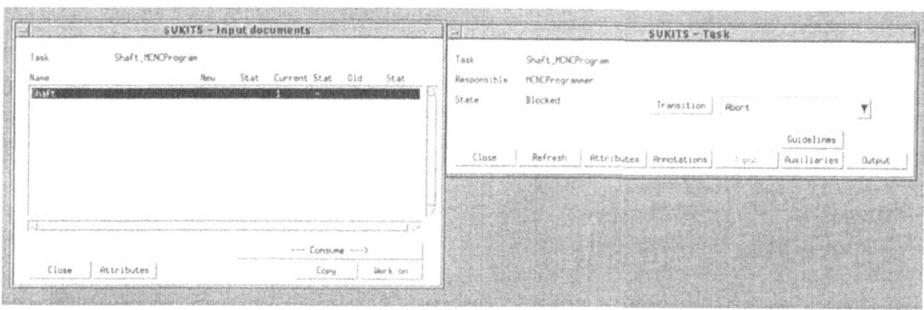

Abb. 4.19 : Suspendieren einer Aufgabe durch Rücknahme einer Freigabe

Darüber hinaus wirkt sich die konstruktive Änderung auf das Gehäuse aus. Der Manager wird darüber benachrichtigt, daß Getriebe- und Bauraummodell gesperrt worden sind. Er leitet diese Information an den Konstrukteur weiter, der nun seine Arbeit unterbrechen muß.

14. Konferenz zwischen Getriebe- und Gehäusekonstrukteur

Bisher wurden Annotationen nur für asynchrone Kommunikation mit Hilfe von Nachrichten benutzt. Der aktuelle Demoschritt zeigt, wie synchrone Kommunikation unterstützt wird. Der Gehäusekonstrukteur beschließt, eine Konferenz über die konstruktive Änderung zu initiieren (Abb. 4.20). Zu diesem Zweck erzeugt er eine Annotation und aktiviert den Knopf `Conference` im rechten Fenster. Daraufhin wird das gleichnamige mittlere Fenster geöffnet. Der Konstrukteur kann nun die Teilnehmer aus dem Kreis der Adressaten der Annotation auswählen. An der Konferenz soll außer dem Konstrukteur des Getriebes auch dessen Manager teilnehmen. Das linke Fenster lädt den Initiator der Konferenz zur Teilnahme ein (analog für die anderen Teilnehmer).

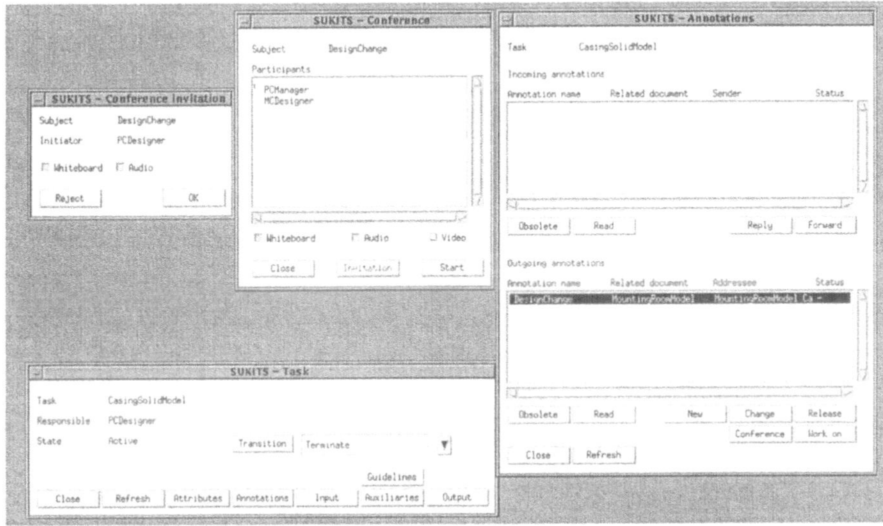

Abb. 4.20 : Vorbereitung einer Konferenz

Die Konferenz selbst wird mit Hilfe des Werkzeugs MultiGraph durchgeführt. Ein Schnappschuß des Bauraummodells, anhand dessen die Konsequenzen der Änderung des Getriebes für das Gehäuse diskutiert werden sollen, wird in das Whiteboard von Multi-Graph geladen. Die Teilnehmer können mit gemeinsamen Zeigern auf Stellen des Bauraummodells weisen und dieses mit textuellen und graphischen Elementen annotieren. Darüber hinaus stehen Audio- und Videkanäle zur Verfügung. Der Inhalt des Whiteboards wird gespeichert, um die Ergebnisse der Konferenz zu dokumentieren.

15. Änderung von Getriebe- und Bauraummodell

Anschließend werden die erforderlichen Änderungen an Getriebe- und Bauraummodell durchgeführt. Die Änderungen werden zunächst lokal innerhalb des Teilnetzes für die Getriebeentwicklung propagiert. Ggf. werden neue Versionen abhängiger Dokumente erstellt und freigegeben. Im Falle der NC-Programmierung für die Welle führt dies z.B. dazu, daß dem NC-Programmierer angezeigt wird, daß eine neue, freigegebene Version der Zeichnung eingetroffen ist (New-Spalte im linken Fenster in Abb. 4.21; das + in der Stat-Spalte kennzeichnet eine freigegebene Version). Anschließend kann der NC-Programmierer mit der Arbeit fortfahren (Zustandsübergang Resume, im Bild nicht gezeigt) und die neue Eingabeversion konsumieren (Knopf Consume). Danach wird ihm die neue Eingabeversion als aktuelle Version angezeigt, und die vormals aktuelle Version wird zur alten Version.

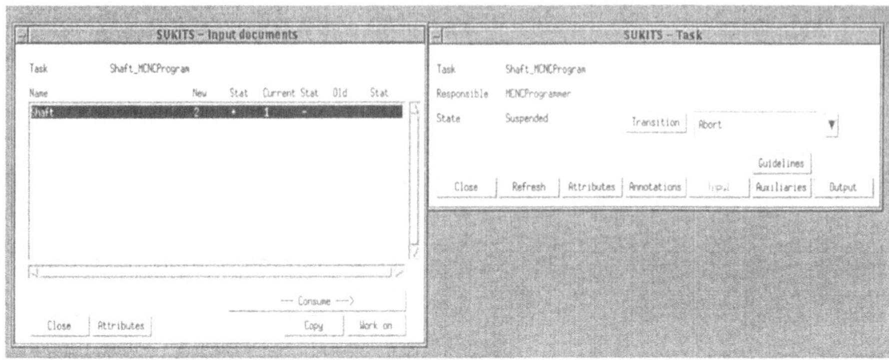

Abb. 4.21 : Freigabe einer neuen Version eines Eingabedokuments

16. Freigabe der geänderten Modelle

Die Entwicklung des Getriebes wird abgeschlossen, und die neuen Versionen des Getriebe- und des Bauraummodells werden für die Gehäuseentwicklung freigegeben. Dies wird auf die gleiche Weise abgewickelt wie Schritt 9.

17. Gehäusekonstruktion abschließen

Die Gehäusekonstruktion wird nun ebenfalls abgeschlossen, nachdem sie aufgrund des Rückgriffs für längere Zeit suspendiert werden mußte.

18. Geometriedaten extrahieren

Aus dem Volumenmodell des Gehäuses werden charakteristische Geometriedaten automatisch mit Hilfe eines Konverters extrahiert. Diese Daten werden für verschiedene Zwecke benötigt, z.B. für die Konstruktion der Form (des Spritzgießwerkzeugs) und der Verpackung. Diese Aktivitäten werden nicht weiter betrachtet.

19. Flächenmodell des Gehäuses erzeugen

Aus dem Volumenmodell wird ein Flächenmodell des Gehäuses erzeugt. Dieser Schritt dient zur Vorbereitung der Prozeßsimulation und wird vom Konstrukteur manuell in Pro-Engineer durchgeführt.

20. Simulation des Spritzgießprozesses

Bei der Entwicklung von Spritzgußteilen könnnen i.a. zwei Arten von Simulationen durchgeführt werden, nämlich mechanische und Prozeßsimulationen. Nur letztere werden in der Demo betrachtet. Um die Simulation vorzubereiten, wird mit Hilfe von CADMESH aus dem Flächenmodell automatisch ein FEM-Netz erzeugt. Dieses wird in CadMould benutzt, um den Spritzgießprozeß zu simulieren. Die Ergebnisse werden mit Hilfe eines separaten Postprozessors angezeigt (SIMGRA). Abb. 4.22 zeigt die Druckverteilung während des Füllvorgangs. Die Simulation zeigt, daß man einen zu hohen Druck benötigt, um die Form füllen zu können.

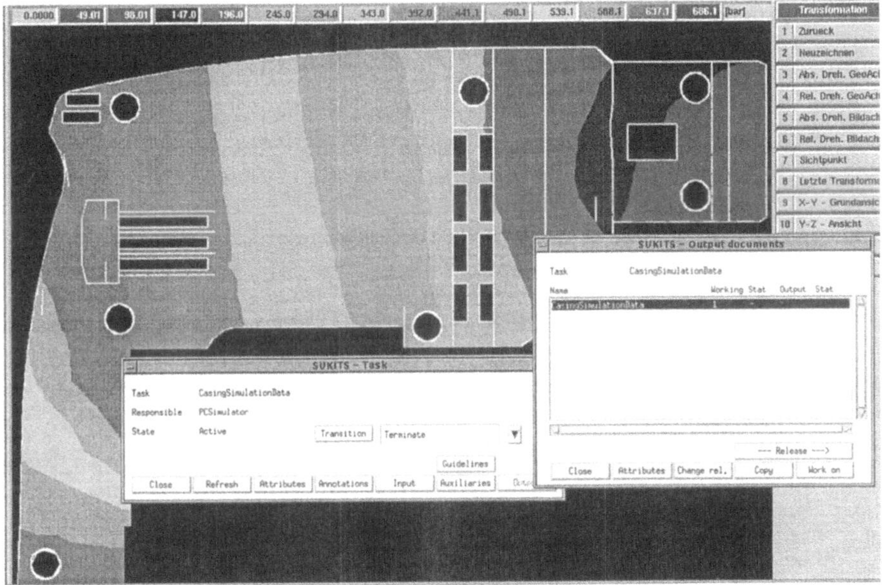

Abb. **4.22** : Prozeßsimulation

21. Fehleranalyse

Die Simulation löst einen Rückgriff aus, dessen Ziel (Ursache des Fehlers) aber noch nicht bekannt ist. Deshalb wird eine Annotation an den Manager geschickt, der die Fehlerdatenbank FMEA benutzt, um den Fehler zu lokalisieren. Als Schlußfolgerung aus der Fehleranalyse ergibt sich, daß ein anderes Material auszuwählen ist. Für diese bereits abgeschlossene Aufgabe führt der Manager deshalb den Zustandsübergang Iterate aus und benachrichtigt den Materialexperten.

22. Erneute Materialauswahl

Auf der Agenda des Materialexperten erscheint die Auswahlaufgabe erneut. Der Experte wählt ein anderes Material aus, das das Problem vermutlich beheben wird.

23. Erneute Prozeßsimulation

Um dies zu validieren, wird die Prozeßsimulation erneut durchgeführt. Diesmal ist sie erfolgreich, und die Entwicklung des Gehäuses ist damit erfolgreich abgeschlossen.

4.4 Wertung

Die im SUKITS-Projekt implementierten Prototypen spielten eine wichtige Rolle bei der Validierung von Modellen zum Management von Entwicklungsprozessen. Bei Entwurf und Realisierung der Prototypen fand eine enge Kooperation zwischen Informatik- und Ingenieurpartnern statt, die jeweils praktische Beiträge zur Implementierung leisteten. Darüber hinaus agierten die Ingenieurpartner als potentielle Benutzer des Administrationssystems. Die von ihnen definierten Anforderungen, Ideen und Vorschläge gingen in das Administrationssystem ein. Durch diese interdisziplinäre Kooperation wurde gewährleistet, daß die Informatikpartner das Administrationssystem nicht an den Bedürfnisse der Benutzer vorbei entwickelten. Auch die Ausarbeitung eines umfangreichen Demobeispiels und die Integration einer ganzen Reihe von Anwendungssystemen trugen positiv zur Validierung bei.

Auf der anderen Seite muß (leider) betont werden, daß das in SUKITS entwickelte Administrationssystem zwar im Prinzip voll funktionsfähig war, aus einer ganzen Reihe von Gründen aber nicht über das Stadium eines für Demonstrationszwecke benutzten Prototyps nicht hinauskam:

- Effizienz und Stabilität halten den Ansprüchen an kommerzielle Systeme nicht stand. Diesen Anforderungen muß man jedoch gerecht werden, um das Administrationssystem in realen Entwicklungsprozessen einsetzen zu können.
- Große Teile des Systems wurden in Modula-2 geschrieben, einer – gemessen an ihrer Verbreitung – eher exotischen Programmiersprache.
- Das Frontend wurde mit Hilfe eines kommerziellen Toolkits entwickelt. Potentielle Benutzer des Administrationssystems benötigen zumindest Laufzeitlizenzen dieses Toolkits.
- Die Dokumentation ist eher dürftig ausgefallen.
- Eine Weitergabe des Systems an externe Benutzer erfordert zusätzliche Ressourcen für die Wartung und Systemverwaltung.

Aus diesen Gründen sind Experimente im Feld unterblieben. Erfahrungen beim Management realer Entwicklungsprozesse konnten somit nicht gesammelt werden. Die Voraussetzungen, um dies zu erreichen, sind allerdings bekanntermaßen nur schwierig zu erfüllen.

Literatur

[1] Große-Wienker, R. et al.: Das SUKITS-Projekt: A-posteriori-Integration heterogener CIM-Anwendungssysteme, Aachener Informatik-Berichte Nr. 93-11, 162 S., 1993
[2] Kiesel, N., Schürr, A., Westfechtel, B.: GRAS, a Graph-Oriented (Software) Engineering Database System, Information Systems, vol. 20-1, S. 21–51, 1995
[3] Nagl, M. (Hrsg.): Building Tightly Integrated Software Development Environments: The IPSEN Approach, LNCS 1170, Springer-Verlag, Berlin, 1996
[4] Rose, M.T, Onions, J., Robbins, C.J.: The ISO Development Environment: User's Manual, vol. 1–5, Vers. 7.0, Palo Alto, 1992
[5] XVT – Development Solution for C, Continental Graphics, Broomfield, Colorado, 1993
[6] Wall, L., Schwartz, R.L.: Programming Perl, Sebastopol: O'Reilly & Associates, 1991

Teil II

Ziele und Lösungsskizze des SFB IMPROVE[*] zur Verbesserung von Entwicklungsprozessen in der Verfahrenstechnik

[*] Informatische Unterstützung übergreifender Entwicklungsprozesse in der Verfahrenstechnik

1 Übersicht über den SFB IMPROVE: Probleme, Ansatz, Lösungsskizze

M. Nagl, Lehrstuhl für Informatik III
W. Marquardt, Lehrstuhl für Prozeßtechnik

Zusammenfassung

Zielsetzung dieses SFB ist die Unterstützung verfahrenstechnischer Entwicklungsprozesse. Der Schwerpunkt liegt dabei auf den frühen Phasen, der Integration von Entwurfsaufgaben und der Integration von Prozeßketten. Die sich daraus ergebenden Anforderungen werden durch neue informatische Konzepte und deren Werkzeugunterstützung erfüllt, wobei existierende Werkzeuge verwendet werden.

Voraussetzung hierfür ist die Klärung und Formalisierung von Teilprozessen und Teilprodukten sowie deren gegenseitigen Zusammenhangs. Typisch für Entwicklungsprozesse ist, daß sie nur teilweise vorab geplant werden können, sondern sich deren Ausgestaltung größtenteils erst während des Entwicklungsprozesses selbst ergibt.

In Ergänzung zu vorhandenen Werkzeugen entstehen weitere, ein offenes Rahmenwerk dient der Wiederverwendung der Integrationslösung sowie deren Anpassung. Der Nutzen der Konzepte und entstehenden zusätzlichen Werkzeuge sowie der Integration aller Werkzeuge wird anhand eines spezifischen Szenarios nachgewiesen.

Dieser Aufsatz stellt den Ansatz und die zu lösenden Probleme dar und skizziert die entstehenden Werkzeuge sowie die Struktur des Integrations-Rahmenwerks. Er gibt somit Übersicht über den folgenden Teil II dieses Buches.

1.1 Verfahrenstechnische Entwicklungsprozesse

Unter einem *verfahrenstechnischen Prozeß,* der auf einer Anlage abläuft, versteht man die Verknüpfung physikalischer, chemischer, biologischer und informationstechnischer Vorgänge, um Ausgangsstoffe nach Art, Eigenschaften sowie Zusammensetzung gezielt so zu verändern, daß ein gewünschtes *stoffliches Produkt* entsteht.

Ziel des *Entwicklungsprozesses* ist hingegen der Entwurf eines neuen oder die Modifikation eines bereits bestehenden verfahrenstechnischen Prozesses und dessen Umsetzung in eine Anlage. Der Entwicklungsprozeß umfaßt alle Arbeitsschritte und deren Zusammenspiel, um die Entwurfsaufgabe im Team zu lösen. Die aus einer groben Problemstellung erarbeitete vollständige Spezifikation von Prozeß und Anlage ist das *Produkt des Entwicklungsprozesses.*

Charakterisierung und Spezifika

Die Untersuchungen im Rahmen des geplanten SFB werden sich i. w. auf die *frühen Phasen* des *Entwicklungsprozesses* in der Verfahrenstechnik konzentrieren, die den konzeptionellen Entwurf einer verfahrenstechnischen Anlage zum Gegenstand haben: (1) In dieser Phase werden bis zu 80 % der Herstellungskosten (Betriebs- und Investitionskosten) festgelegt [33], so daß der wirtschaftliche Erfolg nach Abschluß des Basic-Engineering bereits festliegt. (2) Die hier anfallenden Entwicklungsarbeiten sind komplex, da eine Vielzahl unterschiedlicher Aspekte gleichzeitig bedacht werden müssen, um im Sinne des ganzheitlichen Systementwurfs [10] ein optimales Systemkonzept zu erlangen. (3) Die Entwicklungsarbeiten der frühen Phase sind kreativer Natur, so daß wegen des unvollständigen Verständnisses und der schwierigen Formalisierung der zugrundeliegenden Entwicklungsprozesse hohe Anforderungen an die informatische Unterstützung gestellt werden.

Ein weiteres Spezifikum ist die *Integration* bisher bezüglich Methodik und Werkzeugunterstützung nicht integrierter *Entwurfsaufgaben*. Abb. 1.1 enthält ein grobes und unvollständiges Arbeitsbereichsmodell. Der unterlegte Bereich zeigt die Konzentration auf frühe Phasen des Entwicklungsprozesses; spätere Erweiterungen in Richtung Prozeßleittechnik und Detail-Engineering sind vorgesehen. Die derzeitigen Brüche des Entwicklungsprozesses sind je nach Schwere gekennzeichnet. Brüche sind konzeptioneller Art, sie zeigen das mangelnde gegenseitige Verständnis der Wechselwirkungen. Sie sind insbesondere softwaretechnischer Art. Die Herausforderung besteht in ihrer Überwindung sowohl auf grobgranularer (Koordination) als auch auf feingranularer Ebene (Entwicklerkooperation). Der Fokus liegt dabei auf der Entwicklerkooperation, die koordiniert ablaufen muß. Koordination und Entwicklerkooperation stehen in Wechselwirkung (Aufgabenteilung, Informationsaustausch, Organisation von Rückgriffen etc.)

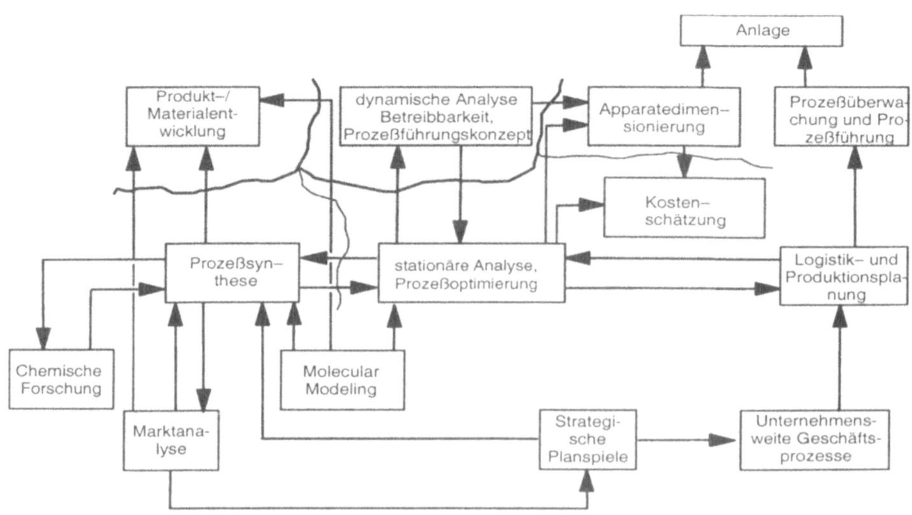

Abb. 1.1 : Integration bisher isoliert betrachteter Entwurfsaufgaben

Das dritte Charakteristikum ist die *Integration* über die *Kette* des *Produktionsprozesses*. Abb. 1.2 zeigt die Prozeßkette der Herstellung von Formteilen aus polyamidbasierten Polymeren, die als Beispielszenario betrachtet wird. Die Abbildung zeigt drei Inseln, links oben die chemietechnische mit der Monomerherstellung und der Polymerisation, unten die Kunststoffverarbeitung, rechts das Recycling. Traditionell liegt zwischen Chemietechnik und Kunststofftechnik ein Bruch vor, rohstoffliches Recycling ist neu und praktisch kaum im Einsatz. Die Überwindung der Inseln ist eine weitere Herausforderung, das Potential der Integration ist derzeit noch ungeklärt. Die Gestaltung der Prozeßkette und die Ausgestaltung eines Elements stehen in engem Wechselspiel. Als Beispiel sei die im SFB betrachtete reaktive Extrusion genannt (rechts oben), in der ein Teil der Polymerisation mit der Kunststoffverarbeitung in einer Anlagenkomponente abläuft, was Auswirkungen auf die Ausgestaltung der gesamten Prozeßkette nach sich zieht. Durch umfassende, informationstechnische Unterstützungswerkzeuge soll diese Integration vollzogen werden, was ein besseres Verständnis der Prozeßkettenelemente, deren Ausgestaltung und deren Zusammenspiel voraussetzt.

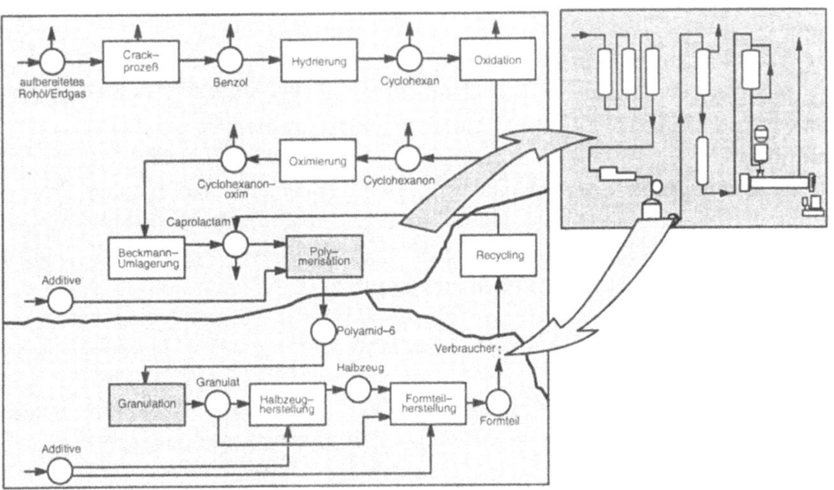

Abb. 1.2 : Integration über die Prozeßkette

Schwachstellen, Integration und Globalziel

Aus der obigen allgemeinen Charakterisierung des verfahrenstechnischen Entwicklungsprozesses und dessen spezifischer Ausprägung im SFB ergeben sich eine Reihe von Eigenschaften, Charakterisierungen und Schwachstellen, die in Tab. 1.3 zusammengefaßt sind.

Zur Unterstützung der komplexen Entwicklungsprozesse und der Vermeidung der gegenwärtigen Schwachstellen und Brüche ist Integration zum einen bezüglich unterschiedlicher Entwurfsaufgaben und Prozeßketten erforderlich (s.o.). Insbesondere müssen die verschiedenen Arbeitsprozesse in einem interdisziplinären Team zwischen Entwicklern, Managern, Beratern und Kunden verstanden und unterstützt werden. Dies erfordert die *Integration* der eingesetzten verschiedenartigen Werkzeuge für unterschiedliche Aufgaben

(Simulatoren für verschiedene Aufgabenstellungen, Prozeßsynthese-Werkzeuge, Regelungsentwurfs-Werkzeuge, Beratungssysteme). Letzteres ist *nicht* durch *Zusammenschalten* existierender Werkzeuge erreichbar. Dies erfordert über die klassische Werkzeug-Integrations-Dimension hinausgehende grundlegend neue Überlegungen.

Anzahl/Hintergrund der Entwickler (interdisziplinäre Teams; Einbeziehung externer Experten): Verständigungsprobleme durch unterschiedliche Terminologie, erschwert durch mangelnde Werkzeugunterstützung.

Geographische und organisatorische Verteilung des bzw. der Teams (unterschiedliche geographische Standorte/Kontinente; verschiedene Firmen): mangelnde Kommunikationsmöglichkeiten.

Koordination eines Teams/verschiedener Teams (Entwickler in verschiedenen Projekten; unterschiedliche Projektdauern; Änderung des Teams während des Entwicklungsprozesses): mangelnde Unterstützung der Koordination, derzeit zu grob, keine Berücksichtigung der Dynamik des Prozesses.

Ablauf des Entwicklungsprozesses (enge Zusammenarbeit der Entwickler; starke Benutzung von Werkzeugen, z.B. Simulatoren; Arbeitsprozesse nicht explizit bekannt (Erfahrung, Intuition); fortschreitende Detaillierung erzeugt viele Rückgriffe): Planung der Entwicklerarbeit, Unterstützung der Ausführung, Zusammenarbeit der Teams unbefriedigend.

Art der Zusammenarbeit/Informationsaustausch (sequentielle und parallele Projektausführung; Dokumentenaustausch unterschiedlicher Art (Berichte, Simulationsergebnisse, Zeichnungen) nur bei Projektbesprechungen): unsichere, unvollständige und inkonsistente Information, unzureichender Informationsaustausch.

Dokumentation der Arbeitsergebnisse (Entscheidungen und Prozesse selbst nicht in Verbindung mit Produkten dokumentiert): Änderungen schwer durchzuführen, keine systematische Variantenbetrachtung.

Wiederverwendung (derzeit nur Erfahrung der Beteiligten): keine Wiederverwendung von Teillösungen, Teilschritten, keine systematischen Wiederverwendungsprozesse, wie in anderen Bereichen bekannt.

Know-how-Sicherung (starke wirtschaftliche Bedeutung wegen Fluktuation der Mitarbeiter): Mechanismen zur Generalisierung spezieller Problemlösungen und deren Werkzeugunterstützung sind ungelöst.

Tab. 1.3 : Eigenschaften, Charakterisierung und Schwachstellen verfahrenstechnischer Entwicklungsprozesse

Globalziele jeder Unterstützung durch Werkzeuge sind *Qualitätsverbesserung* der entstehenden Produkte und Qualitätsverbesserung und *Produktivitätserhöhung* des Entwicklungsprozesses. Daraus ergeben sich folgende Aufgabenstellungen für den SFB:

- die Identifizierung der ablaufenden Arbeitsprozesse und deren Zusammenhang mit den resultierenden Arbeitsprodukten und deren Formalisierung als Grundlage der Konzeption und Realisierung unterstützender Werkzeuge,

- eine weitestgehende Vermeidung ausschließlich manueller Arbeitsprozesse durch deren Übertragung in Werkzeuge zur Prozeßunterstützung,
- die Unterstützung von Dokumentation und Wiederverwendung von speziellen Arbeitsergebnissen und generischem Entwurfswissen,
- die Verbesserung der Kommunikation und
- die A-posteriori-Integration von Werkzeugen und Umgebungen zu einem allgemeingültigen, verfahrenstechnische Entwicklungsprozesse in allen Teilen unterstützenden, erweiterbaren Verbund.

1.2 Prozesse und Produkte bei der kooperativen Entwicklung

Es gibt derzeit *kein formales Prozeß-* und *Produktmodell* (vgl. [2,3,4,22] für einige Ansätze zur Prozeßmodellierung, für Produktmodelle s.u.) für die unterschiedlichen Formen der Kooperation verschiedener technischer Entwickler und deren Koordination zur Erstellung eines komplexen Produkts, das alle Aspekte eines solchen Entwicklungsprozesses sowie die Wechselwirkung der Teilprozesse festlegt. Dies gilt insbesondere für den innovativen Beispielentwicklungsprozeß aus Abschnitt 1.1 mit vielen derzeit nicht beherrschten Aspekten. Trotz der Vorarbeiten der Beteiligten [7,23,46] wird dieses Prozeßmodell erst mittelfristig entstehen können.

Charakterisierung von Entwicklungsprozessen und -produkten

Insbesondere ist Prozeß nicht gleich Prozeß! *Teilprozesse* bzw. *Gesamtprozeß* können nach unterschiedlichen *Merkmalen unterschieden* werden [34]: Granularität der Betrachtung (gröbstgranulare Lebenszyklusmodelle, grobgranulare Koordinationsmodelle, feingranulare Entwicklerprozesse), Strukturierung (einfach, komplex), Grad der Formalisierung (vage, semiformal, formal), Festlegungszeitpunkt (vor oder zur Projektlaufzeit), Art des Akteurs (Mensch, interaktives Werkzeug, automatisches Werkzeug), Vorbereitung oder Nutzung (Parametrisierung, Methodendefinition, Nutzung beider), Weite der Betrachtung (technische Teilbereiche, deren Integration, Einbeziehung der Koordination, firmenübergreifende Kooperation), Dauer (Rapid Prototyping, vollständige Realisierung, langlaufende Projektfamilien), Wiederverwendungsaspekt (Erstprojekt, Vorgehen nach "Schema F", Wiederverwendungsprozeß) und schließlich der Gleichzeitigkeit (ein Entwicklungsprozeß bzw. mehrere in Firma/Firmenverbund) etc.

Das Ergebnis eines Gesamtentwicklungsprozesses ist ein komplexes "Produkt", im folgenden *Gesamtkonfiguration* genannt [34] (vgl. Abb. 1.4). Es enthält die Ergebnisse der Entwickler zusammen mit ihren vielfältigen Querbeziehungen (*technische Konfiguration*). Logisch abgeschlossene, i.d.R. von einem Beteiligten erstellte Teile werden *Dokumente* genannt (z.B. Teilfließbild). Dokumente haben eine reichhaltige interne Struktur und viele Querbeziehung zwischen ihren Bestandteilen (z.B. große Zahl unterschiedlicher Abhängigkeiten zwischen den Termen der Verhaltensbeschreibung einer Anlage). Die Gesamtkonfiguration enthält *Teilkonfigurationen* (z.B. für die Fließbildsynthese einer Anlage).

Insbesondere gibt es vielfältige, *feingranulare Beziehungen* zwischen Bestandteilen *verschiedener* Dokumente einer Gesamtkonfiguration (vgl. wieder Abb. 1.4). Teile der Verhaltensbeschreibung einer Anlage hängen z.B. mit Teilen der Strukturbeschreibung zusammen. Die explizite Unterstützung dieser Beziehungen durch Werkzeuge ist nötig für die Festlegung des Aufwands von Änderungen, deren Durchführung, für die Konsistenzprüfungen nach Änderungen etc.

Ein wesentlicher Bestandteil der Gesamtkonfiguration ist die *administrative Konfiguration*, deren Information zur Koordination (Organisation, Management) genutzt wird. Hier findet sich Information zur Produkt-, Aufgaben-, Ressourcenkontrolle und zur Beschreibung einer Abteilung, einer Firma oder eines Firmenverbunds, in der oder dem die Entwicklung stattfindet. Diese Information ist *grobgranular*, d.h. es interessiert nur, daß ein Dokument (eine Aufgabe) existiert, in welchem Zustand es (sie) ist, aber nicht, wie es strukturiert (wie sie auszuführen) ist.

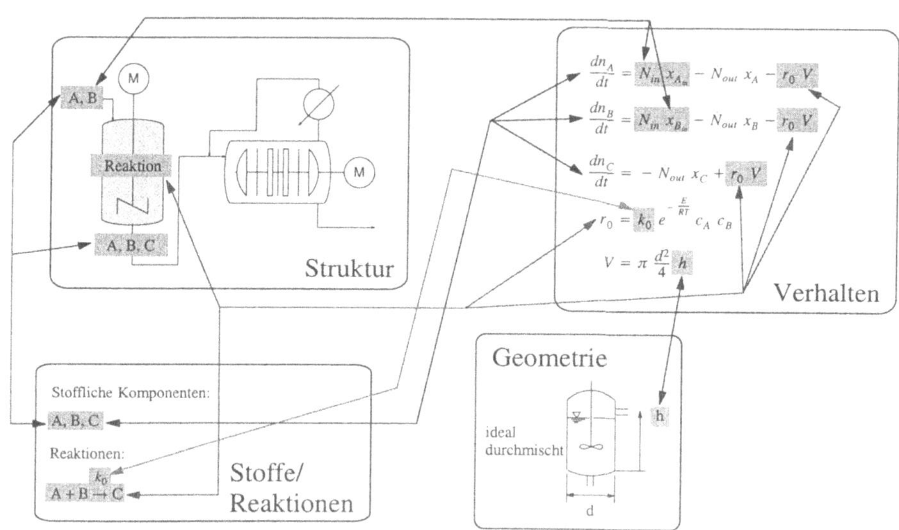

Abb. 1.4 : Gesamtkonfiguration als Produkt eines Entwicklungsprozesses

Wir werden in Abschnitt 1.7, nachdem wir den Ansatz des SFB und seine Kernpunkte kennengelernt haben, die wesentlichen Argumente zusammentragen, inwieweit sich der Ansatz des SFB IMPROVE von den üblichen Produktmodellierungsansätzen unterscheidet.

Neue, informatische Konzepte

Die Kooperation der beteiligten Personen wird durch die folgenden *neuartigen informatischen Konzepte* und entsprechenden *Werkzeugfunktionalitäten* verbessert:
(1) *Direkte Prozeßunterstützung* der beteiligten menschlichen Akteure [23,29,38]: durch Beobachtung von Prozeßabläufen bei Entwicklern, Anbieten von für gut befundenen Abläufen, Unterstützung von Verhandlungen und Entscheidungen der Prozeßbeteiligten,

Anbieten von Heuristiken für das Vorgehen etc.. Direkte Prozeßunterstützung ist somit darauf gerichtet, das Handeln der Personen zu erleichtern, zu standardisieren und Probleme bei der Kooperation zu mildern.

(2) *Indirekte Prozeßunterstützung* oder Produktunterstützung [32,34]: Sicherung von Struktur- und Konsistenzbedingungen der entstehenden Produkte auf Sprach- und Methodikebene für einzelne Dokumente, insbesondere aber für den Zusammenhang verschiedener Dokumente des komplexen Entwicklungsproduktes. Dies geschieht durch Anbieten von strukturbezogenen Werkzeugen für Prozeßschritte des Abgleichs von Dokumentänderungen, die die entsprechenden Eigenschaften konstruktiv sichern und damit Hilfe für die Durchführung eines Abgleichsprozesses geben. Der Teilprozeß wird dabei nicht eingeschränkt.

(3) *Informelle, multimediale Kommunikation* der Prozeßbeteiligten [17,18]: Diese Art der spontanen Kooperation dient der Klärung von Problemen, Diskussion über Zwischenergebnisse, Vorbereitung von Absprachen etc. Geregelte Kooperation kann und soll spontane Kommunikation "zwischendurch" nicht ersetzen. Dabei wird die multimediale Kommunikation anwendungsspezifisch ausgestaltet.

(4) *Anpassung* von *Prozessen* [16,35]: Bisherige Prozeßmodellierungsansätze umgehen das Problem, daß Prozesse während der Projektlaufzeit dauernd angepaßt werden müssen. Grundlagen für diese Anpassung sind Detaillierung oder Probleme auf Entwicklungsebene, Parametrisierung, Einführung neuer Muster auf Methodikebene, neue Regeln der Wiederverwendung etc.

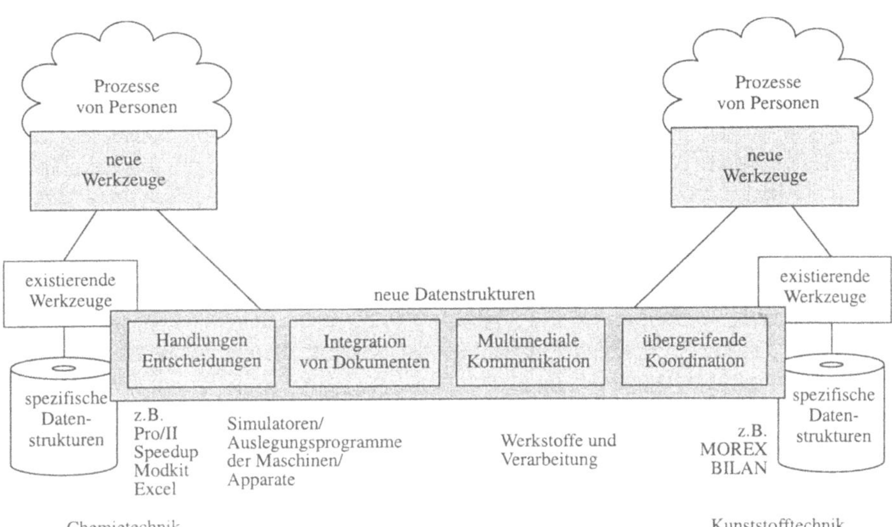

Abb. 1.5 : Neue Werkzeuge nutzen existierende sowie Datenstrukturen oberhalb der existierender Werkzeuge

Diese Konzepte stehen in *wechselseitigem Bezug* zueinander: So gibt es z.B. einen *Übergang* zwischen direkter und indirekter Prozeßunterstützung, indem ständig wiederholte Handlungsschrittabfolgen in Werkzeugfunktionen kompiliert werden. Die Konzepte und die ihnen entsprechenden Werkzeuge werden auf *alle* oben aufgeführten *Aspekte* von

Prozessen (wie Prozeßdefinition und -nutzung) und ihren *Zusammenhang* angewandt.
Dabei ergeben sich Synergieeffekte bei der *verschränkten Nutzung* der entsprechenden
Werkzeuge.

Diese neuen *Informatik-Konzepte* fügen sich sehr gut in den *A-posteriori-Ansatz* des
SFB ein (vgl. Abb. 1.5): (1) Existierende Werkzeuge werden verwendet, einige sind
aufgeführt. (2) Die bisherigen, speziellen Datenstrukturen existierender Werkzeuge werden genutzt. (3) Für den Einsatz der neuen Konzepte ist die detaillierte Kenntnis dieser
Datenstrukturen nicht nötig, es genügt die Festlegung einer vergröbernden Sicht. (4) Neue
Datenstrukturen kommen hinzu, die diese Sichten nutzen. (5) Neue Werkzeugfunktionalität muß für die oben eingeführten neuen Konzepte entwickelt werden, die auf die Prozesse
der beteiligten Personen abgestimmt ist.

1.3 Definition eines umfassenden Prozeß-/Produktmodells

Grundlage für die verbesserte Werkzeugunterstützung unter Einsatz der obigen neuen
informatischen Konzepte und unter Verwendung existierende Werkzeuge ist die *Klärung
eines umfassenden Prozeß-/Produktmodells* für übergreifende verfahrenstechnische Entwicklungsprozesse (vgl. Abb. 1.6 für den Ausschnitt zweier Teilprozesse/-produkte).

Eigenschaften des Modells

Das Modell muß folgende *Anforderungen* erfüllen: (1) Die Verschiedenartigkeit der
Teilprozesse ist zu berücksichtigen (Granularität, Strukturiertheit etc., s.o.). (2) Die Gesamtkonfiguration dient gegenüber existierenden Ansätzen als erweitertes Produktmodell.
Ihre verschiedenartigen Bestandteile (unterschiedliche technische Dokumente, feingranu-
lare Beziehungen, Zusammenhang mit der administrativen Konfiguration etc.) sind in
einem integrierten Gesamtmodell zu vereinigen. (3) Teilprozesse sind mit ihren Teilprodukten zu integrieren, beides sind duale Aspekte ein und desselben Sachverhalts. (4)
Teilprozesse stehen in wechselseitigen Beziehungen, sie interagieren miteinander. (5)
Schließlich beeinflussen sich Teilprozesse über ihre produzierten Ergebnisse in reaktiver
Weise (Ergebnisse bestimmen, wie der Prozeß weitergeht; administrative Vorgaben planen
technische Prozesse; Probleme verursachen Änderungen; Methodikvorgaben geben andere Strukturierung vor, etc. [16]).

Verschiedene *logische Ebenen* sind für das Prozeß-/Produktmodell zu unterscheiden:
Wir betrachten (a) die Ebene der Prozesse und Teilergebnisse der technischen Entwickler
(feingranulare Ebene). Zu deren Koordination ist eine (b) grobgranulare Ebene nötig,
deren Produkt administrative Konfiguration genannt wurde. Für die Parametrisierung/An-
passung etc. können (c) verschiedene Vorgaben erzeugt werden (Prozeß-/Produktmuster),
die den Prozeß verändern. In und zwischen diesen Ebenen finden sich wiederum hierarchische Beziehungen und Querbezüge. Schließlich ist bei firmenübergreifenden Prozessen
das Zusammenspiel der verschiedenen Prozesse in Firmen zu beachten, zu deren Betrachtung alle Ebenen (a) bis (c) heranzuziehen sind.

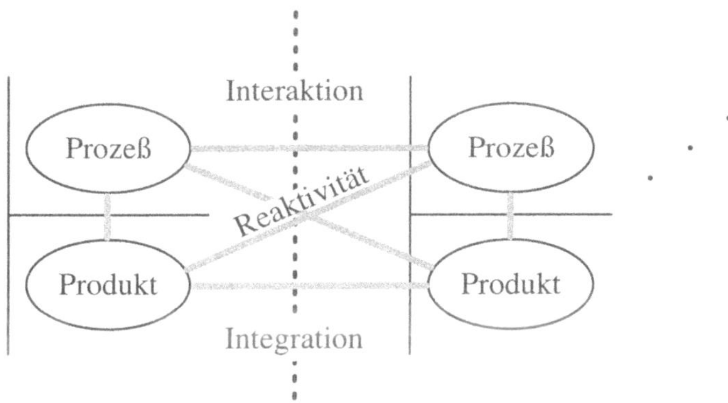

Abb. 1.6 : Interaktion, Integration, Reaktivität von Teilprozessen/-produkten

Der Bau von Werkzeugen führt dazu, daß diese Prozesse/Produkte, die verschiedenen logischen Ebenen angehören, auch auf verschiedenen *Realisierungsebenen* zu betrachten sind (vgl. Abb. 1.7).

(1) Auf Ebene 1 treten *Benutzermodelle* für den Prozeß, sein Produkt und die hierfür nötigen Kommunikationsformen der Beteiligten auf.

(2) Möglichst nahe an diesen Modellen sollte die Unterstützung durch abgestimmte Werkzeuge liegen, damit sich wesentliche Teile des Entwicklungsprozesses nicht außerhalb der Entwicklungsumgebung abspielen. Auf Ebene 2 finden sich hierfür *externe Modelle*, deren Präsentation auf die verwendeten Sprachen, Methoden und Prozesse sowie auf die Gestaltung der Bedienungsoberfläche abgestimmt ist.

(3) Auf Ebene 3 finden sich *interne Modelle*, die Teilkonfigurationen, Prozeßstrukturierungen und Kommunikationsformen auf hohem Niveau, nötigem Detaillierungsgrad und in rechnernutzbarer Form mit Hilfe eines geeigneten Datenmodells darstellen, damit entsprechende Werkzeugfunktionalität auf der externen Ebene angeboten werden kann. Auf externer Ebene wird jeweils nur der relevante Ausschnitt in einer auf den Benutzer abgestimmten Weise präsentiert.

(4) Die internen Modelle müssen auf die Dienste verteilter Plattformen abgebildet werden. Um die Implementierung der Werkzeuge unabhängig von den Spezifika der zugrundeliegenden Plattformen zu halten, finden sich auf Ebene 4 entsprechende *Basismodelle* zur Realisierung einer allgemeingültigen Abbildung. Darunter findet sich die Ebene der zu verwendenden Plattform (in Abb. 1.7 nicht eingezeichnet).

Prozesse, Produkte und Kommunikation treten *durchgängig* auf *allen* vier *Realisierungsebenen auf* und sind stets auf die tieferliegende Ebene *abzubilden*. Dies sei am Beispiel des Begriffs 'Prozeß' verdeutlicht: So sprechen wir auf oberster Ebene von Prozessen menschlicher Entwickler, auf Ebene 2 von Prozessen, die einem unterstützten Schritt durch ein Werkzeug entsprechen, auf Ebene 3 von internen Prozessen solcher Werkzeuge (z.B. zur Ausführung einer verteilten, geschachtelten Transaktion) und auf Ebene 4 von der Verteilung auf zugehörige Betriebssystemprozesse und existierende Datenbanksysteme.

Eine besondere Herausforderung des SFB stellt die *Handhabung übergreifender Entwicklungsprozesse* zwischen Abteilungen und insbesondere zwischen Firmen dar, da verschiedene Prozesse integriert werden müssen. Entsprechend sind externe und interne Modelle sowie die zugrundeliegenden Basismodelle zu integrieren. Schwierigkeiten ergeben sich dadurch, daß in verschiedenen Abteilungen/Firmen hierfür verschiedene Modellwelten (Chemie, Verfahrenstechnik) eingeführt sein können, oder daß in verschiedenen Firmen unterschiedliche Strukturierungen und Vorgehensweisen vorliegen können, die aber gleichwohl zu einem übergeordneten Gesamtprozeß/-produkt integriert werden müssen.

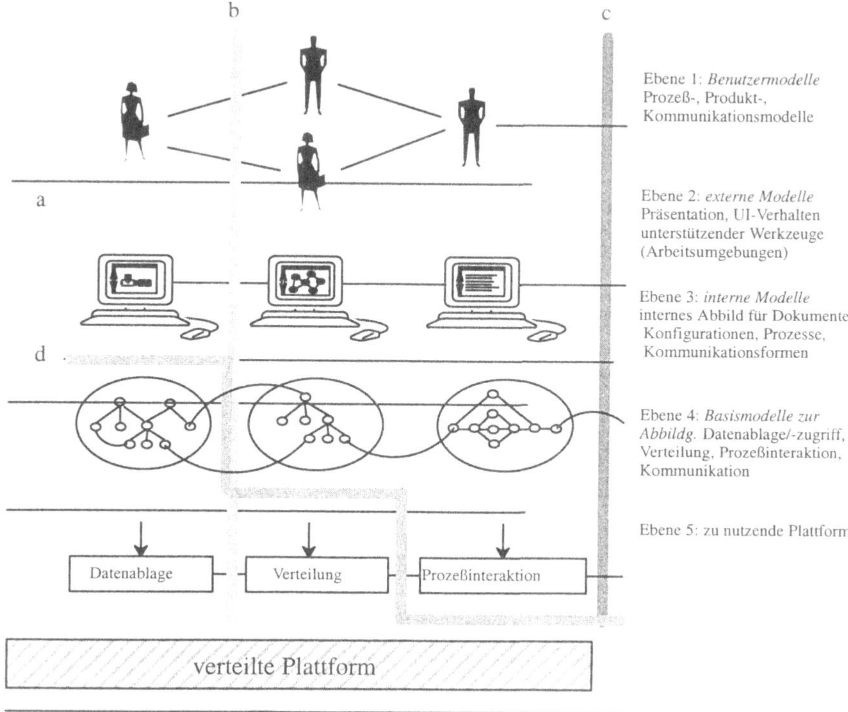

Abb. 1.7 : Prozeß- und Produktmodell auf verschiedenen Realisierungsebenen

Anforderungen an ein formales Modell

Das formale Prozeß-/Produktmodell, das im Verlauf des SFB entstehen soll, ist nach den obigen Ausführungen *keine starre Festlegung*. Es läßt statt dessen Spielraum:
(i) Wie gestalten oder koordinieren Entwickler, Abteilungen, Firmen ihre kooperativen Prozesse: Die Kreativität der Personen erzwingt entsprechenden Gestaltungsfreiraum.
(ii) Um welchen Verfahrenstechnik-Entwicklungsprozeß handelt es sich: Dieser sieht je nach Anwendung, Standards, verfügbarem Wissen, Apparaten, Anlagen etc. anders aus.
(iii) Die Teilprozesse und -produkte sind verschiedenartig: Teilprozesse und -produkte können somit nicht gleichartig beschrieben und formalisiert werden.

(iv) Diese Prozesse ergeben sich erst während eines Entwicklungsprozesses: Entwicklungsprozesse können somit nicht statisch vorab strukturiert werden.
(v) Die Teilprozesse stehen in starker gegenseitiger Wechselwirkung zueinander.

Somit muß das einheitliche und umfassende Modell in *präziser Form* folgendes leisten: (a) verschiedenartige Einzelprozesse beschreiben können, (b) ihre unterschiedliche Interaktion klären, (c) die unterschiedlichen Teilprodukte definieren können, (d) die Integration dieser Teilprodukte festlegen, (e) den Zusammenhang von Teilprozessen und Teilprodukten erfassen, (f) die nötigen Reaktivitätsmechanismen anbieten, die sich aus unterschiedlichen Interaktionsformen und Integrationsmechanismen ergeben und (g) die Abbildung zwischen Modellierungsebenen der Realisierung einheitlich handhaben. Dabei ist zu berücksichtigen, daß (h) Teilprozesse oder -produkte unterschiedlichen logischen Ebenen zugeordnet sind (grobgranulare Koordination, feingranulare Kooperation), wobei innerhalb und zwischen denselben vielerlei Hierarchie- und Querbeziehungen abzubilden sind.

Dabei ist insbesondere zu berücksichtigen, daß der Entwicklungsprozeß durch *Menschen ausgeführt* und *gestaltet* wird, die durch Werkzeuge *unterstützt* werden. Teilprozesse und Gesamtprozeß sind nur teilweise formalisierbar und können zur Projektlaufzeit nur stückweise festgelegt werden, auch wenn sie vollständig formalisierbar wären. Die Flexibilität unterschiedlicher Gestaltungen muß gegeben sein, in Bezug auf die Angemessenheit für die beteiligten Personen, in Bezug auf ein Anwendungsfeld sowie in Bezug auf ein exemplarisch ausgewähltes Szenario.

Bei der Formalisierung des umfassenden Prozeß-/Produktmodells treten *schwierige Modellierungsprobleme* auf:

- Es sind keine formalen Notationen für Teilprozesse, -produkte, Interaktionsformen und Integrationsmechanismen vorhanden (mit präziser Syntax, Semantik, Pragmatik), die die oben beschriebenen Anforderungen erfüllen.
- Es existiert infolgedessen keine Methodik im Umgang mit solchen Notationen.
- Insoweit müssen Sprachdefinition, Methodikdefinition und Modellierung in Sprache mit/ohne Methodik gleichermaßen angegangen werden.
- Eine einheitliche Modellierung durch gleichartige Gestaltung, Herausziehen von Gemeinsamkeiten, generische Modelle ist derzeit nicht vorhanden, weder bezüglich der Gestaltung auf einer der obigen Realisierungsebenen (vgl. Abb. 1.6) noch bezüglich der Abbildung zwischen denselben. Sie sind auch nicht vorhanden für die oben angesprochenen logischen Ebenen sowie für deren Zusammenhang.

Abb. 1.8 gibt die Ebenen, Abhängigkeiten und Rückgriffe dieser schwierigen Modellierungsproblematik wieder und zeigt damit, daß das Verstehen eines Entwicklungsprozesses und seine Formalisierung durch ein Prozeß-/Produktmodell eine mindestens mittelfristige Aufgabe darstellt. Der Leser vergegenwärtige sich darüber hinaus, daß jeder der Blöcke in der mittleren Spalte von Abb. 1.8 wiederum aus separaten, aber zusammenhängenden Teilen besteht (vgl. Abb. 1.6), die in vielerlei logischen Abhängigkeitsbeziehungen auftreten und für die es innerhalb der Teilmodelle als auch zwischen den Teilmodellen verschiedene Hierarchie- und Detaillierungsstufen gibt.

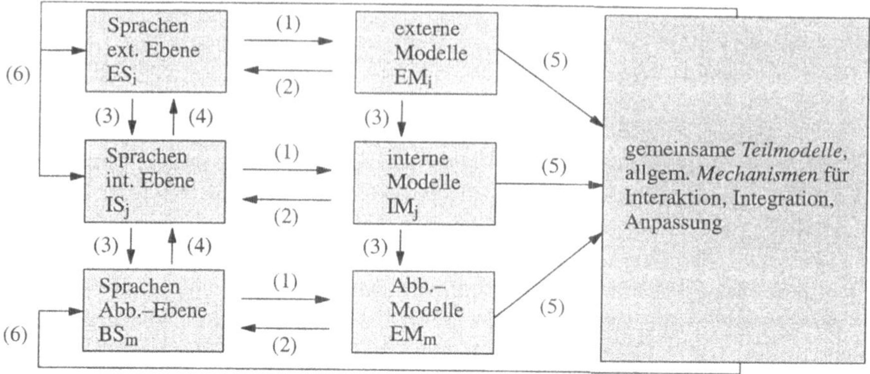

(1) Formulierung der Modelle in der jeweiligen Sprache
(2) Modifikation der Sprache, um Modellierung zu vereinfachen
(3) Abbildung der Sprachen/Modelle
(4) Modifikation der Sprachen, um Abbildbarkeit zu vereinfachen
(5) Herausziehen von gemeinsamen Modellen, generischen Modellen, Metamodellen
(6) Anpassung der Sprachen und Modelle, um Gemeinsamkeiten besser auszudrücken

Abb. 1.8 : Modelierungsproblematik Prozeß-/Produktmodell:
Ebenen, Abhängigkeiten und Rückgriffe

1.4 A-posteriori-Integration und offenes Rahmenwerk

Der derzeitige Stand der Modellierung des gesamten Entwicklungsprozesses und der dabei entstehenden Gesamtkonfiguration ist weit entfernt von einer integrierten Betrachtung, sauberen Strukturierung und einer homogenen Abbildung dieses Gesamtmodells durch alle Realisierungsschichten. Es finden sich statt dessen *Brüche* und entsprechend *isolierte Lösungen* der *Werkzeugunterstützung*: Nur Hintergrundwissen der Entwickler, Intuition und (nicht explizit festgelegte) Verhaltensregeln sichern, daß Entwicklungsprozesse derzeit überhaupt funktionieren.

Brüche und ihre Überwindung

Diese sind im einzelnen (vgl. Abb. 1.7):
(1) Es findet sich eine große Lücke zwischen der *Benutzerebene* und der *externen* Ebene der Unterstützung durch eine Entwicklungsumgebung (Trennlinie a): Die Werkzeuge unterstützen nur Teile des Prozesses; sind nicht auf die vollführten Aufgaben abgestimmt; die Präsentation von Teilergebnissen ist nicht auf die Aufgabe bezogen und die Kommunikation der Entwickler findet außerhalb der Umgebung statt. Die Schritte eines Prozesses müssen somit mühsam und händisch erledigt werden.
(2) Insbesondere gibt es wenig Unterstützung für die *Kooperation* zwischen *verschiedenen Entwicklern* (Trennlinie b): Ergebnisse anderer Personen müssen durch einen Entwickler interpretiert werden, um daraus abzuleiten, welche Aufgaben zu vollführen sind, wie diese Aufgaben durchzuführen sind bzw. wie ihr Ergebnis aussieht. Ebenso ist die Projektkoordination mit der Entwicklertätigkeit nicht integriert.

(3) Bei *übergreifender Kooperation* zwischen einzelnen Firmen ist die Situation noch unbefriedigender (Trennlinie c): Hier findet sich z.Zt. höchstens Datenaustausch auf Zwischen- oder Standardformatebene. Darüber hinaus ist die Abstimmung dadurch erschwert, daß verschiedene "Kulturen" auf beiden Seiten aufeinander treffen können.
(4) Schließlich ist auch die *Realisierung* von *Entwicklungsumgebungen* völlig unterschiedlich gestaltet (Trennlinie d): Es gibt keine allgemeine Strukturierung von Einzelumgebungen und deren Integration. So geht z.B. eine Entwicklungsumgebung direkt auf Dateiebene, eine andere verwendet eine Datenbank, eine dritte nutzt eine Standardstrukturierung für Produkte.

Durch Einsatz der neuen Informatik-Konzepte, durch Modellierung des gesamten Prozesses und Abbildung der Realisierungsebenen werden nach deren Umsetzung in neue Werkzeugfunktionalität diese *Brüche überwunden*:
(1) Zwischen einzelnen Benutzern und Werkzeugen (Trennlinie a von Abb. 1.7): (a1) Durch Betrachtung der Prozesse der Menschen, der Unterstützungsschritte der Werkzeuge sowie ihrer Verzahnung, (a2) durch "semantische" Werkzeugfunktionalität, die durch direkte und indirekte Prozeßunterstützung geliefert wird,
(2) Zwischen verschiedenen Entwicklern/Manager (Trennlinie b): (b1) Zusammenhang verschiedener technischer Entwicklungsaufgaben: Abgleichprozesse insbesondere unter Nutzung von Simultaneous Engineering und Concurrent Engineering, werden ebenfalls durch direkte und indirekte Prozeßunterstützung gefördert, d.h. durch Nutzung abgelegter Erfahrung bzw. von Konsistenzrelationen. (b2) Absprachen, Entscheidungsfindung, Problemerörterung verschiedener Entwickler werden durch Abstimmung der multimedialen, direkten Kommunikation auf die zugrundeliegende Struktur der Dokumente und ihre Querbeziehungen unterstützt, Managementinformation kann genutzt werden, um geeignete Interaktionen aufzubauen. (b3) Entwicklungsaufgaben und ihre Koordination werden in beiden Richtungen erleichtert: Einerseits extrahieren komplexe Analysen Managementinformation aus der technischen Konfiguration, andererseits wird die administrative Konfiguration herangezogen, um Arbeitskontexte zusammenzustellen.
(3) Zwischen Teilprojekten und bei übergreifender Kooperation (Trennlinie c): (c1) Durch Parametrisierung wird das Rahmenwerk an eine Anwendung angepaßt, gute Prozeß-/Produktmuster ändern den Prozeß, die Anpassung erfolgt von Projekt zu Projekt, insbesondere auch während eines Projekts. (c2) Teilprojekte sind unabhängig, gleichwohl in ein Gesamtprojekt zu integrieren, bei Projektfamilien tritt die Wiederverwendungsthematik auf. (c3) Abteilungs- oder firmenübergreifende Kooperation erfordert Integration auf Entwickler- und Managementebene. Die verschiedenen Seiten sehen nur einen Ausschnitt der Gesamtkonfiguration, abweichende Modellvorstellungen müssen möglich sein.

Skizze der Architektur

Dem obigen Ansatz folgend zielen die Bemühungen darauf ab, einen *allgemeingültigen Ansatz* für die *A-posteriori-Integration* zu erarbeiten, der eine wissenschaftliche Herausforderung bei der angestrebten, engen Integration darstellt. Bestehende Werkzeuge und Entwicklungssysteme müssen aus Gründen der Praxisnähe verwendet werden. Es zeigt sich aber, daß auch neue Umgebungen realisiert werden müssen, weil solche mit entsprechender Funktionalität nicht vorhanden sind. Insbesondere müssen vorhandene Entwicklungsumgebungen erweitert werden, da sie nicht auf die Integration hin entwickelt worden sind. Diese Erweiterung besteht zunächst darin, Anschlüsse für die neue Funktionalität zu schaffen und diese zur Verfügung zu stellen. Die eigentliche Integrationsfunktionalität wird durch die Realisierung der neuen Konzepte erbracht.

Abb. 1.9 zeigt eine vereinfachte *'Architektur'-Darstellung* der Gesamtumgebung und des Rahmenwerks. Übliche Integrationsansätze [1, 6, 26, 27, 40, 41] sind weit gröber. Wir beziehen uns in der folgenden Diskussion auf die Ebenen (2) bis (5) von Abb. 1.7, die sich in Abb. 1.9 wiederfinden. Die integrierte Gesamtumgebung besteht aus unterschiedlichen *Teilen*, in *Schichten* angeordnet, die nun kurz erläutert werden.

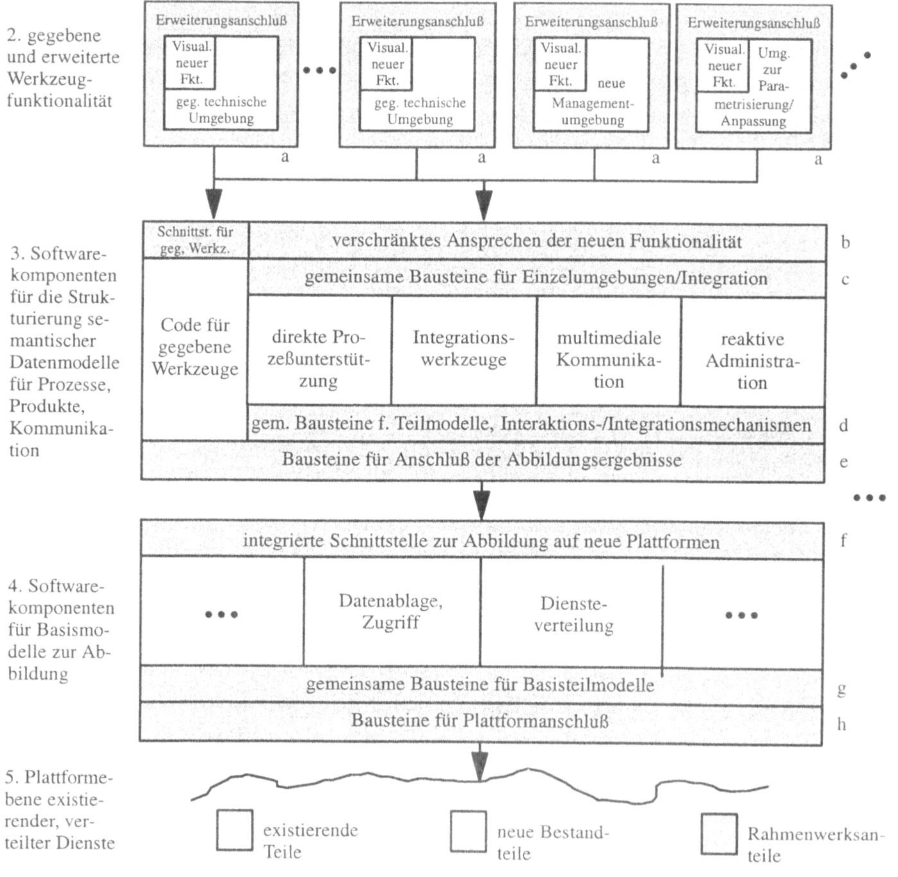

Abb. 1.9 : Gesamtumgebung und A-posteriori-Rahmenwerk
(grobe Architekturskizze)

Gegebene technische *Umgebungen* (Beispiele sind angegeben) werden integriert (weiße Teile von Abb. 1.9 auf Ebene 2). Der Code dieser existierenden Anwendungen wird von einer neuen UI-Schnittstelle angesprochen, eine neue Schnittstelle für die gegebenen Werkzeuge stimmt diese auf das Rahmenwerk ab. Sie manipuliert spezifische Datenstrukturen. Code und Daten existierender Werkzeuge unterliegen ebenfalls der Abbildung auf die vorhandene Plattform, wie das für die neuen der Fall ist (s.u.). *Neue* Umgebungen sind für das Management zu realisieren sowie zur Parametrisierung und Anpassung (auf administrativer und technischer Ebene, vgl. Punkte rechts oben).

Alle Umgebungen, ob verwendet oder neu erstellt, werden durch den Erweiterungsanschluß und die damit angeschlossene Funktionalität zu kooperativen Arbeitsumgebungen (s. Abschnitt 1.6). Das Ziel dieser Erweiterungen besteht darin, die Verbindung eines speziellen Teilprozesses, der mit einer Arbeitsumgebung durchgeführt wird, zum Gesamtprozeß zu erleichtern bzw. erst herzustellen. Die *Erweiterungsanschlüsse* (a) sind durch einen Rahmen in Abb. 1.9, oben dargestellt.

Die für diese Erweiterungen nötigen *internen Modelle* – Ebene 3 von Abb. 1.9 – dienen dazu, entsprechende Funktionalität auf externer Ebene zu ermöglichen. Sie stellen technische Dokumentstrukturen, Integrationssachverhalte, zugehörige Entwicklerprozesse, Interaktionsmöglichkeiten und Kommunikationsformen detailliert dar. Genauer betrachtet, sind in der Architektur nicht die entsprechenden Datenbeschreibungen oder -zustände zu finden, sondern die *Softwarekomponenten*, mit deren Hilfe solche Darstellungen festgelegt, modifiziert, erfragt oder ausgeführt werden.

Interne Modelle zur neuen Funktionalität, aber auch Programme und Daten existierender Umgebungen werden Diensten verteilter *Plattformen zugeordnet*. Dabei werden wir uns weitgehend auf gegenwärtig reifende Plattformen und ihre Funktionen abstützen [9, 36, 37, 39, 43, 44], sonst wäre diese Bemühung im Rahmen des SFB nicht zu realisieren (vgl. Punkte auf Ebene 4). Derzeit ist die Nutzung der Plattformen jedoch mit der Kenntnis einer Vielzahl von Details bezüglich der zugrundeliegenden Hard-/Software-Konfiguration und ihres aktuellen Zustands verbunden, was die Realisierung neuer Werkzeuge erschwert. Wir widmen uns zweier Fragen aus der hier anstehenden Thematik: Wo liegen Prozesse und Daten oder wie kann zur Lastbalancierung bzw. Beseitigung einer Störung in einem heterogenen Hard-/Softwaresystem umorganisiert werden? Zum Teil verfügen die Plattformen auch nicht über die nötigen Dienste. Diese unterschiedliche Funktionalität und der entsprechend unterschiedliche Abstraktionsgrad ist auf Ebene 5 angedeutet.

Ziel der *Abbildungsschicht* von Ebene 4 ist es somit, die Abbildung auf Plattformen zu vereinfachen und längerfristig evtl. automatisch durchzuführen. Dabei sind auf Ebene 3 auch Spezifikationsangaben zur Verteilung nötig oder die Weitergabe von Nutzungsprofilen der Entwickler, um die Abbildung auf Plattformen zu beeinflussen. Die Abbildungsschicht macht entsprechende Basismodelle erforderlich, um die Internstruktur neuer Werkzeuge sowie die zugrundeliegenden heterogenen Plattformen zu verwalten, und um Werkzeugprozesse und Daten gegebener und neuer Umgebungen zuordnen zu können.

Offenes, wiederverwendbares Rahmenwerk zur Integration

Allgemeingültigkeit des angestrebten Integrationsansatzes bedeutet den *Nachweis*, daß diese Lösung (1) auf ein spezielles exemplarisches Szenario (vgl. Abschnitt 1.1) abgestimmt werden kann, daß (2) die mit den Prototypen des SFB erzielten Lösungen vollständig sind, indem sie die auftretenden wissenschaftlichen Probleme abdecken, und ferner, daß (3) die grundlegenden Konzepte der Lösung auch außerhalb der Verfahrenstechnik Verwendung finden können.

Aus Aufwandsgründen und vom wissenschaftlichen Anspruch her kann das nur bedeuten, daß für die im Laufe des SFB entstehenden integrierten Gesamtumgebungen keine einzelfallorientierten Realisierungen in Frage kommen. Statt dessen muß es ein *Rahmenwerk* zur A-posteriori-Integration geben (vgl. Abb. 1.9, dunkelgraue Teile) sowie einen *überlegten Softwareentwicklungs-Prozeß* zur Erstellung einer integrierten Gesamtentwicklungs-Umgebung unter Nutzung des Rahmenwerks.

Die allgemeingültigen *Erweiterungsanschlüsse* (a) sind Bestandteil des Rahmenwerks (Ebene 2). Sie können für die Integration beliebiger Arbeitsumgebungen herangezogen werden.
Die Funktionalität der neuen Werkzeuge kann *verschränkt* genutzt werden und erhält dadurch einen erhöhten Nutzen. Diese verschränkte Nutzung findet sich als Schicht im Rahmenwerk (b). Ferner gibt es eine allgemeingültige Schnittstelle zum Ansprechen *existierender* Werkzeuge. Gemeinsame *allgemeine Bausteine* sind beispielsweise nötig zur Abarbeitung von Kommandozyklen, zur Visualisierung der neuen Funktionalität, zur einheitlichen Handhabung der Bedienerschnittstellengestaltung etc. [34] (c). Im Verlauf des SFB werden *Gemeinsamkeiten* der verschiedenen *internen Modelle*, allgemeine Interaktions- und Integrationsmechanismen entdeckt und in wiederverwendbare Komponenten gegossen (d). Schließlich werden *Spezifikationen*, welche die Verteilung beeinflussen, durch *Softwarekomponenten* für die Abbildung auf Plattformen aufbereitet (e).
Die Ergebnisse der Abbildungsschicht finden sich in Gestalt einer *uniformen Schnittstelle*, in Form entsprechender Softwarekomponenten wieder (f). Analog zur Ebene 3 werden später *Gemeinsamkeiten* der *Basismodelle* in Softwarebausteine umgesetzt (g). Bausteine für den einheitlichen *Plattformanschluß* (h) schließen diese vergröberte Diskussion des Rahmenwerks ab.

Das Rahmenwerk heißt *offen*, weil beliebige spezifische Umgebungen damit integriert werden können (Punkte auf Ebene 2 von Abb. 1.9). Die Bestandteile des Rahmenwerks bleiben dabei unverändert.
Das Rahmenwerk *beseitigt* die *Uneinheitlichkeit* von derzeitigen Umgebungsverbunden. Dies gilt zumindest für die Realisierung der neuen Integrationsfunktionalität, die sauber über Schichten auf die gegebene Plattform abgebildet wird. Damit wird der Bruch (d) in Abb. 1.7 beseitigt.
Bei *übergreifender Kooperation* müssen verschiedene Umgebungsverbunde von Abteilungen oder Firmen wiederum integriert werden (Punkte rechts in Abb. 1.9). Dies wird in unserer Gesamtumgebung einerseits über entsprechende Anpassungsmechanismen gelöst und zum anderen über die Abbildungsprojektergebnisse, die von heterogenen Plattformen ausgehen und die Weitverkehrsverbindungen, Datenablage an weit entfernten Orten sowie eine entsprechende zugehörige Dienstevermittlung erlauben.

In Integrationsansätzen, wie [6, 45], wird zwischen Kontroll-, Präsentations-, Daten-, Rahmenwerksintegration unterschieden. Beiträge zu diesen *Integrationsaspekten* finden sich auf unterschiedlichen Ebenen der Architekturdarstellung von Abb. 1.9. Dies sei am Beispiel der *Datenintegration* skizziert: Auf externer Ebene bedeutet dies z.B. entsprechende Funktionalität, um Änderungen der Gesamtkonfiguration durch Werkzeuge zu handhaben und diese Änderungen und ihre Konsequenzen entsprechend darzustellen. Auf interner Ebene ist eine gleichartige Werkzeugrealisierung und Modellierung der entsprechenden internen Datenstrukturen erforderlich, um eine enge Integration zu erzielen und um den Aufwand der Realisierung zu reduzieren. Auf der Abbildungsebene müssen die entsprechenden Daten aus unterschiedlichen Datenbeständen besorgt werden. Auf der Plattformebene sind diese schließlich in einem rechnerunabhängigen Standardformat zu transportieren.

1.5 Gesamtstruktur, Projektansatz, Relevanz

Hier wird zunächst eine *Übersicht* über die *Struktur* des *SFB-Projekts* gegeben. Die Teilprojekte werden in den folgenden Abschnitten dieses Buches beschrieben.

Struktur des SFB

Abb. 1.10 gibt die Grobstruktur des SFB in Form von drei *technischen Projektbereichen* und einem *Querschnittsthema* wieder. Die Darstellung orientiert sich an der Architekturdarstellung von Abb. 1.9. Der Projektbereich *Integration* bildet die Klammer in wissenschaftlicher Hinsicht und im Hinblick auf die Koordination des SFB. Ein *zentrales Projekt* dient der Organisation, Berichterstellung und Verwaltung des SFB (nicht eingezeichnet).

Die bisherige und auch die folgende Erläuterung dieses Übersichtsaufsatzes schließt zwei Teilprojekte mit ein, die bisher noch nicht mit dem SFB verbunden sind und deshalb in Abb. 1.10 nicht auftauchen. Eines widmet sich der Koordinationsproblematik ingenieurseitig. Das andere studiert und realisiert die multimediale Kommunikation, die für spontane Interaktion von Entwicklern nötig ist, wie oben bereits begründet wurde.

Im Projektbereich *Verfahrenstechnische Entwicklungsprozesse* finden sich die Lösungen der ingenieurwissenschaftlichen Probleme, insbesondere zu neuartigen anwendungsbezogenen Integrationsthemen (vgl. Abschnitt 1.1), die Festlegung ingenieurseitiger Anforderungen, die anwendungsseitige Modellierung von Prozessen und Produkten sowie die Zusammenarbeit bei der Realisierung entsprechender Werkzeuge mit den informatischen Konzepten des SFB. Es finden sich drei Teilprojekte, die anwendungsseitig im Sinne der Strukturierung von Entwicklungsprozessen eng zusammenarbeiten.

Der Projektbereich *Neuartige Methoden und Werkzeuge* widmet sich den in Abschnitt 2 angesprochenen neuen Unterstützungskonzepten, ihrer Integration sowie der Methodik zu ihrer Umsetzung, bis hin zur Realisierung entsprechender, allgemeingültiger Werkzeuge bzw. Werkzeuggrundfunktionalitäten. Daß sich diese Werkzeugunterstützung vom bestehenden Stand der Technik deutlich abhebt, wurde bereits erläutert. Er besteht derzeit ebenfalls aus drei Teilprojekten, die wegen Verschränkung der neuen Funktionalität eng miteinander verzahnt sind.

Schließlich faßt der Projektbereich *Abbildung auf neue und bestehende Plattformen* für verteilte und integrierte, interaktive Anwendungen die Vereinheitlichung, Verallgemeine-

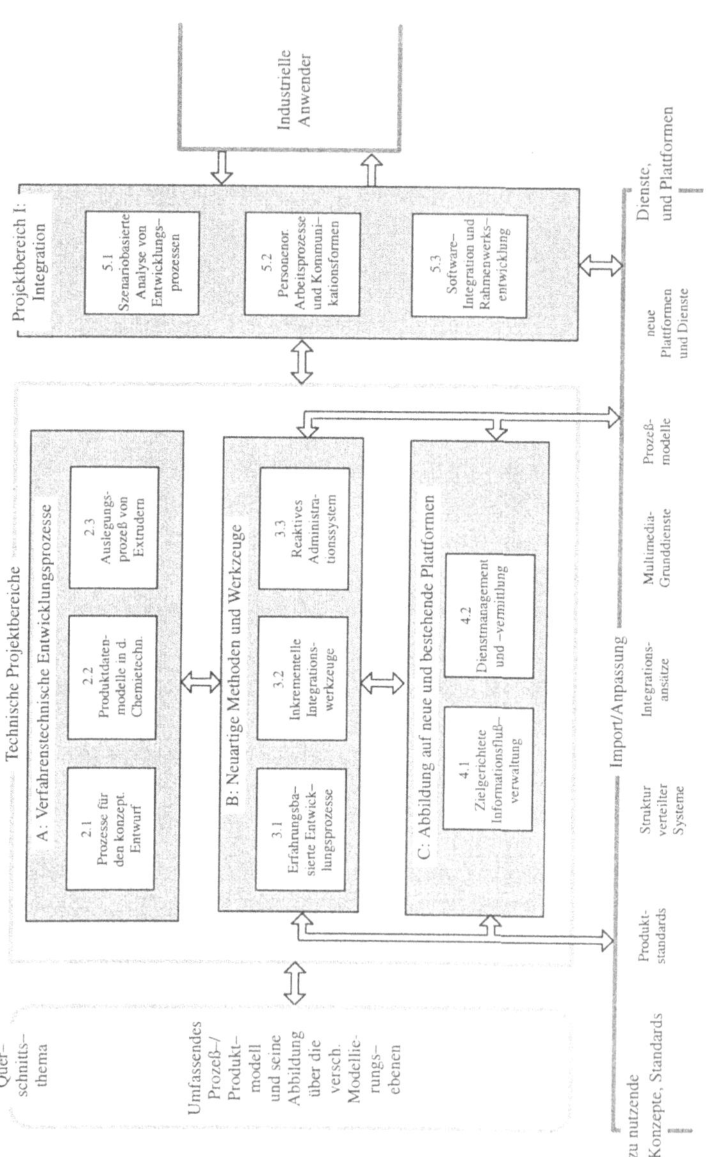

Abb. 1.10 : Struktur des SFB: Projektbereiche, Querschnittsthemen, industrieller Anwender, Importe (die Nummern der Teilprojekte verweisen auf den entsprechenden Abschnitt des Teils II)

rung und Nutzung verschiedener Plattformansätze zusammen. Die Ergebnisse dieses Projektbereichs und nicht die bestehenden Plattformen selbst werden von der neuartigen Werkzeugunterstützung genutzt. Daß hier trotz des vorgesehenen Imports wichtige Forschungsarbeit geleistet werden muß, ergibt sich aus der Weitverteilung durch übergreifende Kooperation und ferner daraus, daß die Entwicklung neuer Werkzeuge nicht auf Details der zugrundeliegenden, sich verändernden Plattform abgestimmt werden muß. Aus einer breiten Thematik greifen zwei Teilprojekte entsprechende Forschungsthemen heraus.

Der *Projektbereich Integration* faßt den SFB aus drei Perspektiven zusammen: (a) anwendungsseitige Integration in Bezug auf Probleme, Anforderungen und Nutzen für die Verfahrenstechnik-Entwickler, (b) arbeitswissenschaftliche Integration in Bezug darauf, daß die entstehenden Konzepte, Modelle und Werkzeuge für die beteiligten Personen angemessen sind sowie (c) Koordination der Softwareentwicklung des SFB, insbesondere Rahmenwerksentwicklung und Prototyp-Integration.

Der Projektbereich Integration arbeitet für obige Aufgaben mit allen technischen Projektbereichen zusammen. Insbesondere ist eine enge Zusammenarbeit aller Ingenieurpartner mit den Informatikpartnern erforderlich, um eine detaillierte und umfassende Abbildung sowie *Formalisierung* der *Prozesse* des *Anwendungsbereichs* als Voraussetzung für die zu entwickelnden unterstützenden Werkzeuge zu gewährleisten. Darüber hinaus liefert dieser Projektbereich die Anforderungen für das Querschnittsthema und *evaluiert* die *Ergebnisse* nach Umsetzung der Modellierungsprobleme in Software des Prototyps einer Gesamtumgebung. Auch an der Prototyp- und Rahmenwerksentwicklung sind alle Partner des SFB beteiligt.

Die Entwicklung des umfassenden Prozeß-/Produktmodells muß in enger *Zusammenarbeit zwischen Ingenieur-, Arbeitswissenschaftlern und Informatikern* erfolgen. Die Ingenieure arbeiten in ihrem Erfahrungsbereich (Chemietechnik, Kunststofftechnik) in theoretischen und durch die Arbeitswissenschaftler unterstützten empirischen Untersuchungen die wesentlichen Arbeitsprozesse auf. Sie führen diese mit den Informatikern mit allgemeinen, für die speziellen Anforderungen des Anwendungsbereiches zu verfeinernden Prozeßmodellen zusammen. Nur so kann gleichzeitig eine ausreichende Formalisierung und eine detaillierte und umfassende Erfassung des Wissens über die Arbeitsprozesse in einem Anwendungsbereich erreicht werden.

Wie in Abschnitt 1.3 bereits dargestellt, ist das Prozeß-/Produktmodell auch auf verschiedenen *Ebenen* zu betrachten sowie die *Abbildung* dieser Ebenen untereinander. Es wurde ebenfalls dargelegt, daß aufgefundene *Grundmechanismen* zur Interaktion, Integration, Reaktivität und Abbildung diese Formalisierung nicht nur vereinfachen, sondern auch die Basis für das Auffinden von *gemeinsamen* Bestandteilen und generischen Modellen darstellen. Da hier Beiträge aller erforderlich sind, das Prozeß-/Produktmodell aus unterschiedlichen Quellen gespeist wird (Prozesse, Produkte, Kommunikation), wurde bewußt darauf verzichtet, ein entsprechendes Leitungsprojekt in der Struktur des SFB zu verankern. Statt dessen wird diese Thematik durch ein *Querschnittsthema* von allen bearbeitet.

Des weiteren wird der SFB *Ergebnisse* von außen *importieren*, nämlich Konzepte, Standards, Dienste und Plattformen, deren wichtigste in Abb. 1.10 unten angegeben sind.

Ohne diese Importe und deren Umsetzung in die SFB-Bemühungen und -Ergebnisse könnte das anspruchsvolle Ziel des SFB nicht realisiert werden. Diese Importe erfordern eine weitere Integration, über den SFB hinaus mit weiteren größeren Forschungsprojekten und anderen SFBs.

Projektorganisatorischer Ansatz

Zur Lösung des anspruchsvollen Ziels bedarf es der Nutzung von Ergebnissen anderer Gruppen. Die Vorgehensweise kann auch *nicht top-down* sein, da das umfassende Prozeß-/ Produktmodell sowie seine Abbildung durch verschiedene Realisierungsschichten hindurch nicht zur Verfügung steht. Dieses kann auch nicht vorab zuerst erarbeitet werden, da sich die zu lösenden Probleme erst bei der Realisierung einer Gesamtumgebung herausschälen.

Abb. 1.11 zeigt unseren *evolutionären* und *iterativen Ansatz* der Projektdurchführung. Der dort dargestellte Zyklus wird in Dreijahresperioden durchlaufen und führt zu einem erweiterten Prototyp. Weitere Zyklen innerhalb eines Dreijahreszeitraumes werden nötig sein. Es stellt sich auch heraus (vgl. Abschnitt 1.6), daß die Integrationsaufgabe selbst keineswegs konstant ist, sondern sich im Verlauf des SFB ändern wird.

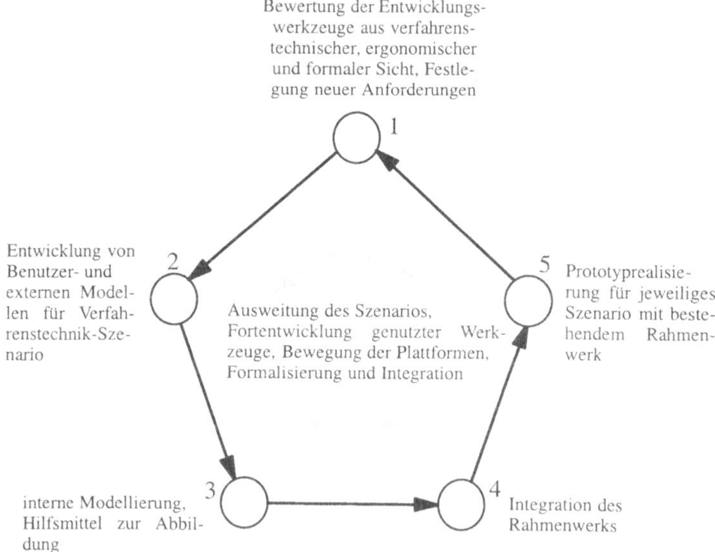

Abb. 1.11 : Iterativer Ansatz zur Lösung

Zusammenarbeit mit industriellen Partnern

Die Erfassung von *praxisrelevanten Anforderungen* an die informatische Unterstützung von Entwicklungsprozessen in der Verfahrenstechnik und die *Evaluierung* der entstehenden Konzepte und Werkzeug-Prototypen *im betrieblichen Umfeld* erfordert eine enge Zusammenarbeit mit Unternehmen der chemischen und der kunststoffverarbeitenden Industrie. Hierbei sind zwei qualitativ unterschiedliche Formen der Zusammenarbeit vorgesehen.

Einerseits soll mindestens ein Unternehmen gewonnen werden, das sich zu einer *engen Zusammenarbeit* im SFB bereit erklärt, indem es sich für die erforderlichen *empirischen Untersuchungen* zur Verfügung stellt. Erfahrene Mitarbeiter des Unternehmens sollen, insbesondere zusammen mit den in II.5.1 und II.5.2 beschriebenen Teilprojekten, die Arbeitsabläufe bei der Prozeßentwicklung im eigenen Hause erfassen, um auf diese Weise praxisnahe Anforderungen an eine künftige informatische Unterstützung erarbeiten zu können. Diese Mitarbeiter stehen kontinuierlich für eine intensive Diskussion der im SFB erarbeiteten Konzepte, Methoden und Werkzeuge zur Verfügung. Die Bewertung der entstandenen Lösungen und Werkzeug-Prototypen aus betrieblicher Sicht im Hinblick auf eine Verkürzung und Verbesserung des Entwurfsprozesses läßt kontinuierlich wertvolle Hinweise für die Ausgestaltung des Forschungsprogramms des SFB erwarten.

Bei der *Bayer AG*, Leverkusen, werden empirische Studien zur Erfassung der Arbeitsabläufe bei der verfahrenstechnischen Prozeßentwicklung und -überarbeitung durchgeführt. Die Firma *Reifenhäuser*, Troisdorf, hat eine Mitarbeit am SFB in diesem Sinne in Aussicht gestellt. Damit sind die chemische Industrie, vertreten durch ein Großunternehmen, und die kunststoffverarbeitende Industrie vertreten durch ein Mittelstandsunternehmen, in die Aktivitäten des SFB eng eingebunden. Die Zusammenarbeit zwischen diesen beiden Unternehmen und den Mitgliedern des SFB wird einerseits durch die räumliche Nähe und andererseits durch eine über mehrere Jahre etablierte erfolgreiche Zusammenarbeit zwischen der Bayer AG und dem Lehrstuhl für Prozeßtechnik einerseits und zwischen der Firma Reifenhäuser und dem Institut für Kunststoffverarbeitung andererseits begünstigt.

Neben der engen Einbindung eines Unternehmens zur Durchführung aller empirischen Untersuchungen müssen die im Rahmen des SFB erarbeiteten Lösungsansätze regelmäßig in einem breiteren Kreis industrieller Anwender zur Diskussion gestellt werden, um die angestrebte Allgemeinheit der informatischen Unterstützungsfunktionen erreichen zu können. Zu diesem Zweck soll ein den SFB begleitender *Lenkungsausschuß* eingerichtet werden, der die gewählten Aufgabenstellungen und die erarbeiteten Lösungen im Rahmen von regelmäßig abzuhaltenden (informellen) Workshops kommentieren und bewerten soll.

Im Bereich der kunststoffverarbeitenden Industrie haben sich neben der Firma *Reifenhäuser* zwei weitere Unternehmen, *Lehmann und Voss*, Hamburg, sowie *MTec, Herzogenrath,* zu einer *Mitarbeit im Lenkungsausschuß* bereit erklärt. Die chemische Industrie soll über das seit einigen Jahren bestehende *Industriekonsortium Computer-Aided Process Engineering (IK-CAPE)* in den Lenkungsausschuß eingebunden werden. Dem Konsortium gehören derzeit die Unternehmen *BASF, Bayer, Degussa, Hoechst und Hüls* an; eine Erweiterung ist im Gespräch. Die Mitglieder des Konsortiums stimmen sich seit einigen Jahren auf dem Gebiet der *informatischen Hilfsmittel* zur Unterstützung der *Prozeßentwicklung* ab, um eine effektivere Nutzung der kommerziell verfügbaren Software und eine ressourcensparende Ergänzung durch Eigenentwicklungen zu erreichen. Erklärtes Ziel ist es außerdem, *Forschungsarbeiten* im universitären Bereich möglichst rasch durch flankierende Maßnahmen einer praktischen *Nutzung* zuzuführen.

1.6 Technischer Nutzen der Ergebnisse

Wir geben den *Nutzen* der Ergebnisse des SFB aus unterschiedlichen *Perspektiven* an, (a) aus verfahrenstechnischer Nutzersicht durch die neu entstehenden kooperativen Arbeitsumgebungen sowie (b) durch die Verschränkung existierender und neuer Werkzeuge und (c) aus der Sicht der Entwickler einer integrierten Gesamtumgebung, deren Erstellungsprozeß durch das Rahmenwerk vereinfacht wird.

Kooperative Arbeitsumgebungen

Ein wesentlicher Bestandteil des Rahmenwerks sind die Erweiterungen von Entwicklungsumgebungen bzw. von Managementumgebungen zu *kooperativen Arbeitsumgebungen* durch Erweiterungsanschlüsse und hinzugefügte Funktionalität. Abb. 1.12 zeigt die *Bestandteile* dieser *Erweiterung* und erläutert beispielhaft deren Zwecke. Sie werden innerhalb des SFB erarbeitet. Zielsetzung ist hier zum einen, die Kooperation der Beteiligten durch Hilfsmittel der kooperativen Arbeitsumgebung selbst zu unterstützen, so daß diese nicht zu weiteren Hilfsmitteln (Telefon, Treffen, schriftliche Mitteilungen, schwarzes Brett etc.) greifen müssen, die außerhalb der Arbeitsumgebung liegen. Die Arbeitsumgebung sollte damit *vollständig* bezüglich der für die Kooperation benötigten Hilfsmittel sein.

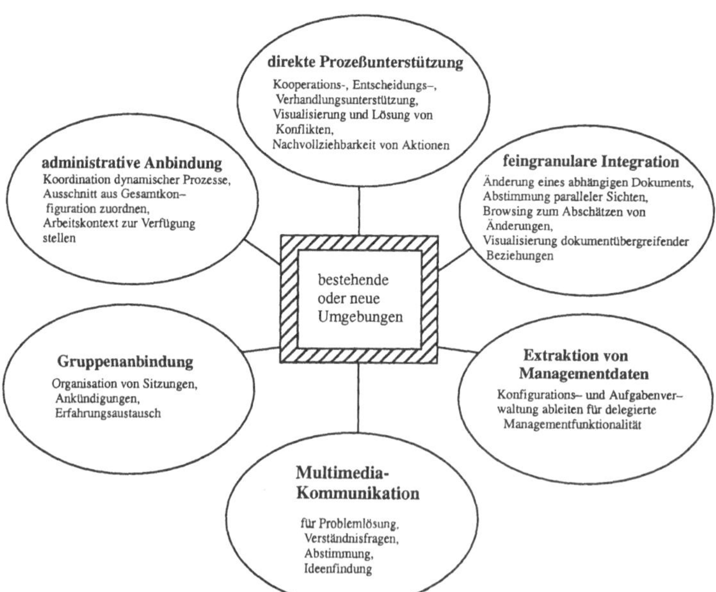

Abb. 1.12 : Bestandteile einer kooperativen Arbeitsumgebung

Das wichtigere Ziel einer solchen Erweiterung besteht jedoch zum anderen darin, die Entwicklungsumgebung *gezielt* auf die mit ihr durchzuführenden *Entwicklungsteilprozesse* und deren Zusammenspiel *abzustimmen*. Dies geschieht dadurch, daß die durchgeführten Handlungen (z.B. durch Vorgaben/Heuristiken bei direkter Prozeßunterstützung) und die schwierigen Prozeßschritte (z.B. dokumentübergreifende Änderungen durch Integrationswerkzeuge) gezielt unterstützt werden. Die Anbindung an die Administration (Bereitstellung der nötigen Bestandteile für eine Aufgabe unter Wahrung von Schutz und Sicherheit, Entlastung des Managers durch Delegation von Managementfunktionen) wird ebenso gefördert wie eine direkte, problembezogene und situationsbezogene Kommunikation der Beteiligten. Das Wissen der Projekt- und der Netzwerkadministration wird genutzt (z.B. durch Einrichtung einer Kommunikationsverbindung zu einem kompetenten Gruppenmitglied) und die Gruppenanbindung (z.B. allgemeiner Erfahrungsaustausch) wird erleichtert.

Diese Erweiterungen sind mit einer möglichst hohen Werkzeugunterstützung für die Tätigkeit einzelner Entwickler zu verbinden, um die im Zusammenhang mit Abb. 1.7 angesprochene Lücke zwischen Benutzermodellen und Unterstützung durch einen integrierten Verbund zu überbrücken. Auf die Funktionalität der gegebenen und spezifischen Entwicklungsumgebungen haben wir nur z.T. Einfluß. Zum einen werden aber einige neu gebaut. Zum anderen erhalten alle Umgebungen, ob gegeben oder neu, durch die *Erweiterungen* zu kooperativen Arbeitsumgebungen einen *Qualitätssprung* bezüglich ihres *Nutzens* für die Entwickler/Manager des gesamten Entwicklungsprozesses. Insbesondere verhindern diese kooperativen Arbeitsumgebungen und der Gesamtentwicklungsverbund aus solchen Umgebungen die im Zusammenhang mit Abb. 1.7 angesprochenen Brüche. Die vorgenommenen Erweiterungen stellen die eingangs dargestellte zusätzliche Integrationsfunktionalität dar.

Neben der Erweiterung bestehender Arbeitsumgebungen um neue Funktionalität bzw. der Schaffung neuer (z.B. verallgemeinerter Workflow) entstehen im SFB auch *neue Umgebungen*, die zum Treffen von *Festlegungen* herangezogen werden, die von den obigen kooperativen Arbeitsumgebungen genutzt werden: (a) Zum einen entstehen Werkzeuge zur Festlegung von Prozeßteilstücken für die direkte, erfahrungsbasierte Prozeßunterstützung. (b) Ferner erlaubt eine neue Umgebung auf administrativer Ebene das Vordefinieren und Anpassen administrativer Teilmodelle. (c) Schließlich wird – auf einer anderen Ebene der Betrachtung – ein Arbeitsplatz für die Verwaltung des heterogenen Hard-/Softwaresystems entstehen. Auf diese neuen Umgebungen wird in diesem Übersichtskapitel nicht weiter eingegangen.

Synergie durch Verschränkung der Werkzeuge

Die *existierenden technischen Entwicklungsumgebungen* werden, wie in Abb. 1.12 dargestellt, durch die *neuartigen Werkzeuge* zu kooperativen Arbeitsumgebungen erweitert (schraffierter Rahmen), um die Arbeitsprozesse effektiv zu unterstützen. Der Verbund umfaßt das neue Administrationssystem (Management-, Parametrisierungsumgebung) sowie verschiedene existierende, im Rahmen des SFB erweiterte Arbeitsumgebungen.

Aus heutiger Sicht werden in den ersten drei Jahren die *folgenden Umgebungen* einbezogen werden: ein Werkzeug zur Fließbildsynthese (z.B. Prosyn), ModKit zur Entwicklung mathematischer Modelle für die Simulation, verschiedene Simulatoren (z.B. Pro/II für Chemieprozesse, Speedup für beliebige verfahrenstechnische Prozesse, MOREX und/oder BILAN für die nichtreaktive und die reaktive Extrusion) und auf Matlab basierte

Werkzeuge für die Betreibbarkeitsanalyse und den Reglerentwurf. MOREX und BILAN sind Entwicklungen des Instituts für Kunststoffverarbeitung, ModKit wird am Lehrstuhl für Prozeßtechnik entwickelt, während es sich bei allen übrigen Werkzeugen um kommerzielle Pakete handelt.

Nachfolgend werden einige Beispiele aus dem Entwicklungsprozeß betrachtet, um den *synergetischen Nutzen* zu illustrieren, der sich aus dem verschränkten Zusammenwirken der Werkzeuge aus Abb. 1.13 ergibt. Hierbei beschränken wir uns auf exemplarische Betrachtungen. Die in der Erläuterung auftretenden Projektbezeichnungen sind Abb. 1.10 zu entnehmen.

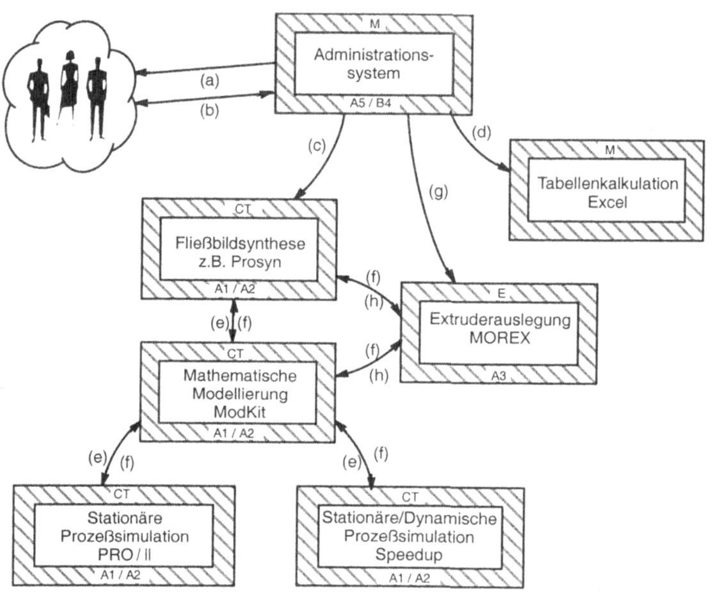

Abb. 1.13 : Nutzen verschränkter Werkzeuge demonstriert anhand des ersten Prototyps

Die *Anforderungen* an ein neues zu entwickelndes Kunststoffgranulat werden im *Administrationssystem* zu Beginn des Entwicklungsprojektes zusammen mit einem groben *Projektablaufplan* von Manager M hinterlegt. Diese Informationen werden während des Entwurfsprozesses mit Unterstützung der Werkzeuge des in II.3.1 beschriebenen Teilprojekts allen Beteiligten angezeigt, aufgrund sich ergebender technischer (II.3.2) und organisatorischer Änderungen (II.3.3) aktualisiert und von M überwacht ((a) in Abb. 1.13).

Aus den Informationen zur administrativen Konfiguration werden erfahrene *Entwickler* für die unterschiedlichen Aufgabenstellungen vom Administrationssystem *identifiziert* und dem Projekt zugeordnet (II.3.3). Dabei werden alle anderen Projekte, an dem die Entwickler beteiligt sind, im Planungsprozeß berücksichtigt. Die persönlichen Einsatzpläne der Entwickler werden durch die *direkte Prozeßunterstützung* (II.3.1) "geladen". Konflikte werden erfaßt und im Dialog mit den Entwicklern ausgeräumt, was zu einer

Neustrukturierung des Projektplans und einer *Rekonfiguration* der Einsatzpläne führen kann ((b) in Abb. 1.13).

Nach der Festlegung der gewünschten *Produkteigenschaften* wird ein *Entwicklungsteilprozeß* angestoßen ((c) in Abb. 1.13), der sich mit der Herstellung des Polymerrohstoffes durch einen Chemietechniker CT befaßt. M legt ein Mengengerüst fest, führt eine Gesamtbilanzierung durch und schätzt das wirtschaftliche Personal mit Hilfe eines Tabellenkalkulationsprogramms (z.B. EXCEL) ab ((d) in Abb. 1.13).

Die Entwicklung des verfahrenstechnischen Prozesses für die Polymerherstellung beginnt mit dem *Entwurf eines groben Fließbilds* mit einem Synthesewerkzeug (z.B. Prosyn) durch CT. Nach jedem Syntheseschritt, der das Fließbild modifiziert und seiner endgültigen Form näher bringt, sind Analyseschritte erforderlich. Dazu wird zunächst mit Modkit ein adäquates *mathematisches Modell* ausgewählt oder entwickelt, das schließlich an einen der Simulatoren (Pro/II, Speedup) zur Durchführung eines *Simulationsexperiments* übergeben wird ((e) in Abb. 1.13). Die *Konsistenz* der in den drei Werkzeugen entstehenden *Dokumente* wird durch in II.3.2 beschriebenen *Integrationswerkzeuge* garantiert ((f) in Abb. 1.13). Die *Werkzeuge* aus II.3.1 *unterstützen* und *dokumentieren* den durch zahlreiche Schleifen gekennzeichneten Entwicklungsprozeß, der über Synthese, Modellierung und Simulation vieler Varianten schließlich zu einem Fließbild und den optimalen Arbeitspunkten führt ((f) in Abb. 1.13).

Ein Vergleich der durch die Molekulargewichtsverteilung bestimmten Polymereigenschaften mit den geforderten Produkteigenschaften des Kunststoffgranulats zeigt, daß die von CT erarbeitete Lösung die *Anforderungen nicht erfüllen* kann. Daraufhin wird von M ein Extrusionsexperte E damit beauftragt, eine mögliche Aufbereitung des Polymers in einem Extruder zu betrachten ((g) in Abb. 1.13).

Der Extrusionsexperte E muß sich innerhalb kürzester Zeit in den *Stand des Projekts*, unterstützt durch die *Werkzeuge aus II.3.1*, einarbeiten. Er *extrahiert* die notwendigen *Informationen*, um mit MOREX einen Extruder auszulegen, der zu den gewünschten Produkteigenschaften führt ((f) in Abb.12).

Die Untersuchung ergibt, daß keine kunststofftechnische Aufbereitung im Extruder zu den geforderten Granulateigenschaften führt. Dieses Ergebnis veranlaßt M, gemeinsam mit E und CT mögliche Prozeßmodifikationen zu diskutieren. Dabei unterstützen die Werkzeuge aus II.3.1 die Diskussion: Entscheidungen sind nachvollziehbar auf der Basis von *Prozeßspuren*, der Dialog wird mit *multimedialen Mitteln*, die auch eine *Animation von Simulationsergebnissen* ermöglicht, unterstützt. CT schlägt vor, einen Teil der Polymerisation in einem *Reaktionsextruder* durchzuführen, mit dem sich andere Kettenlängenverteilungen und Vernetzungseigenschaften des Polymers erreichen lassen. E erweitert daraufhin seine Auslegungen in MOREX um eine Reaktion im Extruder. Dabei unterstützen die Werkzeuge aus II.3.1 die Überarbeitung. In einer *multimedialen Arbeitssitzung* erläutert E die gefundenen Ergebnisse allen Beteiligten. Das Fließbild des Polymerisationsprozesses ist bei der Verwendung des Reaktionsextruders zu modifizieren, und ein *neuer Entwicklungszyklus* beginnt.

Die Darstellung zeigt einerseits, daß existierende Werkzeuge der unterschiedlichsten Art in das Rahmenwerk eingebunden werden müssen. Andererseits wird die Breite der Funktionalität der neuen Werkzeuge aus dem Projektbereich "Neuartige Methoden und Werkzeuge" deutlich.

Mechanisierte Realisierung einer integrierten Gesamtumgebung

Wir skizzieren im folgenden, wie sich der *Software-Erstellungsprozeß* für eine integrierte Verfahrenstechnik-Entwicklungsumgebung durch die Ergebnisse des SFB *vereinfacht. Erschwerend* ergibt sich aber, daß der Prozeß durch Veränderungen von außen und durch die Ergebnisse des SFB eine maßgebliche Umgestaltung erfährt.

Derzeit ist keine integrierte Gesamtumgebung für verfahrenstechnische Entwicklungsprozesse verfügbar, die die oben gestellten Anforderungen erfüllt in Bezug auf (a) Verwendung existierender Werkzeuge, (b) enger Integration dieser Werkzeuge und (c) Handhabung von Teilprozeßinteraktionen und Erzielung von Reaktivität, um die dynamischen Veränderungen solcher Prozesse zu unterstützen. Verfügbar oder mit den üblichen Techniken realisierbar sind allenfalls Batch-Transformatoren oder Konverter in ein neutrales Datenformat. Insoweit ist die Erzielung dieser *Gesamtumgebung* bereits ein *Ergebnis* von großem *praktischen Nutzen,* auch wenn dieses aus einem völlig *händisch* durchgeführten, aber koordinierten Entwicklungsprozeß hervorgeht.

Zielsetzung dieses SFB ist es aber, die Gesamtumgebung durch einen *Wiederverwendungsprozeß* zu realisieren. Hierbei ist zunächst die jeweils aktuelle Plattform anzuführen, die als Produkt wiederverwendet und von außen bezogen wird. Den entscheidenden Schritt zur *Produktwiederverwendung* im Software-Entwicklungsprozeß stellt aber das offene Rahmenwerk dar, das alle gemeinsamen Bausteine von Gesamtumgebungen enthält, die infolgedessen nicht neu entwickelt werden müssen. Die Bestandteile des Rahmenwerks wurden in Abschnitt 1.4 im einzelnen aufgeführt. Dort wurde auch erwähnt, daß der Umfang des Rahmenwerks von der einheitlichen Handhabung der zugrundeliegenden Modellierungsprobleme abhängt. Somit enthält das Rahmenwerk in späteren Phasen des SFB Komponenten für die gemeinsame Handhabung von Modellen und Mechanismen, für generische Modelle etc. Es wird dadurch reichhaltiger und Mehrfachrealisierungen werden vermieden.

Neben der Wiederverwendung des Rahmenwerks kommt im SFB auch *Prozeß-Wiederverwendung* zur Anwendung. Diese bezieht sich auf die spezifischen Anteile der Gesamtumgebung, die nicht zum Rahmenwerk gehören, da sie von dem jeweiligen Szenario abhängen und deshalb nicht invariant sind. Für deren Umsetzung in Code der Gesamtumgebung werden zu Beginn des SFB händische, aber mechanische Vorgehensweisen angewandt, die spezifische Teilmodelle und deren Zusammenhang in äquivalenten Code transformieren. In der zweiten oder dritten Phase des SFB – in einigen Teilprojekten aufgrund von Vorarbeit früher – werden Spezifikationen durch Interpreter direkt ausgeführt bzw. es werden aus Spezifikationen mit Hilfe von Generatoren spezifische Anteile der Gesamtumgebung automatisch erzeugt.

Selbst wenn eine automatische Gewinnung der Gesamtumgebung durch Produkt- und Prozeßwiederverwendung nicht gänzlich möglich sein wird, so wird durch Rahmenwerksnutzung und teilweise Generierung oder Interpretation der *Aufwand* zur *Realisierung* einer Gesamtumgebung für ein exemplarisches Szenario gegenüber der Handerstellung doch *dramatisch reduziert*. Dieser Wiederverwendungsprozeß setzt allerdings das Beherrschen der in 1.2 und 1.3 beschriebenen Modellierungsprobleme voraus.

Die zur Integration herangezogenen *Entwicklungsumgebungen* werden sich im Verlauf des SFB ändern. Gegenwärtige Umgebungen sind präsentationsorientiert (Bilder, Bibliotheken solcher Darstellungen, Standardisierungen im Rahmen einer Firma oder eines Anwendungsfeldes), wobei die Struktur der zugrundeliegenden Ergebnisse und der zugehörigen Prozesse weitgehend unberücksichtigt bleibt. Zukünftige Umgebungen werden diese *Struktur explizit* nutzen (strukturbezogene, semantische Umgebungen). Sie werden in Zukunft auch auf standardisierte Produktmodelle abgestimmt sein, was die Realisierung der Erweiterung zu einer kooperativen Arbeitsumgebung erleichtert.

Zum zweiten wird sich neben der Erweiterung der Einzelfunktionalität der Arbeitsumgebungen auch das *Szenario*, d.h. der im SFB betrachtete Ausschnitt der verfahrenstechnischen Entwicklung, ändern und *ausweiten*. Dies hat aller Erfahrung nach auch Auswirkung auf das Rahmenwerk, zum einen, da spezifische Probleme neuer Umgebungen beachtet werden müssen, zum anderen, weil Teile des Rahmenwerks im nächsten enthalten sind.

Ferner wird die *Abbildungsschicht* nicht unverändert bleiben, da sich die zugrundeliegenden Plattformen verändern. Diese Veränderung bezieht sich zum ersten auf deren Vollständigkeit, d.h. welche allgemein nützliche und nötige Funktionalität für verteilte und integrierte Verbunde angeboten wird und deshalb nicht selbst implementiert werden muß. Zum zweiten werden Plattformen in Zukunft abstraktere Funktionalität aufweisen. Dies bedeutet insbesondere, daß Software- und Hardwaredetails keine oder eine geringe Rolle spielen. Damit können sich die Abbildungsprojekte der längerfristigen Aufgabe einer automatischen Abbildung unter Beachtung vorhandener Restriktionen (Nutzerangaben, Werkzeuggestaltung, Heterogenität) zuwenden.

Schließlich werden im Verlauf des SFB, wenn das einheitliche und formale Prozeßmodell teilweise oder in Gänze vorliegt, auch Gemeinsamkeiten und spezifische Unterschiede von Prozessen, Produkten, Mechanismen und Hilfsmitteln zu ihrer Umsetzung in Werkzeuge klar werden. Die Unterstützung der Nutzer profitiert davon, z.B. in Form größerer Einheitlichkeit der Benutzungsoberfläche. Für die Werkzeugbauer führt dies zu größerer Homogenität der Komponenten des Rahmenwerks im Sinne von Standardkomponenten, spezifischen Komponenten, einheitlichen Richtlinien zur Gestaltung spezifischer Komponenten, bis hin zur Generierung derselben aufgrund einer formalen vorliegenden Spezifikation. Kurzum, auch das *Rahmenwerk*, als Summe seiner Komponenten mit einer klargelegten Zusammenhangsstruktur, ändert sich ebenfalls im Verlauf des SFB.

Es gibt u.E. keine Chance, diese *Bewegungsprobleme* anzugehen, ohne über die Modellierung von Entwicklungsprozessen Klarheit zu erlangen, deren Modelle auf einheitliche Weise in Software umzusetzen, ohne eine detaillierte Vorstellung der Architektur einer

Gesamtumgebung zu besitzen und ohne den Wiederverwendungsaspekt bei der Entwicklung einer Gesamtumgebung im Auge zu behalten.

1.7 Charakterisierung, Einordnung und Übersicht

Zum Ende dieses Abschnitts wollen wir den SFB-Ansatz aus drei unterschiedlichen Perspektiven charakterisieren. Zum einen wollen wir klarmachen, worin sich dieser von dem in Teil I des Buches beschriebenen Ansatz der Integration von SUKITS unterscheidet. Ferner werden wir kurz *charakterisieren*, daß hier zum anderen kein übliches Integrationsprojekt vorliegt, wie dies am Anfang dieses Aufsatzes bereits postuliert wurde. Schließlich werden wir darlegen, daß das hier angestrebte formale Prozeß-/Produktmodell eine aus unserer Sicht notwendige Erweiterung der Produktmodell-Standardisierungsansätze darstellt. Am Ende dieses Abschnitts folgt eine kurze *Übersicht* über den folgenden zweiten Teil dieses Buches.

Unterschied zu SUKITS

Ein bedeutender Unterschied zu SUKITS ist das andere *Anwendungsfeld*. Während sich SUKITS der Integrationsthematik im Bereich der *Fertigungstechnik* verschieben hatte, widmet sich der SFB dem Anwendungsgebiet der *Verfahrenstechnik*. Gegenüber unserem ersten Ansatz für den SFB, der die Problematik für unterschiedliche Ingenieur-Anwendungsfelder behandeln wollte, ergab sich diese Fokussierung aufgrund eines Ratschlags der Gutachter. Zum einen wurde aufgeführt, daß die Thematik besserer Unterstützung in der Verfahrenstechnik noch dringlicher ist als in der Fertigungstechnik, für die es bereits einige größere Forschungsvorhaben gab bzw. gibt. Zum zweiten bedarf die Forschung der Hinwendung auf ein spezifisches Anwendungsfeld. Der Rat der Gutachter hat sich für den SFB als vorteilhaft herausgestellt.

Ein weiterer wichtiger Unterschied ist die größere *Breite* des Ansatzes durch eine größere Anzahl von Projektbeteiligten und – verbunden mit der langfristigen Perspektive eines SFB – konsequenterweise einer größere *Tiefe* und *Intensität* in Form eines grundsätzlicheren Ansatzes. Dies soll im folgenden exemplarisch klargemacht werden.

(1) Der SFB bezieht in viel stärkerem Maße das *industrielle Umfeld* mit ein. Nicht nur, daß sich Industriefirmen zur Zusammenarbeit bereiterklärt haben und damit der SFB einer ständigen Beobachtung in Bezug auf den Nutzen seiner Ergebnisse unterliegt. Es werden derzeitige Entwicklungsprozesse und -produkte betrachtet, analysiert und in den SFB als Stand der Praxis eingebracht. Sie werden auf Schwachstellen abgeklopft, formal behandelt und liefern die Anforderungen für die Funktionalität der unterschiedlichen Werkzeuge. Die existierenden Werkzeuge werden validiert. Bei dieser Verflechtung spielt nicht nur der anwendungsseitige, sondern auch der arbeitswissenschaftliche Standpunkt eine bedeutende Rolle.

(2) Insbesondere ist hier aufzuführen, daß sich der SFB auch *anwendungsseitig* zwei großen *Problemen* zuwendet. Das Problem der *Entwurfsinselintegration* tauchte zwar bereits in SUKITS auf (Bohrmaschinenentwicklung aus mechanischen, elektrischen und

Kunststoffteilen, vgl. Kap. I.4). Die *Entwurfsinseln* treten jedoch in dem SFB in einer größeren Vielzahl auf. Schließlich wird der Entwicklungsprozeß nicht nur auf einer feineren Detaillierungsstufe betrachtet, der hier betrachtete Ausschnitt des Entwicklungsprozesses weist auch mehr Hierarchiestufen auf. Der Aspekt der *Prozeßkettenintegration* ist neu. Er bezieht auch längerfristige Aspekte mit ein.

(3) Auf der informationstechnischen Seite ergeben sich ebenfalls wichtige Unterschiede zu SUKITS. Zunächst ist die Anzahl der *Informatikkonzepte*, die Integrationsfunktionalität einbringen, hier größer. Während grobgranulare Integration und direkte Kommunikation mit größerer Intensität weitergetrieben werden, kommen gegenüber SUKITS zwei neue Konzepte hinzu: die Nutzung der Erfahrung der Beteiligten des Entwicklungsprozesses einerseits und die Erleichterung der Konsistenzsicherung durch feingranulare Integratoren andererseits. So erhält die Integration auf grobgranularer Ebene von SUKITS eine Ergänzung durch die Betrachtung der *feingranularen Detaillierung* von *Arbeitsprozessen* und deren *Produkten*.

(4) Schließlich ist auch der *Rahmenwerksansatz* viel *weitergefaßt*. SUKITS integriert vorhandene Entwicklungssysteme grobgranular über ein Administrationssystem, durch deren Einbettungen in einen Wrapper zur Aktivierung und Deaktivierung ganzer Umgebungen. Der Unterschied zum SFB kann anhand der Abb. 1.9 leicht abgelesen werden. Das Rahmenwerk des SFB ist um vieles umfangreicher (z.B. die Abbildungsschicht), sieht eine größere Detaillierung vor (z.B. Software für gemeinsame Teilmodelle), verfolgt neben der erweiterten Produktwiederverwendung bei der Realisierung der Gesamtumgebung auch Prozeßwiederverwendung. Der Ansatz grenzt sich damit deutlich von anderen Integrationsrahmen ab [6].

(5) Der bedeutendste Unterschied zwischen SUKITS und dem SFB ist jedoch das Bestreben des SFB, den Entwicklungsprozeß, sein Produkt sowie deren Zusammenhang durch ein *formales Prozeß-/Produktmodell* zu beschreiben und verstehen zu wollen. Über die Anforderungen an ein solches Modell bzw. die Herausforderungen dieses Ansatzes wurde bereits in Abschnitt 1.4 gesprochen. In SUKITS entstanden auch Formalisierungen (vgl. Kap. I.3), diese ergaben sich aber eher implizit, da kein Werkzeug gebaut werden kann, wenn dessen Funktionalität und dessen Wirkung nicht sauber geklärt ist. Im Gegensatz wird im SFB eher ein Top-down-Ansatz verfolgt.

Zusammenfassend ergibt sich also, daß der A-posteriori-Ansatz erhalten bleibt sowie einige Unterstützungskonzepte weiterverfolgt werden. Anwendungsfeld, Breite und grundsätzliche Herangehensweise haben sich jedoch geändert.

Kein üblicher Integrationsansatz

Wir diskutieren in diesem Unterabschnitt den unterschiedlichen Ansatz des SFB im Vergleich zu *externen Ansätzen*. Dies geschieht zum einen im Vergleich zu vielen *Integrationsprojekten*, die in den letzten 10 bis 15 Jahren in diversen Anwendungsfeldern durchgeführt worden sind. Zum zweiten wollen wir darlegen, daß auch die Modellierungsvorstellungen des SFB weiter gefaßt sind, als die der *Standardisierungsansätze* zur *Produktmodellierung*.

Die in einer unüberschaubaren Vielzahl durchgeführten Integrationsprojekte in verschiedenen Anwendungsbereichen (Softwareentwicklung, Fertigungstechnik, Kommunikationssysteme, VLSI etc., vgl. z.B. [28, 42, 41]) dienten eher dem *Zusammenschalten* existierender Entwicklungssysteme, ein notwendiger aber u.E. nicht hinreichender Ansatz. Zwar wurde auch dort teilweise Methodenintegration durchgeführt (vgl. z.B. [28]) und Kopplungswerkzeuge wurden realisiert. Im wesentlichen dienten diese Integrationsprojekte über das Zusammenschalten hinaus einer gewissen *Vereinheitlichung* der Realisierung der Integration. In diesem Zusammenhang wurden auch die üblichen *Integrationsdimensionen*, nämlich UI-Integration, Datenintegration, Kontrollintegration und Plattformintegration [45] (letztere manchmal unberechtigerweise als Rahmenwerksintegration beziechnet) eingeführt. Entsprechend dem obigen Integrationsansatz liegt die Architektur der Gesamtumgebung auch nur auf einem sehr groben Beschreibungsniveau vor [6, 24–27].

Unser A-posteriori-Integrationsansatz bewerkstelligt die Integration zu einer Gesamtumgebung über die Realisierung neuer Integrationsfunktionalität. Der Vergleich von Abb. 1.9 etwa mit der von [6] zeigt dies bereits, obwohl der Bauplan von Abb. 1.9 noch immer nicht die Detaillierungsstufe einer Architektur erreicht. Die obigen Integrationsdimensionen sind deshalb für unseren Ansatz zu eingeschränkt. Sie überschneiden sich auch unter der allgemeineren Sicht des SFB-Ansatzes. Wir führen deshalb, anstelle der obigen Integrationsdimensionen, neue Arbeitsfelder für die Integration ein [34]: (i) Anwendungsintegration, (ii) Modellierungsintegration und (iii) Realisierungsintegration.

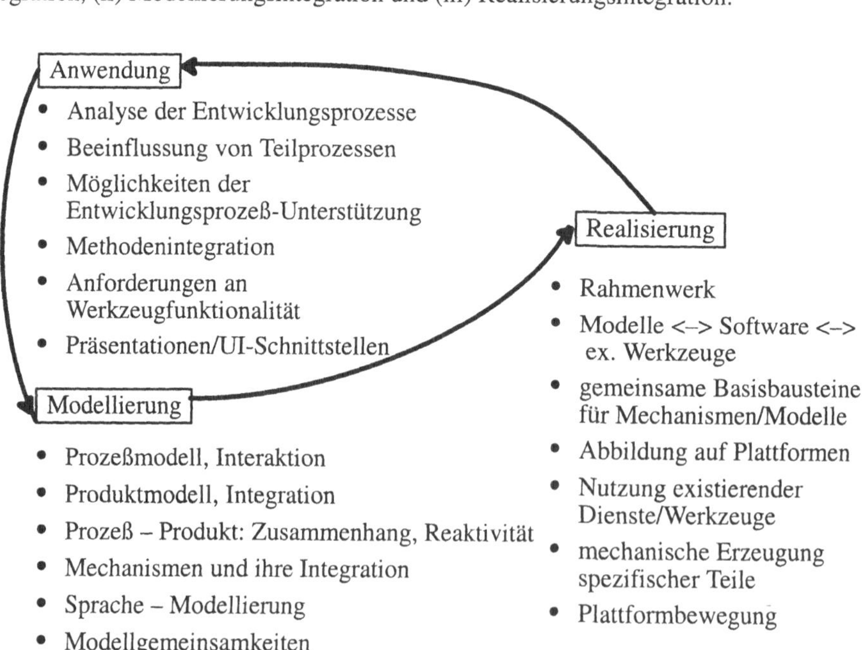

Abb. 1.14 : Arbeitsfelder der Integration anstelle von Integrationsdimensionen

Abb. 1.14 skizziert diese *Integrations-Arbeitsfelder* und ihren gegenseitigen *Bezug* im Sinne einer sinnvollen Reihenfolge nach unserem iterativen Ansatz. Wir argumentieren *beispielhaft* für die *Anwendungsintegration*, daß diese eine Verallgemeinerung und ausschnittsweise Zusammenfassung der obigen Integrationsdimensionen darstellt. Die Argumentation für die beiden anderen Arbeitsfelder ist analog, für die Datenintegration wurde sie in Abschnitt 1.4 bereits geführt. Die Anwendungsintegration umfaßt die Einfügung der Gesamtumgebung in die Arbeitsprozesse der Entwickler, durch Anbieten passender und semantischer Unterstützung der Werkzeuge. Dies schließt geeignete externe Modelle mit ein, was die "Methodenintegration" der Partialmodelle voraussetzt. Die einheitliche Gestaltung der Bedienungsschnittstelle (UI-Integration) ist dabei ein wichtiger, aber vergleichsweise einfacher Teilaspekt. Das Arbeitsfeld Modellierung haben wir bereits in Abschnitt 1.3 diskutiert, das Arbeitsfeld Realisierung in Abschnitt 1.4.

Als zweiten Aspekt des Vergleichs wollen wir unseren Ansatz im Lichte der *Standardisierungsdiskussion* vom *Produktdatenmodellen* am Beispiel von STEP/EXPRESS [11-15, 19-21, 24, 25, 30, 31] diskutieren, ein Ansatz, der auch in der Verfahrenstechnik in ähnlicher (PIStep [30]) oder verwandter Form (PDXI [5, 8]) starke Aufmerksamkeit erlangt hat. Zunächst ist festzustellen, daß dieser Produktmodellierungsansatz *unterschiedliche Zielsetzungen* verfolgt: (a) Die Festlegung einer Datenmodellierungssprache, (b) die Einteilung eines Anwendungsbereiches in Partialmodelle für spezielle Arbeitsbereiche, (c) das Herausziehen arbeitsbereichsübergreifender generischer Teilmodelle und (d) die Festlegung bestimmter standardisierter Komponenten von Teilmodellen zur Ablage in einer Datenbank oder zum Austausch zwischen Werkzeugen und somit zur direkten Verwendung.

Zunächst stellt der in Abschnitt 1.2 eingeführte Begriff der Gesamtkonfiguration eine *Erweiterung* von (b) dar (die anderen Ziele (c) und (d) standen im SFB noch nicht im Vordergrund, der Aspekt (a) wird einer entsprechenden Verallgemeinerung bedürfen): Diese Erweiterung der Produktmodellierungsansätze ergibt sich aus folgendem: (1) Statt eines offenen, globalen Datenraums für die Gesamtkonfiguration stellen Dokumente/Teilkonfigurationen eine Separierung nach logischen Gesichtspunkten dar. Sie können im A-posteriori-Kontext auch verschiedene Strukturen aufweisen, eine Standardisierung wird nicht vorausgesetzt. Spätestens für die übergreifende Kooperation ist diese Separierung unverzichtbar. (2) Zur Integration zwischen separaten Sachverhalten (Partialmodellen) ist eine reichhaltige Strukturierung nötig, die über das Ziehen von Links zwischen Klassen hinausgeht. Für die Integration ist nur eine Sicht auf die betreffenden Dokumente/Teilkonfigurationen nötig und erwünscht. (3) Die administrative Konfiguration ist ein wesentlicher Bestandteil des Produktmodells und mit der technischen Konfiguration zu integrieren. (4) Muster für Produkte und Prozesse werden nicht von der Gesamtkonfiguration getrennt. (5) Die Produktstruktur ist reichhaltiger als eine rein statische Beschreibung durch Partialmodelle, sie enthält auch relevante Information zu ihrer konsistenten Veränderung, die von unterstützenden Werkzeugen genutzt wird.

Für die Prozeßseite enthalten obige Modelle nur Festlegungen für Lebenszyklusmodelle, weit gröber als die obigen grobgranularen Modelle für die Projektkoordination. Insbesondere die feingranulare Betrachtung von Entwicklungsprozessen wird nicht behandelt, die Nutzung der Erfahrung der Beteiligten des Prozesses, ja der Prozeß selbst steht außerhalb des Fokus der Betrachtung. Die Integration von Prozeß- und Produkten zu einem einheitlichen *Prozeß-/Produktmodell* findet sich ebensowenig wieder, wie der Ansatz, für Teilprozeßinteraktion, Teilproduktintegration sowie Reaktivität passende Mechanismen anzubieten und für einen konkreten Entwicklungsprozeß in einem Szenarion anzupassen und einzusetzen. Kurzum, unser Ansatz vertraut weitaus weniger auf weltweite Standardisierung eines Gesamtentwicklungsprozesses, sondern sieht diesen als ein wohlverstandenes Zusammenspiel von Teilprozessen.

Übersicht über Teil II des Buches

Die *Struktur* des *Teils II* des Buches ergibt sich aus Abbildung 1.10. Diese enthält die einzelnen Projektbereiche, die in den folgenden Kapiteln dargestellt sind. Kapitel 2 bis 4 von Teil II widmen sich den technischen Projektbereichen von oben nach unten in Abb. 1.10. Kapitel 5 schließlich stellt den Projektbereich Integration vor.

Auf eine *inhaltliche Skizze* der Projektbereiche und ihrer Teilprojekte kann *verzichtet* werden. Dies geschieht zum einen, weil den folgenden Kapiteln kurze Zusammenfassungen vorangehen. Zum zweiten werden die Abschnitte, die die einzelnen Teilprojekte behandeln, mit entsprechenden Zusammenfassungen eingeleitet.

Literatur

[1]   ESPRIT Consortium AMICE: CIMOSA: Open System Architecture for CIM, Research Reports ESPRIT, Springer, 1991

[2]   Bandinelli, S., Fugetta, A.: Computational Reflection in Software Process Modelling: The SLANG Approach, Proc. 15th Int. Conf. on Software Engineering, S. 144–154, 1993

[3]   Conradi, R., Fernstöm, C., Fuggetta, A.: Concepts for Evolving Software Processes, in: A. Finkelstein, J. Kramer, B. Nuseibeh (Hrsg.): Software Process Modelling and Technology, John Wiley&Sons, New York, S. 9–32, 1994

[4]   Curtis, B., Kellner, M., Over, J.: Process Modeling, CACM, vol. 35-9, S. 75–90, 1992

[5]   Dalton, C.M., Goldfarb, S.: PDXI, a progress report, in Proc. CHEMPUTERS Europe Conf., Oct. '95, Noordwijk, Niederlande, 1995

[6]   European Computer Manufactures Ass. & National Institute of Standards and Technology: Reference Model for Frameworks of Software Engineering Environments, ECMA Report TR/55& NIST Special Publication 500-201, version 3, 1993

[7]   Eversheim, W., Weck, M., Michaeli, W., Nagl, M., Spaniol, O.: The SUKITS-Projekt: An approach to a posteriori Integration of CIM components, Proc. of GI Jahrestagung '92, Springer, 1992

[8]   Fielding, J.J., Book, N.L., Sitton, O.C.: Methodology for data modeling for the process industries, in: 4th Int. Conf. on Foundations of Computer-Aided Process Design, AIChE Symp. Series 304, vol. 91, S. 352–355, 1995

[9]   Geihs, K.: Infrastrukturen für heterogene verteilte Systeme, Informatik Spektrum, 16, S. 11–23, Springer, 1993

[10] v. Gigch, J. P.: System Design Modeling and Metamodeling, Plenum Press, New York, 1991

[11] Grabowski, H., Anderl, R., Schilli, B., Schmitt, M.: STEP – Entwicklung einer Schnittstelle zum Produktdatenaustausch, VDI-Zeitung, vol. 131-9, S. 68–76, 1989

[12] Grabowski, H., Anderl, R., Schilli, B.: Das Produktmodellkonzept von STEP, VDI-Zeitung, vol. 131-12, S. 84–96, 1989

[13] Grabowski, H., Anderl, R., Polly, A.: Integriertes Produktmodell, Beuth Verlag, Berlin, 1993

[14] Grabowski, H., Gittinger, A., Schmidt, M.: Informationslogistik für die Konstruktion, VDI-Z 136,10, S. 48–51, 1994

[15] Grabowski, H., Krzepinski, A.: Methodisch unterstützte Planung und Integration von CAD/CAM-Verfahrensketten, Teil2: Das PRISMA Referenzmodell, CIM Management 8, 1, S. 50–56, 1992

[16] Heimann, P., Joeris, G., Krapp, C.-A., Westfechtel, B.: DYNAMITE: Dynamic Task Nets for Software Process Management, Proc. 18th ICSE, Berlin, S.331–341, 1996

[17] Heinrichs, B., Jakobs, K., Carone, A.: High Performance Transfer Services to Support Multi—Media Group Communication, Computer Communications, vol. 16, no. 9 S. 539—547, 1993

[18] Hermanns, O.: Eine Kommunikationsarchitektur für die Integration von CIM-Anwendungs-systemen und Groupware, Proc. zur GI Jahrestagung Informatik aktuell, Springer-Verlag, S. 377–386, Sept. 1992

[19] ISO 10303: STEP: Standard for the Exchange of Product Model Data, 1995

[20] ISO 10303: Product Data Representation and Exchange, Part 221, Functional data and their schematic representation for process plant, Working draft, ISO TC184/SC4/WG3 N362, 1996

[21] ISO 10303: Product Data Representation and Exchange, Part 227, Plant spatial configuration, Committee draft, ISO TC184/SC4/WG3 N442 und TC184/SC4 N349, 1995

[22] Jablonski, S.: Workflow-Management-Systeme: Motivation, Modellierung, Architektur, Informatik Spektrum 18, Springer-Verlag, S. 13–24, 1995

[23] Jarke, M., Marquardt, W.: Design and evaluation of computer-aided process modeling tools, ISPE '95, Snowmass, Colorado, USA, 1995

[24] Jorysz, H.R., Vernadat, F.B.: CIM-OSA Part 1: total enterprise modeling and function view, International Journal on Computer Integrated Manufacturing, vol. 3-3/4, S. 144–156, 1990

[25] Jorysz, H.R., Vernadat, F.B.: CIM-OSA Part 2: information view, International Journal on Computer Integrated Manufacturing, vol. 3-3/4, S. 157–167, 1990

[26] Klittich, M.: CIM-OSA Part 3: CIM-OSA integrating infrastructure – the operational basis for integrated manufacturing systems, International Journal on Computer Integrated Manufacturing, vol. 3-3/4, S. 168–180, 1990

[27] Kosanke, K.: The European approach for an Open System Architecture for CIM, CIM-OSA – ESPRIT project 5288 AMICE, Computing & Control Engineering Journal, S. 103–109, Mai 1991

[28] Krönlof, K., (ed.): Method Integration, Wiley, Chichester, 1993

[29] Lohmann, B., Marquardt, W.: On the systematization of the process of model development, angenommen für ESCAPE 6, Rhodos, 1996

[30] Lord, S.V.: Process lifetime data availability – progress towards STEP, in: IMechE 1993, S. 51–55, 1993

[31] Lührsen, H., Ruf, T., Wedekind, H.: STEP-Datenbanken, CIM-Management, 5/93, S. 9–13, 1993

[32] Marquardt, W. et al.: Modeling and Representation of Complex Objects: A Chemical Engineering Perspective, in: Proc. 6th Int. Conf. on Industrial and Engineering Applications of Artificial Intelligence and Expert Systems, Edinburgh, Scotland, S. 219–228, 1993

[33] McGuire, M. L., Jones, J. K.: Maximizing the potential of process engineering databases, AIChE, Annual Technical Meeting, Houston, TX, 1988

[34] Nagl, M. (ed.): Building Tightly Integrated Software Development Environments – The IPSEN Approach, LNCS 1170, Springer-Verlag, 1996

[35] Nagl, M., Westfechtel, B.: A Universal Component for the Administration in Distributed and Integrated Development Environments, AIB 94-8, RWTH Aachen, 1994

[36] Object Management Group: The Common Object Request Broker: Architecture and Specification, OMG, 1991

[37] Open Software Foundation: Distributed Computing Environment – DCE Users Guide and Reference, OSF, Cambridge, USA, 1992

[38] Pohl, K.: The three dimensions of requirements engineering: A Framework and its applications, Information Systems 19, S. 243–258, 1994

[39] Popien, C.: Dienstevermittlung in verteilten Systemen – Dienstalgebra, Dienstmanagement und Dienstanfrageanalyse, Diss. RWTH Aachen, Teubner, Stuttgart, 1995

[40] Querenet, B.: The CIM–OSA integrating infrastructure, Computing & Control Engineering Journal, S. 118–125, Mai 1991

[41] Schäfer, W., Weber, H.: The ESF Profile, in Yeh (ed.): Handbook of Computer Aided Software Engineering, van Nostrand, New York, 1989

[42] Schefström, D., v.d.Broek, G. (eds.):: Tool Integration, Wiley, Chichester, 1993

[43] Schill, A.: DCE: Das OSF Distributed Computing Environment: Einführung und Grundlagen, Springer-Verlag, 1993

[44] Wächter, H., Reuter, A.: Grundkonzepte und Realisierungsstrategien des ConTract-Modells, Informatik F&E 5, S. 202–212, 1990

[45] Wasserman, A.: Tool Integration in Software Engineering Environments, in F. Long (ed.): Software Engineering Environments, Proc. Int. Workshop on Environments, LNCS 467, Springer-Verlag, Berlin, S. 137–149, 1990

[46] Westfechtel, B.: Integrated Product and Process Management for Engineering Design Applications, Integrated Computer-Aided Engineering, Special Issue on Integrated Product and Process Management 3, 1, S. 20–35, 1996

2 Verfahrenstechnische Entwicklungsprozesse

Inhalt dieses Kapitels ist die Beschreibung dreier Projekte des Projektbereichs *Verfahrenstechnische Entwicklungsprozesse*, der die wesentlichen technischen Beiträge anwendungsseitig leisten soll. Er befaßt sich mit zwei unterschiedlichen Aufgabenstellungen.

Einerseits werden – zunächst exemplarisch – derzeit isoliert betrachtete Entwurfsinseln zu einem abgestimmten Entwurfsprozeß zusammengefaßt. Es handelt sich hierbei in der ersten Antragsphase insbesondere um eine *ganzheitliche Betrachtung* der *Prozeßkette* zur *Herstellung* von *Kunststofformteilen*, die sich von der Monomer- und Polymerherstellung (Chemietechnik), über die Aufbereitungstechnik zur Konditionierung des Polymerrohstoffes bis zur Formteilherstellung (Kunststoffverarbeitung) erstreckt und später auch das Recycling des nicht mehr gebrauchten Kunststofomteils umfassen kann.

Andererseits wird in den Teilprojekten spezifisches *Wissen* über *verfahrenstechnische Entwurfsprozesse* erfaßt, strukturiert und für die Formalisierung vorbereitet, um es dann in die informatischen Unterstützungswerkzeuge einbringen zu können. Dabei werden sowohl existierende Werkzeuge um die im Rahmen des SFB erarbeiteten Funktionalitäten erweitert als auch neue Werkzeuge unter Federführung der Informatikpartner entwickelt und in das Rahmenwerk integriert.

Zur *Vorgehensweise*: Die Integrationsprojekte liefern empirische Untersuchen und Fallstudien (vgl. II.5.1 und II.5.2), die hier als *Anwendungsbeispiele* für die Formalisierung und integrierte Beschreibung von Prozessen und Produkten des Entwicklungsprozesses dienen. Diese *Formalisierung* erfordert eine enge Zusammenarbeit mit den Teilprojekten des nachfolgenden Kapitels. Aus ihr werden auch die *Anforderungen* für die Erweiterung bestehender Werkzeuge sowie für die neue Integrationsfunktionalität abgeleitet. Bei der *Realisierung* der Werkzeuge arbeiten die Teilprojekte dieses Kapitels mit denen des nächsten ebenfalls eng zusammen. Dabei wird die Erweiterung existierender Werkzeuge und deren A-posteriori-Integration im wesentlichen hier geleistet, die neuartigen Unterstützungswerkzeuge werden federführend in Teilprojekten des folgenden Kapitels erstellt. Das ganze muß natürlich von entsprechenden Softwarestrukturierungsmaßnahmen begleitet werden (vgl. II.5.3). Ebenso erfolgt eine gemeinsame Validierung der Werkzeuge.

Abschnitt II.2.1 betrachtet primär Entwicklungsprozesse im Bereich des Basic Engineering der *Chemietechnik*. Abschnitt II.2.2 widmet sich der Betrachtung der dabei entstehenden Entwicklungsprodukte. Der folgende Abschnitt II.2.3 hat *kunststofftechnische* Entwicklungsprozesse und Produkte zum Inhalt, die am Beispiel der Auslegungsprozesse von Extrusions- und Aufbereitungsextrudern studiert werden. Die Projekte decken dabei verschiedene *Granularitätsstufen* des verfahrenstechnischen Prozesses ab: Das Fertigprodukt und ein Apparat bzw. eine Maschine in II.2.3, die gesamte Anlage und schließlich die Prozesskette in II.2.1 und 2.2.

2.1 Entwicklungsprozesse für den konzeptionellen Entwurf

B. Lohmann [*], *W. Marquardt*
Lehrstuhl für Prozeßtechnik

Zusammenfassung

Gegenstand dieses Teilprojektes ist der *konzeptionelle Entwurfsprozeß chemietechnischer Produktionsprozesse*. Anhand von Fallstudien werden *feingranulare technische Arbeits- und Entscheidungsschritte* ermittelt und semiformal beschrieben, mit Hilfe derer dem Entwickler situationsbezogen Entscheidungshilfen angeboten werden. Für die *formale Notation* der Arbeits- und Entscheidungsschritte für den konzeptionellen Entwurf soll die Prozeßmodellierungssprache für die technische Ebene genutzt und evaluiert werden. Darüber hinaus sollen *domänenspezifische Werkzeuge* entwickelt werden, die den verfahrenstechnischen Entwickler bei der Befolgung von Entwurfsstrategien unterstützen und kontextbezogen Hilfestellungen über mögliche Arbeitsschritte zur Verfügung stellen. Die Arbeiten betrachten neben dem *konzeptionellen Entwurf eines neuen chemietechnischen Prozesses* längerfristig auch die *Überarbeitung eines bestehenden Produktionsprozesses*.

2.1.1 Einleitung

Gegenstand dieses Forschungsvorhabens ist der *konzeptionelle Entwurfsprozeß chemietechnischer Produktionsprozesse auf externer Ebene* (vgl. Kapitel II.1). Es werden *feingranulare technische Arbeits- und Entscheidungsschritte* identifiziert und semiformal beschrieben, mit Hilfe derer dem Entwickler situationsbezogen Entscheidungshilfen angeboten werden. Die Arbeiten hierzu orientieren sich an Fallstudien und empirischen Untersuchungen, die von den Integrationsprojekten durchgeführt werden (s. Kapitel II.5). Da die zu definierenden *Arbeitsschritte auf Produktdaten operieren*, sollen die Arbeiten in enger Interaktion mit dem in Abschnitt II.2.2 beschriebenen Forschungsprojekt erfolgen.

Darüber hinaus sollen *wiederkehrende Abfolgen* solcher Schritte erarbeitet werden, die den Entwickler im Sinne einer Strategie bei der Lösung eines Entwurfsproblems führen, ihn jedoch nicht in seiner Kreativität einschränken. Wegen der bisher nicht im Detail verstandenen Wechselwirkungen zwischen chemie- und kunststofftechnischen Prozeßteilen soll insbesondere die *Verzahnung von Arbeitsschritten* beim konzeptionellen Entwurf und bei der Auslegung von Aufbereitungsprozessen (s. Kapitel II.2.3) betrachtet werden.

Für die *formale Notation* der Arbeits- und Entscheidungsschritte für den konzeptionellen Entwurf soll die Prozeßmodellierungssprache für die technische Ebene genutzt und evaluiert werden (s. Kapitel II.3.1). Im iterativen Wechselspiel zwischen den in Kapitel II.3 beschriebenen Projekten, die generische Softwarewerkzeuge zur Unterstützung übergreifender Entwicklungsprozesse entwickeln, und diesem Vorhaben sollen *domänenspezifische Werkzeuge* entwickelt werden. Diese domänenspezifischen Werkzeuge sollen den verfahrenstechnischen Entwickler bei der Befolgung von Entwurfsstrategien unterstützen und kontextbezogen Hilfestellungen über mögliche Arbeitsschritte oder anstehende Entscheidungen zur Verfügung stellen. Neben dem *konzeptionellen Entwurf eines neuen che-*

[*] inzwischen bei der Bayer AG, Leverkusen

mietechnischen Prozesses soll längerfristig auch die *Überarbeitung eines bestehenden Produktionsprozesses* betrachtet werden.

2.1.2 Stand der Forschung

In bisherigen Arbeiten zur Unterstützung des konzeptionellen Entwurfs verfahrenstechnischer Prozesse wurden nie chemie- und kunststofftechnische Prozesse integriert betrachtet. Die nachfolgend aufgeführten domänenspezifischen Methodiken und Werkzeuge beziehen sich daher auf den konzeptionellen Entwurf verfahrenstechnischer Prozesse in einem eingeschränkten Sinn.

Für den verfahrenstechnischen konzeptionellen Entwurf wurden verschiedene *regelbasierte Expertensysteme* wie das System PIP II 18 entwickelt, die qualitatives Wissen in Form von Regeln und Heuristiken implementieren. Ziel dieser Systeme ist die weitgehende Automatisierung des Entwurfsprozesses, mit der Konsequenz, daß sie nur in eng begrenzten Anwendungsbereichen einsetzbar sind. Für den SFB sind solche Systeme ungeeignet, da sie durch die Regelverkettung einen starren Kontrollfluß implizieren.

Wissensbasierte Beratungssysteme wie das an der Universität Dortmund entwickelte Werkzeug Prosyn [26] oder ein von Wozny et al. entwickeltes Beratungssystem [30] versuchen, den Nutzer bei der Entwicklung und Auswahl von Lösungsalternativen zu unterstützen. Das heuristisch-numerische Werkzeug Prosyn unterstützt verfahrenstechnische Entwurfsprozesse durch eigenständige regelbasierte Module, numerische Programme und Datenbanken, die durch ein Managersystem koordiniert und vom Anwender problemabhängig eingesetzt werden. Mit Hilfe einer Blackboard-Architektur ist zwar die Kooperation verteilter wissensbasierter Module möglich, es wird jedoch nicht die kooperative Gruppenarbeit in einem Entwicklerteam unterstützt. Darüberhinaus gibt es auch hier keinerlei Hilfsmittel zur Steuerung der Entwicklertätigkeiten.

Da in Prosyn umfangreiches konzeptionelles Entwurfswissen zur Fließbildsynthese oder zu Apparategruppen wie Reaktoren, Destillationskolonnen oder Extraktoren hinterlegt wurde, wird eine A-posteriori-Integration von Prosyn oder seiner Teile in das Rahmenwerk im Rahmen dieses und flankierender Vorhaben angestrebt. Um den Anwendungsbereich des SFB zu unterstützen, sind jedoch noch weitere Anwendungswerkzeuge a- posteriori zu integrieren, um auch Bereiche wie Prozeßanalyse, Prozeßführung oder kunststofftechnische Entwicklungsprozesse wie die Extruderauslegung abzudecken.

Weiterhin stehen erste, in Ansätzen prozeßorientierte Werkzeuge zur Unterstützung des Entwurfs verfahrenstechnischer Prozesse zur Verfügung. So stellt das an der University of Edinburgh entwickelte Werkzeug *KBDS* (s. [2, 3]) als eines der wenigen Designwerkzeuge eine Methodik zur konzeptionellen Entwicklung verfahrenstechnischer Prozesse bereit, die unabhängig von bestimmten Anwendungsbereichen in der Verfahrenstechnik ist. KBDS unterstützt zwar die Protokollierung des Entwicklungsprozesses und stellt ein IBIS-basiertes Entscheidungsmodell (vgl. [9]) zur Verfügung. Es handelt sich jedoch nicht um eine im eigentlichen Sinne prozeßzentrierte Umgebung, da es über keine Mechanismen verfügt, die kontextbezogen Arbeits- und Entscheidungsschritte vorschlagen.

Die Unterstützung *kooperativer* Entwurfsprozesse ist Gegenstand von Arbeiten einer Forschergruppe an der Carnegie Mellon University [29]. Der Schwerpunkt der Arbeiten der Gruppe liegt auf der Sammlung, Strukturierung und Archivierung heterogener Entwurfsdaten, die in Form semantischer Netze verknüpft werden. Die Kooperation von Entwicklern wird durch den Zugriff auf eine gemeinsame Datenbasis sowie Gruppenentscheidungsmodelle unterstützt. Ansätze zur Definition systematischer Vorgehensweisen stehen bisher jedoch nicht zur Verfügung.

Zur Unterstützung des konzeptionellen Entwurfs chemietechnischer Prozesse wurden verschiedene *systematische Vorgehensweisen* entwickelt, die in- oder semiformal Entwurfsstrategien beschreiben ([13, 27, 15] PDXI/STEP-Aktivitätsmodell). Diese Vorgehensweisen unterstützen den konzeptionellen Entwurf jedoch nur auf grobgranularer Ebene und stellen jeweils nur eine unter mehreren möglichen, nicht allgemein akzeptierten Entwurfsstrategien dar. Es ist geplant, daß im Rahmen dieses Teilprojektes diese Vorgehensweisen aufgegriffen und weiter detailliert werden. Zur Unterstützung der Vorgehensweise nach Douglas [13] wurde ein prototypisches konzeptionelles Entwurfswerkzeug entwickelt [14], das jedoch keine Mechanismen für den kooperativen Entwurf umfaßt, keine existierenden Werkzeuge a-posteriori integriert und keine Arbeitsschritte auf feingranularer Ebene zur Verfügung stellt.

Für die formale Beschreibung von Entwicklungsvorgängen stehen aus dem Bereich der Softwaretechnik eine Reihe von *Prozeßmodellierungssprachen* zur Verfügung, worunter hier eine formalisierte Beschreibung kreativer verteilter Entwicklungsvorgänge verstanden werden soll (vgl. Abschnitte I.3.1 und I.3.3). Es existiert ein Spektrum von einfachen Prozeßbeschreibungen bis hin zu ausführbaren Prozeßmodellen. Die verschiedenen Modelle basieren auf den unterschiedlichsten Ansätzen. Dazu zählen Petri-Netz-basierte Ansätze wie MELMAC [11] oder SPADE [1], regelbasierte Ansätze wie EPOS [10] und MARVEL [17] und objekt-orientierte Ansätze wie in ADELE [6].

All diese Ansätze bieten nur unzureichende Unterstützung für kreative Entwicklungsprozesse, da lediglich Prozesse modelliert und unterstützt werden können, die selber gut verstanden und ausreichend determiniert sind. In die Beschreibung eines Entwicklungsprozesses kann nicht eingegriffen werden, wenn der Prozeß noch nicht terminiert ist. Selbst wenn der Prozeß bereits beendet ist, ist eine Änderung nur mit größerem Programmieraufwand möglich. Weiterhin wurden diese Ansätze nicht domänenspezifisch für verfahrenstechnische Aufgabenstellungen spezialisiert.

2.1.3 Einschlägige Vorarbeiten

Laufende Forschungsarbeiten zur *Systematisierung* der *Modellentwicklung* chemietechnischer Prozesse (gemeint sind mathematische Modelle für die Simulation; s. auch [21, 22, 23]) beschäftigen sich mit Ansätzen zur Unterstützung des Modellentwicklungsprozesses. Es wird an der Definition von Modellierungsschritten gearbeitet, die einerseits den Aufbau eines völlig neuen mathematischen Modells und andererseits auch die Wiederverwendung und evolutionäre Weiterentwicklung eines bereits existierenden Modells unterstützen sollen [19, 20].

Ähnlich wie beim konzeptionellen Entwurf handelt es sich bei der mathematischen Modellierung chemietechnischer Produktionsprozesse um einen kreativen Vorgang, so daß die Ansätze zur Unterstützung des Modellierungsvorgangs, die zusammen mit dem Lehrstuhl für Informatik V entwickelt wurden, für die Arbeiten zu diesem Teilprojekt genutzt werden können. Weiterhin müssen die Ergebnisse von Syntheseschritten beim konzeptionellen Entwurf immer wieder mit Hilfe von mathematischen Modellen bewertet (analysiert) werden, so daß die bereits entwickelten *Arbeits-* und *Entscheidungsschritte* zur Erstellung, Modifikation und Analyse von mathematischen Modellen in den Entwurfsprozeß integriert werden können.

Für die Formalisierung von chemietechnischen Modellbausteinen, Modellierungs-schritten und -entscheidungen wurde in Zusammenarbeit mit dem Lehrstuhl für Informatik V und dem Lehr- und Forschungsgebiet Theoretische Informatik an der RWTH Aachen das objektorientierte *Datenmodell VeDa* entwickelt (vgl. [5, 8, 24]). Zusammen mit dem Lehr- und Forschungsgebiet Theoretische Informatik wurde ein Algorithmus entwickelt, mit Hilfe dessen die Durchführbarkeit einer Abfolge von *Modellierungsschritten überprüft* werden kann.

Auf der Grundlage von VeDa wurden zur Unterstützung der mathematischen Modell-entwicklung die prototypische *Modellierungsumgebung ModKit* [7] und in Kooperation mit dem Lehrstuhl für Informatik V die Umgebung *ProArt/CE* bzw. *TECHMOD* [12, 16] entwickelt, die neben den Arbeiten zur Modellierungssystematik den Ausgangspunkt für die Arbeiten dieses Teilprojektes bilden sollen. Zukünftig sollen beide Werkzeuge inte-griert werden.

Mit ModKit kann ein verfahrenstechnischer Prozeß auf unterschiedlichen Hierarchie-ebenen *graphisch modelliert* werden. Abb. 2.1 zeigt beispielsweise auf der linken Seite die Strukturbeschreibung eines Reaktors auf zwei Hierarchieebenen. Der verfahrenstechni-sche Modellierer wird in ModKit durch eine Reihe vordefinierter Modellierungsschritte unterstützt, die ihm in einem Agenda-Manager (s. Abb. 2.1 rechts unten) kontextsensitiv Hilfestellungen bei der Modellentwicklung anbieten. ModKit verfügt über verschiedene Editoren, die den Anwender bei der Definition neuer oder der Modifikation bestehender Modellierungsschritte unterstützen. Abb. 2.1 verdeutlicht in der oberen Hälfte, daß als Prozeßmodellierungssprache ein Petri-Netz-basierter Ansatz verwandt wird, der die Be-schreibung von Entwicklungsprozessen auf unterschiedliche hierarchischen Ebenen unter-stützt. Damit in ModKit auch Simulationsexperimente durchgeführt werden können, wurde eine A-posteriori-Integration mit den Simulationswerkzeugen SpeedUp [28] und gProms (vgl. [4, 25]) realisiert. Das für einen Simulationslauf benötigte Eingabefile wird dabei basierend auf der Modellrepräsentation in ModKit automatisch erzeugt.

ProArt, das am Lehrstuhl für Informatik V zur Unterstützung des Requirements Engi-neering entwickelt wurde, wird in enger Zusammenarbeit mit dem Lehrstuhl für Informatik V der RWTH Aachen so erweitert, daß es auch für die Modellierung verfahrenstechnischer Prozesse eingesetzt werden kann (ProArt/CE, TechMod). Den Schwerpunkt der Prototy-pen bildet das *teilautomatisierte Dokumentieren* (Tracen) des Entwickungsprozesses, so daß der Entwicklungsvorgang, der zu einem bestimmten konzeptionellen Entwurf eines chemietechnischen Prozesses geführt hat, zurückverfolgt werden kann.

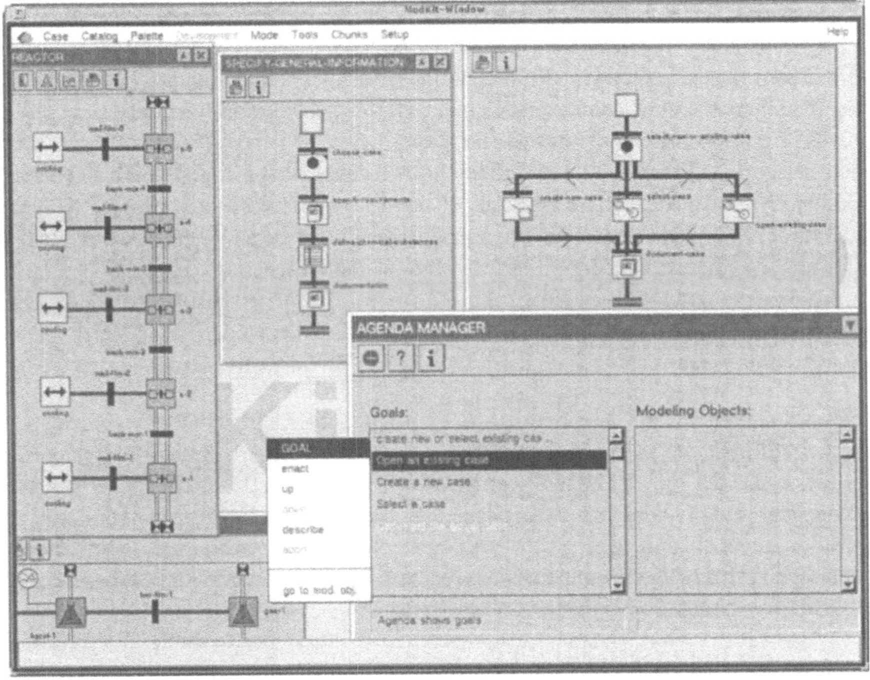

Abb. 2.1 : Unterstützung des Modellentwicklungsvorgangs in ModKit

Sowohl in ModKit als auch in TechMod sind die angebotenen *Hilfsmittel* zur *Unterstützung* des Entwicklungsprozesses für mathematische Modelle *noch nicht ausgereift*. Die direkte Prozeßunterstützung beschränkt sich auf Teilbereiche des Modellierungsablaufes. Mechanismen zum erfahrungsbasierten Lernen wurden bisher nicht hinterlegt. Weiterhin unterstützen die entwickelten Ansätze zur formalen Beschreibung des Entwicklungsvorgangs bisher nicht den kooperativen Entwurf.

2.1.4 Ziele, Methoden und Ansatz

Gegenstand dieses Teilprojektes ist der *konzeptionelle Entwurfsprozeß chemietechnischer Produktionsprozesse auf externer Ebene*. Zur Unterstützung des Entwicklers sollen *technische* Arbeits- und Entscheidungsschritte identifiziert und mit Hilfe einer Prozeßmodellierungssprache (s. II.3.1) formalisiert werden. Dies ist die Voraussetzung dafür, daß Werkzeuge zur direkten Prozeßunterstützung (s. II.3.1) diese Schritte interpretieren und situationsbezogen Hilfestellungen anbieten können (z.B. über alternative Apparateverschaltungen zur Wärmeintegration, Bewertungsansätze zur Ermittlung von Apparatekosten oder sinnvolle Prozeßführungskonzepte). Weiterhin wird eine formale Integration mit der administrativen Ebene angestrebt (vgl. II.3.4), so daß die administrativen Planungswerkzeuge grobgranulare Arbeits- und Entscheidungsschritte der hier betrachteten technischen Ebene in die Projektplanung einbeziehen können.

Da bisher keine detaillierten Untersuchungen zur Vorgehensweise von Entwicklern beim konzeptionellen Entwurf chemietechnischer Prozesse vorliegen, soll als Grundlage für die informatische Unterstützung zunächst eine *Strukturierung des kreativen Entwurfsprozesses* erfolgen. Während in den Integrationsprojekten (s. II.5.1 und II.5.2) anhand des Beispielszenarios empirische Untersuchungen zur Vorgehensweise beim konzeptionellen Entwurf durchgeführt und die Ergebnisse dieser Untersuchungen (Protokolle von Interviews, ausgefüllte Fragelisten, etc.) aufbereitet werden, sollen hier detaillierte wiederverwendbare Arbeitsschritte auf technischer Ebene, Entscheidungssituationen und Kommunikationsbeziehungen aus den zur Verfügung stehenden Informationen extrahiert und semiformal beschrieben werden. Im Unterschied zu den Arbeiten der Integrationsprojekte werden die Arbeitsschritte mit Hilfe semiformaler Darstellungen beschrieben, indem beispielsweise Vorbedingungen für die Ausführung von Schritten oder Algorithmen, die bei der Aktivierung eines Schrittes ausgeführt werden, in Pseudocode-Notation erfaßt werden.

Wegen des kreativen Charakters des Entwurfsprozesses auf technischer Ebene sollen nur *Prozeßfragmente* in Form vordefinierter Abfolgen von Arbeitsschritten unterstützt werden, so daß der Entwickler in seiner Kreativität nicht eingeschränkt wird. Er soll nicht gezwungen werden, diese Prozeßfragmente durchzuführen, und hat jederzeit die Wahl, ein Prozeßfragment abzubrechen. Neben dem konzeptionellen Entwurf eines neuen chemietechnischen Prozesses soll auch die Überarbeitung eines bestehenden Verfahrens betrachtet werden.

Da die zu definierenden *Arbeitsschritte auf Produktdaten operieren*, sollen die Arbeiten in diesem Teilprojekt in enger Interaktion mit dem in II.2.2 beschriebenen Vorhaben erfolgen, das eine zu diesem Vorhaben komplementäre Rolle bei den Produktmodellen übernimmt. Wegen der Abhängigkeit der Eigenschaften eines Kunststofformteils am Ende einer verfahrenstechnischen Prozeßkette von den Produktparametern des Polymers in einem vorgelagerten Polymerisationsreaktor (vgl. Abb. 2.9 in II.2.3) soll auch die Integration von chemie- und kunststofftechnischen Arbeitsschritten betrachtet werden.

Durch die Definition sinnvoller Abfolgen von Arbeitsschritten sollen bestehende *Entwurfsstrategien* (vgl. [13, 27] unter Stand der Forschung) kritisch *bewertet* und weiter *verfeinert* bzw. modifiziert werden. Sowohl für die empirischen Untersuchungen, als auch für die Erkennung wiederkehrender Prozeßmuster können die Werkzeuge zur Dokumentation von 'Prozeßspuren' genutzt werden, die in II.3.1 beschrieben werden. Somit helfen die vom Rahmenwerk zur Verfügung gestellten Werkzeuge dem verfahrenstechnischen Entwickler, die Vorgehensweise beim konzeptionellen Entwurf nachvollziehen und besser verstehen zu können.

Im nächsten Schritt wird die in der Analysephase gewonnene semiformale Beschreibung des Entwurfsprozesses in eine *formale Beschreibung* überführt, wofür die Prozeßmodellierungssprache für die technische Ebene eingesetzt werden soll (vgl. Abb. 2.2 links). Gemeinsam mit dem in Abschnitt II.2.3 beschriebenen Vorhaben werden Anforderungen an die Prozeßmodellierungssprache definiert, die sich durch die formale Notation von chemie- und kunststofftechnischen Arbeitsschritten ergeben. Zusammen mit dem in II.3.1 dargestellten Teilprojekt werden diese Anforderungen analysiert.

Daraufhin nimmt das dort beschriebene Vorhaben eine entsprechende Spracherweiterung vor. In mehreren Iterationszyklen entsteht damit eine *ingenieurseitig evaluierte Prozeßmodellierungssprache*, die einerseits die Integration von Prozeß- und Produktmodellen und andererseits die Abbildung von Prozeßmodellen, wie sie im Rahmen der Arbeiten des PDXI/STEP-Konsortiums entstehen, zulassen sollte. Besonderes Gewicht soll auf die Definition von Konzepten zur Unterstützung verteilter kooperativer Entwicklungsvorgänge, auf die Abänderbarkeit des kreativen Entwicklungsprozesses während dessen Ausführung sowie auf die Unterstützung von Rücksprüngen während der Prozeßausführung gelegt werden.

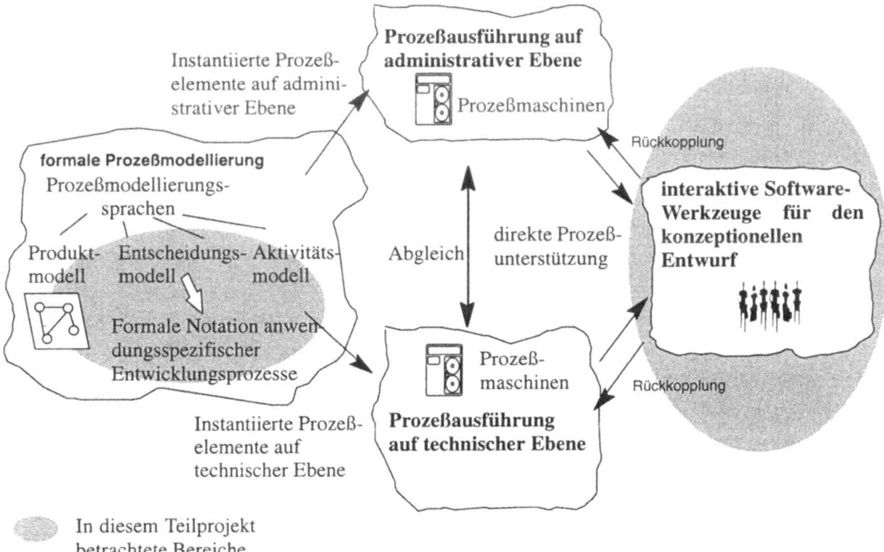

Abb. 2.2 : Formale Prozeßmodellierung und Nutzung formal notierter Entwicklungsprozesse zur direkten Prozeßunterstützung auf technischer und administrativer Ebene

Im iterativen Wechselspiel zwischen den in Kapitel II.3 zusammengefaßten Vorhaben, die generische Softwarewerkzeuge zur Unterstützung übergreifender Entwicklungsprozesse entwickeln, und diesem Teilprojekt sollen *domänenspezifische Werkzeuge zur Unterstützung bestimmter Aufgaben im Verlauf des Entwurfsprozesses* wie z.B. Entscheidungseditoren zur Auswahl zwischen alternativen chemischen Synthesewegen entwickelt werden (Abb. 2.2 rechts). Das Verhalten dieser Werkzeuge wird kontextbezogen durch Prozeßmaschinen der technischen Ebene (vgl. II.3.1 und II.3.4, Abb. 2.2 Mitte) gesteuert, die instantiierte Prozeßelemente des konzeptionellen Entwicklungsprozesses ausführen. Ziel ist es, mit Hilfe dieser Werkzeuge besonders für solche Situationen domänenspezifische Werkzeuge bereitzustellen, die sich bei der Analyse des Entwurfsprozesses als Engpässe erwiesen haben.

Langfristig sollen die zu entwickelnden Werkzeuge den Entwicklungsprozeß bis hin zu detaillierten verfahrenstechnischen *Arbeitsschritten* (wie z.B. der Modellierung spezieller physikalisch-chemischer Phänomene, der Festlegung einer Regelkreisstruktur oder der Kostenschätzung eines Apparates) unterstützen. Weiterhin soll *Wissen* bereitgestellt werden, das mit Hilfe von Mechanismen des erfahrungsbasierten Lernens aus bereits durchgeführten Entwicklungsprozessen *extrahiert* wurde. Anhand von industrierelevanten Szenarien sollen die bereits angeführten Strategien des konzeptionellen Entwurfs iterativ in Zusammenarbeit mit chemietechnischen Entwicklern im industriellen Umfeld evaluiert und weiter verfeinert werden.

2.1.5 Probleme, Schritte

Die folgenden Arbeitspunkte sollen in mehreren iterativen Zyklen mit zunehmender Detaillierungstiefe und -breite bearbeitet werden. Wegen der Breite des Anwendungsgebietes des konzeptionellen Entwurfs chemietechnischer Produktionsprozesse sollen zunächst Fragestellungen zum chemischen Syntheseweg, zur Art des Polymerisationsverfahrens und zur Struktur des chemietechnischen Prozesses anhand eines konkreten Polymerisationsprozesses im Vordergrund stehen. Das Hauptgewicht der Arbeiten liegt zunächst auf der *Verfahrensneuentwicklung*, während die Verfahrensüberarbeitung erst zu einem späteren Zeitpunkt betrachtet werden soll.

1. *Strukturierung des Entwurfsprozesses:*
   Um detailliertere Vorgehensweisen zur Unterstützung des konzeptionellen Entwurfes chemietechnischer Produktionsprozesse zur Verfügung zu stellen, als dies bisher in der Literatur der Fall ist, sollen typische Arbeits- und Entscheidungsschritte auf technischer Ebene sowie wiederkehrende Abfolgen solcher Schritte semiformal beschrieben werden. Hierzu werden die grobgranularen, informell beschriebenen Arbeitsschritte, die in den Integrationsprojekten (s. II.5.1 und II.5.2) ermittelt werden, basierend auf wissenschaftlichen Veröffentlichungen und Erfahrungen aus akademischen Projekten weiter detailliert und mit Hilfe semiformaler Darstellungen wie UML, OMT, SADT, IDEF0 beschrieben. Darauf aufbauend werden weitere, detailliertere Informationen von den Integrationsprojekten angefordert, so daß nach mehreren Iterationszyklen ein möglichst detailliertes Abbild von der Vorgehensweise eines Ingenieurs beim konzeptionellen Entwurf entsteht (vgl. Abb. 2.3).

2. *Integration von Chemie- und Kunststofftechnik:*
   Bisher noch wenig verstanden sind die Wechselwirkungen zwischen chemie- und kunststofftechnischen Prozeßteilen. Wie Abb. 2.8 in II.2.3 verdeutlicht, haben jedoch Produktparameter wie die Molekularverteilung eines Polymers in einem Polymerisationsreaktor einen wichtigen Einfluß auf die Eigenschaften der Kunststoffschmelze in Aufbereitungsprozessen (z.B. Extrusion) sowie auf die Eigenschaften des Kunststoffformteils am Ende der verfahrenstechnischen Prozeßkette. Entsprechend eng verzahnt sollten Arbeitsschritte beim konzeptionellen Entwurf chemietechnischer Prozesse und bei der Auslegung von Aufbereitungsprozessen erfolgen. Die Arbeiten zu diesem Arbeitspunkt sollen deshalb in enger Zusammenarbeit mit dem in II.2.3 beschriebenen Vorhaben detailliert die Wechselwirkungen zwischen diesen verzahnten Arbeitsschritten ermitteln und bei der semiformalen Beschreibung der Vorgehensweise beim kon-

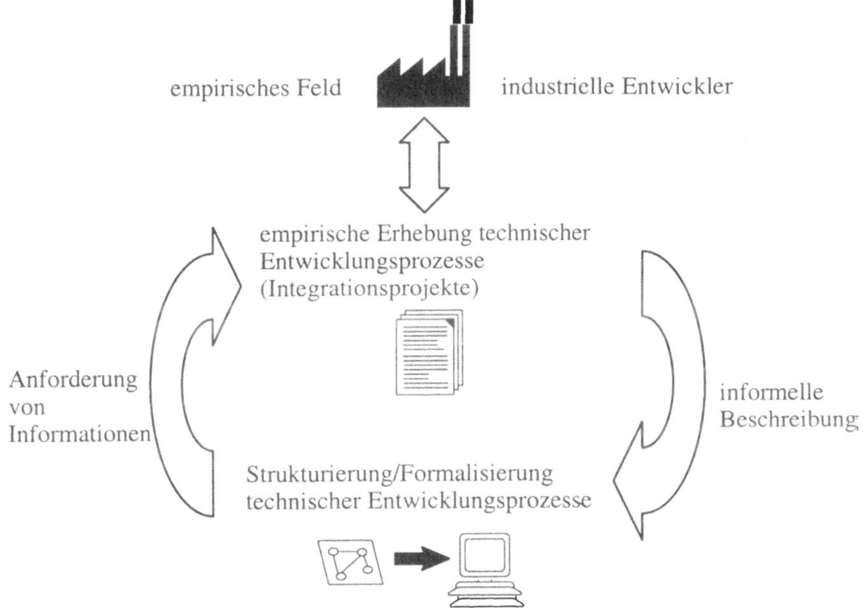

Abb. 2.3 : Empirische Erhebung und Aufarbeitung technischer Entwicklungsprozesse

zeptionellen Entwurf integrierter chemie-/kunststofftechnischer Prozesse berücksichtigen.

3. *Domänenspezifische Spezialisierung der Prozeßmodellierungssprache für die technische Ebene:*
   Damit die Werkzeuge zur direkten Prozeßunterstützung situationsbezogen Hilfestellungen bereitstellen können, indem sie vordefinierte Fragmente von Entwicklungsprozessen interpretieren, müssen die in Arbeitspunkt 1 semiformal beschriebenen Arbeitsschritte formal notiert werden. Als Sprachmittel für diese formale Notation wird die Prozeßmodellierungssprache für die technische Ebene genutzt (vgl. II.3.1). Im Rahmen der Arbeiten zu diesem Arbeitspunkt sind die Basiskonzepte, die diese Prozeßmodellierungssprache in ihrer ersten Version zur Verfügung stellt, für den Anwendungsbereich des konzeptionellen Entwurfes zu spezialisieren (externe Ebene), so daß sich damit die formale Notation von Arbeits- und Entscheidungsschritten für den konzeptionellen Entwurf vereinfacht. Es werden Anforderungen an die Prozeßmodellierungssprache definiert, die sich aus dieser Spezialisierung sowie der formalen Notation von Arbeitsschritten (vgl. Arbeitspunkt 4) ergeben. Weitere Anforderungen ergeben sich aus der Forderung nach der Integration von Entwicklungsprozeß und -produkt (vgl. II.2.2) und nach der dynamischen Änderbarkeit von Entwicklungsprozessen. Darauf aufbauend wird die technische Prozeßmodellierungssprache durch das in II.3.1 vorgestellte Teilprojekt erweitert, so daß nach mehreren Iterationszyklen eine ingenieurseitig evaluierte Prozeßmodellierungssprache entsteht.

4. *Formale Notation von Arbeitsschritten und Vorgehensweisen beim konzeptionellen Entwurf:*
   Mit Hilfe der Prozeßmodellierungssprache für die technische Ebene werden die semi-

formal beschriebenen Arbeits- und Entscheidungsschritte für den konzeptionellen Entwurf chemietechnischer Produktionsprozesse formal beschrieben. Hierbei ist darauf zu achten, daß die Arbeiten des PDXI/STEP-Konsortiums in die vorliegenden Arbeiten integriert werden. Wegen der Wechselwirkungen zwischen chemie- und kunsttofftechnischen Teilprozessen (vgl. Arbeitspunkt 2) ist sicherzustellen, daß chemietechnische und kunststofftechnische Arbeitsschritte miteinander verschränkt werden können.

5. *Erweiterung von Entwurfswerkzeugen für die A-posteriori-Integration:*
Eine wesentliche Voraussetzung für die in diesem SFB zu schaffenden kooperativen Arbeitsumgebungen sind spezifische Anpassungen und Erweiterungen der eingesetzten, z.T. a posteriori zu integrierenden Entwicklungswerkzeuge. Für ausgewählte Umgebungen (z.B. das Synthesewerkzeug Prosyn und verschiedene Simulatoren für stationäre und dynamische Berechnungen) sollen diese Erweiterungen, die sich aus den Anforderungen einer A-posteriori-Integration ergeben, in enger Zusammenarbeit mit den Informatikpartnern in einer ersten Version prototypisch realisiert werden. Die in diesem Teilprojekt betrachteten Erweiterungen betreffen z.B. die Anbindung an Prozeßmaschinen, an Integrationswerkzeuge und die Gruppenanbindung (z.B. Austausch und gemeinsame Bearbeitung von Dokumenten während einer Arbeitssitzung).

Um sicherzustellen, daß die entwickelten Vorgehensweisen und Werkzeuge den Anforderungen der industriellen Praxis entsprechen, sollen sie regelmäßig in Zusammenarbeit mit den Integrationsprojekten beim *industriellen Anwender evaluiert* werden. Die Ergebnisse solcher Evaluierungen sollen in die Arbeiten der beschriebenen Arbeitspunkte einfließen, deren Ergebnisse somit iterativ verbessert werden. Grundlage der Evaluierung soll ein geeignetes Beispielszenario sein.

2.1.6 Zusammenarbeit im Gesamtprojekt

Gegenstand dieses Teilprojektes ist der *konzeptionelle Entwurfsprozeß chemietechnischer Produktionsprozesse auf externer Ebene.* In Zusammenarbeit mit den andern in Kapitel II.2 beschriebenen Teilprojekten werden *feingranulare technische Arbeits- und Entscheidungsschritte* identifiziert und formal beschrieben. Im iterativen Wechselspiel mit den Vorhaben, die in Kapitel II.3 dargestellt sind und generische Softwarewerkzeuge zur Unterstützung übergreifender Entwicklungsprozesse entwickeln, sollen *domänenspezifische Werkzeuge* entwickelt werden. Diese domänenspezifischen Werkzeuge sollen den verfahrenstechnischen Entwickler bei der Befolgung von Entwurfsstrategien unterstützen und kontextbezogen Hilfestellungen über mögliche Arbeitsschritte oder anstehende Entscheidungen zur Verfügung stellen.

Die in den vorherigen Abschnitten aufgeführten *Verweise* zu *anderen Teilprojekten* des Sonderforschungsbereiches seien hier wie folgt zusammengefaßt:

* Die in den Integrationsprojekten durchgeführten *empirischen Untersuchungen* werden in diesem Teilprojekt für die Definition von wiederverwendbaren Arbeits- und Entscheidungsschritten genutzt. Weiterhin wird mit diesen Teilprojekten bei der *Evaluierung* dieser Arbeits- und Entscheidungsschritte sowie der *Validierung* der im vorliegenden Teilprojekt entwickelten Software-Werkzeuge zur Unterstützung des konzeptionellen Entwurf zusammengearbeitet.

- Die Untersuchungen zu den *Wechselwirkungen* zwischen anwendungsspezifischen Arbeitsschritten für die Bereiche *Kunststofftechnik* und *Chemietechnik* erfolgen in enger Abstimmung mit dem in II.2.3 beschriebenen Vorhaben.
- Es besteht eine enge Verzahnung mit dem Teilprojekt, das sich mit der Entwicklung eines *Produktmodells* zur Beschreibung der beim konzeptionellen Entwurf chemietechnischer Produktionsprozesse anfallenden Produktdaten befaßt (s. II.2.2). Die Entwicklung von Produkt- und Prozeßmodell muß sorgfältig aufeinander abgestimmt sein, da die im Prozeßmodell definierten Arbeitsschritte Produktdaten verändern.
- Bei der *anwendungsspezifischen Spezialisierung* der technischen *Prozeßmodellierungssprache* wird eng mit den Teilprojekten zusammengearbeitet, die in den Abschnitten II.2.3 und II.3.1 beschrieben sind. Bei entsprechenden Arbeiten für die administrative Prozeßmodellierungssprache wird eng mit dem in II.3.3 dargestellten Vorhaben kooperiert. Anforderungen an die Prozeßmodellierungssprachen, die sich aus ihrer Verwendung für die formale Notation von anwendungsspezifischen Arbeitsschritten ergeben, dienen den Teilprojekten von II.3.1 und II.3.3 für die Weiterentwicklung der Sprachen.
- Da die im vorliegenden Teilprojekt entwickelten Werkzeuge zur direkten Prozeßunterstützung in das Rahmenwerk integriert werden sollen, müssen die Arbeiten zur Entwicklung einer einheitlichen *Integrationsinfrastruktur* (s. II.5.3) beim vorliegenden Projekt berücksichtigt werden.

Literatur

[1] Bandinelli, S.C., Fugetta A., Ghezzi C.: Software Process Model Evolution in the SPADE Environment, IEEE Trans. Software Engineering, vol. 19, no. 12, S. 1128–1144, 1993

[2] Bañares-Alcántara, R., Lababidi, H.M.S.: Design Support Systems for Process Engineering I and II, Computers chem. Engng, vol. 19, no. 3, S. 267–301, 1995

[3] Bañares-Alcántara, R., King, J.M.P.: Design Support Systems for Process Engineering III, Computers chem. Engng, vol. 21 No. 3, S. 263–276, 1997

[4] Barton, P.I., Pantelides, C.C.: Modeling of Combined Discrete/Continuous Processes, AIChE Journal, vol. 40, S. 966/979, 1994

[5] Baumeister, M.: Attribute Grouping: Emulating Metamodels without Instantiation, Proc. 3rd International Conference on Object-Oriented Information Systems OOIS '96, 16.–18. Dezember 1996, London, 1996

[6] Belkhatir N., Estublier J., Melo W.L.: Software Process Model and Work Space Control in the ADELE System, Proc. 2nd Int. Conf. Software Process, Berlin, Germany, S. 2–11, 1993

[7] Bogusch, R., Lohmann, B., Marquardt, W.: Ein System zur rechnergestützten Modellierung in der Verfahrenstechnik, *VDI-GVC-Jahrbuch 1997 – Verfahrenstechnik und Chemieingenieurwesen*. GVC · VDI-Gesellschaft Verfahrenstechnik und Chemieingenieurwesen. VDI-Verlag, Düsseldorf, S. 22–54, 1997

[8] Bogusch, R., Marquardt, W.: Formal Representation of Process Model Equations, Computers chem. Engng, vol 21, S. 1105–1115, 1997

[9] Conklin, J. and Begeman, M.L.: gIBIS – A Hypertext Tool for Exploratory Policy Discussion, ACM Trans. Office Information Systems, S. 303–331, 1988

[10] Conradi, R., Hagaseth M., Larsen J., Nguyen M.N., Munch B.P., Westby P.H. Weicheng Z., Jaccheri M.L., Liu C.: EPOS: Object-Oriented Cooperative Process Modelling, Finkelstein A., Kramer J., Nuseibeh B. (ed.): Software Process Modelling and Technology, John Wiley & Sons, New York, S. 9–32, 1994

[11] Deiters, W., Gruhn V.: Software Process Anlaysis Based on FUNSOFT nets, Systems Analysis Modelling Simulation, vol. 8, no. 4-5, S. 315–325, 1991

[12] Dömges, R., Lohmann, B., Pohl, K., Jarke, M., Marquardt, W.: PRO-ART/CE—An Environment for Managing the Evolution of Chemical Process Simulation Models, Proc. 10th European Simulation Multiconference, Budapest, 2.–6. Juni 1996, S. 1012–1017, 1996

[13] Douglas, J.M.: Conceptual Design of Chemical Processes, McGraw-Hill, 1991

[14] Douglas, J.M. , Stephanopoulos, G.: Hierarchical Approaches in Conceptual Process Design: Framework and Computer-Aided Implementation, Proc. 4th Int. Conf. on Foundations of Computer-Aided Process Design, AIChE Symposium Series 304, vol. 91, S. 183–197, 1995

[15] Fielding, J.J. et al.: Methodology for Data Modeling for the Process Industries, 4th Int. Conf. on Foundations of Computer-Aided Process Design, AIChE Symposium Series 304, vol. 91, S. 352–355, 1995

[16] Jarke, M., Marquardt, W.: Design and Evaluation of Computer-Aided Process Modeling Tools, J. F. Davis, G. Stephanopoulos, V. Venkatasubramanian (ed.): Intelligent Systems in Process Engineering, AIChE Symposium, Series 312, vol. 92, S. 97–109, 1996

[17] Kaiser, G.E, Feiler P.H., Popovich S.S.: Intelligent Assistance for Software Development and Maintenance, IEEE Software, S. 40–49, 1988

[18] Kirkwood, R.L., Locke, M.H., Douglas, J.M.: A Prototype Expert System for Synthesizing Chemical Flowsheets, Comput. chem. Engng., vol. 12, S. 329–343, 1988

[19] Lohmann, B.: Ansätze zur Unterstützung des Modellierungsablaufes bei der rechnerbasierten Modellierung verfahrenstechnischer Prozesse, Dissertation, RWTH Aachen, Aachen, 1998

[20] Lohmann, B., Marquardt, W.: On the Systematization of the Process of Model Development, Computers chem. Engng, vol. 20, Suppl., S. 213–218, 1996

[21] Marquardt, W.: Towards a Process Modeling Methodology, R. Berber: Methods of Model-Based Control, NATO-ASI Ser. E, Applied Sciences, vol. 293, Kluwer Academic Publishers, Dordrecht, S. 3–41, 1995

[22] Marquardt, W.: Trends in Computer-Aided Process Modeling, Computers chem. Engng, vol. 20, S. 591–609, 1996

[23] Marquardt, W.: Modellbildung und Simulation verfahrenstechnischer Prozesse, Industrieseminar, unveröffentlicht, 1996

[24] Marquardt, W. et al.: The Chemical Engineering Data Model VeDa, Part 1 to 6, RWTH Aachen, Aachen, 1998

[25] Oh, M., Pantelides, C.C.: A Modeling and Simulation Language for Combined Lumped and Distributed Parameter Systems, Proc. of Int. Conf. on Process Systems Engineering PSE '94. Kyongju, S. 37–44, 1994

[26] Schembecker, G., Simmrock, K.H., Wolff, A.: Synthesis of Chemical Flowsheets by Means of Cooperating Knowledge Integrating Systems, Proc. of European Symposium on Computer-Aided Process Engineering 4, ESCAPE 4, Edinburgh, Scotland, 1994

[27] Siirola, J.J.: An Industrial Perspective on Process Synthesis, 4th Int. Conf. on Foundations of Computer-Aided Process Design, AIChE Symposium Series 304, vol. 91, S. 222–233, 1995

[28] SpeedUp: User Manual, Aspen Tech. Inc., Cambridge, MA, 1994

[29] Westerberg, A.W., Subrahmanian, E., Reich, Y., Konda, S. et al.: Designing the Process Design Process, Computers chem. Engng, vol. 21, Suppl., S. 1–9, 1997

[30] Wozny, G.: Entwicklung eines Beratungssytems zum Entwurf von Automatisierungskonzepten für Rektifikationskolonnen, Chem.-Ing.-Tech., vol. 9, S. 1189–1190, 1994

2.2 Integrierte Produktdatenmodelle in der Chemietechnik

R. Bogusch, W. Marquardt
Lehrstuhl für Prozeßtechnik

Zusammenfassung

Gegenstand dieses Teilprojektes ist die Entwicklung von *partialen Produktdatenmodellen für die Chemietechnik* am Beispiel von Polymerisationsprozessen. Die Produktdatenmodelle für Polymerisationsprozesse werden mit den Produktdatenmodellen des Teilprojektes "Unterstützung des Auslegungsprozesses von Reaktions- und Aufbereitungsextrudern" integriert. Gemeinsam mit den Ingenieurpartnern soll so eine *bereichsübergreifende Integration von Produktdaten* aus der Chemietechnik und Kunststoffverarbeitung erreicht werden. Die Produktdatenmodelle werden außerdem mit den Prozeßmodellen verzahnt, so daß Entwicklungsmethoden wie *Simultaneous* und *Concurrent Engineering* unterstützt werden.

Darüber hinaus sollen die Produktdatenmodelle *semantisch reichhaltiger* als die bisher im STEP-Bereich verfügbaren Datenmodelle sein, so daß die im Rahmen dieses Teilprojektes *a posteriori integrierten, erweiterten Entwicklungswerkzeuge* (z.B. Modellierungs- und Simulationswerkzeuge) in Verbindung mit den im Projektbereich "Neuartige Methoden und Werkzeuge" entwickelten *semantischen Unterstützungswerkzeugen* (z.B. für die situative Wiederverwendung von Arbeitsergebnissen oder die gemeinsame Bearbeitung von Dokumenten in multimedialen Arbeitssitzungen) auf der Basis der *integrierten Produktdaten-/Prozeßmodelle* eine *effektive Unterstützung von Entwicklungsprozessen* in der Chemietechnik leisten können.

Insgesamt steht in diesem Teilprojekt also weniger die detaillierte Ausarbeitung von Partialmodellen wie bei gegenwärtigen Standardisierungsbemühungen aus dem STEP-Bereich als vielmehr die Untersuchung *ingenieurwissenschaftlich innovativer Aspekte* in enger Zusammenarbeit mit den Informatikpartnern im Vordergrund.

2.2.1 Einleitung

Ziel der Entwicklungsprozesse im Bereich der Chemietechnik ist der Entwurf neuer oder die Modifikation bereits bestehender Verfahren zur Herstellung gewünschter stofflicher Produkte und die Umsetzung dieser Verfahren in Produktionsanlagen. Der Entwicklungsprozeß umfaßt dabei alle Arbeitsschritte und deren Zusammenspiel, um die Entwurfsaufgabe im Projektteam zu lösen, an dem oft Experten aus unterschiedlichen Fachbereichen wie z.B. der Technischen Chemie, Verfahrenstechnik, des Maschinenbaus und der Regelungstechnik beteiligt sind. Die Untersuchungen im Rahmen des SFB sind vor allem auf die frühen Phasen des Entwicklungsprozesses ausgerichtet, da in dieser Phase ein großer Teil der Betriebs- und Investitionskosten durch Entwurfsentscheidungen festgelegt wird. Die bei der Durchführung eines Entwicklungsprozesses auftretenden Daten (z.B. Eingangsinformationen und Ergebnisse eines Arbeitsschrittes) werden im folgenden als *Produktdaten* bezeichnet.

Die Entwicklungsarbeiten und die damit verbundenen Produktdaten sind durch ein hohes Maß an *Komplexität* gekennzeichnet, da eine Vielzahl unterschiedlicher, hochgradig vernetzter Aspekte ganzheitlich betrachtet werden muß. Dies erfordert häufige *Abstimmungen* zwischen den beteiligten Entwicklern und erschwert *Änderungen* in den vorhandenen Produktdaten. Außerdem sind die Entwicklungsprozesse häufig kreativer Natur und daher einer formalen Beschreibung schwer zugänglich. Die Produktdaten sind oft ungenau und unvollständig. Sie stammen aus unterschiedlichen Quellen, z.B. Literatur, Experiment, Simulation, Datenbanken, Richtlinien und Gesetze. Von den beteiligten Entwicklern werden im Laufe des Entwicklungsprozesses Dokumente unterschiedlicher Art erstellt, z.B. Berichte, Zeichnungen oder Simulationsergebnisse.

Diese Dokumente enthalten Produktdaten, die durch *Partialmodelle* beschrieben werden. Partialmodelle stellen dabei logisch abgeschlossene Sachverhalte dar. In Abb. 2.4 sind verschiedene Partialmodelle, die für den betrachteten Entwicklungsprozeß relevant sind, dargestellt. Sie erlauben beipielsweise die Darstellung verschiedener Verfahrensvarianten eines Polymerisationsprozesses einschließlich der Anlagenstruktur, der regelungstechnischen Einrichtungen, der groben Apparatedaten und -geometrie, der auftretenden Stoffe, der mathematischen Modelle für die Simulation sowie der Betriebs- und Investitionskosten. Bei der Durchführung von Arbeitsschritten beispielsweise im Bereich des konzeptionellen Entwurfs oder der Apparatedimensionierung müssen in der Regel mehrere Partialmodelle berücksichtigt werden. Die Partialmodelle lassen sich wie in Abb. 2.4 gezeigt in aufgabenbezogene Cluster gruppieren.

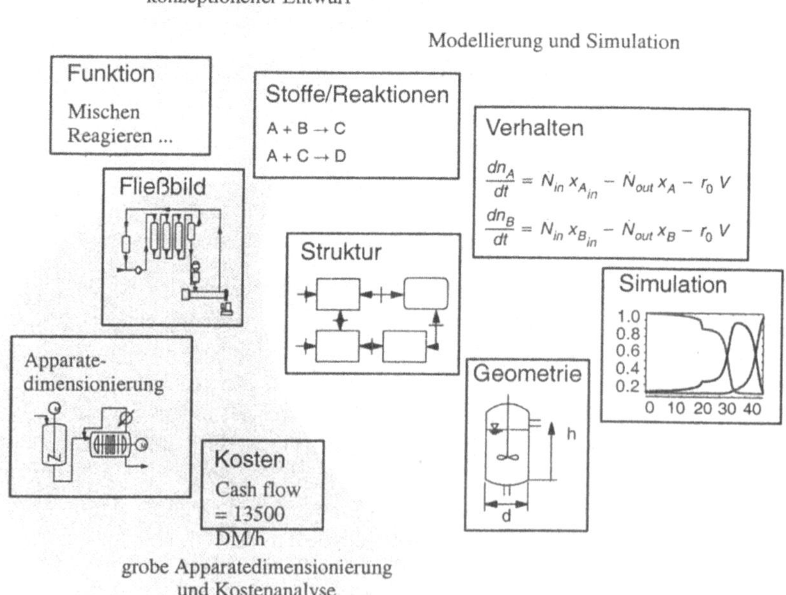

$$\frac{dn_A}{dt} = \dot{N}_{in}\, x_{A_{in}} - \dot{N}_{out}\, x_A - r_0\, V$$

$$\frac{dn_B}{dt} = \dot{N}_{in}\, x_{B_{in}} - \dot{N}_{out}\, x_B - r_0\, V$$

Abb. 2.4 : Partialmodelle in der Chemietechnik

Die Zusammenarbeit der Entwickler erfordert einen regelmäßigen Informationsaustausch. Dies ist jedoch aufgrund der unterschiedlichen Datenformate und der mangelnden Integration der verwendeten Werkzeuge deutlich erschwert. Änderungen sind nur mit hohem Aufwand durchführbar, da die zahlreichen Abhängigkeiten, die zwischen verschiedenen Dokumenten bestehen, nicht explizit von den Werkzeugen berücksichtigt werden. Abstimmungsprozesse zwischen verschiedenen Entwicklern, die für eine *dokumentübergreifende Sicherstellung der Konsistenz* der Produktdaten notwendig sind, werden nicht unterstützt. Dies erschwert u.a. auch die Einführung der *Methoden des Simultaneous und Concurrent Engineerings,* die als Beitrag zur Beschleunigung von Entwicklungsprozessen gesehen werden.

Des weiteren erfordert das Management von Produktdaten eine übersichtliche *Konfigurationsverwaltung.* Während des Entwicklungsprozesses enstehen zahlreiche Varianten und Versionen, auf die man mit einem Produktdatenbrowser einfach zugreifen können muß, so daß das systematische Variantenstudium und die Revision von Entwurfentscheidungen unterstützt wird. Darüber hinaus findet aufgrund fehlender Mechanismen zur Generalisierung spezieller Problemlösungen häufig eine unzureichende *Wiederverwendung von Teillösungen* und eine ungenügende *Sicherung von Erfahrungswissen* statt. Dies ist insbesondere aufgrund der hohen Fluktuation der Mitarbeiter im Bereich der Technischen Entwicklung ein Problem.

2.2.2 Stand der Forschung

Der Begriff "Produktdatentechnik" ist noch relativ neu und wird meist als Sammelbegriff für verschiedene methodische Ansätze der informationstechnischen Begleitung eines Produktes während seines Lebenszyklus verwendet. In diesem Zusammenhang werden beispielsweise *Produktdatenmodelle* gebildet, die es gestatten, alle relevanten Eigenschaften eines Produkts (z.B. die Gestalt, physikalische Eigenschaften, etc.) im Produktlebenszyklus zu erfassen. Ziel ist es, Produktdaten in genormter, systemunabhängiger und daher neutraler Form darzustellen und auszutauschen. Durch den zunehmenden Kostendruck und den Trend zu immer kürzeren Entwicklungszeiten spielt die Produktdatentechnik eine immer größere Rolle in der industriellen Praxis. Das ESPRIT-Projekt 9049 (PDTAG-AG: Product Data Technology Advisory Group – Accompanying Measure) analysiert zur Zeit die wichtigsten Trends und erarbeitet Empfehlungen für die Einführung der Produktdatentechnik in der europäischen Industrie [24].

Die ISO-Norm 10303 (STEP: STandard for the Exchange of Product data) [8] ist der bislang umfassendste Ansatz in diesem Bereich. STEP verwendet eine zweistufige Modellierungsmethodik: Es werden *Basismodelle* gebildet, die aus axiomatisch eingeführten, anwendungsunabhängigen Grundbegriffen bestehen (z.B. einfache Basiselemente wie Punkt oder Linie für die Geometrieverarbeitung). Dann werden *Anwendungsmodelle* (Application Protocols, kurz: APs) für bestimmte Domänen (z.B. Konstruktionstechnik und Schiffsbau) gebildet, die anschließend mit Hilfe der *Datendefinitionssprache* EXPRESS [28] formal auf die Basismodelle abgebildet werden. Die Anwendungsmodelle sind Teil eines modularen und erweiterbaren *Standards,* der in die ISO-Standardisierungen einfließt.

Durch die STEP-Technologie soll vor allem die bei der Integration verschiedener Anwendungssysteme auftretende *Schnittstellenproblematik* gelöst werden, so daß Daten im STEP-Format zwischen Softwarewerkzeugen ausgetauscht werden können. Allen STEP-basierten Ansätzen ist gemeinsam, daß bisher nur die statische Struktur von Produktdaten berücksichtigt wird. Die Verzahnung mit Prozeßmodellen für technische Entwicklungsprozesse, wie sie für die Unterstützung der kooperativen Entwicklung notwendig ist, fehlt völlig.

Im Bereich der chemischen Industrie sind zwei *Initiativen* zu nennen, die die Standardisierung vorantreiben: *PISTEP* (Process Industries STEP, eine nationale Initiative der englischen Prozeßindustrie) [11] und das amerikanische *PDXI* (Process Data Exchange Institute, vgl. [4, 6, 22] sowie [33–35]). Beide Gruppen haben erste Vorschläge für STEP-basierte Anwendungsmodelle ausgearbeitet, die sich zur Zeit in einer Reviewphase befinden. *AP 221* (Functional data and their schematic representation for process plant) [30] wurde im Rahmen des ESPRIT-Projektes 6212 (Process Base) in Zusammenarbeit mit PISTEP für die funktionale und detaillierte technologische Beschreibung von Apparaten (z.B. Förderrate, Wirkungsgrad, Bauform, Wartungsintervalle einer Pumpe) sowie der Rohrleitungen und Instrumentierung einer chemischen Anlage einschließlich der zugehörigen Stücklisten entwickelt. *AP 227* (Plant spatial configuration) [31] beschreibt das dreidimensionale Layout einer Anlage (z.B. die genaue Lage und dreidimensionale Gestalt von Apparaten und Rohrleitungen) zusammen mit den Entwurfseckdaten wie z.B. Druck- und Temperaturbereiche, Isolationsklasse und Beständigkeit gegen korrosive Stoffe. Beide Partialmodelle unterstützen nur sehr eingeschränkt den hier betrachten konzeptionellen Entwurf chemietechnischer Anlagen.

Das von der PDXI-Initiative vorgeschlagene *AP 231* (Process engineering data: process design and process specifiction of major equipment) [32] deckt dagegen den Bereich des *konzeptionellen Entwurfs* ab. AP 231 umfaßt z.B. Beschreibungen von Verfahrensfließbildern, Apparaten, Stoffströmen und -eigenschaften und Anlagensimulationen. Die Durchführung detaillierter Simulationsrechnungen wird nicht unterstützt, da die Modelle in den Simulationswerkzeugen lediglich aufgrund einer groben Apparatebeschreibung ausgewählt werden und nicht auf einer mathematischen Beschreibung der physikalisch-chemischen Phänomene in den Apparaten beruhen. Zur Zeit sind nur ausgewählte Apparateklassen wie Pumpen, Kompressoren, Wärmeaustauscher oder Destillationskolonnen berücksichtigt. Die für das betrachtete Beispielszenario relevanten kunststofftechnischen Apparateklassen (z.B. Polymerisationsreaktoren und Extruder) und Stoffe (z.B. komplexe Polymere) können nicht dargestellt werden. AP 231 ist jedoch für die A-posteriori-Integration von Werkzeugen relevant, da kommerzielle Entwicklungswerkzeuge (z.B. Simulationsprogramme) künftig PDXI-Schnittstellen anbieten werden.

Ansätze der *strukturierten Wissensrepräsentation* basierend auf Ideen aus dem Bereich der semantischen Netze und Frames finden sich in der deklarativen Modellierungssprache Model.La [29], die speziell für die Beschreibung verfahrenstechnischer Prozesse entwickelt wurde. Model.La stellt verschiedene Modellkonzepte für die strukturelle Beschreibung einer verfahrenstechnischen Anlage auf unterschiedlichen Hierarchieebenen (z.B. Anlage, Anlagenteil, Apparat, Schnittstelle, Verknüpfungselement) und die Verhaltensbeschreibung (z.B. physikalisch-chemische Charakterisierung, Modellannahmen, mathematische Beziehungen und Variablen) zur Verfügung. Mit Hilfe vordefinierter semantischer Beziehungen können die Modellkonzepte verknüpft werden. Model.La besitzt zwar semantische Sprachkonstrukte, die nach entsprechenden Erweiterungen prinzipiell zum Aufbau einer Bibliothek anwendungsnaher Konzepte für die verfahrenstechnische Prozeßentwicklung geeignet wären, jedoch gibt es bisher keine Integration mit Berechnungsprogrammen beispielsweise zur Simulation einer Anlage oder Auslegung eines Apparates. Eine Abstimmung auf STEP-basierte Modelle ist ebenfalls nicht gegeben.

Informationsmanagementsysteme für kooperative Entwicklungsprozesse erlauben es, heterogene Entwurfsdaten zu sammeln, zu strukturieren und zu archivieren. Die an der Carnegie Mellon University entwickelte n-dim Umgebung (n-Dimensional Information Modeling, siehe [9] und [25]) basiert auf einem Hypertext-Ansatz und unterstützt die Informationsmodellierung in Form semantischer Netze. Informationseinheiten wie z.B. CAD-Zeichnungen, Fließbilder, Ergebnisse eines Simulationslaufes, Gesprächsprotokolle usw. lassen sich mit Hilfe von Links von Anwendern gruppieren. Auf diese Weise entstehen individuelle Sichten (Informationsmodelle), die mit anderen Entwicklern geteilt werden können. Die Informationssuche wird durch Werkzeuge und eine formale Anfragesprache unterstützt. Zwar bietet das System ein hohes Maß an Flexibilität bei der Modellierung, es fehlen jedoch Klassifikationsmechanismen, um sich herausbildende Ordungsbeziehungen für eine spätere Wiederverwendung explizit zu machen. Die Strukturierung des anwendungsspezifischen Wissens wird ohne Prozeßunterstützung allein vom Anwender vorgenommen.

2.2.3 Einschlägige Vorarbeiten

Die laufenden Forschungsarbeiten am Lehrstuhl für Prozeßtechnik beschäftigen sich mit den methodischen *Grundlagen* und der informatischen *Unterstützung* der mathematischen *Modellierung* chemietechnischer Prozesse (siehe [13], [14] und [15]).

Für die *formale Repräsentation von Modellbausteinen* für die Struktur- und Verhaltensbeschreibung chemietechnischer Prozesse zum Zwecke der Simulation (siehe [3] und [12]) wird seit einigen Jahren in Zusammenarbeit mit dem Lehrstuhl für Informatik V und dem Lehr- und Forschungsgebiet Theoretische Informatik an der RWTH Aachen das domänenspezifische, objektorientierte Datenmodell VeDa (siehe [16–21]) entwickelt. In VeDa werden Frames für Modellierungskonzepte und -relationen durch Tupel von Attributen, Restriktionen und Methoden definiert. Sogenannte Facets werden für die Charakterisierung der Attribute (z.B. Typ und Kardinalität) oder für die Repräsentation einfacher Constraints (z.B. kreuzreferentielle Integrität) benutzt. Letztere dienen zur automatischen Konsistenzsicherung von Attributwerten, die aufeinander verweisen. Die Angleichung der in VeDa definierten Konzepte an künftige Standards wie STEP AP 231 stellt eine sinnvolle Ergänzung der Arbeiten in diesem Bereich dar, die im Rahmen dieses Projektes durchzuführen sind.

Die im Datenmodell VeDa formal notierten Modellbausteine wurden in der *Modellierungsumgebung ModKit* [2] implementiert. Mit ModKit kann das mathematische Modell eines chemietechnischen Prozesses auf beliebig vielen Hierarchieebenen graphisch definiert werden, wobei eine Reihe von vordefinierten und konfigurierbaren Modellierungsschritten kontextbezogene Hilfestellungen bei der Modellentwicklung anbieten. ModKit verfügt über verschiedene Editoren (siehe Abb. 2.5), die den Anwender bei der Definition neuer Modellbausteine unterstützen. Bisher sind die kommerziellen Simulationswerkzeuge SpeedUp und gPROMS integriert, um Simulationsexperimente innerhalb der ModKit-Umgebung durchführen zu können. Das für einen Simulationslauf benötigte Eingabefile wird dabei basierend auf der Modellrepräsentation in ModKit automatisch erzeugt.

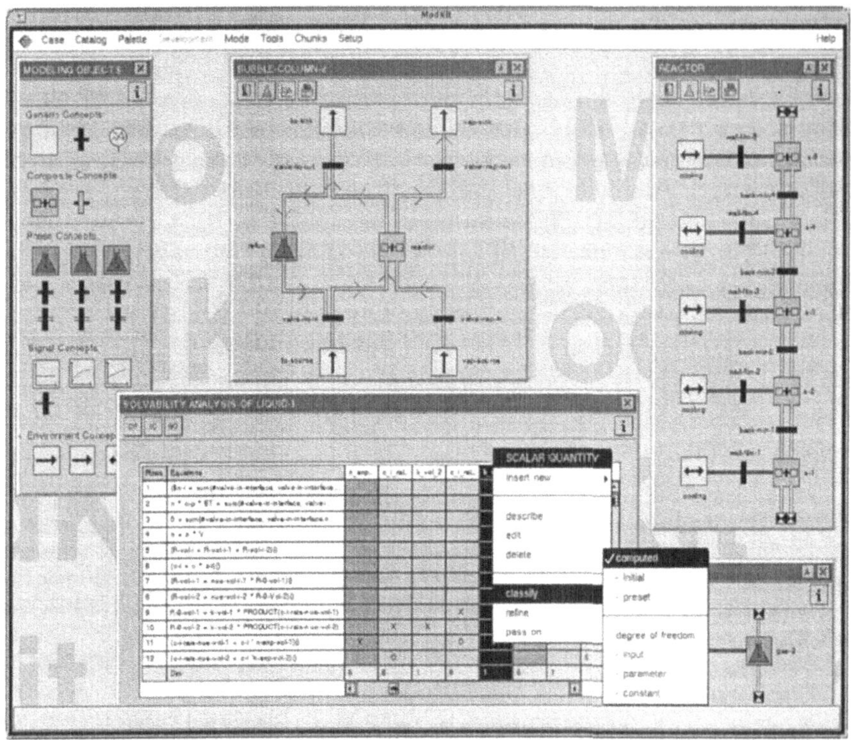

Abb. 2.5 : Struktur- und Verhaltensbeschreibung in der
Modellierungsumgebung ModKit

In Zusammenarbeit mit dem Lehrstuhl für Informatik V wird ein *Datenbanksystem* [1] als Teil einer Modellierungsumgebung [5] entwickelt. Dabei soll ein Mittelweg zwischen *Flexibilität* (z.B. prototypbasierte Ansätze wie n-dim) und *strenger Klassifizierbarkeit* (z.B. klassenbasierte Ansätze wie Model.La) eingeschlagen werden, um die evolutionäre Entwicklung von mathematischen Modellen zu ermöglichen. Darüber hinaus wird gemeinsam mit dem Lehr- und Forschungsgebiet für Theoretische Informatik ein *terminologisches Wissensrepräsentationssystem* (TWR-System) entwickelt, das der strukturierten Repräsentation taxonomischen Wissens über chemietechnische Modellierungskonzepte dienen und im Gegensatz zu konventionellen Wissensrepräsentationssystemen eine wohldefinierte und formal gut verstandene logikbasierte Semantik besitzen soll [26]. Das TWR-System soll das Datenbanksystem ergänzen, indem es dem Anwender Hilfestellungen beim Navigieren durch komplexe Klassentaxonomien und beim Einordnen neuer Klassen in eine vorhandene Taxonomie bietet.

Darüber hinaus ist der Lehrstuhl für Prozeßtechnik gemeinsam mit dem Lehrstuhl für Informatik V im Rahmen des EU-Projektes CAPE-OPEN (CAPE: Computer-Aided Process Engineering) zusammen mit Nutzern und Anbietern von Simulationswerkzeugen für die Verfahrenstechnik an deren Standardisierung beteiligt. In diesem Projekt werden zunächst die funktionalen Komponenten einer Simulationsumgebung (z.B. mathematische Modelle für Grundoperationen, Stoffdatenversorgung und Numerik) abgegrenzt. Anschließend werden standardisierte Schnittstellen definiert, so daß Komponenten unterschiedlicher Anbieter in einem *offenen Simulationsrahmen* integriert werden können. Dabei wird insbesondere auch die Beschreibung der zwischen den einzelnen Komponenten auszutauschenden Produktdaten (z.B. mathematische Modelle, Stoffdaten, Berechnungsergebnisse, etc.) eine Rolle spielen. Die Anforderungen an die standardisierten Schnittstellen werden daher auch Einfluß auf die Arbeiten in diesem Teilprojekt haben.

2.2.4 Ziele, Methoden und Ansatz

Gegenstand dieses Teilprojektes ist die Definition eines kohärenten und erweiterbaren Produktdatenmodells, das die bei paralleler Gestaltung und Berechnung einer chemietechnischen Anlage anfallenden Produktdaten (z.B. Verfahrensfließbild, grobe Apparatedimensionen, Stoffeigenschaften, mathematische Modelle, Simulationsergebnisse) integrativ repräsentiert. Ziel ist es, zum einen *Wissen über chemietechnische Produktionsprozesse auf einem möglichst hohen semantischen Niveau* bereitzustellen. Dies soll durch taxonomische Strukturierung von Produktdaten und Formulierung von Konsistenzbeziehungen geschehen. Zum anderen soll auch die transparente Verwendung und arbeitsteilige Erstellung von Produktdaten in unterschiedlichen Entwicklungswerkzeugen (z.B. Synthesewerkzeugen, Modellierungsumgebungen und Simulationsprogrammen) umfassend unterstützt werden.

Dazu wird das Produktdatenmodell in logische Cluster – sogenannte *Partialmodelle* – zerlegt, die gleichzeitig die technischen Sichtweisen von Entwicklern aus unterschiedlichen Disziplinen widerspiegeln können. Beispielsweise kann man folgende Partialmodelle unterscheiden: Funktionsmodelle (Elementarfunktionen, physikalische Wirkprinzipien), Gestaltungsmodelle (Anlagenstruktur, Auflösung in einzelne Apparate, Instrumente und Rohrleitungen sowie regelungstechnische Einrichtungen), Technologiemodelle (technologische Daten von Apparaten, siehe folgenden Abschnitt für Extruder), Simulationsmodelle (mathematische Modellbeschreibungen, siehe VeDa in den einschlägigen Vorarbeiten), Materialmodelle (physikalische, chemische, mechanische Charakterisierung von Stoffen, siehe auch folgenden Abschnitt für die Beschreibung von Polymerschmelzen im Extruder), Produktionsmodelle (logistische und produktionsbezogene Daten) sowie Kostenmodelle (Investitions- und Betriebskosten zur Bewertung von Verfahrensvarianten).

Aufgrund der immensen Breite des Anwendungsgebietes wird in der ersten Antragsphase exemplarisch eine bestimmte Klasse chemietechnischer Prozesse basierend auf den in Teilprojekt "Szenariobasierte Analyse von Entwicklungsprozessen" entwickelten Fallstudien betrachtet (vgl. Abschnitt II.5.1): Es werden *Partialmodelle für Polymerisations-*

prozesse zur Darstellung der Verfahrensvarianten (einschließlich der Anlagenstruktur, des Prozeßführungskonzepts, der groben Apparatedimensionen, der Beschreibung der Stoffe, der mathematischen Modelle für die Simulation und der Investitions- und Betriebskosten) entwickelt und mit den Partialmodellen aus dem Teilprojekt "Unterstützung des Auslegungsprozesses von Reaktions- und Aufbereitungsextrudern" (vgl. Abschnitt II.2.3) integriert (siehe Abb. 2.6). Die angestrebte *Erweiterbarkeit und Offenheit des Produktdatenmodells* muß sicherstellen, daß auch zu einem späteren Zeitpunkt weitere Partialmodelle für anfangs noch nicht berücksichtigte Anwendungsbereiche einfach integriert werden können.

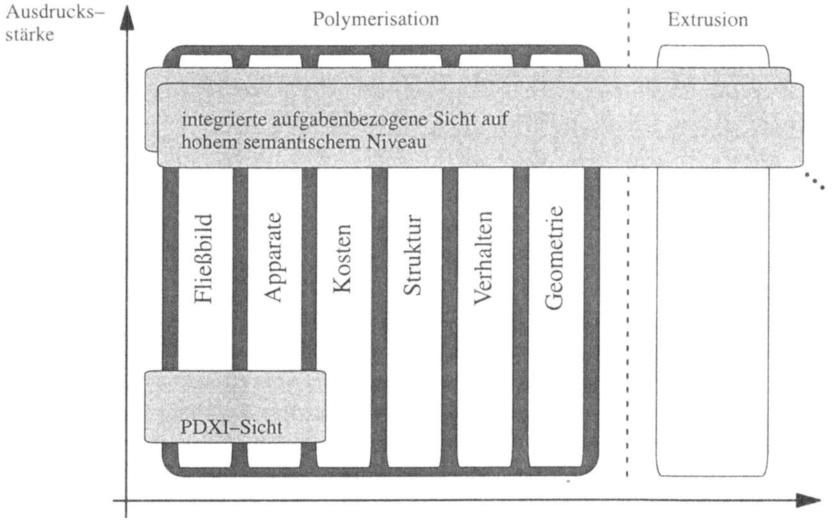

Abb. 2.6 : Integrierte Produktdatenmodelle und aufgabenspezifische Sichten auf unterschiedlichen semantischen Niveaus

Der Schwerpunkt der in diesem Teilprojekt durchgeführten Arbeiten liegt dabei nicht auf der umfassenden Ausarbeitung von Partialmodellen für die Chemietechnik – dies ist Gegenstand laufender Standardisierungsbemühungen wie PDXI – , sondern, wie nachfolgend dargestellt, auf der *bereichsübergreifenden Integration von Produktdaten* aus der Chemietechnik und Kunststoffverarbeitung, der *Verzahnung der Produktdatenmodelle mit den Prozeßmodellen* sowie der Definition der Datenmodelle auf einem *möglichst hohen semantischen Niveau,* so daß die Unterstützungswerkzeuge aus dem Projektbereich "Neuartige Methoden und Werkzeuge" eine *effektive Unterstützung von Entwicklungsprozessen* in der Chemietechnik leisten können.

Durch die *bereichsübergreifende Integration der Produktdaten* wird kooperatives, interdisziplinäres Arbeiten in Form des *Simultaneous und Concurrent Engineering* ermöglicht. Beispielsweise können konzeptioneller Entwurf, Kostenschätzung, Technologiebewertung, Betreibbarkeitsanalyse, Reglerentwurf und Apparateauslegung in einem interdisziplinären, verteilten Entwicklerteam verzahnt ablaufen. Mit der Auslegung des Extruders kann schon begonnen werden, wenn der konzeptionelle Entwurf der Polymerisationsanlage noch nicht vollständig abgeschlossen ist. Rückgriffe im Gesamtentwicklungsprozeß können von der Formteilentwicklung, Werkstoffentwicklung oder Aufbereitung ausgehen und bis zur Konzeption des Polymerisationsverfahrens reichen. Die Eigenschaften des Polymers im Polymerisationsreaktor (z.B. Molekulargewicht und Kettenlängenverteilung), der Polymerschmelze im Extruder (z.B. Viskosität), des Werkstoffs (z.B. Schlagzähigkeit) und des Kunststofformteils am Ende der verfahrenstechnischen Prozeßkette beeinflussen sich wechselseitig. Die im Teilprojekt "Unterstützung des Auslegungsprozesses von Reaktions- und Aufbereitungsextrudern" entwickelten Partialmodelle zur Beschreibung der Stoff- und Werkstoffeigenschaften und das in diesem Teilprojekt entwickelte Partialmodell zur Beschreibung der Polymere müssen daher sorgfältig aufeinander abgestimmt werden, um eine *Verzahnung der Chemie- und Kunststofftechnik* zu erreichen.

Durch das Produktdatenmodell sollen verschiedene Phasen des chemietechnischen Entwicklungsprozesses unterstützt werden. Dies erfordert eine *Verzahnung der Produkt- und Prozeßmodelle*. Die Beschreibung feingranularer, technischer Arbeits- und Entscheidungsschritte für den konzeptionellen Entwurf chemietechnischer Prozesse war Gegenstand des letzten Abschnitts. Beide Teilprojekte ergänzen sich komplementär, da die im erstgenannten Teilprojekt beschriebenen Arbeitsschritte auf den in diesem Teilprojekt definierten Produktdaten operieren: Nur wenn die Definition der Arbeitsschritte und der benötigten Produktdaten auf die Definition der Produktdatenmodelle abgestimmt ist, können in Verbindung mit den Werkzeugen, die in Abschnitt II.3.1 beschrieben werden, eine direkte, feingranulare Prozeßunterstützung geleistet sowie Prozeßspuren (d.h. durchgeführte Arbeits- und Entscheidungsschritte einschließlich der zugehörigen Produktdaten) für eine spätere situative Wiederverwendung aufgezeichnet werden. Darüber hinaus können aufgrund der Verzahnung der technischen mit der administrativen Ebene Ergebnisse eines Arbeitsschrittes (z.B. Kosten einer Verfahrensvariante) Änderungen im Projektablauf auslösen (z.B. Betrachtung alternativer Verfahren).

Durch die kooperative Entwicklertätigkeit ist häufige und intensive Abstimmung aufgrund von Änderungen in den Produktdaten erforderlich. Beispielsweise müssen bei Modifikationen im Verfahrensfließbild auch die Simulationsmodelle entsprechend angepaßt werden (siehe Abb. 2.7). Im Zusammenhang mit der Extruderauslegung bestehen Abhängigkeiten zwischen den physikalischen Eigenschaften der Polymerschmelze im Aufbereitungsextruder und den physikalisch-chemischen Stoffeigenschaften des Polymers. Dies wird durch die Definition *feingranularer Konsistenzbeziehungen* im integrierten Produktdatenmodell unterstützt, mit Hilfe derer inkrementell arbeitende Integrationswerkzeuge (vgl. Abschnitt 3.2) Änderungen präzise in davon betroffene Dokumente propagieren können. Das neutrale Produktdatenmodell stellt damit die Grundlage für den Bau von Integrationswerkzeugen zur Konsistenzanalyse und Änderungspropagation für die *indirekte Prozeßunterstützung* dar.

Für die Durchführung von Entwicklungsschritten werden jeweils *aufgabenbezogene Sichten* auf die Produktdaten auf *unterschiedlichen semantischen Niveaus* benötigt (siehe Abb. 2.6), da Entwicklungswerkzeuge auf dem für sie relevanten Ausschnitt des Produkt-

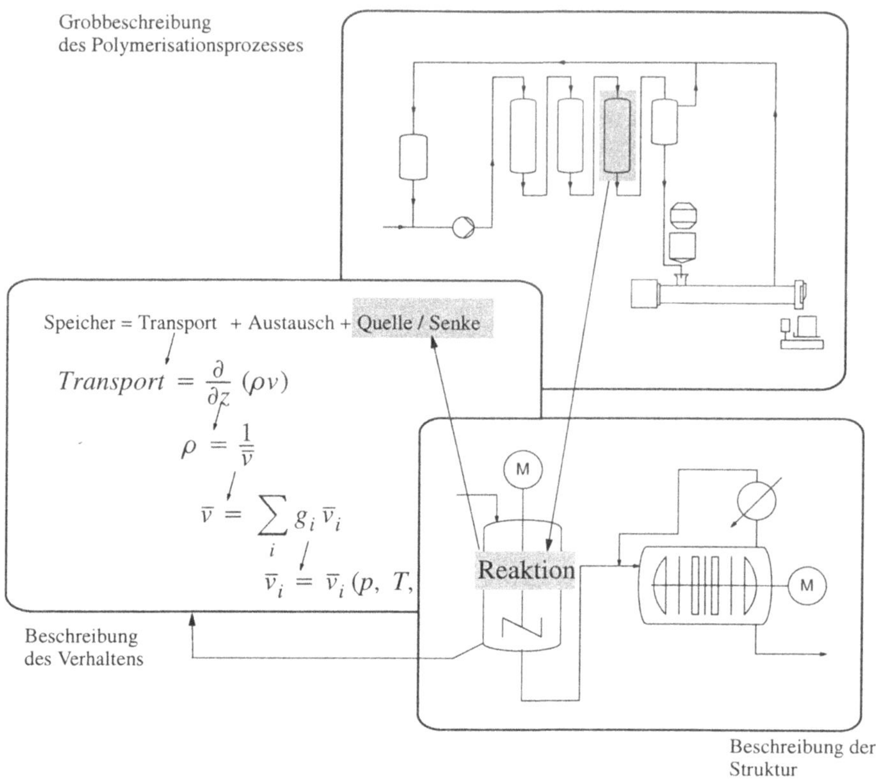

Abb. 2.7 : Feingranulare Beziehungen zwischen unterschiedlichen Dokumenten beim konzeptionellen Entwurf einer chemietechnischen Anlage

datenmodells operieren (z.B. benötigen gleichungsorientierte Simulationswerkzeuge Informationen über mathematische Modelle). Eine PDXI-konforme Sicht kann beim Einsatz a posteriori integrierter Werkzeuge verwendet werden, die dieses Format unterstützen (z.B. künftige blockorientierte Simulationswerkzeuge). Bei den Unterstützungswerkzeugen des Kapitels II.3 (z.B. Integrationswerkzeuge für die indirekte Prozeßunterstützung) sind Sichten auf einem semantisch höheren Niveau erforderlich, um eine effektive Prozeßunterstützung zu leisten.

Längerfristig sollen Anwender deshalb motiviert werden, Produktdaten auf einem möglichst hohen semantischen Niveau mit Hilfe der entwickelten semantischen Werkzeuge (z.B. strukturbezogene Editoren) zu beschreiben, so daß eine *Migration* von semantisch ärmeren Datenmodellen, die in den derzeitig verfügbaren Entwicklungswerkzeugen implementiert sind, zum semantisch reicheren Produktdatenmodell, das gemeinsam mit Partnern des SFB-Konsortiums entwickelt wird, erfolgt. Die aufgabenbezogenen Sichten auf das neutrale Produktdatenmodell werden durch die in Kap. II.3 beschiebenen Werkzeuge zur Verfügung gestellt, wobei diese auf die Infrastruktur des Data Warehouse (s. Abschnitt II.4.1) und der Middleware-Plattform (s. Abschnitt II.4.2) zurückgreifen.

Mechanismen für den *Austausch von Produktdaten* zwischen verschiedenen a posteriori integrierten Werkzeugen der Entwicklungsumgebung lassen sich auf der Basis des neutralen Produktdatenmodells effizient implementieren. Die fehlerträchtige, manuelle Eingabe von Zwischenergebnissen in unterschiedlichen Formaten bei der Durchführung nachgeschalteter Entwicklungsschritte soll vermieden werden, um beispielsweise beim Übergang vom Basic- zum Detail-Engineering Ergebnisse des konzeptionellen Entwurfs (z.B. Stoffströme und -zusammensetzungen) direkt in Auslegungsprogrammen für einzelne Apparate (z.B. Extruder) ohne erneute manuelle Eingabe nutzen zu können. Die dafür benötigte bedarfsgerechte Konvertierung von Produktdaten wird vom Data Warehouse (s. Abschnitt II.4.1) über das neutrale Produktdatenmodell realisiert, so daß das bekannte n^2-Konverter-Problem vermieden wird. Für die Implementierung der Konverter, die die bidirektionale Abbildung zwischen neutralem und werkzeugspezifischen Formaten erlauben, wird soweit wie möglich auf kommerzielle Produkte (z.B. PDXI-API 35) zurückgegriffen.

Längerfristig soll vor allem die *Wiederverwendbarkeit von Produktdaten* wirksam unterstützt werden. Bei der Entwicklung des neutralen Produktdatenmodells wird Wissen über chemietechnische Prozesse, Apparate und Stoffe auf einem möglichst hohen semantischen Niveau eingebracht und klassifiziert. Die von den Teilprojekten des Projektbereichs "Neuartige Methoden und Werkzeuge" entwickelten graphischen Werkzeuge (z.B. Browser und Editoren) erlauben die Auswahl, Anpassung und Aggregation der in diesem Projekt definierten chemietechnischen Konzepte im Bausteinsinne. Der Aufbau einer möglichst vollständigen Wissensbasis soll durch einen evolutionären, prototypischen Ansatz auf der Basis der Evolutionskomponente des Data Warehouse und des im Teilprojekt "Erfahrungsbasierte Unterstützung kooperativer Entwicklungsprozesse" (Abschnitt II.3.1) entwickelten Tracewerkzeugs unterstützt werden. Beispielsweise können bei der Projektdurchführung erzeugte Produktdaten (Arbeitsergebnisse) und aufgezeichnete Tracedaten (Prozeßspuren) ausgewertet und automatisch in Anpassungen oder Erweiterungen des neutralen Produktdatenmodells im Sinne von *erfahrungsbasiertem Lernen* einfließen. Ziel ist somit die weitgehende Verzahnung der Entwicklung und Nutzung des neutralen Produktdatenmodells in einem evolutionären Ansatz.

2.2.5 Probleme, Schritte

Das Arbeitsprogramm baut auf die umfangreichen Vorarbeiten im Bereich der Datenmodellierung auf (siehe VeDa in den einschlägigen Vorarbeiten) und wird durch Ergebnisse aus flankierenden Projekten (vgl. CAPE-OPEN in den einschlägigen Vorarbeiten) unterstützt. Aufgrund der Breite des Anwendungsgebietes wird zunächst ein konkreter *Polymerisationsprozeß* (basierend auf den in Abschnitt II.5.2 entwickelten Fallstudien) betrachtet. Die Arbeitspunkte werden in mehreren iterativen *Zyklen* mit zunehmender Detaillierungstiefe und -breite in enger Kooperation mit den Ingenieur- und Informatikpartnern bearbeitet. Im weiteren Verlauf wird dann eine schrittweise Erweiterung der Aufgabenstellung vorgenommen, um längerfristig eine größere *Breite* der *Chemietechnik* abdecken zu können.

1. *Abgrenzung und Strukturierung in Partialmodelle*
   In diesem Arbeitspunkt wird eine Abgrenzung der im Entwicklungslebenszyklus che-

mietechnischer Prozesse betrachteten Produktdaten vorgenommen. Um eine arbeitsteilige Erstellung von Entwicklungsdokumenten mit unterschiedlichen Werkzeugen zu erlauben, ist eine Separation notwendig, da die Entwicklungswerkzeuge jeweils auf einem Ausschnitt des einheitlichen Produktdatenmodells arbeiten.

Die im Teilprojekt "Szenariobasierte Analyse von Entwicklungsprozessen" (Abschnitt II.5.1) durchgeführten Untersuchungen zur Vorgehensweise auf grober Ebene (einschließlich der durchgeführten Arbeitsschritte, verwendeten Werkzeuge sowie Informationsflüsse) geben Hinweise für eine geeignete Strukturierung in Partialmodelle. Mit Hilfe von semiformalen, funktionalen Darstellungen (z.B. SADT oder IDEF0) können die zwischen einzelnen Arbeitsschritten ausgetauschten Produktdaten identifiziert und die betrachteten Entwicklungsphasen, die durch eine informationstechnische Begleitung unterstützt werden sollen, abgegrenzt werden.

Die Abgrenzung und Strukturierung muß mit den Ingenieurpartnern und den Informatikpartnern abgestimmt werden. Eine wichtige Fragestellung betrifft unter anderem die Wahl einer geeigneten Granularitätsstufe, die eng mit dem Aufwand für die Erhaltung übergreifender, globaler Konsistenz der Entwicklungsergebnisse verbunden ist.

2. *Spezifikation der aufgabenbezogenen Sichten*
    Bei der Durchführung eines Arbeitsschrittes werden Werkzeuge eingesetzt, die unterschiedliche Anforderungen an das semantische Niveau der Produktdaten stellen. Heute verfügbare Entwicklungswerkzeuge verfügen oft nur über textuelle Ein-/Ausgabeformate. Zukünftig werden STEP-konforme Repräsentationen wie das PDXI-Format eine größere Rolle spielen. Die Werkzeuge des Projektbereichs "Neuartige Werkzeuge und Methoden" arbeiten dagegen auf einem semantisch höheren Niveau, um eine effektive Prozeßunterstützung leisten zu können. Für die angestrebte A-posteriori-Integration müssen also aufgabenbezogene Sichten auf die Produktdaten auf unterschiedlichen semantischen Niveaus generiert werden können. In diesem Arbeitspunkt werden in enger Kooperation mit den Informatikpartnern die relevanten Sichten und Austauschformate spezifiziert.

Um den Aufwand für die Abbildung auf eine STEP-konforme Repräsentation und für die Erstellung der Datenmodelle geringer zu halten, werden die Datenmodelle—wie im STEP-Bereich üblich—in mehrere Ebenen strukturiert. Sogenannte Basismodelle spezifizieren vom eigentlichen Anwendungsgebiet unabhängige Fakten wie physikalische Maßeinheiten oder Geometrieprimitive. Darauf bauen weitere Basismodelle mit anwendungsbezogener Funktion wie z.B. für die Beschreibung der Struktur einer Anlage, der auftretenden Stoffe oder der verwendeten Simulationsmodelle auf. Die Modelle auf oberster Ebene beschreiben jeweils einen Ausschnitt aus mehreren Basismodellen und geben vor, wie dieser Ausschnitt in bestimmten Arbeitsschritten zu verwenden ist. Mit diesem Ansatz soll auch sichergestellt sein, daß eine STEP/PDXI-konforme Sicht in den entwickelten Produktdatenmodellen enthalten ist (vgl. Abb. 2.6).

3. *Konzeptualisierung und semiformale Repräsentation*
    In diesem Arbeitspunkt wird Wissen aus dem Bereich der Chemietechnik eingebracht. Um den Aufwand zu begrenzen, wird zunächst der in den Fallstudien des Teilprojektes

"Szenariobasierte Analyse von Entwicklungsprozessen" (Abschnitt II.5.1) dokumentierte Polymerisationsprozeß betrachtet. Ziel ist, die zunächst recht grobe Strukturierung in Partialmodelle (vgl. Arbeitspunkt 1) und Basismodelle (siehe Arbeitspunkt 2) immer weiter zu verfeinern, um zu einer für den jeweils betrachteten Ausschnitt möglichst eindeutigen, vollständigen und konsistenten Darstellung der relevanten anwendungsspezifischen Konzepte (z.B. Bausteine für die Struktur- und Verhaltensbeschreibung von Polymerisationsprozessen) zu gelangen.

Dazu sind folgende Teilschritte notwendig:

- Festlegung geeigneter Objekttypen und -beziehungen mit Hilfe konzeptueller Datenmodellierung. Die Beschreibung der Objektbeziehungen erfolgt mit Abstraktionskonzepten wie Klassifizierung, Spezialisierung, Aggregation und Assoziation.
- Beschreibung der Eigenschaften der Objekttypen durch Attribute und Restriktionen von Attributwerten.

Die Modelle werden textuell und mit graphischen Hilfsmitteln (z.B. UML-Diagramme) dargestellt, wobei bereits existierende PDXI-Modelle berücksichtigt werden. Durch eine enge Zusammenarbeit mit dem Teilprojekt "Entwicklungsprozesse für den konzeptionellen Entwurf" (Abschnitt II.2.1) soll sichergestellt werden, daß die eingeführten Konzepte konsistent zu den definierten Arbeitsschritten sind. Die Notation wird mit den Informatikpartnern abgestimmt, so daß eine weitergehende Formalisierung und Abbildung in Unterstützungsfunktionen der Werkzeuge des Projektbereichs "Neuartige Methoden und Werkzeuge" (vgl. Arbeitspunkt 4) und Schemata des Data Warehouse (siehe Arbeitspunkt 5) ohne großen Aufwand möglich ist.

4. *Spezifikation von Anforderungen an Unterstützungswerkzeuge:*
   Basierend auf den semantisch reichhaltigen Produktdatenmodellen sollen die Werkzeuge des Projektbereichs "Neuartige Methoden und Werkzeuge" verteilte, kooperierende Entwicklerteams bei der Durchführung von Entwicklungsprozessen wirksam unterstützen. In diesem Arbeitspunkt werden gemeinsam mit den Informatikpartnern Anforderungen an Unterstützungsfunktionen spezifiziert, die in die Konzeption und Realisierung von Werkzeugfunktionalitäten einfließen. In diesem Teilprojekt werden folgende Teilfunktionalitäten betrachtet:

   - Die abgestimmten Produkt-/Prozeßmodelle auf der externen Ebene müssen für eine Arbeitsplatzunterstützung des technischen Entwicklers, wie sie in Teilprojekt "Erfahrungsbasierte Unterstützung kooperativer Entwicklungsprozesse" (Abschnitt II.3.1) realisiert wird, auf interne Modelle abgebildet werden. Insbesondere muß die feingranulare, direkte Prozeßunterstützung den Zugriff auf die für einen Arbeitsschritt benötigten Produktdaten ermöglichen. Gegebenfalls müssen dazu Produktdaten im erforderlichen Format vom Data Warehouse beschafft werden. Die eventuell notwendige Konvertierung der Produktdaten in das benötigte Format wird vom Data Warehouse übernommen. Darüber hinaus schließt die beabsichtigte Aufzeichnung der Prozeßspuren für eine spätere situative Wiederverwendung von Prozeßfragmenten die Speicherung der Produktdaten im Data Warehouse mit ein.

- Anhand konkreter szenariobasierter Fallbeispiele werden gemeinsam mit dem Teilprojekt "Inkrementelle Integrationswerkzeuge für arbeitsteilige Entwicklungsprozesse" (Abschnitt II.3.2) die feingranularen Beziehungen zwischen verschiedenartigen Dokumenten im Produktdatenmodell formalisiert, um daraus Anforderungen an die indirekte Prozeßunterstützung abzuleiten. Mit Hilfe der im letztgenannten Teilprojekt entwickelten Integrationswerkzeuge können Änderungen in einem Dokument gezielt in davon abhängige Dokumente propagiert werden, um übergreifend Konsistenz zu sichern. Ein mögliches Anwendungsbeispiel stellen die feingranularen Beziehungen zwischen den Stoffeigenschaften des Polymers und der Polymerschmelze dar.
- Aufgrund der Verzahnung der technischen mit der administrativen Ebene können Ergebnisse eines Arbeitsschrittes sich auf die Projektkoordination im Administrationswerkzeug auswirken. Beispielsweise können die berechneten Kosten einer Verfahrensvariante den Projektmanager zu Umplanungen im Projektablauf veranlassen, oder Änderungen im Verfahrensfließbild des Polymerisationsprozesses können eine Neuauslegung des Aufbereitungsextruders initiieren. Darüber hinaus ergeben sich aus der Struktur der Produktdaten Anforderungen an das Konfigurationsmanagement (Verwaltung der Versionen und Varianten) der Administrationsumgebung, die vom Teilprojekt "Anpaßbares und reaktives Administrationssystem für die Projektkoordination" (Abschnitt II.3.3) entwickelt wird.

5. *Aufbau der Schemata für die Produktdaten im Data Warehouse*
Die im dritten Arbeitspunkt entwickelten Produktdatenmodelle für den in den Fallstudien betrachteten Polymerisationsprozeß müssen in Schemata überführt werden, die im Data Warehouse repräsentiert werden können. Die Eingabe und Änderung der Produktdatenmodelle ins Data Warehouse geschieht mit Hilfe von Evolutionswerkzeugen, die von dem Teilprojekt "Zielgerichtete Informationsflußverwaltung in Entwicklungsprozessen" (Abschnitt II.4.1) bereitgestellt werden. Im Rahmen dieses Teilprojektes werden basierend auf der Konzeptualisierung (vgl. Arbeitspunkt 3) und den spezifizierten Sichten (siehe zweiten Arbeitspunkt) Datenmodelle für das Data Warehouse aufgebaut. Weitere Datenmodelle für die Beschreibung von Extrudern werden von dem Teilprojekt "Unterstützung des Auslegungsprozesses von Reaktions- und Aufbereitungsextrudern" (Abschnitt II.2.3) in das Data Warehouse integriert.

Zusätzliche Anforderungen an das Data Warehouse ergeben sich dadurch, daß die Entwicklung und Nutzung der Datenmodelle verschränkt abläuft. Zum einen ist für die Nutzung der Datenmodelle in einem frühen Stadium ein hohes Maß an Flexibilität erforderlich (z.B. mit prototypbasierten Ansätzen). Zum anderen können während der Nutzung neue Anforderungen identifiziert werden (z.B. mit terminologischen Ansätzen), die in die Weiterentwicklung der Datenmodelle einfließen können. Die evolutionäre Entwicklung der Datenmodelle auf der Schemaebene wird durch die Evolutionskomponente des Data Warehouse unterstützt.

6. *Erweiterung von Entwicklungswerkzeugen zu kooperativen Umgebungen*
Eine wesentliche Voraussetzung für die in diesem SFB zu schaffenden kooperativen Arbeitsumgebungen sind die spezifische Anpassungen und Erweiterungen der eingesetzten Entwicklungswerkzeuge. Für ausgewählte a posteriori zu integrierende Ent-

wicklungswerkzeuge für die Chemietechnik (z.B. die Modellierungsumgebung Mod-Kit sowie die Simulationswerkzeuge SpeedUp oder AspenPlus) sollen diese Erweiterungen in enger Zusammenarbeit mit den Informatikpartnern prototypisch realisiert werden. Die in diesem Teilprojekt betrachteten Erweiterungen betreffen z.B. den Austausch von Dokumenten bei Durchführung von Arbeitsschritten mit unterschiedlichen Werkzeugen, die Anbindung an Integrationswerkzeuge zur Konsistenzsicherung oder Änderungsnotifikation, den Austausch und die gemeinsame Bearbeitung von Dokumenten während einer multimedialen Arbeitssitzung sowie die administrative Anbindung an die Konfigurationsverwaltung zur Schaffung persönlicher Arbeitskontexte.

Um die Durchgängigkeit der Produktdaten-/Prozeßintegration bei der Durchführung von Entwicklungsschritten mit verschiedenen Werkzeugen und die Angemessenheit der realisierten Konzepte zu zeigen, sollen in geeigneten Zeitabständen gemeinsam mit den Projektpartnern der Projektbereiche "Verfahrenstechnische Entwicklungsprozesse", "Neuartige Methoden und Werkzeuge" und "Integration" empirische Evaluationen im betrachteten Anwendungsszenario durchgeführt werden. Die Ergebnisse der Evaluationen fließen wiederum in die Arbeiten zu den oben beschriebenen Aufgabenpunkten ein und sollen auf diese Weise zu einer iterativen Detaillierung und Verbesserung der Konzepte führen.

2.2.6 Zusammenarbeit im Gesamtprojekt

Gegenstand dieses Teilprojektes ist die Entwicklung von Produktdatenmodellen für den konzeptionellen Entwurf chemietechnischer Prozesse. Wie schon in den vorangegangenen beiden Abschnitten ausgeführt, besteht bei der Entwicklung des integrierten Produktdatenmodells eine enge Verzahnung mit dem Teilprojekt "Unterstützung des Auslegungsprozesses von Reaktions- und Aufbereitungsextrudern" (Abschnitt II.2.3), wobei die notwendige *anwendungsseitige Abstimmung* der unterschiedlichen Beiträge zum gemeinsamen Produktdatenmodell im Rahmen dieses Teilprojektes durchgeführt wird (z.B. bei der Integration von Materialmodellen zur Beschreibung der Eigenschaften von Polymeren und Polymerschmelzen). In Zusammenarbeit mit den Ingenieurpartnern werden Produktdatenmodelle auf drei unterschiedlichen Skalen betrachtet: Beschreibung einer verfahrenstechnischen Anlage, eines Apparates und von Stoffen.

Darüber hinaus besteht eine enge Verzahnung mit dem Teilprojekt von Abschnitt 2.1, das sich mit der Entwicklung eines feingranularen *Prozeßmodells* zur Beschreibung der beim konzeptionellen Entwurf chemietechnischer Prozesse durchgeführten Arbeits- und Entscheidungsschritte beschäftigt. Die Entwicklung von Produkt- und Prozeßmodell muß sorgfältig aufeinander *abgestimmt* sein, da beispielsweise im Prozeßmodell Zustände von Entwicklungsprodukten als Vorbedingungen für die Durchführung von Entwicklungsschritten definiert werden. Eine analoge Verzahnung besteht auf grobgranularer Ebene im Bereich der administrativen Entwicklungsprozesse. Für die Projektverfolgung durch den Projektmanager werden die Arbeitsergebnisse der technischen Entwickler auf *grobgranularer* Ebene (dokumentbezogen) dargestellt. Zusätzlich bestehen feingranulare Beziehungen zwischen der technischen und administrativen Konfiguration. Beispielsweise werden

Kostendaten einer Fließbildvariante der reaktiven Administrationsumgebung zur Verfügung gestellt, um gegebenfalls Umplanungen im Projektablauf zu veranlassen.

Die Arbeiten zur *Konzeption* und *Realisierung* neuartiger Unterstützungswerkzeuge, die in Kap. 3 beschrieben sind, werden in enger Zusammenarbeit mit diesem Teilprojekt (und den übrigen Teilprojekten dieses Kapitels) durchgeführt, das Anforderungen an Unterstützungsfunktionen aus Nutzersicht spezifiziert und Erweiterungen an existierenden Entwicklungsumgebungen vornimmt. Die Zusammenarbeit betrifft folgende Bereiche: Bereitstellung von Produktdaten für die Durchführung eines Arbeitsschrittes im benötigten Format (Teilprojekt "Zielgerichtete Informationsflußverwaltung in Entwicklungsprozessen", vgl. Abschnitt II.4.1), dokumentübergreifende Konsistenzanalyse und Propagation von Änderungen durch Integrationswerkzeuge (Teilprojekt "Inkrementelle Integrationswerkzeuge für arbeitsteilige Entwicklungsprozesse", vgl. Abschnitt II.3.2), sowie Konfigurationsmanagement für Dokumente und Reaktivität der Administrationsumgebung aufgrund von Änderungen in Dokumenten (Teilprojekt "Anpaßbares und reaktives Administrationssystem für die Projektkoordination", vgl. Abschnitt II.3.3).

Mit dem Integrationsprojekt "Szenariobasierte Analyse von Entwicklungsprozessen" von Abschnitt II.5.1 besteht eine enge Kooperation, da dieses Projekt *anwendungsspezifisches Wissen* über chemietechnische Prozesse sowie Produktdaten zum konzeptionellen Entwurf eines konkreten Polymerisationsprozesses bereitstellt. Die Erweiterung ausgewählter Entwicklungsumgebungen zu kooperativen Umgebungen wird mit dem Teilprojekt "Software-Integration und Rahmenwerksentwicklung" (Abschnitt II.5.3) abgestimmt. Die entwickelten Produktdatenmodelle und Werkzeuge werden gemeinsam mit den Informatikpartnern sowie den Teilprojekten des Projektbereichs "Integration" im iterativen Wechselspiel evaluiert.

Literatur

[1]   Baumeister, M.: Attribute Grouping: Emulating Metamodels without Instantiation, erscheint in: Proc. of International Conference on Object-Oriented Information Systems OOIS '96, 16.–18. Dezember 1996, London, 1996

[2]   Bogusch, R., Lohmann, B., Marquardt, W.: Computer-Aided Modeling with ModKit, in: Proc. CHEMPUTERS Europe III Conference, 28.–29. Oktober 1996, Frankfurt, 1996

[3]   Bogusch, R., Marquardt, W.: Formal representation of process model equations, Computers chem. Engng 21, S. 1105–1115, 1997

[4]   Dalton, C. M., Goldfarb, S.: PDXI, a progress report, in: Proc. CHEMPUTERS Europe II Conference, 11.–12. Oktober 1995, Noordwijk, Niederlande, 1995

[5]   Dömges, R., Lohmann, B., Pohl, K., Jarke, M., Marquardt, W.: PRO-ART/CE—An environment for Managing the Evolution of Chemical Process Simulation Models, in: Proc. 10th European Simulation Multiconference, Budapest, 2.–6. Juni 1996, S. 1012–1018, 1996

[6]   Fielding, J. J., Book, N. L., Sitton, O. C.: Methodology for data modeling for the process industries, in: 4th Int. Conf. on Foundations of Computer-Aided Process Design, AIChE Symposium Series 304, vol. 91, S. 352–355, 1995

[7]   Grabowski, H., Anderl, R., Schilli, B., Schmitt, M.: STEP – Entwicklung einer Schnittstelle zum Produktdatenaustausch, VDI-Zeitung, vol. 131–9, S. 68–76, 1989

[8]   Grabowski, H., Anderl, R., Schilli, B.: Das Produktmodellkonzept von STEP, VDI-Zeitung, vol. 131–12, S. 84–96, 1989

[9] Levy, S., Subrahmanian, E., Konda, S., Coyne, R., Westerberg, A., Reich, Y.: An overview of the n-dim environment, Technical report EDRC 05-65-93, Engineering Design Center, Carnegie Mellon University, 1993

[10] Lohmann, B., Marquardt, W.: On the systematization of the process of model development, Computers chem. Engng, vol. 20, Suppl., S. 213–218, 1996

[11] Lord, S. V.: Process lifetime data availability – progress towards STEP, in: IMechE 1993, S. 51–55, 1993

[12] Marquardt, W., Gerstlauer, A., Gilles, E.D.: Modeling and Representation of Complex Objects: A Chemical Engineering Perspective, in: Proc. of 6th International Conference on Industrial and Engineering Applications of Artificial Intelligence and Expert Systems, Edinburgh Scotland, 1993, S. 219–228, 1993

[13] Marquardt, W.: Towards a process modeling methodology, in: R. Berber: Methods of Model-Based Control, NATO-ASI ser. E, Applied Sciences, vol. 293, Kluwer Academic Publishers, Dordrecht, S. 3–41, 1995

[14] Marquardt, W.: Modellbildung als Grundlage für die Prozeßsimulation, in: H. Schuler: Prozeßsimulation, VCH Weinheim, S. 3–32, 1995

[15] Marquardt, W.: Trends in Computer-Aided Process Modeling, Computers chem. Engng, vol. 20, S. 591–609, 1996

[16] Marquardt, W., Baumeister, M.: The Chemical Engineering Data Model VeDa. Part 1: The Data Definition Language VDDL, Technischer Bericht, Lehrstuhl für Prozeßtechnik, RWTH Aachen, 1998

[17] Marquardt, W., Souza, D.: The Chemical Engineering Data Model VeDa. Part 2: Structural Modeling Objects, Technischer Bericht, Lehrstuhl für Prozeßtechnik, RWTH Aachen, in Vorbereitung

[18] Marquardt, W., Souza, D.: The Chemical Engineering Data Model VeDa. Part 3: Geometrical Modeling Objects, Technischer Bericht, Lehrstuhl für Prozeßtechnik, RWTH Aachen, in Vorbereitung

[19] Marquardt, W., Bogusch, R.: The Chemical Engineering Data Model VeDa. Part 4: Behavioral Modeling Objects, Technischer Bericht, Lehrstuhl für Prozeßtechnik, RWTH Aachen, in Vorbereitung

[20] Marquardt, W., von Wedel, L.: The Chemical Engineering Data Model VeDa. Part 5: Material Modeling Objects, Technischer Bericht, Lehrstuhl für Prozeßtechnik, RWTH Aachen, in Vorbereitung

[21] Marquardt, W., Lohmann, B.: The Chemical Engineering Data Model VeDa. Part 6: The Process of Model Development, Technischer Bericht, Lehrstuhl für Prozeßtechnik, RWTH Aachen, 1998

[22] Motard, R. L., Blaha, M. R., Book, N. L., Fielding, J. J.: Process engineering databases – from the PDXI perspective, in: 4th Int. Conf. on Foundations of Computer-Aided Process Design, AIChE Symposium Series 304, vol. 91 , S. 142–153, 1995

[23] Murris, R., Ramaekers, B., Beck, R., Kerkhove, D.: Front End Tools, in: Acta Chimica Slovenica, vol. 42, S. 3–8, 1995

[24] Owen, J., Mason, H., Nowacki, H., Shaw, N. (ed.): Policy Recommendations for Developments in Product Data Technology, Product Data Technology Advisory Group, Bericht für ESPRIT–Projekt 9049, elektronisch abrufbar unter ftp: // 130.149.36.8 / pub / PDTAG/, 1995

[25] Robertson, J. L., Subrahmanian, E., Thomas, M. E., Westerberg, A.: Management of the design process: The impact of information modeling, in: 4th Int. Conf. on Foundations of Computer-Aided Process Design, AIChE Symposium Series 304, vol. 91 , S. 154–165, 1995

[26] Sattler, U., Baader, F.: Description Logics with Symbolic Number Restrictions, in W. Wahlster (ed.): Proc. of the 12th European Conference on Artificial Intelligence ECAI-96, S. 283–287, John Wiley & Sons Ltd, 1996

[27] Schembecker, G., Simmrock, K.H., Wolff, A.: Synthesis of Chemical Flowsheets by means of Cooperating Knowledge Integrating Systems, in: Proc. of European Symposium on Computer-Aided Process Engineering 4, ESCAPE 4, Edinburgh, Scotland, 1994

[28] Schenck, D., Wilson, P., Information modeling the EXPRESS way. Oxford University Press, New York, 1994

[29] Stephanopoulos, G., Henning, G., Leone, H.: Model.La. A language for process engineering. Part I and II, Computers chem. Engng, vol. 14, S. 813–869, 1990

[30] ISO 10303: Product Data Representation and Exchange, Part 221, Functional data and their schematic representation for process plant, Working draft, ISO TC184/SC4/WG3 N362, 1996

[31] ISO 10303: Product Data Representation and Exchange, Part 227, Plant spatial configuration, Committee draft, ISO TC184/SC4/WG3 N442 und TC184/SC4 N349, 1995

[32] ISO 10303: Product Data Representation and Exchange, Part 231, Process engineering data: process design and process specification of major equipment, Working draft, ISO TC184/SC4/WG3 N537 und TC184/SC4 N, 1996

[33] N.N., Volume 1: PDXI Data Models, Pub I-1, AIChE Publications, New York, 1997

[34] N.N., Volume 2: PDXI Activity Model, Pub I-2, AIChE Publications, New York, 1997

[35] N.N., Volume 3: PDXI Implementation Procedures and Prototypes, Pub I-3, AIChE Publications, New York, 1997

2.3 Unterstützung des Auslegungsprozesses von Extrusions- und Aufbereitungsextrudern

W. Michaeli, S. Reimann, K. Schlesinger
Insitut für Kunststoffverarbeitung

Zusammenfassung

Die Aufbereitung von Polymeren interagiert sowohl mit dem verfahrenstechnischen Prozeß der Polymersynthese als auch mit der Werkstoffspezifikation des Konstruktionsprozesses, da die Entwicklung von Kunststoffprodukten immer mehr durch *"Werkstoffe nach Maß"* bestimmt wird. Dies bedeutet, daß die Werkstoffeigenschaften auf die spezifischen Anforderungen einer neuen Anwendung zugeschnitten werden müssen.

In diesem Teilprojekt sollen der *Entwurf* und die *Auslegung* von *Aufbereitungsextrudern* auf feingranularer und technischer Ebene unterstützt werden. Als Teil des verfahrenstechnischen Entwicklungsprozesses wird der Entwurfsprozeß des Extruders analysiert und auf Basis der in anderen Teilprojekten (vgl. Abschnitt II.2.1 und II.2.2) angewandten und weiterentwickelten Prozeß- und Produktmodelle formal notiert.

Bei der Auslegung von Schneckenmaschinen sind Anforderungen durch die Wahl möglicher Zuschlagsstoffe zu berücksichtigen, da diese Auswirkungen auf die Auslegung des Extruders und die Verarbeitungseigenschaften der Kunststoffe haben. Hierzu soll ein *domänenspezifisches Werkzeug* weiterentwickelt und in das Rahmenwerk des Gesamtprojektes integriert werden, so daß eine Abschätzung der Verarbeitungsbedingungen auf die Materialeigenschaften ermöglicht wird.

Eine integrierte Werkstoffentwicklung erfordert die Möglichkeit, *Rückgriffe* bis in die frühen Phasen der Polymerentwicklung durchführen zu können. Diese Kooperation wird erst durch geeignete, kompatible Produkt- und Prozeßdatenmodelle erreicht. Die für den verfahrenstechnischen Entwicklungsprozeß eingesetzten Datenmodelle müssen für den Bereich der Aufbereitung und Extruderauslegung evaluiert und ggf. modifiziert werden.

2.3.1 Einleitung

Im SFB IMPROVE steht die *ganzheitliche Betrachtung* verfahrenstechnischer Entwicklungsprozesse im Bereich der Polymersynthese im Mittelpunkt. Dies bedeutet, daß die Kooperation aller an diesem Prozeß beteiligter Personen zu betrachten ist. Eine besondere Herausforderung stellt die Einbindung von Entwicklern aus dem Bereich der Extrusion dar; erst dadurch wird die Betrachtung des Gesamtprozesses bis hin zum stofflichen *Endprodukt*, dem anwendungsgerechten Polymerwerkstoff, ermöglicht.

Auslegungsprozesse von Extrusionsanlagen und deren Eingliederung in verfahrenstechnische Stoffumwandlungsprozesse laufen auch heute noch stark *empirisch* ab. Bestehende Simulationsprogramme für die Vorgänge in der Polymerschmelze des Extruders sind *Insellösungen*, die sich größtenteils noch in der Entwicklung befinden. Bei der Auslegung einer verfahrenstechnischen Anlage werden daher Extruder in der Regel durch einfachere Modelle ersetzt.

Erst durch die vollständige Integration der Teilprozesse der Extrusionstechnik in den verfahrenstechnischen Gesamtprozeß kann dieser kalkulierbar und in kürzester Zeit auf die gestellten Anforderungen an die Polymerproduktion zugeschnitten werden. Wie im folgenden beschrieben, ist hierfür die Bereitstellung einer konsistenten *Prozeß*- und *Produktbeschreibung* sowie einer leistungsfähigen *Kommunikationsunterstützung* unverzichtbar.

2.3.2 Stand der Forschung

Die Aufbereitung von Kunststoffen bildet die Schnittstelle zwischen dem verfahrenstechnischen Prozeß der Polymersynthese und der Anwendung von Konstruktionswerkstoffen in der Verbrauchsgüterindustrie. Extrem hohe Funktionsdichten, die durch Kunststoffteile erzielt werden können [10], und zunehmender Erfolgsdruck durch verschärften Wettbewerb [10, 17] erfordern je nach Aufgabenstellung *leistungsfähigere, speziellere* oder *preisgünstigere Kunststoffe* [46]. Häufig dürfen diese ausschließlich aus Kunststoffen einer oder weniger Familien bestehen, damit ein effektives Materialrecycling gewährleistet werden kann.

Um die Eigenschaften von Kunststoffen den speziellen Eigenschaften anzupassen, kann durch gezielte *Aufbereitungsschritte* das *Eigenschaftsprofil* von Kunststofformmassen zum Teil gravierend verändert werden [5, 9, 19, 26]. Die möglichen Aufbereitungschritte sind vielfältig und umfassen z.B. die Entgasung von Lösemitteln, niedermolekularen Reaktionsprodukten oder Restmonomeren [43], die Konfektionierung durch Zugabe verschiedenster Additive (z.B. Stabilisatoren, Farbstoffe, Füllstoffe etc.), das Blenden ("Mischen") von Polymeren, das Erzielen chemischer Verträglichkeit nicht verträglicher Polymere durch den Zusatz von sogenannten Compatibilizern [9] bis hin zur Direktverarbeitung. Letztere integriert die Polymersynthese (reaktive Extrusion), die Aufbereitung und die Verarbeitung zu einem komplexen Gesamtprozeß [23].

Neben der Rezeptur eines Kunststoffs und der molekularen Struktur seines Polymers sind vor allem die Abfolge von Prozeßschritten und die Prozeßführung für die Endeigenschaften verantwortlich. Kernstück der verfahrenstechnischen Anlage zur Aufbereitung ist der Extruder, der durch Apparate, z.B. zur Temperierung und Entgasung, ergänzt wird. Ihm vor- bzw. nachgelagert befinden sich weitere Aggregate wie Vormischer, Trockner, Dosiervorrichtung, Kühlbad oder Granulator [26]. Die *Auslegung* des *Extruders* für einen speziellen Anwendungsfall umfaßt daher unter anderem die Auswahl geeigneter Anlagenkomponenten, die in der Regel von Zulieferern bezogen werden. Der Entwurfsprozeß von Aufbereitungsanlagen erfordert folglich den Informationsaustausch zwischen zahlreichen geographisch verteilten Experten.

Bei der Auswahl des geeigneten Extrudertyps und für dessen Entwurf wird meist auf das bei Maschinenherstellern oder z.T. bei Verarbeitern vorhandene empirische Wissen zurückgegriffen [15]. *Methodiken*, die die Auslegung von Extrudern auf technologischer Ebene unterstützen, wurden durch Bildung von heuristischen Modellgesetzen vor allem für Einschneckenextruder entwickelt [8, 11, 16, 25, 35]. Diese basieren auf ähnlichkeitstheoretischen Ansätzen, die die Übertragung der Eigenschaften eines Modellextruders auf eine sogenannte Hauptausführung ermöglichen. Wegen Modifikationen der Modellgesetze aufgrund neuer Erfahrungen bzw. neuer Verfahrenskomponenten (z.B. Scher- und Mischteile) wird ihre Entwicklung bis heute weiterbetrieben [21].

Einen anderen Ansatz bildet die *mathematisch-physikalische Beschreibung* des Extrusionsprozesses. Eine Vielzahl von Publikationen befaßt sich mit der Betrachtung einzelner Themenkreise wie Fördern, Aufschmelzen, Verweilzeitverhalten oder Schmelzetemperatur. Es seien hier nur beispielhaft und ohne Anspruch auf Vollständigkeit einige erwähnt [6, 12, 13, 14, 37, 39]. Wenige Arbeiten beschäftigen sich mit Lösungsansätzen, die in Form von *Simulationsprogrammen* eine teilweise geschlossene Beschreibung verschiedener Extrusionprozesse und Extruderbauarten erlauben [1, 7, 28, 34, 36, 38, 45]. Diese Programme besitzen eine ausschließlich technologische Sichtweise der Problematik, so daß der konzeptionelle Entwurf des Aufbereitungsprozesses ebensowenig unterstützt wird wie die Generierung und Auswahl von Prozeßalternativen.

Aufbauend auf dem in [36] beschriebenen Modell zur Beschreibung des Extrusionsprozesses mit Einschneckenextrudern wird in [21] deren systematische *Optimierung* beschrieben. Diese Arbeit berücksichtigt zusätzlich erfahrungsbasiertes Wissen zur Extruderauslegung, welches durch die mathematisch-physikalischen Modelle alleine nicht wiedergegeben werden kann. Zur Optimierung wird auf die *Evolutionsstrategie* zurückgegriffen. Unterstützt wird der Auslegungsprozeß, jedoch weder der Entwurfsprozeß der gesamten Anlage noch eine Kopplung von Prozeßparametern mit technischen Werkstoffcharakteristika.

Die Aufbereitung von Kunststoffen wird heute weitgehend *losgelöst* vom *verfahrenstechnischen Prozeß* betrachtet. Den Entwicklern von Aufbereitungsextrudern stehen keine ausreichenden Hilfsmittel zur Verfügung, die eine Kooperation mit den Kunststofferzeugern unterstützen. Informationen über alternative Prozeßverläufe, z.B. wie durch geringfügige Änderungen während der Polymersynthese die gewünschten Werkstoffeigenschaften mit vergleichsweise geringem Aufwand erzielt werden könnten, liegen nur unzureichend aufbereitet vor.

Der *Informationsaustausch* wird zusätzlich durch inkompatible Beschreibungen der stofflichen und der anlagentechnischen Produktdaten *erschwert* [2, 40]. Bisherige Ansätze zur Produktdatenbeschreibung, wie z.B. das in der ISO10303 (STEP) vorgeschlagene Partialmodell für die Materialbeschreibung [42] sind in der vorliegenden Form nicht unmittelbar für die Beschreibung von Kunststoffen geeignet [41].

2.3.3 Einschlägige Vorarbeiten

Vom IKV wird bereits seit vielen Jahren das Ziel verfolgt, die *Auslegung* von *Extrudern* durch konzeptionelle Hilfsmittel zu unterstützen [8, 11, 18, 22, 47]. Insbesondere wurden Einschneckenextruder, konische Doppelschneckenextruder und Stiftextruder systematisch untersucht und Extruderbaureihen mit Hilfe *modelltheoretischer Ansätze beschrieben*.

Basierend auf einem physikalisch-mathematischen Modell wurde für den gleichlaufenden Doppelschneckenextruder ein *Simulationsprogramm* entwickelt, mit dem reaktive

Extrusionsprozesse (z.B. die anionische Massepolymerisation von Polystyrol [30, 31, 32]) aber auch nichtreaktive Prozesse simuliert werden können [4, 15, 29]. Durch Geometrieänderungen der Schnecke und des Zylinders sowie durch Änderung des Betriebspunktes können die *Randbedingungen* des Extrusionsprozesses *variiert* werden, wodurch das Programm ebenfalls zur Auslegung der Bauformen von Extrudern eingesetzt werden kann.

Erste Ansätze, die durch dieses Programm berechneten *Extrusionsparameter* mit den sich ergebenden *Materialeigenschaften* zu *korrelieren* und somit die Einflüsse des Aufbereitungsprozesses zu beschreiben, werden z. Zt. für den Entgasungsprozeß entwickelt [33].

Weder die Beschreibung von geometrischen Einflüssen noch die Charakterisierung der verarbeiteten Kunststoffschmelzen nutzt derzeit neutrale Datenmodelle, da bislang kein Austausch von Technologiedaten mit anderen EDV-Systemen möglich ist. Dies gilt sowohl für die am IKV entwickelten als auch für die im Stand der Forschung beschriebenen Werkzeuge. Die im SFB angestrebte, datentechnische *Beschreibung* von *Produkten* (Extruderbauformen, Zusatzaggregate, Stoffe) stellt eine zwingende *Voraussetzung für* die *Integration* des *Aufbereitungsextruders* in die verfahrenstechnische Prozeßkette dar.

Die Erfahrung zeigt, daß durch numerische Simulation allein heute keine umfassende Beschreibung der Vorgänge bei der Extrusion möglich ist. Um für den Entwicklungsprozeß das Wissen über die Auslegung von Schnecken zugänglich zu machen, das in Form von Modelltheorien oder empirischem Wissen bei einzelnen Entwicklern vorliegt, wurden daher in [20, 44] Ansätze für ein *Expertensystem* zur Auslegung von Plastifizierschnecken vorgestellt.

Zur *Direktverarbeitung*, bei der im Maximalfall die Verfahrensschritte Polymersynthese, Aufbereitung und Formgebung zu einem Prozeß integriert werden (z.B. die Fertigung eines Hohlkörpers aus reaktiv hergestelltem Polyamid [24, 27]), wurden am IKV umfangreiche Untersuchungen durchgeführt [3, 24]. Dieser Prozeß ist als wichtige *Alternative* bzw. *Ergänzung* zur konventionellen verfahrenstechnischen Polymersynthese zu sehen.

2.3.4 Ziele, Methoden und Ansatz

Ziel dieses Teilprojekts ist es, den *Auslegungsprozeß* von *Aufbereitungsextrudern in* den *Gesamtprozeß* der kooperativen Entwicklung verfahrenstechnischer Anlagen zu *integrieren*. Die Aufbereitung von Polymeren mittels Extrudertechnik stellt das Bindeglied zwischen dem verfahrenstechnischen Prozeß einerseits und der Verwendung von Konstruktionswerkstoffen bei der Entwicklung von Kunststoffprodukten andererseits dar. Obwohl ihr demnach große Bedeutung zukommt, existieren bislang keine geeigneten Konzepte für eine durchgängige Betrachtung dieser Bereiche.

Die im SFB zu entwickelnden informatischen Werkzeuge und Umgebungen bilden die Grundlage für die in diesem Teilprojekt behandelte Auslegung von Aufbereitungs- und Reaktionsextrudern. Am Beispiel des gleichlaufenden *Doppelschneckenextruders* als wichtigste Bauform für die Aufbereitung soll der Einfluß der *Verarbeitungsbedingungen* auf die *Werkstoffeigenschaften* analysiert und für den Gesamtprozeß der kooperativen Entwicklung nutzbar gemacht werden.

Zu Beginn muß eine eingehende *Analyse* des *Aufbereitungsprozesses* von Polymeren sowie des *Entwicklungsprozesses* der hierbei eingesetzten *Extrusionsanlagen* durchgeführt werden. Der konzeptionelle Entwurf einer verfahrenstechnischen Anlage (vgl. II.2.1) liefert wesentliche Randbedingungen für die Bauform des Aufbereitungsextruders. So entstehen unterschiedliche Anforderungen, die sich aus dem für die Polymersynthese eingesetzten Verfahren ergeben. Weitere Randbedingungen ergeben sich durch Werkstoffanforderungen aus der Formteilentwicklung. Anhand des Beispielszenarios und durch die in den Integrations-Teilprojekten (vgl. II.5.1 und 2) durchgeführten empirischen Untersuchungen werden auftretende Arbeitsschritte, Entscheidungssituationen und Kommunikationsbeziehungen zwischen den beteiligten Entwicklern (Zulieferer, Kunststoffverarbeiter, Maschinenhersteller etc.) analysiert, definiert und evaluiert.

Neben der Wahl des Extrudertyps spielt die Integration des verfahrenstechnischen mit dem kunststofftechnischen Prozeß zur sog. *Direktverarbeitung* eine entscheidende Rolle, da sich hieraus *Rückkopplungen* sowohl auf den verfahrenstechnischen *Entwurf* als auch auf die *Materialeigenschaften* ergeben. Die Direktverarbeitung führt nicht nur zu einer Veränderung des Beispielszenarios, sondern auch zu einer neuen Zusammensetzung des Entwicklungsteams. Die hierdurch veränderte Entwurfsstrategie erfordert die flexible Anpaßbarkeit der Modelle sowie die Unterstützung bei der Betrachtung alternativer Verfahrensvarianten.

Die Entwurfsdaten, die in Fallstudien generiert und deskriptiv analysiert werden, und die Daten, die sich aus der Analyse des Entwurfs- und Auslegungsprozesses in dem hier beschriebenen Teilprojekt ergeben, liegen zunächst in überwiegend *unstrukturierter* Form vor. Im Sinne eines konsistenten Prozeß- und Produktmodells für alle ingenieurwissenschaftlichen Partner wird bei der Formalisierung dieser Daten auf *Formalisierungsmethoden* zurückgegriffen, die in Kooperation mit den übrigen verfahrenstechnischen Teilprojekten evaluiert und weiterentwickelt werden.

Die Eigenschaften polymerer Werkstoffe werden durch die Polymersynthese, die Wahl der Zuschlagsstoffe und durch die Verarbeitungsparameter beeinflußt. Um mit Hilfe der im SFB entwickelten neuartigen Methoden und Werkzeuge die Lücken schließen zu können, die bislang die übergreifende, kooperative Entwicklung im vorgestellten Szenario erschweren, müssen die *physikalisch-chemischen Wechselwirkungen* zwischen den Basispolymeren, den Zuschlagstoffen und den Prozeßbedingungen berücksichtigt und qualitativ beschrieben werden. Dies geschieht in enger Zusammenarbeit mit dem produkt- bzw. stoffbeschreibenden Applikationsprojekt.

Abb. 2.8 stellt Wirkzusammenhänge dar, die als *feingranulare Beziehungen* für den Abgleich verschiedener technischer Entwicklungsdokumente genutzt werden sollen (vgl. Inkrementelle Integrationswerkzeuge, II.3.2). Beispielsweise werden durch die Formteilentwicklung dem Konstruktionswerkstoff verschiedene Attribute zugeordnet, die zunächst keinen singulären Wert besitzen, sondern einen Wertebereich überdecken. Im Laufe des Auslegungsprozesses der verfahrenstechnischen Anlage wird durch die zunehmende Konkretisierung der Bereich mehr und mehr eingeengt, wodurch parallel dazu eine fortschreitende Einengung der damit in Zusammenhang stehenden Stoffparameter erzielt wird.

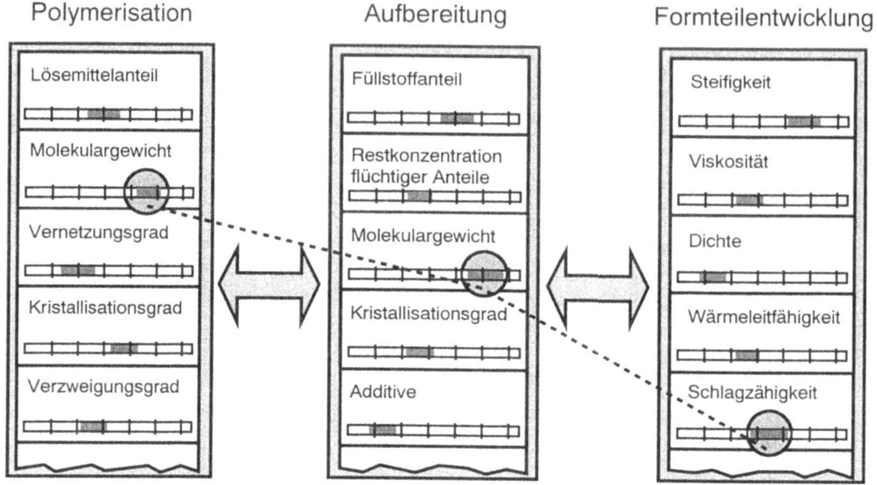

Abb. 2.8 : Feingranulare Beziehungen bei der Materialentwicklung

Die *Integration* des Entwurfsprozesses von Extrusionsanlagen in das verfahrenstechnische Szenario läßt sich am Beispiel der *Auswahl* einer geeigneten *Extruderbauform* verdeutlichen (Abb. 2.9). Dieser Schritt kann erst aufgerufen und ausgeführt werden, wenn verschiedene Vorbedingungen erfüllt bzw. berücksichtigt sind. Vorbedingungen können sich z.B. durch das ausgewählte Material, den Syntheseweg oder die notwendigen Additive ergeben.

Sie werden durch die Nutzung kompatibler Prozeß- und Produktmodelle für den Arbeitsschritt verfügbar. Auf der Produktseite erfolgt in einem Entscheidungsbaum schrittweise die Festlegung einer geeigneten Extruderbauform. In der Ausführungsebene wird dieser Arbeitsschritt mit Hilfe von Modellierungswerkzeugen durchgeführt, wobei durch die Ankopplung geeigneter Simulationswerkzeuge automatisch die Randbedingungen für den nächsten Entwicklungsschritt generiert werden. *Änderungen*, die aus neu definierten Vorbedingungen resultieren können, müssen in alle betroffenen Dokumente propagiert werden, um konsistente Daten und Dokumente zu erhalten. Dies wird anhand eines Beispielszenarios angewendet und getestet.

Neben der Nutzung aufbereitungstechnischer Simulationsprogramme (z.B. MOREX oder BILAN, [14, 34]) im SFB-Szenario, müssen diese langfristig um neue Komponenten erweitert bzw. ergänzt werden, die es erlauben, die *Verarbeitungseinflüsse* auf die *Formmasse abzuschätzen* und mit den technischen *Eigenschaften* des *Werkstoffes* zu *koppeln*. Die Materialbeschreibung nutzt in diesem Falle kompatible Produktmodelle zur Charakterisierung von stofflichen Zwischen- bzw. Endprodukten.

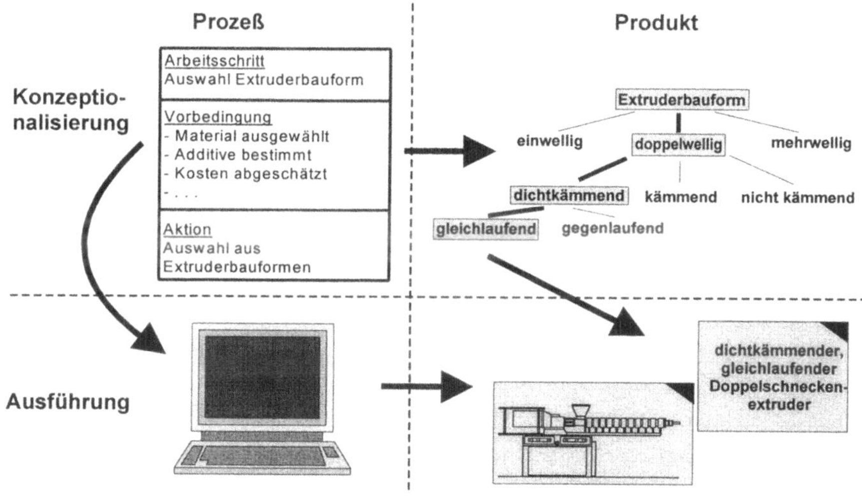

Abb. **2.9** : Prozeßunterstützung auf technischer Ebene

Die Kenntnis qualitativer Zusammenhänge zwischen Aufbereitungsprozeß und Werkstoffeigenschaften und deren *Formulierung* innerhalb der *Prozeß-* und *Produktmodelle* des SFB (auf technischer und administrativer Ebene) bilden die Gundlage, um die Auswirkungen des verfahrenstechnischen Syntheseprozesses auf die Werkstoffeigenschaften prognostizieren zu können und diese somit für die kooperative Entwicklung nutzbar zu machen.

2.3.5 Probleme, Schritte

In der ersten Projektphase soll der Schwerpunkt der Arbeiten auf der Beschreibung und *Formalisierung* der *Entwurfs-* und *Auslegungsphase* von *Aufbereitungsextrudern* unter Berücksichtigung der kunststofftechnischen Sichtweise liegen. In enger Zusammenarbeit mit den Teilprojekten, die Entwicklungsteilprozesse ingenieurwissenschaftlich untersuchen, wird der Aufbereitungsprozeß von Polymeren analysiert. Insbesondere richtet sich der Fokus auf das Zusammenwirken des Extruders mit den vor- und nachgeschalteten Aggregaten (s. Unterabschnitt II.2.3.4). Es wird sowohl auf Extrusionsanlagen als Bestandteil komplexer verfahrenstechnischer Anlagen als auch auf die für Compoundierbetriebe üblichen kleineren Produktionsanlagen eingegangen.

Der Entwurfsprozeß von Extrudern kann als Bestandteil des übergreifenden Entwicklungsprozesses nicht losgelöst von der verfahrenstechnischen Entwicklung analysiert werden. In Zusammenarbeit mit den übrigen ingenieurwissenschaftlichen Partnern werden Entscheidungssituationen und Arbeitsschritte auf technischer Ebene beschrieben. Unterstützt wird die Beschreibung durch empirische Untersuchungen im industriellen Umfeld (vgl. II.5.1 und II.5.2), die durch die Ausarbeitung gezielter Fragestellungen mit vorbereitet werden. Am *Beispiel* des gleichlaufenden und dichtkämmenden Doppelschneckenextruders, der den für die Aufbereitung von Polymeren wichtigsten Extrudertypen darstellt, wird der Entwurfs- und Auslegungsprozeß *detailliert analysiert*.

Der Bereich der *Direktverarbeitung* verursacht eine Änderung des zugrunde liegenden Szenarios. Da der Ablauf dieses Verfahrens in der Regel nicht dem von konventionellen verfahrenstechnischen Entwicklungsprozessen entspricht, muß ein abgewandeltes Konzept entwickelt und dessen Einfluß auf die kooperative Entwicklung im Szenario abgeleitet werden.

Die Arbeitsschritte und Entscheidungen, die in Form von nicht oder nur wenig strukturierten Daten nach der Analyse des Entwurfsprozesses vorliegen, müssen formalisiert werden, um sie mit einem *Prozeß*- bzw. *Produktmodell* beschreiben zu können. Bei der Wahl der Modellierungssprachen für die technische Ebene ist auf eine konsistente Beschreibung der chemietechnischen und der kunststofftechnischen Arbeitsschritte zu achten, wobei die Arbeiten des PDXI/STEP-Konsortiums berücksichtigt werden sollen. Vorhandene Modelle werden hinsichtlich ihrer Anwendbarkeit untersucht. Ergänzende Anforderungen können hieraus abgeleitet und den Informatikpartnern bereitgestellt werden.

In Anlehnung an die im Szenario betrachtete Polystyrol-Herstellung sind die für diese Kunststoffamilie typischen *Korrelationen* zwischen den für die Entwicklungsaufgabe genutzten technischen Werkstoffeigenschaften einerseits und der polymerisations- und aufbereitungsbedingten physikalisch-chemischen Struktur andererseits zu recherchieren.

Hierzu soll ein geeignetes, den Extrusionsprozeß beschreibendes *Werkzeug* ausgewählt werden. Kriterium ist die Erweiterbarkeit im Hinblick auf die Kopplung verschiedener Extrusionparameter mit den sich ergebenden Eigenschaften des Materials. Die *Erweiterung* erfolgt in Form zusätzlicher Module durch Nutzung eines neutralen Datenaustauschformats. Diese Weiterentwicklung ist notwendig, um langfristig bestehende Lücken der Rechnerunterstützung im Szenario zu schließen.

2.3.6 Zusammenarbeit im Gesamtprojekt

Die Einbindung des Extruderherstellers und Aufbereiters in den verfahrenstechnischen Entwicklungsprozeß führt zwangsläufig zu der Forderung nach *verbesserten* Strukturen für die *Modelle* und *Werkzeuge*, insbesondere da Unternehmensgrenzen und größere räumliche Distanzen überbrückt werden müssen und da ein großer Anteil nicht formalisierbarer Informationen ausgetauscht werden muß.

Das hier geschilderte Teilprojekt muß in enger Abstimmung mit der verfahrenstechnischen Betrachtung der Polymersynthesanlagen erfolgen. Dies gilt insbesondere für die Beschreibung von Produkt- und Prozeßmodellen. *Konsistente, durchgängige* Modelle sind nur durch die enge Zusammenarbeit der Ingenieurpartner erreichbar (vgl. II.2.1 und II.2.2 sowie II.5.1 und II.5.2).

Um den Entwicklungsprozeß durch ein effizientes, durchgängiges *Änderungswesen* zu unterstützen, ist eine enge Zusammenarbeit mit den Teilprojekten des Projektbereichs

"Neuartige Methoden und Werkzeuge" erforderlich. Die geplante Nutzung feingranularer Konsistenzbeziehungen setzt die Strukturierung vielschichtiger Abhängigkeiten zwischen den ausgetauschten Dokumenten voraus. Diese Abhängigkeiten werden in dem vorgestellten Teilprojekt ermittelt und bereitgestellt, damit sie von den inkrementellen Integrationswerkzeugen genutzt werden können.

Literatur

[1] Bang, D., White, J.: An Improved Flow Simulation Model for a Tangential Counter-Rotating Twin Screw Extruder, Intern. Polymer Processing XI, 2, S. 109–114, 1996

[2] Becker, W.: 700 verschiedene Prüfnormen...-ist das nötig? Kunststoffe-Plastics 11/85. S. 14–17, 1985

[3] Berghaus, U.: Direktverarbeitung von im Extruder polymerisiertem Polyamid 6, in: Polymerreaktionen und reaktives Aufbereiten in kontinuierlichen Maschinen, VDI-Verlag, Düsseldorf, 1988

[4] Berghaus, U.: Der Gleichdralldoppelschneckenextruder als kontinuierlicher Reaktor bei der reaktiven Extrusion von Polyamiden und Styrolpolymerisaten, Dissertation an der RWTH Aachen, 1991

[5] Burkhardt, U., Atam, N., Voigt, D.: Aufbereiten von multimodalen Polymerwerkstoffen, Basis PP und PE, Aufbereiten von Kunststoffen mit neuartigen Eigenschaften, VDI-Verlag, Düsseldorf, 1995

[6] Chen, L., Hu, G., Lindt, J.: Residence Time Distribution in Non-Intermeshing Counter-Rotating Twin Screw Extruders, Polymer Engineering and Science 357, S. 598–602, 1995

[7] Chen, Z., White, J.: Simulation of Non-Isothermal Flow in Twin Screw Extruders, Intern. Polymer Processing IX 4, S. 310–318, 1994

[8] Dalhoff, W.: Systematische Extruderkonstruktion, Otto Krausskopf-Verlag GmbH, Mainz, 1974

[9] Domininghaus, H.: Die Kunststoffe und ihre Eigenschaften, VDI-Verlag, Düsseldorf, 1992

[10] Ehrlenspiel, K.: Industrieprobleme in Entwicklung und Konstruktion sowie Folgerungen gemäß einer Umfrage, Konstruktion, 45, S. 389–396, 1993

[11] Fischer, P.: Auslegung von Einschneckenextrudern auf der Gundlage verfahrenstechnischer Kenndaten (Modelltheorie) – Ein Beitrag zur Systematik im Kunststoffmaschinenbau, Dissertation an der RWTH Aachen, 1976

[12] Fritz, H. G., Häring, P.: Modellierung rheologisch-thermodynamischer Vorgänge in Zweischneckenknetern, 14. Stuttgarter Kolloquium, 22.–23. März 1995

[13] Fritz, H. G., Rodi, M.: Schmelzentgasung auf Einwellenextruder durch Modellierung transparent gemacht, 13. Stuttgarter Kolloquium, 17.–18. März 1993

[14] Goffart, D., et al.: Three-Dimensional Flow Modeling of a Self-Wiping Co-Rotating Twin Screw Extruder, Part I: The Transporting Section, Part II: The Kneading Section, Polymer Engineering and Science, 367, S. 901–911 bzw. S. 912–924, 1996

[15] Grefenstein, A.: Rechnergestützte Auslegung von Schneckenreaktoren am Beispiel des dichtkämmenden Gleichdralldoppelschneckenextruders, Dissertation an der RWTH Aachen, 1994

[16] Grünschloß, E.: Anwendung und Grenzen von Modellgesetzen zum Auslegen von Extruderschnecken – Der Extruder im Extrusionsprozeß, VDI-Verlag GmbH, Düsseldorf, 1989

[17] Harkins, J.R., Dubreuil, M.P.: Concurrent Engineering in Product Design/Development Plastics Engineering, 8, S. 27–31, 1993

[18] Harms, E.,G.: Ein neuer Extruder für die Kunststoffverarbeitung – Entwicklung und modelltheoretische Überprüfung, Dissertation an der RWTH Aachen, 1981

[19] Herrmann, H.: Polymerreaktionen und reaktives Aufbereiten in kontinuierlichen Maschinen, VDI-Verlag, Düsseldorf, 1988

[20] Hövelmann, N.: Expertensysteme in der Kunststoffverarbeitung, Dissertation an der RWTH Aachen, 1989

[21] Klarholz, B.: Systematische Optimierung von Einschnecken-Plastifizieraggregaten, Dissertation an der Universität-GH Paderborn, 1995

[22] Langhorst, H.: Modelltheorie für konische Doppelschneckenextruder, Forschungsbericht des IKV, RWTH Aachen, 1988

[23] Martin, G., Pfeiffer, A.: Polymerisation von MMA und Direktextrusion zu PMMA-Halbzeugen, Direktverarbeitung – Integration von Aufbereitung und Verarbeitung, VDI-Verlag, Düsseldorf, 1990

[24] Menges, G., Berghaus, U., Kalwa, M., Speuser, G.: Polymerisation im Kunststoffbetrieb, Kunststoffe 79, Nr. 12, 1989

[25] Menges, G., Wortberg, J., Mayer, A.: Model Theory – An Approach to Design Series of Single Screw Extruders, Adv. Polym. Technol. 2, S.157–165, 1983

[26] Michaeli, W.: Aufbereiten von Kunststoffen, Umdruck zur Vorlesung Kunststoffverarbeitung II an der RWTH Aachen, 1992

[27] Michaeli, W., Berghaus, U., Speuser, G.: Herstellung von Hohlkörpern – Polymersynthese und Blasformprozeß, Teil 1 und 2, Kunststoffe-Plastics 37, 4, S.19–22 u. 5, S.15–18, 1990

[28] Michaeli, W., Grefenstein, A.: Förderverhalten dichtkämmend gleichlaufender Doppelschneckenextruder, Kunststoffe 85, 2, 1995

[29] Michaeli, W., Grefenstein, A.: An Analytical Model of the Conveying Behaviour of Closely Intermeshing Co-rotating Twin Screw Extruders, International Polymer Processing, XI, 2, 1996

[30] Michaeli, W., Grefenstein, A.: Engineering Analysis and Design of Twin-Screw Extruders for Reactive Extrusion, Advances in Polymer Technology, Vol 14, 4, 1995

[31] Michaeli, W., Grefenstein, A., Berghaus, U.: Twin-Screw Extruders for Reactive Extrusion Polymer Engineering and Science, Vol 35, 19, 1995

[32] Michaeli, W., Grefenstein, A., Frings, W.: Synthesis of Polystyrene and Styrene Copolymers by Reactive Extrusion, Advances in Polymer Technology, Vol 12, 1, 1993

[33] Michaeli, W., Reimann, S.: Entgasung in der Doppelschneckenextrusion, Tagungsumdruck zur Fachbeiratsgruppe Extrusion, IKV, 12./13. Nov. '96, Aachen, 1996

[34] Michaeli, W., Peterjohann, H.: Vom Trichter bis zum Werkzeug – Durchgängige Beschreibung der Vorgänge im Extruder, 18. Kunststofftechnisches Kolloquium, IKV, Aachen, 1996

[35] Potente, H.: Auslegen von Schneckenmaschinenbaureihen – Modellgesetze und ihre Anwendung, Kunststoff-Fortschrittsberichte, Carl Hanser Verlag, 6, 1981

[36] Potente, H., et.al.: Rechnergestütze Extruderauslegung, Kunststofftechnisches Seminar, Paderborn, 1992

[37] Potente, H., Lappe, H.: Verweilzeit- und Längsmischgradgleichungen für Schmelzeextruder, Kunststoffe 75 11, S. 855–858, 1985

[38] Potente, H., Melisch, U., Flecke, J.: Mit SIGMA dichtkämmende Gleichdralldoppelschneckenextruder optimieren, Teil 1, P1, S. 42–48, 1995

[39] Potente, H., Melisch U.: Theoretical and Experimental Investigations for the Melting of Pellets in Co-Rotating Twin Screw Extruders, Intern. Polymer Processing XI 2, S. 101–108, 1996

[40] Shastri, R., Tiba, M. H., Baur, E.: Campus – A valuable global tool for design engineers in preselection plastics Tagungsumdruck SPI – Structural Plastics, 3.–5. April 1995 Boston, S. 59–71, 1995

[41] Swindels, N.,: The Develpment of an Application Protool for the Representation and Exchange of Data from Engineering Plastics First Draft, Ferroday Ltd., 1993

[42] Swindels, N., Carpenter, J.: Part 45 – Integrated generic resources: Material Working Draft des ISO TC 184/SC4/WG3, 1995

[43] Thiele, H.: Bedeutung von Stofftrennprozessen beim Herstellen und Aufbereiten von Polymeren, Entgasen beim Herstellen und Aufbereiten von Kunststoffen, VDI-Verlag, Düsseldorf, 1992

[44] Turek, J.: EPS – ein Expertensystem zur Auslegung von Plastifizierschnecken, Beitrag zum 15. Kunststofftechnischen Kolloquium, IKV, Aachen, 1990

[45] White, J. L., Kim, M.H.: Simulation of Flow in Non-Intermeshing Counter-Rotating Twin Screw Extruders and Continuous Mixers for the Rubber and Thermoplastics Industry, Kautschuk + Gummi Kunststoffe, 44. Jahrgang, 7, 1991

[46] Wildemann H.: Lean Management: Strategien zur Realisierung schlanker Strukturen in der Produktion, in: Lean Strategy: Wege zu mehr Effizienz in der Produktentwicklung, Produktion, Service, Vertrieb, Tagungsbericht Managementforum, 6.–7. 10. 1992, Bad Homburg, GMFT-Verlag, München, S. 97–109, 1992

[47] Wüsten, E.: Untersuchungen der Drehzahlen und Gangtiefen von Einschneckenextrudern – ein Beitrag zur Entwicklung von Dimensionierungsvorschriften für Maschinenbaureihen, Dissertation an der RWTH Aachen, 1989

3 Neuartige Methoden und Werkzeuge

Dieser Projektbereich stellt *neuartige Informatik-Unterstützung* für verfahrenstechnische Entwicklungsprozesse zur Verfügung, indem er die folgenden Konzepte einführt und damit Integrationsfunktionalität realisiert: (1) erfahrungsbasierte Prozeßunterstützung zur Verbesserung der Handlung der Entwickler, (2) indirekte Prozeßunterstützung zur Sicherung der Konsistenz ihrer Ergebnisse, (3) Reaktivität durch Anpassung der Modelle durch Entwickler/Manager während des Prozesses. Ein weiteres Projekt zur (4) multimedialen Kommunikation von Entwicklern soll in Zukunft dem SFB beitreten. Die Konzepte (1), (2) und evt. (4) werden im ersten Antragszeitraum zur Unterstützung der technischen Entwickler auf feingranularer Ebene eingesetzt, während Reaktivität (3) hauptsächlich zur verbesserten Koordination auf grobgranularer Ebene eingeführt wird.

Die *Arbeitsteilung* mit den ingenieurwissenschaftlichen Projekten in Bezug auf den Werkzeugbau wurde bereits im Vorspann zum letzten Kapitel angesprochen. Die entstandenen anwendungsspezifischen Modelle für den Entwicklungsprozeß, die die neuen Integrationsfunktionalitäten nutzen, werden in möglichst allgemeiner Form in Software umgesetzt, um danach für eine konkrete Einsatzstelle im Szenario spezialisiert zu werden. Die softwaretechnische Begleitung sichert, daß die neuen Werkzeuge in den Gesamtverbund und in das Rahmenwerk integrierbar sind (vgl. II.5.3). Die im nächsten Kapitel beschriebenen Projekte sorgen für Flexibilität und Unabhängigkeit von der zugrundeliegenden Plattform. Die entsprechenden Anforderungen von seiten des Werkzeugbaus werden hier formuliert.

Die drei Teilprojekte dieses Kapitels, die den obengenannten Konzepten (1) bis (3) gewidmet sind, schaffen nach ihrer Realisierung jeweils *einzeln* eine wesentliche *zusätzliche Qualität* der Unterstützung, oberhalb der bestehender Werkzeuge. Sie können aber insbesondere verschränkt genutzt werden, mit entsprechender *synergetischer Verstärkung* (vgl. I.1). Dies setzt voraus, daß die Interaktion, Integration und Reaktivität verstanden und als Teil des Prozeß-Produktmodells formalisiert sind. Wegen der synergetischen Verschränkung ergeben sich entsprechende enge Zusammenhänge zwischen den im folgenden beschriebenen Teilprojekten.

Neben dem Beitrag zu den Erweiterungen bestehender Werkzeuge zur Vorbereitung der Integration und den Spezialisierungen der hier entstehenden neuen Werkzeuge für eine konkrete Einsatzstelle im Szenario, bestehen die *Softwareergebnisse* dieses Kapitels aus folgendem: (i) die Modelle für die neuen Konzepte müssen nach ihrer Formalisierung in spezifische Werkzeugfunktionalität gegossen werden. Insbesondere muß (ii) das Zusammenwirken der Konzepte, nach Formalisierung der ensprechenden Mechanismen, als Software realisiert werden. Die Realisierung der Werkzeuge und ihres Zusammenwirkens besteht dabei aus verschiedenen Softwareschichten, die neben der Abbildung von Strukturierungs- und Ausführungsmodellen auch (iii) weitere Standardkomponenten umfassen. Die Realisierung der Werkzeuge stützt sich dabei auf die Softwareergebnisse des nächsten Kapitels ab.

Als Beitrag zum Rahmenwerk entstehen ein (a) die Erweiterungen zu kooperativen Arbeitsumgebungen, (b) die Administrationsumgebung zur Koordination der Entwickler,

(c) die in einer späteren Phase des SFB gefundenen gemeinsamen Komponenten für die Implementierung von Erweiterungen, neuen Werkzeugen sowie ihrer Verschränkung.

3.1 Erfahrungsbasierte Unterstützung kooperativer Entwicklungsprozesse

M. Jarke, K. Pohl, R. Dömges
Lehrstuhl für Informatik V

Zusammenfassung

Ziel des Teilprojekts ist die Entwicklung von *Modellen, Methoden* und *Werkzeugen* für die *direkte, feingranulare Unterstützung* der *kooperativen Entwicklung* verfahrenstechnischer Prozesse. Die Entwicklung verfahrenstechnischer Prozesse ist eine kreative Aufgabe, die sich einer umfassenden und allgemeinen Präskription entzieht. Das bedeutet jedoch nicht, daß überhaupt keine Prozeßunterstützung möglich ist. Zum einen können aufgezeichnete Erfahrungen (*traces*) ähnlicher Entwicklungsprozesse analog wiederverwendet werden, zum anderen sind auch bestimmte standardisierbare Bausteine (*process chunks*) denkbar, die in vielen Entwicklungsprozessen immer wieder auftreten und daher generell definierbar sind. In der ersten Förderperiode konzentrieren sich die Arbeiten auf die Unterstützung von Entwicklern in kleineren, abteilungsinternen Entwicklergruppen. Dabei werden die zunächst relativ generischen Ansätze in Kooperation mit den ingenieurwissenschaftlichen Teilprojekten zur Vorgehensbeschreibung (vgl. die Abschnitte II.2.1 und II.2.3) schrittweise zu domänenspezifisch detaillierten Prozeßmodellen und -werkzeugen verfeinert. In der zweiten Phase wird darüberhinaus die Unterstützung von abteilungsübergreifenden Entwicklerteams angestrebt.

3.1.1 Einleitung

Zunehmende Vorschriftendichte, globaler Konkurrenzdruck und starke Betonung der Kostensenkung sind nur einige der Gründe, warum die *Änderungsentwicklung*, also die kontinuierliche Überarbeitung bestehender chemietechnischer Verfahren, heute bezogen auf den Zeitaufwand mindestens gleichgewichtig neben der (strategisch natürlich nach wie vor bedeutsamen) Neuentwicklung verfahrenstechnischer Prozesse steht. Die Abteilungen für Anlagenplanung bzw. Verfahrenstechnik sind als Folge des Business Process Reengineering der letzten Jahre zunehmend in die Rolle kurzfristiger Dienstleister versetzt worden, die mit wesentlich kleineren Auftragsvolumina jeweils nur geringe Teile des kompletten Anlagenentwicklungsprozesses (nochmals) durchlaufen [40]. Meist handelt es sich dabei um Abwandlungen von Vorgängen, wie sie entweder bereits bei der ursprünglichen Anlagenentwicklung (die aber meist Jahre bis Jahrzehnte zurückliegt) oder aber in ähnlicher Form (weil aus ähnlichem Anlaß) bei vergleichbaren Anlagen aufgetreten sind.

Erste empirische Untersuchungen im Vorfeld des SFB IMPROVE zeigen, daß diese Problematik in der Industrie zwar erkannt ist, daß aber erfolgversprechende Lösungsansätze sowohl auf methodischer Seite als auch werkzeugseitig noch ausstehen. Das vorliegende Teilprojekt versucht daher, die Erfassung und Wiederverwendung von Erfahrungen in kooperativen Entwicklungsprozessen zu systematisieren und durch prozeßintegrierte Softwarewerkzeuge auf Basis des am Lehrstuhl entwickelten PRIME-Frameworks zu unterstützen. Komplementär zum Teilprojekt "Reaktives Administrationssystem" zielen wir nicht auf die Unterstützung des grobgranularen Projektmanagements, sondern auf die der einzelnen Bearbeiter bzw. Bearbeiterteams ab.

Die Aufzeichnung der Prozeßspuren erfolgt unter Verwendung des Process Data Warehouse (Abschnitt II.4.1). Die direkte Prozeßunterstützung unterstützt die Entwickler situationsbezogen und flexibel durch die *modellbasierte Aufzeichnung* und geeignete *Visualisierung* der Prozeßausführung, die situative *Wiederverwendung* der aufgezeichneten Daten sowie durch das *Lernen neuer Methodenfragmente* aus aufgezeichneten Prozeßspuren. In diesem Rahmen wird das Team zusätzlich durch visuelle und algorithmische Verfahren zur Gruppenentscheidung und Gruppenbildung unterstützt. Häufig vorkommende validierte Methodenfragmente können zwecks weitergehender Automatisierung in inkrementelle Integrationswerkzeuge (vgl. II.3.2) umgesetzt werden. Die entwickelten Mechanismen können auch zur direkten, feingranularen Unterstützung des Projektmanagers bei der Erstellung von Aufgabenplänen und Produktbeschreibungen verwendet werden (vgl. II.3.3).

3.1.2 Stand der Forschung

Prozeßzentrierte Entwicklungsumgebungen konzentrieren sich heute auf die Integration verschiedener Dokumente und Prozesse unter Verwendung formaler Prozeßmodellierungssprachen [21]. Die Prozeßausführung besteht aus einer *zentral gesteuerten Interpretation* der formalen Modelle [10]. Probleme in der Ausführung versuchen diese Ansätze durch Ausnahmebehandlung zu berücksichtigen [24]. Dies macht die erzeugten Modelle sehr komplex, trotzdem können nicht alle Eventualitäten abgedeckt werden. Für eine feingranulare, situative Unterstützung kooperativer und kreativer Prozesse sind diese Ansätze daher ungeeignet [27].

Zudem fehlt, besonders im Bereich kreativer Prozesse, explizites *Wissen über das methodische Vorgehen* des einzelnen Entwicklers bzw. der Entwicklerteams. Zur Gewinnung von Prozeßfragmenten aus Erfahrungen gibt es zwar erste Ansätze [1, 15], eine integrierte technische Unterstützung fehlt jedoch weitgehend. Die Notwendigkeit der projekt- und kooperationsspezifischen *Anpassung von Methoden* wurde zwar erkannt, und erste Teillösungen wurden entwickelt [13, 41]. Jedoch stellt die Integration zwischen den Methodenfragmenten und den zur Prozeßausführung verwendeten Werkzeugen ein offenes Problem dar [10, 26].

Die Bedeutung der *Nachvollziehbarkeit und Erfahrungsorientierung* wird überall betont (etwa im Kaiserslauterer SFB 501). Gerade zur Nachvollziehbarkeit von Teamarbeit im Entwurf gibt es aber außer den einfachen Design-Rationale-Ansätzen des Concurrent Engineering kaum Herangehensweisen. Diese sind zudem eher der soziologischen Forschung als der Entwurfspraxis zuzurechnen [30]. Die in der abteilungsübergreifenden Kooperation zusätzlich auftretenden Probleme des Eigentums an Prozeßspuren sind in empirischen Untersuchungen bei der US Navy belegt [31]. Das Problem verschärft sich bei der Ausdehnung der Nachvollziehbarkeit auf kooperative Prozesse.

Rechnergestützte Kooperation und Gruppen-Entscheidungsunterstützung werden seit etwa 1980 diskutiert. Trotz großer technischer Fortschritte ist die Einführung von Groupware oft gescheitert [12, 23], unter anderem wegen der isolierten Betrachtung von Kooperation und Anwendung [11], trotz moderner Entwurfsparadigmen wie Total Quality Management [22] oder Participatory Design [4].

Zur *Prozeßplanung* gibt es praxiserprobte Verfahren des Projektmanagements (Varianten der Netzplantechnik). Allerdings führen diese Ansätze lediglich eine statische Optimierung durch und berücksichtigen kaum die Möglichkeit von Änderungen. Nach Ackoff's bereits Mitte der 60er Jahre vorgeschlagenen Theorie des proaktiven Managements (vgl. u.a. [37]) ist demgegenüber zu fordern, die Arbeitsteilung innerhalb eines Projekts von vorneherein im Hinblick auf mögliche Probleme und damit die Änderungsfreundlichkeit zu organisieren, und bei tatsächlich auftretenden Problemen die davon Betroffenen zwecks kooperativer Planänderung automatisch feststellen zu können.

Es existiert derzeit *kein Ansatz*, der die in den aufgeführten Forschungsgebieten erzielten Ergebnisse integriert und zu einer erfahrungsbasierten Unterstützung von kooperativen Entwicklungsprozessen weiterentwickelt.

3.1.3 Eigene Vorarbeiten

Das Vorhaben baut vor allem auf Erfahrungen im Anwendungsbereich Requirements Engineering für Informationssysteme auf, allerdings gibt es auch bereits erste Erfahrungen mit der Übertragung in die Verfahrenstechnik.

Allgemeine methodische Vorarbeiten

Seit 1983 befaßte sich das NSF-Projekt REMAP mit der *Wartungsunterstützung* in Softwareprojekten [5,6]. In REMAP entstanden Dissertationen zur *Änderungspropagierung* [32] und zum wissensbasierten Projektmanagement [36, 37]. Diese Arbeiten wurden im Teilprojekt "Expertenkooperation in Objektbanken für Entwurfsanwendungen" im DFG-Schwerpunkt "Objektbanken für Experten" fortgesetzt und führten zu Modellen der entscheidungsorientierten *Versions- und Konfigurationsverwaltung* [33, 34, 35] sowie der Integration von Objektverteilung, Aufgabenverteilung und Ideendiskussion in *kooperativen Designrepositorien* [19]. Datensicherheit wurde auf der konzeptuellen Ebene in [38, 39] betrachtet.

In den ESPRIT Projekten DAIDA und NATURE wurden Modelle und Werkzeugkonzepte zur *Nachvollziehbarkeit von Entwurfsprozessen* entwickelt [15, 25, 26, 28] und in der Entwicklungsumgebung PRO-ART umgesetzt [29]. Das DFG-Projekt PRIME verallgemeinert diesen Ansatz zu einem objektorientierten Framework für prozeßintegrierte Modellierungsumgebungen [27]. Multimediale Aspekte wurden durch CoAUTHOR [8] (ESPRIT MULTIWORKS) eingebracht und werden derzeit durch die Betrachtung des Einsatzes informeller multimedialer Szenarien im EU-Projekt CREWS [42] ergänzt.

Langjährige Vorarbeiten über *multikriterielle Gruppenentscheidungsunterstützung* (Co-oP [2,3]) und Verhandlungsunterstützung (MEDIATOR [17, 18]) werden durch das CoDecide-Toolkit [14, 16] zusammengeführt. CoDecide unterstützt kooperatives Entscheiden durch matrixbasierte Visualisierung und Konfrontation der unterschiedlichen

Sichten auf multidimensionale Datenbestände, wie sie auch im Data Warehousing (vgl. Abschnitt II.4.1) vorzufinden sind.

Praktische Erfahrungen ergaben sich aus der Nutzung der am Lehrstuhl entwickelten kooperativen Methoden und Werkzeuge in Anwendungsprojekten aus den Bereichen Maschinenbau (BMFT-Forschergruppe WibQuS), Medizin (BMBF-Projekt MEDWIS) und Wissenschaftskooperation (EU-Telematikprojekt CoopWWW) auf Basis des am Lehrstuhl verwalteten WWW-Servers SunSITE Central Europe. Das im CoopWWW-Projekt entstandene BSCW-System (Basic Support for Cooperative Work) wird zur Verwaltung verteilter Projekte von mehreren tausend Benutzern weltweit eingesetzt, u.a. auch zur Administration des SFB selbst.

Vorarbeiten in der Verfahrenstechnik

Auch im verfahrenstechnischen Bereich wurden in zwei Industrieprojekten Erfahrungen im thematischen Umfeld des Vorhabens gewonnen. Eines dieser Projekte betraf die qualitätsgesicherte Integration von expertensystem-gestützter Prozeßsteuerungsdefinition und Prozeßsteuerungsoperation [9], das andere eine Geschäftsprozeß- und DV-Infrastrukturanalyse des Bereichs Anlagenbau, um ein Verständnis der in diesem Bereich heute anzutreffenden Situation und Probleme zu erhalten [40].

1994 begann eine Zusammenarbeit mit dem Lehrstuhl für Prozeßtechnik, in welcher die aus dem Requirements Engineering bekannten Anforderungen an Nachvollziehbarkeit auf die Problematik der Entwicklung verfahrenstechnischer Simulationsmodelle übertragen wurde [20], allerdings ohne Betrachtung der Kooperationsaspekte. Beide Lehrstühle sind ab Anfang 1997 gemeinsam am Brite-Euram-Projekt CAPE-OPEN der EU beteiligt, in welchem die Chemieindustrie weltweit die Standardisierung des Datenaustauschs in offenen Prozeß-Simulationsumgebungen vorantreiben will.

Mittlerweile wurden auf Basis dieser Vorüberlegungen zwei Prototypen entwickelt, der eine (MODKIT, vgl. Abschnitt II.2.2) mit starker Betonung der verfahrenstechnischen Produktmodelle, der andere (TECHMOD [7]) zur Demonstration von Prozeßintegration und Nachvollziehbarkeit. Im Folgenden sei das TECHMOD-System etwas genauer erläutert, das den Ausgangspunkt für das Teilprojekt im SFB bildet.

TECHMOD baut auf Pohls [28] Vorstellung kooperativer Modellierungsprozesse als Suche in einem dreidimensionalen Raum auf, der durch die Dimensionen Repräsentationstransformationen, Verständnisgewinnung und sozialer Einigung aufgespannt wird. Wie in Abb. 3.1 beschrieben, enthält der TECHMOD-Prototyp für jede dieser Dimensionen (relativ einfache) verfahrenstechnikspezifische Werkzeuge, deren Einsatz vom Benutzer mittels eines prozeßmodellgesteuerten Kommunikationsservers gesteuert, aber auch in einem Trace Repository (siehe dazu Abb. 3.3) dokumentiert wird.

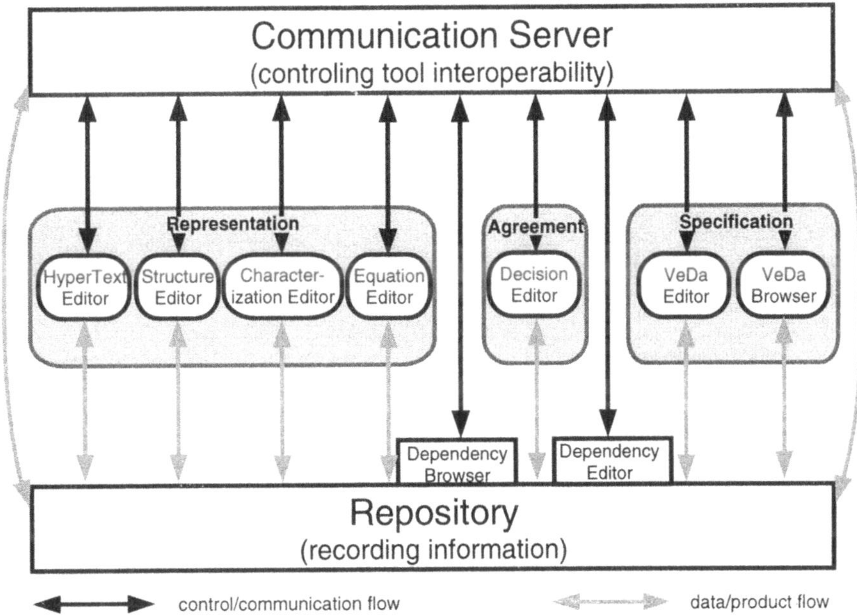

Abb. **3.1** : TECHMOD-Systemüberblick

Der Bildschirmabzug in Abb. 3.2 zeigt einen Ausschnitt aus der *Verfahrensüberarbeitung* eines Rührkesselreaktors mit Hilfe des TECHMOD-Prototypen (für Details vgl. [7]). In der Mitte rechts erkennt man einen (eigentlich hierarchisch dekomponierbaren, hier aber nur auf einer Abstraktionsebene gezeigten) flowsheetorientierten Struktureditor, links davon formalere Repräsentationen in Form von Charakterisierungen und Gleichungseditoren (nicht gezeigt ist die informelle Hypertextdarstellung, die der Prototyp ebenfalls anbietet). Links oben ist die Dokumentation von Entwurfsentscheidungen in einem REMAP-ähnlichen Ansatz gezeigt, rechts unten sind die sich aus diesen Entscheidungen abgeleiteten und weitgehend automatisch erfaßten Abhängigkeiten zwischen Produktbestandteilen dargestellt.

Damit sind einige Grundbausteine für die Erfahrungswiederverwendung hergestellt; erste Erfahrungen haben jedoch gezeigt, daß in größeren Projekten schnell die Übersicht verloren geht, so daß die Entwicklung geeigneter Abstraktionsmechanismen und Visualisierungen von Prozeßspuren noch erheblichen Forschungsaufwands bedarf. Zudem ist das im System realisierte verfahrenstechnische Unterstützungswissen noch vollkommen unzureichend.

3.1.4 Ziele, Methoden und Ansatz

Ausgehend von der durch die Vorarbeiten gestützten Hypothese, daß mangels standardisierter Vorgehensweisen im verfahrenstechnischen Entwurf eine Unterstützung ganz we-

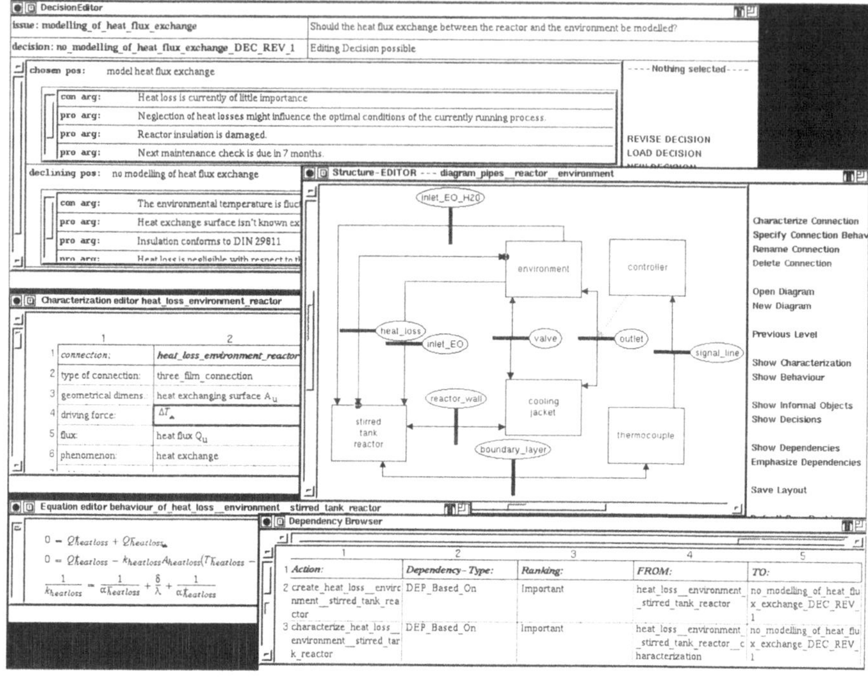

Abb. 3.2 : Bildschirmabzug des TECHMOD-Systems

sentlich auf der Nutzung von Erfahrungen innerhalb oder zwischen Entwurfsprozessen ausgehen muß, entwickelt das Teilprojekt Modelle und Werkzeuge für eine *direkte, feingranulare Unterstützung* kooperativer Entwicklungsprozesse unter *Verwendung abgespeicherter Erfahrungsdaten* (vgl. Abb. 3.3). Die zunächst generischen Modelle und Werkzeuge werden mit den in den in Kapitel II.2 und II.5 beschriebenen ingenieurwissenschaftlichen Vorgehensweisen zu einer domänenspezifischen, erfahrungsbasierten und erweiterbaren Sammlung rechnergestützter Prozeßfragmente zusammengeführt.

Erstes Teilziel ist die Definition einer *Prozeßmodellierungssprache*, welche gleichzeitig den Ausgangspunkt für die empirische Erfassung ingenieurwissenschaftlicher Vorgehensweisen und für die detaillierte formale Ausarbeitung und Werkzeugunterstützung bildet. Ziel dieser Sprache ist die kontextabhängige Unterstützung des Entwicklers während der Durchführung des Entwicklungsprozesses. Da erfahrungsbasiert unterstützt werden soll, wird die Sprache eher deskriptiv als normativ ausgelegt. Sie soll den Prozeß in Form *kleiner, frei kombinierbarer Prozeßfragmente aus unterschiedlichen Sichten* (zielorientiert, produktorientiert, ablauforientiert, werkzeugorientiert, agentenorientiert etc.) repräsentieren können.

Zweites Teilziel ist die Entwicklung generischer Werkzeuge zur *Aufzeichnung und Darstellung von Spuren* kooperativer Entwicklungsprozesse. Das Aufzeichnen der Prozeßspuren ermöglicht einerseits (komplementär zur produktorientierten Sicht in Abschnitt

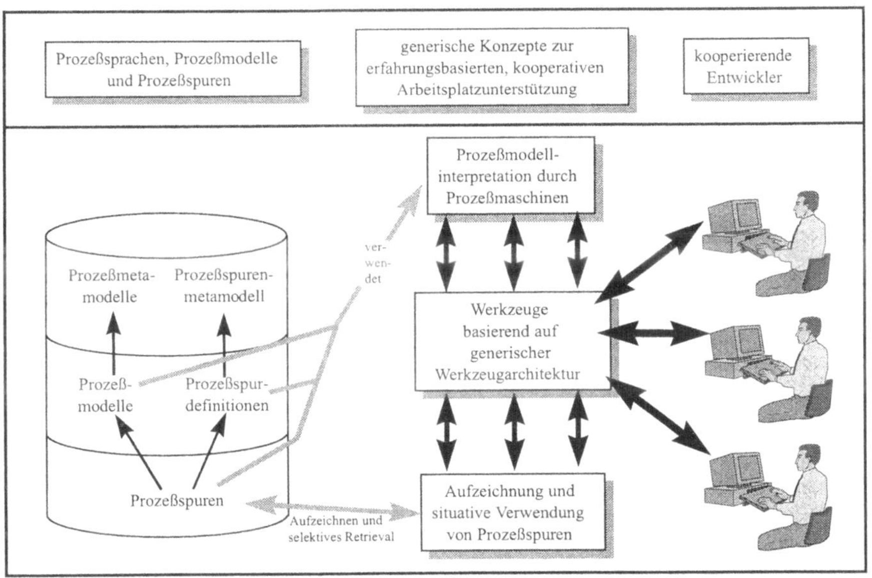

Abb. 3.3 : Struktur der direkten, feingranularen Prozeßunterstützung

II.2.2) die Prozeßsicht einer *feingranularen Dokumentenintegration*, anderseits werden dadurch arbeitsplatzspezifische Kontexte festgehalten und zur Wiederverwendung aufbereitet. Die *Prozeßspuren* sollen so weitgehend automatisch und *modellgesteuert* von Prozeßmaschinen bzw. den Werkzeugen selbst aufgezeichnet werden. Die Präsentation der Prozeßspuren muß die arbeitsplatzspezifische Situation des Entwicklers berücksichtigen.

Die *Wiederverwendung von Prozeßspuren*, drittes Teilziel des Projekts, wird auf mehreren Stufen unterstützt. Zunächst werden einzelne Prozeßspuren mittels ähnlichkeitsbasierter Abfragen aus der Prozeß-Datenbank geholt und als Anleitung für die Ausführung neuer Prozesse oder zur Änderungsunterstützung verwendet. In der zweiten Stufe werden häufig auftretende Muster bestimmter Prozeßstücke identifiziert und einer Prozeßmaschine zur Interpretation zur Verfügung gestellt. Haben sich diese Muster schließlich soweit stabilisiert, daß sie als gesicherte ingenieurwissenschaftliche *Methodenbausteine* angesehen werden können, erfolgt eine "Kompilation" in spezielle Werkzeugfunktionalitäten oder Integrationswerkzeuge.

Viertes Teilziel ist die technische Unterstützung durch eine *Familie von Prozeßmaschinen*, welche für ein Prozeßmodell *jeweils eine Sicht auf den Prozeß unterstützen*. Von dem bisher üblichen Konzept einer homogenen Prozeßmaschinerie wird abgewichen, damit sich die Unterstützung an die Verschiedenartigkeit der Vorgehensweisen (z.B. hierarchische Planung, argumentationsbasierte Entscheidungsunterstützung, Wiederholung eines vorherigen Ablaufes mit leichten Variationen, planbasierte oder gar teilautomatisierte Prozeßausführung) anpassen kann. Besonderes Gewicht wird auf die Unterstützung gemeinsamer Entwurfsentscheidungen in der Gruppe unter Erweiterung des CoDecide-Modells gelegt.

Die für die Arbeitsplatzunterstützung entwickelten Modelle und Werkzeuge konzentrieren sich zunächst auf abteilungsinterne Entwicklergruppen. In späteren Projektphasen sollen (komplementär zur reaktiven Administration in II.3.3) auch große Entwicklerteams durch *proaktives Management* und *abteilungsübergreifende Verhandlungsprozesse* unterstützt werden. Statt zentral verwalteter werden dann unabhängig voneinander gewonnene Prozeßspuren betrachtet. Dies ist insbesondere deshalb schwierig, da wegen der Gefahr des Know-How-Abflusses Schutzmaßnahmen ergriffen werden müssen, die der ursprünglichen Anforderung nach Nachvollziehbarkeit entgegenlaufen. Der Übergang von einer zentralistischen zu einer föderativen Sicht erschwert das Durchsetzen globaler Änderungen. Insbesondere muß über Informations- und Dienstaustausch formal verhandelt und berichtet werden.

Der Lösungsansatz zur Erreichung all dieser Ziele geht von den im TECHMOD-Prototyp gewonnenen ersten Erfahrungen mit der Anpassung des PRIME-Ansatzes zur Prozeßintegration an verfahrenstechnische Belange aus, erweitert diese aber in zweierlei Hinsicht wesentlich. Zum einen ist die verfahrenstechnische Modellierung sehr viel systematische auszuarbeiten, zum anderen ist entsprechend dem A-posteriori-Ansatz des SFB zu berücksichtigen, daß ein beträchtlicher Teil der im Entwicklungsprozeß eingesetzten Werkzeuge nicht voll prozeßintegrierbar ist, da mit vorhandenen Werkzeugen gearbeitet wird, die nur mit Einschränkungen für den Eingriff in die verschiedenen benötigten Integrationsdimensionen offen sind.

3.1.5 Probleme, Arbeitsschritte

In der laufenden Projektphase steht zunächst die Entwicklung einer direkten, feingranularen und arbeitsplatzbezogenen Unterstützung für kleine, kooperierende Entwicklergruppen mittels der Definition von Prozeßfragmenten und unter Verwendung von aufgezeichneten Prozeßspuren im Vordergrund. Anschließend erfolgen parallel deren Validierung und Verfeinerung in verfahrenstechnischen Anwendungen sowie die Integration mit Werkzeugen zur indirekten und administrativen Prozeßunterstützung.

Wie jedes interdisziplinäre Vorhaben steht das Teilprojekt vor einem "Henne-Ei-Problem", mit dem der Arbeitsplan umzugehen hat: Die informatische Modellierung des verfahrenstechnischen Entwicklungsprozesses ist auf Domänenwissen angewiesen; dieses wiederum kann nur mit Hilfe informatischer Modellierungsansätze strukturiert dargestellt werden. Dieses Dilemma wird durch parallele Top-Down-Verfeinerung der informatischen Modellierung und Bottom-Up-Strukturierung der enormen Vielfalt verfahrenstechnischer Arbeitsschritte iterativ auf Basis der in der TECHMOD-Kooperation bereits gemachten Erfahrungen gelöst, wobei zusätzlich zu diesen interdisziplinären Arbeitsweisen auch noch direkte Entwicklerbeobachtungen in der Praxis zwecks Validierung sowohl der verfahrenstechnischen als auch der informatischen Modellierungs- und Unterstützungsansätze zu leisten sind.

Aus dieser grundsätzlichen Vorgehensweise ergeben sich in Kombination mit den detaillierten Projektzielen folgende Arbeitsschritte:

AP–1 Zunächst wird die bisher für den Bereich Requirements Engineering vorliegende kontextbasierte Prozeßmodellierungssprache zur Beschreibung von feingranularen Prozeßfragmenten mit nur sehr groben Verfahrenstechnik-spezifischen Elementen angereichert. Diese erste Sprachversion wird in enger Zusammenarbeit mit ingenieurwissenschaftlichen Teilprojekten zu einer hinreichend ausdifferenzierten verfahrenstechnischen Prozeßmodellierungssprache verfeinert. Die unterschiedlichen domänenspezifischen Bedürfnisse soll diese Sprache durch geeignete Facetten unterstützen.

AP–2 Entwicklung generischer Werkzeuge zur arbeitsplatzgerechten Aufzeichnung und Darstellung von Prozeßspuren unter Nutzung des Process Data Warehouse, der CORBA-basierten Dienstevermittlung sowie arbeitswissenschaftlicher Erkenntnisse. Die feingranulare Unterstützung des Entwicklers erfordert die Entwicklung von prozeßintegrierten Werkzeugen, die in der Lage sind, ihr Verhalten der aktuellen Prozeßsituation und der Prozeßdefinition anzupassen. Hierzu müssen die Werkzeuge einerseits über Prozeßwissen verfügen und die Benutzerinteraktionen auf den aktuellen Prozeßzustand anpassen. Andererseits muß die Prozeßmaschine die Werkzeuge über den aktuellen Prozeßzustand, d.h. die Interpretation des aktuellen Prozeßmodells, unterrichten. Die Kooperation der Entwickler soll zudem durch die situative Verwendung der aufgezeichneten Prozeßspuren unterstützt werden. Hierzu sind von den generischen Werkzeugen geeignete Visualisierungs- und Retrievalfunktionalitäten zur Verfügung zu stellen. Aufgrund erster empirischer Untersuchungen spielt das *Fließbildkonzept* eine zentrale Rolle in der feingranularen Dokumentation. Hierfür soll daher ein vollständig prozeßintegriertes Werkzeug entwickelt werden, während andere existierende Werkzeuge vermutlich nur mit abgeschwächter Prozeßintegration a posteriori integriert werden können.

AP–3 Entwicklung eines Werkzeugs zur Modellierung von feingranularen Prozeßmodellen sowie einer Familie von Prozeßmaschinen zur Ausführung der Modelle. Neben den Modellen müssen diese Prozeßmaschinen auch die spezifischen Gegebenheiten der prozeßintegrierten Werkzeugarchitektur berücksichtigen. Die Idee ist, eine Prozeßintegration von der Leitdomäne und den generischen Werkzeugen durch die Entwicklung einer generischen, sprachunabhängigen Prozeßmaschinenarchitektur zu gewährleisten. Diese regelt beispielsweise die Kommunikation zwischen Prozeßmaschine und Werkzeugen und stellt Mechanismen für den Zustandsabgleich von Werkzeugen und Prozeßmaschinen bereit.

AP–4 Validierung von Sprachen und Basiswerkzeugen in Zusammenarbeit mit Arbeitswissenschaftlern und Verfahrenstechnikern. Hierzu werden die in den ingenieurwissenschaftlichen Teilprojekten definierten Vorgehensweisen unter Verwendung der in AP–1 entwickelten Prozeßmodellierungssprache modelliert. Basierend auf der während der Validierung festgestellten Unzulänglichkeiten erfolgt eine Weiterentwicklung der Sprache sowie eine Anpassung der Prozeßmaschinen und der generischen Werkzeugarchitektur.

AP–5 Die entwickelte Arbeitsplatzunterstützung wird an die problemspezifischen Bedürfnisse sowie domänenspezifischen Gegebenheiten angepaßt. Hierbei wird besonders die Visualisierung der Prozeßfragmente sowie die benutzergerechte Darstellung der Produktfragmente und deren Bezug zu der gewohnten Fließbild-Umgebung berücksichtigt.

AP–6 Entwicklung von Mechanismen zur Verwendung aufgezeichneter Spuren zur direkten Prozeßunterstützung sowie zum Lernen von Prozeßfragmenten aus aufgezeichneten Prozeßspuren. Die Verwendung von Prozeßspuren während der Modellierung soll einerseits durch die feingranularen Prozeßmodelle vorgeschrieben, anderseits aber auch vom Benutzer initiiert werden können. Die Selektion der anzuzeigenden Spuren aus dem Data Warehouse, sowie eine gegebenenfalls notwendige Reduktion der aufgezeichneten Daten, soll durch die Einbeziehung der aktuellen Modellierungssituation (des aktuellen Prozeßzustandes) sowie der Prozeßdefinitionen erreicht werden. Neben der Verwendung der Prozeßspuren während der Modellierung dienen die Spuren zusätzlich zum Lernen von Methodenfragmenten. Hierzu werden ähnliche Prozeßspuren unter Verwendung existierender Prozeßdefinitionen in Cluster überführt und dann zu Methodenfragmenten verdichtet.

AP–7 Am Ende dieser Phase steht ein erster Ansatz für eine Umsetzung der gelernten Prozeßfragmente in Spezifikationen für inkrementelle Integrationswerkzeuge (II.2.2) sowie für eine Einbindung existierender Integrationswerkzeuge in die direkte Prozeßunterstützung. Auch mögliche Bezüge der direkten, feingranularen Arbeitsplatzunterstützung zu der im Abschnitt II.2.3 beschriebenen administrativen Unterstützung sollen anhand von Demonstrationsszenarien untersucht werden.

3.1.6 Zusammenarbeit im Gesamtprojekt

Das Teilprojekt trägt zum Gesamtvorhaben Modelle, Methoden und Werkzeuge zur feingranularen, direkten Arbeitsplatzunterstützung kooperativer Entwicklungsprozesse unter Verwendung abgespeicherter Erfahrungsdaten bei. Somit liegt der Hauptbeitrag in der *direkten Prozeßunterstützung* durch kooperative, entscheidungsunterstützende Werkzeuge sowie die Verwendung von Erfahrungsdaten. Dadurch wird zusätzlich die konsistente Integration von Änderungen und die Gruppenanbindung unterstützt.

Bezüglich der verschiedenen Realisierungsebenen von Prozeß-Produkt-Modellen entwickelt das Teilprojekt hauptsächlich Modelle und Methoden für die prozeßgesteuerte direkte Arbeitsplatzunterstützung (Ebene 2 in Abb. 1.7 von Kap. II.1). Durch die aufgezeichneten Prozeßspuren und die daraus extrahierten Prozeßfragmente werden zusätzlich die Ebenen 1 und 3 (Benutzermodell und interne Modelle) unterstützt.

Der wesentliche Beitrag dieses Teilprojektes zum Rahmenwerk zur A-posteriori-Integration liegt in der *Erweiterung* der *technischen* und *Management-Umgebungen um direkte Prozeßunterstützung*. Die aufgezeichneten Prozeßspuren sowie die extrahierten Prozeßfragmente führen zusätzlich zu einer Verbesserung der semantischen Datenmodelle für Prozesse und Produkte.

Das Teilprojekt ist in seiner prozeßorientierten Betrachtungsweise komplementär zu den in Abschnitt II.2.2 beschriebenen produktorientierten inkrementellen Integrationswerkzeugen. Beide Ansätze sollen sich mittelfristig wechselseitig nutzen, einerseits zur

Laufzeit (Nutzung von Integrationswerkzeugen in Prozeßfragmenten, Nutzung von Prozeßfragmenten gewisser Ablaufsteuerungsaufgaben in den Integrationswerkzeugen), andererseits als Teil des Methodenlernens ("Festverdrahtung" häufig wiederkehrender Integrations-Prozeßfragmente in Werkzeugfunktionalität). Jedoch wirft diese wechselseitige Nutzung, ebenso wie die Integration zwischen diesen beiden ausführungsunterstützenden Teilprojekten und dem in Abschnitt II.2.3 beschriebenen Administrationsansatz, noch eine Vielzahl schwieriger Forschungsfragen auf.

Die zu entwickelnde Prozeßmodellierungssprache wird in den ingenieurwissenschaftlichen Teilprojekten "Prozesse für den konzeptuellen Entwurf" (II.1.1) und "Auslegungsprozeß von Extrudern" (II.1.3) zur Beschreibung der Vorgehensweise bei der Entwicklung verfahrenstechnischer Prozesse verwendet. Dadurch wird sie einerseits validiert, andererseits gemeinsam mit den Ingenieuren weiterentwickelt. Analog werden die generischen Konzepte und Werkzeuge zur Prozeßaufzeichnung und feingranularen Prozeßführung zu domänenspezifischen Lösungen im verfahrenstechnischen Szenario verfeinert.

Die Entwicklung der Visualisierungs- und Entscheidungsunterstützungswerkzeuge wird durch die im Teilprojekt "Personenorientierte Arbeitsprozesse und Kommunikationsformen" (II.5.2) gewonnenen arbeitswissenschaftlichen Ergebnisse sowie durch die Anwendungsszenarien (II.5.1) beeinflußt.

Die Verwaltung der Prozeßspuren erfolgt unter Verwendung der Dienste des Process Data Warehouse sowie der Vermittlungs- und Managementdienste (Kap. II.3). Die feingranulare, direkte Prozeßunterstützung wird zudem durch geeignete Rückkopplungen mit der administrativen Projektunterstützung (II.2.3) verzahnt.

Literatur

[1]   Basili, V.R.: The Experience Factory and Relationships to Other Improvement Paradigms Proc. of the 4th Europ. Software Engineering Conference, Garmisch-Partenkirchen, Germany, Springer-Verlag, LNCS 717, S. 68–83, 1993

[2]   Bui, T.: Co-oP – A Group Decision Support System for Cooperative Multiple Criteria Group Decision Making, Springer LNCS 290, 1986

[3]   Bui, T., Jarke, M.: Communications Design for Co-oP: A Group Decision Support System, ACM Transactions on Office Information Systems, vol.4, no.2, S. 81–103, 1986

[4]   Sonderheft Participatory Design, Communications of the ACM, vol.36, no.6, 1993

[5]   Dhar, V., Jarke, M.: Learning from Prototypes, Proc. of the 6th International Conference on Information Systems, Indianapolis, USA, S. 114–133, 1985

[6]   Dhar, V., Jarke, M.: Dependency Directed Reasoning and Learning in Systems Maintenance Support, IEEE Transactions on Software Engineering, vol.14, no.2, S.211–227, 1988

[7]   Dömges, R., Pohl, K., Jarke, M., Lohmann, B., Marquardt, W.: PRO-ART/CE – An Environment for Managing Chemical Process Simulation Models, Proceedings 10th European Simulation Multiconference, Budapest, S. 1012–1016, 1996

[8]   Eherer, S.: Eine Software-Umgebung für die kooperative Erstellung von Hypertexten, Niemeyer Verlag (Diss., RWTH Aachen), 1993

[9]   Finke, K., Jarke, M., Szczurko, P., Soltysiak, R.: Testing Expert Systems in Process Control, IEEE Transactions on Knowledge and Data Engineering, vol. 8, no. 3, 1996

[10] Finkelstein, A., Kramer, J., Nuseibeh, B.: Software Process Modelling and Technology, Wiley RSP, London, 1994

[11] Grob, R., Jacobs, S., Kethers, S.: Towards Cooperative Information Systems in Quality Management – Integration of Agents and Methods, Proc. 2nd Conference on Cooperative Information Systems, CoopIS, Toronto, 1994

[12] Grudin, J.: Why CSCW-Applications Fail: Problems in the Design and Evaluation of Organisational Interfaces, Proc. CSCW Conference, Portland, Or, 1988

[13] Harmsen, F., Brinkkemper, S.: Situational method engineering for information systems project approaches, IFIP Transactions Methods and Associated Tools for the Information Systems Life Cycle, Verrijn-Stuart, Olle, T.W. (eds.), North Holland, S. 169–193, 1994

[14] Jacobs, S.: Konfliktvisualisierung im kooperativen Entwurf, Diss. RWTH Aachen, 1996

[15] Jarke, M., Pohl, K., Rolland, C., Schmitt, J.R.: Experience based method evaluation and improvement: A process modelling approach, IFIP Transactions Methods and Associated Tools for the Information Systems Life Cycle, Verrijn-Stuart, Olle, T.W. (eds.), North Holland, S. 1–28, 1994

[16] Jarke, M., Gebhardt, M., Jacobs, S., Nissen, H.: Conflict Analysis Across Heterogeneous Viewpoints: Formalization and Visualization, Proc. 29th Annual Hawaii Intl. Conference on System Sciences, vol.3, S. 199–208, Hawaii, 1996

[17] Jarke, M.: The Design of a Database for Multiperson Decision Support, Annals of Operations Research, vol.16, S. 393–411, 1988

[18] Jarke, M., Jelassi, M., Shakun, M.: MEDIATOR: Towards a Negotiation Support System, European Journal of Operational Research, vol.31, no. 9, S. 314–334, 1987

[19] Jarke, M., Maltzahn, C., Rose, T.: Sharing Processes – Team Coordination in Design Repositories, International Jounal of Intelligent and Cooperative Information Systems, vol.1, no.1, S. 145–169, 1992

[20] Jarke, M., Marquardt, W.: Computer-Aided Process Modelling Environments, Proc. Conference on Intelligent Systems in Process Engineering, ISPE'95, Snowmass Village, Colorado, Juli 1995

[21] Lonchamp, J.: An Assessment Exercise, In: Software Process Modelling and Technology, A. Finkelstein, J. Kramer, B. Nuseibeh (eds.), RSP, London, S. 335–356, 1994

[22] Oakland, S.J.: TQM – The New Way to Manage, Proc. 2nd Conf. Total Quality Management, S. 3–17, 1989

[23] Oberquelle, H.: Kooperative Arbeit und Computerunterstützung, Verlag für angewandte Psychologie, 1991

[24] Oberweis, A.: Modellierung und Ausführung von Workflows mit Petri-Netzen, Teubner Verlag, Stuttgart, 1996

[25] Pohl, K., Jacobs, S.: Concurrent Engineering: Supporting Traceability and Mutual Understanding, CERA Journal, vol. 2, no. 4, S. 279–291, 1994

[26] Pohl, K., Dömges, R., Jarke, M.: Decison Oriented Process Modelling: The NATURE Approach Proc. of the 9th Intl. Workshop on Software Process Technology, Arlie, USA, IEEE Computer Society Press, S. 124–128, 1994

[27] Pohl, K., Weidenhaupt, K.: A Contextual Approach for Process-Integrated Tools, Proc. ESEC 97, Zürich, 1997

[28] Pohl, K.: Process Centered Requirements Engineering, Wiley & Sons RSP, Sussex, UK, 1996

[29] Pohl, K.: PRO-ART: Enabling Requirements Pre-Traceability, Proc. 2nd. Intl. Conf. Requirements Engineering, Colorado Springs, CO, April, 1996

[30] Potts, C., Takahashi, T., Anton, A.: Inquiry-Based Requirements Analysis, IEEE Software, S. 21–32, März 1994

[31] Ramesh, B., Jarke, M.: Towards Reference Models for Requirements Traceability, erscheint in: IEEE Transactions on Software Engineering, 1998

[32] Ramesh, B., Dhar, V.: Process Knowledge-Based Group Support for Requirements Engineering, IEEE Transactions on Software Engineering, vol.18, no.6, S. 498–510, 1992

[33] Rose, T., Jarke, M., Gocek, M., Maltzahn, C., Nissen, H.W.: A Decision-Based Configuration Process Environment, IEE Software Engineering Journal, S. 332–346, 1991

[34] Rose, T., Jarke, M.: A Decision-Based Configuration Process Model, Proceedings of the 12th Intl.Conference on Software Engineering, Nizza, S. 316–325, 1990

[35] Rose, T.: Entscheidungsorientiertes Konfigurationsmanagement, Springer Informatik-Fachbericht 104, 1992

[36] Srikanth, R., Jarke, M.: The Design of Knowledge-Based Systems for Managing Ill-Structured Software Projects, Decision Support Systems, vol.5, no.4, S. 425–447, 1989

[37] Srikanth, R.: Islands of Control: A Knowledge-Based Strategy for Managing Projects, Ph.D Thesis, New York University, 1991

[38] Steinke, G.: Task-Based Security for Knowledge Base Systems, Diss., Universität Passau, 1992

[39] Steinke, G., Jarke, M.: Support for Security Modeling in Information Systems Design, Proceedings IFIP 11.3 Working Conf. Database Security, Vancouver, Canada, 1992

[40] Szczurko, P.: Steuerung von Informations- und Arbeitsflüssen auf Basis konzeptueller Unternehmensmodelle, dargestellt am Beispiel des Qualitätsmanagements, Diss., RWTH Aachen, 1996

[41] Tolvanen, J.-O., Lyytinen, K.: Flexible Method Adaptation in CASE Environments – The Metamodeling Approach, Scandinavian Journal of Information Systems vol.5, no.1, 1993

[42] Weidenhaupt, K., Pohl, K., Jarke, M., Haumer, P.: Scenarios in System Development: Current Practice, IEEE Software, S. 34–46, März 1998

3.2 Inkrementelle Integrationswerkzeuge für arbeitsteilige Entwicklungsprozesse

S. Gruner, M. Nagl, F. Sauer, A. Schürr
Lehrstuhl für Informatik III

Zusammenfassung

Entwicklungsmethoden wie *Simultaneous* und *Concurrent Engineering* sind durch enge Kooperation verschiedener Entwickler gekennzeichnet und erfordern eine häufige und intensive Abstimmung, insbesondere über Arbeitsbereichgrenzen hinweg. Für diese Abstimmungsproblematik werden neue Werkzeuge entwickelt, die existierende Entwicklungsumgebungen und deren interne Dokumentstrukturen wiederverwenden (A-posteriori-Integration mit neuer Funktionalität).

Gegenstand dieses Teilprojekts sind somit *Integrationswerkzeuge*, die Abstimmungsprozesse für arbeitsteilig erstellte, voneinander abhängige Dokumente produktseitig unterstützen. Diese Werkzeuge dienen primär der strukturellen Konsistenzsicherung (Herstellung, Wiederherstellung und Verfolgung von Konsistenzbeziehungen) auf der technischen Ebene.

Um Änderungsprozesse optimal zu unterstützen, arbeiten die Werkzeuge inkrementell. Die Konsequenzen von Änderungen lassen sich präzise bestimmen, und die Werkzeuge bieten Unterstützung bei der (Wieder-)Herstellung der Konsistenz an. Da Abstimmungsprozesse häufig kreative Entscheidungen erfordern, sehen die Integrationswerkzeuge entsprechende *Benutzer-Eingriffsmöglichkeiten* für dokumentübergreifende Änderungen vor.

Integrationssachverhalte werden von den beteiligten Dokumenten getrennt und in *Integrationsdokumenten* reicher interner Struktur abgelegt. Als Grundlage für die Erstellung von Integrationswerkzeugen dient eine *formale Spezifikation* von Integrationssachverhalten auf semantischer Ebene (Sprach-/Methodenintegration). Durch formale Spezifikation, Generatoren, wiederverwendbare Bausteine und Aufsetzen auf ein neutrales Datenmodell wird der beträchtliche Aufwand zur Erstellung von Integrationswerkzeugen reduziert (*mechanisierte Erstellung*).

3.2.1 Einführung in das Problem der Dokumentintegration

Entwicklungsprozesse und ihre Resultate

Entwicklungsprozesse, z.B. in der chemischen Verfahrenstechnik, der Fertigungstechnik oder der Softwaretechnik leben von der Zusammenarbeit mehrerer Personen. Eine Person erstellt zu einer bestimmten Zeit ein *Dokument,* welches einen oder mehrere Aspekte des zu entwickelnden Produktes repräsentiert. Jedes Dokument eines Entwicklungsprozesses muß mit den von anderen Personen entwickelten Dokumenten konsistent gehalten werden. Zwischen diversen Dokumenten müssen dazu etliche uni- oder bidirektionale *Abhängigkeiten* berücksichtigt werden. Abb. 1.4 aus Kapitel II.1 und Abb. 2.4 aus Abschnitt II.2.2 haben die Abhängigkeiten zwischen der Grobbeschreibung des verfahrenstechnischen Polymerisationsprozesses, der Beschreibung seiner Struktur sowie seines dynamischen Verhaltens bereits eingeführt.

Ein Hauptproblem in jeder ingenieurwissenschaftlichen Entwicklungstätigkeit ist die *Änderungskontrolle*. Dieses Problem wird im Simultaneous Engineering [6] bzw. Concurrent Engineering [30] noch verschärft, da hierbei zur Beschleunigung der Entwicklung möglichst viele Dokumente vorzeitig freigegeben und verschiedene Produktsichten unverzüglich abgeglichen werden. Änderungen im Entwicklungsprozeß folgen entdeckten Fehlern oder alternativen Entwurfsentscheidungen, oder ergeben sich aus geänderten Anforderungen. Im Laufe eines Entwicklungsprozesses treten viele Änderungen auf, und die vorangegangenen Änderungen müssen von den nachfolgenden berücksichtigt werden.

In allen oben erwähnten Anwendungsgebieten werden komplexe Dokumentkonfigurationen gebildet und gepflegt, welche nicht allein aus den Abschlußdokumenten des betrachteten Entwicklungsprozesses, sondern auch vielen zusätzlichen Erläuterungs-, Prüfdokumenten, etc. bestehen. Eine solche *Gesamtkonfiguration* beinhaltet somit viele Dokumente mit jeweils wiederum komplexer innerer Struktur (vgl. Erörterung in II.1).

Ein in einem Entwicklungsprozeß entstehendes Dokument zeichnet sich durch vielerlei *interne, feingranulare Beziehungen* zwischen seinen Bestandteilen aus, im folgenden Inkremente genannt. Diese bergen weniger Fehlerpotential in sich, da für die Konsistenz des einzelnen Dokuments üblicherweise eine Person verantwortlich ist, so daß das Koordinations- und Kommunikationsproblem der Arbeitsteilung nicht auftritt. Hingegen entsprechen die *feingranularen Abhängigkeiten zwischen Inkrementen verschiedener Dokumente* den Kompetenzgrenzen zwischen verschiedenen, an der Gesamtentwicklung beteiligten Personen. Wir zeigen, daß in diesem Falle noch keine adäquaten Werkzeuge zur Konsistenzsicherung verfügbar sind, und widmen uns deshalb diesem Problem.

Zur Koordination einer Gruppe von Entwicklern ist Verwaltungsinformation nötig (*administrativen Konfiguration*, vgl. folgenden Abschnitt). Man unterscheidet Prozeß-, Produkt- und Ressourcenkontrolle und betrachtet deren gegenseitige Beziehungen [21, 38]. Dabei werden jedoch weder die Inhalte von Dokumenten noch die entsprechenden Arbeitsprozesse ihrer Entwickler betrachtet. Zwischen dieser administrativen, grobgranularen und der feingranularen, technischen Sicht eines Entwicklungsprozesses gibt es vielerlei *Wechselbeziehungen*; auf eine gehen wir im folgenden ein.

Der Inhalt der meisten Dokumente in Entwicklungsprozessen wird *semiformal* dargestellt. Es gibt sogar ganz informelle Dokumente, z.B. die nichtfunktionale Anforderungsspezifikation, die aus gewöhnlichen Text besteht. Selten finden wir formale Dokumente, wie z.B. die Verhaltensbeschreibung zur dynamischen Simulation. Meist liegen die Dokumente in einer gemischten Form aus Diagrammen, Tabellen und Texten vor. Sie weisen somit eine innere Struktur einer mehr oder minder ausgestalteten Syntax auf. Semiformal heißt dabei unvollständig ausgeführte Formalisierung, oder die vollständige Formalisierung ist nicht möglich.

Bei semiformalen Dokumenten können auch deren feingranulare gegenseitigen *Abhängigkeiten* nur *semiformal* beschrieben werden. Wir können aber feststellen, daß zwei Inkremente verschiedener Dokumente miteinander korrespondieren, falls beide Inkremente Instanzen korrespondierender Typen sind, kompatible Eigenschaften besitzen oder in bestimmten Kontexten innerhalb ihrer Dokumente erscheinen.

Konsistenzhaltung abhängiger Dokumente

Der Abgleich voneinander abhängige Dokumente könnte mit der im letzten Abschnitt beschriebenen direkten Prozeßunterstützung durchgeführt werden. Dann würde man allerdings nicht nur Erfahrungs- und Handlungswissen der beteiligten Entwickler nutzen, sondern auch die Konsistenzrelationen zwischen den Dokumenten, die nicht entwicklerspezifisch sind, sondern sich aus zugrundeliegenden Dokumentstrukturen ergeben. Zum zweiten würden die Handlungen der Beteiligten eingeschränkt oder geführt, was nicht in allen Situationen angebracht erscheint. Wir haben uns deshalb im SFB entschlossen, die Handlungsunterstützung von der Konsistenzhandhabung (Produktunterstützung an den Nahtstellen zwischen Dokumenten) zu trennen. Beide Unterstützungsformen sind der feingranularen Ebene zuzuordnen. Für beide liegt auch unterschiedliche Erfahrung in den beteiligten Lehrstühlen vor. Es wurde in I.1 und in II.3.1 bereits argumentiert, daß sich beide synergetisch ergänzen und daß direkte Prozeßunterstützung, wenn die Muster fixiert sind, in Produktunterstützung compiliert werden kann.

Bevor Integrationswerkzeuge für die Produktunterstützung gebaut werden können, sind Sprachkorrespondenzen auszuarbeiten, die gültige Beziehungen zwischen Dokumenten definieren [18]. Dieses Verfahren wird in [22] als *Methodenintegration* bezeichnet. In einigen Fällen erfordern Methodenintegrationsregeln, daß eine Instanz eines Typs T_A in einem Dokument A stets mit einer Instanzen eines Typs T_B in einem Dokument B korrelieren muß (bijektive Korrespondenzen). In vielen Fällen finden wir mehrdeutige, m:n-Typkorrespondenzen, so daß weitere Information nötig ist, um zu entscheiden, ob ein Inkrement des Typs T_A aus Dokument A zu einem Inkrement des Typs T_B in Dokument B in Beziehung gesetzt werden soll. Eine solche Entscheidung kann von lokalen Eigenschaften der betrachteten Inkremente, von den Inkrementkontexten innerhalb der zu integrierenden Dokumente oder von Entwurfsentscheidungen der Entwickler abhängen.

Abstimmungsprozesse, welche die Konsistenz zwischen verschiedenen Dokumenten etablieren oder reparieren, sind normalerweise *nicht automatisierbar*. Die Entwicklung eines Dokuments B_i, welches das Resultat eines Teilprozesses darstellt, hängt oft vom Ergebnis *A* eines anderen Teilprozesses in einer nur unpräzise definierten Weise ab. Selten ist automatische Integration möglich, wie z.B. bei der Generierung eines NC-Programms aus einem CAD-Dokument. In diesen Fällen stehen die Inhalte der beteiligten Dokumente in enger Relation zueinander, und eine vollständige und formale Beschreibung der Abhängigkeiten zwischen den beteiligten Dokumenten ist möglich.

Die meisten Abstimmungsprozesse sind jedoch *kreativ* in dem Sinne, daß nicht formal beschrieben werden kann, wie Veränderungen eines bestimmenden Dokuments zu Veränderungen von abhängigen Dokumenten führen (vgl. Abb. 3.4). Somit gibt es keine Möglichkeit, solche Integrationen zu automatisieren. In der Regel sind viele verschiedene Anpassungen von B_i möglich, die jedoch die Vorgabe von A berücksichtigen müssen.

Änderungen eines Dokuments A erfordern Änderungen in abhängigen Dokumenten B_i, diese wiederum weitere Änderungen in den von B_i abhängigen Dokumenten etc. Dabei sind verschiedene *Reihenfolgen* zur *Propagation* einer *Änderung* von A in dessen abhängige Dokumente möglich. Man kann Batch-artig (alle Inkonsistenzen eines Dokuments beseitigen, dann zu einem abhängigen übergehen, etc.) oder Trace-artig (eine Änderung wird durch alle abhängigen Dokumente propagiert) vorgehen.

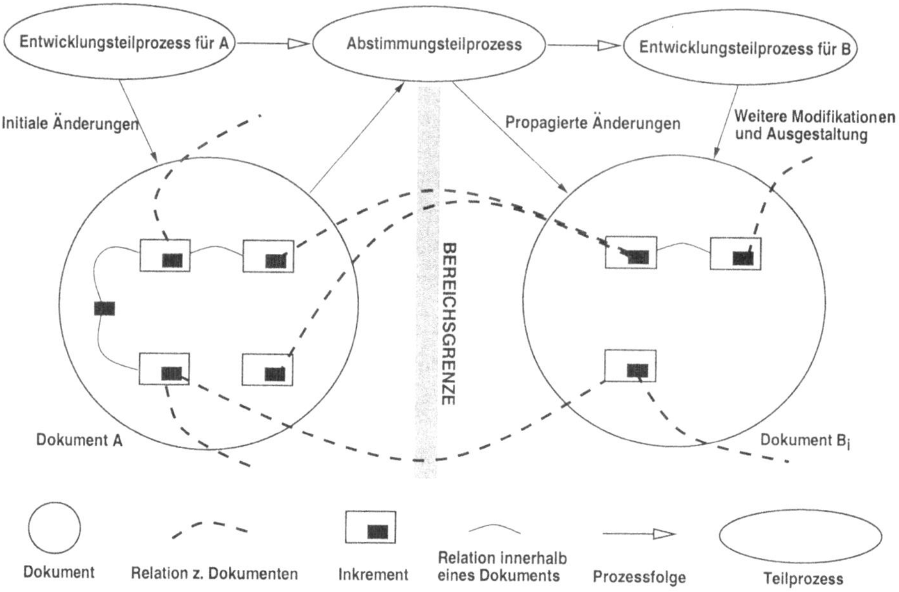

Abb. 3.4 : Abhängige Dokumente und ihre Teilprozesse

3.2.2 Stand der Forschung und verwandte Ansätze

Die zur Zeit verfügbare Werkzeugunterstützung zur Überwachung und Erhaltung der Konsistenz gegenseitig abhängiger Dokumente auf feingranularer Ebene ist noch nicht ausgereift. Das übliche Prozedere besteht darin, daß Entwickler Dokumente in einem Standardformat austauschen (z.B. Postscript, SGML, HTML). Ggf. werden Daten verschiedener Formate konvertiert [5]. In beiden Fällen hat der *Entwickler* eines abhängigen Dokuments *selbst herauszufinden*, welche Änderungen an einem Dokument A vorgenommen worden sind, um die notwendigen Änderungen an dem abhängigen Dokument B_i selbst durchzuführen.

Ein oft gewählter Ansatz insbesondere in der Softwaretechnik [34] besteht in der Verwendung *automatischer Transformationen,* nachdem die entsprechende Methodenintegration abgeschlossen ist. Allerdings können weder inkrementelle Änderungen an einem Dokument A erfaßt werden, noch beachten diese Transformatoren, daß weitere Bearbeitungsschritte die abhängigen Dokumente B_i bereits weiter ausgearbeitet haben können. Ferner sind alternative Designentscheidungen durch interaktive Eingaben der Entwickler nicht vorgesehen. Schließlich werden solche Konverter meist manuell erstellt – eine angesichts der Vielzahl von Integrationsbeziehungen impraktikable Vorgehensweise.

Produktdatenmodelle, wie z.B. STEP [12] definieren standardisierte Schemata bis hinunter auf die feingranulare Ebene. Ein Produktdatenmodell beschreibt nur die statische Struktur von Daten, ohne auf dynamische Aspekte einzugehen. Die Datenmodellierungssprache EXPRESS [16] erlaubt zwar, das Datenmodell eines jeden Dokumenttyps als eigenständiges Modul zu definieren und zu importieren. Ferner bietet EXPRESS Regeln zur Definition von statischen Integritätbedingungen über Dokumentgrenzen an. Es bleibt jedoch ungeklärt, wie Daten von Werkzeugen verändert werden und insbesondere, wie sich übergreifende Abstimmungsprozesse produktseitig unterstützen lassen.

Auch *Hypertextsysteme* [7] bieten keine angemessene Lösung zur Konsistenzhaltung einer Menge verwandter Dokumente. Hypertextsysteme repräsentieren kein Wissen über die Semantik der Verbindungen und bieten nur rudimentäre Mechanismen zum Einfügen unspezifischer Verbindungen und zum Verfolgen von Pfaden. Letztendlich müssen alle Verbindungen manuell vom Benutzer eingerichtet werden. Resultat einer Konsistenzkontrolle auf diesem Niveau sind allenfalls Warnungen über abgerissene Verbindungen, was keine wirkliche Arbeitserleichterung bedeutet.

Elaboriertere Konzepte finden wir in *Metaentwicklungsumgebungen,* die ihre Dokumente intern als attributiere Syntaxbäume darstellen, wodurch die Propagation geänderter Attributwerte im Syntaxbaum in beide Richtungen unterstützt wird. Dies erlaubt die Spezifikation und Generierung von Analysewerkzeugen, die Konsistenzbedingungen zwischen verschiedenen Dokumenten überprüfen, wenn alle beteiligten Dokumente als Teilbaum eines gemeinsamen Syntaxbaums modelliert werden können [20]. Andere Systeme bieten eine bessere Unterstützung für die notwendige Verschachtelung von Dokumenten. Tunnelattribute eines verteilten Syntaxbaums modellieren den Übergang von einer Dokumentsprache zur anderen [4]. Syntaxbaumbasierte Systeme haben Probleme bei der Spezifikation von aktiven Transformationswerkzeugen (im Gegensatz zu passiven konsistenzüberprüfenden Werkzeugen). Vielversprechende Versuche, diese Probleme zu bewältigen, stellen gekoppelte attributiere Grammatiken in den Varianten [11] und [33] sowie Mustererkenner auf Bäumen [1] dar. Diese Ideen sind insbesondere für Zwecke wie die Erzeugung von konkreter Syntax oder Back-Ends von Übersetzern nützlich. Das verbleibende Problem mit diesen Ansätzen besteht darin, daß die erzeugten Transformationswerkzeuge unidirektional, total und nicht interaktiv arbeiten.

Föderierte Datenbanksysteme [37] stellen eine weitere Form der Datenintegration dar. Sie bieten ein gemeinsames globales Schema für verschiedene lokale Datenbanksysteme, das gewöhnlich zum Datenretrieval, aber wegen des View-Update-Problems nicht für Aktualisierungen genutzt wird. Globale Anfragen stehen also im Mittelpunkt der Unterstützung [26]. *Aktive Datenbanksysteme* [8] bieten Ereignisauslösemechanismen (Event Trigger) an, um verschiedene Datenbanken konsistent zu halten. Solche Trigger spielen die gleiche Rolle für die datenorientierte Integration, wie die Nachrichten für die *kontrollorientierte Integration* mit Nachrichtenverteilern (Broadcast Message Server) [31]. Event Trigger und Broadcast Message Server sind Hilfsmittel auf semantisch niedrigem Niveau, um die Implementation von Integrationswerkzeugen zu vereinfachen und Änderungen zwischen verwandten Dokumenten oder Dokumentverarbeitungswerkzeugen zu propagieren.

3.2.3 Einschlägige Vorarbeiten: Erfahrung im Integratorbau

Details zu der im folgenden vorgestellten Integratorentwicklung finden sich in [15, 27].

"Manuelle" Programmierung der Integratoren

Die Erfahrungen im Integratorbau datieren bis 1988 zurück, als von unserer Gruppe ein erster Prototyp einer integrierten Softwareentwicklungsumgebung fertiggestellt wurde. Dieser Prototyp [24] enthält mehrere Integratoren, deren wichtigster dazu dient, die Architektur eines Softwaresystems mit der erläuternden technischen Dokumentation konsistent zu halten. Dieses Werkzeug kann in *zweierlei Modi* genutzt werden. Im freien Modus können nach Art der Hypertextsysteme beliebige Verbindungen zwischen den Inkrementen des Architekturdokumentes und den Kapiteln und Abschnitten der erläuternden Dokumentation eingerichtet werden. In diesem Fall ermöglicht das Werkzeug den überprüfenden Nachvollzug einzelner Verbindungen (browsing) und warnt den Benutzer bei Änderungen an Quelle oder Ziel solcher Verbindungen oder Abriß von Verbindungen. Im fixen Modus erzeugt der Integrator selbständig eine Kapitel- und Abschnittsstruktur in der technischen Dokumentation, so daß jedes Modul mit einem Kapitel, jeder Modulexport mit einem entsprechenden Abschnitt (etc.) korrespondiert. Die feingranularen Beziehungen werden automatisch eingerichtet.

Bereits diese Integratoren besitzen die Eigenschaften, für die später in [14] der Begriff *BCT-Integrator* (browsing, checking, transforming) verwendet wird. Im Fall von [24] werden Änderungen im bestimmenden Dokument, der Architektur, unverzüglich als Nachrichten an das abhängige Dokumentationsdokument gesandt. Die Änderungsnachrichten werden asynchron verarbeitet und dann teilweise automatisch, teilweise benutzergesteuert in passende Aktualisierungen des abhängigen Dokumentes transformiert. Das Werkzeug wurde ohne Wiederverwendung manuell programmiert.

Spezifikation der Integratoren und abgeleitete Implementation

Drei Jahre später wurde ein inkrementelles, interaktives Integrationswerkzeug fertiggestellt, dessen Implementation aus einer formalen Spezifikation entwickelt worden war [38]. Dieses Werkzeug unterstützt die Integration modularer Softwarearchitekturdokumente mit Schnittstellendefinitionen der Programmiersprache Modula-2 und zählt ebenfalls zur Klasse der BCT-Integratoren. Zunächst wurde die Syntax beider involvierter Dokumenttypen durch erweiterte Backus-Naur-Formen definiert. Zwischen den beiden Grammatiken wurden dann Korrespondenzen festgelegt, und alles zusammen als Graphersetzungssystem formuliert. Das Graphersetzungssystem bildete also eine funktionale Spezifikation des zu entwickelnden Integrationswerkzeuges. Nach *Vorlage* dieser *Spezifikation* wurde das Integrationswerkzeug dann *ausprogrammiert.* Der konzeptuelle Fortschritt im Vergleich zu oben besteht nicht allein in der Vorspezifikation, sondern auch in der Auslagerung aller Integrationsinformation in ein drittes Dokument, das Integrationsdokument. Dieses macht nicht nur die Spezifikation verständlicher, sondern erleichtert auch den Mehrbenutzerbetrieb auf den zu integrierenden Dokumenten.

Anhand eines Integrators für Anforderungsspezifikationen und Softwarearchitekturen wurde der bisherige Ansatz zur Spezifikation und Implementation von Integratoren erweitert und verallgemeinert [18]. Die wesentliche Neuerung an diesem Werkzeug besteht in der Interaktion zwischen der *automatischen Vorauswahl* anwendbarer Transformationsregeln und der Auswahl einer schließlich *anzuwendenden Transformationsregel* durch die das Integrationswerkzeug benutzende Person. Ursache für die Notwendigkeit der endgültigen Auswahl einer Transformationsregel durch den Benutzer ist die "Unschärfe" der Korrespondenz zwischen Anforderungs- und Architekturdokumenten. Die situationssensitive Vorauswahl anwendbarer Transformationsregeln durch das Werkzeug entspricht dem Wunsch nach größtmöglicher Hilfe für den Benutzer (für die komplexitätstheoretischen Randbedingungen vgl. [32]).

Die Syntax der involvierten Dokumenttypen wurde nun nicht mehr als EBNF, sondern in Form erweiterter ER-Diagramme definiert. In Konsequenz wurde ein neuer Ansatz zur *Metamodellierung* entwickelt, womit korrespondierende Typen der jeweiligen ER-Diagramme identifiziert werden können. Die Idee der Metamodellierung besteht in der Ableitung korrespondierender Typen aus einem gemeinsamen Metatypen. Sie wird seit langem auch zur Schemamigration in Datenbanken eingesetzt [19].

In allen nichttrivialen Anwendungsbeispielen scheint es unmöglich, den Programmcode eines Integrationswerkzeuges unmittelbar aus dem Metamodell der Korrespondenzen abzuleiten. Deshalb wurde versucht, die Ideen von [38] und [18] in einem neuen Werkzeug zur Integration von Anforderungsspezifikationen und Architekturdokumenten zu vereinen und weiterzuentwickeln [23]. Auch dieser Integrator wurde durch gekoppelte Grammatiken spezifiziert, diesmal jedoch nicht mit herkömmlichen Textgrammatiken, sondern mit *kontextsensitiven Graphgrammatiken* nach dem Ansatz von Pratt [29]. Die Kopplung der Graphgrammatiken selbst wurde analog zu [18] definiert.

Man beachte, daß aus einer paargrammatischen Spezifikation verschiedene *Arten* von *Integrationswerkzeugen* gewonnen werden können, nämlich: ein Vorwärtstransformator, welcher Änderungen eines Dokuments in ein abhängiges Dokument propagiert, ein Rückwärtstransformator in der umgekehrten Richtung oder schließlich ein reiner Analysator, welcher nach Inkonsistenzen zwischen Dokumenten sucht und Warnungen ausgibt, ohne die Dokumente zu verändern. So erweist sich die softwaretechnisch wünschenswerte Vorspezifikation auch als Ansatz zur Anpaßbarkeit.

Generierung aus prototypischen Spezifikationen

Bis jetzt wurden alle Integratoren in "Handarbeit" aus graphgrammatischen Spezifikation erstellt, dies allerdings schon innerhalb eines wiederverwendbaren modularen *Rahmenwerks* [27]. Dieses beinhaltet Komponenten standardisierter Dokumentanalysen und die Definition des Integrationsdokumenttyps, welcher alle für die Integration zweier Dokumente wichtige Information speichert.

Die Forschung nach Möglichkeiten der automatischen *Übersetzung* paargraphgrammatischer Spezifikationen in *ausführbare Integratorprototypen* hat bereits begonnen. In [17] werden erste praktische Ergebnisse vorgestellt, während die Überlegungen in [13] als erste

Versuche einer diesbezüglich erweiterten Methodik aufzufassen sind. Als technische
Grundlage dient jedesmal das graphische Programmiersystem PROGRES [35, 36], welches semantisch reichhaltige Graphersetzungssysteme in ubiquitären C-Code transformiert und bereits mehrfach erfolgreich zur Darstellung verschiedener Anwendungslösun-
gen verwendet wurde [2, 17, 27]. Motiviert werden die neuen Ansätze aus dem Bedürfnis
nach Integratoren für verfahrenstechnischen Entwicklungsprozesse.

3.2.4 Ziele, Methoden und Ansatz

Integrationswerkzeuge sollen in verfahrenstechnischen Entwicklungsprozessen an
mehreren Stellen eingesetzt werden werden. Beispielsweise wird aus dem Fließbild einer
verfahrenstechnischen Anlage eine hierarchische Strukturbeschreibung gewonnen. Dieser
Übergang muß interaktiv durch den Werkzeugbenutzer gesteuert werden, da die erforderlichen strukturellen Informationen im Fließbild selbst nicht enthalten sind. In der Verhaltensbeschreibung wird das physikalische Verhalten und das Stoffverhalten der Anlage
modelliert. Wird die Strukturbeschreibung geändert, müssen die davon betroffenen Glei-
chungen aktualisiert werden.

Abb. 3.5 zeigt verschiedene *Sichten* auf eine verfahrenstechnische Anlage als Ausschnitt des Produkts des Entwicklungsprozesses: (1) die Struktur der Anlage mit ihren
einzelnen Komponenten und ihrer Vernetzung, (2) einen Ausschnitt aus dem mathematischen Modell für nachfolgende Simulation, welches das Verhalten der Anlage beschreibt,
(3) die Eigenschaften und chemischen Verhaltensweisen der eingesetzten Rohstoffe aus
einer Stoffdatenbank, (4) die physikalischen Ausmaße der einzelnen Komponenten (Übergang zum Detail-Engineering).

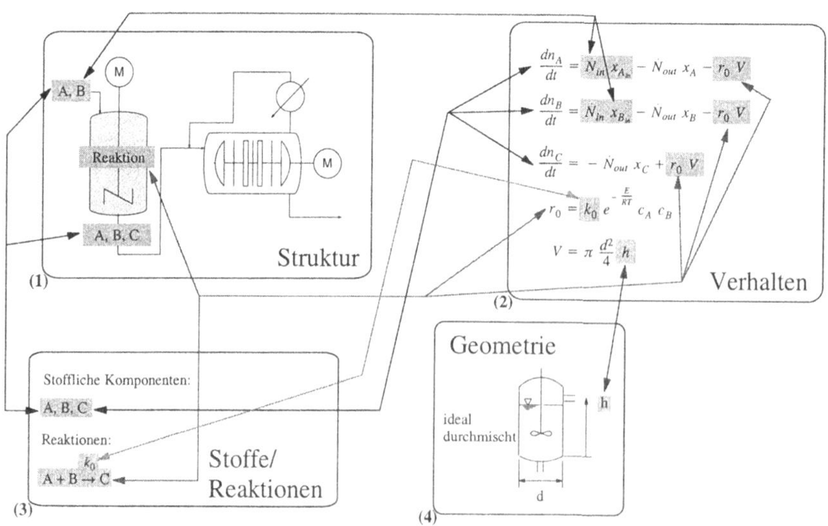

Abb. 3.5 : Feingranulare Konsistenzrelationen in verfahrenstechnischen
Dokumenten (Ausschnitt)

Ziele und Ansatz

Zwischen den einzelnen Sichten gibt es viele feingranulare Korrespondenzen. So wird
bei der mathematischen Modellierung nicht nur die Struktur einer Anlage berücksichtigt,
sondern auch deren Ausmaße (z.B. die Höhe eines Reaktors) sowie die Eigenschaften der
einzusetzenden Rohstoffe. In diesem Teilprojekt werden Integratoren realisiert, um durch
gegebene Werkzeuge vorgegebene Dokumente miteinander konsistent zu halten. Dies ist
deshalb wichtig, da verschiedene Werkzeuge zur Erzeugung und Modifikation der unterschiedlichen Sichten zum Einsatz kommen und ein (halb-) automatischer *Abgleich* eine
große *Arbeitserleichterung* darstellt.

Zur Ermittlung von *Änderungen* von *bestimmenden Dokumenten* sind verschiedene
Ansätze denkbar: In [38] wurden Vergleichsalgorithmen eingesetzt, die Dokumente vor
und nach Änderungen untersuchen. Denkbar sind auch Logs von Änderungsoperationen
oder Events, sofern ein Werkzeug diese weitergibt. Schließlich kann Graphparsing [32]
eingesetzt werden. Wegen der Komplexität des Parsings ist zu untersuchen, in wieweit
durch Einschränkungen die Komplexität entsprechend reduziert werden kann.

Der grundlegende *Aufbau des Integrationsszenarios* ist in Abb. 3.6 dargestellt. Die
unterschiedliche Länge der Pfeile zwischen den Wrappern (s.u.) und den zu integrierenden
Werkzeugen soll andeuten, daß sich die Werkzeuge bzgl. ihrer Anbindungsmöglichkeiten
stark unterscheiden können. Die besondere Schwierigkeit der A-posteriori-Integration
besteht darin, daß die zu integrierenden Werkzeuge in keiner Weise auf das Integrationsszenario abgestimmt sind. Somit hängt der Integrationsaufwand von der vorgegebenen Funktionalität der jeweiligen Werkzeuge ab, wobei jedes Werkzeug beliebige Schnittstellen und
Dateiformate anbieten kann.

Um von dieser Vielfalt abstrahieren zu können, ist es notwendig, daß der Kernteil des
Integrators auf einer werkzeugneutralen Datenstruktur arbeitet und spezielle Anbindungen
an die einzelnen Werkzeuge implementiert werden. Die nötige Abstraktion wird durch die
Verwendung von attributierten, gerichteten *Graphen* als Datenstruktur innerhalb des eigentlichen Integrationswerkzeuges erreicht. Hier können auch Zusatzinformationen bzgl.
des Integrationsprozesses gespeichert werden.

Die spezifischen Anbindungen der Werkzeuge an den Integrator werden als *Wrapper*
bezeichnet; sie transformieren den Dokumentbestand eines Werkzeugs in einen Graphen
und berücksichtigen dabei die spezielle Anbindung an das Werkzeug oder andere Datenquellen, wie z.B. das Process-Data-Warehouse. Die Wrapper müssen aber auch Möglichkeiten zur Dokumentveränderung bereitstellen. Dies ist nötig, da der Integrator, aufgrund
von Änderungen an einem Quelldokument, Graphtransformationen an einem Zieldokument vornehmen können muß. Es ist nun wiederum Aufgabe des zum Werkzeug gehörenden Wrappers, den resultierenden Graphen in entsprechende werkzeugeigenene Inkremente zu transformieren und an den entsprechenden Stellen in das Zieldokument einzufü-
gen.

Je nach Integrationsszenario kann die *aktive Rolle* durch den Integrator selbst oder durch
die Wrapper wahrgenommen werden. Im zweiten Fall transformiert der Wrapper durch ein
explizites Benutzerkommando oder in festen Zeitintervallen "sein" Werkzeugdokument in

einen Graphen und übermittelt diesen an den Integrator. Alternativ kann er auch nur die Änderungen propagieren. Für den semantischen Abgleich innerhalb des Wrappers (niedrige Datenstruktur des Werkzeugs – benötigte Datenstruktur auf höherem Niveau) werden die nötigen Hilfsmittel in Abschnitt II.4.1 beschrieben.

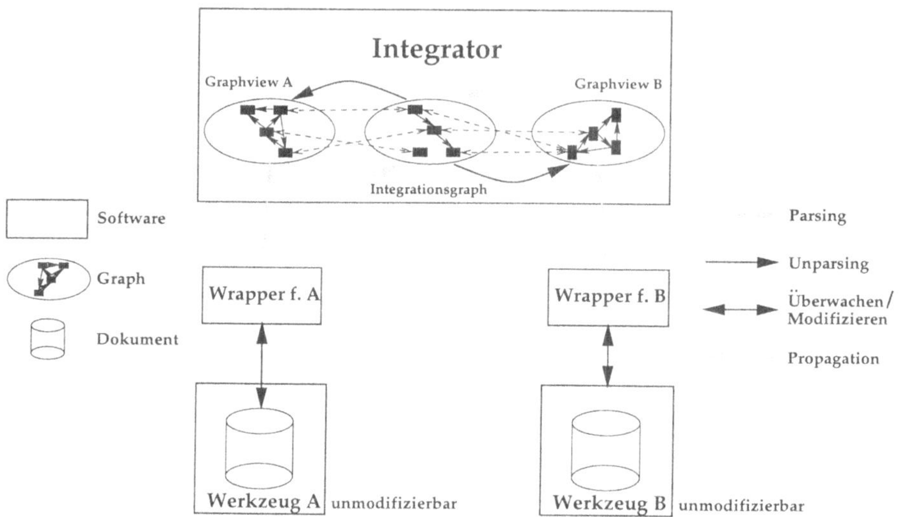

Abb. 3.6 : Das Integrationsszenario

Der eigentliche *Integrationsprozeß* teilt sich in zwei Schritte auf: Als erstes werden im Quellgraphen transformierbare Muster (Teilgraphen) gesucht. Diese werden dann in einem zweiten Schritt in dazu passende Teilgraphen im Zielgraphen übersetzt. Die korrespondierenden Muster werden über eine zusätzliche Integrationsdatenstruktur miteinander verbunden. Es ist derzeit geplant, die *Mustersuche* durch (inkrementelles) Graphparsing [32] zu implementieren. Die *Mustererzeugung* ist ein Spezialfall der Graphgenerierung, die hier durch das Unparsing realisiert wird.

Der Integrator analysiert *(Parsing)* somit den Graphen und ermittelt eine Folge von Graphproduktionen, die nötig sind, um den Eingabegraphen gemäß einer Graphgrammatik zu erstellen. Dies setzt voraus, daß die Struktur der Eingabedokumente durch eine Graphgrammatik syntaktisch beschrieben werden kann. Die Folge von Produktionen, die durch den Parsingvorgang gewonnen worden ist, wird dazu benutzt, um mit den Graphproduktionen der Zielgrammatik auf der anderen Seite ein *Unparsing* durchzuführen. Dieser Schritt konstruiert einen Graphen, der den Sollzustand im Dokument des Zielwerkzeugs darstellt. Sind Abweichungen zum aktuellen Istzustand vorhanden, so werden diese dem Wrapper des Zielwerkzeuges übermittelt. Der Wrapper wandelt mit seinem Wissen über den Aufbau von Zieldokumenten diese Abweichungen in konkrete Änderungen der (Ziel-)Werkzeugdokumente um.

Werkzeuganbindung und Benutzerschnittstelle

Da viele völlig unterschiedliche Entwicklungswerkzeuge für die Verfahrenstechnik existieren, gibt es auch sehr unterschiedliche *Formen* der Ablage von *Werkzeugdokumenten*. Dazu gehören u.a.: (i) Ablage der Dokumente in Textdateien; (ii) Ablage der Dokumente in (evt. undokumentierten) Datenstrukturen, die als binäres Abbild (intern) gesichert werden (Binärdatei); (iii) Ablage der Dokumente in Datenbanken.

Eng mit den verschiedenen Ablagearten verzahnt sind auch die *Zugriffsmethoden* auf die *Werkzeugdokumente* von den Werkzeugen vorgegeben. Sie bestimmen im wesentlichen die Vorgehensweise bei der Transformation von Werkzeugdokumenten in attributierte Graphen und umgekehrt. Folgende Situationen sind u.a. denkbar: (i) die Werkzeugdokumente sind textuell durch einen *Parser* analysierbar (wie z.B. bei dem Simulationswerkzeug SpeedUp); (ii) ein wohldokumentiertes API ermöglich den Zugriff (z.B. eine CORBA-Schnittstelle); (iii) die Werkzeugdokumente sind über ein Datenbank-Interface erreichbar; (iv) ein Broadcast-Message-Server versendet (inkrementelle) Änderungsnachrichten, wenn die Werkzeugdokumente modifiziert werden.

Der Wrapper muß hier, je nach Werkzeug, mit unterschiedlichen Methoden einen Graphen erzeugen, den er dem Integrator übergeben kann. Genauso muß er einen Graphen in ein Werkzeugdokument zurücktransformieren können, falls der Integrator Änderungen an der Graphrepräsentation des Dokuments vorgenommen hat. Insgesamt ist also festzustellen, daß die *Konzeptionierung und Realisierung* von Werkzeuganbindungen einen großen *Aufwand* mit sich bringt.

Ein wichtiger Punkt bei der Erstellung von Wrappern liegt in der Schnittstelle des Wrappers zum Benutzer. Da nur die wenigsten existierenden Werkzeuge so ausgelegt und konfigurierbar sind, daß eine Modifikation der werkzeugeigenen Dokumente zu beliebigen Zeitpunkten möglich ist, müssen Wege gefunden werden, die es erlauben, daß die Wrapper Werkzeugdokumente nur zu fest *definierten Zeitpunkten modifizieren*.

Dies ist notwendig, um *Inkonsistenzen* zu vermeiden: z.B. darf kein Dokument modifiziert werden, während der *Benutzer* es gerade geöffnet hat und weitergehende manuelle *Änderungen* daran vornimmt. Eine Lösungsmöglichkeit besteht darin, daß der Entwickler den Integrationsprozeß explizit anstoßen muß. Eine andere nimmt nur dann Modifikationen an den Daten vor, wenn das Werkzeug nicht läuft oder wenn es gerade beendet oder gestartet wird. Auf der anderen Seite gibt es aber auch Werkzeuge, die nur dann eine Modifikation ihrer Dokumente erlauben, wenn sie laufen (z.B. Anbindung über eine CORBA-Schnittstelle).

Um Mehrdeutigkeiten aufzulösen, die bei der Integration von sehr unterschiedlichen Dokumentklassen auftreten und meist unvermeidbar sind, sind *Entscheidungen interaktiv* vom *Entwickler* während des Abgleichprozesses zu treffen. Dies gilt, wenn eine Produktion der Quell-Graphgrammatik nicht genau einer Produktion der Ziel-Graphgrammatik zuzuordnen ist. Es muß für diesen Fall ein Dialogfenster geöffnet werden, welches präzise Alternativen zur Auswahl anbietet. Der Entwickler darf hierbei allerdings nicht mit der internen Graphdarstellung konfrontiert werden.

Methodik

In Abb. 3.7 ist die Vorgehensweise zur *Realisierung* von *Integrationswerkzeugen* dargestellt. Im unteren rechten Teil der Abbildung ist das bereits erläuterte Integrationsszenario
skizziert und durch einen gestrichelten Rahmen vom restlichen Rahmenwerk abgegrenzt.
Um die Spezifikation und Implementierung von Integrationswerkzeugen und Wrappern zu
unterstützen, wird das Graphersetzungsystem PROGRES verwendet. Mit dessen Mitteln
werden Graphschemata und Graphproduktionen spezifiziert, die die Struktur und bearbeitende Operationen der zu integrierenden Werkzeugdokumente modellieren. Hierbei entstehen (zunächst) zwei PROGRES-Spezifikationsdokumente für Quelldokument und
Zieldokument.

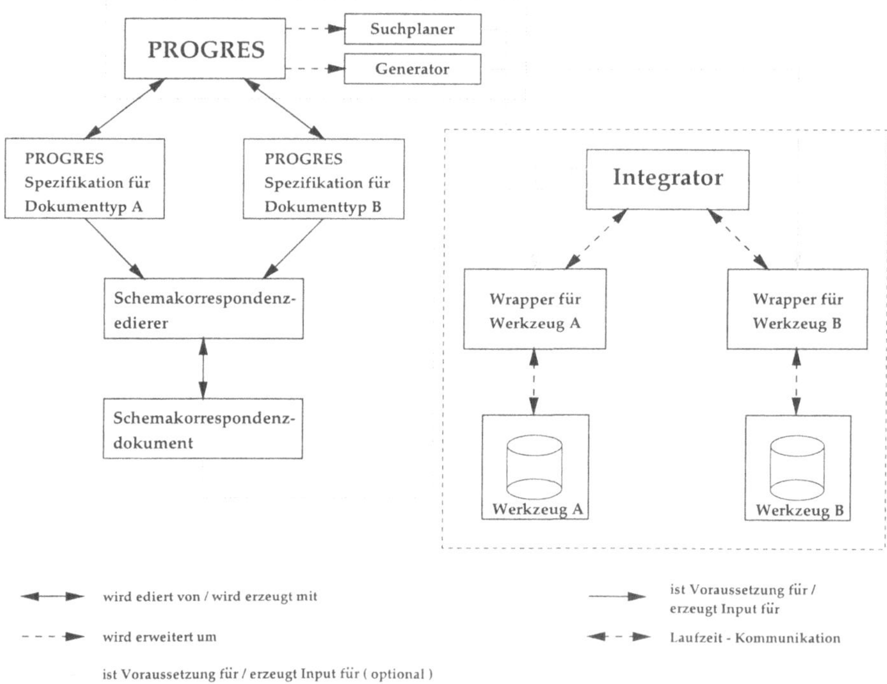

Abb. 3.7 : Methodik zur Realisation von Integrationswerkzeugen

Die Verwendung von *PROGRES* bietet mehrere *Vorteile*. So ist zum einen eine *komfor-
table* Eingabe der Graphschemata und Produktionen der Graphgrammatiken in visueller
Form möglich. Zum anderen können die Spezifikationen durch das PROGRES-System
direkt ausgeführt und somit sehr früh *validiert* werden. Die beiden erstellten PROGRES-
Spezifikationen dienen als *Eingabe* für den *Schemakorrespondenzeditor* (s.a. Abb. 3.7).
Der Benutzer extrahiert mit seiner Hilfe für die Integration wesentliche Information aus
den beiden Spezifikationen. Der Korrespondezeditor stellt Funktionen bereit, mit denen es
möglich ist, statische Korrespondenzrelationen zwischen verschiedenen Graphschemata
und Graphproduktionen zu etablieren und auf Korrektheit zu prüfen.

Das PROGRES-System als *Realisierungsbasis* muß um zwei *Komponenten ergänzt* werden. Die erste ist eher technischer Natur und soll den Integrator bei dem Parsingvorgang unterstützen, indem es Suchpläne für Ansatzstellen von Graphproduktionen berechnet. Die zweite Kompontente muß helfen, den großen Aufwand, der bei der Realisierung von Wrappern anfällt, zu minimieren. Ein "Rahmenwerksgenerator" erstellt ein Codegerüst, das einen großen Teil der erforderlichen Funktionalität für Integratoren bereitstellt.

In der Abbildung sind die Pfeile hell gezeichnet, die diese erweiterte Realisierungsfunktionalität symbolisieren. Dies bedeutet, daß diese Funktionalität nicht unbedingt nötig ist; der Integratorbau kann auch manuell erfolgen. Die *praktische Anwendbarkeit* steht und fällt aber mit der obigen Unterstützung, aufgrund der Vielfalt und Fülle möglicher Integratoren. In der ersten Realisierungsphase des SFB-Prototyps werden mit einer hohen Wahrscheinlichkeit diejenigen Teildokumente, die mit den hellgrauen Pfeilen assoziert sind, manuell erstellt werden.

3.2.5 Auftretende Probleme und Schritte zu ihrer Lösung

Orientierung der nächsten Schritte

Es müssen in Zusammenarbeit mit dem Lehrstuhl für Prozeßtechnik die Anforderungen an die Funktionalität der Integrationswerkzeuge festgelegt werden. Daraufhin sind Graphgrammatiken zu entwickeln, welche die zu integrierenden Dokumente beschreiben und zur Festlegung *statischer Korrespondenzen* zwischen verschiedenen Dokumentklassen dienen.

Im nächsten Schritt muß ein Ansatz für die *Wrapper* entwickelt werden, der erlaubt, möglichst verschiedenartige Dokumentklassen in attributierte Graphen zu transformieren bzw. jene in dieser Form anzusprechen (vgl. auch II.4.1). Hierbei ist zu untersuchen, inwiefern die Wrapper aus einer Graphgrammatik *generiert* werden können, und auch, ob die große Anzahl von benötigten Werkzeuganbindungen in überschaubar wenige Klassen zerfällt.

Dann gilt es, das *Integrationsrahmenwerk* zu implementieren und einen Mechanismus zur Ableitung der spezifischen Anteile des Integrators aus den formalen Graphgrammatiken der zu integrierenden Dokumente zu finden. Die erste Untersuchungsphase wird durch kleinere Testimplementierungen begleitet, die sicherstellen sollen, daß sich die beschriebenen Ideen und Konzepte auch in der Praxis realisieren lassen.

Wie bereits mehrfach betont, hat sich die paargraphgrammatische Spezifikation als zweckmäßig für den Integratorbau erwiesen. Bei der Fülle der in der Verfahrenstechnik anfallenden Korrespondenzen ist bereits die graphgrammatische Spezifikation eines späteren Integrators aufwendig. Aus diesem Grunde soll ein Hilfswerkzeug zur Spezifikation von Integrationswerkzeugen entwickelt werden. Dieses Werkzeug ist ein Editor zur Definition der statischen, interdokumentären Korrespondenzrelationen *(Schemakorrespondenzeditor)*. Er soll automatisch prüfen, ob eine gewählte Graphproduktionenpaarung sich mit den statischen Korrespondenzrelationen verträgt.

Im ersten Projektzeitraum werden verschiedene Integrationswerkzeuge realisiert. Welche dies sind, ist derzeit noch nicht entschieden. Ein Werkzeug könnte (1), in dem in Abb. 3.5 skizzierten Ausschnitt liegen. Ein anderes könnte (2) die Brücke zwischen Chemie- und Kunststofftechnik erleichtern (vgl. II.2.3). Schließlich ist auch (3) an die Unterstützung der Projektadministration (vgl. folgenden Abschnitt) insofern gedacht, daß ein Integrationswerkzeug die für die Administration benötigte Information aus einem technischen Dokument, z.B. dem Fließbild, extrahiert.

Die Spezifikationsmethode und erste Zwischenergebnisse

Es haben bereits einige Vorstudien zur Integration von Struktur-, Stoff- und Verhaltensdatenmodell stattgefunden. In Kooperation mit dem Lehrstuhl für Verfahrenstechnik [28] haben wir folgende *Methode* als Status-quo der Spezifikation von Integratoren entwickelt. Sie beruht auf Weiterentwicklungen u.a. der in [18] und [23] beschriebenen Techniken.

Die Spezifikation wird in folgenden *Schritten* erstellt:
(i) Die Binnenstrukturen der korrespondierenden Dokumente werden *exemplarisch* als gerichtete *Graphen* modelliert, welche verschiedene Typen von Kanten und attributierten Knoten enthalten. Damit werden die relevanten Inkremente und Konsistenzrelationen exemplarisch dargestellt.
(ii) Dann werden *Klassendiagramme* konstruiert, welche die zuvor betrachteten exemplarischen Graphen verallgemeinernd beschreiben. Diese Klassendiagramme stellen dar, welche Knoten der exemplarischen Graphen durch welche Kanten verbunden werden dürfen, welche Arten (Typen) von Knoten gemeinsame Eigenschaften aufweisen usf. Zur Notation eignet sich z.B. die graphische Darstellungssprache UML [10], aber auch die bereits erwähnte graphische Programmiersprache PROGRES.
(iii) Im nächsten Schritt werden *Korrespondenzbeziehungen* zwischen den beiden Klassendiagrammen im Sinne des Metamodells von [18] formuliert. Die Korrespondenzen identifizieren potentiell voneinander abhängige Inkrementtypen in voneinander abhängigen Dokumentinstanzen.
(iv) Der nächste Schritt ist wieder exemplarisch: anhand von *Objektdiagrammen* werden die Zusammenhänge einer korrekt integrierten Konfiguration studiert.
(v) Dann folgt wieder eine Abstraktion: es werden *Graphgrammatiken* definiert, welche nicht nur die exemplarisch untersuchten, sondern alle intendierten Dokumentkonfigurationen erzeugen.
(vi) Schließlich werden die eben konstruierten *Graphgrammatiken gekoppelt*, wie in [29] beschrieben, so daß jede Graphtransformation auf einem Dokument eine (von möglicherweise mehreren) entsprechende Graphtransformation auf dem abhängigen Dokument zur Folge hat.

Diese Methode wird nun an einem kleinen *Beispiel* erläutert, wobei wir uns auf die ersten der oben beschriebenen Schritte konzentrieren, da die weiteren Schritte eher technischen Charakter haben und zum ersten Verständnis nicht notwendig sind.

Die benötigten Komponenten jeweils eines Dokumenttyps und seiner Relationen werden durch ein sogenanntes *Graphenschema* definiert. Zwei Graphenschemata sind also zur Beschreibung zweier an der Integration beteiligten Dokumenttypen nötig. Graphenschemata werden hier in UML beschrieben. Diese Notation hat den Vorteil, daß durch die Verwendung von Paketen zwischen lokalen und globalen Komponenten unterschieden werden kann. Die Abb. 3.8 zeigt ein *Paket*, worin zwei simple Graphenschemata für Struktur- und Materialdaten miteinander korrespondieren. Die sonst üblichen Methodendefinitionen spielen hier keine Rolle. PhPh, Substance usf. bilden Spezialisierungen der Klasse Material. Auf der gegenüberliegenden Seite bilden die Klassen Ifc, Conn, Dev, Valve usf. Spezialisierungen der Klasse Model. Die üblichen Relationen zwischen Klassen innerhalb einer Klassifikation spielen hier ebenfalls keine Rolle. Auch die Klassenattribute sind hier irrelevant und werden nur durch die grauen Balken symbolisiert. Hingegen bezeichnen die integrierenden *Korrespondenzkanten* zwischen den beiden Klassifikationen die *bestimmende Relation* für die weitere Spezifikation des Integrationswerkzeuges.

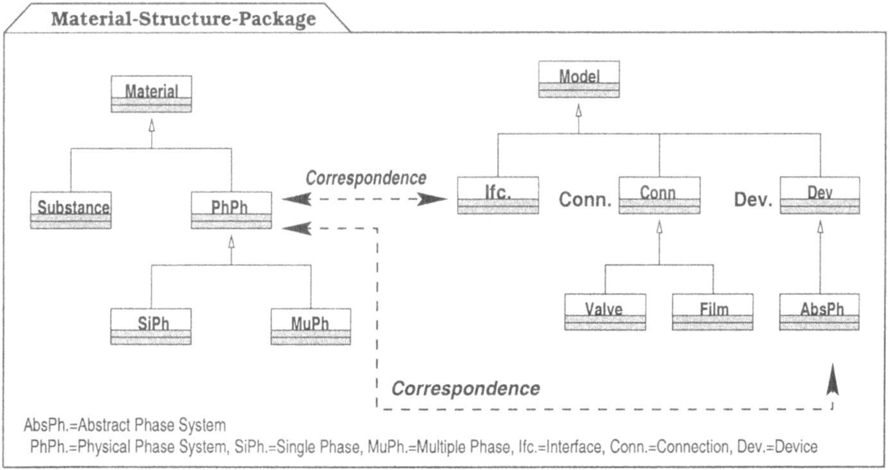

Abb. 3.8 : Paket mit korrespondierenden Schemata für Material und Struktur in UML

Man beachte, daß Abb. 3.8 die eigentlich erst in Schritt (iii) einzufügenden *Korrespondenzrelationen* darstellt. Bereits an diesem kleinen Beispiel ist zu erkennen, daß mehrere solcher Korrespondenzrelationen u.U. auch unlogische Konstellationen bilden können. Einfache Korrespondenzregeln stellen jedoch sicher, daß Ordnungsfehler automatisch erkannt werden können [13].

Wie oben beschrieben, werden solche Graphenschemata aus dem Studium hinreichend vieler Beispiele destilliert. Zur Korrektheit dieser Konstruktion sind i.a. beliebig viele Fälle zu betrachten. Aufgrund von Expertenerfahrung genügen jedoch in vielen Fällen überschaubar wenige Beispiele. Abb. 3.9 zeigt ein solches Beispiel, ein *Objektdiagramm*, worin einige verfahrenstechnische Komponenten verknüpft sind. Dargestellt wird ein Ausschnitt aus der Modellierung einer Blasensäule. Hier sind auch die verschiedenen Relationen angedeutet (z.B. has), welche in dem Graphenschema oben vernachlässigt werden, weil sie zur Definition der Korrespondenzen keine Rolle spielen. Es wird dargestellt, daß eine *abstrakte Phase* aus dem Modellschema sowie drei ihrer Schnittstellen mit *Einzelphasen* aus dem Materialschema korrespondieren, deren *Inhalte* zusammen eine *Mixtur* bilden. (In der Graphik ist dieser Sachverhalt aus der Perspektive der Mixtur dargestellt, deren has-Kanten auf diejenigen Einzelphasen verweisen, in denen die Mixtur enthalten ist.) Überdies dient der abstrakten Phase eine weitere Schnittstelle zum Wärmeaustausch, welche mit keinem Material korrespondiert. Man beachte, daß die Korrespondenz (Correspondence) der Schnittstellenknoten (Ifc) und der abstrakten Phase (AbsPh) mit den einzelnen Phasen (SiPh) in Abb. 3.9 der Korrespondenz jener Klassen mit der Klasse PhPh in Abb. 3.8 entspricht, da SiPh dort als Unterklasse von PhPh deklariert ist.

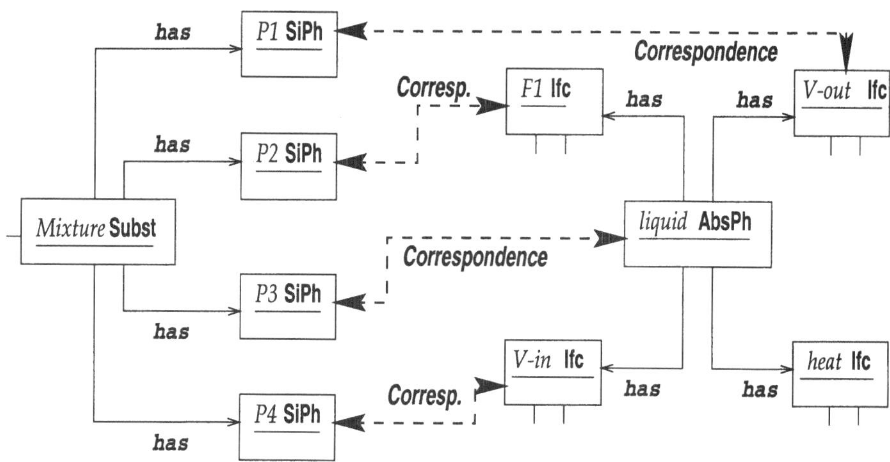

Abb. **3.9** : Objektdiagramm aus der Modellierung einer Blasensäule
(Ausschnitt)

Es wird hier nicht mehr dargestellt, wie nach dem Studium der exemplarischen Objektdiagramme die den Prototypen spezifizierenden Paargraphgrammatiken gebildet und diese in einem einzigen Graphersetzungssystem vereinigt werden. Wichtiger ist hier die abschließende Feststellung, daß ein hiermit erzeugter *Prototyp* (s.u.) einen guten Eindruck von der Wirkungsweise des *späteren Integrators* vermittelt.

In einem studentischen Projektpraktikum wurde ein kleiner *Ausschnitt* des auf dem Datenmodell *VEDA* [25] basierenden Werkzeugsystems MODKIT [3] in einer einzigen *Graphstruktur dargestellt*. Ziel und Nutzen dieser Simulation liegt zum einen im Studium der Konsistenzrelationen in den verfahrenstechnischen Datenmodellen, zum anderen dient dieser Simulator auch als Anschauungsobjekt und Kommunikationsmedium zwischen uns und den Verfahrensingenieuren. So fällt es allen Beteiligten leichter, die gewünschten Eigenschaften der späteren Integratoren – teils bestätigend, teils verneinend – zu bestimmen und zu vereinbaren.

Abb. 3.10 zeigt die *Oberfläche* eines aus PROGRES generierten, *simplen Prototyps* mit einem Modellgraphen und einem Menü zur Manipulation und Konsistenzanalyse des Graphen. In der obersten Menüzeile können unter den Einträgen Structure, Material und Behaviour Transformationen zur Modellierung von Graphen aus den entsprechenden Partialmodellen aufgerufen werden. Im Menü Structure, (Abb. 3.10 links unten), wurde der Aufruf zur Erzeugung eines neuen Knotens gewählt; eine entsprechende Eingabe-

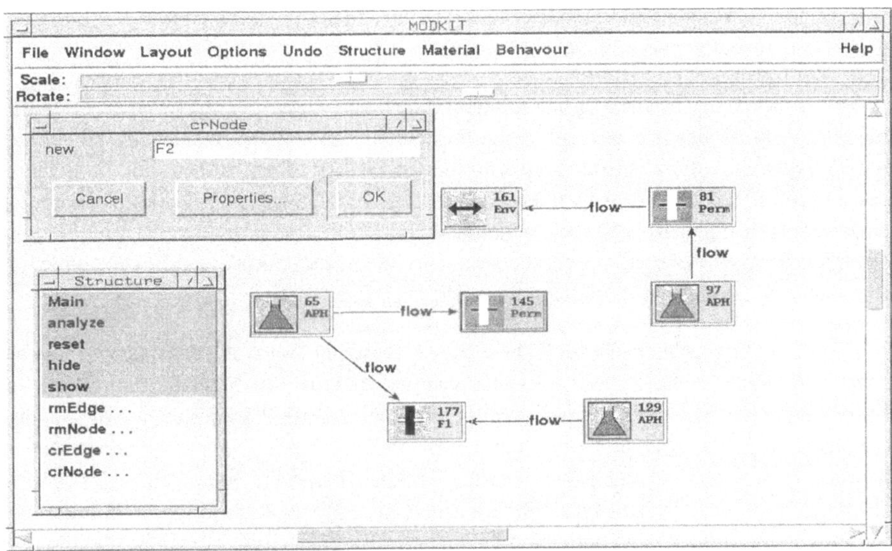

Abb. 3.10 : Aus PROGRES generierter Rapid Prototype eines Integrators

maske links oben wird gerade mit dem Kürzel **F2** für eine doppelte Filmschicht parametrisiert. In der Abbildung ist nicht zu sehen, daß die Symbole für Phasen und Verbindungen rot aufleuchten, weil ein Benutzer mit der Arbeit an einem Strukturmodell gerade erst begonnen hat, und weder innerhalb des Strukturmodells, noch bezüglich der anderen Partialmodelle (**Material, Behaviour**) ein Integrationsschritt durchgeführt wurde. Integrierte Inkremente, d.h. solche, welche alle erforderlichen Nachbarinkremente besitzen, würden hingegen grün dargestellt.

3.2.6 Zusammenarbeit im Gesamtprojekt

Das Teilprojekt leistet einen Beitrag zum umfassenden Prozeß- und Produktmodell durch *indirekte Prozeßunterstützung:* Abstimmungsprozesse werden durch semantische Werkzeuge zur dokumentübergreifenden Integration unterstützt. Dies setzt eine Formalisierung des Prozeß- und Produktmodells für Abstimmungsprozesse und der Dokumentintegration voraus. Zur integrierten Gesamtumgebung liefert dieses Teilprojekt neue Werkzeuge; kooperative Arbeitsumgebungen werden um feingranulare Integratoren erweitert.

Die stärksten *Synergieeffekte* ergeben sich darüber hinaus durch Integration mit der *direkten Prozeßunterstützung* (vgl. II.3.1) und der *administrativen Einbindung* (vgl.II.3.3). Werkzeuge zur feingranularen Integration und direkten Prozeßunterstützung können verschränkt für Abstimmungsprozesse zwischen verschiedenen Entwicklern genutzt werden. Die direkte Prozeßunterstützung kann später dazu verwendet werden, Abstimmungsprozesse durch Prozeßmuster zu steuern. Umgekehrt können Integratorwerkzeuge auf feingranulare Prozeßspuren zur Handhabung von Änderungen zurückgreifen, da in ihnen die Information, welche Schritte vollzogen wurden, gespeichert ist. Schließlich profitieren Integrationswerkzeuge von der administrativen Einbindung durch Einrichtung des Arbeitskontextes. Umgekehrt unterstützen sie die Aktualisierung administrativer Konfigurationen und entlasten dadurch die Manager.

Insbesondere in Zusammenarbeit mit dem Projektbereich A (vgl. II.2) werden *Integrationswerkzeuge* für das Szenario der Verfahrenstechnik *prototypisch erstellt*. Dabei definieren die Ingenieure die zu erfüllenden Anforderungen. Die arbeitswissenschaftliche Kompetenz (vgl. II.5.2) und der Anwendungsbezug (vgl. II.5.1) wird nicht nur zur Evaluierung nach bereits erfolgter Realisierung genutzt, sondern von vornherein bei der Entwicklung der Integrationswerkzeuge mit einbezogen. Die Integratorwerkzeuge müssen sich in das Rahmenwerk der Gesamtumgebung einfügen (vgl. II.5.3).

Die *Abbildungsschicht* überbrückt die Kluft zwischen den Anforderungen der Werkzeugschicht und der Funktionalität bestehender und zukünftig verfügbarer Plattformen. Im Mittelpunkt steht hier die Kooperation mit dem Process-Data-Warehouse (vgl. II.4.1), das die bidirektionale Umsetzung zwischen neutralem Datenmodell und spezifischen Datenformaten übernimmt, damit inkrementelle Werkzeuge für die A-posteriori-Integration entstehen. Die in II.4.2 bereitgestellte Diensteverwaltung stellt benötigte Hilfsmittel zur Verteilung von Integratoren und deren Daten unter Berücksichtigung der Randbedingungen der A-posteriori-Integration zur Verfügung. Ferner werden die angebotenen Mechanismen zur Störbehandlung sowie Lastbalancierung genutzt.

Literatur

[1]   Aho, A.V., Ganapathi, M., Tijang, S.W.K.: Code Generation using Tree Matching and Dynamic Programming, TOPLAS 11/4, S. 491–516, 1989

[2]   Baresi, L., Orso, A., Pezze, M.: Introducing Formal Specification Methods in Industrial Practice, Proc. 19th. Intern. Conference on Software Engineering (ICSE19), IEEE, S. 56–66, 1997

[3]   Bogusch, R., Lohmann, B., Marquardt, W.: Computer-aided Modelling with Modkit, Proc. Chemputers Europe III, Frankfurt, Oktober 1996

[4]   Borras, P. et al.: Centaur – The System, in P. Henderson: Proc. 3rd ACM Software Engineering Symposium on Practical Software Development Environments, ACM Software Engineering Notes 13/5, S. 14–24, 1988

[5]   Brändli, N.: Standardisierung von Datenaustauschformaten, CIM Management 1/91, S. 9–16, 1991

[6]   Bullinger, H.J., Warschatt, J. (ed.): Concurrent Simultaneous Engineering Systems, Springer-Verlag, Berlin 1996

[7]   Conklin, J.: Hypertext – An Introduction and Survey, IEEE Computer, S. 17–41, Sept.1987

[8]   Dayal, U., Hanson, E., Widom, J.: Active Database Systems, in Kim,W. (ed.): Modern Database Systems, ACM Press, S. 434–456, New York, 1995

[9]   EIA CDIF: CDIF Family of Standards, 1994

[10] Fowler, M., Scott, K.: UML destilled, Addison-Wesley, New York 1997

[11] Ganzinger, H., Giegerich, R.: Attribute Coupled Grammars, Proc. ACM Symposium on Compiler Construction, SIGPLAN Notices 17/6, S. 172–184, 1984

[12] Grabowski, H. et al.: Das Produktmodell von STEP, VDI-Zeitung 131/12, S. 84–96, 1989

[13] Gruner, S.: Schemakorrespondenzaxiome unterstützen die paargrammatische Spezifikation inkrementeller Integrationswerkzeuge, Aachener Informatik-Berichte 97-5, 1997

[14] Gruner, S.: Werkzeugspezifikation mit Schemakorrespondenzen, in: Arbeitsplatzrechner-integration zur Prozeßverbesserung, Softwaretechnik-Trends, S. 39–42, Sept.1997

[15] Gruner, S., Nagl, M., Schürr, A.: Fine-grained and Structure-oriented Integration Tools are Needed for (Product) Development Processes, eing. zur Veröffentl.

[16] ISO CD 10303: Product Data Representation and Exchange, NIST Gaithersburg (USA)

[17] Jahnke, J., Schäfer, W., Zündorf, A.: A Design Environment for Migrating Relational to Object-oriented Data Base Systems, Proc. Intern. Conference on Software Maintenance 1996, IEEE Computer Society Press, S. 163–170, 1996

[18] Janning, T.: Requirements Engineering und Programmierung im Großen, Diss. RWTH Aachen, Dt. Universitätsverlag, Wiesbaden 1992

[19] Jeusfeld, M., Johnen, U.: An Executable Metamodel for Re-engineering of Database Schemas, Internat. Journal of Cooperative Information Systems 4(3/2), S. 237–258, 1995

[20] Kaiser, G.E., Kaplan, S.M., Micallef, J.: Multi-user Distributed Language-based Environ-ment, IEEE Software 4/6, S. 58–67, 1987

[21] Krapp, C.A: An Adaptable Environment for the Management of Development Processes, Diss. RWTH Aachen, Augustinus-Verlag, 1998

[22] Krönlof, K. (ed.): Method Integration, Wiley, Chichester 1993

[23] Lefering, M.: Integrationswerkzeuge in einer Softwareentwicklungsumgebung, Diss. an der RWTH Aachen, Verlag Shaker, Aachen 1995

[24] Lewerenz, C.: Interaktives Design großer Programmsysteme, Diss. RWTH Aachen, IFB 194, Springer-Verlag, Berlin 1988

[25] Marquardt, W. et al.: The Chemical Engineering Data Model VEDA, Parts 1–6, Technische Berichte, Lehrstuhl für Prozeßtechnik der RWTH Aachen, 1998

[26] Meng, W., Clement, Y.: Query Processing in Multidatabase Systems, in Kim,W. (ed.): Modern Database Systems, ACM Press, S. 551–572, New York, 1995

[27] Nagl, M. (ed.): Building Tightly Integrated Software Development Environments – The IPSEN Approach, Lecture Notes in Computer Science 1170, Springer-Verlag, Berlin 1996

[28] Nagl, M., Marquardt, W.: SFB 476 "IMPROVE" – Informatische Unterstützung übergreifender Entwicklungsprozesse in der Verfahrenstechnik, in Jarke / Pasedach / Pohl (Hrsg.): Informatik 97 – Informatik als Innovationsmotor, S. 143–154, Reihe "Informatik aktuell", Springer-Verlag, Berlin 1997

[29] Pratt, T.W.: Pair Grammars, Graph Languages und String-to-Graph-Translations, Journal of Computer and System Sciences 5, S. 560–595, 1971

[30] Reddy, R. et al.: Computer Support for Concurrent Engineering, IEEE Computer 26 1, S. 12–16, 1993

[31] Reiss, S.: Interacting with the FIELD environment, Software-Practice and Experience 20/S1, S. 898–115, 1990

[32] Rekers, J., Schürr, A.: Defining and Parsing Visual Languages with Layered Graph Grammars, Journal of Visual Languages and Computing 8/1, S. 27–55, Academic Press, London 1997

[33] Reps, T., Teitelbaum, T.: The Synthesizer Generator Reference Manual, Springer-Verlag, New York 1988

[34] Schefström, D., v.d.Broek, G. (ed.): Tool Integration, Wiley, Chichester 1993

[35] Schürr, A., Winter, A., Zündorf, A.: Graph Grammar Engineering with PROGRES, in Schäfer, Botella (ed.): Proc. 5th ESEC, Lecture Notes in Computer Science 989, S. 219–234, Springer-Verlag, Berlin 1995

[36] Schürr, A., Winter, A., Zündorf, A.: Spezifikation und Prototyping graphbasierter Systeme, Informatik-Forschung und Entwicklung 11/4, S. 191–202, 1996

[37] Sheth, A.P., Larson, J.A.: Federated Database Systems for Managing Distributed, Heterogeneous and Autonomous Databases, ACM Computing Surveys 22/3, S. 183–236, 1990

[38] Westfechtel, B.: Revisions- und Konsistenzkontrolle in einer integrierten Softwareentwick-
     lungsumgebung, Diss. RWTH Aachen, IFB 280, Springer-Verlag, Berlin 1991

3.3 Anpaßbares und reaktives Administrationssystem für die Projektkoordination

D. Jäger, C.-A. Krapp, M. Nagl, A. Schleicher, B. Westfechtel
Lehrstuhl für Informatik III

Zusammenfassung

Entwicklungsprozesse in der Verfahrenstechnik sind vielfältigen *Änderungen* unterworfen und lassen sich nur teilweise vorab planen. Dieses Teilprojekt konzentriert sich auf den *grobgranularen* Anteil dieser Prozesse (Prozeßmanagement oder -koordination). Schwerpunkt dieses Projekts ist die Aufgaben-, Produkt-, Verantwortlichkeits- und Zugriffskontrolle bei übergreifender Entwicklerkoordination.

Ziel des Projekts ist ein *reaktives Administrationssystem (*verallg. Workflow-System*)*, das einerseits die nahtlose Verschränkung von Planen, Ausführen, Überwachen und Analysieren von Prozeßbeschreibungen unterstützt und das andererseits flexibel auf Änderungen von Entwicklungsprodukt-Ergebnissen und Managementvorgaben reagieren kann. Das Administrationssystem ist Teil des integrierten Gesamtverbunds von Arbeitsumgebungen.

Die Parametrisierung auf ein Anwendungsszenario, die sich ändernden Außeneinflüsse und die Adaption von Erfahrungswissen (bzgl. Methodik, Wiederverwendung und Abstimmung bei übergreifender Kooperation) erfordern die *Anpaßbarkeit* des Administrationssystems. Der generische Kern dieses Systems läßt sich an einen konkreten Anwendungsbereich mit Hilfe spezifischer Schemata, Muster und Regeln anpassen, die sich auch während der Projektlaufzeit ändern können. Der generische *Kern* und die *Hilfsmittel* zur Anpassung sind damit Bestandteil des Rahmenwerks für das Administrationssystem.

Das Administrationssystem unterstützt die *Projektkoordination* sowohl innerhalb eines Projekts als auch *projekt-* bzw. *unternehmensübergreifend* und berücksichtigt die bei übergreifender Kooperation auftretenden Probleme des Abschirmens produkt- und prozeßbezogener Daten und der Abstimmung verschiedener Prozeß-/Produktmodelle. Wiederverwendung von Schemata, Mustern und Regeln wird durch den Aufbau einer Wissensbasis ermöglicht, die während der Durchführung von Projekten gewonnenes Erfahrungswissen zur Umgestaltung und Optimierung von Entwicklungsprozessen nutzbar macht.

3.3.1 Einleitung

Bei der Durchführung von Entwicklungsprozessen werden viele Aufgaben von unterschiedlichen Entwicklern bearbeitet, die verschiedene Dokumente eines komplexen Gesamtprodukts (vgl. II.1) erstellen. Es ist offensichtlich, daß solche Entwicklungsprozesse nicht ohne *administrative Maßnahmen* abgewickelt werden können. Dazu müssen Informationen zur Produkt-, Aufgaben- und Ressourcenkontrolle verwaltet werden. Diese Informationen bilden die administrative Konfiguration und sind *grobgranular*, weil für das Management lediglich die Existenz von Dokumenten und Aufgaben und deren Zustand, nicht aber ihre Internstruktur oder Ausführungsweise von Interesse ist.

Der Entwicklungsprozeß ist von einer hohen *Dynamik* (für eine genauere Betrachtung vgl. [26, 40]) und sehr hohem *Koordinationsaufwand* geprägt. Während der Durchführung des Entwicklungsprozesses werden Dokumente detailliert und erweitert. Diese Änderungen beeinflussen wiederum den Entwicklungsprozeß: Neue Aufgaben werden eingerichtet, Ressourcen müssen neu eingeteilt werden, usw. Fehler im Entwicklungsprozeß werden oft spät erkannt, so daß Aufgaben wiederholt werden müssen. Diese sogenannten Rückgriffssituationen führen unter Umständen zu einem völlig veränderten Entwicklungsprozeß. Methoden des Concurrent und Simultaneous Engineering erlauben es ferner, daß Entwickler auf verschiedenen Versionen des selben Dokuments arbeiten können, was einen erhöhten Abstimmungsbedarf erfordert.

Um die Koordination des dynamischen Entwicklungsprozesses besser unterstützen zu können, ist ein formales Modell notwendig, das die nahtlose *Verschränkung* von *Planen*, *Ausführen*, *Überwachen* und *Analysieren* der administrativen Konfiguration erlaubt. Mit Hilfe des Prozeßmodells koordiniert und überwacht ein Prozeßmanager den Entwicklungsprozeß; Entwickler erfahren über Aufgabenlisten, welche Aufgaben durchzuführen sind. Änderungen von Dokument- und Aufgabenzuständen müssen sowohl manuell als auch von dem System automatisiert vorgenommen werden können. Das Produktmodell gibt Auskunft über den Zustand des Ergebnisses des Entwicklungsprozesses.

Je nach Wissen über den Entwicklungsprozeß sollte das *Prozeßmodell* mit weiteren Regeln *angepaßt* werden, die zur Planung und Steuerung herangezogen werden können. Das Wissen kann dabei unterschiedlich determiniert sein. Bei vielen Entwicklungsprozessen kennt man nur ein grobes Phasenmodell auf der Typebene, d.h. man weiß, welche Arten von Aufgaben ausgeführt werden müssen, aber nicht wie viele und in welcher Reihenfolge. Bei häufig durchgeführten Entwicklungsprozessen derselben Art kennt man jedoch Prozeßmuster auf der Objektebene, die ein genaues Vorgehen bei der Prozeßdurchführung beschreiben. Dieses Vorabwissen sollte dem Prozeßmodell hinzugefügt werden, um den Übergang von vagen, dynamischen Entwicklungsprozessen zu geregelten und statisch bestimmbaren Prozessen zu unterstützen. Eine Unterscheidung der verschiedenen Einflüsse, auf die das Administrationssystem reagieren muß, ist in [47] angegeben.

Viele in der industriellen Praxis durchgeführte Entwicklungsprozesse erfordern die *Kooperation mehrerer Organisationen*. In der verfahrenstechnischen Entwicklung gilt es z.B., physikalische und chemische Vorgänge in einer Anlage und informationstechnische Strukturierung und Steuerung geeignet zu verknüpfen. Dies wird deshalb durch die Zusammenarbeit verschiedener Entwickler aus mehreren Unternehmen durchgeführt, von denen jeder für eines der genannten Teilgebiete verantwortlich ist. Eine Kooperation hat den Vorteil, daß jeder sein spezifisches Know-how in die Entwicklung einbringen kann, was ein qualitativ höherwertiges Gesamtprodukt erwarten läßt.

Entwicklungsprozesse mit *übergreifender Kooperation unterscheiden* sich von Prozessen, die in einer einzelnen Organisation ablaufen. Eine Kooperation kann durch Konflikte zwischen den beteiligten Unternehmen scheitern, weshalb Verabredungen – auch auf Koordinationsebene – erforderlich sind. Entscheidungen, die in einem Unternehmen getroffen werden, haben Auswirkungen auf andere Unternehmen, so daß die Notwendigkeit besteht, sich im Vorfeld wichtiger Entscheidungen zu koordinieren und

Änderungen des Prozesses auf geeignete Weise über Unternehmensgrenzen hinweg zu propagieren. Dabei arbeitet jedes Unternehmen u.U. mit seinem eigenen, speziell angepaßten Managementmodell, so daß eine Kopplung der Entwicklungsprozesse erschwert wird.

Ziele der Prozeßkoordination auf der grobgranularen Ebene sind die Koordination der ablaufenden Arbeitsprozesse und die Verwaltung des resultierenden Produkts. Manuelle Tätigkeiten der Koordination sollen – wo möglich – vermieden werden und auf Werkzeuge übertragen werden. Die Dokumentation aber auch die Wiederverwendung von speziellen Arbeitsergebnissen und Entwurfswissen steht ebenso im Vordergrund wie die Verbesserung der Kommunikation zwischen den Prozeßbeteiligten.

3.3.2 Stand der Forschung

In der Literatur finden sich viele Ansätze zur Unterstützung von Managementaufgaben für unterschiedliche Anwendungsfelder, die aber jeweils nur einen *Teilaspekt* der vielfältigen Informationen der Produkt-, Prozeß- und Ressourcenverwaltung betrachten.

Klassische Systeme des Projektmanagements unterstützen lediglich die Erstellung von Projektplänen in Form von PERT- und Gantt-Charts (z.B. MS-Project, Workbench, Mac-Project). Diese Systeme bieten in der Regel nur rudimentäre Unterstützung für das Projektmanagement (Aufgaben-/Produktverwaltung, Projektverfolgung, Ressourcenverwaltung, Termin- und Kapazitätsplanung etc.). Projektpläne können nicht ausgeführt oder maschinell interpretiert werden, so daß sie zur Kontrolle und Überwachung von Entwicklungsprozessen ungeeignet sind.

Versions- und Konfigurationsverwaltungssysteme [10, 30, 60], EDM-Systeme [29, 58] und CAD-Frameworks [23] unterstützen nur die *Produktdatenverwaltung* auf der Managementebene. Für sich allein genommen entlasten sie den Benutzer (Manager und Entwickler) immer nur in bestimmten Phasen seiner Arbeit, etwa bei der Erfassung, Verwaltung, Archivierung oder Bereitstellung gerade relevanter Dokumente, aber nicht bei allen weiteren Schritten der Aufgabenerledigung. Arbeitsteilige Vorgänge werden nur indirekt unterstützt, indem asynchron über E-Mail kommuniziert und ein gemeinsamer Datenbestand genutzt wird. Die Steuerung von Entwicklungsprozessen ist zwar Bestandteil einiger der oben genannten Systeme, der Schwerpunkt liegt dabei aber auf der automatischen Werkzeugaktivierung und der Unterstützung repetitiver, mehr oder weniger starr fixierter Abläufe [28]. Diese Ansätze zur Koordination der Zusammenarbeit entlasten die Entwickler und Manager kaum von gegenseitiger Abstimmung, richtiger Aufgabenverteilung, Prozeßverfolgung und -überwachung, Termineinhaltung, Aufgabendelegation usw. Wiederverwendung beschränkt sich auf Produktdaten. Eine enge Integration mit der technischen Ebene wurde bisher noch nicht realisiert. Zwar wurde die Sonderstellung einiger Entwicklungsdokumente der technischen Ebene erkannt [59], ein Ansatz zur Kopplung wurde aber noch nicht realisiert.

In dem Bereich der Produktionsplanung wurden Methoden für den *Betriebsmittel-* und *Personaleinsatz* entwickelt, die auch für die Produktentwicklung angewandt wurden [7, 22]. Automatische Planungsalgorithmen, die mit Hilfe Constraint-basierter Programmier-

sprachen [6, 27] formuliert werden, versuchen dabei bzgl. bestimmter Kriterien optimale
Ressourcen-Einsatzpläne zu finden. Die eingesetzten Algorithmen setzen dabei einen
Informationsbedarf voraus, der in typischen Entwicklungsprozessen nicht gegeben ist.
Beispielsweise müssen alle Teilprozesse und deren Ressourcenbedarf zu Beginn eines
Projektes bekannt sein. Weiterhin arbeiten viele der Planungsalgorithmen batchartig. Dy-
namische Entwicklungsprozesse erfordern aber Möglichkeiten der inkrementellen Umpla-
nung.

Prozeß-orientierte Systeme weisen eine eindeutige Ausrichtung auf die Unterstützung
des Ablaufgeschehens, also den dynamischen, kooperativen und zielgerichteten Anteil des
Entwicklungsprozesses auf. In der Literatur finden sich zum Thema *Prozeßmodellierung*
eine Vielzahl von Ansätzen, die sich zum einen in der Granularität der Modellierung
unterscheiden, zum anderen in ihrer Zielsetzung und dem zugrundeliegenden Ansatz [21].

Ansätze zur Beschreibung von *Vorgehensmodellen* bei der Produktentwicklung befinden sich auf der gröbstgranularen Ebene [8]. Für die Verfahrenstechnik sind solche Modelle etwa in [48] und [51] beschrieben. Auf Grund der groben Betrachtung treten dynamische
Änderungen des Prozesses nicht auf. Zur Steuerung und Koordination von Entwicklertätigkeiten sind diese Modelle zu wenig detailliert.

Auf der anderen Seite finden sich Ansätze zur *Modellierung* der Struktur technischer
Entwicklungsprozesse. In diesen Ansätzen werden Komandoaufrufketten von Werkzeugen
[2, 3, 9] bzw. Kommunikationsprotokolle zwischen Entwicklern formalisiert [15, 16]. Da
diese Ansätze auf die individuellen Entwicklertätigkeiten abgestimmt sind und die Gesamtstruktur des Entwicklungsprozesses wegen ihrer Detaillierung aus ihnen nicht hervorgeht, sind sie zur Planung und Kontrolle der Gesamtkoordination ungeeignet.

In diesem Teilprojekt werden Entwicklungsprozesse auf der grobgranularen Ebene
betrachtet. Diese Prozesse können unterschiedlicher Natur sein, der Grad ihrer Strukturierung variiert genauso wie die Häufigkeit ihrer Durchführung. Trägt man dieser Unter-
schiedlichkeit Rechnung, so können fünf unterschiedliche *Klassen* von *Modellierungsansätzen* unterschieden werden:

1. Systeme zur Bearbeitung von gut strukturierten Aufgaben, in denen die Reihenfolge
   der einzelnen Arbeitsschritte weitgehend festgelegt oder zumindest immer eindeutig
   entscheidbar ist, die langfristig gültig sind und hinreichend oft vorkommen, werden als
   Prozeßprogramme [49] bezeichnet. Sie werden zur Unterstützung gut verstandener Arbeitsabläufe zwischen Sachbearbeitern bei der Geschäftsvorfallmodellierung eingesetzt [12, 19, 52]. Viele der zur Zeit eingesetzten Anwendungen sind dieser Gruppe zuzurechnen, für einen bestimmten Zweck entwickelt, über einen längeren Zeitraum im
   Einsatz und mit geringer Flexibilität versehen. Ihre Möglichkeit, veränderte Aufgaben
   zu übernehmen, ist gering.
2. Modelle der *Prozeßverbesserung* haben ihren Ursprung in den Untersuchungen zur
   Qualitätsverbesserung [13] und sind unter Begriffen wie TQM (Total Quality Management), TQD (Total Quality Deployment) oder QIP (Quality Improvement Paradigm)
   bekannt geworden [1]. Diese Modelle beschreiben Paradigmen und Methoden der all-
   mählichen Prozeßverbesserung, ohne dabei Werkzeuge anzubieten, die die nötigen
   Prozeßänderungen ermöglichen. Die Idee besteht darin, Merkmale des Entwicklungs-

prozesses zu erfassen, nach Durchführung des Prozesses zu bewerten und geeignete Maßnahmen zu ergreifen, die eine Verbesserung der Qualität erreichen sollen.

3. *Ad-hoc-Workflows* bezeichnen Entwicklungsprozesse, bei denen weder die einzelnen Aktivitäten, die Reihenfolgebeziehungen zwischen den Aktivitäten, noch die Zuständigkeiten im voraus bekannt sind oder geplant werden. Systeme dieser Art sind passiv, sie geben Auskunft über den aktuellen Stand der Entwicklung und die Entwicklungshistorie. Die Entwickler selbst treffen während des Entwicklungsprozesses aktiv und punktuell Entscheidungen über das weitere Vorgehen. Einen Gesamt-Entwicklungsprozeß zu koordinieren und kontrollieren ist mit diesen Systemen unmöglich, da dieser nicht explizit erfaßt und strukturiert wird.

4. Dynamische Änderungen der Prozeßstruktur werden gerade in den Ansätzen der Künstlichen Intelligenz unterstützt [9, 14, 36, 44]. Aufgaben des Entwicklungsprozesses werden durch eine Menge von Regeln modelliert, die von einer sogenannten Prozeßmaschine interpretiert werden. Die Maschine erzeugt in Abhängigkeit von Attributwerten der bearbeiteten Dokumente eine Prozeßbeschreibung. Wenn sich ein Dokumentstatus geändert hat, wird automatisch eine festgelegte Aufgabe initiiert oder es wird die Prozeßbeschreibung automatisch angepaßt. Manuelle Korrekturen sind nicht möglich, da sich die aufgebauten Strukturen *innerhalb* der *Regelmaschine* befinden und somit nicht explizit änderbar sind.

5. Analoge Probleme weisen Prozeßmodellierungs-Ansätze auf, die Prozesse als sich gegenseitig aufrufende Netzstrukturen verstehen. Hier werden Aufgaben des Entwicklungsprozesses explizit durch Aufgabennetze modelliert. Diese Netze werden von einer Prozeßmaschine instantiiert und interpretiert. Bei Erreichen einer komplexen Aufgabe, wird dynamisch das zugehörige Teilnetz interpretiert. Auch hier taucht der reale Entwicklungsprozeß als Laufzeitdatenstruktur innerhalb der *Prozeßmaschine* auf [2, 50, 57] und ist somit der Restrukturierung nicht zugänglich. Die Koordination des Entwicklungsprozesses muß vorab geschehen, was bei sich dauernd ändernden Entwicklungsprozessen unrealistisch ist.

Der Stand der Forschung bietet momentan kein *integriertes Modell* der Produkt-, Prozeß- und Ressourcenverwaltung für das Management kooperierender Entwicklungsprozesse, das insbesondere auf die verschiedensten Einflüsse reagieren kann und darüber hinaus auch zur Projektlaufzeit anpaßbar ist. Daher wird in diesem Projekt der Weg der A-posteriori-Integration verlassen, und es werden Modelle entwickelt, die in entsprechende neue Werkzeuge verschiedener Arbeitsumgebungen umgesetzt werden.

3.3.3 Eigene Vorarbeiten

Im *SUKITS-Projekt* wurde die Koordination von Entwicklungsprozessen in verschiedenen Ingenieurszenarien der Fertigungstechnik untersucht (vgl. [20, 64] und Teil I). Ein Versions- und Konfigurationsverwaltungssystem, das an unterschiedliche Szenarien anpaßbar ist, wurde für voneinander abhängige Dokumente entwickelt [56, 62]. Vorhandene technische Umgebungen wurden in einem A-posteriori-Ansatz erweitert, um die Koordination verschiedener Entwickler zu unterstützen. Für das Management von Entwicklungsprozessen wurden Konfigurationen mit prozeßbezogenen Informationen angereichert, wodurch vorzeitige Freigaben und die Rückgriffsbehandlung unterstützt werden [61, 63].

Ein umfassendes konzeptuelles *Modell* für die *Projektkoordination* wurde in [47] beschrieben. Neben einem verallgemeinerten Workflowansatz, bestehend aus integrierten Produkt-, Prozeß- und Ressourcenbeschreibungen, wurden Konzepte zur Kopplung mit der technischen Ebene, zur Parametrisierung sowie zur projektübergreifenden Kooperation erarbeitet, die eine semantische Unterstützung für Management- und Anpassungstätigkeiten bieten.

In [24, 25] wurde ein Ansatz zur Prozeßkoordination vorgestellt, der auf *dynamischen Aufgabennetzen* basiert. Dieser Ansatz erlaubt die nahtlose Verschränkung von Planen, Ausführen, Überwachen und Analysieren von Prozeßbeschreibungen. Zustandsänderungen können dabei sowohl manuell als auch von dem System automatisiert vorgenommen werden [26]. Das Modell der dynamischen Aufgabennetze beschreibt zunächst nur den syntaktisch korrekten Aufbau dieser Netze und definiert eine minimale Ausführungssemantik. Je nach Wissen über den Entwicklungsprozeß kann dieses Modell mit weiteren Regeln *angepaßt* werden, die zur Planung und Steuerung herangezogen werden können. Auf diese Weise wird auch der Übergang von vagen, dynamischen Entwicklungsprozessen zu geregelten und statisch bestimmbaren Prozessen unterstützt.

Das Modell der dynamischen Aufgabennetze wurde formal in dem Graphersetzungssystem PROGRES *spezifiziert* und *implementiert*. Dynamische Aufgabennetze werden Prozeßmanagern und Entwicklern in einer Darstellungsform präsentiert, die auch für den Informatiklaien verständlich ist. Die im Modell eingeführten Schnittstellen bieten einen ersten Ansatz für projektübergreifende Kooperation an. Aktuelle Arbeiten untersuchen, wie die Parametrisierung dieses Modells auch zur Laufzeit des Projekts benutzerfreundlich unterstützt werden kann [26, 39]. Die Idee besteht darin, über eine weitere Benutzerschnittstelle Prozeßschemata, -muster, und Ausführungsregeln dem Modell – auch zur Laufzeit – hinzuzufügen.

Ein umfangreiches Modell zum *Ressourcenmanagement* wurde ebenfalls formal mit Hilfe von Graphersetzungssystemen spezifiziert. Dieses Modell bietet Unterstützung für den Aufbau, die Analyse und die Konfiguration von Soll- und Ist-Ressourcen. Mit Hilfe von Soll-Ressourcen beschreibt ein Projektmanager, welche Anforderungen konkrete Ressourcen (Ist-Ressourcen) erfüllen müssen, um in einem Entwicklungsprozeß eingesetzt werden zu können. Das Modell unterstützt die Modellierung sowohl menschlicher als auch technischer Ressourcen.

Im Bereich betriebswirtschaftlicher Anwendungen wird die Client/Server-*Restrukturierung* von Mainframe-Anwendungen untersucht [11, 34, 35]. Die A-posteriori-Integration vorhandener Systeme durch *verallgemeinerte Workflow-Systeme* steht in diesem Projekt ebenso im Vordergrund wie Probleme des Reverse Engineering und des Reegineering. Ferner wird die Softwareentwicklungsumgebung IPSEN [46] z.Zt. als verteiltes System von Einzelumgebungen realisiert [4], wobei ein verallgemeinertes Workflow-System für die grobgranulare Integration eingesetzt wird.

In verschiedenen Projekten im Bereich integrierter Softwareentwicklungs-Umgebungen [46] wurden *Werkzeuge* [45] realisiert, die zum einen einzelne Dokumente *verschränkt edieren, analysieren, instrumentieren* und *ausführen* können – Eigenschaften, die ein

Administrationssystem für dynamische Entwicklungsprozesse besitzen muß. Für den Bereich des Programmierens [18] und des Requirements Engineering [37, 38] wurden solche Werkzeuge realisiert, die es erlauben, Programme bzw. Anforderungsdefinitionen verschränkt zu bearbeiten.

Umfangreiche Erfahrung besteht im Bau *feingranularer, eng gekoppelter Entwicklungsumgebungen* [17, 37, 41, 42]. Dokumentübergreifende Integrationswerkzeuge unterstützen den Benutzer darin, nach inkrementellen Änderungen die Konsequenzen dieser Modifikationen gezielt zu verfolgen und davon betroffene Teile anderer Dokumente anzupassen (vgl. auch II.3.2). Die Ergebnisse können hier für die Kopplung der technischen und der Management-Ebene eingesetzt werden.

Ein neueres Projekt, das in Zusammenarbeit mit dem Regionalen Industrie-Club Informatik Aachen bearbeitet wird, entwickelt ein Informationssystem über wiederverwendbare Softwarekomponenten. Auch hier arbeiten verschiedene Werkzeuge zur Klassifizierung, zur persistenten Ablage und zum effizienten Wiederauffinden und Einbinden aufgefundener Bausteine zusammen. In einem weiteren Projekt zur Parametrisierung und Konsistenzhaltung multimedialer Bücher stehen eng integrierte Werkzeuge zur Strukturdefinition für Leser und für Schreiber im Vordergrund [5]. In diesen beiden Fällen sowie in dem hier vorgestellten Teilprojekt stehen damit das *enge Zusammenspiel* verschiedener Umgebungen und deren sich gegenseitig *beeinflussende Produkte* im Vordergrund.

Die internen Datenstrukturen der entwickelten Werkzeuge und Integratoren basieren auf attributierten Graphen. Für die Spezifikation der Struktur und der Operationen auf Graphen wurde die Graphgrammatik-*Spezifikationsumgebung* PROGRES entwickelt [53, 54]. PROGRES unterstützt die Programmierung von Graphersetzungsregeln durch Kontrollstrukturen, die insbesondere Nichtdeterminismus und Backtracking berücksichtigen. Aus dem PROGRES-System kann aus einer Spezifikation ein Prototyp generiert werden, mit dem die gewünschte Werkzeugfunktionalität benutzerfreundlich validiert werden kann [55]. Das PROGRES-System wird zur Spezifikation der unten beschriebenen Umgebungen und zur teilweisen Erzeugung von deren Code eingesetzt.

Ein wesentlicher Bestandteil für das Rahmenwerk zum Bau interaktier Werkzeuge stellt die am Lehrstuhl entwickelte *Nichtstandarddatenbank* GRAS dar [31, 32, 33, 43]. Die Graphstrukturen, die zunächst auf einem hohen semantischen Niveau spezifiziert werden, können persistent in dem System abgelegt und bearbeitet werden. Eine Client/Server-Architektur ermöglicht die verteilte Bearbeitung komplex strukturierter Sachverhalte und legt somit die Grundlage für unternehmensübergreifende Kooperation. GRAS findet in der ersten Phase des SFB Einsatz, da verfügbare Systeme die benötigte Funktionalität nicht bieten. Später ist die Ersetzung durch ein kommerzielles Produkt geplant, das den Anforderungen entspricht.

In allen Projekten des Lehrstuhls steht die *Modellierung* externer Modelle für den Werkzeugbau ebenso im Vordergrund, wie die Modellierung der internen Modelle und deren Abbildung auf Basismechanismen (GRAS), so daß diesbezüglich Erfahrung in den SFB zur Erzielung eines Prozeß-/Produktmodells eingebracht wird.

3.3.4 Ziele, Methoden und Ansatz

Ziele und Methoden

Ziel dieses Teilprojekts ist die Entwicklung von *Modellen* und *Werkzeugen* für ein reaktives Administrationssystem, das bereichsübergreifende Entwicklungsprozesse in der Verfahrenstechnik auf Managementebene unterstützt. Die administrative Konfiguration für die Projektkoordination muß auf Grund *verschiedener Einflüsse* ständig angepaßt werden. Auf der Grundlage eines entsprechenden Modells für grobgranulare Produkte/ Prozesse sowie deren Integration mit Entwicklerprozessen und Abstimmungsprozessen bei übergreifender Kooperation wird ein aus verschiedenen Arbeitsplätzen bestehendes *Administrationssystem* realisiert, das in einen Verbund aus unterschiedlichen Entwicklungsumgebungen eingebunden wird.

Neben den schwierigen *Modellierungsproblemen* (vgl. Abschnitt 1.1.2 von Teil I) sind auch *Realisierungsaspekte* zu beachten, die das Zusammenspiel des integrierten Verbundes betreffen. Daher ist ein iterativer Ansatz innerhalb des SFB vorgesehen, in dem mehrere Prototypen entwickelt werden, die alle Aspekte der Reaktivität betrachten, sich aber in der Art der Unterstützung und in ihrer Realisierung unterscheiden.

Reaktivität leitet sich als direkte Anforderung aus der kooperativen Produktentwicklung ab. Unterschiedliche *Einflüsse* auf den Entwicklungsprozeß führen dazu, daß die Koordination *adaptiert* und *nachgeregelt* werden muß, damit auf Grund geänderter Prozesse besser *reagiert* werden kann bzw. damit die Steuerungsfunktion erst möglich wird:

- Werkstoffauswahl, Syntheseweg, Art des Polymerisationsverfahrens, Problem- und Fehlersituationen beeinflussen den Entwicklungsprozeß. Ebenso hat das Management Einfluß auf den Prozeß, wenn Termin- oder Kostenvorgaben nicht eingehalten werden. Anpassungen aufgrund des *Projektstatus* (technische oder Managementdaten) werden dadurch notwendig.
- Ein allgemein verwendbares Administrationssystem erfordert die *Parametrisierung* des zugrunde liegenden Modells auf ein bestimmtes Szenario. Ferner erfordern extern vergebene Teilprojekte die Anpassung der Parametrisierung auch zur Projektlaufzeit.
- Bei der Durchführung von ähnlichen Projekten erweitert sich das *methodische Wissen*, so daß das Modell auch diesbezüglich angepaßt werden muß. Dieses Wissen umfaßt Produktstrukturvorgaben und Aufgabenteilnetze für den Manager, Transformationsregeln bei bestimmten Problemsituationen, Wiederverwendungsmuster für bekannte Teile des Entwicklungsprozesses oder -produkts.
- Globale Vorgehensweisen, Standards o.ä. geben anzuwendende Modelle vor. Insofern muß das Prozeß-/Produktmodell für die Administration und seine Integration mit anderen Teilen in der Lage sein, solche Vorgaben einzusetzen.
- Der Entwicklungsprozeß wird auch von außen beeinflußt, wenn Abteilungen/Firmen übergreifend zusammenarbeiten und Teilprozesse von Auftraggeber (z.B. Kunststoff-Produktentwicklung) und Auftragnehmer (z.B. Werkstoffauswahl) aufeinander abgestimmt werden müssen. Diese Anpassungen betreffen *alle* oben angesprochenen Ebenen (Projektstatus, Parametrisierung, Methodik und Modellauswahl).

Modellierungsprobleme

Die notwendigen *Anpassungen* an dem *Projektstatus* können entweder manuell erfolgen (z.B. Änderung eines Aufgabennetzes durch den Manager). Sie können auch dadurch erfolgen, daß Muster und Regeln formuliert werden, die dann zu *manuellen* oder *automatischen* Änderungen der Entwicklerkoordination durch den Manager herangezogen werden. Automatische Änderungen sind dann möglich, wenn die Konsequenzen für die Koordination aus den Inhalten bestimmter Dokumente abgeleitet werden können (vgl. II.3.2).

Um eine allgemeine *Verwendbarkeit* des Administrationssystems zu erreichen, muß das zugrunde liegende Modell *generisch* sein, d.h. das Modell zur Projektkoordination sollte vom konkreten Anwendungsbereich weitgehend abstrahieren. Da i.a. nicht alle Parameter vor Projektlaufzeit bekannt sind, müssen diese auch während der Projektkoordination dem Modell hinzugefügt werden können (Parametrisierung, Modellauswahl).

Bei der *Durchführung* eines Projekts nimmt das gesammelte *methodische Koordinationswissen* zu (Vorgehensweisen, Konsistenzregeln). Entwickler kennen bestimmte Problemsituationen und leiten geeignete Korrekturmaßnahmen ein (Änderungen der chemischen Struktur ändern die Kunststoff- und Verfahrenstechnikprozesse). Dieses Wissen über erprobte Vorgehensweisen wird in Form von Prozeßmustern, -alternativen, Schemata und Regeln formalisiert und durch das Administrationssystem für das Management nutzbar gemacht. Der Anteil der manuellen Änderungen durch einen Manager nimmt damit ab (Sicherheit), und geeignete Reaktionen auf Änderungen im Entwicklungsprozeß werden bestimmbar (Effizienz der Managementprozesse).

Ein weiterer, wichtiger Aspekt dieses Teilprojekts ist die Handhabung von *Wiederverwendung* auf Management-Ebene von *Projekt zu Projekt*. Auch das diesbezügliche Wissen wird, analog zu obigem Methodenwissen, abgelegt. Durch entsprechende Modellanpassungen erhält man so ein Administrationssystem für Projektfamilien, in dem der Übergang von vagen, dynamischen Entwicklungsprozessen zu geregelten und statisch bestimmbaren Prozessen (Produkt-/Prozeßwiederverwendung) unterstützt werden kann, um so Qualitätssprünge bei der Handhabung von Entwicklungsprozessen abbilden zu können.

Die Projektkoordination betrifft die *Modellierung* von *Prozessen*, *Produkten* und *Ressourcen* auf der grobgranularen Ebene als Produkt des Managementprozesses. Diese Teilaspekte können nicht unabhängig voneinander untersucht werden. Die Modelle bieten unterschiedliche Sichten auf einen *integrierten Sachverhalt* mit vielseitigen Wechselwirkungen, die eine enge Integration der Sichten erfordern.

Das Administrationssystem dient insbesondere der *bereichsübergreifenden Koordination* (unterschiedliche Fachdisziplinen, verschiedene Entwurfsinseln). Diese Kopplung führt zu neuen *Problemen* sich gegenseitig beeinflussender Prozesse:

- Auf der technischen Ebene dürfen vertrauliche Dokumente nicht weitergegeben werden (Zugriffs- und Verantwortlichkeitsrechte).
- Prozesse unterliegen unterschiedlichen Entwicklungsmethoden und Managementpraktiken (Teilprojektunabhängigkeit).

- Die zuvor teilprojektintern beschriebenen Änderungen haben auch übergreifende Auswirkungen. Rückgriffe im Entwicklungsprozeß gehen über die Unternehmensgrenze hinweg (Integration von Management über Teilprojektgrenzen).
- Über Abteilungs- und Unternehmensgrenzen hinweg sind Zuständigkeiten zu beachten. Entscheidungen erfordern die Zustimmung beider Seiten (vgl. II.3.1).
- Vorgaben für das Projektmanagement werden i.d.R. von dem übergeordneten Projekt festgelegt, werden gelegentlich aber auch bottom-up bestimmt (Projekt für die Gesamtstrukturierung).

Dies führt zu einer *Integration* verschiedener Gesamtverbunde und somit auch verschiedener Administrationssysteme. Damit ergeben sich an die zur Beschreibung verwendeten Modelle *zusätzliche Anforderungen*:

- Selbst wenn die für die Integration erforderlichen Grundmodelle übereinstimmen, sind ihre jeweiligen Anpassungen im allgemeinen so unterschiedlich, daß ihre Integration wesentlich erschwert wird.
- Bei der Kooperation sollen den Partnern nicht sämtliche Informationen offengelegt werden, sondern es soll nur eine abstrahierende, einschränkende Sicht geboten werden. Dies dient sowohl der Komplexitätsreduzierung als auch dem Verbergen von Betriebsgeheimnissen.

Insgesamt entsteht in diesem Teilprojekt des SFB ein *reaktives Administrationssystem*, in dem auf vielfältige Änderungen reagiert werden kann.

Realisierung

Das Administrationssystem besteht aus *mehreren Arbeitsumgebungen*, die eng verschränkt arbeiten und sich gegenseitig beeinflussen (zur Handhabung der Interaktion von Teilprozessen und der Integration entsprechender Teilprodukte). Die Umgebungen bieten *Unterstützung* für folgende *Rollen* (vgl. Abb. 3.11):

- Der *Modellierer* paßt das Administrationssystem an einen konkreten Anwendungsbereich an (Parametrisierung für ein Szenario). Er kann ferner *Vorgaben* und *Hilfsmittel* für das Projektmanagement durch Schemata, Objekt- und Transformationsmuster definieren (zur Einführung von Methoden- und Wiederverwendungswissen und zur Abstimmung bei übergreifender Kooperation). Aus den Vorgaben des Modellierers wird das Administrrationsystem generiert. Die Vorgaben können bei Bedarf während eines Projekts verändert und von dem Manager genutzt werden.
- Der *Manager* plant, analysiert, überwacht, bewertet und reorganisiert die Entwicklungsprozesse. Er nutzt dabei die *Vorgaben* des Modellierers und steht im engen Kontakt mit den technischen Entwicklern, um schnell und flexibel auf Änderungen des Entwicklungsprozesses reagieren zu können (Reaktion auf Projektfortschritt und technische Probleme, Umdisposition aufgrund veränderter Terminvorgaben und auftretender Termin- und Kapazitätsprobleme). Es sei angemerkt, daß Manager und Modellierer Rollenbezeichner sind, diese aber ggf. dieselben Personen darstellen.
- Die *technischen Entwickler* erhalten von der Managementumgebung eine Agenda für ihre zu lösenden Aufgaben und bekommen den notwendigen Arbeitskontext bereitgestellt. Das Management verfolgt den Projektzustand und -fortschritt (Starten, Beenden

und Suspendieren von Entwicklertätigkeiten), um darauf die nächsten Planungsschritte einzuleiten. Mit Hilfe feingranularer Integratoren führen Änderungen bestimmter technischer Dokumente zu Änderungen der Projektkoordination (s. Teilprojekt "Integrationswerkzeuge").

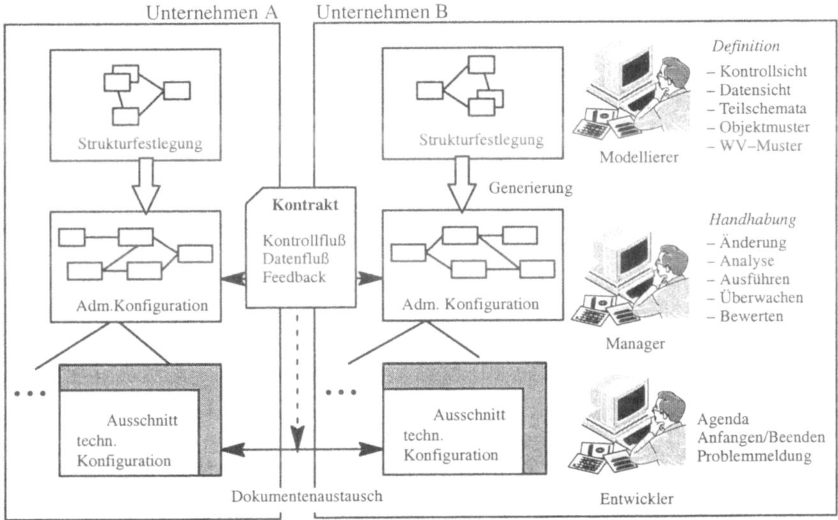

Abb. 3.11 : Die Arbeitsumgebungen des Administrationssystems

Das hier entwickelte Administrationssystem wird mit den *Prototypen* der anderen *Teilprojekte* des Projektbereichs B *integriert*, um direkte Prozeßunterstützung auch für den Manager anzubieten (s. Teilprojekt "Direkte Prozeßunterstützung") und um die Mechanismen der feingranularen Integration für die Kopplung der technischen Ebene mit der Managementebene zu nutzen (Teilprojekt "Integrationswerkzeuge").

Ansatz

Die beschriebenen Modellierungs- und Realisierungsprobleme erfordern einen *iterativen Ansatz* innerhalb des SFB. Die Aufgabenstellung erlaubt es nicht, zunächst nur Teilaspekte des Modells und der Reaktivität zu untersuchen. Nach drei Jahren entsteht ein Prototyp, der auf alle angesprochenen Einflüsse (wenn auch noch eingeschränkt) reagieren kann. Der Prototyp unterstützt das Management einer arbeitsteiligen Erstellung einer Anlagenbeschreibung in verschiedenen Arbeitsbereichen (Entwurf des Polymerisationsprozesses, Werkstoffauswahl, Auslegung des Extruders, Formteilentwicklung (vgl. II 2.1–2.3) und unterschiedlichen Unternehmen (Chemie-Unternehmen, Formteilhersteller).

Innerhalb des *ersten Antragszeitraumes* wird ein *zweistufiger Weg* gegangen, da auf Ergebnisse der Forschergruppe SUKITS zurückgegriffen werden kann. Die dort entwickelten Modelle der Projektkoordination werden in Zusammenarbeit mit den Ingenieurpartnern an das Verfahrenstechnikszenario angepaßt und erweitert, um so weitere Modellierungsprobleme und Anforderungen an das Modell aufdecken zu können. Der erste Prototyp entsteht auf Grundlage des angepaßten Modells und dient der Validierung. Eine Integration mit Werkzeugen anderer Projektpartner wird zunächst nicht vorgenommen. In der zweiten Stufe stehen die Integrationsaspekte im Vordergrund. Dies betrifft sowohl die enge Integration mit den Werkzeugen des Projektbereichs B als auch die Integration mit den Projekten der Abbildungsschicht.

Die *Langfristigkeit* des Ansatzes wird über den ersten Antragszeitraum hinaus durch den *mechanisierten Bau* sich gegenseitig beeinflussender Umgebungen (Modellierung, Management, Anschluß der Entwickler) bestimmt. Für den Bau interaktiver Werkzeuge haben sich formale Modelle als Grundlage bewährt. Mit Hilfe eines Generatoransatzes und eines Rahmenwerks für Einzelumgebungen kann aus einer formalen Werkzeugspezifikation ein entsprechendes Werkzeug mechanisiert abgeleitet werden. Die hier in diesem Teilprojekt aufgestellten neuen Anforderungen bzgl. der Reaktivität und Anpassung erfordern jedoch einen erweiterten Ansatz. Interpretative Mechanismen sind notwendig, so daß Erweiterungen und Anpassungen jederzeit möglich sind und gleich genutzt werden können.

In der zweiten Antragsphase des SFB werden auf Grundlage der gewonnenen Erfahrungen erweiterte Modelle projektübergreifender Entwicklung studiert. Dabei wird die getroffene Voraussetzung gleichbleibender Grundmodelle abgeschwächt. Weiterhin werden erweiterte Mechanismen zum Werkzeugbau untersucht, um so die manuellen Tätigkeiten der Erstellung und Integration durch mechanisierte Abläufe zu ersetzen.

3.3.5 Probleme, Schritte

Das *Arbeitsprogramm* für die ersten drei Jahre setzt auf die Vorarbeiten aus der Forschergruppe SUKITS auf. Dazu zählt das A-posteriori-Rahmenwerk zur Daten- und Kontrollintegration und die darauf aufbauenden Modelle der Produkt-, Prozeß- und Ressourcenverwaltung.

Im ersten Schritt werden in Zusammenarbeit mit den Ingenieurpartnern die vorhandenen *Modelle* der Projektkoordination an den Bereich verfahrenstechnischer Entwicklungsprozesse *angepaßt, erweitert* und *modifiziert*. Anhand von Beispielszenarien werden die Modelle einschließlich ihrer Parametrisierung im Verfahrenstechnikkontext überprüft. Insbesondere werden die Anforderungen an das administrative Modell formuliert, die eine dynamische Umplanung bei terminlichen und kapazitiven Problemen erlauben. Damit ergeben sich weitere Anforderungen an die Funktionalität der Arbeitsplätze.

Die konkreten Fallbeispiele zeigen auf, welches anwendungsspezifische Wissen managementseitig *intern formalisiert* werden kann. Dieses Wissen wird mit Hilfe der aus eigenen Vorarbeiten entstandenen Mechanismen in entsprechende Werkzeugfunktionalität umgesetzt. Neben Dokument-, Aufgaben-, Ressourcen- und diversen Abhängigkeitstypen und deren Strukturierung müssen Bedingungen, Muster und Regeln formalisiert und in die Modelle aufgenommen werden. Es wird nicht erwartet, daß alle Anforderungen durch einfache Modellerweiterungen umsetzbar sind, so daß nur eingeschränkte Lösungen angeboten werden können.

Nach der ersten Stufe der Anpassung und Erweiterung vorhandener Modelle und Werkzeuge werden die Probleme *übergreifender Koordination* studiert. Das Modell der Prozeßverwaltung wird mit Modellelementen angereichert, die geeignet sind, die *Strukturen, Mechanismen* und *Verfahrensweisen* übergreifender Kooperation auszudrücken. Insbesondere werden Modellelemente eingeführt, die die Festlegung der Rahmenbedingungen und Schnittstellen konkreter Kooperationen erlauben. Derartige Festlegungen können in Form von *Kontrakten* zwischen den Kooperationspartnern erfolgen. Kontrakte beschreiben, welche Leistungen die Kooperationspartner jeweils zu erbringen haben, welche Dokumente ausgetauscht werden, welche übergreifenden Abhängigkeiten zwischen Aufgaben verschiedener Kooperationspartner bestehen und wie im Falle von Rückgriffen im Entwicklungsprozeß verfahren wird.

Neben verschiedenen Zuständigkeiten sind auch Sicherheitsaspekte beim Dokumentenaustausch zu beachten. Zur Wahrung der *Handlungsautonomie* und des *Know-hows* der Kooperationspartner wird die Definition abstrakter Sichten auf Prozesse ermöglicht. Abstrakte Sichten erlauben den Fortschritt im Entwicklungsprozeß eines Kooperationspartners zu verfolgen, ohne daß dieser die Einzelheiten des Prozesses offenlegt.

Ausführung, Analyse und Modifikation von Aufgabennetzen finden nicht nur innerhalb der Teilprojekte verschränkt, sondern auch über die Grenzen von Teilprojekten hinaus *verschränkt* und *parallel* statt. Die Aspekte der Dynamik und Parametrisierung von Aufgabennetzen sowie die Behandlung von Rückgriffen sind daher erneut aufzugreifen. Die in der Vergangenheit entwickelten Lösungen werden an die spezifischen Gegebenheiten übergreifender Kooperation angepaßt. Hier stehen vor allem Aspekte der Änderungspropagation zwischen Teilprojekten im Vordergrund.

Die prototypische Implementierung des Managementwerkzeugs erfolgt durch automatische Generierung von Quellcode aus der Modellspezifikation, der in ein vorhandenes *Rahmenwerk* integriert wird. Das Rahmenwerk realisiert Basisfunktionalitäten des Systems zur komfortablen Benutzerinteraktion über graphische Benutzerschnittstellen, zur Darstellung unterschiedlicher Sichten auf Aufgabennetze sowie für die Nutzung standardisierter Infrastruktur zur Kommunikation mit anderen Werkzeugen.

Der *erste Prototyp* wird anhand des Beispielszenarios in Zusammenarbeit mit den Projekten des Projektbereichs A *realisiert* und *validiert*. Werkzeuge der direkten Prozeßunterstützung und für die feingranulare Integration mit der technischen Ebene sind zunächst nicht angeschlossen. Der Realisierungsaufwand wäre aufgrund der manuellen Integration zu hoch. In dieser Phase werden die Zusammenhänge und Anforderungen zwischen den einzelnen Arbeitsplätzen innerhalb des Administrationssystems deutlich sowie die Zusammenhänge und Anforderungen bei übergreifender Kooperation.

In der zweiten Stufe werden die *Integrationsprobleme* zwischen den verschiedenen Werkzeugen des Projektbereichs untersucht. In Zusammenarbeit mit den Teilprojekten ”Direkte Prozeßunterstützung” (vgl. II.3.1) und ”Integrationswerkzeuge” (vgl. II.3.2) werden Schnittstellen festgelegt, so daß Ergebnisse dieser Teilprojekte genutzt werden können und Funktionalität für andere Werkzeuge angeboten werden kann. Dies setzt einen Abgleich der verschiedenen Teilmodelle des derzeitigen Prozeß-/Produktmodells voraus.

Danach ist die Voraussetzung gegeben, daß z.B. die erfahrungsbasierte Prozeßunterstützung auch für Managementprozesse genutzt werden kann.

Auf Grundlage der gewonnenen Ergebnisse werden Anforderungen an die Abbildungsprojekte "Informationsflußverwaltung" (vgl. II.4.1) und "Dienstmanagement" (vgl. II.4.2) beschrieben, die Datenhaltung, Diensteflexibilität und Prozeßsynchronisation betreffen. Der Arbeitsschritt, die Ergebnisse dieser Projekte für die Werkzeugrealisierung zu nutzen, erfolgt in enger Zusammenarbeit mit dem Teilprojekt "Software-Integration und Rahmenwerksentwicklung", damit die Konsistenz mit dem Rahmenwerk gewährleistet wird.

Das mit den projektübergreifenden Komponenten angereicherte Administrationssystem wird mit anderen Komponenten der Gesamtumgebung *integriert* (vgl. II.5.3). Dies betrifft die technischen Umgebungen, Integrationswerkzeuge zur Kopplung dieser Umgebungen und Werkzeuge zur direkten Unterstützung von Managementprozessen (vgl. Abschnitt II.3.1). Für die Kopplung mit der technischen Ebene wird die Integration der Grobbeschreibung einer Anlage mit dem administrativen Modell realisiert, um so die enge Integration der technischen Ebene mit der Projektkoordination zu demonstrieren.

Der erste Prototyp wird aus den beiden Arbeitsumgebungen für den Manager und den Modellierer bestehen, die mit einigen technischen Umgebungen (konzeptioneller Entwurf, Extruderauslegung etc.) gekoppelt werden. Mit diesem Prototyp wird ein übergreifender Entwicklungsprozeß in der Verfahrenstechnik koordiniert. Die Eingabe neuer Muster während der Projektlaufzeit und ihre Nutzung werden *vorgeführt*.

3.3.6 Zusammenarbeit im Gesamtprojekt

Dieses Teilprojekt liefert einen Beitrag zum *umfassenden Prozeß-/Produktmodell* durch indirekte Prozeßunterstützung für den Manager. Die administrative Konfiguration stellt einen Teil des umfassenden Produktmodells dar. Vorgabenwissen, Muster, Schemata und Regeln zur Anpassung der administrativen Konfiguration für verschiedene Zwecke sind ebenfalls Bestandteile des Administrationsmodells. Hinsichtlich der Modellierungsebenen liegt der Schwerpunkt auf externen Modellen (Sicht der Benutzer des Administrationssystems) und internen Modellen (Werkzeugbau).

Eine enge Beziehung besteht zu den anwendungsseitigen Projekten (vgl. II.2.1, II.5.1 und II.5.2), da die hier realisierte Funktionalität den anwendungsabhängigen Anforderungen genügen muß und von den Beteiligten des Entwicklungsprozesses auch adaptiert werden muß.

Folgende Beiträge zum *Verbund/Rahmenwerk* werden erbracht: Es werden Umgebungen für Anpassung und Management erstellt, und technische Umgebungen werden, in Zusammenarbeit mit dem Projektbereich A, um Komponenten zur administrativen Einbindung erweitert.

Synergien und *Erweiterungen* ergeben sich durch die Integration mit direkten Handlungsmustern für den Manager (vgl. II 3.1) und durch die Kopplung zwischen technischer und administrativer Ebene im Sinne der Erleichterung von Managementaktivitäten (vgl. II.3.2).

Weitere Beziehungen ergeben sich zu den *Abbildungsprojekten*: Eine Analogie der Beziehungen zwischen Prozessen, Produkten und Ressourcen ergibt sich zwischen der administrativen Ebene und dem Projekt aus II.4.2. Ferner ist eine Ersetzung manueller durch automatische Prozesse bei einheitlicher Handhabung leichter möglich. Die administrative Konfiguration ist eine Instanz des Data Warehouse (vgl. II.4.1). Die Ergebnisse der Abbildungsprojekte (vgl. II.4.1 und 4.2) werden genutzt, um bei der Realisierung des Administrationssystems von der konkreten Abbildung auf Rechner und Dateien unabhängig zu sein sowie von Last- und Störsituationen der zugrunde liegenden Plattform zu abstrahieren.

Literatur

[1]   Basili, V.: The Experience Factory and Its Relationship to Other Quality Approaches, Advances in Computers, vol. 41, S. 66–83, 1995

[2]   Bandinelli, S., Fuggetta, A., Ghezzi, D., Lavazza, L.: SPADE: An Environment for Software Process Analysis, Design and Enactment, in: Finkelstein, A., Kramer, J., Nuseibeh, B. (eds.): Software Process Modelling and Technology, Research Studies Press Limited, S. 223–247, 1994

[3]   Barghouti, N.S.: Supporting Cooperation in the MARVEL Process-Centered SDE, in Proc. 5th ACM SIGSOFT Symposium on Software Development Environments, ACM Software Engineering Notes 17, 5, 1992

[4]   Baumann, R., Cremer, K., Klein, P., Radermacher, A.: Distribution Aspects of Integrated Systems, in [46], S. 556–591

[5]   Behle, A., Deparade, A., Klein, P., Nagl, M.: Specific Application Environments, in [46], S. 592–605

[6]   Beierle, C., Plümer, L. (eds.): Logic Programming: Formal Methods and Practical Applications, North-Holland, Amsterdam, 1995

[7]   Blazewicz, J. et al.: Scheduling Computer and Manufacturing Processes, Springer, Berlin, 1996

[8]   Boehm, B., Bose, P.: A Collaborative Spiral Software Process Model Based on Theory W, Proc. 3rd Int. Conf. on the Software Process, Reston, Virginia, 1994

[9]   Conradi, R., Hagaseth, M., Larsen, J., Nguyên, M.N., Munch, B.P., Westby, P.H., Weicheng, Z., Jaccheri, M.L., Liu, C.: EPOS: Object-Oriented Cooperative Process Modelling, in: Finkelstein, A., Kramer, J., Nuseibeh, B. (eds.): Software Process Modelling and Technology, Research Studies Press Limited, S. 33–70, 1994

[10] Conradi, R., Westfechtel, B.: Version Models for Software Configuration Management, Aachener Informatik-Berichte 96-10, 59 Seiten, 1996

[11] Cremer, K., Klein, P., Nagl, M., Radermacher, A.: Verteilung von Umgebungen und ihre Integration, in W. Wahlster (Hrsg.): Proc. Online '96 Congress VI, C.610.01–C.610.23, Velbert: Online Press, 1996

[12] Deiters, W., Gruhn, V.: Managing Software Processes in MELMAC, Proc. 4th Symp. on Software Development Environments, ACM Software Engineering Notes, vol. 15-6, ACM Press, New York, S. 193–205, 1990

[13] Deming, W.E.: Out of the Crisis, Massachusetts Institute of Technology, Center for Advanced Engineering Study, Cambridge, 1986

[14] Dengler, D.: An Adaptive Deductive Planning System, in: A. Cohn (ed.): Proc. of the 11th European Conference on Artificial Intelligence, John Wiley & Sons, S. 610–614, 1994

[15] Demichelis, G.: Computer Support for Cooperative Work, Butler Fox Foundation, 1990

[16] Ellix, C., Gibbs, S, Rein, G.: Groupware, Communications of the ACM, vol. 34-1, 1991

[17] Engels, G., Janning, T., Schäfer, W.: A Highly Integrated Tool Set for Program Development Support, in Proc. ACM SIGSMALL Conference '88, Cannes, S. 1–10, 1988

[18] Engels, G., Lewerentz, C., Nagl, M., Schäfer, W., Schürr, A.: Experiences in Building Integrating Tools, Part I: Tool Specification, TOSEM 1, 2, S. 135–167, 1992

[19] Erdl, G., Schönecker, H.: Geschäftsprozeßmanagement – Vorgangssteuerung und integrierte Vorgangsbearbeitung, FBO-Fachverlag für Büro- und Organisationstechnik, Baden-Baden, 1992

[20] Eversheim, W., Michaeli, W., Nagl, M., Spaniol, O., Weck, M.: The SUKITS-Project: An Approach to A posteriori Integration of CIM Components, in Proc. GI-Jahrestagung 92, Informatik Aktuell, S. 494–504, Berlin: Springer-Verlag, 1992

[21] Finkelstein, A. (ed.): Software Process Modelling and Technology, Research Studies Press, Taunton, Somerset, England, 1994

[22] Fox, M.S., Sycara, K.P.: Overview of CORTES: A Constraint Based Approach to Production Planning, Scheduling and Control, Proc. of the 4th International Conference on Expert Systems in Production and Operations Management, 1990

[23] Harrison D., Newton A., Spickelmeir R., Barnes T. : Electronic CAD Frameworks, Proc. of the IEEE, vol. 78-2, S. 393–419, 1990

[24] Heimann, P., Joeris, G., Krapp, C.-A., Westfechtel, B.: A Programmed Graph Rewriting System for Software Process Management, in: Proc. SEGRAGRA '95, Volterra, S. 123–132, 1995

[25] Heimann, P., Joeris, G., Krapp, C.-A., Westfechtel, B.: DYNAMITE: Dynamic Task Nets for Software Process Management, in: Proc. 18th Int. Conf. on Software Engineering, Berlin, S. 331–341, 1996

[26] Heimann, P., Krapp, C.-A., Nagl, M., Westfechtel, B.: An Adaptable and Reactive Project Management Environment, in [46], S. 504–534

[27] van Hentenryck, P.: Constraint Satisfaction in Logic Programming, M.I.T. Press, Cambridge (MA), 1989

[28] Jablonski, S.: Workflow-Management-Systeme: Motivation, Modellierung, Architektur, Informatik Spektrum, vol. 18, S. 13–24, 1995

[29] Jungfermann, W. EDM: Stand der Technik und Trends, Kongreßband zum EDM-Kongreß der Ploenzke AG, Frankfurt, Mai 1993

[30] Katz, R.H.: Towards a Unified Framework for Version Modeling in Engineering Databases, ACM Computing Surveys, vol. 22-4, S. 375–408, 1990

[31] Kiesel, N., Schwartz, J., Westfechtel, B.: Objects and Process Management for the Integration of Heterogeneous CIM Components, in: Proc. GI-Jahrestagung 92, Informatik Aktuell S. 484–493, Berlin: Springer-Verlag, 1992

[32] Kiesel, N., Schürr, A., Westfechtel, B. : GRAS – A Graph-oriented (Software) Engineering Database System, Information Systems 20, 1, S. 21–51, 1995

[33] Kiesel, N., Schürr, A., Westfechtel, B.: Functionality and Applications of a Graph-Oriented Database System, in King (ed.): Proc. ICSE Workshop on Databases and Software Engineering 94, S. 64–68, 1995

[34] Klein, P., Kiesel, N., Lacours, J., Nagl, M., Schmidt, V.: Verteilung in betriebswirtschaftlichen Anwendungen: einige Bemerkungen von seiten der Softwarearchitektur, in: Jähnichen, S. (Hrsg.): ONLINE '94, Konferenzband VI, ONLINE-GmbH, 1994

[35] Klein, P., Lacour, J., Nagl, M., Schmidt, V.: Client/Server-Restrukturierung: ein Beispiel aus dem betriebswirtschaftlichen Bereich, in: Vogt, F. (Hrsg.): ONLINE '95, Konferenzband VI, ONLINE-GmbH, 1995

[36] Koehler, J.: Correct Modification of Complex Plans, in: A. Cohn (ed.): Proc. of the 11th European Conference on Artificial Intelligence, John Wiley & Sons, S. 605–609, 1994

[37] Kohring, C., Lefering, M., Nagl, M.: A Requirements Engineering Environment within a Tightly-Integrated SDE, Requirements Engineering 1,3, 1997

[38] Kohring, C.,: Ein flexibler Interpreter für ausführbare Anforderungsdefinitionen, in Züllighoven/Altmann/Doberkat (Hrsg.): Requirements Engineering '93: Prototyping, German Chapter of the ACM 41, S. 193–208, Stuttgart: Teubner-Verlag, 1993

[39] Krapp, C.-A.: Parametrisierung dynamischer Aufgabennetze zum Management von Softwareprozessen, Proc. Softwaretechnik '96, Koblenz, S. 33–40, 1996

[40] Krapp, C.-A.: An Adaptable Environment for the Management of Development Processes, Dissertation RWTH Aachen, 1998

[41] Lefering, M.: An Incremental Integration Tool between Requirements Engineering and Programming in the Large, in Proc. 1st Int. Symposium on Requirements Engineering, 82–89, Washington: IEEE Comp. Soc. Press, 1993

[42] Lewerentz, C.: Extended Programming in the Large within a Software Development Environment, in P. Henderson (ed.): Proc. 3rd ACM SIGSOFT/SIGPLAN Software Engineering Symposium on Practical Software Development Environments, ACM Software Engineering Notes 13, 5, S. 173–182, 1988

[43] Lewerentz, C., Schürr, A.: GRAS – A Management System for Graph-like Documents, in Beeri/Schmidt/Dayal (eds.): Proc. 3rd Int. Conf. on Data and Knowledge Bases, S. 19–31, San Matheo: Morgan-Kaufmann, 1988

[44] Liu, C., Conradi, R.: Automatic Replanning of Task Networks for Process Model Evolution in EPOS, in Proc. 4th European Software Engineering Conference, LNCS 717, Springer Verlag, S. 434–450, 1993

[45] Nagl, M.: Softwareentwicklungsumgebungen: Klassifikation und zukünftige Trends, Informatik-Spektrum 16, 5, S. 273–280, 1993

[46] Nagl, M.: Building Tightly-Integrated Software Development Environments: The IPSEN Approach, LNCS 1170, 1996

[47] Nagl, M., Westfechtel, B.: A Universal Component for the Administration in Distributed and Integrated Development Environments, Aachener Informatik-Berichte 94-8, RWTH Aachen, 70 S., 1994

[48] Odian, G.: Principles of Polymerization, 3rd. ed., Wiley, New York, 1991

[49] Osterweil, L.: Software Processes are Software, too, in: Proc. 9th ICSE, IEEE Comp. Soc. Press, S. 2–13, 1987

[50] Peuschel, B., Schäfer, W.: Concepts and Implementation of a Rule-Based Process Engine, Proc. 14th International Conference on Software Engineering, IEEE Computer Society Press, Los Alamitos, S. 262-279, 1992

[51] Polke, M.: Prozeßleittechnik, Oldenbourg, München, 1992

[52] Scholz-Reiter, Stichel, E. (eds.): Business Process Modeling, Springer, Berlin, 1996

[53] Schürr, A.: Operationale Spezifikation mit programmierten Graphersetzungssystemen: Formale Definition, Anwendungen und Werkzeuge, Dissertation, RWTH Aachen, Wiesbaden: Deutscher Universitäts-Verlag, 1991

[54] Schürr, A.: Logic Based Programmed Structure Rewriting Systems, in G. Engels/H. Ehrig/G. Rozenberg (eds.): Special Issue on Graph Transformation Systems, Fundamenta Informaticae 26, 3/4, S. 363–385, 1996

[55] Schürr, A., Winter, A.J., Zündorf, A.: Graph Grammar Engineering with PROGRES, in W. Schäfer/P. Botella (eds.): Proc. 5th ESEC, LNCS 989, S. 219–234, 1995

[56] Schwartz, J., Westfechtel, B.: Konfigurationsverwaltung in einer heterogenen CIM-Umgebung, in Buchmann (Hrsg.): Proc. STAK'94 (Softwaretechnik in Automatisierung und Kommunikation), S. 179–197, Berlin: vde-verlag, 1994

[57] Sutton, S.M., Heimbigner, D., Osterweil, L.J.: APPL/A: A Language for Software Process Programming, ACM Transactions on Software Engineering and Methodology, vol.4, Nr.3, S. 221–286, 1995

[58] Spur, G.: Datenbanken für CIM, Springer Verlag/TÜV Rheinland GmbH, Köln, 1992

[59] Tausworthe, R.C.: The Work Breakdown Structure in Software Project Management, Journal of Systems and Software, vol 1, S. 181–186, 1980

[60] Tichy, W. (ed.) : Configuration Management, John Wiley & Sons, New York, 1994

[61] Westfechtel, B.: Engineering Data and Process Integration in the SUKITS Environment, in: Windsor (ed.): Proc. International Conference on Computer Integrated Manufacturing ICCIM 95, S. 117–124, Singapore: World Scientific, 1995

[62] Westfechtel, B.: Integrated Product and Process Management for Engineering Design Applications, Integrated Computer-Aided Engineering, Special Issue on Integrated Product and Process Management 3, 1, S. 20–35, 1996

[63] Westfechtel, B.: A Graph-Based System for Managing Configurations of Engineering Design Documents, erscheint in: Int. Journal of Software Engineering and Knowledge Engineering 6, 4, 1996

[64] Westfechtel, B.: Graph-Based Models and Tools for Managing Development Processes, in Vorbereitung, 1998

4 Abbildung auf bestehende und neue Plattformen

Bestehende, zu erweiternde und neue Werkzeuge der Gesamtumgebung für verfahrenstechnische Entwicklungsprozesse müssen auf einer geeigneten Plattform realisiert werden. Erschwernisse sind dabei, daß sich Entwicklungsprozesse über lange Zeiträume erstrekken, Entwickler an verschiedenen Standorten beteiligt sind und die Werkzeuge auf unterschiedlicher und heterogener Hard-/Software laufen. Bestehende *Verteilungsplattformen* (wie z.B. CORBA) bieten Ansätze zur Abstraktion, lösen aber nicht alle von den Werkzeugprojekten des letzten Kapitels gestellten Anforderungen bezüglich Verteilungstransparenz von Datenablabe-/Anfrage-, Rechen- und Kommunikationsdiensten. Er werden deshalb oberhalb von CORBA über diese Verteilungsplattform hinausgehende Funktionalitäten realisiert.

Aus dem sich ergebenden weiten Aufgabenfeld werden zwei Problemkreise herausgegriffen und durch entsprechende Teilprojekte bearbeitet. Ein *Process Data Warehouse* (vgl. II.4.1) sammelt Daten aus heterogenen Informationsquellen, materialisiert diese mit einem logisch zentralen Datenbanksystem mit neutralem Format, bewerkstelligt die entsprechenden Konversionen, leitet die Datenänderungen an Werkzeuge weiter und verwaltet die Sichtbarkeit auf die diversen Datenbestände. Eine *System-Dienstmanagement- und -vermittlungskomponente* vermittelt die Dienste, vermeidet Engpässe bezüglich Leistung und bei Störung, verwaltet die Abbildung der Dienste auf die zugrundeliegende Systemkonfiguration und stellt schließlich einen Systemadministrator-Arbeitsplatz zur Verfügung.

Dies muß einerseits (i) den *Anforderungen* bestehender Werkzeuge, ihrer Erweiterungen und der neuen Werkzeuge des letzten Kapitels genügen. Hieraus und (ii) aus der *Restriktion* der zugrundeliegenden Hard-/Systemsoftware ergeben sich weitere: Bei der Verteilung muß (iii) die Architekturstruktur der Werkzeuge berücksichtigt werden, es müssen (iv) Benutzerwünsche und Charakterisierung der Benutzer in den Kalkül gezogen werden und schließlich muß (v) die Verbindung zur administrativen Konfiguration (vgl. II.3.3) gesehen werden, wo die Werkzeuge zu Entwicklungsteilaufgaben in atomarer Form bereits verwaltet werden. Da die neue Plattform einen wesentlichen Teil des Rahmenwerks darstellt, sind naturgemäß auch die Verbindungen zu dem Software-Integrationsprojekt (vgl. II.5.3) sehr eng.

Schließlich ergibt sich auch hier ein Beitrag zu dem zu erstellenden *Prozeß-/Produktmodell*. In II.1 wurde bereits skizziert, daß dieses über verschiedene Ebenen zu betrachten ist, bis hinunter auf die Diensteebene sowie deren Abbildung auf bestehende Plattformen. Insbesondere sind hier die internen Datenstrukturen, ihre Strukturierungs- und Verhaltensbeschreibung sowie ihre Umsetzung in Software auf die Dienste der Abbildungsebene abzubilden. Erschwerend und erleichternd kommt die *Veränderung* der bestehenden *Plattformen* hinzu: die Veränderung erzeugt Neuüberlegungen und Anpassungen, andererseits werden die Verteilungsplattformen in Zukunft reichhaltigere und angemessenere Daten-, Rechen- und Kommunikationsdienste bereitstellen, so daß sich der Fokus der Betrachtung nach oben hin verschiebt.

4.1 Zielgerechte Informationsflußverwaltung in Entwicklungsprozessen

M. Jarke, M. A. Jeusfeld, T. List
Lehrstuhl für Informatik V

Zusammenfassung

Zwischen Werkzeugen der direkten und indirekten Prozeßunterstützung für kooperative verfahrenstechnische Entwicklungsprozesse fließen vielfältige Informationen synchron und asynchron. Damit Entwicklungskooperation effektiv und zielgerecht ablaufen kann, müssen diese Informationsflüsse nicht nur mit syntaktischer und semantischer Heterogenität umgehen, sondern zudem mit hinreichender Aktualität, unter Beachtung von Zugriffsrechten und Vermeidung von Informationsüberlastung gesteuert werden. Das Teilprojekt befaßt sich mit der Verbesserung von Informationsflüssen in verfahrenstechnischen Entwicklungsprozessen, vor allem durch *Daten-Zwischenlager für asynchrone Informationsflüsse*.

Das Gestaltungsspektrum reicht prinzipiell von einer rein dezentralen Datenhaltung in den Werkzeugen selbst bis zu einer zentralen, integrierten Datenbanklösung. Da beide Extreme sich in der Praxis als unrealistisch bzw. nicht zielführend erwiesen haben, führen wir als Kernmetapher den Begriff eines *Process Data Warehouse* (PDW) ein. Das PDW beschafft und transformiert aus heterogenen Quellen selektiv und inkrementell diejenigen Informationen über Entwicklungsprozesse, die regelmäßig von seinen Nutzern nachgefragt werden. Im Vergleich zu Data Warehouse-Lösungen in anderen Anwendungsbereichen ist vor allem zu beachten, daß die Informationsintegration im wesentlichen nicht rein formal, sondern durch spezifische produkt- oder prozeßorientierte Integrationswerkzeuge (vgl. Kap. II.3) erfolgt. Grundlagen, Algorithmen und Strategien, welche heterogene Datenquellen für unterschiedliche Entwicklungswerkzeuge in der Verfahrenstechnik verfügbar machen und Änderungen zwischen heterogenen Sichten propagieren, werden zunächst für die organisationsinterne, später auch für die übergreifende Kooperation erarbeitet. Zudem wird das zentrale Problem der dynamischen Anpassung der Warehouse-Struktur an die sich wandelnden Anforderungen aus Anwenderprojekten untersucht.

4.1.1 Einleitung

Wenngleich IMPROVE vor allem auf eine Unterstützung übergreifender Entwurfs*prozesse* in der Verfahrenstechnik abzielt, kommt der Frage der *Daten*integration eine zentrale Bedeutung zu. Empirische Vorarbeiten in der Chemietechnik [43] haben deutlich gezeigt, daß eine Prozeßunterstützung erst angegangen werden kann, wenn Daten technisch sicher und semantisch sinnvoll ausgetauscht werden können.

Die Industrie sieht den Stand der Praxis in diesem Bereich als unbefriedigend an. Selbst wo Teilbereiche in den 80er Jahren integrierte Lösungen aufgebaut hatten, haben die radikalen Reorganisationen der letzten Jahre diese in kaum interoperationsfähige Bruchstücke zerschlagen, die manchmal sogar die Rückkehr zur manuellen Datenübertragung mit allen damit verbundenen Qualitäts- und Aufwandsproblemen erzwungen haben. Bei der anstehenden Altlast-Reintegration gilt es, ähnlichen Probleme durch Flexibilität und Änderungsfreundlichkeit für die Zukunft vorzubeugen.

Geeignete Datenmodelle müssen von vornherein *Kompositionalität* der Datenbestände, hinreichendes *Verständnis der semantischen Bezüge* zwischen Teilbeständen und *Evolutionsfähigkeit* der Integrationsschemata berücksichtigen. Gleichzeitig will man vielerorts im Sinne des "corporate knowledge management" [33] die abgespeicherten *Erfahrungsdaten* zu wiederverwendbarem Produkt- und Prozeßwissen aufbereiten (vgl. Abschnitt II.3.1 und [23]).

Die chemische Industrie hat eine Reihe von Vorhaben begonnen, um dieser Probleme durch Konzeption von *verfahrenstechnischen Datenbanken* oder *Prozeßentwicklungs-Datenbanken* Herr zu werden. Man versucht dort, technische Vernetzung, Datenbanktechnologie und Dokumentenmanagement mit den vorhandenen Softwarewerkzeugen und Datenbeständen zu verbinden. Allerdings befinden sich diese Vorhaben noch in einer frühen Stufe der Anforderungsanalyse und sehen sich erheblichen konzeptuellen und methodischen Unsicherheiten gegenüber. Der resultierende Forschungsbedarf wird deutlich gesehen, und bestimmte Aspekte werden bereits im Computer-Aided Process Engineering angegangen (vgl. etwa die Projekte KBDS [3], n-dim [45] und PDXI [30]).

Die Einordnung des im folgenden beschriebenen Teilprojekts in diese Thematik läßt sich am einfachsten anhand der *Barrieren* erklären, die einem effektiven Informationsaustausch entgegenstehen [21]: die Überbrückung der räumlichen Kommunikationsdimension in Zeiten der Globalisierung, der zeitlichen Dimension (Abspeichern und Wiederfinden) und der konzeptuellen Dimension (Abbildung unterschiedlicher konzeptueller Anwendersichten und Werkzeug-Datenstrukturen aufeinander).

Dieser Abschnitt widmet sich vor allem den beiden letztgenannten Problemen, während das Problem der synchronen Dienstaufrufe im Abschnitt II.4.2 behandelt wird. In der Gesamtstruktur des Sonderforschungsbereichs IMPROVE sind beide Projekte der *Dienste-Abbildungsschicht* zuzuordnen. Diese Schicht macht mittels neuartiger Daten- bzw. Dienste-Verwaltungsstrategien kommerzielle Basisdienste für die neuen Werkzeugfunktionalitäten und ihre Einbindung in Gesamt-Entwicklungsumgebungen strukturiert nutzbar.

Wie im weiteren genauer ausgeführt wird, wählen wir für die Datenintegration einen *prozeßbezogenen Data Warehouse-Ansatz (PDW)* als Kompromiß zwischen vollintegrierten Datenbanken (die historisch immer wieder an Erstellungsaufwand und Inflexibilität gescheitert sind) und rein föderierten Systemen (die kaum vom Management zu beeinflussen sind). Er soll einerseits eine konzeptuelle Integration auf Metadatenebene gestatten und damit die konzeptuelle Einordnung beliebiger Daten der Gesamt-Entwicklungsumgebung gestatten. Andererseits soll er in einem durch das konzeptuelle Metamodell beeinflußten neutralen Datenmodell aber auch solche Daten als Sichten abspeichern, die von mehr als einem Werkzeug benötigt werden bzw. zum Gesamtüberblick über den Entwicklungsprozeß auf grob- oder feingranularer Ebene erforderlich sind.

4.1.2 Stand der Forschung

Die *Integration heterogener Datenbestände* ist seit mehr als 15 Jahren Gegenstand der Datenbankforschung. Aufgrund dieser langen Geschichte gibt es bereits Produktstandards (insbesondere SQL, ODBC), die den technischen Austausch von Daten mit Hilfe von Anfragen an verteilte Datenbanken lösen.

Anfänglich wurde versucht, für verteilte Datenbanken *integrierte Schemata* zu erreichen [2]. Vollautomatische Verfahren waren wenig erfolgreich, da die Abbildung semantischer auf implementierungstechnische Modelle stets mit Informationsverlusten verbunden ist. Auf der anderen Seite ist eine manuelle Integration in jedem Einzelfall viel zu aufwendig.

Deshalb verfolgt man heute Lösungsansätze, welche die Systembezüge über *wechselseitige Sichten* definieren. Allerdings interpretieren sie die Rolle der Teilsysteme unterschiedlich.

Multidatenbank-Integration

Im ersten Ansatz steht nach wie vor die - wenn auch inkrementelle und eventuell nur partielle – *Integration der Daten* im Vordergrund. Einzelne Entwurfsdokumente werden als heterogen repräsentierte Sichten auf diese Datenbestände interpretiert. Mögliche Transformationen werden technisch oft als Produktionsregelsysteme (Transformation der Teilschemata in ein globales Schema), manchmal unterstützt durch explizite Metamodelle (Umgang mit heterogenen Datenmodellsprachen) dargestellt.

Als Zieldatenmodell haben sich *semantische oder objektorientierte Datenmodelle* durchgesetzt, die Spezialisierungs- und Aggregationsbeziehungen sowie gewisse Konsistenzregeln zwischen Schemakonzepten auszudrücken vermögen. Für das Erschließen relationaler Datenbestände gibt es mittlerweile leistungsfähige Verfahren [27, 28].

Viele Entwicklungsdokumente sind jedoch nicht in relationalen Datenbanken, sondern in *informellen Dokumenten* oder *internen Datenformaten* der Werkzeuge abgelegt. Hier existieren nur erste Ansätze, um solche Dokumente mit einer objektorientierten Datenmanipulationssprache zugreifbar zu machen [12]. Im verfahrenstechnischen Bereich sind eine Reihe von Austauschstandards im Entstehen (z.B. PDXI [30]), welche in der Formulierung eines neutralen Datenformats zu berücksichtigen sind.

Data Warehousing

Der von Inmon und Codd seit ca. vier Jahren propagierte *Data Warehouse Ansatz* ([16], vgl. auch Abb. 4.1) geht den umgekehrten Weg. Das Daten-Warenlager wird als eine gezielt für bestimmte Weiterverarbeitungszwecke erstellte Ansammlung materialisierter Sichten auf eine Menge heterogener Informationsquellen interpretiert [38]. Die Abbildung kann eine einfache Kopie sein oder eine komplexe Filterung und statistische Zusammenfassungen beinhalten. Diese Daten stehen dann im Data Warehouse so bereit, wie es die Anwendung, meist eine Analyseaufgabe, benötigt. Zur Wartung dieser materialisierten Sichten gibt es im kommerziellen Bereich Extraktionsprogramme (wrapper/loader), die mittels Skriptsprachen Originaldatenbestände mit deren Abbild im Data Warehouse abgleichen (aber nicht umgekehrt und auch nicht hinreichend inkrementell!).

Auch eine Reihe wissenschaftlicher Projekte befassen sich mit dem Problem der Integration heterogener Daten in Warehouses. Angeregt von Wiederhold's Mediatorkonzept [46], hat sich eine schichtenartige Integrationskonzeption herausgebildet, in der *Wrapper* für die Homogenisierung der Darstellungen und *Mediatoren* für den inhaltlichen Abgleich zuständig sind (z.B. in TSIMMIS [9]). Für die Modellierung der Aktualisierung werden meist wiederum *Produktionsregelsysteme* untersucht. Solche Systeme tasten die Datenquelle ab, ob ein verändertes Datum vorliegt. Informationen über Änderungen werden an die materialisierte Sichten weitergeleitet. Die Entscheidung, wann zeitveränderliche Sichten überhaupt materialisiert werden sollen bzw. wann es günstiger ist, ihre Werte jeweils bei Anfragen neu auszurechnen, ist Gegenstand des Squirrel-Projekts [15].

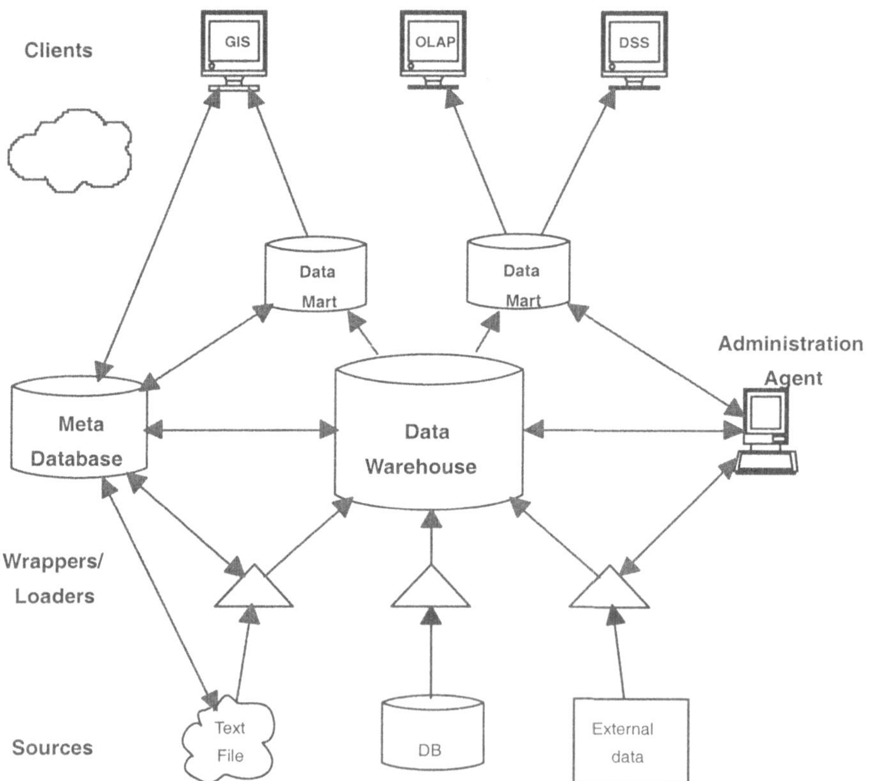

Abb. 4.1 : Aufbau einer Data Warehouse-Infrastruktur

Solche Produktionsregeln können teilweise automatisch aus den intensionalen Definitionen der Sichten gewonnen werden [47]. Voraussetzung ist allerdings die Existenz eines sinnvollen semantischen Metamodells des Anwendungsbereichs [29, 31]. Nur erste Ansätze existieren für die im vorliegenden Teilprojekt notwendige Berücksichtigung von Aggregaten in der Sicht und für die Behandlung komplexer Objekte in den Informationsquellen.

Alle bisher angesprochenen Ansätze basieren auf vorab definierten Schemata zumindest der Datenquellen, typischerweise in Form von Klassen. Demgegenüber stehen induktive oder prototypbasierte Modellierungsansätze, bei denen die Klassenstruktur erst nachträglich in existierende Datenbestände hinein-interpretiert wird. Die verbreitetste, aber für unsere Zwecke semantisch nicht ausreichende Darstellungsform findet sich in der Internet-Sprache HTML. Eine Variante des Warehouse-Ansatzes zur Berücksichtigung von auch informellen Dokumenten wird mittels der in [1] erstmals ansatzweise diskutierten *semistrukturierten Datenmodelle* verfolgt, welche Dateisysteme durch die Anfrage- und Datenmanipulationssprache der Datenbank erschließen. In diese Kategorie gehört auch das System *n-dim* der Carnegie-Mellon University, das Datenquellen nach einem einfach gestalteten Bottom-up-Ansatz erschließt und aufgrund seiner leichten Erlernbarkeit bereits im verfahrenstechnischen Bereich Anwendung gefunden hat [45].

Der Data Warehouse-Ansatz unterstellt meist, daß die Menge der operationalen Datenquellen (Sources) und die Menge der Analyse-Clients disjunkt sind. Damit beinhalten die Client-Daten ebenso wie das Data Warehouse selbst *materialisierte Sichten*, nur eben über den Warehouse-Daten. In Ausnahmefällen können Clients mit Hilfe der Metadaten des Data Warehouse auch direkt auf Quellen zugreifen, etwa dann, wenn eine Formattransformation zwischen Quelle und Data Warehouse zu unakzeptablen Informationsverlusten führen würde.

Im PDW ist die Trennung von Sources und Clients bezogen auf die feingranulare Prozeß-Wiederverwendung (Abschnitt II.3.1) und das grobgranulare Projektmanagement (II.3.3) ähnlich zu sehen. Die Unterstützung der inkrementellen Integrationswerkzeuge (II.3.2) würde jedoch eine stärkere operationale Interaktion zwischen Werkzeugen erfordern, die gleichzeitig als Source und als Client auftreten können. Für derartige Rückabbildungen auf heterogene Einzel- oder Integrationsdokumente ist neben den bisher wenig erfolgreichen, wenn auch zahlreichen Ansätzen zur Realisierung von View Updates vor allem der in Wisconsin entwickelte GMAP-Ansatz von Interesse, welcher für eine spezielle Klasse von Sichtendefinitionen die multiple, auch überlappende Abspeicherung von Informationen mit effektiver Wartung in beiden Richtungen unterstützt [44].

Föderierte Datenbanken

Der dritte Lösungsansatz [40] verzichtet ganz auf eine Bevorzugung der Quelldaten oder der integrierten Daten, sondern stellt sie als Teilsysteme völlig gleichberechtigt nebeneinander. Nur die Exportschemata der Teildatenbanken werden integriert. Ergebnis sind *applikationsspezifisch integrierte Sichten* auf die Teildatenbanken. Will man dies nicht für jedes Paar von Werkzeugen ausprogrammieren, so bieten sich Repositories von Metadaten [5] als Hilfsmittel von Informations-Brokern [26] an, die den Zugriff auf verteilte, heterogene Datenbestände über eine lose integrierende semantische Schicht regeln.

Auch für den föderierten Ansatz gibt es Techniken, welche ein semantisches Metamodell der Anwendung mit sogenannten Interschema-Assertions anreichern, um daraus Code für die Einbindung neuer Datenquellen bzw. für den Vergleich semantisch überlappender, aber möglicherweise in Konflikt stehender Datenbestände zu generieren [6, 8, 39]. Einigermaßen ausgereift erscheinen diese Techniken aber nur für den Fall relationaler Datenbanken.

Designaspekte

Da in kooperativen Entwicklungsumgebungen neben den Daten der Einzelwerkzeuge zahlreiche *übergreifende Daten* (Integrationsdokumente, Prozeßspuren, Verwaltungsinformation) anfallen, ohne daß aber eine vollständige Integration angestrebt wird, bevorzugen wir die Data Warehouse-Lösung. Allerdings implizieren die Belange der Entwicklungsprozeß-Unterstützung einige Abwandlungen und Ergänzungen des Konzepts.

Zusätzlich zu den eigentlichen Daten und Informationen über deren Zusammenhänge ist auch die Prozeßhistorie [13] mit zu verwalten. Wir sprechen daher von einem *Process Data Warehouse* (PDW). Die auf der Ausführung von Workflows basierende Prozeßhistorie ist aus datenbanktechnischer Perspektive zusätzliches Wissen, das die Objekte des Data Warehouse zueinander in Beziehung setzt (workflow-orientierte Datenintegration). Im verfahrenstechnischen Bereich ist diese Thematik außer in unseren eigenen Arbeiten bisher vor allem im KBDS-Projekt an der University of Edinburgh angesprochen [3].

Auf der Designebene stellt sich dann die Frage, welche Prozeßsichten wann und wo zu *materialisieren* sind. Zu dieser Frage des physischen Datenbankentwurfs entwickelt seit ca. 1995 das WHIPS-Projekt in Stanford Lösungskonzepte auf Basis der kombinatorischen Optimierung. Sie sind allerdings statischer Natur und berücksichtigen insbesondere nicht die Prozeßeinbindung der Daten, sondern gehen von einem einfachen Read/Write-Modell aus [14]. Zudem beachten sie nur ungenügend die für kreative Prozesse typische dynamische Änderung in der Struktur von Informationsflüssen.

Zusammenfassend ist zu sagen, daß bisher ein *Gesamtkonzept fehlt*, wie man längerfristige Informationsflüsse in komplexen kreativen Prozessen wie der verfahrenstechnischen Entwicklung konzeptuell modellieren, zielgerecht gestalten und effizient mittels existierender oder weiterentwickelter Datenbanktechnologie in offenen Netzen implementieren kann.

4.1.3 Eigene Vorarbeiten

In das Projekt fließen Erfahrungen aus drei Bereichen ein, die im folgenden kurz beschrieben werden: (1) Implementierung und Wartung materialisierter Sichten, (2) Prozeß-Datenmodelle und Metamodelle sowie (3) informationsflußorientierte Planung verteilter Systeme.

Sichtenwartung

Die Autoren haben im Umfeld der Projekte COMPULOG (EU-Grundlagenprojekt) und INDIA (Industrieprojekt) grundlegende Methoden entwickelt, die für das PDW relevant sind.

Erstens wurde die Erschließung heterogener Datenbanken über *Reverse Modeling* durch eine Kombination aus einem Metamodell und deduktiver Klassifikation [27] ermöglicht. Insbesondere ist damit eine Formulierung des Datenzugriffs möglich, die unabhängig von der verwendeten Datenmodellierungssprache ist. Auch Methoden zur Optimierung der Anfrageauswertung durch Nutzung materialisierter Sichten wurden entwickelt und formal analysiert [7].

Zweitens sind Verfahren zu nennen, die für deduktive Daten- und Objektbanken präzise das *Inkrement für materialisierte Sichten* berechnen [41, 42], ohne auf die Materialisierung direkt zuzugreifen. Damit ist es möglich, verteilte Sichtenwartungsalgorithmen an den Datenquellen zu allozieren und lediglich das Ergebnis (Inkrement) zum PDW zu übertragen – oder umgekehrt den einzelnen Entwurfswerkzeugen präzise die für sie relevanten Änderungen im Warehouse mitzuteilen, ohne in deren Funktionalität eingreifen zu müssen.

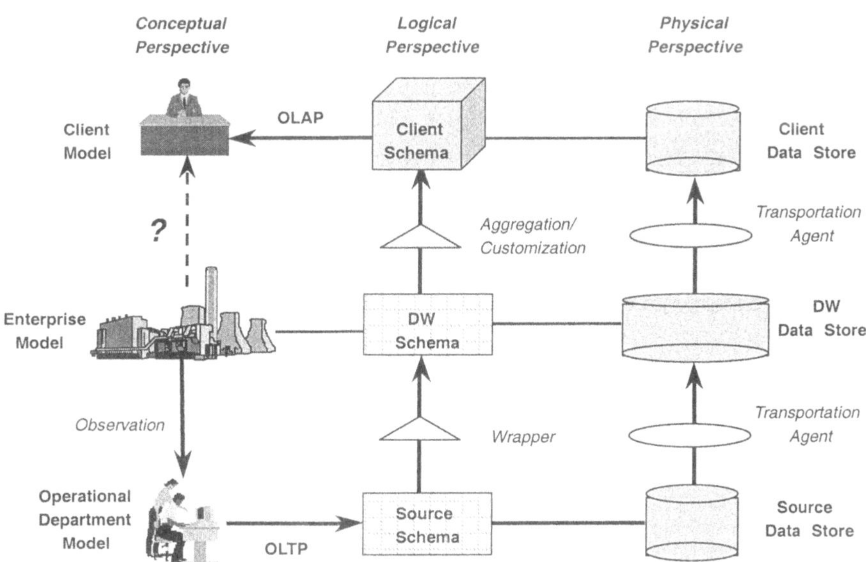

Abb. 4.2 : Konzeptuelles Modell der Metadaten eines Data Warehouses in DWQ [22]

Komplementär dazu wurde drittens die *Relaxierung von (zeitlichen) Kohärenzanforderungen* zwischen Originaldaten und ihrem Abbild im PDW durch ein erweitertes Transaktionskonzept ermöglicht. Dieses Konzept der sog. Atomic Delayed Replication [10, 11] erlaubt eine kontrollierte Zurückstufung der Kohärenz zum Vorteil der Skalierbarkeit des Durchsatzes bzw. der Unabhängigkeit der parallel arbeitenden Entwickler. Das Verfahren ist bisher für die Replikation (Kopie) von Daten ausgelegt und muß um die Transformation zu den komplexen Austauschformaten erweitert werden.

Das EU-Grundlagenprojekt Foundations of Data Warehouse Quality (DWQ) widmet sich den formalen Grundlagen des Data Warehousing. Ein für das Teilprojekt wesentliches Teilergebnis des DWQ-Projekts ist die in Abb. 4.2 illustrierte Beobachtung [22], daß ein

Data Warehouse nicht nur eine Ansammlung beliebiger Sichten auf Basisdaten ist, wie in Abb. 4.1 dargestellt, sondern einem speziellen Geschäftszweck dient, auf das sich die Analysen (client models) beziehen müssen, damit kohärentes Entscheiden sowie eine Beurteilung der Informationsqualität möglich sind. Dieser Geschäftszweck ist in einem konzeptuellen semantischen Modell (enterprise model) formalisiert. Alle anderen Modelle und Schemata (sogar die Informationsquellen) sind konzeptuell als Sichten auf dieses Modell zu interpretieren. Nur so kann das PDW sinnvolle Integrations- und Informationsfluß-Management-Unterstützung über reine Speicherfunktionalität hinaus anbieten.

Prozeß-Datenmodelle und Metamodelle

Eine zweite wesentliche Grundlage bilden die in den ESPRIT-Projekten DAIDA, MULTIWORKS und NATURE entwickelten *Modelle und Werkzeugkonzepte zur Nachvollziehbarkeit von Entwurfsprozessen* [24] entlang der drei Dimensionen der inhaltlichen Vollständigkeit, der Repräsentation und des Grades der Übereinstimmung im Entwicklungsteam [37]. Darauf bauen Überlegungen zur nachfragegesteuerten Evolution der Datenhaltung im Process Data Warehouse auf [25].

Gemeinsame Grundlage all dieser Arbeiten sind formale und implementierungstechnische Arbeiten über deduktive und objektorientierte Datenbanken, die sich im Metadatenbank-System ConceptBase niederschlagen [19, 31]. Die genannten Verfahren zur Sichtenwartung wurden weitgehend in ConceptBase (teils auch auf relationalen Datenbankplattformen) realisiert und stehen damit für die Metadatenverwaltung zur Verfügung.

Die Anwendbarkeit auf die *Modellierung verfahrenstechnischer Prozesse* untersucht seit 1995 eine gemeinsame Dissertation mit dem Lehrstuhl für Prozeßtechnik [4, 41]. Diese Arbeit zeigt zusätzliche Erfordernisse für das Produkt-Datenmanagement in verfahrenstechnischen Entwurfsprozessen auf, die von den bisher in der Literatur vorgeschlagenen Verfahren zur Metamodellierung oder Spezialisierung nicht abgedeckt wurden. Sie entwickelt in Erweiterung der Sprache VeDa [31] neue Abstraktionskonzepte, welche einen Kompromiß zwischen klassenbasierten Ansätzen, wie sie von uns verwendet wurden, und prototypbasierten Ansätzen darstellen, wie sie im System *n-dim* der Carnegie-Mellon-University für den verfahrenstechnischen Bereich [45] vorgeschlagen wurden.

Modellierung von Informationsflüssen

Aufbauend auf Vorarbeiten zur *Informationslogistik*, die bis in die 70er Jahre zurückreichen [17, 18], wurde in der BMBF-Forschergruppe "Wissensbasierte Systeme in der Qualitätssicherung" (WibQuS) die *informationsflußbezogene Modellierung, Planung und Realisierung* verteilter Informationssysteme auf der Basis von Metamodellen demonstriert. Neben zahlreichen speziellen Modellen entstand eine werkzeuggestützte Methodik [20], bestehend aus folgenden Schritten, die auch für die Bearbeitung des vorliegenden Teilprojekts eine Rolle spielen:

- kooperative Metamodell-Gestaltung, darauf aufbauende verteilte Modellierung und Modellanalyse [21, 31, 32],
- geschäftsprozeßbezogene Simulation, mit der die Auswirkungen des Austauschs kurzfristig und langfristig relevanter Informationen abgeschätzt werden können [34, 35]

- Modellabbildung auf die Implementierungsebene [36, 43], allerdings nur für den Spezialfall von SQL als Grundlage der syntaktischen Interoperabilität.

In diesen Modellansätzen fehlt jedoch noch der Bezug zur verfahrenstechnischen Anwendung und zur direkten Prozeßunterstützung.

4.1.4 Ziele, Methoden und Ansatz

Das Projekt erforscht und evaluiert die *Infrastruktur* für das selektive und inkrementell veränderbare Aufbauen, Nutzen und Fortschreiben von *heterogenen Informationsbeständen* über verteilte Entwicklungsprozesse. Um Anwendungen weitgehend von den Problemen heterogener Informationsdarstellung zu entlasten, werden die Informationen gesammelt, in und aus Austauschformaten transformiert und in einer verteilten Datenbank, dem *Process Data Warehouse* (PDW), bereitgestellt. Das Teilprojekt ist komplementär zum Abschnitt II.4.2, der den synchronen Informationstransport auf Basis des CORBA-Standards beschreibt.

Ziele und grundlegende Methoden

Wegen der für Entwurfsprozesse typischen Fülle und Komplexität der Informationsobjekte strebt das PDW-Konzept keine vollständige Prozeß-Datenbank an, sondern eine zielgerichtete Informationsbeschaffung, beschränkt redundante Abspeicherung und selektive Verteilung. Im Vergleich zum üblichen Data Warehouse-Ansatz, bei dem nach der *anfänglichen semantischen Anreicherung* der Daten im wesentlichen nur noch *lesender Zugriff* erfolgt, sind an das PDW allerdings weitergehende Anforderungen zu stellen. Neben der Tatsache, daß die gleichen Werkzeuge z.T. sowohl lesend als auch schreibend auf das PDW zugreifen können, liegt der Unterschied vor allem darin, wie die semantische Anreicherung durchgeführt wird, nämlich durch unterschiedliche Arten *entwurfsspezifischer Methoden und Werkzeuge*. Drei Integrationsdimensionen müssen ausgewogen von der PDW-Struktur unterstützt werden:

- Strukturierung aus verfahrenstechnisch-inhaltlicher Sicht (feingranulare Produktsicht im verfahrenstechnischen Prozeß), unterstützt durch Zugriffsstrukturen des PDW selbst, im Detail aber auch durch die in Abschnitt II.3.2 angesprochenen Integrationsdokumente;
- Strukturierung aus verfahrenstechnisch-ablaufmäßiger Sicht (feingranulare Prozeßspuren), unterstützt durch die im PDW abgelegten Process Chunks und Trace-Modelle, wie sie im Abschnitt II.3.1 beschrieben wurden;
- Strukturierung aus (dokumentenorientierter) Managementsicht, unterstützt durch eine Modulstruktur im PDW, welche durch die in Abschnitt II.3.3 beschriebenen grobgranularen Management-Werkzeuge verwaltet wird.

Um diese Ziele intuitiv zu verdeutlichen, verwenden wir die Metapher eines *Informationsmarktes*, in dem nur solche Informationsobjekte beschafft, transformiert und bereitgestellt werden, für die mittelfristig eine Nachfrage besteht. In Verfolgung dieser Metapher ergeben sich folgende (teils langfristige) *Forschungsziele*:

- *Angebotspolitik*: Definition von Integrationsstrategien auf konzeptueller Ebene, die Informationsobjekte eines Entwicklungswerkzeugs (insbesondere auch a posteriori) anderen Werkzeuge bereitstellen. Hierfür ist eine formale Beschreibungssprache zu entwickeln, so daß die Abbildung der verteilt abgespeicherten Informationsobjekte in ein neutrales Datenformat des Data Warehouse und zurück teil-automatisierbar ist. Die bereitgestellten Objekte sind oft aus Daten verschiedener Entwicklungswerkzeuge zusammengesetzt. Während die Integration heterogener Quellen kein neues Forschungsziel ist - obwohl noch immer nicht zufriedenstellend gelöst -, ist die Einbettung der Integration der angebotenen Informationsobjekte in einen sich potentiell ständig ändernden verfahrenstechnischen Entwurfsprozeß eine neue Aufgabe.
- *Beschaffungslogistik*: Entwicklung von formalen und informellen, produkt- und prozeßorientierten Hilfsmitteln zum Reverse Modeling von in einem neutralen Datenformat dargestellten Sichten aus heterogenen Datenbeständen. Die so homogenisierten Datenbestände werden im Data Warehouse materialisiert. Für schwach strukturierte Datenbestände, etwa die Zahlenkolonnen einer verfahrenstechnischen Simulation, ist eine Möglichkeit zur semantischen Anreicherung (physikalische Einheiten, Zuordnung zur Prozeßspur usw.) vorzusehen. Für bereits stark strukturierte Daten wie Produktbäume ist eine möglichst verlustfreie Abbildung in das Data Warehouse zu garantieren. Da die entstehenden Daten sehr umfangreich werden können, sind Optimierungsverfahren zur Auswahl geeigneter Materialisierungen zu entwickeln. Die Beschaffungslogistik entspricht den Extraktionsroutinen für Data Warehouses. Diese sollen jedoch nicht (wie bisher üblich) programmiert sondern deklarativ definiert werden.
- *Bestellpolitik*: Entwicklung von Werkzeugen zur Anbindung von Änderungs- und Notifikationsdiensten an Fremdwerkzeuge, vor allem aber an die in Abschnitt II.3.2 erläuterten Integrationsdokumente. Dies beinhaltet insbesondere ein schwieriges Abbildungsproblem: Einerseits müssen Änderungen, die ein Werkzeug auf seinen Daten vorgenommen hat, in die neutrale Sicht propagiert werden, andererseits müssen Änderungen, die andere Werkzeuge auf der neutralen Sicht vorgenommen haben, auf die Originaldaten rückabgebildet werden. Die Propagation zum Werkzeug ist durch Erweiterung von inkrementellen Sichtenwartungsalgorithmen anzugehen. Die Rückabbildung vom Werkzeug via PDW zu den Originaldaten, teilweise unterstützt durch interaktive Auflösung von Abbildungskonflikten, ist ebenfalls Forschungsziel.
- *Marketing*: Entwicklung von Werkzeugen zur zusammenfassenden Interpretation und Präsentation der gesammelten Informationen (materialisierte Daten in Kombination mit den gespeicherten Prozeßspuren). Zu entwickeln sind geeignet verdichtete Darstellungen des Prozeßgeschehens und Datenbanktechnologien zu deren Speicherung und effizienten Fortschreibung.

Informatischer Ansatz

Die *betriebswirtschaftliche Metapher* eines Process Data Warehouses wird im folgenden zu einer *informatischen Methode* ausgearbeitet. Im Vergleich zu anderen Teilprojekten ist zu beachten, daß aufgrund der Verzahnung von Datenbankentwurf und Ausführungsunterstützung der Begriff der Inkrementalität hier in zweifacher Weise gebraucht wird – auf Entwurfsebene als inkrementelles Anlegen und Weiterentwickeln von Sichten, auf Ausführungsebene als inkrementelle Fortschreibung von Inhalten bestehender Sichten.

Ein zentrales informatisches Problem ist die Darstellung der *Abbildungsbeziehung zwischen Datenangebot und Datenbedarf.* Wichtig für die zu wählenden Lösungen ist insbesondere die Frage, ob die gleichen Werkzeuge in kurzer Zeit als Sources *und* Clients auftreten (Bsp. inkrementelle Integrationswerkzeuge) oder nicht (Bsp. erfahrungsbasierte Prozeßunterstützung, reaktives Administrationssystem).

Das A-posteriori-Prinzip verbietet eine Betrachtung, in der die Werkzeuge einheitliche Syntax und Semantik für Daten nutzen. Insbesondere sind Altsysteme untereinander und mit Neusystemen oft inkompatibel. Da ein direkter Zugriff auf die Daten also nicht möglich ist, hat das Process Data Warehouse (PDW) nicht nur die Abbildungsbeziehung zu unterstützen, sondern dient vor allem als *Puffer*, in dem *ausgetauschte Daten materialisiert* werden, um so einen zeitlichen Abstand zwischen Angebot und Nachfrage oder eine Mehrfachnachfrage nach den gleichen Daten zu unterstützen. Ohne Materialisierung gäbe es zudem keine realistische Möglichkeit, Anfragen über Beziehungen zwischen Daten aus *verschiedenen* Werkzeugen zu beantworten. Im Gegensatz zu Transaktionsmodellen der Datenbanktheorie soll für die Modellierung nicht das einfache Lese-/ Schreibmodell zugrundegelegt werden, sondern die Analyse der Informationsflüsse im kooperativen Entwicklungsprozeß, wie sie sich aus Prozeßspuren, Integrationsaktivitäten und Projektadministration ergeben.

Auf diese Analyse folgt eine *Top-down-Zerlegung der Abbildungsbeziehung.* Zunächst folgt aus der Materialisierungsforderung, daß die Abbildung in zwei Schritte zerfällt: die Beschaffung von Daten und das Anbieten von Daten. Beide Schritte erfordern, daß die *Ursprungs-* und *Zieltypen* und deren *Abhängigkeit* zu spezifizieren sind. Vorteil der Dekomposition ist eine Vereinfachung der Komplexität des Problems: Bei der Abbildung von heterogenen Datenangeboten in das PDW sowie beim Anbieten zu den nachfragenden Werkzeugen wird ein einheitliches Datenmodell des PDW angenommen. Die Abhängigkeit zwischen den Daten kann, wie vorgestellt, als Sichtendefinition aufgefaßt werden. Das Teilprojekt befaßt sich also intensiv mit geeigneten Sprachen zur Sichtendefinition, die eine automatische Auswertung der Abhängigkeit zur Sichtenmaterialisierung und Weiterleitung zu den nachfragenden Werkzeugen erlauben. Starthypothese aufgrund von Vorläuferprojekten ist, daß sich logische Sprachen hierzu besonders eignen.

Der zweite Untersuchungsbereich ist die Repräsentation von Ursprungs- und Zieltypen für die Daten. Der neue Aspekt in dem Teilprojekt ist, daß die *zielgerichtete Anlieferung* von Information zu leisten ist. Dies hat als Konsequenz, daß die Datenmodellierung in der Lage sein muß, solche Ziele zu repräsentieren und dann nur solche Daten im PDW zu materialisieren, für die Bedarf formuliert wurde. Datenmodellierung ist also eine Grundoperation des PDW, die den nutzenden Experten explizit bereitgestellt werden soll (siehe Evolutionsdienst unten). Die allgemeine Abbildungsbeziehung ist dann die Hintereinanderschaltung von Beschaffungs- und Angebotsschritt.

Aus den theoretischen Überlegungen über die Darstellung von Datentypen und deren Abhängigkeit über Sichtendefinitionen folgen praktische *Realisierungsstrategien.* Der Beschaffungsschritt kann über Anfragen an die Originaldaten geleistet werden, falls diese in Datenbanken gehalten werden. Falls nicht, so sind Ansätze wie die Extraktionsdienste von Data Warehouses oder Wrapper realistische Implementierungsoptionen. Für die Materialisierung kann kommerzielle Datenbanktechnologie zum Einsatz kommen, auch für einige im kommerziellen Bereich übliche Datenformate existieren bereits Konvertierungswerkzeuge, die für die Prototypen ggf. in angepaßter Form genutzt werden sollen. Die Zulieferung von Daten im Austauschformat des Werkzeugs ist prinzipiell von gleicher Natur wie die Beschaffung. Auch hier sind klassische Sichtendefinitionen ein realistischer Implementierungspfad. Zu untersuchen ist, welche Einflüsse die besondere Struktur der nachgefragten Daten (Produktmodelle und Integrationsdaten, Prozeßspuren und grobgranulare Prozeßmodelle) auf die Handhabbarkeit der Sichtendefinitionen haben.

Da das Datenmodell des PDW durch das verwendete Datenbankmodell beschränkt wird, ist eine Aufteilung von Datenmodellierung und Sichtendefinition auf zwei Ebenen sinnvoll. Der erste Schritt ist eine konzeptuelle Modellierung mit Ausdrucksmitteln, die unabhängig von der verwendeten Datenbanktechnologie ist. Hier werden semantische Datenmodelle sowie für die Sichtendefinitionen logische bzw. algebraische Sprachen eingesetzt. In einem zweiten Schritt werden diese auf die Datenbanktechnologie (logisches Datenmodell, Sichtendefinitionen mit Datenbankanfragesprachen und ggf. Skriptsprachen) teilautomatisch abgebildet. Vorteil dieser Zweiteilung ist die Analysierbarkeit: bevor eine neue Abbildung im PDW realisiert wird, kann via dem konzeptuellen Modell unter den beteiligten Entwicklern der Werkzeuge diskutiert werden, welche Daten in welcher Form auszutauschen sind.

Anforderungen an das semantische Datenmodell

Von zentraler Bedeutung für die Effektivität des gewählten Ansatzes sind u.a. die gewählten *Modellierungsprinzipien und Metamodelle* für verfahrenstechnische Produkte und Prozesse. Wie die Vorarbeiten zeigen, ist keineswegs klar, daß die herkömmlichen objektorientierten Modellierungsabstraktionen hierfür optimal geeignet sind, was sich natürlich auch auf der Implementierungsebene auswirkt. Ebenso zeigen unsere Erfahrungen, daß die Wahl der Metamodelle den Fokus der Kooperationsaktivitäten beeinflußt. Es sind daher in Kooperation mit den Anwenderprojekten (vgl. insbesondere II.2.2) iterativ die wesentlichen Kernabstraktionen für das Datenmodell des PDW und anschließend deren effiziente Implementierung zu erarbeiten. Bezüglich generischer Data Warehouse-Abstraktionen wie etwa der Verwendung zeitbezogener und aggregierter Daten kann auf entsprechende Arbeiten im parallel stattfindenden DWQ-Projekt zurückgegriffen werden.

In der Anfangsphase des Projekts wurde mittels der in [20, 32] erarbeiteten Analysemethodik eine kooperative Anforderungsanalyse für eine "verfahrenstechnische Datenbank" bei der Firma Bayer durchgeführt. Für die *Gestaltung des semantischen Datenmodells* und des unterstützenden *PDW-Systems* lassen sich daraus folgende *Schlußfolgerungen* ziehen:

- Für die *semantische* Integration der verschiedenen Anwender- und Werkzeugsichten kommt aufgrund des sonst erforderlichen Umlernaufwands eigentlich nur die formale Struktur infrage, die den vertrauten Fließbildern zugrundeliegt. Alle feingranularen Produktdaten des PDW werden daher in Bezug zu ihrer Rolle in (Varianten von) Fließbildern gesetzt. Ausgangspunkt sind die Vorarbeiten z.B. in TECHMOD (vgl. Abschnitte II.2.1, II.3.1 und [41]).
- Großer Wert wird auf die *Prozeßintegration* gelegt, d.h. auf die Dokumentation wichtiger Entscheidungen und der ihnen zugrundeliegenden Informationsgrundlagen, die

meist informell notiert sind. Da man die Semantik beliebiger Dokumente nicht vollständig aufbereiten kann, ist vom PDW-Datenmodell eine gewisse Bescheidenheit bezüglich der Reichhaltigkeit seiner Modellierungskonstrukte und seines Detaillierungsanspruchs zu fordern, die partiell im Widerspruch zur Forderung nach feingranularer
inkrementeller Integrationsunterstützung steht. Teilweise wird das PDW nur eingeschränkt informative Metadaten über derartige Dokumente verwalten können. Die
feingranulare Prozeßeinbindung wird auf Basis des im ESPRIT-Projekt NATURE entwickelten und im TECHMOD-System bereits erprobten kontextbasierten Prozeß-Datenmodells geschehen.

- Die Datenaustauschproblematik ist bei der *Verfahrensüberarbeitung* erheblich größer
  als in der Neuentwicklung. Einerseits müssen schwer vorhersehbare selektive Ausschnitte eines früheren Entwicklungsprozesses neu betrachtet werden, andererseits ist
  Datenaustausch mit externen Systemen notwendig, die in der Verfahrenstechnik mangels übergreifender konzeptueller Modelle nur wenig bekannt sind. Das Datenmodell
  des PDW muß zur Lösung der Rückgriffsproblematik auch mit der grobgranularen *Modellierungsprozeß-Verwaltung* kompatibel sein, welche der reaktiven Administrationskomponente zugrundeliegt. Es muß darüberhinaus hinreichend breit angelegt und
  evolutionsfähig sein, um auch dem Datenaustausch mit Anlagennutzern in den Geschäftsbereichen und dem Detail Engineering gerecht werden zu können.

Zusammenfassend muß das Metamodell des PDW also drei Komponenten konzeptuell
verzahnen: das an der Flowsheet-Metapher orientierte semantische Produktmodell, welche die inhaltliche Einbindung der Ergebnisse lokaler, existierender Werkzeuge und Integrationswerkzeuge regelt; das an Entwurfsentscheidungen über dieser inhaltlichen Basis
orientierte Prozeßmodell zur Erfahrungsdokumentation; und ein grobkörniges Administrationsmodell, welches die Modularisierung in Arbeitsbereiche, Versionen und Konfigurationen unterstützt. Das Zusammenbringen aller drei Teilmodelle erfordert es, daß an
ihrem Detaillierungsgrad im Vergleich zu der im Kapitel II.3 beschriebenen Ausgestaltung
Abstriche hingenommen werden müssen, die eine vollständig automatisierte Transformation ausschließen. Wenn dies anders wäre, wäre das PDW keine Datenbank mehr, sondern
könnte die Anwendungsumgebung ersetzen – was weder realistisch noch sinnvoll erscheint.

4.1.5 Probleme, Arbeitsschritte

Die genannten Ziele und Methoden führen zu einem Arbeitsplan, der sich in einen
entwurfsbezogenen und einen *ausführungsbezogenen* Teil aufgliedert.

Am zielgerichteten *Entwurf* des Process Data Warehouse sind die Entwickler der angekoppelten Werkzeuge beteiligt, die Angebot und Nachfrage nach Information formulieren.
Hierfür soll das PDW ein *Evolutionsdienstepaket* bereitgestellten (Schnittstelle 'Evol' in
Abb. 4.3). Es bietet folgende Funktionen:

- Extraktion und Visualisierung der Datenstrukturen im PDW: Hierzu wird ein graphischer Browser entwickelt, der sich des semantischen PDW-Datenmodells bedient. Die
  Produktvisualisierung greift vor allem auf die vertraute Fließbild-Metapher zurück;

geeignete Visualisierungen für Prozeßspuren sind noch zu entwickeln (vgl. auch Kap. II.3.1).

- Einfügen neuer Datenstrukturen sowohl der Datenquellen als auch der Datensenken (neutrales Datenformat im PDW) sowie der Abhängigkeitsbeziehung. Als Abhängigkeitsbeziehungen werden deduktive Sichten untersucht.
- Änderung bestehender Datenstrukturen des PDW. Diese Funktion muß berücksichtigen, von welchen Werkzeugen eine bestehende Datenstruktur benötigt wird. Diese Information ist als Metadatum an die Datenstrukturdefinition im PDW abzulegen.
- Planungsunterstützung bei der Entscheidung über alternative Änderungsmöglichkeiten. Hierbei kann auf Vorarbeiten im Bereich der informationsflußorientierten Simulation aufgebaut werden, auf Implementierungsebene kann ein am Lehrstuhl entwickelter prototypischer Leitstand zum Entwurf replizierter relationaler Datenbanken ausgebaut werden. Die Planungsunterstützung wird allerdings erst in der zweiten Projektphase im Vordergrund des Interesses stehen.

In der *Ausführungphase* kommunizieren existierende ebenso wie neue Werkzeuge mit dem Process Data Warehouse, indem sie Zugriffsdienste bzw. neue Werkzeugfunktionalitäten (Integrationswerkzeuge, Erfahrungsdokumentation oder administrative Funktionen) verschränkt über die Dienstevermittlung (vgl. Abschnitt II.4.2) abrufen. Die Zugriffsschnittstellen (vgl. Abb. 4.3: X1,X2 bzw. Y1,Y2) sind abstrakte Datentypen in den Strukturen eines der neutralen Austauschformate mit drei grundsätzlichen Operationen:

- Zugriff auf ein durch einen Schlüssel identifiziertes Datenobjekt (Instanz) des Datentyps. Alle mengenorientierten Zugriffe erledigt bereits die Sichtendefinition innerhalb des PDW.
- Abspeicherung eines geänderten bzw. neuen Datenobjektes. Dies hat als Seiteneffekt die Rücktransformation in das Format der ursprünglichen Datenquelle zur Folge. Die Rücktransformationsdienste werden in Funktion 2) des Evolutionsdienstepakets generiert.
- Notifikation von Werkzeugen über Änderungen an Objekten des PDW. Falls ein Werkzeug einen Datentyp als 'zu notifizieren' markiert, so wird es über Änderungen an dem Objekt in Strukturen des Zieldatentyps notifiziert.

Neben der Schnittstelle zu den Werkzeugen ist auch die Beschaffungslogistik im PDW in der Ausführungsphase zu unterstützen. Basierend auf den Sichtendefinitionen werden im Evolutionsdienstepaket die Prozeduren zum Zugriff auf die Datenquellen generiert. Diese sind über die Dienstevermittlung zugreifbar zu machen und werden von einer *Aktualisierungskomponente* des PDW's aufgerufen.

Entwurf und Ausführung sollen zeitlich verzahnt ablaufen, um das System im laufenden Betrieb an *veränderte Datenstrukturen* anpassen zu können. Ferner ist es typisch in Entwicklungsprozessen, daß im Laufe der Zeit mehr strukturelles Wissen über ein Produkt bekannt wird. Dies führt zu reicheren Datenstrukturen, in die alte Daten migrieren müssen.

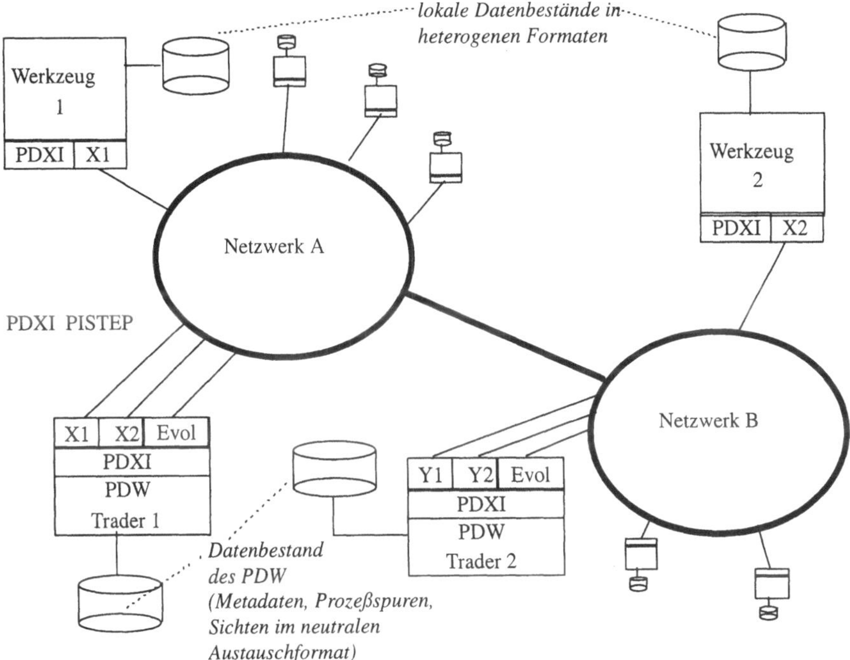

Abb. 4.3 : Verteilte Architektur mit zwei Instanzen des Process Data Warehouse

Die Entwicklungswerkzeuge haben im allgemeinen eine *lokale Datenhaltung* und eine *Schnittstelle zur Außenwelt*. Die Schnittstelle definiert für die Werkzeuge das Datenformat, in dem es Informationen mit dem Process Data Warehouse austauscht. Um den Fokus auf die A-posteriori-Integration zu erhalten, wird bewußt auf eine tiefe Integration mit den in anderen Teilprojekten verwendeten Repräsentationen verzichtet. Nur für eine bestimmte Aufgabe auszutauschende Daten müssen über die Abbildung in ein neutrales Austauschformat verfügbar gemacht werden, ansonsten erfolgt lediglich eine Zugriffshilfe über Metadaten.

Aus diesen Überlegungen ergeben sich im einzelnen folgende *Arbeitsschritte*:

1. Definition eines für die prozeßorientierte und abteilungsübergreifende Integration geeigneten *semantischen Datenmodells*. Das Datenmodell muß die Abbildung der oben aufgeführten Politiken in ausführbaren Code zum zweiseitigen Informationstransfer zwischen Entwicklungswerkzeugen und Data Warehouse erlauben. Hierzu wird die Beziehung der Objekte des Data Warehouse mit Hilfe regelbasierter Sichten auf die heterogenen und räumlich verteilten Originalobjekte repräsentiert.

2. Für die Definition und Änderung von Modellen und Austauschformaten im PDW wird ein *Evolutionswerkzeug* realisiert. Es orientiert sich an den Vorgaben des semantischen Datenmodells und erlaubt Einfügen, Ändern und Löschen von Schemakonzepten und Sichtendefinitionen mit einem graphischen Browser. Semantische Fehler werden vom Evolutionswerkzeug erkannt und angezeigt.

3. *Inkrementelle Abbildung* des semantischer Datenmodells auf standardbasierte, aber heterogen verteilte Umgebungen *ohne* Einschaltung eines zentralen Datenbankservers, über den aller Datenaustausch erfolgt und der daher schnell zum Engpaß wird. Für den Spezialfall relationaler Standards (SQL) liegen Vorarbeiten für beide Teile im Wib-QuS-Projekt vor.

4. Realisierung einer *Ausführungsumgebung* für Datenbeschaffung und -bereitstellung. Die Datenbeschaffung basiert auf den in Arbeitspaket 1 behandelten Sichtendefinitionen. Die Datenbereitstellung erfolgt in den neutralen Austauschformaten. Zur Materialisierung der Daten werden kommerzielle Datenbankwerkzeuge mit herangezogen. Die Programmierschnittstelle (application programming interface) zu den Nutzern des PDW wird innerhalb der Ausdrucksmöglichkeiten des gewählten Datenbanksystems realisiert.

5. Datenbankunterstützung zur Ablage der im Prozeß entstehenden *Meta-Informationen* (z.B. Prozeßspuren). Der Schwerpunkt liegt auf dem Erreichen einer akzeptablen *Performanz* durch Nutzung kommerzieller Datenbanksysteme. Auf Erfahrungen aus kommerziellen Data Warehouse-Projekten kann jedoch nur teilweise zurückgegriffen werden, da Prozeßhistorien meist eine ganz andere Struktur haben als Produktdaten.

6. Für Anwendungsprogramme wird die API um einen Notifikationsdienst erweitert. Er erlaubt es, inkrementelle Änderungen an Objekten des PDW zu den Anwendungsprogrammen durchzureichen. Der Notifikationsdienst nutzt die Datenbeschaffungsfunktion der Ausführungsumgebung, um Änderungen an den Originalobjekten zu erkennen. Durch Abgleich mit der materialisierten Sicht der Objekte im PDW wird berechnet, welche Änderung tatsächlich weiterzuleiten ist.

7. *Evaluierung* des gewählten Ansatzes im verfahrenstechnischen Anwendungsszenario. Konkret ist die Bereitstellung bestimmter Austauschdatenstrukturen von PDXI in Zusammenarbeit mit den in Abschnitt II.2.2 beschriebenen Arbeiten vorgesehen. Wo dies nicht alle Anforderungen abdeckt, sind domänenspezifische Erweiterungen mit Hilfe der Evolutionskomponente des Process Data Warehouse vorzunehmen.

4.1.6 Stellung im Gesamtvorhaben

Das Projekt entwickelt neue Konzepte der *verteilten und kooperationsorientierten Datenhaltung* im Hinblick auf die speziellen Anforderungen von Entwicklungsprozessen in der Verfahrenstechnik. Dabei sind sowohl *operationale* Anforderungen (Mediatorenfunktion in Datenaustausch und Änderungspropagierung während des Entwicklungsprozesses) als auch *analytische* Aspekte (Sichtenmodellierung im Hinblick auf einen administrativen Überblick sowie auf eine erfahrungsbasierte Prozeßverbesserung) in der Arbeitslast zu berücksichtigen.

Das Datenmodell des Process Data Warehouse unterstützt die Grundstrukturen des *Prozeß-Datenmodells*, dessen Konzeption in den Abschnitten II.2.1 und II.3.1 beschrieben ist. Für die erfahrungsbasierte Prozeßunterstützung (II.3.1) wird dabei besonders die abstrahierende und aggregierende Darstellung von Prozeßspuren erarbeitet. Mit anderen ingenieurwissenschaftlichen Teilprojekten werden *Produktmodelle* und domänenspezifische Aspekte des verfahrenstechnischen Szenarios abgestimmt. Ziel dieser Zusammenarbeit ist die frühe Demonstration der Modellierungsfunktion des PDW über sein Evolutionswerkzeug.

Gegenüber dem traditionellen Data Warehouse-Ansatz soll eine größere Flexibilität und formale Unterstützung durch semantische Modellierung erreicht werden, später auch durch quantitativ ausgerichtete adaptive Planungsverfahren. Die Integration mit dem Teilprojekt zur Dienstvermittlung (II.4.2) bildet darüber hinaus die Grundlage für eine anwendungs- und lastgerechte Verteilung der Daten. Es gibt eine enge Kooperation aufgrund der gemeinsam verfolgten Idee der Vermittlung von Diensten über Trader [26]. Der Kommunikations-Trader benötigt vom PDW Metadaten (Ort, Repräsentation, Prozeßspur) über die austauschbaren Datenbestände, um diese über die Anfragekomponente des PDW allgemein verfügbar zu machen. Denkbar ist darüberhinaus die Speicherung der verfügbaren Dienste als Metadaten im PDW. Der Zugriff auf verteilte Instanzen des PDW erfolgt ebenfalls über den zu entwickelnden Dienste-Trader.

In Zusammenarbeit mit dem Teilprojekt über inkrementelle Integrationswerkzeuge (II.3.2) ist eine Methode zu entwickeln, mit der den Integrationswerkzeugen feingranulare Änderungen an Dokumenten mit Hilfe des PDW mitgeteilt werden. Vergröbernde Sichten auf das PDW unterstützen nicht nur die erfahrungsbasierte Prozeßverbesserung (II.3.1), sondern auch das reaktive Administrationssystem (II.3.3).

Literatur

[1] Abiteboul, S., Cluet, S., Milo, T.: Querying and Updating the File , Proc. 19th Intl. Conf. Very Large Data Bases, Dublin, Irland, S. 73–84, 1993

[2] Batini, C., Lenzerini, M., Navathe, S.B.: A Comparative Analysis of Methodologies for Database Schema Integration, ACM Computing Surveys, vol.18, no.4, S.323–364, 1986

[3] Banares-Alcantara, Ponton, J.W.: Design Support Systems for Conceptual Process Design, Proc. Intl. Conf. Intelligent Systems in Process Engineering (Snowmass, Co), AIChE Symposium Series, vol. 92, S. 195–205

[4] Baumeister, M.: Attribute grouping: emulating metamodels without instantiation, Proc. Intl. Conf. Object-Oriented Information Systems, London, 1996

[5] Bernstein, P.A:, Dayal, U.: An Overview of Repository Technology, 20th Conference on Very Large Databases, VLDB, Santiago, Chile, S. 705–713, 1994

[6] Blanco, J., Illarramendi, A., Goni, A.: Building a Federated Relatonal Database System: An Approach Using a Knowledge-Based System, J. Intelligent and Cooperative Information Systems 3(4). S. 415–455, 1994

[7] Buchheit, M., Jeusfeld, M.A., Nutt, W., Staudt, M.: Subsumption of queries over object-oriented databases, Information Systems 19(1), 1994

[8] Catarci, T., Lenzerini, M.: Representing and Using Interschema Knowledge in Cooperative Information Systems, Intelligent and Cooperative Information Systems 2(4), S. 375–398, 1993

[9] Chawathe, S., Garcia-Molina, H., Hammer, J., Ireland, K., Papakonstantinou, Y., Ullman, J., Widom, J.: The TSIMMIS project: Integration of heterogeneous information sources. Proc. of IPSI Conference, Tokyo, Japan, 1994

[10] Gallersdörfer, R.: Replikationsmanagement in verteilten Informationssystemen, DISDBS 24, infix-Verlag 1997 (Diss. RWTH Aachen), 1997

[11] Gallersdörfer, R, Nicola.M.: Improving Performance of Replicated Databases through Relaxed Coherency, Proc. 21st Intl. Conf. on Very Large Data Bases, Zürich, 1995

[12] Gehani, N.H., Jagadish, H.V., Roome, W.D.: OdeFS: a File System Interface to an Object-Oriented Database, Proc. 20th Conf. Very Large Databases, VLDB, Santiago de Chile, S. 249–260, 1994

[13] Gotel, O., Finkelstein, A.: An Analysis of the Requirements Traceability Problem, IEEE International Conference on Requirements Engineering, Colorado Springs, 1994

[14] Harinarayan, V., Rajaraman, A., Ullman, D.: Implementing Data Cubes Efficiently, Proc. ACM-SIGMOD Intl. Conf. Management of Data, Montreal, 1996

[15] Hull, R., Zhou, G.: A Framework for supporting data integration using the materialized and virtual approaches. Proc. ACM SIGMOD Intl. Conf. Management of Data, S. 481–492, Montreal, 1996

[16] Inmon, W.H.: Building the Data Warehouse, John Wiley &Sons, 2nd Edn., 1996

[17] Jarke, M.: Überwachung und Steuerung von Container-Transportsystemen, Gabler (Diss., Universität Hamburg), 1980

[18] Jarke, M. (ed.),: Managers, Micros and Mainframes, Integrating Systems for End-Users, John Wiley Information System Series, 1986

[19] Jarke, M., Eherer, S., Gallersdörfer, R., Jeusfeld, M., Staudt, M.: ConceptBase – A Deductive Object Base Manager, Intelligent Informations Systems 4 (2), S. 167–192, 1995

[20] Jarke, M., Jeusfeld, M., Peters, P., Pohl, K.: Coordinating distributed organisational knowledge, Data & Knowledge Engineering, vol. 23, S. 247–268, 1997

[21] Jarke, M., Jeusfeld, M., Szczurko, P.: Three Aspects of Intelligent Cooperation in the Quality-Cycle, Intelligent & Cooperative Information Systems 2 (4), S. 355–374, 1993

[22] Jarke, M., Jeusfeld, M.A., Quix, C., Vassiliadis, P.: Architecture and Quality in Data Warehousing, Proc. 9th Intl. Conf. Advanced Information Systems Engineering, Pisa, 1998

[23] Jarke, M., Klamma, R.: Innovation durch rechnergestütztes Fehlermanagement: Ergebnisse des BMBF-Projektes FOQUS, Frühjahrstagung Wirtschaftsinformatik, Hamburg, 1998

[24] Jarke, M., Mylopoulos, J., Schmidt, J.W., Vassiliou, Y.: DAIDA: An Environment for Evolving Information Systems, ACM Trans. Information Systems, 10 (1), S. 1-50, 1992

[25] Jeusfeld, M., Jarke, M.: Enterprise Integration by Market-Driven Schema Evolution, Concurrent Engineering – Research and Applications, 4(3), S. 207–218, 1996

[26] Jeusfeld, M.A., Papazoglou, M.: Information Brokering, in Krämer/Papazoglou/Schmidt (ed.): Information Systems Interoperability, John Wiley RSP, S. 265–302, 1998

[27] Jeusfeld, M.A., Johnen, U.A.: An executable meta model for re-engineering of database schemas. Intl. J. Cooperative Information Systems, vol. 4, no. 2&3, S. 237–258, 1995

[28] Johannesson, P.: Schema Standardization as an Aid in View Integration, Information Systems, vol. 19, no. 1, 1994

[29] T. Kirk, A.Y. Levy, Y. Sagiv and D. Srivastava: The Information Manifold. Proc. AAAI 1995 Spring Symp. on Information Gathering from Heterogeneous, Distributed Environments, S. 85–91, 1995

[30] Motard, R.L., Blaha, Book, N.L., Fielding, J.J.: Process Engineering Databases - From the PDXI Perspective, Proc. 4th Intl. Conf. Foundations of Computer-Aided Process Design, AIChe Symp. Series 304, vol. 91, S. 142–153, 1995

[31] Nissen, H.W.: Separation und Resolution multipler Perspektiven in der konzeptuellen Modellierung, DISDBS 38, infix-Verlag 1997 (Diss. RWTH Aachen), 1997

[32] Nissen, H.W., Jeusfeld, M.A., Jarke, M., Zemanek, G., Huber, H.: Managing multiple requirements perspectives with meta models, IEEE Software, März 1996

[33] Nonaka, L., Takeuchi, H.: The Knowledge-Creating Company, Oxford University Press, 1995

[34] Peters, P.: Planning and Analysis of Information Flows in Quality Management, Diss. RWTH Aachen, 1996

[35] Peters, P., Jarke, M.: Simulating the Impact of Information Flows on Networked Organizations, Proc. 17th Intl. Conf. Information Systems, Cleveland, Ohio, 1996

[36] Peters, P., Szczurko, P., Jeusfeld, M., Jarke, M.: Business Process Oriented Information Management: Conceptual Models at Work, Proceedings ACM Conf. Organizational Computing Systems, San Jose, Ca, 1995

[37] Pohl, K., Jacobs, S.: Concurrent Engineering – Enabling Traceability and Mutual Understanding, J. on Concurrent Engineering Research and Application, 2 (4), 1994

[38] Quass, D., Gupta, A., Mumick, I.S., Widom, J.: Making Views Self-Maintainable for Data Warehousing, In Proceedings of the Fourth International Conference on Parallel and Distributed Information Systems (PDIS '96), Miami Beach, Florida, Dezember 1996

[39] Sheth, A., Gala, S.K., Navathe, S.B.: On Automatic Reasoing for Schema Integration. J. Intelligent and Cooperative Information Systems 2 (1), S. 23–50, 1993

[40] Sheth, A.P., Larson, J.A.: Federated Database Systems for Managing Distributed, Heterogeneous, and Autonomous Databases, ACM Comp. Surveys, 22 (3), S. 183–236, 1990

[41] Staudt, M.: Sichtenmanagement in Client-Server-Systemen, DISDBS 23, infix-Verlag 1997 (Diss. RWTH Aachen), 1997

[42] Staudt, M., Jarke, M.: Incremental Maintenance of Externally Materialized Views, Proc. 22nd Intl. Conf. Very Large Data Bases, Bombay, 1996

[43] Szczurko, P.: Steuerung von Informations- und Arbeitsflüssen auf Basis konzeptueller Unternehmensmodelle, dargestellt am Beispiel des Qualitätsmanagements, Diss. RWTH Aachen, 1997

[44] Tsalatos, O.G., Solomon, M.H., Ioannidis, Y.E.: The GMAP: A Versatile Tool for Physical Data Independence, Proc. 20th Intl. Conf. Very Large Data Bases, Santiago de Chile, 1994

[45] Westerberg, A.: Distributed and Collaborative Computer-Aided Environments in Process Engineering Design, Proc. Intl. Conf. Intelligent Systems in Process Engineering (Snowmass, Co), AIChE Symposium Series, vol. 92, S. 184–194

[46] Wiederhold, G., Genesereth, M.: The Basis for Mediation, Proc. 3rd Intl. Conf. Cooperative Information Systems, Wien, S. 140–157, 1995

[47] Zhou, G., Hull, R., King, R.: Generating Data Integration Mediators that Use Materialization, J. Intelligent Information Systems, 6 (2), S. 199–221, 1996

4.2 Dienstmanagement und -vermittlung für Entwicklungswerkzeuge

O. Spaniol, D. Thißen, B. Meyer, C. Linnhoff-Popien
Lehrstuhl für Informatik IV

Zusammenfassung

Bei der Entwicklung verfahrenstechnischer Prozesse arbeiten Experten aus unterschiedlichen Unternehmensbereichen oder sogar unterschiedlichen Unternehmen zusammen. Zur Realisierung einer *informationstechnischen Unterstützung* der *Entwicklungsprozesse* muß eine einheitliche Plattform geschaffen werden, welche die Kooperation von Entwicklungswerkzeugen unabhängig von der jeweiligen Rechnerarchitektur, dem eingesetzten Betriebssystem und der verwendeten Programmiersprache ermöglicht.

Als Basis für solch eine einheitliche Plattform kann eine *Middleware-Plattform* verwendet werden. Diese löst das Problem der Heterogenität der Entwicklungswerkzeuge. Allerdings besteht weiterhin die Notwendigkeit, die am Entwicklungsprozeß beteiligten Werkzeuge und die Plattformdienste, die diese Werkzeuge verwenden, effizient zu managen. Mit Management ist in diesem Zusammenhang die Überwachung, Koordination und Kontrolle der Kommunikationsressourcen eines Verteilten Systems durch eine Softwarekomponente gemeint. Damit dieses Management nicht von jedem zu integrierenden Werkzeug einzeln erbracht werden muß, bietet es sich an, existierende Plattformen an die Anforderungen verfahrenstechnischer Entwicklungswerkzeuge anzupassen und um entsprechende Funktionalitäten zu erweitern.

Aus diesem Grund sind *Managementdienste* zur Unterstützung verfahrenstechnischer Entwicklungswerkzeuge und ihrer Koordination zu entwickeln. Diese Managementdienste sollen so erstellt werden, daß neue Werkzeuge sie nach ihrer Integration in den Entwicklungsprozeß einfach verwenden können.

4.2.1 Einleitung

Bei der Realisierung übergreifender verfahrenstechnischer Entwicklungsprozesse ist es notwendig, eine einheitliche Plattform zu schaffen, die die Ausführung und die Interaktion der beteiligten Entwicklungswerkzeuge effizient unterstützt. Bedingt durch die starke *Heterogenität* der Entwicklungswerkzeuge bezüglich Hardware, Betriebssystem und Programmiersprache bietet sich die Verwendung von *Middleware-Plattformen* an. Solche Plattformen stellen die nötigen Mechanismen zur Überwindung der Heterogenität zur Verfügung als Voraussetzung für das Zusammenspiel verschiedenartiger Werkzeuge.

Aufgrund grob- und feingranularer Abhängigkeiten zwischen Entwurfsdokumenten haben Änderungen eines Dokuments weitreichende Auswirkungen zur Folge. Die Konsistenzwahrung aller betroffenen Dokumente erfordert das *koordinierte Zusammenspiel* mehrerer Werkzeuge. Daher kann der Ausfall oder die Blockierung einer Komponente den gesamten Ablauf verzögern, so daß *Engpässe und Fehler* schnell gefunden und behoben werden müssen. Die zur Zeit existierenden Implementierungen von Middleware-Plattformen stellen allerdings keine oder nur ansatzweise realisierte Funktionalitäten zur Verfügung, mit deren Hilfe die Werkzeuge und die sie unterstützenden Plattformdienste überwacht und kontrolliert werden können.

Zur *Lösung* dieser Schwächen heutiger Middleware-Plattformen muß somit ein *Dienstmanagementsystem* entwickelt werden, das eine effiziente Ausführung und Kooperation von Entwicklungswerkzeugen zum Ziel hat. Das Dienstmanagementsystem liefert für alle an einem Entwicklungsprozeß beteiligten Werkzeuge eine einheitliche Basis an Managementdiensten, die dieses Ziel erfüllt. Diese Dienste müssen hohe Verfügbarkeit, Fehlertoleranz, Leistungsfähigkeit und Zuverlässigkeit garantieren.

Im Gegensatz zum Manager für Entwickler (vgl. II.3.3), der die Entwicklungsprozesse plant, analysiert, überwacht, bewertet und reorganisiert, besteht der Dienstmanager auf der Plattformebene aus einer Menge von Softwarekomponenten, die oberhalb existierender Plattformen parallel zu den Werkzeugen ablaufen und eine automatische *Überwachung*, *Kontrolle* und *Koordination* der Werkzeuge und ihrer Kommunikationsbeziehungen vornehmen. Dazu erhalten sie über wohldefinierte Managementschnittstellen einerseits Ereignis- und Zustandsnachrichten von Werkzeugen und können andererseits Operationen auf diesen Werkzeugen aufrufen, die eine Rekonfiguration der Werkzeuge auf Systemebene bewirken. Dienstmanager stellen dabei keine zentralen Komponenten dar, sondern bestehen aus einer Menge kooperierender Managerinstanzen, die ihre unterschiedlichen Ziele und Strategien aufeinander abstimmen müssen. Da wir uns im folgenden Beitrag auf die Abbildungsebene beschränken, werden die Begriffe Manager und Dienstmanager synonym verwendet. Die Begriffe Konfiguration und Koordination beziehen sich entsprechend auf die Dienstebene.

Es gibt eine Reihe unterschiedlichster Einflüsse auf das Dienstmanagementsystem (vgl. Abb. 4.4). Die *Heterogenität* der Werkzeuge ist nur einer der zu beachtenden Faktoren, wenn auch kein unwesentlicher. Die meisten der verwendeten Werkzeuge sind kommerzielle Produkte, die aufgrund von *Lizenzen* an bestimmte Plattformen oder sogar an einzelne Rechner gebunden sind, was einem Dienstmanagementsystem starke Restriktionen auferlegt. Weiterhin gibt es allerdings auch noch Anforderungen und Beschränkungen, die die *Werkzeugbauer* und die *Nutzer* an das Dienstmanagementsystem stellen. Die Werkzeugbauer können Informationen bezüglich der Plazierung von Rechenprozessen und Datenhaltung liefern, während die Werkzeugnutzer aufgrund des Profils einer Aufgabe bestimmte Anforderungen an die Managementkomponenten stellen.

Bei der Entwicklung des Dienstmanagementsystems müssen somit mehrere Problemstellungen beachtet werden. Letztendlich müssen *flexible Leistungs- und Fehlermanager* für Dienste der Plattformebene entwickelt werden, die für die Werkzeuge der Werkzeugebene zur Verfügung stehen. Dabei müssen einerseits die *Beschränkungen* berücksichtigt werden, die die Werkzeuge vorgeben, zum anderen müssen die Anforderungen der Werkzeugnutzer und gegebenenfalls die Vorgaben eines Systemadministrators berücksichtigt werden. Ein Teil der Restriktionen kann längerfristig automatisch umgesetzt werden, was eine entsprechende Eingabe durch einen Systemadministrator überflüssig macht. Dem Dienstmanager stehen eine Reihe von Verfahren zur Verfügung, die beim Eintreten von

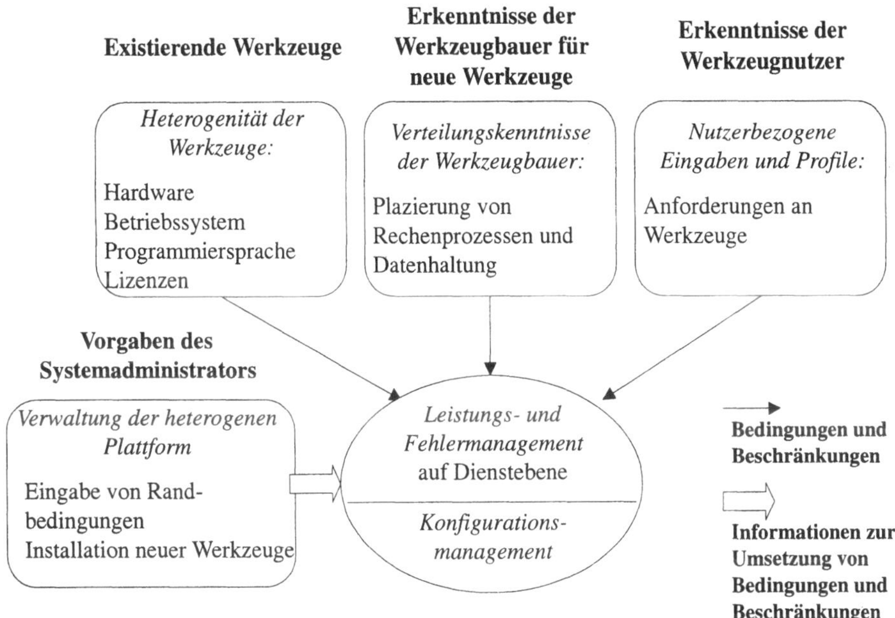

Abb. 4.4 : Informationen und Randbedingungen beim Leistungs-
und Fehlermanagement

Ausnahmesituationen angewendet werden können. Da ein bestimmtes Verfahren, bei-spielsweise die Replikation eines Dienstes, nicht in allen Fällen vorteilhaft ist, sollen Methoden entwickelt werden, Verfahren bezüglich verschiedener Kriterien wie Antwort-zeit, Durchsatz oder Verfügbarkeit zu vergleichen. Die Ergebnisse dieses Vergleichs sollen dem Dienstmanager als Entscheidungshilfe dienen.

4.2.2 Stand der Forschung

Im kommerziellen Umfeld existieren bereits *Middleware-Plattformen* wie die Distribu-ted Computing Environment (DCE) der Open Software Foundation [24] und die Object Management Architecture der Object Management Group (OMG), welche die Common Object Request Broker Architecture (CORBA) [22] enthält. Im akademischen Bereich wurde beispielsweise ANSAware [1] entwickelt. Diese Plattformen enthalten typischer-weise Komponenten wie Kommunikations- und Kooperationsdienste, Namensverwal-tung, verteilte Dateisysteme, Zeitdienste oder Sicherheitsmechanismen [5].

Existierende Implementierungen von Middleware-Plattformen weisen zur Zeit noch wesentliche Defizite hinsichtlich der zur Unterstützung verfahrenstechnischer Prozesse notwendigen Anforderungen auf. Sie sind nicht auf einen bestimmten Anwendungsbereich zugeschnitten und untereinander oft nicht kompatibel. Es gibt derzeit noch kein System, das die Bedürfnisse kooperierender Unternehmen erfüllt. Analoges gilt für die Dienstver-mittlung; manche Middleware-Plattformen bieten eine Namensverwaltung, einen Broker oder einen sehr einfachen Trader an. Eine Kooperation zwischen diesen Komponenten scheitert sowohl an der Dienstbeschreibung als auch an der unterschiedlichen Funktionalität. Dazu kommt, daß die existierenden Middleware-Plattformen zur Übertragung multimedialer Daten nicht geeignet sind. Trotz der großen Vielfalt an bereitgestellten Diensten fehlen geeignete Managementschnittstellen, über die das Verhalten der Komponenten beobachtet und gesteuert werden kann. Nur von wenigen Plattformen werden bereits einige Dienste angeboten, die für das Management sehr hilfreich einsetzbar sind, beispielsweise der Event Service [23] in den CORBAservices der OMG. Mit Hilfe dieses Dienstes kann ein Objekt Meldungen an einen Manager senden.

Im Bereich des OSI- bzw. Internetmanagements sind bisher nur *Plattformen zum Netzmanagement* entwickelt worden [7]. Diese Ansätze verwenden bestimmte Protokolle (CMIP oder SNMP) zum Austausch von Managementdaten, während Middleware-Plattformen hierfür einen Remote Procedure Call (RPC) einsetzen. Die uns bekannten Managementplattformen sind *zentral* organisiert. Ein solcher Ansatz ist zur Kooperation autonomer Unternehmen *nicht geeignet*, da jedes Unternehmen über ein eigenes Netzmanagementsystem verfügt. Es gibt Ansätze zum Management großer Systeme [8, 33], aber der Kenntnisstand bzgl. der Kooperation mehrerer Dienstmanager ist noch sehr unzureichend.

Aktuelle Entwicklungen im Bereich der Middleware-Plattformen zeigen, daß *Managementfunktionalitäten* immer mehr an *Bedeutung* gewinnen. So arbeitet die Firma IONA zur Zeit beispielsweise an der Entwicklung eines *OrbixManagers* [9], der zu Aufgaben des Fehler-, Leistungs- und Konfigurationsmanagements von CORBA-basierten Produkten eingesetzt werden kann. Allerdings beschränkt sich die Anwendbarkeit des Managers auf Produkte, die mittels Orbix bzw. OrbixTalk erstellt wurden.

Andere Ansätze versuchen nicht, Middleware-Plattformen um Managementfunktionalitäten zu erweitern, sondern *aufbauend* auf ihren Funktionalitäten *Managementkomponenten* zu erstellen. Am Fraunhofer Institut für Informations- und Datenverarbeitung in Karlsruhe wurde ein sogenannter *CORBA-Assistant* [4] entwickelt, der die *Überwachung* CORBA-basierter Anwendungen ermöglicht. Mittels dieses Assistenten kann die Leistung von CORBA-Anwendungen überwacht werden, was einen ersten Schritt in Richtung *Leistungsmanagement* darstellt. Unabhängig davon wurde an der Universität Frankfurt ein CORBA-basierter *Load Monitor* zur Überwachung der Systembelastung in heterogenen Unix-Netzwerken entwickelt [6].

Die *Leistungsbewertung* von Verfahren zur *Rekonfiguration* kann entweder über mathematische Modelle [10] oder Messungen [11] durchgeführt werden. Die bisher im Bereich des Leistungsmanagements durchgeführten Arbeiten hatten entweder ein generisches Informationsmodell [21] oder nur einen bestimmten Anwendungsbereich [25] zum Thema. Im Bereich des Fehlermanagements lag der Schwerpunkt aktueller Arbeiten bisher auf der Fehlererkennung. Fehlertoleranzverfahren [3] sowie die mathematische Modellierung und Bewertung der Zuverlässigkeit und Verfügbarkeit [36] haben nur geringen Einfluß auf die aktuelle Forschung. Im Bereich des Konfigurationsmanagements [2] gibt es einige Ansätze, von denen jedoch keiner die A-posteriori-Integration von Werkzeugen ermöglicht.

4.2.3 Einschlägige Vorarbeiten

Im Rahmen des DFG-Projekts "ODP-Trader" werden am Lehrstuhl für Informatik IV Konzepte für einen *Verbund von Tradern* entwickelt, die auf dem Referenzmodell Open Distributed Processing (ODP) basieren [29, 32, 34]. In einer *Trader-Föderation* kann jeder Trader selbst entscheiden, welche Informationen er Nutzern anderer Trader zur Verfügung stellt. Dies wird in einem Vertrag zwischen den Dienstnutzern und Dienstanbietern festgehalten, für dessen Aushandlung ein Protokoll entwickelt worden ist [20].

Weiterhin sind Konzepte zur Berücksichtigung aktueller *Diensteigenschaften* für die *Auswahl* eines *Dienstes* durch den Trader untersucht worden, wobei verschiedene Polling- und Caching-Verfahren entwickelt und gemessen wurden [13, 14]. Bei diesem Prozeß der Traderentwicklung wurde auf existierenden Konzepten aufgebaut, beispielsweise auf dem OSI Directory Service oder dem CORBA Interface Repository [20, 30]. Weiterhin wurden OSI-Managementkonzepte eingesetzt, um eine Traderföderation zu verwalten [27, 28, 31].

Die im o.g. Projekt entstandene standardkonforme *Traderrealisierung* wurde auf ihre *Leistungsfähigkeit* hin untersucht. Dazu wurde am Lehrstuhl für Informatik IV ein verteiltes *Monitoringsystem* für die Middleware-Plattform ANSAware entwickelt, dessen Architektur weitgehend portabel gehalten wurde [18], so daß eine Lauffähigkeit auf der CORBA-Plattform Orbix ebenfalls gewährleistet ist. Die Funktionalität des Monitors umfaßt die *Aufzeichnung von Ereignissen*, die von der Anwendung oder der Plattform initiiert werden. Diese Ereignisse werden mit einem globalen Zeitstempel versehen, um die Ordnung von Ereignissen verschiedener Rechnerknoten zu ermöglichen. Der Monitor ist allerdings nur auf der CORBA-Plattform Orbix lauffähig, da Orbix-spezifische Funktionen zur Realisierung verwendet wurden. Alternativ wurde in [17] ein weiterer Ansatz zum Monitoring verteilter Systeme entwickelt, der auf dem *CORBA Event Service* basiert und somit auf jeder CORBA-Plattform eingesetzt werden kann. Damit stehen bereits zwei Monitoring-Systeme zur Verfügung, die als Basis zur Erlangung von Zustands- und Leistungsdaten verfahrenstechnischer Werkzeuge verwendet werden können.

Neben den Monitoren sind am Lehrstuhl für Informatik IV *Analysewerkzeuge* für sogenannte *Fork-Join-Netze* entwickelt worden [19, 26, 29]. Dabei handelt es sich um Warteschlangennetze, bei denen ein ankommender Auftrag in Teilaufträge zerlegt wird, die jeweils von einer Bedienstation bearbeitet werden. Nach Beendigung werden alle Teilergebnisse eingesammelt. Auf diese Weise können Anfragen an einen verteilten Server modelliert werden.

Der Lehrstuhl für Informatik IV hat ferner ein Projekt "CORBA-basierte Verteilungsplattformen für Finanzdienste" als Auftragnehmer der Dresdner Bank Frankfurt durchgeführt [15, 16]. In diesem Projekt wurde prototypmäßig getestet, inwiefern sich die Verteilungsplattform CORBA mit ihren verschiedenen Implementierungen für die *Integration* von *Finanzdiensten* in einem Dienstleistungsbetrieb eignet.

Zielsetzung des Projekts TRACE (Trading in a Cooperative Environment) mit der DeTeBerkom in Berlin war die *Integration* des *Traders* in einen Internet-basierten, *offenen*

Dienstemarkt [12]. Ziel war es, eine möglichst benutzerfreundliche Schnittstelle für den Traderdienst zu erstellen. Im Vordergrund stand dabei nicht die Dienstauswahl, sondern die Selektion eines geeigneten Diensttyps. Hierzu wurde ein Schlagwortverzeichnis definiert, in dessen Schema beliebige Typen integriert werden konnten. Für dieses Schlagwortverzeichnis wird sowohl ein Suchdienst als auch ein interaktiver Browser angeboten. Traderanfragen können über intelligente Masken – Formulare genannt – eingegeben werden.

Weiterhin wurde eine Untersuchung durchgeführt, inwiefern sich verschiedene, auf der Verteilungsplattform CORBA basierende *Datentransfermechanismen* zur Verwendung in *industriellen Umgebungen* eignen [35]. Dabei wurden Mechanismen zum synchronen, asynchronen, unidirektionalen und verzögert synchronen Datentransfer in unterschiedlichen Transferszenarien gegenübergestellt. Die Resultate dieser Untersuchung können zur Konzipierung des Kommunikationssystems im SFB verwendet werden.

4.2.4 Ziele, Methoden und Ansatz

Um eine effiziente, koordinierte Ausführung von Entwicklungswerkzeugen zu gewährleisten, müssen die Werkzeuge und die zugrundeliegenden Plattformdienste zur Laufzeit *überwacht* und *kontrolliert* werden. Eine zusätzliche Unterstützung der Werkzeuge kann durch einen *Trader* erfolgen, der für Ortstransparenz sorgt, beispielsweise bei der Verwendung des Data Warehouse. Dazu wird ein *Systemadministrations-Arbeitsplatz* benötigt, durch den die Eingabe von Bedingungen an die Systemkonfiguration möglich ist. Diese drei Ansatzpunkte sollen im folgenden beschrieben werden.

Management

Der *Schwerpunkt* der Arbeiten behandelt die *Überwachung* und *Kontrolle* der Entwicklungswerkzeuge und der von ihnen im Rahmen eines Entwicklungsprozesses verwendeten Dienste. Dazu müssen adaptive Anwendungen zum Leistungs-, Fehler- sowie Konfigurationsmanagement von Diensten und Werkzeugen erstellt werden, die zur Unterstützung verfahrenstechnischer Entwicklungsprozesse eingesetzt werden können. Bestehende Verfahren sollen in Abhängigkeit der konkreten Situation, insbesondere hinsichtlich der Anforderungen der Werkzeuge, des Ablaufmodells auf der Werkzeugebene und der Systemkonfiguration auf Plattformebene bewertet werden, um sich zur Laufzeit für ein besonders geeignetes Verfahren entscheiden zu können.

Dazu sollen drei Managementkomponenten realisiert werden: *Fehlermanager, Leistungsmanager* und *Konfigurationsmanager*. Der Fehlermanager dient zur Reaktion auf Hard- und Softwareausfälle, der Leistungsmanager zur Reaktion auf Leistungsabfälle. Zur Erkennung von Fehlern oder Leistungsabfällen müssen sogenannte *Monitore* erstellt werden, die das gesamte System ständig überwachen und bei Auftreten ungewöhnlicher Meßwerte den entsprechenden Manager benachrichtigen. Um die Leistungs- und Verfügbarkeitsanforderungen der Werkzeuge auf Werkzeugebene erfüllen zu können, ist sowohl bei Fehlern als auch bei Leistungsabfall eine schnelle Behebung oder Umgehung der Fehlerquelle notwendig. Im Fall des Leistungsmanagements können überlastete Rechner durch *Migration, Replikation* und *Lastverteilung* entlastet werden. Vor Einsatz dieser drei Möglichkeiten muß untersucht werden, inwieweit sich die Entwicklungswerkzeuge entsprechend beeinflussen lassen. Alle drei Verfahren sollen implementiert und zum Leistungsmanagement eingesetzt werden. Zum Fehlermanagement muß ebenso das Verschieben von Werkzeugen möglich sein. Dazu muß untersucht werden, welche Möglichkeiten die verwendeten Werkzeuge bieten, konsistente *globale Sicherungspunkte* anzulegen, d.h. Zwischenzustände zu speichern, und Werkzeuge an diesen Sicherungspunkten neu zu starten.

Beide Managementkomponenten greifen auf den *dynamischen Konfigurationsmanager* zurück. Das vom Konfigurationsmanager verwaltete System umfaßt dabei alle Hardware- und Softwarekomponenten, die bei der Entwicklung verfahrenstechnischer Prozesse eingesetzt werden, einschließlich der kooperativen Entwicklungswerkzeuge. Außerdem sind Abhängigkeiten zwischen diesen Komponenten zu verwalten, wie beispielsweise die Zuordnung zwischen den autonomen Teilsystemen eines Werkzeugs und den Betriebssystemprozessen. Dazu müssen die Modelle der Werkzeugebene und der Plattformebene aufeinander abgebildet werden. Diese Abbildung ist notwendig, um die Anforderungen, die auf Werkzeugebene gestellt werden, auch auf der Plattformebene interpretieren zu können.

In der Literatur ist eine Vielzahl von Verfahren zur Verbesserung der Leistung bzw. der Verfügbarkeit von Rechen- und Kommunikationssystemen bekannt, die in der Regel nur in einem speziellen Anwendungsfall optimal sind. Deshalb sollen Methoden entwickelt werden, um *Konfigurationsverfahren* bezüglich Leistung und Verfügbarkeit mittels *Metriken bewerten* zu können und nachfolgend einen Vergleich durchzuführen. Hierbei sollen beispielsweise die Auslastung einzelner Komponenten, die mittlere Antwortzeit, der Durchsatz von Aufträgen oder die mittlere Zeit bis zum Ausfall einer Komponente verwendet werden. Die Bewertung eines Verfahrens hängt von der Struktur der Anwendung, der aktuellen Systemkonfiguration sowie den Anforderungen und Einschränkungen ab, die Werkzeuge an die Systemumgebung stellen. Ziel ist es, für verschiedene Verfahren *Bewertungsfunktionen* zu finden, die diese Informationen berücksichtigen.

Wenn eine abteilungs- und später unternehmensübergreifende Lösung entwickelt werden soll, ist ein zentrales Managementsystem sowohl aufgrund der Komplexität der Aufgabe als auch wegen organisatorischer Zwänge nicht mehr realisierbar. Nach Erstellung der Managementkomponenten werden diese daher verteilt. Deshalb müssen geeignete Konzepte zur *Kooperation* mehrerer *autonomer Systemmanager* entwickelt werden.

Trading

Der Tradingdienst ist ein *erweiterter Namensdienst*. In einem Service Directory können alle verwendeten Anwendungen wie beispielsweise existierende Entwicklungswerkzeuge, neue Werkzeuge wie z.B. Integrationswerkzeuge oder das Data Warehouse Dienste verzeichnen lassen, die sie anderen Anwendungen zugänglich machen wollen. Genauso kann jede dieser Anwendungen den Tradingdienst in Anspruch nehmen, um sich einen Dienst aus dem Service Directory vermitteln zu lassen. Die Suche nach einem geeigneten Dienst erfolgt dabei nach Diensttyp und Diensteigenschaften. Dadurch kommt es beim Vermittlungsvorgang zu *zwei Problemen*, die gelöst werden müssen:

- Zu Beginn des Vermittlungsprozesses erfolgt eine Suche nach Diensten im Service Directory, die den gesuchten Typ besitzen. Bei der Auswahl eines Dienstangebots ist hier die Heterogenität der Diensttypen verschiedener Entwicklungswerkzeuge zu berücksichtigen. Die Beschreibungen des Anbieters und des Nutzers eines Dienstes desselben Diensttyps können stark differieren. Daher muß ein Typmanager entwickelt werden, der diese Heterogenität bewältigt und eine Vermittlung von Diensten im gesamten Entwicklungsumfeld ermöglicht.

- Dienste desselben Typs unterscheiden sich anhand ihrer Eigenschaften. Beim Matching der Diensteigenschaften sollen sowohl der aktuelle Systemzustand der Plattformebene als auch die Anforderungen und Einschränkungen berücksichtigt werden, die von der Werkzeugebene an die Plattformebene gestellt werden. Da viele der Informationen, die zur Dienstauswahl benötigt werden, dynamischer Art sind und es somit keinen Sinn macht, sie persistent zu speichern, sollen effiziente Verfahren entwickelt werden, die einen Trade-Off zwischen dem Alter der Informationen und der zusätzlichen Netzlast zur Beschaffung der Informationen finden.

Systemadministrations-Arbeitsplatz

Für die prototypische Realisierung des Managements auf Plattformebene wird ein Arbeitsplatz für den Systemadministrator entwickelt. Dieser Arbeitsplatz bietet einen Browser für die aktuelle Systemkonfiguration, erlaubt ferner, sie interaktiv zu beeinflussen, und stellt einen benutzerfreundlichen Zugriff auf die Dienstvermittlung zur Verfügung. Damit hat ein Systemadministrator die Möglichkeit, selbst Randbedingungen in die Konfiguration einzubringen, beispielsweise eine bevorzugte Plazierung bei der Installation eines neuen Werkzeugs.

4.2.5 Probleme und Lösungsschritte

Der erste Schritt zur Realisierung eines A-posteriori-Verbunds von Entwicklungswerkzeugen war die Wahl einer Plattform, auf der mittelfristig ein Prototyp realisiert werden kann. Die Wahl fiel auf die CORBA-Plattform *Orbix*, da diese eine umfassendere Implementierung des CORBA-Standards bietet als vergleichbare Produkte. Zusätzlich ist Orbix zur Zeit die einzige CORBA-Implementierung, die einen Tradingservice anbietet. Auf der Basis dieser Plattform werden die Managementkomponenten, der Trader und der Systemadministrations-Arbeitsplatz erstellt (s. Abb. 4.5).

Zur Realisierung dieser *Aufgaben* werden die Entwicklungswerkzeuge, die aufgrund des zu behandelnden Szenarios verwendet werden, (1) auf ihre Restriktionen bezüglich des Dienstmanagements untersucht. Auf dieser Grundlage werden (2) ein Monitor und ein Konfigurationsmanager konstruiert, die in der Lage sind, die Werkzeuge zu überwachen und ihren Zustand zu kontrollieren. Nachfolgend werden (3) Fehler- und Leistungsmanager erstellt, die zur Verarbeitung der durch den Monitor gelieferten Informationen und zur Initialisierung des Konfigurationsmanagers dienen, um auf Fehlersituationen und Leistungsengpässe reagieren zu können. Zum Schluß erfolgt (4) eine Verteilung der Managementkomponenten. Parallel zu diesen Aufgaben werden (5) ein Trader an die neue Situa-

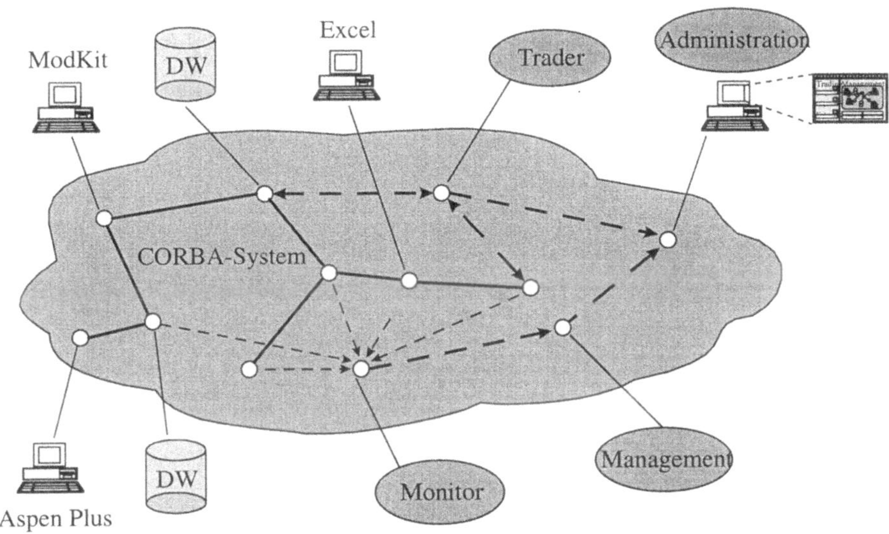

Abb. 4.5 : Unterstützung der Kooperationsprozesse

tion angepaßt sowie (6) ein Arbeitsplatz erstellt, an dem die Systemkonfiguration durch
einen Systemadministrator beeinflußt werden kann.

Management

Intern erfolgt der *Ablauf* innerhalb des Managers wie folgt: Zunächst muß eine *Ausnah-
mesituation*, d.h. ein Fehler oder Leistungsengpaß, *erkannt* werden. Hierzu werden Werkzeuge und Plattformen von Monitoren überwacht, die Meldungen an den Manager verschicken. In der Regel sind diese Informationen noch nicht aussagekräftig genug, um
Ausnahmesituationen eindeutig erkennen zu können. Es müssen entweder weitere Syste-
minformationen gelesen oder mehrere Ereignisse zusammengefaßt werden. Ist die Aus-
nahmesituation erkannt, muß der Manager zu ihrer *Behebung* ein geeignetes Verfahren
auswählen. Dazu muß der Manager verschiedene Verfahren wie beispielsweise Replikation oder Rückwärtsbehebung vergleichend bewerten können.

Die *Bewertung* eines *Verfahrens* hängt sowohl vom aktuellen Systemzustand ab als auch
von den Anforderungen des Werkzeugs, z.B. dem Umfang gemeinsam benutzter Daten
oder der Häufigkeit des schreibenden Zugriffs auf diese Daten. Gleichzeitig gehen auch die
Einschränkungen der Werkzeuge mit ein, durch die Verfahren ganz ausgeschlossen werden
können. Ist ein bestimmtes Verfahren ausgewählt worden, so startet der Manager die
entsprechende Managementanwendung, die wiederum den Konfigurationsmanager benutzt, um die Änderungen im Systemzustand durchzusetzen.

Mittel- und langfristig sollen der Leistungs- und Fehlermanager *verteilt realisiert* werden. Jedem Manager wird ein bestimmter Zuständigkeitsbereich zugeordnet. Diese Bereiche sind einerseits nicht zwangsläufig disjunkt, und andererseits wird es Aktionen geben,

die mehrere Zuständigkeitsbereiche betreffen. In beiden Fällen müssen Manager kooperieren, d.h. entweder die alleinige Zuständigkeit *eines* Managers untereinander aushandeln oder eine gemeinsame Strategie entwickeln. Hierbei wird ein Ansatz gewählt, der auf dem Konzept der *Management-Policies* beruht. Das Zusammenspiel der benötigten Managementkomponenten ist in Abb. 4.6 skizziert.

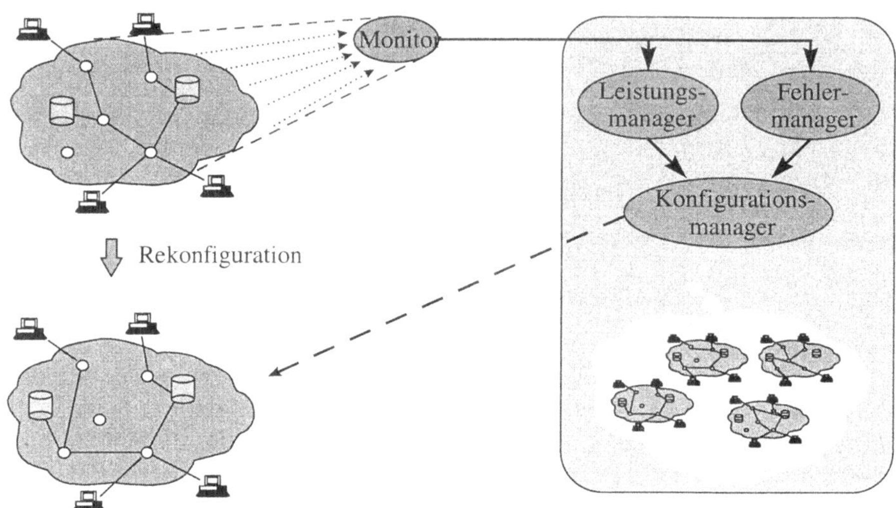

Abb. 4.6 : Die Managementkomponenten

Zur Realisierung der vorgesehenen Managementfunktionalitäten wird zunächst der *Konfigurationsmanager* realisiert, da dieser von den anderen Managementkomponenten benötigt wird. Dabei steht das Problem im Vordergrund, wie die Ressourcen und Prozesse des zugrundeliegenden Systems geeignet modelliert werden können, um eine einfache Abbildbarkeit der Modelle der Werkzeugebene auf diese Ressourcen bzw. Prozesse zu erreichen. Weiterhin ist von Interesse, ob schon existierende Verfahren zur Rekonfiguration eingesetzt werden können. Da ein A-posteriori-Ansatz verfolgt wird, ergibt sich auch das Problem, wie der Konfigurationsmanager seine Informationen über laufende Entwicklungswerkzeuge erhält.

Damit ergeben sich die folgenden *Arbeitsschritte*.

* Der erste Schritt zur Erstellung eines Konfigurationsmanagers ist die Frage, wie die an einem Entwicklungsprozeß beteiligten Dienste, Ressourcen und Prozesse geeignet modelliert werden können. Dazu soll ein objektorientiertes *Informationsmodell* gewählt werden. Hier stehen verschiedene Möglichkeiten zur Auswahl, die als Ausgangsbasis verwendet werden können. Zum einen soll überprüft werden, inwieweit Konzepte des Referenzmodells Open Distributed Processing (ODP) angewendet werden können. Da es sich bei ODP um ein abstraktes Begriffswerk handelt und es erst an konkrete Situationen angepasst werden muß, werden gleichzeitig noch weitere Konzepte untersucht, das OSI-Systemmanagement, die Ansätze zum System- und Anwen-

dungsmanagement der Internet Engineering Task Force und das Common Information Model (CIM) der Desktop Management Task Force. Unabhängig vom endgültigen Aussehen soll das gewählte Modell intern aus drei Ebenen bestehen, der Ebene der Anwendungsobjekte, d.h. der Werkzeuge und der von ihnen verwendeten Anwendungen, der Ebene der Plattform- und Betriebssystemdienste sowie der Hardware-Ebene. Vor der endgültigen Wahl eines Modells muß allerdings eine Kooperation mit der Werkzeugebene erfolgen, um eine effiziente Abbildbarkeit ihres Prozeß- und Ressourcenmodells auf das eigene Modell zu gewährleisten.

- Parallel zur Wahl eines Informationsmodells für die Plattformebene werden bereits existierende Verfahren zum *Konfigurationsmanagement* untersucht. Aus diesen Untersuchungen können einerseits weitere Kenntnisse über den Aufbau objektorientierter Informationsmodelle gezogen werden, andererseits können ein Grundprinzip zur Konstruktion eines Managers abgeleitet bzw. Möglichkeiten zur effizienten Rekonfiguration eines Systems erlangt werden.

- In Zusammenarbeit mit der Werkzeugebene wird eine *Abbildung* des *Prozeß-* und *Ressourcenmodells* dieser Ebene *auf* das *Informationsmodell* der Plattformebene definiert. Damit besteht die Möglichkeit, auf Werkzeugebene Änderungen zu beschreiben, die direkt auf Plattformebene umgesetzt werden können, ohne daß der Werkzeugbauer oder -nutzer die interne Struktur des zugrundeliegenden Systems kennen muß.

- Die zu verwaltenden Dienste, Prozesse und Ressourcen müssen zur Laufzeit des Systems überwacht werden, damit direkt auf Leistungsengpässe und Hardwarefehler reagiert werden kann. Zur Realisierung dieser Überwachung müssen zwei Teilaufgaben gelöst werden. Zum einen wird ein sogenannter *Monitor* benötigt, der die im System vorhandenen Komponenten beobachtet. Hierbei kann auf Erfahrungen bei der Entwicklung von Monitorsystemen zurückgegriffen werden, die in den letzten Jahren am Lehrstuhl für die verteilten Plattformen ANSAware und Orbix gemacht worden sind. Zum anderen besteht das Problem, daß die zu überwachenden Komponenten mit einer *Managementschnittstelle* versehen werden müssen, über die der Monitor Managementinformationen empfangen kann, und über die gleichzeitig Kontrollkommandos an die Komponenten übermittelt werden können. Besonders bei existierenden Werkzeugen wird diese Aufgabe schwer zu lösen sein. Noch zu erstellende Werkzeuge können direkt bei ihrer Erstellung mit einer Managementschnittstelle versehen werden.

- Besondere Beachtung bei der Rekonfiguration des Systems muß den *Abhängigkeiten* zwischen verschiedenen Werkzeugen dienen. Im Entwicklungsprozeß ist ein Werkzeug mit einer Vielzahl anderer Werkzeuge oder Anwendungen verknüpft. Bei der Rekonfiguration ist darauf zu achten, daß diese Verknüpfungen nicht nur bestehen bleiben, sondern auch weiter effizient arbeiten. Beispielsweise kann ein Werkzeug nicht durch Migration auf einen entfernten Rechner verschoben werden, ohne die Übertragungswege zu verknüpften Anwendungen zu vergrößern. An dieser Stelle muß ein *Trade-Off* zwischen Leistungsverlust und Verschiebung aller Komponenten getroffen werden.

- Um Verfahren zur Rekonfiguration auf der Plattformebene bezüglich ihrer Brauchbarkeit in einer a-posteriori integrierten Umgebung bewerten zu können, muß ein geeignetes Modell zur *Leistungs-* oder *Verfügbarkeitsanalyse* gewählt werden. Dafür stehen verschiedene mathematische Methoden wie beispielsweise Warteschlangen, stochastische Petri-Netze, stochastische Prozeßalgebren oder stochastische Graphen zur Verfügung. Für die Leistungsanalyse werden diese abstrakteren Modelle beispielsweise auf Markov-Modelle zurückgeführt. Hierfür existieren einige Analyseverfahren. Verfügbarkeitsmodelle können mit Hilfe von Markov-Reward-Modellen analysiert werden. Um der zu erwartenden Komplexität gerecht zu werden, müssen die Modelle durch Dekomposition auf eine Größe reduziert werden, die eine Analyse durchführbar macht. Je nach Detaillierungsgrad des Modells können die Analysen durch Simulationen ergänzt werden.

- Zu erwarten ist, daß sich nur Teile des Modells durch eine Rekonfiguration ändern. Deshalb soll ein *inkrementelles Analyseverfahren* entwickelt werden, so daß nicht das gesamte Modell neu bewerten muß. Hierfür ist es notwendig, das System geeignet in möglichst unabhängige Teilmodelle zu untergliedern, deren getrennte Analysewerte später zusammengeführt werden. Diese Werte sollen die Analyseergebnisse des gesamten Systems gut approximieren. Das Verfahren von Courtois soll als Ausgangsbasis für die Konstruktion der Teilmodelle dienen und geeignet erweitert werden.

- Wenn bereits Implementierungen für einzelne Verfahren verfügbar sind, kann die Bewertung auch durch *Messungen* erfolgen. Um die Implementierungen mit einer realistischen Last messen zu können, sollen Lastgeneratoren entwickelt werden, die zwischen mehreren Lastsituationen wechseln können. Dabei können sogenannte Markov-modellierte Poisson-Prozesse eingesetzt werden, womit ein wesentlich genaueres Lastverhalten erzeugt werden kann als mit konventionellen Poisson-Prozessen.

- Da es sich bei Verfahren zur Rekonfiguration in der Regel um eine Folge von Aktionen handelt, müssen diese entweder vollständig oder gar nicht ausgeführt werden, d.h. die Rekonfiguration muß als *Transaktion* ausgeführt werden. Daher muß eine Methode zur Realisierung von Transaktionen in den Rekonfigurationsprozeß integriert werden.

Trading

Bei der Erstellung eines Traders kann bereits auf ein Produkt der Firma IONA bzw. auf eigene Vorarbeiten zurückgegriffen werden. Allerdings kann kein schon existierender Trader ohne Modifikationen verwendet werden. Neben der Tatsache, daß der übliche Dienstbegriff möglicherweise zu eingeschränkt ist, ist bei einer A-posteriori-Integration zu erwarten, daß eine große Vielzahl an *heterogenen Dienstbeschreibungen* vorliegt, d.h. daß Dienste vergleichbarer Funktionalität durch unterschiedliche Diensttypen beschrieben werden. Somit muß eine Möglichkeit gefunden werden, die Typen heterogener Dienste miteinander zu *vergleichen*. Des weiteren spielt die Aktualität der angebotenen Dienste eine große Rolle zur Garantierung einer optimalen Verfügbarkeit der Dienste, was als Grundlage zur fehlerfreien Kooperation der Entwicklungswerkzeuge gesehen werden kann.

Zur Lösung der Aufgaben werden die folgenden *Arbeiten* durchgeführt:

- Zu Beginn muß in Kooperation mit der Werkzeugebene festgelegt werden, welche Arten von Diensten vermittelt werden müssen. Hierbei sind im Rahmen dieses Vorhabens Kommunikations-, Informations-, Datenzugriffs- sowie Rechendienste wichtig. Insbesondere ist zu überprüfen, ob der vom ODP-Trader definierte Dienstbegriff im gegebenen Kontext des SFB-Vorhabens ausreicht oder ob gegebenenfalls Erweiterungen und Modifikationen vorgenommen werden müssen. Gleichzeitig muß eine *formale Nota-*

tion für die Beschreibung von Anforderungen und Einschränkungen seitens der Werkzeuge entwickelt werden. Diese Anforderungen und Einschränkungen müssen effizient auf Diensteigenschaften abgebildet werden.

- Zur Handhabung der Heterogenität der Dienstbeschreibungen muß eine Abbildung zwischen Diensttypen erfolgen, so daß identische Dienste erkannt und vermittelt werden können. Zu diesem Zweck wird ein *Typmanager* konstruiert, der eine Subtype-Beziehung zwischen Diensttypen in einer globalen Typhierarchie verwaltet.

- Um eine Aktualität der angebotenen Dienste gewährleisten zu können, ist es nötig, dynamische Diensteigenschaften, wie beispielsweise die aktuelle Länge einer Warteschlange oder die Auslastung eines Prozessors, nicht im Trader zu speichern, sondern bei jeder Anfrage bei den entsprechenden Komponenten zu erfragen. Dieses Polling erhöht die Netzlast. Deshalb sollen *mobile Agenten* zur Beschaffung dynamischer Informationen verwendet werden. Diese Agenten "besuchen" alle Server und sammeln die aktuellen Diensteigenschaften, bevor sie zum Trader zurückkehren. Der Vorteil dieses Ansatzes liegt darin, daß die Anzahl der Nachrichten signifikant verringert werden kann. Zur Bewertung der Brauchbarkeit dieses Ansatzes soll ein Vergleich mit normalen Polling-Strategien erfolgen.

Systemadministrations-Arbeitsplatz

Zur Realisierung eines Administrations-Arbeitsplatzes kann entweder auf existierende Arbeitsplätze zurückgegriffen werden, oder es kann eine neue Oberfläche entworfen werden. Da existierende Lösungen meist auf eine Plattform beschränkt sind, bei diesem Vorhaben allerdings von einer heterogenen Umgebung ausgegangen wird, soll ein *Web-basierter Arbeitsplatz* auf der Grundlage von Java neu entwickelt werden. Dieser bietet Zugriff auf den Trader einerseits und den Konfigurationsmanager andererseits. Dadurch hat ein Systemadministrator die Möglichkeit, die Konfiguration des Systems zu beeinflussen. Um diese Beeinflussung zu ermöglichen, wird eine *Anfragesprache* erstellt, die es erlaubt, auf Werkzeugebene Einschränkungen und Anforderungen zu formulieren. Diese Anfragesprache beruht auf der Abbildung des Modells der Werkzeugebene auf das Modell der Plattformebene.

4.2.6 Zusammenarbeit im Gesamtprojekt

Die *Kooperation* mit anderen Teilprojekten läßt sich nach Anwendungs-, Werkzeug- und Plattformebene aufteilen.

Innerhalb der *Plattformebene* ist ein Zusammenspiel von Data Warehouse (vgl. vorangehenden Abschnitt) und Trader bzw. Konfigurationsmanager notwendig. Das Data Warehouse benötigt den Trader zur Erlangung von Extraktionsdiensten für verschiedene Datenquellen, während der Konfigurationsmanager das Data Warehouse zur Aufbewahrung seiner Konfigurationsdaten verwendet. Gemeinsam bieten Data Warehouse und Dienstmanagementsystem eine Dienstebene zur effizienten Ausführung von und Datenübertragung zwischen Entwicklungswerkzeugen. Die innerhalb dieser Arbeit zu entwickelnden Mechanismen zum Konfigurations-, Fehler-, Leistungs- und Dienstmanagement werden in die einheitliche Softwarearchitektur integriert, die Gegenstand eines Integrationsprojekts ist (vgl. II.5.3).

Mit der *Werkzeugebene* ist eine Zusammenarbeit in zwei Bereichen notwendig. Einerseits wird die Schnittstelle zwischen den Modellen der Werkzeug- und der Plattformebene erarbeitet, aus der sich wiederum die Abbildung zwischen beiden Modellen ableitet. Auf Werkzeugebene verwaltet der Manager des Administrationssystems Abhängigkeiten zwischen Prozessen und Werkzeugen (vgl. II.3.3). Analog dazu wird auf Plattformebene durch den Dienstmanager die Systemkonfiguration verwaltet. Mit Hilfe der Abbildung können Abhängigkeiten, Anforderungen und Einschränkungen, die auf der Werkzeugebene formuliert werden (vgl. II.3.1 bis II.3.3), auf die Plattformebene abgebildet werden. Andererseits muß festgelegt werden, wie die Struktur von Teilsystemen sowie die Kooperation zwischen Teilsystemen eines Werkzeugs beschrieben wird, um eine verteilungstransparente Ausführung auf der Werkzeugebene zu ermöglichen. Hierbei sind insbesondere Schwierigkeiten bei der A-posteriori-Integration existierender Werkzeuge zu erwarten. Weiterhin wird der Trader von den Integrationswerkzeugen verwendet.

Nach der in II.2 beschriebenen Aufgabenstellung muß in Zusammenarbeit mit der Anwendungsebene eine Anpassung der zu integrierenden Werkzeuge an die CORBA-Umgebung vorgenommen werden. Weiterhin muß untersucht werden, welche Restriktionen die existierenden oder instantiierbar neuen Werkzeuge der Anwendungsebene an die Managementkomponenten stellen.

Literatur

[1]   Architecture Project Management Ltd.: The ANSA Reference Manual 4.1, APM, UK, 1992
[2]   Crane, S., Dulay, N., Fossa, H., Kraner, J., Magee, J., Sloman, M., Twidle, K.: Configuration management for distributed software services, in: Sethi, A., Raynaud, Y., Faure-Vincent, F. (ed.) Integrated Network Management IV, Chapman & Hall, London, S. 29–42, 1995
[3]   Echtle, K.: Fehlertoleranzverfahren, Springer-Verlag, Berlin, 1990
[4]   Fraunhofer Institut für Informations- und Datenverarbeitung: The CORBA-Assistant, White Paper (1997), http://tes.iitb.fhg.de/corba-assistant/whitepaper/whitepaper.html
[5]   Geihs, K.: Infrastrukturen für heterogene verteilte Systeme, Informatik-Spektrum, Bd. 16, Nr. 1, Springer, Berlin, S. 11–23, 1993
[6]   Geihs, K., Gebauer, C.: Load Monitor – Ein CORBA-basiertes Werkzeug zur Lastbestimmung in heterogenen verteilten Systemen, 9. ITG/GI-Fachtagung MMB'97 Messung, Modellierung und Bewertung von Rechen- und Kommunikationssystemen, 1997
[7]   Hegering, H., Abeck, S.: Integriertes Netz- und Systemmanagement, Addison Wesley, Bonn, 1993
[8]   Hegering, H., Neumair, B., Gutschmidt, B.: Architektur und Konzepte für ein integriertes Management von verteilten Systemen, Informatik-Spektrum, Bd. 18, Nr. 5, Springer, Berlin, S. 272–280, 1995
[9]   White Paper – OrbixManager, IONA Technologies, 1997
[10] Jain, R.: The Art of Computer Systems Performance Analysis, Wiley, New York, 1991
[11] Klar, R. et al: Messung und Modellierung paralleler und verteilter Rechensysteme, B.G. Teubner, Stuttgart, 1995

[12] Küpper, A., Herzog, H.: Einsatz von Trading-Diensten in WWW-basierten elektronischen Marktplätzen, in: Zitterbart, M. (Hrsg.) Kommunikation in Verteilten Systemen, Informatik Aktuell, Springer, Berlin, 1997

[13] Küpper, A., Popien, C.: Ein Managementszenario für die Dienstvermittlung in Verteilten Systemen, in: Franke, K., Hübner, U., Kalfa, W. (Hrsg.) Kommunikation in Verteilten Systemen, Informatik Aktuell, Springer, Berlin, S. 460–474, 1995

[14] Küpper, A., Popien, C., Meyer, B.: Service management using up-to-date quality properties, in: Schill, A., Mittasch, C., Spaniol, O., Popien, C. (ed.) Distributed Platforms, Chapman & Hall, London, S. 447–459, 1996

[15] Leclerc, M., Linnhoff-Popien, C., Lipperts, S., Müssener, T., Wegmann, H.: CORBA-based Data Transfer for Financial Risk Management, in: Spaniol, O., Linnhoff-Popien, C., Meyer, B. (ed.) Trends in Distributed Systems, LNCS 1161, Springer Berlin, S. 136–147, 1996

[16] Leclerc, M., Linnhoff-Popien, C., Lipperts, S., Müssener, T., Wegmann, H.: Developing Complex Services for Financial Environments on a CORBA based Distributed Platform: A Case Study, in: Spaniol, O., Linnhoff-Popien, C., Meyer, B. (ed.) Trends in Distributed Systems '96 – Industrial and Short Paper Proceedings, Aachener Beiträge zur Informatik, Band 17, 1996

[17] Lipperts, S.: Entwicklung und Management von CORBA-Diensten zur Datenübertragung zwischen verteilten Finanzobjekten, Diplomarbeit am Lehrstuhl für Informatik IV der RWTH Aachen, 1997

[18] Meyer, B., Heineken, M., Popien, C.: Performance Analysis of Distributed Applications with ANSAmon, in: Raymond, K., Armstrong, L. (ed.) Open Distributed Processing: Experiences with distributed environments , Chapman & Hall, London, S. 309–320, 1995

[19] Meyer, B., Popien, C.: Modellierungs- und Bewertungskonzepte für ODP-Architekturen, in: Walke, B., Spaniol, O. (Hrsg.) Messung, Modellierung und Bewertung von Rechen- und Kommunikationssystemen, Informatik Aktuell, Springer, Berlin, S. 77–89, 1993

[20] Meyer, B., Zlatintsis, S., Popien, C.: Enabling Interworking between Heterogeneous Distributed Platforms, in: Schill, A., Mittasch, C., Spaniol, O., Popien, C. (ed.) Distributed Platforms, Chapman & Hall, London, S. 329–341, 1996

[21] Neumair, B.: Modelling Resources for Integrated Performance Management, in: Hegering, H., Yemini, Y. (ed.) Integrated Network Management III, Chapman & Hall, London, S. 109–122, 1993

[22] Object Management Group: The Common Object Request Broker: Architecture and Specification, Revision 2.0, 1995

[23] Object Management Group: CORBA Services Specification, 1997

[24] Open Software Foundation: Distributed Computing Environment – DCE Users Guide and Reference, OSF, Cambridge, USA, 1992

[25] Pacifici, G., Stadler, R.: An architecture for performance management of multimedia networks, in: Sethi, A., Raynaud, Y., Faure-Vincent, F. (ed.) Integrated Network Management IV, Chapman & Hall, London, S. 174–186, 1995

[26] Popien, C.: Dienstvermittlung in Verteilten Systemen, Teubner-Texte zur Informatik, B.G. Teubner, Stuttgart, 1995

[27] Popien, C., Küpper, A.: A Concept for an ODP Service Management, Proceedings of IEEE/IFIP Network Operations and Management Symposium (NOMS), Kissimee, Florida, USA, S. 888–897, 1994

[28] Popien, C., Küpper, A., Meyer, B.: A Formal Description of ODP Trading based on GDMO, Journal of Network and Systems Management, Vol. 2, No. 4, Plenum Press, New York, S. 383–400, 1994

[29] Popien, C., Meyer, B., Sassenscheidt, F.: Effiziente Modellierung von ODP-Trader-Föderationen mit P2AM, in: Wolfinger, B. (Hrsg.) Innovationen bei Rechen- und Kommunikationssystemen, Informatik Aktuell, Springer, Berlin, S. 211–218, 1994

[30] Popien, C., Meyer, B.: Federating ODP Traders – An X.500 Approach, Proceedings of IEEE International Conference on Communications (ICC), Geneva, Schweiz, S. 313–317, 1993

[31] Popien, C., Meyer, B.: A Service Request Description Language, in: Hogrefe, D., Leue, S. (ed.) Formal Description Techniques VII, Chapman & Hall, London, S. 17–32, 1994

[32] Popien, C., Schürmann, G., Weiß, K.: Verteilte Verarbeitung in Offenen Systemen, B.G. Teubner, Suttgart, 1996

[33] Sloman, M. (ed.): Network and Distributed Systems Management, Addison Wesley, Wokingham, 1994

[34] Spaniol, O., Popien, C., Meyer, B.: Dienste und Dienstvermittlung in Client/Server-Systemen, International Thomson Publishing, Bonn, 1994

[35] Thißen, D., Linnhoff-Popien, C., Lipperts, S.: Can CORBA Fulfill Data Transfer Requirements of Industrial Enterprises?, Proceedings of the First International Enterprise Distributed Object Computing Workshop (EDOC'97), Gold Coast, Australia, S. 129–137, 1997

[36] Trivedi, K., Malhotra, M.: Reliability and Performability Techniques and Tools: A Survey, in: Walke, B., Spaniol, O. (Hrsg.) Messung, Modellierung und Bewertung von Rechen- und Kommunikationssystemen, Informatik Aktuell, Springer, Berlin, S. 27–48, 1993

5 Integration

Die drei Projekte des Projektbereichs *Integration*, die Gegenstand dieses Kapitels sind, stellen die Klammer des SFB dar, sowohl nach außen als auch in Bezug auf die technischen Teilprojekte. Dabei hat der Begriff Integration *drei Dimensionen*: (1) Integration und Abstimmung auf den Arbeitsbereich Verfahrenstechnik (anwendungstechnische Sicht), (2) Integration und Abstimmung in Bezug auf die beteiligten Entwickler (arbeitswissenschaftliche Sicht), (3) Integration im Sinne der Koordination der Softwareergebnisse des Projekts, d.h. der Gesamtumgebung /des Rahmenwerks (softwaretechnische Sicht).

Dazu ist es erforderlich, (1) die durchgeführten Entwicklungsschritte mit Hilfe empirischer Untersuchungen in Zusammenarbeit mit industriellen Anwendern zu analysieren (*Analyse)* und daraus die Werkzeug-Anforderungen abzuleiten, (2) diese Anforderungen in Unterstützungswerkzeuge und Werkzeugfunktionalitäten des Gesamtrahmenwerks umzusetzen (*Konzeption und Realisierung*) und (3) die entwickelte Gesamtumgebung wiederum im betrieblichen Einsatz zu prüfen und zu bewerten (*Evaluation)*.

Diese drei Schritte der Vorgehensweise werden *wiederholt*, um *veränderte Rahmenbedingungen* des Feldes zu berücksichtigen (z.b. globale Verteilung von Entwicklungsprozessen), aber auch, um veränderte *Technologien* und technologische *Infrastrukturen* in den Kalkül zu ziehen, die zur Realisierung der Gesamtumgebung zur Verfügung stehen. Dabei ergeben sich Iterationen von Antragszeitraum zu Antragszeitraum aber auch innerhalb eines Antragszeitraums für sämtliche Teilprojekte des SFB (vgl. Abb. 1.11 in Kap. II.1).

Im einzelnen haben die drei oben angesprochenen *Teilprojekte* folgende *Aufgaben*: In II.5.1 werden mit Hilfe szenariobasierter Fallstudien die Entwicklungsprozesse aus verfahrenstechnischer Sicht analysiert, um hieraus einerseits Anforderungen an Unterstützungswerkzeuge und -funktionen aus den Erfordernissen des Entwurfsprozesses in der betrieblichen Praxis abzuleiten bzw. andererseits bei der Validierung der entstehenden Werkzeuge die Verbesserungen im Hinblick auf die verfahrenstechnischen Entwurfsprozesse zu erfassen. In II.5.2 werden die Entwicklungsprozesse aus arbeitswissenschaftlicher Sicht analysiert, um die Anforderungen aus Personen- und Gruppensicht darzulegen, und bei der Validierung der Gesamtumgebung Verbesserungen als auch Erschwernisse im Hinblick auf personen- und gruppenorientierte Arbeitsprozesse zu identifizieren. Der Abschnitt II.5.3 beschreibt Koordinations- und Integrationsprobleme des beträchlichen Softwareentwicklungsprojekts innerhalb des SFB. Dies betrifft den Entwurf der Gesamtarchitektur des Umgebungsverbundes, das Herauslösen des wiederverwendbaren Rahmenwerks für Anschluß und Erweiterung bestehender sowie Realisierung neuer Werkzeuge, was nicht ohne uniforme Abbildung des entstehenden umfassenden Prozeß-/Produktmodells in eine Softwarearchitektur gelingen kann.

5.1 Szenariobasierte Analyse von Entwicklungsprozessen

B. Bayer, R. Bogusch, B. Lohmann *), *W. Marquardt*
Lehrstuhl für Prozeßtechnik

Zusammenfassung

Gegenstand dieses Teilprojektes ist die Analyse von Entwicklungsprozessen in der Verfahrenstechnik anhand eines *Referenzszenarios*. Durch dieses Szenario soll sichergestellt werden, daß die in den zuvor beschriebenen Projektbereichen (vgl. Kapitel II.2, II.3 und II.4) zu realisierenden Konzepte und Werkzeugfunktionalitäten den Bedürfnissen eines (industriellen) Entwicklerteams entsprechen und Innovationspotentiale für die Verbesserung übergreifender verfahrenstechnischer Entwicklungsprozesse genutzt werden.

Hierzu ist es notwendig, *Wissen über verfahrenstechnische Entwicklungsprozesse* zu erfassen. Zu diesem Zweck werden *empirische Untersuchungen* in der Industrie und im akademischen Bereich durchgeführt. Durch die Betrachtung eines konkreten *verfahrenstechnischen Beispielprozesses* wird ein Szenario entwickelt. Basierend auf diesem Referenzszenario und den Ergebnissen der empirischen Untersuchungen werden *Fallstudien* für verschiedene Abläufe der Entwicklung und für verschiedene Verfahrensalternativen erstellt.

Anhand dieser Fallstudien werden *Anforderungen* an Unterstützungswerkzeuge und -funktionen aus verfahrenstechnischer Sicht ermittelt. Die Gesamtfunktionalität der von allen Projektbereichen gemeinsam realisierten Entwicklungsumgebung wird in Zusammenarbeit mit den im Anschluß beschriebenen Integrationsprojekten (vgl. Kapitel II.5.2 und II.5.3) *evaluiert*.

5.1.1 Einleitung

Gemeinsames Ziel der Arbeiten in allen Projektbereichen ist die Unterstützung *kooperativer, verfahrenstechnischer Entwicklungsprozesse*. Der Schwerpunkt liegt dabei auf den frühen Phasen des Entwicklungsprozesses, der Integration von Entwurfsaufgaben und der Integration über die Prozeßkette. Die sich daraus ergebenden Anforderungen werden durch neue informatische Konzepte und deren Werkzeugunterstützung unter Einsatz existierender Werkzeuge erfüllt. Voraussetzung hierfür ist die Klärung und Formalisierung von Teilprozessen und Teilprodukten sowie deren Zusammenhang. In Ergänzung zu vorhandenen Werkzeugen entstehen weitere, ein offenes Rahmenwerk dient der Wiederverwendung der Integrationslösung sowie deren Anpassung.

Ein grundlegendes Verständnis verfahrenstechnischer Entwicklungsprozesse ist notwendig, um informatische Unterstützungswerkzeuge entwickeln zu können, die den Anforderungen der Entwickler hinsichtlich Entwurfsmethoden und Bedienbarkeit optimal gerecht werden. Hierfür müssen die *Arbeits-* und *Kommunikationsabläufe* des verfahrenstechnischen Entwicklungsprozesses so detailliert wie möglich *dokumentiert* und *verstanden* werden.

---

*) inzwischen bei der Bayer AG, Leverkusen

Es werden hierzu *empirische Studien* zur Erfassung von Informationen über Arbeits-
und Entscheidungsschritte bei der Verfahrensentwicklung durchgeführt. Diese Studien
sind notwendig, da bisher noch keine ausreichend detaillierten Untersuchungen der Vorgehensweisen beim Entwurf verfahrenstechnischer Anlagen vorliegen und das Wissen größtenteils nur implizit vorliegt. Sie reichen von der *Selbstbeobachtung* bei der Entwicklung
von Fallstudien verfahrenstechnischer Entwicklungsprozesse über die Durchführung von
Interviews im industriellen und akademischen Umfeld bis hin zur *Beobachtung* von *realen*
Entwicklungsprozessen. Ziel ist dabei die Bereitstellung von explizit formulierbarem Wissen über verfahrenstechnische Entwicklungsprozesse.

Daraus werden Anforderungen an neuartige Werkzeuge und Methoden abgeleitet. Die
realisierten informatischen Unterstützungswerkzeuge werden zu einem späteren Zeitpunkt
wiederum in empirischen Untersuchungen *evaluiert*, um zu gewährleisten, daß die Werkzeuge und Methoden verfahrenstechnische Entwicklungsprozesse tatsächlich wirksam
unterstützen. Die Ergebnisse der Evaluation fließen dann wieder in eine Verfeinerung der
Anforderungsspezifikation ein (vgl. Abb. 1.11 in Kap. II.1).

Wenn ein grundlegendes Verständnis für die Arbeitsweisen bei der Durchführung von
verfahrenstechnischen Entwicklungsprozessen erzielt wurde, sollen zukünftige *Integra-
tions-* und *Innovationspotentiale* aufgedeckt werden. So wird etwa die integrative Betrachtung der Chemie- und Kunststofftechnik beim Entwurf eines verfahrenstechnischen Prozesses zur Polymerproduktion angestrebt.

Kennzeichnend für das Vorgehen ist, daß die Aufgaben in enger Zusammenarbeit mit
Ingenieur- und Informatikpartnern in einem *evolutionären Ansatz* mit geeignet gewählten
Iterationszyklen bearbeitet werden. Dabei werden Analyse, Konzeption, Realisierung und
Evaluation von Teilfunktionalitäten der Gesamtumgebung Schritt für Schritt verfeinert, so
daß im Sinne eines erfahrungsbasierten Lernprozesses gemeinsame Arbeitsfortschritte
erreicht werden können.

5.1.2 Stand der Forschung

Nur wenige umfassende *empirische Untersuchungen* zur Vorgehensweise beim Entwurf verfahrenstechnischer Prozesse sind bekannt. In [26] werden sieben Studien zitiert,
die sich mit Entwurfsvorgängen beschäftigen. Hiervon stehen jedoch nur zwei Arbeiten,
die sich mit dem Entwurf eines Prozeßleitsystems und dem Fluß von Materialdaten in
einem Unternehmen beschäftigen, in Zusammenhang mit dem hier betrachteten Anwendungsbereich. Da diese Studien nur begrenzte Teilbereiche des verfahrenstechnischen
Entwicklungsprozesses abdecken, sind zusätzliche empirische Studien erforderlich.

Detaillierte *Fallstudien* für den Bereich der Entwicklung verfahrenstechnischer Prozesse sind in der Literatur ebenfalls nur wenige zu finden. Demzufolge gibt es auch keine
Referenzfallstudien für die Evaluation von Entwicklungsmethodiken und Entwicklungsumgebungen. Lediglich das von Douglas [10, 11] entwickelte HDA-Szenario, anhand
dessen der Autor seine Entwicklungsmethodik verdeutlicht, wurde von einigen Forschergruppen aufgegriffen (z.B. [1, 13]). Ähnlich wie einige Fallstudien, die für den Einsatz in
der Lehre [23, 25] gedacht sind, enthält die HDA-Fallstudie jedoch nur Arbeitsschritte auf

grober Ebene. Weder kooperative Aspekte der Verfahrensentwicklung noch Software-Werkzeuge zur Unterstützung des Entwurfsprozesses werden beschrieben. Die Breite der hier anvisierten Betrachtung von Entwurfsaufgaben ist nicht abgedeckt.

Verfahrenstechnische Enzyklopädien wie 'Ullmann's Encyclopedia of Industrial Chemistry' [27] oder die 'Encyclopedia of Chemical Technology' [16] stellen eine Vielzahl verfahrenstechnischer Prozesse einschließlich einiger Verfahrensalternativen bereit. Die Angaben beschränken sich jedoch auf eine kurze Beschreibung des chemischen Synthesewegs oder auf grobe Darstellungen von Verfahrensfließbildern. Informationen zur Vorgehensweise beim konzeptionellen Entwurf oder bei der Auslegung von Apparaten werden nicht bereitgestellt.

Für die Spezifikation von Anforderungen an Software- und Computersysteme wurden verschiedene Standards (z.B. [5, 14]) entwickelt. Jedoch existiert bisher *weder* eine detaillierte *Anforderungsspezifikation* für verfahrenstechnische Entwicklungsumgebungen, *noch* sind der *Aufbau* und die *Struktur* einer solchen Anforderungsspezifikation klar. Um aus Nutzersicht Anforderungen an die informatische Unterstützung des Entwicklungsprozesses zu formulieren, können Konzepte von Unternehmensmodellen wie ARIS [24] oder CIM-OSA [17] benutzt werden. Diese Modelle stellen auch Ansätze zur Geschäftsprozeß-modellierung bereit, um zusammen mit dem Nutzer die Einführung von prozeßorientierten Werkzeugen wie etwa Workflowmanagementsystemen vorzubereiten.

5.1.3 Einschlägige Vorarbeiten

Die *Forschungsarbeiten* am Lehrstuhl für Prozeßtechnik beschäftigen sich mit den methodischen Grundlagen des konzeptionellen Entwurfs und der mathematischen Modellierung verfahrenstechnischer Prozesse sowie der Implementierung geeigneter Software-Werkzeuge zur Unterstützung der Modellentwicklung.

Verschiedene laufende Forschungsvorhaben befassen sich mit Fragestellungen, die in Zusammenhang mit dem konzeptionellen Entwurf verfahrenstechnischer Prozesse stehen. So werden beispielsweise in einem Forschungsvorhaben (vgl. [2] und [3]) *Short-Cut-Verfahren* für den Entwurf von komplexen Destillationskolonnen (Seitenstromkolonnen, Kolonnen mit Zwischenwärmeaustauschern, etc.) entwickelt.

In mehreren Projekten wurden *Fallstudien* erarbeitet, die zum einen Untersuchungen zur Dynamik und zum anderen Betreibbarkeitsanalysen von verschiedenen verfahrenstechnischen Prozessen zum Gegenstand haben. In [8] werden beispielsweise Fallstudien zur Anilin- und zur Hydramin-Synthese beschrieben, mit Hilfe derer eine Bibliothek mathematischer Modellbausteine validiert wurde, die sich zu mathematischen Modellen für Reaktoren verschiedenster Bauart aggregieren lassen. In [4, 28, 29] sind Untersuchungen zur Dynamik und zur Betreibbarkeit von Meerwasserentsalzungsanlagen dargestellt. Die genannten Fallstudien sind für die hier betrachteten Arbeiten nicht geeignet, da sie zu speziell sind und bei weitem nicht alle zu berücksichtigenden Aspekte umfassen.

Foss et.al. [12] befragten Mitarbeiter aus dem akademischen Bereich und aus der Industrie über ihre Vorgehensweise bei der Entwicklung mathematischer Modelle für verfahrenstechnische Prozesse. Im Rahmen dieser *empirischen Untersuchung* wurden neben den Vorgehensweisen auch die Anforderungen an Modellierungswerkzeuge ermittelt (vgl. auch [15, 19, 20, 21, 22]).

Die *Modellentwicklung* stellt einen Arbeitsschritt dar, der in den verfahrenstechnischen Entwicklungsprozeß eingebettet ist. Beispielsweise müssen die Ergebnisse eines Syntheseschrittes (z.B. das Verfahrensfließbild) mit Hilfe mathematischer Modelle und darauf basierenden Simulationsrechnungen bewertet werden. Daher können die Arbeits- und Entscheidungsschritte für die Modellentwicklung hier wiederverwendet werden. Zudem bestehen große Ähnlichkeiten in der Entwicklung mathematischer Modelle und verfahrenstechnischer Prozesse, da es sich in beiden Fällen um kreative Vorgänge handelt. Bei der Beschreibung kreativer, technischer Entwicklungsprozesse kann somit auf Erfahrungen aufgebaut werden.

In zwei größeren Forschungsprojekten werden die *Modellierungswerkzeuge* ModKit [6, 7] und ProArt/CE bzw. TECHMOD [9, 15] in enger Zusammenarbeit mit dem Lehrstuhl für Informatik V entwickelt. Für die Konzeption der Modellierungswerkzeuge wurde eine Anforderungsspezifikation erstellt [18]. Weiterhin wurde das Werkzeug ModKit verschiedenen Entwicklern, die sich mit der Modellierung und Simulation verfahrenstechnischer Prozesse beschäftigen, vorgestellt, um gemeinsam mit ihnen Anforderungen an Modellierungswerkzeuge aus Nutzersicht zu spezifizieren. Die in den beiden Projekten gesammelten Erfahrungen stellen einen guten Ausgangspunkt für die Spezifikation von Anforderungen an verfahrenstechnische Entwicklungsumgebungen dar.

5.1.4 Ziele, Methoden und Ansatz

Ziel des Forschungsvorhabens ist die *Verbesserung verfahrenstechnischer Entwicklungsprozesse* durch neuartige Methoden und Werkzeuge unter Nutzung bestehender Werkzeuge.

Dazu ist es erforderlich,

- die durchgeführten *Entwicklungsschritte* mit Hilfe empirischer Untersuchungen in Zusammenarbeit mit (*industriellen*) Entwicklerteams zu *analysieren*, um daraus *Anforderungen* an Werkzeuge abzuleiten,
- diese Anforderungen in *Unterstützungswerkzeuge* und Werkzeugfunktionalitäten umzusetzen und
- die entwickelte Gesamtumgebung wiederum mit (industriellen) Entwicklerteams zu *testen*.

Diese drei Schritte werden *iterativ* durchgeführt, um veränderte Rahmenbedingungen im Umfeld der Entwickler, aber auch veränderte Technologien und technologische Infrastrukturen, die für die Realisierung der Gesamtumgebung zur Verfügung stehen, berücksichtigen zu können. Für den angestrebten erfahrungsbasierten Lernprozeß sind Iterationen nötig, damit die Ingenieur- und Informatikpartner die entwickelten Konzepte und Realisierungsansätze mit zunehmender Erfahrung in dem betrachteten verfahrenstechnischen Szenario weiter konkretisieren und detaillieren können (siehe Abb. 5.1).

Die zentrale Aufgabe des hier beschriebenen Projektbereiches liegt in der *Erfassung* und *Bereitstellung* von *Wissen*, das für die Durchführung verfahrenstechnischer Entwicklungsprozesse benötigt wird. Es soll sichergestellt werden, daß die Arbeiten in den einzelnen Projektbereichen den Bedürfnissen eines (industriellen) Entwicklerteams entsprechen und insbesondere in den Teilprojekten Arbeiten durchgeführt werden, in denen mittel- und langfristig Innovationspotentiale gesehen werden. Das bereitzustellende Wissen umfaßt zum einen Informationen über Arbeitsabläufe, anfallende Prozeßdaten und Kommunikationsbeziehungen zwischen den beteiligten Personen. Zum anderen sind auch Informationen über Anforderungen an die Werkzeugfunktionalitäten sowie Evaluationen der Gesamtfunktionalität des Rahmenwerks erforderlich.

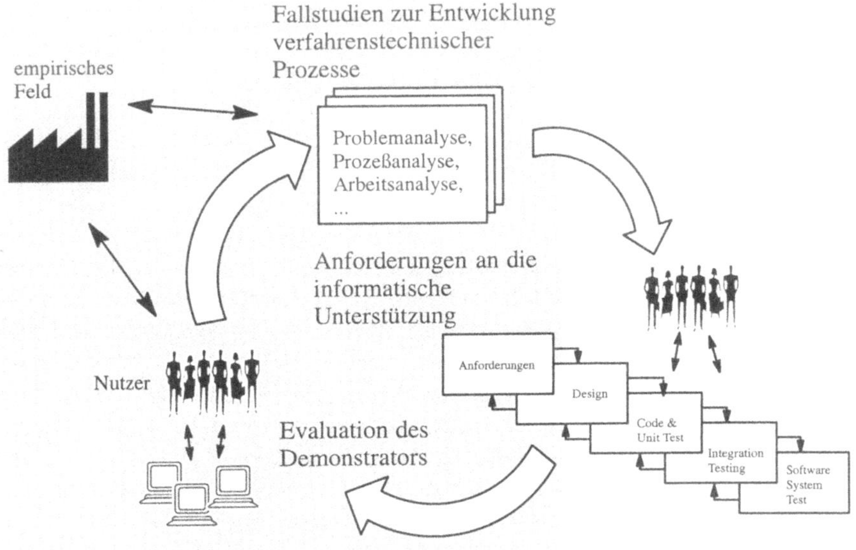

Abb. 5.1 : Evolutionärer Realisierungsansatz mit möglichst kurzen Iterationszyklen für Teilfunktionalitäten und längeren Iterationsyklen für die Gesamtfunktionalität der Entwicklungsumgebung

Da bisher noch keine ausreichend detaillierten Untersuchungen zu Vorgehensweisen beim Entwurf verfahrenstechnischer Anlagen vorliegen und das Wissen größtenteils nur in impliziter Form vorliegt, sind *empirische Studien* erforderlich. Diese Studien reichen von der Selbstbeobachtung über die szenariobasierte Analyse eines Entwicklungsteams bis hin zur Beobachtung von realen Entwicklungsprozessen im industriellen Umfeld.

Sämtliche empirischen Untersuchungen werden in enger Zusammenarbeit mit dem Teilprojekt "Personenorientierte Arbeitsprozesse und Kommunikationsformen" (vgl. II.5.2) durchgeführt. Dieses Teilprojekt wird für die Auswahl geeigneter empirischer Erhebungsmethodiken verantwortlich sein und federführend die Untersuchungen durchführen.

Das hier betrachtete Teilprojekt ist hingegen für die *verfahrenstechnischen* und *inhaltlichen* Fragestellungen verantwortlich, wird darüberhinaus aber auch an der Vorbereitung und an der eigentlichen Erhebung beteiligt sein.

In Zusammenarbeit mit dem Projekt "Verfahrenstechnische Entwicklungsprozesse" (vgl. II.2) werden *Fallstudien* anhand eines aus industrieller Sicht relevanten verfahrenstechnischen Prozesses entwickelt, der ein *Referenzszenario* für die Arbeiten in allen Projekten darstellt. Da sowohl die möglichen Verfahrensalternativen eines chemietechnischen Prozesses als auch die Verfahrensentwicklung selbst sehr komplex sind, wird zunächst ein sogenanntes *Miniszenario* entwickelt. Dabei wird der Entwurf eines sehr einfachen fiktiven, verfahrenstechnischen Prozesses betrachtet. Unter Verwendung verschiedener Softwarewerkzeuge werden die einzelnen Arbeitsschritte von der Aufgabenstellung bis zur Apparatedimensionierung und zum Reglerentwurf durchgeführt. Durch die starke Vereinfachung des verfahrenstechnischen Problems (so werden zum Beispiel nicht reale Stoffe betrachtet, alle notwendigen Informationen werden als vollständig und bekannt vorausgesetzt) kann der Fokus der Analyse auf die Vorgehensweise gesetzt werden.

Aufbauend auf den Erkenntnissen aus der Entwicklung des Miniszenarios wird der Polyamidprozeß, der in Abb. 5.2 dargestellt ist, im Rahmen von Fallstudien als *Referenzprozeß* genauer untersucht. Kennzeichnend für die Betrachtung dieses Prozesses ist die Integration von Chemietechnik (Herstellung der Rohstoffe und des Polymers, siehe Abb. 5.2 links oben) und Kunststoffverarbeitung (Aufbereitung des Polymers im Extruder, siehe Abb. 5.2 rechts unten). Zunächst sollen mit Hilfe von Literaturdaten *akademische Fallstudien* für alternative Verfahrensvarianten von der Synthese des Monomers über die Polymerisation bis hin zur Extrusion der Polyamidschmelze erarbeitet werden. Weiterhin sollen insbesondere die *kritischen Phasen* des Entwicklungslebenszyklus in der Verfahrenstechnik (z.B. Wahl der Rohstoffbasis, des chemischen Syntheseweges oder die Art und Anordnung der Prozeßstufen im Verfahrensfließbild), die *betriebsorganisatorischen Strukturen* (z.B. Anzahl und Hintergrund der beteiligten Entwickler, geographische und organisatorische Verteilung des Entwicklerteams oder Kommunikation der Entwickler untereinander) und die zugrundeliegende *Infrastruktur* (z.B. eingesetzte Simulations- und Auslegungsprogramme, Hardware- und Softwareplattformen, Netzwerkinfrastruktur, etc.) berücksichtigt werden.

Die Fallstudien werden sukzessive verfeinert, so daß sie auch innovative Aspekte der Verfahrenstechnik (z.B. die Einbeziehung von Kunststoffrecycling) widerspiegeln. Die Arbeiten sollen schließlich in ein *Referenzszenario* münden, anhand dessen die Methodiken und Werkzeuge verschiedener Forschergruppen im Bereich der verfahrenstechnischen Prozeßentwicklung einheitlich bewertet und miteinander verglichen werden können.

Weiterhin sollen auf der Basis der akademischen Fallstudien und der empirischen Untersuchungen *Anforderungen an Unterstützungswerkzeuge und -funktionen* aus der Sicht des verfahrenstechnischen Entwicklers definiert werden (z.B. multimediale Entwicklungsprozeßunterstützung).

In Zusammenarbeit mit den beiden anderen Integrationsprojekten (vgl. II.5.2 und II.5.3) wird – wiederum mit Hilfe der entwickelten Fallstudien – eine *empirische Evaluation der*

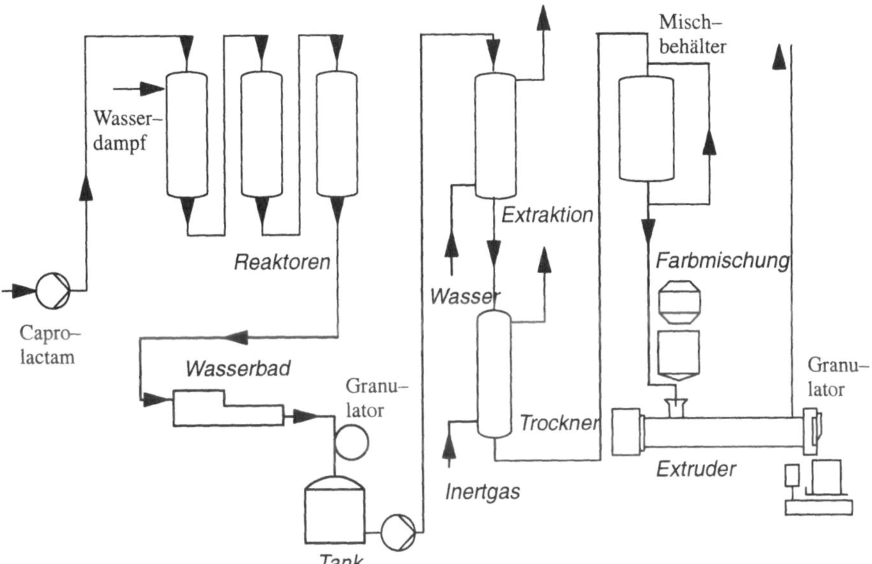

Abb. 5.2 : Schematisch vereinfachtes Verfahrensfließbild der Polymerisation von
ε-Caprolactam zu Polyamid-6 als Beispiel für die Integration von Chemietechnik
und Kunststoffverarbeitung [16]

Gesamtfunktionalität des Rahmenwerks im akademischen und industriellen Umfeld
durchgeführt. Dadurch wird gewährleistet, daß die realisierten Unterstützungswerkzeuge
und -funktionen verfahrenstechnische Entwicklungsprozesse tatsächlich wirksam unterstützen.

Die Ergebnisse der Evaluation fließen dann im nächsten Zyklus in eine Fortschreibung
und Verfeinerung der Fallstudien und der Anforderungsspezifikationen ein. Auf diese
Weise wird ein *evolutionärer Ansatz* verfolgt, bei dem Analyse, Konzeption, Realisierung
und Evaluation iterativ verfeinert werden (vgl. Abb. 5.1).

Wenn ein grundlegendes Verständnis für die Arbeitsweisen bei der Durchführung von
verfahrenstechnischen Entwicklungsprozessen erzielt wurde, sollen *zukünftige Integra-
tions-* und *Innovationspotentiale* aufgedeckt werden. Als ein erster Ansatzpunkt ergibt sich
hierzu aus heutiger Sicht die integrative Betrachtung der Chemie- und Kunststofftechnik
beim Entwurf eines verfahrenstechnischen Produktionsprozesses. Eine solche Betrachtung wurde bisher noch nicht durchgeführt, obwohl hier erhebliche Verbesserungen möglich sind, wenn beispielsweise die Polymerisation teilweise im Extruder durchführt wird
und damit Investitions- und Betriebskosten im Bereich der Reaktoren einspart werden
können.

Insgesamt leistet dieses Teilprojekt einen wichtigen *Beitrag* für die Arbeiten zur Konzeption und Realisierung des integrierten Prozeß-/Produktmodells, der neuen Werkzeuge
und der Rahmenwerksarchitektur und stellt die Angemessenheit des gewählten Ansatzes in
der verfahrenstechnischen Praxis sicher.

5.1.5 Probleme, Schritte

Die nachfolgend dargestellten *Arbeitspunkte* werden nicht strikt sequentiell, sondern iterativ in mehreren Rückkopplungsschleifen in enger Kooperation mit allen beteiligten Partnern durchlaufen. Dabei wird man eine schrittweise Verfeinerung der Detaillierung und eine Erweiterung der Aufgabenstellung vornehmen müssen.

1. Entwicklung szenariobasierter Fallstudien

In *akademischen Fallstudien* wird anhand des Miniszenarios der gesamte Entwicklungsprozeß eines einfachen (nicht realen) Prozesses von der Aufgabenstellung, über den Fließbildentwurf, die Modellierung und Simulation bis hin zum Reglerentwurf analysiert. Weiterhin wird am konkreten Beispiel des Referenzszenarios die Herstellung eines kunststofftechnischen Produktes über die gesamte Prozeßkette von der Herstellung des Vorproduktes Caprolactam, der Polymerisation zu Polyamid-6 und der Weiterverarbeitung des Polymers im Extruder betrachtet. Der konzeptionelle Entwurf wird auf der Basis von Literaturdaten durchgeführt. Die entwickelten Prozeßvarianten werden von Industriepartnern bewertet. Ziel ist neben der Schaffung eines einheitlichen, praxisnahen Referenzszenarios für alle beteiligten Projekte die Aufklärung der wesentlichen Arbeitsschritte, der verwendeten Werkzeuge und der auftretenden Informationsflüsse.

Hierzu werden die beim Entwurf durchgeführten Arbeitsschritte und Entscheidungen (z.B. das Festlegen der Rohstoffbasis und des Syntheseweges, die Auswahl einer geeigneten Prozeßstruktur, die grobe Dimensionierung der Apparate, etc.) sowie die eingesetzten Entwicklungswerkzeuge durch eine *Selbstbeobachtung* ermittelt und dokumentiert.

Für verschiedene *Entwurfsvarianten* des Polyamidprozesses werden die relevanten Informationen in Form von *Produktdaten* bereitgestellt (beispielsweise die Art der chemischen Synthese, die durch die Anordnung der einzelnen Prozeßstufen gegebene Prozeßstruktur, die Art der in jeder Prozeßstufe einzusetzenden Apparate und Maschinen mit ihren wesentlichen konstruktiven Daten, die Eigenschaften der zu- und abzuführenden Stoff- und Energieströme sowie die einzuhaltenden Druck-, Temperatur- und Konzentrationsniveaus und die dadurch gekennzeichneten optimalen Betriebspunkte). Darüber hinaus werden *Stoffdaten* zur Beschreibung der physikalisch-chemischen Eigenschaften der Stoffe und kinetische Daten für chemische Reaktionen benötigt. Für die Durchführung von Berechnungen müssen zusätzlich *mathematische Modelle* unterschiedlichen Detaillierungsgrades in den eingesetzten Werkzeugen (z.B. Simulatoren, Auslegungsprogramme) implementiert werden.

2. Durchführung empirischer Untersuchungen

Neben der Selbstbeobachtung bei der Entwicklung der Fallstudien im ersten Arbeitspunkt werden *empirische Untersuchungen* durchgeführt. Hierzu werden erfahrene Entwickler aus dem akademischen Bereich und aus der Industrie ausgewählt. Dieser Arbeitspunkt gliedert sich in die beiden folgenden Teilschritte, die unabhängig voneinander bearbeitet werden können:

- Es werden *Interviews* über den Entwurfsprozeß durchgeführt. Die Zielsetzung der Befragung und der zugrundeliegende Fragenkatalog werden vorab festgelegt. Die Expertengespräche werden protokolliert und in dem hier beschriebenen Teilprojekt vor allem hinsichtlich der ingenieurwissenschaftlichen Fragestellungen ausgewertet.
- Nach Möglichkeit wird ein realer *Entwurfsprozeß* in der Industrie *beobachtet*. Die durchgeführten Arbeitsschritte, eingesetzten Werkzeuge und Informationsflüsse werden erfaßt.

3. Analyse von Vorgehensweisen bei verfahrenstechn. Entwicklungsprozessen

In den ersten beiden Arbeitspunkten werden *Daten* über *Entwicklungsprozesse* erhoben, die nach verfahrenstechnischen Gesichtspunkten ausgewertet, verdichtet und vorstrukturiert werden. Die *Auswertung* hinsichtlich der durchgeführten Arbeitsschritte, der eingesetzten Werkzeuge und der relevanten Informationsflüsse erfolgt auf einer groben Ebene zunächst rein deskriptiv und wird schrittweise detailliert, analysiert und formalisiert (z.B. durch semiformale Darstellungen wie UML, IDEF1X, SADT). Die erhobenen Daten stammen sowohl aus dem akademischen Bereich als auch von Mitarbeitern aus der chemischen und kunststoffverarbeitenden Industrie.

Die Vorgehensweisen bei der Bearbeitung der akademischen Fallstudien im ersten Arbeitspunkt werden ebenso wie die Ergebnisse der im zweiten Punkt durchgeführten empirischen Untersuchungen ausgewertet. Anschließend sollen *Unterschiede* in den Vorgehensweisen im *akademischen Bereich* und der *Industrie* aufgedeckt werden sowie ein Vorschlag für ein konsolidiertes, industriell relevantes grobes Vorgehensmodell ausgearbeitet werden.

4. Anforderungsspezifikation aus verfahrenstechnischer Sicht

Es werden die *Anforderungen* für Werkzeuge an die *Integration* von Entwicklungswerkzeugen aus der Sicht der Entwickler, die diese Werkzeuge einsetzen, definiert. Dabei soll eine zweistufige Vorgehensweise angewendet werden:

- Zuerst wird eine Problemanalyse durchgeführt, die das bereits vorliegende Problemverständnis möglichst weitgehend vervollständigt. Auf der Basis der im dritten Arbeitspunkt durchgeführten Analyse der Vorgehensweisen werden *Anforderungen* an die *Gesamtumgebung* abgeleitet (z.B. Klärung welche Entwicklungswerkzeuge für welche Aufgaben eingesetzt werden und wie die Werkzeuge in der Gesamtumgebung zusammenwirken sollen).
- Die im Rahmen der Problemanalyse gesammelten Anforderungen werden aufbereitet und strukturiert. Auf diese Weise entsteht ein Dokument, welches das *externe Verhalten* der zu realisierenden Gesamtumgebung beschreibt. Um den formalen Anforderungen an ein solches Dokument gerecht zu werden, wird dieses in enger Zusammenarbeit mit den Informatikpartnern erstellt. Die spezifizierten Anforderungen werden anhand der im ersten Arbeitspunkt entwickelten Fallstudien begründet.

5. Empirische Evaluation der Gesamtfunktionalität des Rahmenwerks

Die so spezifizierten Anforderungen sollen in der Konzeption und Realisierung aller Teilfunktionalitäten der Gesamtumgebung berücksichtigt werden. Es ist daher notwendig, zu prüfen und zu bewerten, inwieweit die Anforderungen umgesetzt wurden. Grundlage für die Evaluation ist ein *Testplan*, der in Zusammenarbeit mit Entwicklern aus dem akademischen Bereich und aus der Industrie entwickelt wird. In diesem Testplan werden die aufgabenbezogenen, szenariobasierten *Experimente* beschrieben, die im Rahmen der Evaluation durchgeführt werden sollen. Außerdem werden nachprüfbare Kriterien angegeben, anhand derer die Funktionalität bewertet werden kann. Die Evaluation wird zusammen mit den betroffenen Projektbereichen durchgeführt und umfaßt folgende Bereiche:

- Die *Evaluation* aus *verfahrenstechnischer Sicht* geschieht in Zusammenarbeit mit den in Kapitel II.2 beschriebenen Projekten. Die gewünschte Funktionalität (z.B. die Verzahnung der Werkzeuge für die Stoffeigenschaftsberechnung beim konzeptionellen Entwurf und der Simulation des Polymerisationsprozesses und der Extruderauslegung, die auf integrierten Stoffeigenschafts- und Materialmodellen arbeiten) kann nur erreicht werden, wenn die entwickelten partiellen Prozeß- und Produktmodelle korrekt, konsistent, vollständig, aussagekräftig, etc. sind.
- Von den Teilprojekten der Informatikpartner (vgl. Kapitel II.3 und II.4), die Teilfunktionalitäten des Rahmenwerks entwickeln, wird die realisierte Gesamtumgebung aus *informatischer Sicht* evaluiert. Die Evaluation wird durch das hier betrachtete Projekt inhaltlich unterstützt. Dabei wird beispielsweise geprüft, ob die im Testplan spezifizierten Entwicklungsschritte mit der beabsichtigten informatischen Unterstützung durchgeführt werden können. Insbesondere ist das Integrationskonzept zu überprüfen, welches das reibungslose Zusammenspiel vom unterschiedlichen Werkzeugkomponenten, die auf heterogenen Plattformen verteilt sein können, in einem Umgebungsverbund sicherstellen soll.
- Die Evaluation aus *arbeitswissenschaftlicher Sicht* erfolgt in enger Zusammenarbeit mit dem in II.5.2 beschriebenen Projekt. In einem empirischen Ansatz wird mit den im Testplan festgelegten aufgabenbezogenen, psychologischen Experimenten die Benutzer-System-Interaktion im Hinblick auf Bedienbarkeit, Verständlichkeit, Wirksamkeit und Akzeptanz untersucht.

Da eine evolutionäre Vorgehensweise mit möglichst kurzen Iterationszyklen angestrebt wird, werden die *Erfahrungen* in der Evaluation im nächsten Iterationszyklus unmittelbar in die Konkretisierung und *Überarbeitung* der Anforderungen an die Gesamtumgebung einfließen.

6. Identifikation zukünftiger Integrations- und Innovationspotentiale

In diesem Arbeitspunkt sollen aus ingenieurwissenschaftlicher Sicht *neue*, bisher im Rahmen des Entwicklungsprozesses noch unzureichend beachtete *Gesichtspunkte* identifiziert werden, die für Qualitätsverbesserungen und Produktivitätssteigerungen im Bereich kreativer ingenieurtechnischer Entwicklungsarbeiten genutzt werden können, für deren Bearbeitung in einer späteren Phase des Gesamtprojektes. Der Grad der Relevanz der neuen Fragestellungen ist im Rahmen der im zweiten Arbeitspunkt durchgeführten empirischen Untersuchungen festzulegen.

Zusätzlich zum Kernpunkt der integrativen Betrachtung von Chemietechnik und Kunststoffverarbeitung (und dem damit verbundenen Zusammenführen der verschiedenen Fachdisziplinen) sind beispielsweise folgende *innovative Bereiche* zu nennen:

- Betrachtung bisher vernachlässigter Bereiche, wie beispielsweise Prozeßkettenmanagement und -optimierung, Kunststoffrecycling, Reststoffverwertung, Grassroot Design und Debottlenecking,
- Verzahnung der frühen Phasen des Entwicklungsprozesses mit den nachfolgenden Phasen, z.B. Berücksichtigung von möglichen Prozeßführungskonzepten schon bei der Bewertung von Designalternativen,
- frühzeitige Bewertung der Wirtschaftlichkeit einer Anlage durch Betrachtung von Investitions- und Betriebskosten bereits beim konzeptionellen Entwurf,
- Zusammenführen von Entwurfsinseln (z.B. Rohstoffbasis, Reststoffverwertung, Syntheseweg, Standortauswahl, Prozeßkettenmanagement, Prozeßgestaltung und Prozeßführung),
- Optimierung arbeitsorganisatorischer Strukturen (z.B. Betrachtung des Verhältnisses zwischen Entwicklern, externen Beratern, Kunden, Managern) sowie
- Integration neuartiger Werkzeuge in den Entwicklungsprozeß (z.B. Beratungssysteme für den Entwurf, etc.).

Diese und andere Problemstellungen sollen in der Anfangsphase des Forschungsvorhabens *konkretisiert* werden. Außerdem soll die *Priorität* im Hinblick auf Relevanz und Machbarkeit für die späteren Phasen festgelegt werden.

5.1.6 Zusammenarbeit im Gesamtprojekt

Als eines der drei *Integrationsprojekte* (Kapitel II.5) ist das hier beschriebene Teilprojekt entscheidend für die Abstimmung und Integration der Arbeiten im Gesamtforschungsvorhaben verantwortlich. Daher sind enge Kooperationen mit allen beteiligten Projektpartnern notwendig, die in den vorangegangenen Abschnitten angedeutet wurden und hier zusammengefaßt sind:

- Gemeinsam mit den in Kapitel II.2 betrachteten Teilprojekten wird ein konkretes *Szenario* aus dem Bereich der Verfahrenstechnik definiert. Auf der Basis dieses Szenarios werden *Fallstudien* entwickelt. Das so erhaltene Wissen über verfahrenstechnische Entwicklungsprozesse soll möglichst explizit formuliert und so strukturiert werden, daß es den Projektpartnern als Grundlage für ihre Arbeiten bereitgestellt werden kann.
- Basierend auf dem entwickelten Szenario werden empirische Untersuchungen in Zusammenarbeit mit Nutzern durchgeführt (Analyse), um daraus zusammen mit den Projektpartnern *Anforderungen* an die *Gesamtumgebung* abzuleiten. Diese werden gemeinsam in Werkzeugfunktionalitäten der Gesamtumgebung umgesetzt (Konzeption und Realisierung) und anschließend überprüft (Evaluation). Diese drei Schritte werden für die jeweils betrachteten Teilfunktionalitäten in möglichst kurzen Iterationsschleifen wiederholt und immer weiter detailliert.
- Die *empirischen Untersuchungen* werden gemeinsam mit dem arbeitswissenschaftlichen Integrationsprojekt (s. II.5.2) durchgeführt, das sich dabei auf die Erfassung persönlicher Arbeitsprozesse und gruppenorientierter Kommunikationsformen sowie die

Gestaltung von Benutzungsfunktionalitäten in Entwicklungsumgebungen konzentriert. In dem hier betrachteten Teilprojekt steht jedoch die Aufklärung der *Vorgehensweisen* bei der Durchführung von Entwicklungsprojekten im Bereich der Chemie- und Kunststofftechnik im Vordergrund. Die Expertise des Lehrstuhls für Prozeßtechnik liegt vor allem im Bereich der Chemietechnik. Für andere im Szenario betrachtete Bereiche werden deshalb zusätzliche *Partner* hinzugezogen (z.B. das Institut für Kunststoffverarbeitung für empirische Untersuchungen im Bereich der Kunststofftechnik sowie das Institut für Arbeitswissenschaften für den administrativen, betriebs- und projektorganisatorischen Bereich).

- Eine enge Zusammenarbeit besteht mit den in Kapitel II.2 beschriebenen Projektbereichen nicht nur bei der Szenarioentwicklung. Dort wird außerdem das Wissen, das im Rahmen des hier vorgestellten Projektbereiches erhoben wird (z.B. Vorgehensweisen, verwendete Werkzeuge und Informationsflüsse), für die Entwicklung *semiformaler Prozeß-* und *Produktmodelle* weiter strukturiert und aufbereitet. Anschließend wird dieses Wissen von den in Kapitel II.3 dargestellten Projektbereichen in den dort entwickelten Werkzeugen zur Unterstützung kooperativer Entwicklungsprozesse implementiert.

- Das informatische Integrationsprojekt (vgl. Abschnitt II.5.3) integriert die Softwareergebnisse, an deren Erstellung alle technischen Projektbereiche beteiligt sind. Während im hier betrachteten Teilprojekt die *Anforderungen* an die Außenfunktionalität der Gesamtumgebung spezifiziert werden, stellt die dort in Zusammenarbeit mit allen Projektpartnern durchgeführte *Realisierung,* aufgrund der durchgeführten Evaluationen, die Angemessenheit aus verfahrenstechnischer, arbeitswissenschaftlicher und informatischer Sicht sicher.

Literatur

[1] Bañares-Alcántara, R.: Design Support Systems for Process Engineering, Computer & Chemical Engineering, Vol.19, S.267–277, 1995

[2] Bausa, J., v. Watzdorf, R., Marquardt, W.: Minimum Energy Demand for Nonideal Distillation in Complex Columns, Computer & Chemical Engineering, Vol. 20, Suppl., S. 55–60, 1996

[3] Bausa, J., v. Watzdorf, R., Marquardt, W.: Targeting Sidestream Compositions in Multicomponent Nonideal Distillation, Distillation and Absorption, Maastricht, 8.–10. September 1997

[4] Blum, J., Marquardt, W.: Controllability Analysis of Taweelah B Plant, Technical Report, Lehrstuhl für Prozeßtechnik, RWTH Aachen, 1996

[5] British Standard Institute: British Standard Guide to Specifying User Requirements for a Computer-Based System, BS 6719, 1991

[6] Bogusch, R., Lohmann, B., Marquardt, W.: Rechnergestützte Modellierung in der Verfahrenstechnik, Jahrbuch 1997 der GVC, VDI-Verlag, Düsseldorf, S.22–53, 1997

[7] Bogusch, R., Lohmann, B., Marquardt, W.: Computer-Aided Modeling with ModKit, in: Proc. CHEMPUTERS Europe III Conference, 28.–29. Oktober 1996, Frankfurt, 1996

[8] Cos, R., Lohmann, B.: Rechnergestützte Reaktormodellierung, Technischer Bericht, Lehrstuhl für Prozeßtechnik, RWTH Aachen, 1995

[9] Dömges, R., Lohmann, B., Pohl, K., Marquardt, W.: PRO-ART/CE—An environment for Managing the Evolution of Chemical Process Simulation Models, in: Proc. 10th European Simulation Multiconference, Budapest, 2.–6. Juni 1996, S. 1012–1017, 1996

[10] Douglas, J.M.: Conceptual Design of Chemical Processes, McGraw-Hill, 1991

[11] Douglas, J.M. , Stephanopoulos, G.: Hierarchical Approaches in Conceptual Process Design: Framework and Computer-Aided Implementation, 4th Int. Conf. on Foundations of Computer-Aided Process Design, AIChE Symposium Series 304, Vol. 91 , S. 183–197, 1995

[12] Foss, B., Lohmann, B., Marquardt, W.: A Field Study of the Industrial Modeling Process, Preprints IFAC ADCHEM, S. 570–585, 1997

[13] Han, C., Stephanopoulos, G., Douglas, J.M.: Automation in Design: The Conceptual Synthesis of Chemical Processing Schemes, in: Stephanopoulos, G., Han, C. (ed.): Intelligent Systems in Process Engineering, Advances in Chemical Engineering, Vol. 21, 1995

[14] IEEE: IEEE Guide to Software Requirements Specifications, ANSI/IEEE Std.830-1984, in IEEE Software Engineering Standard Collection, IEEE, New York, 1991

[15] Jarke, M., Marquardt, W.: Design and Evaluation of Computer-Aided Process Modeling Tools, in J. F. Davis, G. Stephanopoulos, V. Venkatasubramanian (eds.): Intelligent Systems in Process Engineering, AIChE Symposium, Ser. 312, Vol. 92, S. 97–109, 1996

[16] Kirk, R. E. (ed.): Encyclopedia of Chemical Technology, 4. Auflage, Wiley, 1991

[17] Konsake, K., Vlietstra, J.: CIM-OSA – Its Goals, Scope, Contents and Achievements in: Proc. 6th Annual ESPRIT Conference, Brussels, S. 661–673, 1989

[18] Lohmann, B., Bogusch, R., Marquardt, W.: Anforderungsdefinition an rechnergestützte Werkzeuge zur Unterstützung der Modellentwicklung, Interner Bericht, Lehrstuhl für Prozeßtechnik, RWTH Aachen, 1996

[19] Lohmann, B., Marquardt, W.: On the systematization of the process of model development, Computer & Chemical Engineering, Vol. 20, Suppl., S. 213–218, 1996

[20] Marquardt, W.: Towards a Process Modeling Methodology, in: R. Berber: Methods of Model-Based Control, NATO-ASI Ser. E, Applied Sciences, Vol. 293, Kluwer Academic Publishers, Dordrecht, S. 3–41, 1995

[21] Marquardt, W.: Trends in Computer-Aided Process Modeling, Computer & Chemical Engineering, Vol. 20, S. 591–609, 1996

[22] Marquardt, W.: Modellbildung und Simulation verfahrenstechnischer Prozesse, Manuskript zur Vorlesung, RWTH Aachen, 1997

[23] Ray, M. S., Johnston, D.W.: Chemical Engineering Design Project – A Case Study Approach, Gordon and Breach Science Publishers, New York, 1989

[24] Scheer, A.: Architektur integrierter Informationssysteme-Grundlagen der Unternehmensmodellierung, Springer, Berlin, 1992

[25] Seider, W.D., Kivnick, A.: Process Design Projects at Penn, interner Bericht, University of Pennsylvania, Philadelphia, 1994

[26] Thomas, M.E.: Tool and Information Management in Engineering Design, PhD Thesis, Carnegie Mellon University, Pittsburgh, PA, 1996

[27] Ullmann's Encyclopedia of Industrial Chemistry, 5.Auflage, VCH Weinheim, 1992

[28] von Watzdorf, R., Marquardt, W.: Towards a Comprehensive Multi-Stage Flash Model, Technical Report, Lehrstuhl für Prozeßtechnik, RWTH Aachen, 1997

[29] von Watzdorf, R., Marquardt, W.: Model Validation of Umm Al Nar East, Technical Report, Lehrstuhl für Prozeßtechnik, RWTH Aachen, 1996

5.2 Personenorientierte Arbeitsprozesse und Kommunikationsformen

H. Luczak, M. Wolf, C. Schlick, J. Springer, C. Foltz
Lehrstuhl und Institut für Arbeitswissenschaft

Zusammenfassung

In diesem Kapitel werden Konzepte und Methoden vorgestellt, die als Grundlage für empirische Analysen verfahrenstechnischer Entwicklungsprozesse dienen. Zum einen sollen diese Konzepte komplex genug sein, um benötigte und erhobene Informationen konsistent darstellen zu können. Dabei besteht die Möglichkeit, die erarbeiteten Modelle von verfahrenstechnischen Entwicklungsaufgaben je nach Anforderung sukzessive zu erweitern. Zum anderen ist mit der Einführung verschiedener Sichten zu gewährleisten, daß auf bestimmte Teilbereiche fokussiert werden kann, wodurch die Informationen als wichtige Voraussetzung für die Partizipationsfähigkeit transparent und erwartungskonform dargestellt werden können.

Durch diese beiden Kerneigenschaften ist die Vorraussetzung geschaffen, ein leistungsfähiges Werkzeug für die empirisch gestützte Anforderungsanalyse und den Transport von Informationen vom empirischen Feld zur Software-Entwicklung und umgekehrt zur Evaluation entwickelter Werkzeuge an den Anforderungen des Feldes zur Verfügung zu stellen.

5.2.1 Einleitung

Zentraler Ansatz für die Gestaltung von Rechnersystemen zur Unterstützung verfahrenstechnischer Entwicklungsprozesse sind *empirische Analysen* von persönlichen Kommunikationsbeziehungen und Interaktionsformen sowie deren kooperative Vernetzung. Die Entwicklung eines verfahrenstechnischen Prozesses ist eine komplexe Leistung, die nicht als Einzelarbeitsprozeß verstanden werden kann, sondern nur im Zusammenwirken mehrerer Personen unterschiedlicher Qualifikationen und Rollen erfaßt werden kann, und ist ein in der empirischen Forschung zu komplexen Problemlöseprozessen nur unzureichend untersuchtes Gebiet [6]. Es existiert derzeit kein übergreifender theoretischer Rahmen in Form eines Modells, mit dem unabhängig von hierachiebildenden Merkmalen z.B. Aggregation - Dekomposition, Abstraktion – Konkretisierung [26] kooperatives Problemlösehandeln modelliert werden kann. Grundanliegen ist es daher, ein derartiges Modell und darauf aufbauend ein Analysekonzept zu erarbeiten, das zum einen Anforderungen an zu entwickelnde Unterstützungssysteme des verfahrenstechnischen Entwicklungsprozesses liefert, zum anderen Hinweise auf Verbesserungspotential in organisatorischer, technischer und personenbezogener Hinsicht gibt. Damit soll sichergestellt werden, daß die Ergebnisse sowohl von den entwicklungsorientierten Projektbereichen des Sonderforschungsbereiches als auch als nützliche Ergebnisse von Industriepartnern verwendet werden können.

Zunächst gilt es, einen generalisierten *Ist-Zustand* von verfahrenstechnischen Entwicklungsprozessen zu erheben. Bei diesem Ist-Zustand handelt es sich um einen Verfahrensablauf, bei dem eine zeitliche bzw. logische Zuordnung personenbezogener, individueller und kommunikativer Handlungen im Mittelpunkt der Untersuchungen steht. Mit dieser strukturierten Beschreibung des Ablaufes verfahrenstechnischer Entwicklungsprozesse ist die Möglichkeit gegeben, vorhandene Ablauf- und Kommunikationsstrukturen sowohl bei den Beobachtern als auch den Beteiligten eines Entwicklungsprozesses transparent zu machen.

Diese Beschreibung des Ist-Zustandes beschränkt sich auf einen zuvor abgegrenzten *Realitätsausschnitt* (z.B. betriebliche Funktionsbereiche, Projektbereiche, etc., die von den zu entwickelnden Unterstützungssystemen betroffen sind) und wird nach definierten Beschreibungskriterien vorgenommen. Durch die Auswahl der Beschreibungskriterien kommt eine bestimmte Perspektive auf diesen Realitätsausschnitt zum Ausdruck: Für die Aufgabenmodellierung werden zeitliche und logische Kriterien herangezogen; für die Modellierung der Kommunikation und Kooperation darüber hinaus personenbezogene, räumliche, organisatorische und qualitative Kriterien. Sie werden in Unterabschnitt II.5.2.3 näher erläutert.

Weiterhin gilt der formalisierte Ist-Zustand als Basis für die Entwicklung eines *Soll-Konzeptes*. Bei dieser Soll-Konzeptentwicklung werden Schwachstellen identifiziert, aus denen sich konkrete Gestaltungsmöglichkeiten auf organisatorischer, technischer und personenbezogener Ebene ableiten lassen. Dazu wird mit den im Modell enthaltenen und nach den oben genannten Modellierungskriterien strukturiert dargestellten Informationen eine Synthese durchgeführt, um zu neuen Erkenntnissen bzw. zu neuen Gestaltungsempfehlungen von Informations- und Kommunikationssystemen (I&K-Systemen) zu kommen. Der Detaillierungsgrad der modellierten Informationen sowie das Spektrum der definierten Kriterien haben dabei Auswirkungen, inwieweit Anforderungen, die auf der Seite der Anwender bestehen, erfaßt und bei der Gestaltung der Systeme berücksichtigt werden können [12].

Eine zentrale Notwendigkeit bei der Entwicklung von Gestaltungsempfehlungen ist, daß im Vorfeld einer Aufgabenanalyse eine Strategie bestimmt wird, die mit den System-veränderungen verfolgt werden soll, um daraus die konkreten Ziele der Veränderungen ableiten zu können: *Zielgrößen* bei Systemveränderungen sind im allgemeinen betriebs-wirtschaftliche Kenngrößen wie Kosten (Kostenreduzierung) (z.B. [18, 28]), Zeit (Verkür-zung der Durchlaufzeit), Qualität (Verbesserung der Produktqualität) und Umwelt (Um-weltverträglichkeit) [2]. Die Zeit- und Qualitätsfaktoren lassen sich dabei in der Regel in für das Unternehmen relevante Kostengrößen transformieren.

Neben den Zielen, die das Unternehmen mit der Entwicklung und Umsetzung von Gestaltungsempfehlungen verfolgt, spielen die persönlichen Ziele der potentiellen An-wender ebenfalls eine Rolle, da die *Akzeptanz* einer Person gegenüber dem Unterstüt-zungssystem eine Grundvoraussetzung für dessen Benutzung ist [15]. Damit wird der Erkenntnis Rechnung getragen, daß sich eine Verbesserung des persönlichen Arbeitsum-feldes positiv auf die Erreichung der Unternehmensziele auswirkt [17].

Mit einer Beschreibung des Ist-Zustandes und der Entwicklung eines auf o.a. Ziele zugeschnittenen Soll-Konzeptes wird die Grundlage gelegt, auf der *Unterstützungs-systeme* für verfahrenstechnische Entwicklungsprozesse entwickelt werden können. In diesem Zusammenhang ist es wichtig, daß die auf das Unterstützungssystem bezogenen Gestaltungsempfehlungen in einer Art modelliert werden, mit der ein System- und Modulentwickler die Möglichkeit hat, diese aufgrund der Darstellungsform und des Informationsgehaltes in konkrete Bausteine und Funktionalitäten eines Softwaresystems umzusetzen.

5.2.2 Stand der Forschung

Eine prinzipielle Anforderung an ein *Modell* ist, daß bestimmte Informationen bzw. Sachverhalte und Relationen dargestellt und strukturiert werden können, um sie anschließend für eine Bewertung und Synthese zu nutzen. Dafür wird das Modell mit Ergebnissen einer Analyse gefüllt, die nach bestimmten in diesem Modell formulierten Kriterien durchgeführt wurde. Es sind jedoch Wechselwirkungen zwischen der Analyse und den modelliert dargestellten Ergebnissen der Analyse vorhanden und zwar in dem Sinne, daß sich die Analyse selbst (i.S.v. Suchen nach relevanten Informationen gemäß den Kriterien) auf Informationen bzw. Teilaspekte der Realität beschränkt, die in dem Modell abbildbar sind. Soll mit einem Modell z.B. möglichst detailliert, also mit entsprechend vielen Gestaltungsparametern, ein Realitätsausschnitt beschrieben werden, ist die Informationserhebung und -analyse entsprechend umfangreich zu gestalten.

Des weiteren dient ein Modell dazu, mit Hilfe methodisch geleiteter Parameter- und Strukturänderungen zu untersuchen, ob und wie eine *Verbesserung* des Modells und daraus folgend eine Verbesserung der Realität möglich ist. Mit dieser Vorgehensweise können neue Erkenntnisse oder, wie es in diesem Projekt angestrebt wird, neue Gestaltungsempfehlungen von I&K- und Anwendungssystemen erzeugt werden.

In der Forschung sind mehrere Ansätze der Analyse und Modellierung bekannt, die aus dem jeweiligen Ziel der Modellierung bzw. dem jeweiligen Fokus der Wissenschaftsdiziplin erwachsen:

- Bei einer *betriebsorganisatorischen Modellierung* steht das Arbeitssystem an sich im Vordergrund, wobei das Arbeitssystem durch die räumliche Anordnung und zeitliche Folge des Zusammenwirkens – den Arbeitsablauf – oder durch eine hierarchische Strukturierung von Tätigkeiten und Funktionen zu Arbeitsplätzen, an denen diese Tätigkeiten verrichtet werden – den Betriebsaufbau – dargestellt werden kann. Das Ziel einer Modellierung liegt hierbei in der Optimierung des gesamten Arbeitssystems unter Berücksichtigung des Verhältnisses zwischen Systeminput und Systemoutput sowie von Nebenbedingungn wie Umwelteinflüsse oder vorgegebene Qualitätsmerkmale [19].
- Unter einem *arbeitsorganisatorischen Kontext* wird mit der Modellierung das Ziel verfolgt, Arbeitsabläufe zu optimieren und gleichzeitig anforderungsgerechte Arbeitsaufgaben und humane Arbeitsbedingungen zu schaffen. Die Modellierung bezieht sich somit in erster Linie auf Arbeitssystemelemente [19]. Die Erreichung ihrer Ziele wird durch die drei Prinzipien Differenzierung, Koordination und Integration ermöglicht [33]. Bei der Modellierung geht es deshalb um die Darstellbarkeit dieser Prinzipien sowie um die Darstellbarkeit von Veränderungen dieser Prinzipien.

- Bei der Modellierung unter einem *arbeits-* und *organisationspsychologischen Fokus* ist das Ziel, Gestaltungshinweise zu Qualifikationsfragen, zur Arbeitsstrukturierung, zu Lernprozessen und insbesondere zu Fragen der Arbeitsmotivation und Arbeitszufriedenheit zu generieren [13]. Dazu werden theoretische Ansätze zur Erklärung psychischer Zusammenhänge, die bei der Bewältigung von Arbeitsaufgaben relevant sind, adaptiert oder entwickelt. So finden sich in der Arbeitspsychologie behavioristische (Reiz-Reaktions-) Modelle, Handlungs- bzw. kognitionsorientierte Modelle und tätigkeitsorientierte Konzepte [11].

- Gegenstand von *Cognitive Engineering* ist die Entwicklung von Methoden und Werkzeugen zur Analyse, Modellierung und Gestaltung von komplexen Mensch-Maschine Systemen, in denen die menschliche Informationsverarbeitung auf höheren kognitiven Ebenen im Sinne einer Engpaßbetrachtung eine Rolle spielt [27]. Existierende Modelle lassen sich bezüglich menschlicher Informationsverarbeitung in Stufen- und Resourcenmodelle (z.B. [7, 36]) bzw. in normative oder explikative Modelle zur Prognose von Verhalten auf der Basis von theoretischen Grundannahmen und Entscheidungsvariablen (z.B. [27, 4]) unterscheiden.

- Die Modellierung für die *Entwicklung* von *Software* zielt auf das Erzielen von Qualitätsmerkmalen beliebiger Softwaredokumente ab [23]. Solche Qualitätsmerkmale, die ein fertiges Softwaresystem erfüllen soll, sind beispielsweise Ergonomie, Korrektheit oder Effizienz. Die für die Softwareentwicklung verwendeten Modellierungsmethoden versuchen die jeweiligen Sachverhalte mittels Graphen darzustellen (SA-Diagramme, Flußdiagramme, Interaktionsdiagramme, etc.) [12], um damit die drei Prinzipien der Abstraktion, Strukturierung und Verständlichkeit, die ein Softwaresystem erfüllen soll, einhalten zu können [31].

Eine Analyse und Modellierung, die sowohl für die Softwareentwicklung im Forschungsvorhaben als auch im industriellen Umfeld erkenntnisgewinnend sein soll, muß *verschiedene* dieser *Ansätze berücksichtigen*. Zum einen ist das Analyse- und Modellierungsziel mit den informatischen, verfahrenstechnischen und arbeitswissenschaftlichen Foki zu divergent, als daß es mit einem bestehenden Ansatz erreicht werden könnte. Zum anderen deckt der im Forschungsvorhaben behandelte Anwendungszusammenhang ein weites funktionales Spektrum ab, das wiederum von verschiedenen Ansatzpunkten aus bearbeitet werden muß.

Im betrachteten Anwendungszusammenhang geht es um *verfahrenstechnische Entwicklungsprozesse*, die aus
- Aktionen / Tätigkeiten,
- Kommunikation / Informationsaustausch,
- Arbeits- und Kommunikationsinhalten (Daten, Informationen)
verfahrenstechnischer, organisatorischer und personenbezogener Natur bestehen und für die entsprechende Werkzeuge bzw. Funktionalitäten genutzt werden können.

Für jeden dieser Bestandteile des verfahrenstechnischen Entwicklungsprozesses existieren *Beschreibungskriterien*, deren Auswahl sich zunächst an den allgemeinen Anforderungen an die Analyse orientiert, die aufgrund positiver Erfahrung mit entsprechenden Beschreibungskriterien bestehen (z.B. [5, 32]). Zu den allgemeinen Anforderungen an eine Modellierungsmethode, die der Schaffung einer Modellqualität dienen [29, 21], gehören:

- Operationalisierbarkeit (daraus folgt Meßbarkeit)
- Validität (Korrektheit bzw. Richtigkeit)
- Relevanz
- Utilität (Wirtschaftlichkeit)
- Reliabilität (Klarheit bzw. Zuverlässigkeit)
- Komparabilität (Vergleichbarkeit)
- Modularität (Systematischer Aufbau)
- Partizipationsfähigkeit

Die für den verfahrenstechnischen Entwicklungsprozeß spezifischen Beschreibungskriterien lassen sich aus den genannten Bestandteilen bzw. Beschreibungselementen dieses Prozesses ableiten:

Beschreibungselemente	Beschreibungskriterien
Aktionen/ Tätigkeiten	• Beschreibung der Aktion • ausführende bzw. beteiligte Person(en) / Rolle(n) • Dauer der Aktion
Kommunikation/ Informationsaustausch	• Kommunikationspartner • Kommunikationsmedien • Kommunikationswege • Häufigkeit der Kommunikation • Dauer der Kommunikation • Datenspeicher • Zugriffsmöglichkeiten • Anzahl der Informationszugriffe • Umfang der ausgetauschten Informationen
Kommunikationsinhalte	• Kommunikationssituation (z.B. über eine Kategorisierung der Kommunikationskomplexität [8]) • Umgebungsbedingungen (mit Einfluß auf die Inhalte)
Werkzeuge/ Funktionalitäten	• Beschreibung der verwendeten Werkzeuge / Funktionalitäten (z.B. bzgl. der aufgelisteten Beschreibungskriterien)

Diese Kriterien sind im Laufe der Erhebungen im verfahrenstechnischen Umfeld auf deren *Relevanz* und *Vollständigkeit* für die Analyse und Synthese im Rahmen einer Antizipation von Gestaltungsempfehlungen zu prüfen. Die Modellierungsmethode kann auf diese Weise sukzessive um Kriterien zur Beschreibung verfahrenstechnischer Spezifika erweitert werden. Nicht relevante Kriterien können entsprechend nachträglich entfernt werden.

Weiterhin spielt die *inhaltliche Ausrichtung* der Analyse für die Modellentwicklung eine Rolle, da sich diese mit den zu antizipierenden inhaltlichen Modellverwendungszwekken decken sollten [34]. Ist dies nicht der Fall, besteht die Gefahr, daß das zu entwickelnde System nicht an den Anforderungen der späteren Anwender ausgerichtet wird, sondern es sich an den Vorstellungen der Modell- und Systementwickler orientiert [9].

Für die *Qualität* der *Synthese* spielt es eine wichtige Rolle, welche Informationen in dem Modell abgebildet wurden. Aus diesem Grund ist es unumgänglich, eine Synthese bereits im Vorfeld zu antizipieren, um auf die in dem Modell darzustellenden Informationen zurückschließen zu können. Prinzipiell kann jedoch nicht ausgeschlossen werden, daß während der Analyse Erkenntnisse gewonnen werden, die nicht in dem Modell dargestellt werden können, aber z.B. notwendig für die Synthese sind, so daß zu diesem Zeitpunkt eine Erweiterung des Modells vorgenommen werden muß (evolutionäre Weiterentwicklung des Modells).

Aus den genannten Anforderungen läßt sich ein *Modell* erzeugen, mit dem es möglich ist, die aufgeführten Beschreibungskriterien abzudecken. Dieses Modell wird in Kapitel 3 vorgestellt. Bei der Entwicklung dieses Modells wurde auf bestehende Konzepte zur Modellierung von Aufgabenabläufen aus dem Bereich der Softwareentwicklung zurückgegriffen: Petrinetze [25] stellen mit ihrer gekoppelten Darstellung von Ereignissen und Zuständen die Basis für die ablauforientierte Modellierung dar. Diese wurde hier um das Personen-/Rollenkonzept [24], indeterminierte Aktionen [16], die Darstellung von Kommunikation (bzw. deren Medien und Inhalte) sowie Informationen und Werkzeuge erweitert. Weiterhin sind, ähnlich wie bei betriebsorganisatorischen Modellen (z.B. ARIS [30]), verschiedene Sichten auf das Modell möglich, die in den Kapiteln 3.1 bis 3.5 erläutert werden. In diesen Schichten kommen die Konzepte und Modelle aus den anderen Bereichen zu tragen. So werden mit der Integration des semiotischen Modells [22] und der Modellierung von Entscheidungsvorgängen Aspekte des Cognitive Engineerings eingebunden.

Das so entwickelte Modell ist zum einen sukzessive erweiterbar, zum anderen läßt es bestimmte Perspektiven auf die Realität zu, indem gezielt Informationen ausgeblendet werden, um bestimmte Sachverhalte zu verdeutlichen. Bezogen auf die sukzessive Erweiterbarkeit können einzelne Kriterien a-posteriori in die Teilmodelle integriert werden bzw. können mit den neuen Kriterien weitere Teilmodelle entwickelt werden.

5.2.3 Methode zur Modellierung personenorientierter Arbeitsprozesse und Kommunikationsformen

Um den Informationsgehalt des Gesamtmodells in einem überschaubaren Rahmen zu halten, werden verschiedene *Sichten* eingeführt, mit denen auf bestimmte Informationen bzw. Sachverhalte fokussiert werden kann. Diese Sichten gliedern sich wie folgt:

Zunächst ist zu differenzieren, ob der *Fokus* der *Betrachtung* auf den Aktionen einer einzelnen Person (bzw. einer Rolle oder eines Objektes[1]) liegt oder ob die Relationen

---

[1] i.S.v. intelligent agents

zwischen zwei oder mehreren Personen dargestellt werden sollen. Im ersten Fall geht es um Handlungen (Aktionen) der Personen, wobei Kommunikation als verbindendes Element zwischen Aktionen anzusehen ist. Stehen in diesem Fall Objekte im Betrachtungsfokus, handelt es sich um indirekte, also vom Objekt fremdbestimmt auszuführende Aktionen, die modelliert werden. Im zweiten Fall wird die Art der Beziehung zwischen zwei oder mehreren Personen dargestellt, bspw. räumliche Distanz, Art der Kommunikation, Informationsaustausch-Beziehungen etc.

Aus dieser Differenzierung ergibt sich die Unterteilung in zwei Gruppen:

1. Aufgabensicht und Personen-/Rollensicht - als aktionsorientierte Sichten
2. Informationssicht, Organisationssicht, Kommunikationssicht etc. - als relationsorientierte Sichten

Bei der zweiten Gruppe spielt die Unterscheidung in *statische* und *dynamische Sichten* eine Rolle. Statische Sichten beschreiben einen bestimmten Zustand entweder zu einem bestimmten Zeitpunkt oder gemittelt bzw. kummuliert über einen definierten Zeitraum. Die dynamischen Sichten, welche Zustandsänderungen über die Zeit beschreiben, können aus den statischen Sichten entwickelt werden, indem Zeit als zusätzliche Dimension hinzugefügt wird. Diese Unterscheidung spielt bei der Aufgaben- und Personen-/Rollensicht keine Rolle, da hier der Aufgabenablauf per definitionem im Vordergrund steht und damit der Dimension Zeit eine übergeordnete Rolle zuteil wird.

Im folgenden wird zunächst auf die Aufgabensicht und die Personen-/Rollensicht sowie die Zusammenhänge zwischen diesen beiden Sichten eingegangen. Danach wird am Beispiel der Informationssicht die statische und dynamische Darstellung der Relationen zwischen Personen/Rollen/Objekten erläutert. Dieses Beispiel läßt sich auf die verbleibenden Sichten der Gruppe 2 (Organisationssicht, Kommunikationssicht) übertragen, indem andere Beschreibungskriterien zur Bewertung der Relationen zugrunde gelegt werden. Auf einen übergeordneten Zusammenhang zwischen den Sichten der beiden Gruppen wird am Ende dieses Unterabschnitts eingegangen.

Die Aufgabensicht

Die *Aufgabensicht* stellt eine gemeinsame Diskussionsbasis dar, die im gesamten Verlauf eines Software-Entwicklungsprojektes dazu dient, konkrete Projektabschnitte und deren Arbeitsinhalte zu kennzeichnen und abzugrenzen. Für diesen Zweck charakterisiert sie die logische bzw. zeitliche Abfolge von Arbeitsaufgaben (Aktionen). Sie besteht aus Aktionsdiagrammen, in die Aktionen und – gegebenenfalls jeweils den Aktionen zugeordnet – die beteiligten Personen/ Rollen/ Personengruppen, genutzte Werkzeuge, Kommunikationsmittel und verwendete bzw. erzeugte Informationen eingetragen werden (Abb. 5.3).

Aktionselemente (rechteckig) beschreiben die Aktionen und Aufgaben der ausführenden Personen (bzw. Rollen oder Personengruppen). Findet zusätzlich zur Aktion Kommunikation statt, handelt es sich um ein *Kommunikationselement*, welches die Kommunikation, die während eines persönlichen Aufgabenablaufes geführt wird, einschließlich der verwendeten Kommunikationsmedien (Telefon, Telefax etc.), der Kommunikationspartner und des Inhaltes der Kommunikation beschreibt. Darüber hinaus ist eine Einordnung der Kommunikationssituation in unterschiedliche Kategorien möglich. Mit diesen Kategorien kann synchrone Kommunikation in einfache Informationsweiterleitung (z.B. Terminweiterleitung), inhaltliche Abstimmung, Abstimmung über die weitere Vorgehensweise oder komplexe Problemlösesituationen unterschieden werden[2].

Individualaktion:

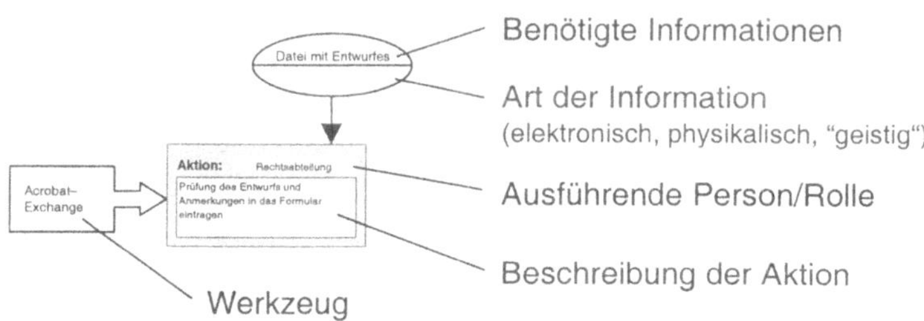

Mehrpersonenaktion:

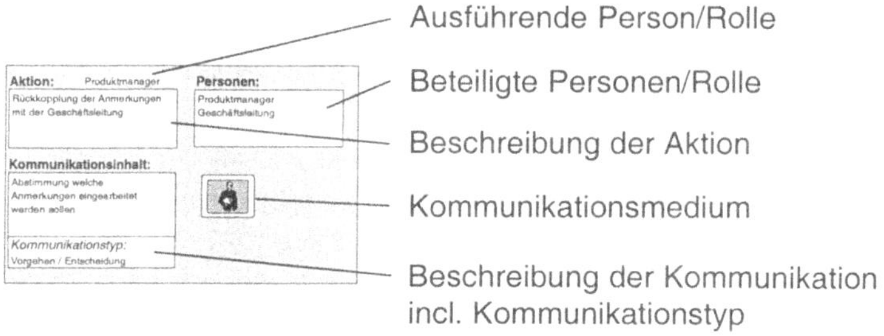

Abb. 5.3 : Individual- und Mehrpersonenaktionen

Innerhalb einer *komplexen Aktion* (Aufgabe) muß nicht die logische Abfolge von Aktionen beschrieben werden. Diese, aus den Statecharts [16] entlehnte Notationsform für indeterminierte Aktionen ermöglicht die Erfassung von Aktionen, bei denen eindeutige Reihenfolgebeziehungen nicht festgelegt werden können [37]. Dies hat zur Folge, daß komplexe Aktionen vereinfacht dargestellt werden können, da die beinhalteten Aktionen nicht in den Ablauf eingeordnet werden müssen.

Eine *hierarchische Strukturierung* der Aktions- und Kommunikationselemente ist über eine modulare Verschachtelung (Zusammenfassung von Aktionen zu "komplexen Aktionen" bzw. Aufgaben) zur Reduzierung der Darstellungskomplexität und zur Vereinfachung der Struktur möglich.

---

[2] In Anlehnung an die 7-stufige Kategorisierung von Kommunikationserfordernissen im KABA-Verfahren [6].

Die einzelnen Aktionselemente werden mit Pfeilen verknüpft, wodurch die *logische* bzw. *zeitliche Abfolge* der Aktionen zum Ausdruck kommt[3]. Ob es sich um eine logische oder zeitliche Abfolge handelt, hängt maßgeblich davon ab, inwiefern die Erhebung auf ein konkretes Projekt referenziert oder ob auf einen generalisierten Soll-Zustand Bezug genommen wird (siehe Kap. 5).

Zwischen zwei Aktionselementen kann optional ein (rundes) *Zustandselement* liegen, mit dem der Zustand eines Projektes, der vor/nach einer Aktion besteht, gekennzeichnet wird. Zustände zwischen einzelnen Aktivitäten müssen nicht explizit angegeben werden, wenn die Übergangswahrscheinlichkeit zwischen den Aktionen gleich 100% ist oder wenn sich die Beschreibung des Zustandes logisch aus einem der benachbarten Aktionselemente ergibt. Mit dieser Vereinfachung wird erreicht, daß nur relevante Zustände (Meilensteine, Projekttermine, etc.) abgebildet werden.

Schließlich dient die Dokumentation benutzter Werkzeuge (Pfeilkästen) dazu, den *Zugriff* verschiedener Personen auf *Werkzeuge* und *Funktionen* zu beschreiben (z.B. Zugriff auf Telekommunikationssysteme zur Kommunikation oder auf Anwendungsprogramme bei der Bearbeitung individueller Aufgaben).

Die Aufgabensicht ist ein Instrument, mit dem die Analysephase begonnen wird und das zunächst zur groben Orientierung dient. Aus den erhobenen Informationen ergeben sich (z.B. in der Diskussion mit den Mitarbeitern) *strukturelle Schwachstellen* im erhobenen Ablauf. Weiterhin können Aufgabenabschnitte identifiziert werden, deren Informationsdichte für eine Analyse/Synthese noch nicht hoch genug ist und die deshalb detaillierter untersucht werden sollten. Aus diesem Grund sollte die Aufgabensicht nur solche Informationen enthalten, die für die Diskussion dieser Aufgabenabschnitte und Schwachstellen von Bedeutung sind. Detailliertere Analysen werden im Rahmen der Erhebungen für die weiteren Modellsichten durchgeführt.

Die Personen-/Rollensicht

Die Methode zur Modellierung von personen-/rollenbezogenen Aufgaben und Kommunikationsverläufen basiert auf dem von Oberquelle [24] beschriebenen *Rollenkonzept*. Dabei wird von den Individuen und deren Aufgabenstrukturen ausgegangen. Eine Person kann im Aufgabenablauf mehrere Rollen einnehmen, die entweder gesondert notiert werden, d.h. jede Rolle einer Person wird durch einen eigenen Aufgabenablauf (vertikaler grauer Balken; siehe Abb. 5.5 und Abb. 5.6) dargestellt, oder die verschiedenen Rollen werden als spezifische Aufgaben einer Person zugeordnet (womit mehrere Rollen in einem vertikalen grauen Balken vereint wären). Diese Unterscheidung bekommt insbesondere bei einer Betrachtung der Beziehungen zwischen verschiedenen Personen/Rollen Relevanz.

Die Personen-/Rollensicht ermöglicht eine enge Bindung des Modells an die Personen, mit denen die Analyse durchgeführt wird (*partizipativer Ansatz*). Dadurch beschreibt der erhobene personen-/rollenbezogene Aufgabenablauf die Arbeits- und Kooperationsstruk-

---

[3] Bei einer zeitliche Abfolge kann zu jeder Aktion eindeutig ein Anfangs- und Endzeitpunkt angegeben werden, während bei einer logischen Abfolge lediglich vorher/nachher-Beziehungen genannt werden.

Individualaktion:

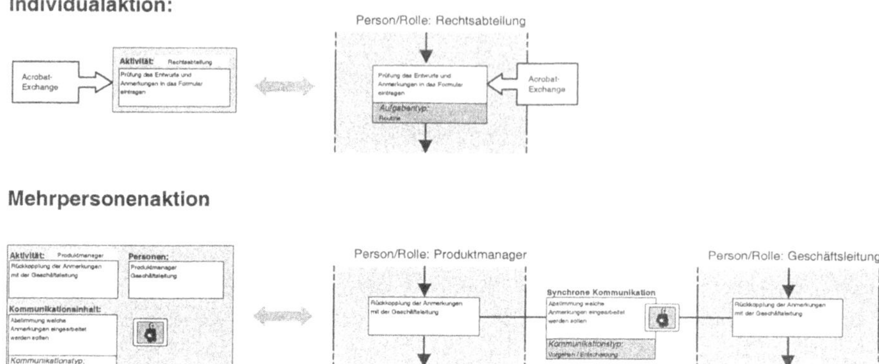

Mehrpersonenaktion

Abb. 5.4 : Übergang von Aufgabensicht auf Personen-/Rollensicht

tur einer Person (bzw. Rolle) bzw. Personengruppe für einen konkreten Arbeitsablauf (z.B. Entwicklungsprojekt), und zwar aus der Sicht der Personen/Rollen bzw. Personengruppen. Das stellt eine Ergänzung zur Aufgabensicht dar, in der personenunabhängig modelliert wird.

Die Personen-/Rollensicht beinhaltet dieselben dynamischen Elemente, die auch in der Aufgabensicht enthalten sind. Eine vollständige Erhebung der Informationen vorausgesetzt ist es daher möglich, die *Personen-/Rollensicht* aus der *Aufgabensicht* zu *erzeugen* und umgekehrt[4] (Abb. 5.4).

In Abb. 5.5 wird ein Beispiel für einen prinzipiellen Ablauf in der Personen-/Rollensicht gegeben. In diesem Beispiel sind alle Elemente, die für die Aufgabensicht erläutert wurden, in die Personen-/Rollensicht überführt worden (Aktion, komplexe Aktion bzw. Aufgabe, nebenläufige Aktionen, Zustände, Informationen, Kommunikation, Werkzeuge). Entscheidungen werden, wie ebenfalls dargestellt, als eine spezielle Form der Aktion mit mehreren möglichen Ausgangszuständen modelliert.

Zusammenhang zwischen Aufgabensicht und Personen-/Rollensicht

Die enge Beziehung zwischen Aufgabensicht und Personen-/Rollensicht wird schon daraus deutlich, daß sie sich, vollständigen Informationsgehalt vorausgesetzt, ineinander überführen lassen.

Abb. 5.6 zeigt ein Modell, mit dem der Zusammenhang zwischen der Aufgabensicht und der Personen-/Rollensicht verdeutlicht wird. Die mit diesem Modell dargestellte *Gesamtsicht* gibt die Möglichkeit, eine Sicht jeweils in die andere Sicht zu überführen (Aufgabensicht → Personen-/Rollensicht bzw. Personen-/Rollensicht → Aufgabensicht).

---

[4] Erfahrungsgemäß wird die Aufgabensicht mit einem geringeren Detaillierungsgrad erhoben als die Personen-/Rollensicht.

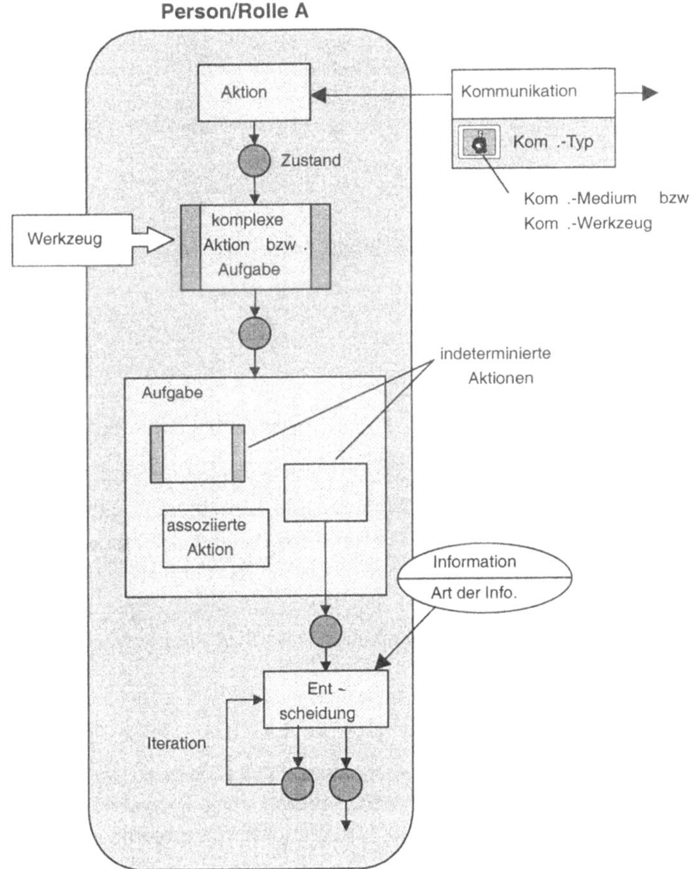

Abb. 5.5 : Personen-/Rollensicht

Der Würfel (Abb. 5.6), der das Gesamtmodell darstellt, setzt sich aus den *Dimensionen Person* (bzw. Organisationsmitglied), *Aufgaben* und der *Zeit* zusammen. Daraus ergibt sich die Aufgabensicht, wenn Personen bzw. Rollen nicht differenziert werden ("Seitenansicht"). Die Personen-/Rollensicht ergibt sich, wenn sowohl die Personen, als auch die Aktionen, die jeweils einer Person zuzuordnen sind, dargestellt werden ("Vorderansicht").

Wird von der Zeit abstrahiert, ergeben sich je nach Betrachtungsfokus weitere Sichten (Informationssicht, Organisationssicht, Kommunikationssicht), die weiter unten erläutert werden.

Unterschiede zwischen der Aufgabensicht und der Personen-/Rollensicht bestehen in erster Linie in der Vorgehensweise bei der Datenerhebung, dem Zweck, den die Sichten erfüllen sollen und daraus resultierend dem Detaillierungsgrad der Informationen. Bei der Aufgabensicht wird im Gegensatz zur Personen-/Rollensicht ein Top-down-Ansatz ge-

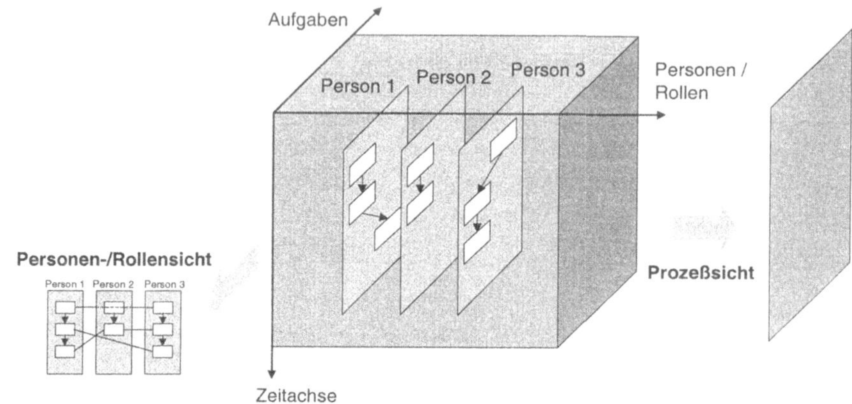

Abb. 5.6 : Zusammenhang zwischen Aufgabensicht und Personen-/Rollensicht

wählt. Das heißt, daß bei der Aufgabensicht zunächst auf einer groben Aufgabenablauf-
ebene modelliert wird, um damit eine Übersicht über den gesamten Aufgabenablauf zu
erhalten. Da es sich bei der Aufgabensicht um eine Aneinanderreihung von Aktionen
verschiedener Personen handelt, wird sie zusammen mit der Gruppe der beteiligten Personen durchgeführt. Ein Nebeneffekt ist deshalb, daß der auf diese Weise entstandene Aufgabenablauf der ganzen Gruppe als Kommunikationsgrundlage für die gesamte durchzuführende Modellierung zur Verfügung steht.

Die Verwendung der einen oder der anderen Sicht ist demnach davon abhängig:

1. in welcher Detaillierungsstufe die Daten erhoben und modelliert werden sollen,
2. welche Daten für die Strategie, die mit einzuführenden I&K-Systemen verfolgt wird,
   wichtig bzw. unwichtig sind und welche Informationen aus diesem Grund weggelassen
   werden können,
3. welchem Zweck das Modell dienen soll (Diskussionsgrundlage, Basis zur Entwicklung von Gestaltungsempfehlungen, etc.).

Die Informationssicht

Sowohl bei Kommunikation als auch während Aktionen von Personen/Rollen wird auf
Informationen zugegriffen. Mit der *Informationssicht* besteht nun die Möglichkeit, die
Struktur, in der die Informationen vorliegen, abzubilden. Hierfür können Informations-
sichten generiert werden, die auf klassischen Entity-Relationship-Modellen [1] oder auf
objektorientierten Modellen wie Strukturdiagrammen in UML [3, 10] basieren. Diese Art
der Informationsmodellierung hat insbesondere Vorteile bei der Modellierung von elektronischen Informationen für das Design von Datenbanken.

Bei einer weiteren Art der Informationsmodellierung steht die Relation des "Benutzers"
der Informationen zu den Informationen selbst im Vordergrund. Diese Relation wird mit
der "Distanz" einer Person zu bestimmten Informationen dargestellt. Mit *Distanz* ist dabei
die physikalische Distanz (z.B. falls es sich um eine Notiz in einem Aktenordner handelt),
die logische Distanz (z.B. falls es sich um Daten auf einem Server handelt, auf die über

Rechnernetze zugegriffen werden kann) oder auch die psychische Distanz (z.B. falls es sich um Informationen handelt, die eine Person aufgrund bestimmter Umstände falsch interpretiert) gemeint. Eine Distanz zwischen Personen/Rollen kann schon in der Personen-/Rollensicht als bewerteter Doppelpfeil zwischen zwei grauen Balken modelliert werden. Die Bewertung erfolgt gemäß der beschriebenen räumlichen, sozialen bzw. organisatorischen Distanz.

Diese Distanz beschreibt jedoch einen Zustand, der über die Zeit unverändert bleibt. Die Modellierung der Informationssicht hat jedoch das Ziel, nicht nur eine statische Struktur, sondern auch die *Dynamik* der *Zugriffsstrukturen* abzubilden. Mit einer Betrachtung dynamischer Strukturen können bspw. folgende Teilabläufe identifiziert werden, aus denen sich Schwachstellen ableiten lassen:

- Informationen werden zu spät weitergeleitet bzw. angefordert.
- Informationen werden nicht gezielt bzw. direkt an Personen geleitet.
- Auf Daten wird wiederholt zugegriffen.
- Informationen werden nicht richtig verstanden (z.B. aufgrund verschiedenen Vorwissens zweier Personen).

Im Mittelpunkt der Informationssicht steht die Person, die einen Zugriff auf Informationen ausführt. Die Zugriffe werden in der Regel von der Person selbst initiiert, in dem Sinne, daß die auslösende Handlung für die folgende Informationsübertragung von der Person durchgeführt wird. Es aber auch möglich, daß die Person vor der Informationsübertragung eine diesbezüglich passive Rolle übernimmt. In diesem Fall ist die kognitive Leistung des Verstehens der Information die einzige "Aktion" der Person.

Das Ziel eines Zugriffes auf Informationen können jedoch auch andere Personen sein, die wiederum für ihr Informationsmodell im Mittelpunkt stehen.

Zunächst werden zwei Arten von *Informationsträgern* unterschieden: Personen, die in ihrem Gedächtnis Informationen "speichern", und physikalische Datenspeicher (z.B. Datenbanken, Aktenordner, Notizzettel). Bei den physikalischen Datenspeichern wird zusätzlich gemäß der Datenform (physikalisch bzw. elektronisch) unterschieden, weil diese Form einen Einfluß auf die Reichweite hat, mit der auf die Daten zugegriffen wird.

Der verbale Austausch von Informationen zwischen zwei (oder mehreren) Personen wird *Kommunikation* genannt. Die Kommunikation durchläuft dabei alle Ebenen des semiotischen Modells [22]. Im Gegensatz dazu werden bei einer Informationsübertragung, die zwischen einer Person und einem physikalischen Datenspeicher stattfindet, auf der Seite des Datenspeichers nur die physikalische, die syntaktische und zum Teil die semantische Ebene berührt (Abb. 5.7).

Zwischen den Informationsträgern (sowohl Personen als auch Datenspeicher) existieren *Relationen physischer* und/oder *psychischer Art*, die eine Distanz angeben. Die Maßeinheiten dieser Relationen sind dabei gegliedert in:

- räumliche Entfernung bzw. der Aufwand, die räumliche Distanz zu überwinden,
- "elektronische" Entfernung (Meter zum nächsten geeigneten elektronischen Medium sowie die Dauer / der Aufwand, um auf elektronischem Weg auf die gewünschten Informationen zuzugreifen),
- Zielübereinstimmung (Zeit, die aufgewendet werden muß, um Informationen einer Person verständlich zu machen).

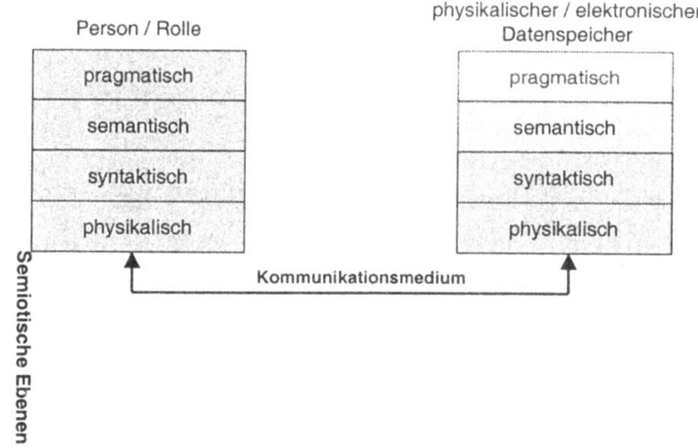

Abb. 5.7 : Informationsübertragung im semiotischen Modell

Die Informationsträger (Personen, physikalische oder elektronische Datenspeicher) können in einem Diagramm als Punkte dargestellt werden, während die Relationen grafisch mit (z.B. verschieden farbigen/starken) Linien veranschaulicht werden. Bei dieser Art der Darstellung entsteht ein *Informationsnetz* als eine statische Beschreibung der Informationsträger und -beziehungen.

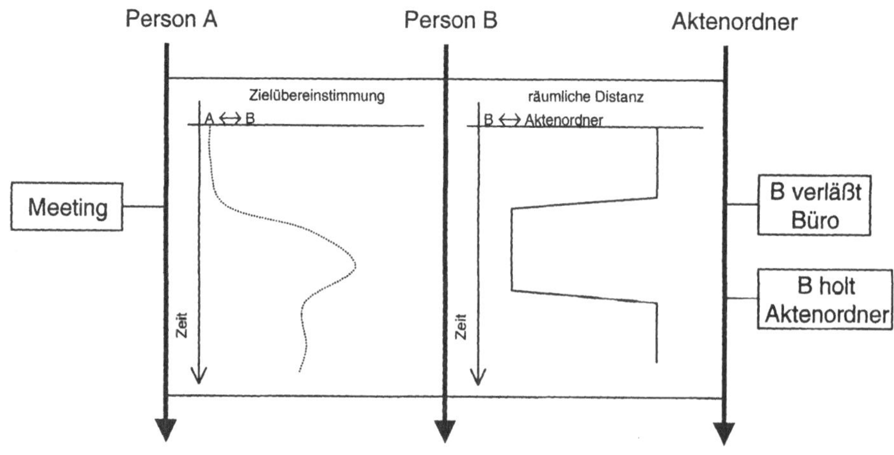

Abb. 5.8 : Informationssicht

Weiterhin ist es möglich, eine *dynamische Informationsmodellierung* vorzunehmen, bei der die Veränderungen der beobachteten Zustände durch die Einbeziehung der Zeit in den

Vordergrund rücken. Zur grafischen Veranschaulichung dieses Sachverhaltes werden die Informationsträger nicht mehr als Punkte, sondern als vertikale Linien oder graue Balken dargestellt, womit sie parallel zur ebenfalls senkrecht verlaufenden Zeitachse stehen. Auf der Fläche, die sich zwischen zwei Informationsträgern aufspannt, kann nun das Verhalten verschiedener Kriterien zur Beschreibung der Distanz (z.B. räumliche oder logische Entfernung etc.) über die Zeit eingetragen werden (Abb. 5.8).

Mit dieser Vorgehensweise läßt sich die Informationssicht direkt von der Personen-/ Rollensicht ableiten, die jedoch um die oben genannten Aspekte der Distanz angereichert werden und Distanzen zu Informationsträgern (Informationsträger als "Rolle") zulassen muß. Eine reine Zustandsbeschreibung ist jedoch auch möglich, wenn nur ein Zeitpunkt oder Zeitintervall betrachtet wird.

Weitere Sichten

Gemäß der Darstellung der Informationssicht lassen sich weitere Sichten generieren. Für eine *Kommunikationssicht*, in der es um die Darstellung der Kommunikationsbeziehung zwischen zwei Personen geht, werden die Relationen im Gegensatz zur Informationssicht gemäß den Ebenen des semiotischen Modells definiert: Auf der untersten Ebene wird die physikalische Beziehung dargestellt, also z.B. welches Kommunikationsmedium (Telefon, Fax, Videokonferenzsystem etc.) für die Kommunikation genutzt wird. Auf der obersten Ebene, in der es um die Ziele der Kommunikation geht, kann mit diesem Modell bspw. die Zielübereinstimmung zwischen den kommunizierenden Personen als wesentliche Eigenschaft einer Kommunikation [35, 20, etc] aufgeführt werden[5]. Auf diese Weise lassen sich statische oder dynamische Kommunikationsnetze abbilden, mit denen je nach Betrachtungsfokus die Art des Einsatzes von Kommunikationsmedien, die Art der Übermittlung von Informationen und sogar der Grad des Verstehens von übertragenen Informationen ("subjektbezogenes Informationsnetz") verdeutlicht werden kann.

Für die Modellierung der *Organisationssicht* werden die Relationen zwischen Personen/Rollen als aufbauorganisatorische Beziehungen verstanden. Dabei kommen hierarchische Ordnungsbeziehungen (i.S.v. Venn-Diagrammen) ebenso wie Beziehungen gemäß den tatsächlichen Berichtswegen als Bedeutung der Relationen in Frage. Je nachdem, ob auf Personen oder Rollen fokussiert wird, ist es möglich, daß Personen, immer dann, wenn sie mehrere Rollen einnehmen, mehrfach im Organigramm erscheinen. Über eine grafische Umgestaltung läßt sich die Darstellung der Organisationssicht in das von der klassischen Organisationslehre zur Verfügung gestellte Organigramm überführen.

Übergeordneter Zusammenhang zwischen den Sichten

Die Informations,- Kommunikations- und Organisationssicht stehen in einem engen Zusammenhang mit der in Kap.4.1 und Kap. 4.2 dargestellten Aufgabensicht und Personen-/Rollensicht. Während bei der Aufgabensicht und Personen-/Rollensicht die Abbildung und Verbesserung *ablauforganisatorischer Strukturen* im Vordergrund steht, rücken bei den anderen Sichten *aufbauorganisatorische Beziehungen* in den Mittelpunkt. Bei

---

[5] Ein Problem, das hier jedoch nicht behandelt wird, ist die Erhebung der für die Modellierung benötigten Informationen.

dieser Art der Betrachtung wird nicht auf die Aktionen oder Kommunikationsverläufe einzelner Personen/Rollen, sondern lediglich auf die Relation zwischen diesen Personen/ Rollen fokusiert. Grundsätzlich kann unterschieden werden, ob bei der Darstellung der Relation die Zeit berücksichtigt werden soll oder nicht. Grafisch wird dieser Zusammenhang dadurch veranschaulicht, ob die Personen/Rollen, die in der Personen-/Rollensicht als graue Balken dargestellt sind und Aktions- und Kommunikationselemente beinhalten, lediglich als Knoten – im Falle einer statischen Betrachtung – oder als Linien – im Falle einer dynamischen Betrachtung – dargestellt werden (Abb. 5.9).

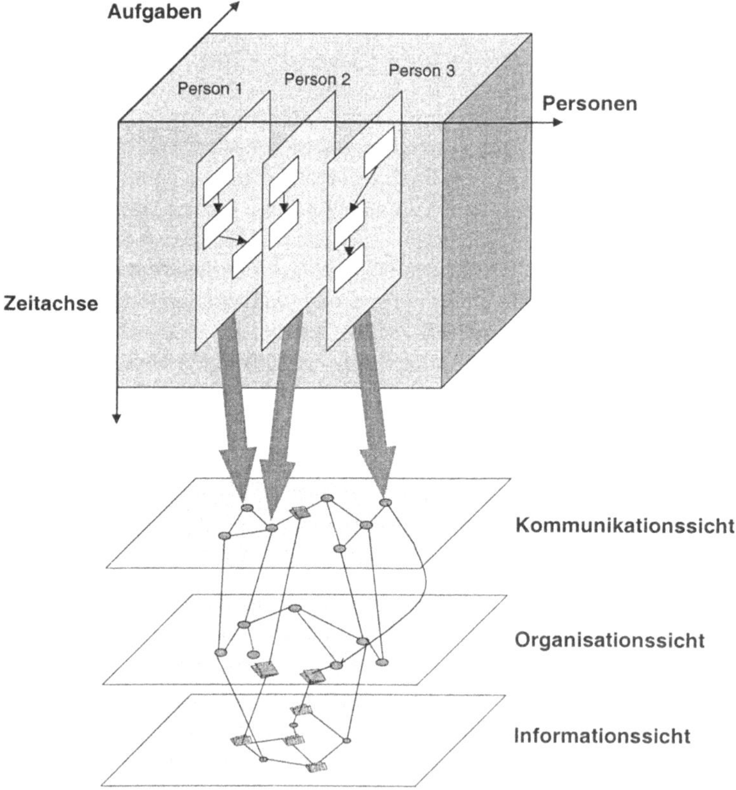

Abb. 5.9 : Übergeordneter Zusammenhang zwischen den Sichten

Falls es sich bei der Informations-, Kommunikations- und Organisationssicht um eine *statische Betrachtung* handelt, sind die einzelnen Sichten vergleichbar mit horizontalen Schnitten durch den Würfel. Eine Sicht stellt dann entweder einen Zeitpunkt dar, oder es werden mehrere Schnitte über einen bestimmten Zeitraum kumuliert, für die dann der ermittelte Durchschnittswert dargestellt wird. Wenn bspw. Analysen über einen längeren Zeitraum durchgeführt werden, können deren Ergebnisse in der gleichen Diagrammstruktur wie ein zeitlicher Schnitt dargestellt werden, indem auf empirisch ermittelte Durchschnittswerte bzw. auf kumulierte Werte zurückgegriffen wird. Im Falle einer *dynamischen Betrachtung* werden die Relationen zwischen den Personen/Rollen als Funktion über die Zeit dargestellt (vgl. Informationssicht Kap. 4.4).

Aus der Organisations-, Kommunikations- und Informationssicht können die jeweils anderen Sichten nicht ohne Zusatzinformationen erzeugt werden, weil durch die Zeitpunktbetrachtung bzw. durch die kumulierte Betrachtung für deren Erzeugung wesentliche Informationen verloren gehen.

5.2.4 Analysekonzept und Vorgehensweise

Um eine möglichst große Planungsflexibilität zu erreichen, wird ein *evolutionärer, iterativer Ansatz* verfolgt, bei dem die Analyse, die Ermittlung von Gestaltungsempfehlungen und die Validierung zyklisch wiederholt und Schritt für Schritt verfeinert werden. Mit der Durchführung des Ansatzes wird an zwei Stellen begonnen: Erstens bei der Entwicklung eines Analysekonzeptes, was einem "top down"-Vorgehen entspricht, zweitens, als "bottom up"-Ansatz, bei der Ermittlung von Gestaltungsempfehlungen, die zunächst individuellen Gestaltungswünschen entsprechen (Abb. 5.10). Auf diese Weise können noch vor der analytischen Generierung von Gestaltungsempfehlungen individuelle Gestaltungswünsche erhoben werden, die zum einen in Prototypen umgesetzt und als erste Ergebnisse in einer frühen Projektphase im Feld eingesetzt werden können, zum anderen dienen sie dazu, das für die Analysen verwendete Modell sukzessive zu erweitern, indem die Gestaltungswünsche anstelle der antizipierten Analyseergebnisse zur strategischen Ausrichtung der Systementwicklung herangezogen werden.

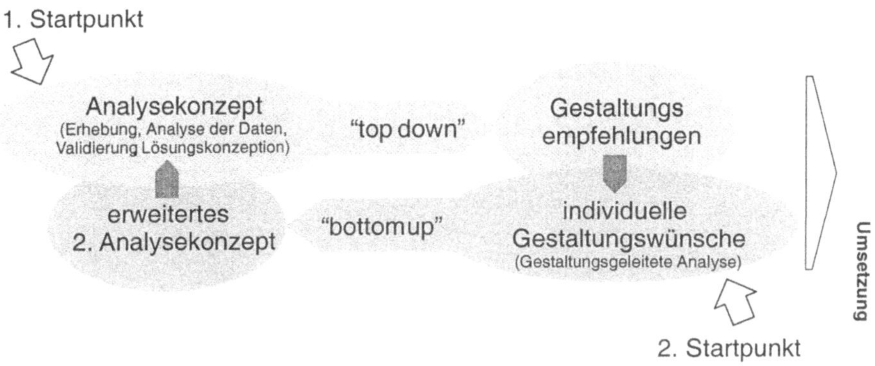

Abb. 5.10 : Analysekonzept

Die durchzuführende empirische Analyse wird auf der Basis eines *Szenarios* mit am verfahrenstechnischen Prozeß Beteiligten im Feld durchgeführt (quasi-experimentelle Analyse). Dabei wird mit verschiedenen Beobachtungs- und Befragungstechniken gearbeitet (z.B. Strukturierte Interviews, teilnehmende Beobachtung, szenariobasierte Analysen, Struktur-Lege-Technik[6] [14], etc.). Mit den Ergebnissen der Analysen wird das oben beschriebene Modell kontinuierlich mit Informationen gefüllt, um iterativ die für die Zielerreichung benötigten Detaillierungsstufen zu erreichen.

Für die empirischen Analysen vor Ort ist es wichtig, ein Einvernehmen zwischen Interviewern und Interviewten zu schaffen, mit welchem Fokus die Analysen durchgeführt werden sollen (Abb. 5.11). Zum einen ist mit dem zeitlichen *Fokus* zu bestimmen, ob es sich um die Erhebung eines konkreten bereits vergangenen Projektes handelt, oder ob ein Soll-Ablauf für zukünftig zu bearbeitende Projekte entwickelt werden soll. Weiterhin sollte im Vorfeld geklärt sein, für welchen Personenkreis die erhobenen Informationen Gültigkeit haben. Bei der Befragung einer Person bleibt die Gültigkeit der erhobenen Daten, falls sie nicht bewußt verallgemeinert werden, auf diese eine Person beschränkt. Bei der Befragung mehrerer Personen ist es erforderlich, die Vereinigungsmenge der abgefragten Informationen aufzuschreiben, was einer generalisierten Betrachtung entspricht. Diese Unterscheidungen sind wichtig, damit die erhobenen Informationen eindeutig in das Modell eingefügt und vergleichbar gemacht werden können.

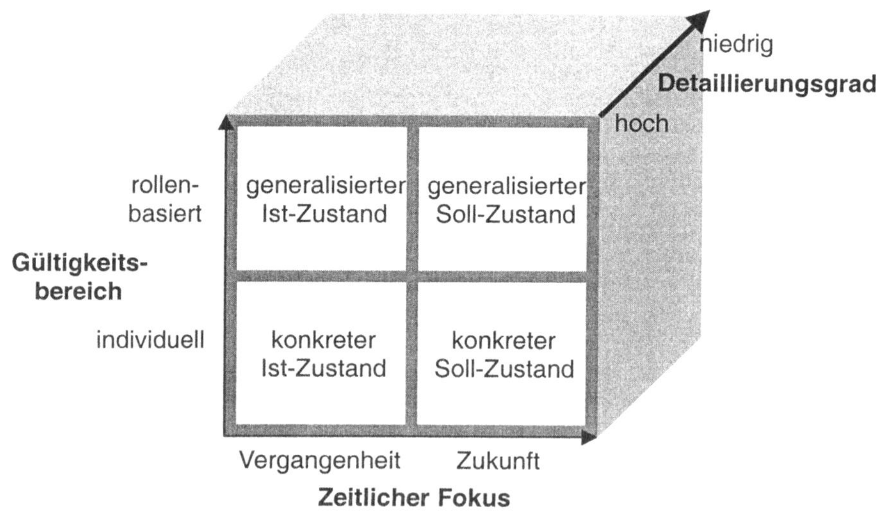

Abb. 5.11 : Fokus der empirischen Untersuchungen

5.2.5 Zusammenarbeit mit anderen Projektbereichen

Mit der hier vorgestellten Analyse wird das Ziel verfolgt, zum einen die Entwicklung von informatischen Werkzeugen zu unterstützen, zum anderen anhand von Analysen, die im industriellen Umfeld mit der vorgestellten Analysemethode durchgeführt werden, si-

---

[6] Die Struktur-Lege-Technik ermöglicht die Erhebung der individuellen Aufgabenabläufe. Sie orientiert sich an konkreten, direkt nachvollziehbaren Ereignissen, indem unter Einbindung der Darstellungselemente (Aktion, Kommunikation) *online* mit bzw. durch die Beteiligten eine pfadanalytische Struktur des zu erhebenden Prozesses herausgearbeitet wird.

cherzustellen, daß das zu entwickelnde Werkzeug den Anwenderanforderungen gerecht wird. Das entwickelte und hier vorgestellte Analysekonzept bildet den theoretischen Rahmen für die empirischen Untersuchungen und gewährleistet damit deren Übertragung in die verfahrenstechnischen und informatischen Teilprojekte als Katalog von Anforderungen. Die Ergebnisse der Analysen werden sowohl aus verfahrenstechnischer als auch aus informatischer Sicht als Anforderungen an verfahrenstechnische Entwicklungsprozesse unterstützende Methoden und Werkzeuge aufbereitet und allen Teilprojekten zur Verfügung gestellt. Dazu ist insbesondere mit auf verfahrenstechnischer und werkzeugorientierter Ebene arbeitenden Projektbereichen eine enge Kooperation notwendig, um die Umsetzung arbeitsorientierter Anforderungen in entsprechenden Entwicklungen sicherzustellen.

Literatur

[1] Barker, R.: CASE*Method – Entity Relationship Modelling, Addison-Wesley, Wokingham, 1989

[2] Blass, E.: Entwicklung verfahrenstechnischer Prozesse, 2. Auflage, Springer-Verlag, Berlin, Heidelberg, New York, 1997

[3] Booch, G., Jacobsen, I., Rumbaugh, J.: Unified Modeling Language User Guide, Addison-Wesley, Wokingham, 1998

[4] Card, S.K., Moran, T.P., Newell, A.: The Psychology of Human-Computer Interaction, Lawrence Erlbaum Assoc., Hillsdale, 1983

[5] Depolt, J., Killich, S., Stahl, J., Reinberger, M.: Analyse von Kommunikations- und Kooperationsprozesen zur Ableitung von Anforderungen an unterstützende Informations- und Kommunikationssysteme, 44. Arbeitswissenschaftlicher Kongress: Kommunikation und Kooperation, Bremen, 1998

[6] Dörner, D.: Problemlösen als Informationsverarbeitung, 3. Auflage, Kohlhammer, Stuttgart, 1987

[7] Donders, F.C.: On the speed of mental processes, Acta Psycologica, 30, 1968

[8] Dunckel, H., Volpert, W., Zölch, M., Kreutner, U., Pleiss, C., Hennes K.: Kontrastive Aufgabenanalyse im Büro - Der KABA-Leitfaden, Teubner Verlag, Stuttgart, 1993

[9] Floyd, C.: STEPS – A Methodical Approach to Participatory Design, Communication of the ACM, Vol. 36, No. 4, p. 83, 1993

[10] Fowler, M., Kendall, S.: UML Distilled – Applying the Standard Object Modelling Language Addison Wesley, Wokingham, 1997

[11] Frieling, E., Sonntag, K.: Arbeitspsychologie, Huber Verlag, Bern, Stuttgart, Toronto, 1987

[12] Gane, C., Sarson, T.: Structured Systems Analysis Tool and Technics Prince Hall Inc., Englewood Cliff, New Jersey, 1979

[13] Greif, S., Holling, H., Nicholson, N.: Theorien und Konzepte in Dies (Hrsg.): Arbeits- und Organisationspsychologie, Psychologische Verlags Union, München, 1989

[14] Groeben, N., Scheele, B.: Heidelberger Struktur-Legetechnik, Weinheim: Beltz, 1984

[15] Grudin, J.: Why Groupware Applications Fail: problems in design and evaluation. Office: Technology and People, 4:3, 1989

[16] Harel, D.: On Visual Formalisms Communications of the ACM, No 31, 1988

[17] Herrmann, T.: Grundsätze ergonomischer Gestaltung von Groupware, in: Hartmann, A., Herrmann, T., Rohde, M., Wulf, V.: Menschengerechte Groupware – Software-ergonomische Gestaltung und partizipative Umsetzung, Stuttgart, 1994

[18] Luczak, H., Springer, J., Herbst, D., Schlick, C.: Telecooperation for Locally Distributed Working Persons, in: Proceedings of the IEA World Conference 1995 / 3. Latin American Congress / 7. Brazilian Ergonomics Congress Conference, Rio de Janeiro, 1995

[19] Luczak, H.: Arbeitswissenschaft, 2. Auflage, Springer-Verlag, Berlin, Heidelberg, New York, 1998

[20] Luhmann, N.: Soziale Systeme. Grundriß einer allgemeinen Theorie, 6. Auflage, Frankfurt a. M. , 1996

[21] Moody, D., Shanks, G.: What Makes a Good Data Model? Evaluating the Quality of Entity Relationship Models in P. Loucopoulos (ed.): Entity Relationship Approach: Business Modelling and Re-Engineering, Springer-Verlag, Berlin, Heidelberg, New York, 1994

[22] Morris, C. W.: Zeichen, Sprache und Verhalten, Pädagogischer Verlag Schwann, Düsseldorf, 1973

[23] Nagl, M.: Softwaretechnik: Methodisches Programmieren im Großen, Springer-Verlag, Berlin, Heidelberg, 1990

[24] Oberquelle, H.: Sprachkonzepte für benutzergerechte Systeme, Springer-Verlag, Berlin, Heidelberg, New York, 1987

[25] Petri, C.A.: Interpretations of Net Theory Gesellschaft für Mathematik und Datenverarbeitung, Bonn, 1976

[26] Rasmussen, J.: The Role of Hierachical Knowledge Representation in Decisionmaking and System Management IEEE Transaction on Systems, Man and Cybernetics, Vol. SMC-3, No.3, 1985

[27] Rasmussen, J., Pejtersen, A., Goodstein, L.P.: Cognitive Systems Engineering, John Wiley, New York, 1994

[28] Reichwald, R., Möslein, K., Sachenbacher, H., Englberger, H., Oldenburg, S.: Telekooperation - Verteilte Arbeits- und Organisationsformen, Springer-Verlag, Berlin, Heidelberg, New York, 1998

[29] Rosemann, M., Becker, J., Schütte, R.: Grundsätze ordnungsmäßiger Modellierung, Wirtschaftsinformatik 37, 1995

[30] Scheer, A.-W.: Wirtschaftsinformatik – Referenzmodelle für industrielle Geschäftsprozesse, Springer-Verlag, Berlin, Heidelberg, New York, 1996

[31] Sowa, J.F., Mylopoulos, J., Schmidt, J.W.: Conceptual Structures: Information Processes in Mind and Machine, Addison-Wesley, Reading, 1984

[32] Springer, J., Herbst, D., Schlick, C.: Telekooperation in der Automobilindustrie – Anforderungen an telekooperative CAD-Systeme, in: Sandkuhl, K., Weber, H. (Hrsg.): ISST-Berichte 31/96, Telekooperations-Systeme in dezentralen Organisationen, FhG-ISST, Berlin, 1996

[33] Staehle, W.H.: Management: Eine verhaltenswissenschaftliche Perspektive 7. Auflage, Vahlen Verlag, München, 1994

[34] Vliet, J.C. van:: Software Engineering: Principles and Practice , John Wiley & Sons, New York, 1993

[35] Watzlawick, P., Beavin, J.H., Jackson, D.D.: Menschliche Kommunikation: Formen, Störungen, Paradoxien, 9. Auflage, Huber, Bern, 1996

[36] Wickens, C.D.: Processing resources in attention in Parasuraman, R., Davies, D.R. (eds.): Varieties of attention, Academic Press, New York, 1984

[37] Ziegler, J.: Eine Vorgehensweise zum objektorientierten Entwurf grafisch interaktiver Informationssysteme Dissertation an der Fakultät für Konstruktions- und Fertigungstechnik der Universität Stuttgart, 1996

5.3 Software-Integration und Rahmenwerksentwicklung

P. Klein, M. Nagl
Lehrstuhl für Informatik III

Zusammenfassung

Als technisches Ergebnis dieses Teilprojekts entsteht eine *Standardarchitektur* des Rahmenwerks für einen *Verbund* a posteriori integrierter und für die Kooperation erweiterter Arbeitsumgebungen für die Verfahrenstechnik-Entwicklung. Diese Standardarchitektur wird in enger Zusammenarbeit mit allen SFB-Partnern erstellt. Die Architektur liegt auf der Ebene von Teilsystemen; die Ausgestaltung dieser Teilsysteme geschieht in den betreffenden Teilprojekten.

Das *Rahmenwerk* umfaßt Komponenten zur Einbindung vorhandener Werkzeuge, zum Anschluß der neuen Werkzeugfunktionen und deren verschränkter Nutzung sowie gemeinsame Standardbausteine für die Realisierung der neuen Werkzeuge und für die Integration aller Werkzeuge zu einem verteilten Gesamtverbund unter Nutzung der Ergebnisse der Abbildungsprojekte und einer ausgewählten Plattform. Die Koordination der Plattformauswahl, insbesondere aber die Entwicklung von Hilfsmitteln, Mechanismen sowie Methoden zu ihrer *einheitlichen Nutzung* sind somit ebenfalls Bestandteil des Teilprojekts.

Mit der Erkennung und Extraktion allgemeiner Softwarekomponenten zur Wiederverwendung werden bei der Rahmenwerksentwicklung auch Erkenntnisse zur mechanisierten Gewinnung der verbleibenden Komponenten wachsen. Dies führt im Verlauf des SFB zu einem Software-Entwicklungsprozeß mit *Produkt- und Prozeßwiederverwendung*. Das Rahmenwerk mit den integrierten Umgebungen, Komponenten etc. stellt das in Software "gegossene" Prozeß-/Produktmodell in seinem jeweiligen Ausbaustand dar. Die *Korrespondenz* zwischen *Modellen* und *Softwarekomponenten* ist Voraussetzung für eine allgemeingültige Gestaltung des Rahmenwerks. Eine Herausforderung stellt die *Veränderung* der "Umgebung" für dieses Softwareprojekt innerhalb des SFB dar. Dies betrifft die Evolution von Anforderungen, eingesetzten Werkzeugen bzw. Plattformen und der Rahmenwerksarchitektur im Verlauf des Projekts.

5.3.1 Einleitung

Wie in II.1 bereits skizziert, beschränkt sich das SFB-Vorhaben keineswegs auf das Zusammenschalten existierender Werkzeuge, wie dies viele Integrationsprojekte in diversen Anwendungsfeldern in den letzten 15 Jahren getan haben. Insoweit greifen auch die klassischen Integrationsdimensionen (vgl. etwa [68]) zu kurz. Integration muß durch *neue Funktionalität zur Integration* erst realisiert werden, das Zusammenschalten von Werkzeugen ist nur ein kleiner Schritt in diese Richtung. Die in II.3 vorgestellten Konzepte sind dieser neuen Integrationsfunktionalität gewidmet.

Der SFB ist insbesondere auch ein *größeres Softwareprojekt:* Existierende Werkzeuge werden für die Erweiterung angepaßt, neue Werkzeuge werden realisiert, oberhalb existierender Plattformen wird durch neue Software größere Adaptabilität erreicht, Plattformen werden verwendet. Dies geschieht in einer gemeinsamen Anstrengung verschiedener Teilprojekte mithilfe eines wiederverwendbaren Rahmenwerks.

Softwarearchitekturen spielen bei der Entwicklung des Rahmenwerks eine zentrale
Rolle. Eine Softwarearchitektur ist ein verdichtetes statisches Abbild eines Systems (Bauplan), das als struktureller Ausgangspunkt für Entwicklung, Fehlerbeseitigung, Erweiterung, Anpassung, Portierung und Wiederverwendung dient. Die zentrale Rolle ergibt sich
darüber hinaus wegen ihrer Bedeutung als Grundlage für Management, Kostenplanung,
Qualitätssicherung und Dokumentation. Übersichtsbilder wie der ”ECMA-Toaster” (vgl.
Abb. 5.12), die in der Literatur zuhauf gefunden werden, sind zu inhaltsarm, als daß sie für
die oben aufgeführten Zielsetzungen verwendbar wären.

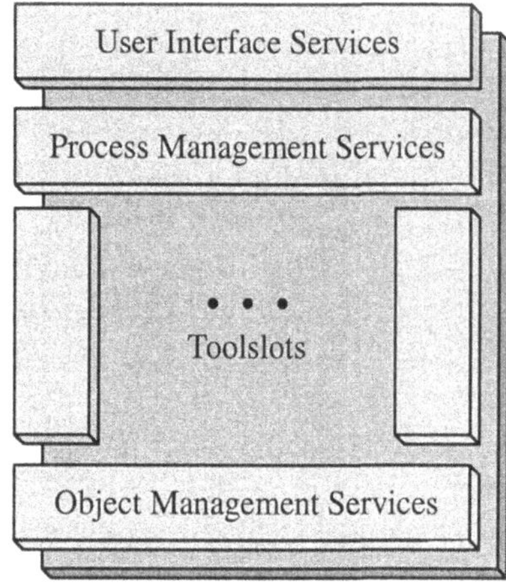

Abb. 5.12 : Ein Übersichtsbild als "Softwarearchitektur"

Die zentrale Stellung verlangt nach einem *adäquaten Verständnis* einer *Softwarearchitektur*:

1. Die Softwarearchitektur ist ein statischer Bauplan, der detailliert genug ist, alle Komponenten eines Softwaresystems wiederzugeben. Andererseits muß er grob genug sein,
   um als Übersicht zu dienen. Letzteres geschieht durch Weglassen der Realisierungsde-
   tails der Bausteine (der Bausteinrümpfe).

2. Die Softwarearchitektur stellt eine Realisierungssicht des Softwaresystems dar, allerdings auf Planungsniveau. Bei komplexeren Systemen, wie bei der hier zu erstellenden
   Gesamtumgebung, ist sie *hierarchisch* gegliedert in dem Sinne, daß sie Teilsysteme
   enthält, die bezüglich der Realisierung eigenständig sind und wiederum Teilsysteme
   enthalten können.

3. Zusätzliche Angaben, wie Mechanismen der Bindung zwischen Bausteinen, Vertei-
   lungsaspekte bzw. Semantikangaben für Bausteine und ihr Zusammenwirken, machen
   klar, daß Architekturen auf verschiedenen Niveaus der Ausgestaltung betrachtet werden können (s.u.).

4. Softwarearchitekturen haben als Realisierungsbauplan eine eigenständige Qualität
   (auch bei Softwaremodellierungsansätzen, die eine einheitliche Paradigmenwelt im
   gesamten Lebenszyklus verwenden, wie dies bei der Objektorientierung der Fall ist).

Eine Architektur ist insbesondere nicht aus der Anforderungsspezifikation automatisch ableitbar, sondern dies gilt höchstens für Teile von ihr.

Die *Standardarchitektur* für die *Gesamtumgebung* soll die Standardisierungsüberlegungen des Rahmenwerks für den Bau der Gesamtumgebung darstellen. Wir hoffen, diese so zu gestalten, daß sich möglichst viel Produkt-Wiederverwendung auf Bauplan- und Codeebene ergibt. Sie muß die Komponenten zur Anpassung der gegebenen Werkzeuge enthalten, so daß diese für die neue Funktionalität verwendbar sind, die neue Funktionalität und ihr Zusammenwirken, die Plattformen, auf die wir aufsetzen, sowie die Hilfsmittel zu deren Adaptabilität. Dies wird im folgenden erläutert. Dabei stellt die Standardarchitektur den Bauplan für das in Software gegossene Prozeß-/Produktmodell dar. Neben der Produktwiederverwendung wird längerfristig im SFB auch Prozeßwiederverwendung eine Rolle spielen, nämlich zur *Ableitung* der Softwareteile, die nicht allgemeingültig sind.

Offenheit und *Erweiterbarkeit* stehen zur angestrebten, möglichst *engen Integration* der bestehenden neuen Werkzeuge im *Widerstreit*. Offenheit/Erweiterbarkeit lassen sich leichter erzielen, wenn Integration nur Zusammenschalten bedeutet. Enge Integration verlangt Integrationsfunktionalität, die zu realisieren ist (s.o.) und die zudem immer auch spezifische Anteile enthält, die nicht allgemeingültig ein für allemal erstellt werden können.

Die *Plattform* ist in unserem Verständnis nicht das Rahmenwerk, sondern ein *wohldefinierter Teil* hiervon. Dabei wird die Plattform (z.B. CORBA) nicht genommen, wie sie ist, sondern es werden Softwareteile oberhalb der Plattform realisiert, so daß für Daten-, Rechen- und Kommunikationsdienste größere Unabhängigkeit von der zugrundeliegenden Hardware/Systemsoftware erzielt wird (vgl. II.4.1 und 2).

Ziel dieses Teilprojekts ist nicht die Softwareplanung für das gesamte Softwareprojekt des SFB und somit die Bauplanausgestaltung der Software aller Teilprojekte. Dies ist aus Kapazitätsgründen nicht möglich. Statt dessen soll die *Architekturplanung* mit den Teilprojekten auf *Teilsystemniveau* so weit ausgestaltet werden, daß die entstehenden Softwareteile der Teilprojekte später integrierbar sind. Dabei hoffen wir, die Gemeinsamkeiten zwischen den Teilprojekten herauszufinden, so daß nicht die gleiche Funktionalität mehrfach realisiert wird. Dies soll zu obiger Standardarchitektur führen.

In II.1 wurde bereits angedeutet, daß sich das *Rahmenwerk* im Verlauf des SFB *verändern* wird (Plattformen werden abstrakter und reicher, die Quantität aber auch die Qualität der zu integrierenden Werkzeuge ändert sich, die Quantität der Wiederverwendung innerhalb des Rahmenwerks nimmt zu, etc.). Insoweit stellt sich die oben skizzierte Planungs- und Koordinationstätigkeit für die Gesamtumgebung auf Teilsystemebene nicht nur einmal, sondern erscheint als *Daueraufgabe* während der gesamten Laufzeit des SFB.

5.3.2 Stand der Forschung

Eine saubere Ausgestaltung der Architektur eines Softwaresystems [74, 75] ist derzeit in der industriellen Entwicklung, aber zum Teil auch in der Forschung, eher die Ausnahme. Oft entstehen diese nur implizit bei der Realisierung, in manchen Bereichen wird versucht, aus der Anforderungsspezifikation direkt Code zu erzeugen. Über die reine Bauplangestaltung hinausgehende formale Modelle [1, 8, 15, 16, 32] sind wünschenswert und werden in Zukunft stärkere Bedeutung erlangen, sind aber noch weniger gängige Praxis als die Bauplangestaltung selbst.

In den letzten Jahren wurde eine Reihe von *Sprachen* zur *Beschreibung* von Softwarearchitekturen entwickelt, deren Konzepte aus modularen Programmiersprachen [2], algebraischen Spezifikationen [13, 26], objektorientierten Ansätzen [31, 56, 62] etc. stammen. Für die hier anstehende Verteilungs- [20, 33, 66] und Nebenläufigkeitsthematik [34, 57] sind allerdings nur rudimentäre Ansätze vorhanden. Darüber hinaus ist eine Vielzahl von *Methoden* zur *Entwicklung* von Softwaresystemen entstanden [9, 65], die für die Entwicklung konkreter Systeme jedoch wenig Handlungsanleitung bieten.

Es hat sich gezeigt [35, 37], daß die Entwicklung anwendungsunabhängiger Sprachen und Methoden für Softwarearchitekturen alleine nicht ausreicht. Das Studium *abgegrenzter* Anwendungs-, Struktur- und Projektklassen von *Softwaresystemen* (hier Anwendungsgebiet: Verfahrenstechnik, Strukturklasse: integrierte, verteilte Systeme, Projektart: Wiederverwendung existierender Werkzeuge und Neuentwicklung) ist unerläßlich, um zu relevanten Ergebnissen bezüglich ihrer Struktur und ihrer Realisierung zu kommen. Es haben zwar Projekte mit einer solchen Zielsetzung begonnen [76], deren Ergebnisse sind aber noch rudimentär und weisen insbesondere für das hier anstehende Aufgabenprofil keine Resultate auf.

Auch die übliche *Wiederverwendungsdiskussion* auf Produktebene [38, 51, 61, 64] greift zu kurz, da sie sich auf Bausteinformulierung, -klassifikation und -auffindung in Bibliotheken konzentriert.

Es müssen anwendungsspezifische, wiederverwendbare *Standardarchitekturen* entwickelt werden. Damit sind nicht Begriffe wie Broadcast-Message-Server-Architekturen [63], Client/Server-Architekturen [7], ereignisgesteuerte Architekturen [45] etc. gemeint. Diese Begriffe bezeichnen eher Architekturparadigmen oder -stile [31] als konkrete Baupläne für Softwaresysteme.

Auch eine grobe Einteilung sogenannter ''*Architekturen*'' in Benutzerschnittstelle, Datenbank, Werkzeuge und Kommunikationssystem, wie sie im ECMA-Referenzmodell [25] sowie anderen Referenzmodellen [67] auch für die Verfahrenstechnik [4, 55] vorgenommen wird, ist als konkreter Bauplan zu wenig detailliert und präzise (vgl. Abb. 5.12).

Es gibt deshalb aktuelle Ansätze, die sich *Entwurfsmustern* (Design Patterns) wiederverwendbarer Teilarchitekturen [17, 21, 29] widmen. Diese sind jedoch methodik- und mechanismenzentriert, meist auf die Objektorientierung beschränkt und nicht anwendungsspezifisch. Auch die sog. *Framework*-Ansätze [30, 50] sind anwendungsunspezifisch und beschränken sich auf Teile einer Gesamtarchitektur, z.B. UI-Gestaltung und -Realisierung [22]. *Plattformen* (z.B. [60]) betrachten nur die unterste Schicht eines Softwaresystems.

Die Ablösung der handcodierten Programmierung durch Mechanismen der *Generierung* aus bzw. *Interpretation* von *Spezifikationen* ist in vielen Bereichen, die durch eine starke Formalisierung ihrer Funktionalität gekennzeichnet sind, ein zentrales Hilfsmittel der Wiederverwendung. Da eine Formalisierung jedoch nur nach einer tiefen Durchdringung der konkreten Aufgabenstellung erfolgen kann, sind entsprechende Werkzeuge und Mechanismen bisher nur in geringem Umfang und für gut verstandene Komponenten bekannt, so etwa in den Bereichen Compilerbau [3], Benutzerschnittstellen [14] oder bestimmten Teilen von Softwareentwicklungs-Umgebungen [10].

Ein weithin ungelöstes Problem stellt sich schließlich in der Frage, wie Softwarearchitekturen gewartet und an sich *verändernde Anforderungen* und *Systemumgebungen angepaßt* werden können [18, 30, 58, 59]. Wenig hilfreich ist hier der sowohl im Bereich der strukturierten [19] wie auch der objektorientierten Softwareentwicklung [77] vorgeschlagene Ansatz des nahtlosen Übergangs zwischen den Entwicklungsphasen ("seamless engineering"), der durch schematisches Ableiten von Entwurfseinheiten aus Analyseelementen versucht, die Propagation von Änderungen der Anforderungsdefinition in die Architektur transparent zu gestalten. Allgemein läßt sich aus einer Betrachtung des Außenverhaltens eines Softwaresystems nicht auf seine komplexe interne Struktur schließen, sondern höchstens auf Bestandteile oberer Schichten. Für die Integration sich weiterentwickelnder Plattformen in das Rahmenwerk bietet dieses Paradigma keine Hilfe.

Schließlich gibt es bislang keine nennenswerten Ergebnisse in Bezug auf die Frage, wie die *feingranulare A-posteriori-Integration* von *fremderstellten Werkzeugen* auf der Architekturebene zu handhaben ist. Ein in der Praxis vielfach beschrittener Weg zielt darauf ab, über die Integration der Datenbestände der beteiligten Werkzeuge in einer gemeinsamen Datenbank zu einem integrierten System zu kommen. Die Datenintegration ist jedoch nur ein Aspekt, der sich nicht losgelöst von anderen Integrationsaspekten betrachten läßt. Schon der Entwurf eines Schemas für den integrierten Datenbestand erfordert eine genaue Vorstellung davon, wie sich das System dem Benutzer gegenüber verhalten soll, was seinerseits eine Klärung der UI- und Kontrollintegration erfordert. Insgesamt kann nur ein integriertes Prozeß-/Produktmodell eine Grundlage für eine integrierte Gesamtumgebung sein.

5.3.3 Eigene Vorarbeiten

Sprachen und *Methoden* der *Softwaretechnik*, insbesondere deren Handhabung in *Softwareprojekten* (speziell in Integrationsprojekten), sind seit langem ein zentrales Arbeitsgebiet des Antragstellers. Insbesondere die in den Projekten IPSEN [54], SUKITS [36] und PROGRES [69] gewonnenen Erfahrungen und geleisteten Vorarbeiten sind dabei einschlägig für das Teilprojekt.

Auf dem Gebiet der *Spezifikation* von *Softwarearchitekturen* wurde ein integrierender Ansatz verfolgt [48, 52], der die gesamte Paradigmenwelt (funktionale und Datenabstraktion, Typen und Objekte für Module, Lokalität, Schichtung, Objektorientierung, Teilsysteme, Generizität) einbezieht. Dies ist für die Restrukturierung bestehender Systeme unabdingbar. Wartbarkeit, Erweiterbarkeit und Wiederverwendbarkeit von Architekturen durch objektbasierte Modellierung sind dabei zentrale Anliegen. Allgemeingültige Architekturmuster und -transformationen wurden diskutiert [52].

Im Rahmen eines DFG-Projekts wurden *strukturbezogene*, interaktive, graphische *Werkzeuge* für die Eingabe, Modifikation und Analyse von *Softwarearchitekturen* untersucht und realisiert [48, 49] sowie Werkzeuge zum *Anschluß* an andere Arbeitsbereiche, nämlich Requirements Engineering, Programmierung und Dokumentation [48, 49, 46, 47, 78].

In einem weiteren Projekt im Rahmen der Eureka Software Factory (ESF) wurde *Rapid Prototyping* auf der Grundlage ausführbarer Anforderungsdefinitionen realisiert [43, 44]. Unser SFB-Ansatz ist evolutionär, jedoch nicht im Sinne der stetigen Weiterentwicklung von Prototypen bis zu einem fertigen Programmsystem (evolutionäres Prototyping). Statt dessen steht bei dem Übergang von einem Demonstrator zum nächsten im Zeitraum von drei Jahren im Vordergrund, daß sich die Anforderungen ändern, aber auch der zugehörige Software-Entwicklungsprozeß (Wiederverwendungsprozeß).

Zur *Wiederverwendung* von Bausteinen wurde ein Klassifikations-, Eingabe- und Retrievalsystem untersucht und implementiert, das auf facettierter Klassifikation beruht [11, 12]. Eine Erweiterung des Konzepts mit Integration der Werkzeuge in das WWW ist prototypisch realisiert [6]. Mit ihm sind derzeit Softwarekomponenten selektierbar. Neben der "strukturierten" Suche aufgrund der Klassifikation gibt es auch einen Anschluß zur "unstrukturierten" Suche über Suchmaschinen.

Des weiteren werden derzeit Forschungsarbeiten im Bereich der verteilten, integrierten Systeme durchgeführt [5]. Hier wird neben Softwareentwicklungs-Umgebungen auch der Anwendungsbereich der *betriebswirtschaftlichen Systeme* betrachtet. Hierbei steht die Client/Server-*Restrukturierung* von Großrechnerapplikationen durch einen Verbund von Sachbearbeiter-Arbeitsplätzen im Mittelpunkt, unter Betrachtung des Reengineering/Reverse Engineering von vorhandenen Systemen bis hin zur konkreten Verteilung des Systems unter Nutzung existierender Plattformen [23]. Dieser Bereich wird seit Beginn 1995 durch einen Modellversuch zu Forschung und Lehre gefördert (BMBW/MWF).

Auf der Plattformebene wurden darüber hinaus weitere Erfahrungen mit der Erstellung und Realisierung *verteilter Architekturen* bei der Entwicklung des graphbasierten Datenbanksystems für Softwaredokumente GRAS [39, 40] im Rahmen des ESF- und IPSEN-Projekts gesammelt.

Ein Fokus der Arbeiten des Lehrstuhls ist somit die Untersuchung bestimmter Anwendungs- und Strukturklassen von Softwaresystemen, deren Charakteristika sich auf Architekturebene ergeben. Am intensivsten wurde dabei der Bereich Softwareentwicklungs-Umgebungen [53] bearbeitet. Aufgrund langer Erfahrung in diesem Bereich ist, z.T. im Rahmen des IPSEN-Projekts [54], eine *Standardarchitektur* für eine eng *integrierte*, strukturbezogene *Softwareentwicklungs-Umgebung*, die dem *A-priori*-Ansatz folgt, entstanden [27, 41]. Es hat sich gezeigt, daß diese Standardarchitektur auch in anderen Bereichen anwendbar ist und allgemein als Muster für den Bau integrierter, strukturbezogener, interaktiver Entwicklungssysteme dienen kann.

Ferner liegen spezifische Erfahrungen aus der von der DFG geförderten SUKITS-Forschergruppe vor, in der die Architektur eines *Rahmenwerks* für die *A-posteriori-Integration* von *CIM-Anwendungssystemen* entwickelt wurde, das Unterstützung für die Versions-

und Konfigurationsverwaltung bietet ([36, 79] sowie Teil I dieses Buches). Ergebnisse dieses Projekts (Konfigurations- und Prozeßverwaltung, ggf. das dort entwickelte Work-flow-System, vgl. B4) können im hier vorliegenden Teilprojekt für die Projektorganisation des SFB eingesetzt werden.

Ebenfalls wurde die Thematik der Wiederverwendung in Prozessen der Software-Er-stellung untersucht, von der methodischen händischen Implementierung bis hin zur *Generierung* von Werkzeugen [42, 72, 80] auf der Grundlage formaler Spezifikationen [28, 69, 70, 71, 73] sowie die Integration generierter Werkzeuge in wiederverwendbare Rahmen-werke [54, 72].

Insgesamt wurde in den diversen Projekten des Lehrstuhls (IPSEN, SUKITS, PRO-GRES etc.) die *Modellierung* auf allen für diesen Antrag relevanten Ebenen (externe: Außenfunktionalität, interne: Datenstrukturen für Werkzeuge, Plattformebene: Daten-bankschnittstelle) betrachtet sowie auch deren Zusammenhang.

Das adt-Projekt [5, 24] schließlich ist in zweifacher Hinsicht für die SFB-Thematik relevant. Zum einen wird hier eine *Softwareentwicklungsumgebung* realisiert, die speziell für die Bereiche des Entwurfs und der Implementierung *verteilter, nebenläufiger Systeme* Unterstützung bietet. Zum zweiten werden hier Erfahrungen gesammelt bezüglich der *A-posteriori-Integration* von *Fremdwerkzeugen* insbesondere für den Bereich des Pro-grammierens-im-Kleinen (Editor, Compiler, Debugger usw.) in ein offenes Rahmenwerk. Die Integrationsproblematik ist hier allerdings insofern etwas entschärft, als daß die Daten-strukturen der beteiligten Werkzeuge im wesentlichen Quelltexte in einer gegebenen Pro-grammiersprache sind, deren Struktur bekannt ist und die dementsprechend leicht zu analysieren und zu modifizieren sind.

5.3.4 Ziele, Methoden und Ansatz

Die *Architektur* als verdichtetes Abbild des Softwaresystems (detaillierter Bauplan) legt Art und Aufgabe der einzelnen Bausteine sowie deren Zusammenspiel fest. Ihr kommt somit zum einen eine *technische* (Vorgabe) als auch eine zentrale *organisatorische* Rolle (Koordination) bei der Planung und Entwicklung des Gesamtverbunds zu. Zum anderen können die entscheidenden *Erkenntnisse* über ein spezielles Softwaresystem nur auf Architekturebene gewonnen, verbessert und wiederverwendet werden. Die Architektur des Rahmenwerks trägt damit zum *Stand* der *Technik* bei (1) bezüglich der Frage des Zusammenbaus lokaler Muster zu größeren Einheiten bis zum Gesamtsystem, (2) bezüg-lich der Präzisierung von Referenzmodellen und Frameworks und (3) bezüglich Verände-rung des Software-Entwicklungsprozesses durch Wiederverwendung.

Zielsetzung des Projekts ist die Entwicklung einer *offenen Rahmenwerksarchitektur* für den Gesamtverbund von Arbeitsumgebungen in Zusammenarbeit mit allen Projektpart-nern. Diese erhält ihre Struktur durch *Spezialisierung* auf

a) den Anwendungsbereich: Unterstützung der Entwicklung in der Verfahrenstechnik
b) eine Klasse von Softwaresystemen: interaktive, integrierte und verteilte Systeme

c) eine Projektart: Reengineering (Einbindung gegebener Umgebungen), Neuerstellung (neuartige Werkzeuge), Wiederverwendung (innerhalb des SFB aber auch von außen).

Im einzelnen betrifft die durch das Projekt handzuhabende *Koordination* des *Software-Entwicklungsprozesses* innerhalb des SFB die folgenden Themenkomplexe:

I. Architekturerstellung, Integration der Prototypen

Abb. 5.13 gibt nur eine grobe Skizze wieder, sie ist keine Architektur im obengenannten Sinne. Eine Architektur als *Bauplan* wird in diesem Teilprojekt erstellt und ihre weitere Verfeinerung *koordiniert*. Sie ist *nötig*, damit die getrennt in den verschiedenen Lehrstühlen entstehenden Bestandteile der Gesamtumgebung/des Rahmenwerks nachher als Software integriert werden können.

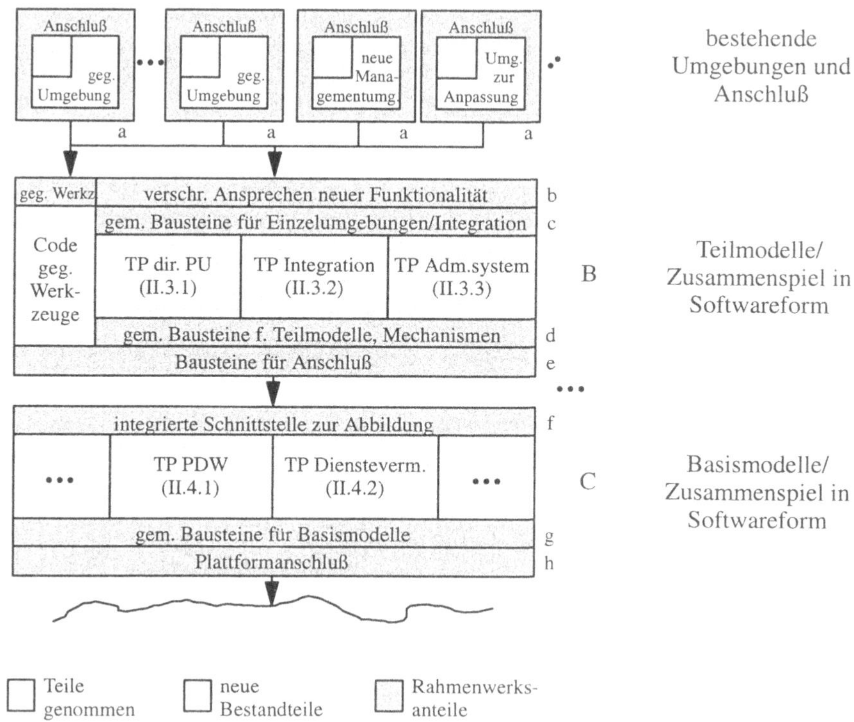

Abb. 5.13 : Gesamtumgebung und A-posteriori-Rahmenwerk
(grobe Architekturskizze)

So bestehen z.B. die *gemeinsamen Bausteine* (vgl. c von Abb. 5.13) für die neue Funktionalität aus verschiedenen Schichten eines Softwaresystems und vielen zugehörigen Details. Hier kann jedoch auf Vorarbeiten (vgl. [54]) zurückgegriffen werden. Eine Herausforderung stellt das Verschränken der neuen Werkzeuge (b) dar, das nicht nur die gegenseitige Aktivierbarkeit zur Folge hat, sondern bedeutet, daß die neuen Werkzeuge aufeinander abgestimmt realisiert werden müssen (B). Bezüglich der Gestaltung des Erweiterungsanschlusses (a) und bezüglich des Anschlusses alter Werkzeuge (linker Teil von b) kann z.T. auf Ergebnisse der DFG-Forschergruppe SUKITS [36] zurückgegriffen werden.

Ebenfalls neu ist die Aufgabe, durch die Nutzung der Ergebnisse der *Abbildungsprojekte* das Detailwissen über die zugrundeliegende Plattform und den heterogenen Hard-/ Softwareverbund bei der Werkzeugrealisierung überflüssig zu machen (vgl. II.4.1 und 2). Auf Architekturebene ist zusammen mit den zwei Teilprojekten eine Schicht (f) zu gestalten sowie die konkrete Anbindung (h) an eine ausgewählte Plattform zu erzielen.

Für das *Management* der *Entwicklung* des Rahmenwerks bzw. der Prototypen können die administrativen Arbeitsplätze des SUKITS-Projekts genutzt werden. Im Sinne eines Bootstrapping-Schritts werden so nicht nur Erfahrungen, sondern auch Ergebnisse der Forschergruppe im SFB-Vorhaben genutzt. Des weiteren können am Lehrstuhl entwickelte Sprachen, Methoden und Werkzeuge für Architekturen eingesetzt werden.

II. Plattformunabhängigkeit und Verteilung

Das *Verteilungsproblem* unter Nutzung einer Plattform ist für verteilte Systeme *verschieden* von dem einer integrierten Gesamtumgebung zur Unterstützung kooperativer Entwicklungsprozesse. Der Unterschied ist (i), daß aus Angaben der Nutzer sowie aus Angaben der Werkzeugbauer Restriktionen zur Verteilung abgeleitet werden können. Des weiteren bedingt (ii) die A-posteriori-Integrationsthematik die Heterogenität der zugrundeliegenden Hard-/Software und (iii) die Weitverteilung aufgrund übergreifender Kooperation erschwert die Lösung. Schließlich ist (iv) die Verteilungsthematik einer Gesamtumgebung anders zu bewerten als die eines Programms (z.B. für einen Simulator), da zwischen den zu verteilenden Sachverhalten Aktionen von Entwicklern stehen.

Zielsetzung ist deshalb eine Architektur (vgl. Teile e, f, h und C), die diese Verteilungsthematik allgemeingültig angeht. Ergebnisse liefern die beiden Teilprojekte (vgl. II.4.1 und 2), die für die automatische Verteilung der unterschiedlichen Dienste (Datenablage/-auffindung, Verteilung/Kommunikation) unter Berücksichtigung der obigen Restriktionen sorgen. Koordinationsseitig in diesem Teilprojekt steht die saubere *Gestaltung* obiger *Schichten* an.

Für die Lösung des automatischen Verteilungsproblems mit Restriktionen ist ein *Ansatz nützlich*, der für die Verteilung der Struktur der neuen Werkzeuge angewendet werden kann: Durch Annotationen gibt der Werkzeugbauer potentielle und aktuelle Schnittlinien, konkrete Bindungen (Prozedur-/Methodenaufruf, Event/Trigger-Mechanismus etc.) an. Solche Beschreibungen sowie Festlegungen der Benutzer stellen für die neuen Werkzeuge die Verteilungsrestriktionen dar, bestehende Werkzeuge können nur grobgranular verteilt werden. Für die Angabe solcher Verteilungsspezifikationen entsteht derzeit in anderen Projekten eine entsprechende Modellierungs-Umgebung [24].

III. Umsetzung Prozeß-/Produktmodell in Software

Wie bereits ausgeführt, besteht das umfassende *Prozeß-/Produktmodell* aus einer einheitlichen Beschreibung separater, interagierender Teilprozesse, die zu integrierende Teilprodukte erzeugen (vgl. II.1). In der ersten Antragsphase müssen die bisher in verschiedenen Lehrstühlen hierfür entstandenen Teilmodelle weiterentwickelt, vereinheitlicht und in Software umgesetzt werden, und die neuen Werkzeuge sind aufeinander abzustimmen.

Dies betrifft in der Architektur die mit B gekennzeichneten *Softwarebausteine*, die für die *Umsetzung* der *Teilmodelle* zuständig sind. Für eine automatische Verteilung und Abbildung sind Basismodelle zu entwickeln, aufeinander abzustimmen und in die C-Bausteine umzusetzen. In II.1 wurde skizziert, daß hierfür die Abbildung der einzelnen Modellierungsebenen untereinander gelöst werden muß, bevor Software entsteht. Somit stellt eine saubere architektonische Gestaltung von B und C bereits ein nichttriviales Problem dar. Hinzu kommt, daß unser Ansatz ein Wiederverwendungsansatz ist (vgl. V) und externe und interne Faktoren zu einer Bewegung führen (vgl. VI).

Auch hier können für die anstehenden Modellierungsprobleme auf obigen Ebenen, deren Abbildung sowie deren Umsetzung in eine Softwarearchitektur und Bausteine *Erfahrungen* aus eigenen Projekten eingebracht werden (vgl. [28, 54]). Die Aufgabe im SFB ist insoweit *schwieriger*, als diese Umsetzung bisher nur für feingranulare Produktunterstützung selbstentwickelter Werkzeuge in der Softwaretechnik bzw. für das Management gelöst wurde, hier aber die A-posteriori-Thematik in der Verfahrenstechnik ansteht. Ferner kommen hier weitere Konzepte hinzu (direkte Prozeßunterstützung, später multimediale Kommunikation).

IV. Handhabung von Prozeßinteraktion, Produktintegration

Für die in diesem SFB angesprochene *Prozeßinteraktion/Produktintegration* kommen verschiedene *Formen* in Frage: (i) Auf technischer, feingranularer Ebene sind es Ergebnisse/Probleme, die zur Abstimmungen führen (vgl. II.3.1 und 2), zwischen technischer und Managementebene ergeben sich (ii) andere, nämlich Arbeitskontext zur Verfügung zu stellen und Managementinformation aus technischer Information zu inferieren (vgl. II.3.2 und 3). Die Entwicklung von Vorgaben und deren sofortige Nutzung stellt (iii) wiederum eine andere Interaktionsform dar (II.3.1 und 3). Im Falle der übergreifenden Kooperation sind (iv) alle obigen Formen betroffen. In allen Fällen soll später auch (v) anwendungsbezogene, multimediale Kommunikation zur Unterstützung eingesetzt werden.

Diese Probleme betreffen wieder in erster Linie die architektonische *Ausgestaltung der B-Schicht* aus Abb. 5.13. Das Problem besteht darin, den Zusammenhang der dort getrennten Anteile herzustellen. Hier sind entsprechende flexible Interaktions-/Integrationsmechanismen zu entwickeln und über eine Architektur in entsprechende Bausteine umzusetzen. Hierbei eine formale Lösung zu erzielen, ist eine Kernaufgabe der Modellierungs-/Softwareumsetzungsthematik.

Auch hier kann auf begrenzte *Erfahrung* zurückgegriffen werden. Die entsprechenden Probleme (i) wurden (ohne direkte Prozeßunterstützung, multimediale Kommunikation) im A-priori-Kontext in einem anderen Anwendungsbereich gelöst (vgl. [54]). Ebenso wurde im SUKITS-Projekt die Problematik (ii) sowie (iii) für die Fertigungstechnik teilweise untersucht. Das *große Problem* stellt hier (iv) dar, da es eine Lösung aller anderen Probleme voraussetzt. Wissenschaftlich herausfordernd ist die Erzielung einer einheitlichen Interaktions-/Integrationslösung durch allgemeine Grundmechanismen und deren Spezialisierung sowie Umsetzung in Software.

V. Wiederverwendung, Standardisierung des Rahmenwerks

Produktwiederverwendung bei der Rahmenwerksentwicklung liegt bezüglich der zu verwendenden Plattform vor sowie, in der ersten Antragsphase zu erwarten, bezüglich der in Abb. 5.13 mit a, b und c bezeichneten Anteile. Die restlichen Anteile werden sich im Verlauf des SFB grundlegend ändern.

In der *ersten Antragsphase* wird die Schicht d nur rudimentär vorhanden sein, e wird eine händische, mechanische Umsetzung erfordern, f wird vorläufigen Charakter haben, da später automatische Abbildung unter Randbedingungen vorherrschen wird. Ebenso wird g kaum vorhanden sein, h nimmt starken Bezug auf den Stand der Plattformtechnik.

Sind die Probleme von II, III und IV gelöst, dann ist das Zusammenspiel der aus verschiedenen Gruppen stammenden Teilmodelle geklärt und vereinheitlicht, einheitliche Interaktions-/Integrationsmechanismen sind aufgefunden. Dabei werden gemeinsame Bausteine sowie Bausteine für generische Modelle/Metamodelle eingeführt. Ebenso ist dann die automatische Abbildungsthematik unter Randbedingungen gelöst. Dies führt zu einem Anwachsen der d-Schicht unter entsprechender Verkleinerung der B-Schicht, die e-Schicht wird sich auf die Zurverfügungstellung der Verteilungsspezifikation beschränken. Desgleichen sind gemeinsame Basismodelle in g gefunden unter Verminderung der C-Schicht. Entsprechend bringt die *Produktwiederverwendung* des *Rahmenwerks* einen wesentlich *größeren Nutzen*.

In späteren Phasen des SFB wird sich auch der *Softwareerstellungsprozeß* für die verbleibenden spezifischen Anteile der Gesamtumgebung verändern, nämlich der B- und der C-Schicht. Während anfangs händische Umsetzung vorherrschen wird, werden später Interpreterbausteine und Generatoren eingesetzt sowie Umgebungen, die zur Eingabe/Veränderung der Spezifikation der spezifischen Anteile dienen (Meta-Entwicklungsumgebung für den Gesamtverbund unter Nutzung des Rahmenwerks).

Erfahrungen in naturgemäß kleinerem Umfang konnten hierzu in [54, 71] gewonnen werden. Es wurde im Verlauf von 10 Jahren "händische" Erstellung von Software auf der Grundlage formaler Spezifikationen durch alle oben diskutierten Stadien zu einem Prozeß mit Produkt- und Prozeßwiederverwendung umgewandelt.

VI. Handhabung der Veränderung des Rahmenwerks

Die in II.1 und der Einleitung angesprochenen *Veränderungen* von Gesamtumgebung/ Rahmenwerk können nur mit architektonischer Begleitung des Software-Erstellungsprozesses des SFB angegangen werden.

Verhältnismäßig einfach zu lösen ist die Offenheit des Rahmenwerks zur Einbeziehung
weiterer bestehender Werkzeuge. Ebenso macht die Entwicklung der Werkzeuge in Richtung mehr Semantik unsere Integrationsprobleme eher einfacher (II.3.2), direkte Prozeßunterstützung wird dadurch auf eine höhere Ebene des Anwendernutzens gehoben (II.3.1).
Verbesserte UI-Gestaltung und bessere Abstimmung auf Anwenderprozesse sind eher
lokale Architekturaspekte.

Schließlich vermindern *zukünftige Plattformen* durch ihren erweiterten Funktionsvor-
rat und durch abstraktere Funktionalität das händische Lösen von Problemen bezüglich
Kommunikation, Dienstevermittlung, Prozeßinteraktion und Warehouse-Thematik.

Der *entscheidende Faktor* bezüglich Rahmenwerksveränderung ist somit die in V ange-
führte Veränderung im Verlauf des SFB und der sich dabei mit Prozeßwiederverwendung
ergebende, veränderte Software-Erstellungsprozeß.

5.3.5 Probleme, Schritte

Das Arbeitsprogramm für dieses Teilprojekt läßt sich im ersten Projektzeitraum in
folgende *Probleme* und *Arbeitsschritte* zerlegen, die jeweils eine enge Kooperation mit
allen Partnern im SFB erfordern. Die Arbeiten konzentrieren sich dabei auf die ersteren der
oben angesprochenen Themenkomplexe. Die Arbeitsschritte umfassen solche, die für die
Realisierung des ersten Prototyps erforderlich sind, sowie solche, die Vorbereitungen für
die zweite Antragsphase darstellen.

Zu I. Architekturerstellung, Integration der Prototypen:

1. Entwurf der *Gesamtarchitektur* der ersten Version des *Rahmenwerks* und Spezifikation
   der Schnittstellen zwischen den Komponenten auf Teilsystemebene in Zusammenarbeit mit allen Projektpartnern mit folgenden Detailarbeitspunkten:
   * Einheitlicher Entwurf der *Erweiterungsanschlüsse* a für die bestehenden bzw.
     neuen Werkzeuge unter Nutzung der Ergebnisse der Forschergruppe SUKITS,
   * Gestaltung der Architektur der *gemeinsamen Bausteine* für die neue Funktionalität
     c (Kommandozyklusabarbeitung, diverse Transformationsbausteine zur Abbil-
     dung interner logischer Sachverhalte in Repräsentationen/Präsentationen, UI-An-
     schluß, Verwaltung des Ausschnitts einer technischen Konfiguration etc.).
2. Architektur für den *Anschluß* b neuer Werkzeuge unter Beachtung von deren *verschränkter* und gegenseitiger Nutzung bzw. für gegebene Werkzeuge.
3. *Abgleich* der Umsetzung der bisherigen *Teilmodelle* in Software (B), so daß die verschränkte Nutzung der Werkzeuge überhaupt entsteht (erste Vereinheitlichung der
   gemeinsamen Realisierung bisher vertikaler Auschnitte aus Abb. 5.13).
4. Spezifikation der integrierten *Schnittstelle* f zur Verwendung der Arbeitsergebnisse der
   C-Projekte sowie des *Anschlusses* e für deren Nutzung beim Bau neuer und der Einbindung bestehender Werkzeuge.
5. *Koordination* der Softwareintegration der in den Teilprojekten entstehenden Bestandteile des Rahmenwerks/der Gesamtumgebung.

Zu II. Plattformunabhängigkeit und Verteilung:

6. Koordination der *Auswahl* geeigneter *Plattformen*: Die Entscheidung ist bereits für die CORBA-Plattform Orbix gefallen. Allerdings ergibt sich evtl. die Notwendigkeit, OLE/DCOM als Anschluß zur PC-Welt über Bridges zu realisieren.

7. Für die Annotation von Architekturen mit Verteilungs- und Bindungsspezifikationen werden derzeit Werkzeuge und Hilfsmittel in anderen Projekten entwickelt [5, 24]. Es wird geklärt, wieweit diese *Spezifikationen* von den Abbildungsprojekten *umgesetzt* werden können. Erfahrung aus der Verteilung restrukturierter betriebswirtschaftlicher Anwendungen wird hierbei eingebracht.

Zu III. Umsetzung Prozeß-/Produktmodell in Software:

8. Bisher gibt es in den einzelnen Gruppen verschiedene *Ansätze* zur Gestaltung interner Modelle, der Erzeugung der jeweiligen externen Modelle und der Abbildung auf Plattformen. Es liegen entsprechende Entwicklungsprozeß-Erfahrungen vor und in einigen Teilprojekten zugehörige Maschinerien (II.3.1, 2 und 3). Vertikale Ausschnitte aus der Architektur von Abb. 5.13 sind somit vorgegeben. Diese sind soweit zu *vereinheitlichen*, daß der obige Schritt (5) gelingt. Ein Abgleich der Maschinerien ist kurzfristig nicht möglich.

9. Als Schritt für die zweite Antragsphase wird untersucht, inwieweit sich eine *gemeinsame Modellierung* für die verschiedenartigen Teilprozesse/Teilprodukte finden läßt und wie sich die *Abbildung* auf die Architektur der B-Schicht gestaltet. Ein entsprechender Vorschlag wird im ersten Antragszeitraum erarbeitet.

Zu IV. Handhabung von Prozeßinteraktion, Produktintegration:

10. Für die oben beschriebenen verschiedenen Interaktions-/Integrationsformen müssen einheitliche *Mechanismen* entwickelt werden. In einem ersten Schritt für die zweite Antragsphase wird untersucht, ob sich diese Formen aus allgemeinen Modellen durch entsprechende Spezialisierung gewinnen lassen. Die gemeinsame Umsetzung in Software wird architekturmäßig vorgeklärt. Dies schlägt sich in einer *neuen Gestaltung* der B-Schicht nieder. Teilergebnisse hierzu müssen aus den B-Projekten vorliegen.

Zu V. Wiederverwendung, Standardisierung des Rahmenwerks:

11. *Abklärung* der a-, b-, c-Schicht des existierenden Rahmenwerks in Bezug darauf, ob deren Struktur für den Fortsetzungszeitraum *Bestand* hat.

12. Bezüglich weitergehender Produktwiederverwendung wurden die ersten Schritte bereits unter (7), (9), (10) aufgeführt. Eine *Rohform* der *Architektur* des Rahmenwerks für den zweiten Antragszeitraum wird erarbeitet, die die Realisierungserfahrung des ersten Prototyps einbringt.

Zu VI. Handhabung der Veränderung des Rahmenwerks:

13. Vorklärung der Probleme der *Einbeziehung* weiterer Werkzeuge, insbesondere Werkzeuge mit mehr Semantik, und deren Auswirkung auf die bisherige Gestaltung des Rah-

menwerks. Dabei werden sich aller Erfahrung nach Fehler der bisherigen Rahmenwerksgestaltung zeigen.

14. Vorklärung der Rahmenwerksveränderung aufgrund der 2000 zur Verfügung stehenden Form *aktueller* Plattformansätze.

5.3.6 Zusammenarbeit im Gesamtprojekt

Die Spezifikation der *Rahmenwerksarchitektur* sowie die Integration der Komponenten in das Rahmenwerk kann nur in enger Zusammenarbeit mit *allen* Teilprojekten erfolgen, die die entsprechenden Software-Ergebnisse liefern. Dies betrifft zum einen die Abbildungsschicht und einen einheitlichen Umgang mit dieser Schicht. Ferner ist eine Einheitlichkeit bei der Gestaltung der neuen B-Werkzeuge zu gewährleisten. Die konkrete Anpassung und Integrationsvorbereitung existierender Werkzeuge ist nur in enger Wechselwirkung mit den entsprechenden Anwendungsprojekten möglich (vgl. II.2 und II.5.1 und 2).

Ebenfalls muß, unter Einbeziehung aller an der Erstellung des Rahmenwerks beteiligten Projektpartner, eine einheitliche Modellierung des umfassenden Prozeß-/Produktmodells über die Ebenen der Projektbereiche (extern, interne B-Modelle, Plattformmodelle C) erfolgen. Die Gesamtarchitektur ist eine Umsetzung dieses Modells in entsprechende Softwarekomponenten. Damit ergibt sich eine Zusammenarbeit mit allen Teilprojekten dieses *Querschnittsthemas* (vgl. II.1). Durch Extraktion von Gemeinsamkeiten zwischen diesen Modellen/Komponenten entstehen entsprechende Bestandteile der zweiten Version des Rahmenwerks.

Ferner ergibt sich eine enge Zusammenarbeit mit dem verfahrenstechnischen Integrationsprojekt (vgl. II.5.1), das aus den verfahrenstechnischen Entwurfsprozessen heraus die Anforderungen an die Werkzeugfunktionalitäten ableitet und die prototypischen Werkzeuge validiert. Arbeitswissenschaftliche Anforderungen werden eingebracht, arbeitswissenschaftliche Ergebnisse beeinflussen die Rahmenwerksgestaltung und die Evaluierung der Gesamtumgebung (II.5.2). Dies alles hat maßgebliche Auswirkungen auf die Szenariogestaltung und damit auf die Realisierungsaktivitäten.

Literatur

[1]   Abowd, G.D., Allen, R., Garlan, D.: Formalizing Style to Understand Descriptions of Software Architecture, ACM Transactions on Software Engineering and Methodology, vol. 4-4, S. 319–364, Oktober 1995

[2]   Ada 95 Reference Manual, ISO/OSI/ANSI 8652:1995, 1995

[3]   Aho, A., Sethi, R., Ullman, J.: Compilers – Principles, Techniques, and Tools, Addison Wesley, 1986

[4]   Barker, H., Chen, M., Grant, P., Jobling, C., Townsend, P.: Open Architecture for Computer Aided Control Engineering, IEEE Control Systems, S. 17–27, Juni 1990

[5]   Baumann, R., Cremer, K., Klein, P., Radermacher, A.: Distribution Aspects of Integrated Systems, in [54], S. 556–591

[6]   Behle, A.: Ein dynamisches, benutzerabhängiges Informationssystem im World Wide Web, in: Jeusfeld, M. (ed.): Proc. EMISA-Fachgruppentreffen 1996, http://SunSITE.Informatik.RWTH Aachen.DE/Publications/CEUR-WS/Vol-5, 1996

[7]   Berson, A.: Client/Server Architecture, McGraw-Hill, New York, 1992

[8]   Björner, D., Broy, M., Pottosin, I.V. (eds.): Formal Methods in Programming and their Application, LNCS 735, Springer-Verlag, 1993

[9]   Booch, G.: Object-Oriented Analysis and Design With Applications, Benjamin/Cummings, Redwood City, 1994

[10] Borras, P., Clement, D., Despeyroux, T., Incerpi, J., Kahn, G., Lang, B., Pascual, V.: Centaur: The System, in Henderson, P. (ed.): ACM Software Engineering Notes, vol. 13-5, S. 14–24, ACM Press, 1988

[11] Börstler, J.: FOCS: A Classification System for Software Reuse, Proc. 11th Pacific Northwest Quality Conference, Portland, Oregon, 1993

[12] Börstler, J.: IPSEN: An Integrated Environment to Support Development for and with Reuse, in: Schäfer, W. et al. (eds.): Software Reusability, S. 134–140, Ellis Horwood, 1994

[13] Breu, R.: Algebraic Specification Techniques in Object-Oriented Programming Environments, LNCS 562, Springer-Verlag, 1991

[14] Brown, M., Meehan, J.: The FormsVBT Reference Manual, Systems Research Center, Digital Equipment Corporation, Palo Alto, 1993

[15] Broy, M. (ed.): Program Design Calculi, Springer NATO ASI Series Computer and Systems Sciences, vol. 118, 1993

[16] Broy, M., Jähnichen, S.: Das BMFT-Verbundprojekt Korrekte Software (Korso), Informatik in Forschung und Entwicklung vol. 8, S. 152–165, 1993

[17] Buschmann, F., Menuier, R., Rohnert, H., Sommerlad, P., Stal, M.: Pattern-Oriented Software Architecture – A System of Patterns, John Wiley and Sons, 1996

[18] Casais, E.: Managing Class Evolution in Object-Oriented Systems, in [58] S. 201–244

[19] Constantine, L., Meyers, G., Stevens, W.: Structured Design, in: IBM Systems Journal, vol. 13-2, S. 115–139, 1974

[20] Cooling, J.: Software Design for Real-Time Systems, Chapman and Hall, London, 1991

[21] Coplien, J., Schmidt, D.: Pattern Languages of Program Design, Addison Wesley, 1995

[22] Coutaz, J.: PAC-Based Software Architecture Modelling for Interactive Systems, in: GI Softwaretechnik-Trends, vol. 16-3, S. 4–11, September 1996

[23] Cremer, K., Klein, P., Nagl, M., Radermacher, A.: Verteilung von Arbeitsumgebungen und Integration zu einem Verbund: Hilfe durch objektorientierte Strukturen und Dienste, in: Wahlster, W. (ed.): Online'96, Congress VI, C.610.01 – C.610.23, 1996

[24] Cremer, K., Klein, P., Nagl, M., Radermacher, A.: Prototypische Werkzeuge zur Restrukturierung und Verteilung von Arbeitsumgebungen, in: Jähnichen, S. (ed.): Online'98, Congress VI, C.630.01 – C.630.26, 1998

[25] ECMA: A Reference Model for Frameworks of Computer Assisted Software Engineering Environments, Tech. Report TR/55, European Computer Manufacturers Association, 1991

[26] Ehrig, H., Mahr, B.: Fundamentals of Algebraic Specification 1 – Equations and Initial Semantics, EATCS 6, Springer-Verlag (1985), Fundamentals of Algebraic Specification 2 – Module Specifications and Constraints, EATCS 21, Springer-Verlag, 1990

[27] Engels, G., Nagl, M., Schäfer, W.: On the Structure of Structure-Oriented Editors for Different Applications, in: Henderson, P. (ed.): Proc. 2nd ACM Symposium on Practical Software Development Environments, ACM SIGPLAN Notices, vol. 23-1, S. 190–198, 1987

[28] Engels, G., Lewerentz, C., Nagl, M., Schäfer, W., Schürr, A.: Experiences in Building Integrating Tools, Part I: Tool Specification, TOSEM vol. 1-2, S. 135–167, 1992

[29] Gamma, E., Helm, R., Johnson, R., Vlissides, J.: Design Patterns: Elements of Reusable Object-Oriented Software, Addison Wesley, Reading, MA, 1995

[30] Garlan, D., Paulisch, F., Tichy, W. (eds.): Software Architectures, Dagstuhl-Seminar-Report 106, 20.02.–24.02.95, 1995

[31] Garlan, D., Shaw, M.: An Introduction to Software Architecture, in: Ambriola, V., Tortora, G. (eds.): Advances in Software Engineering and Knowledge Engineering, World Scientific, Singapur, S. 1–39, 1993

[32] Gehani, N., McGettrick, A.D. (eds.): Software Specification Techniques, ICSS, Addison Wesley, 1986

[33] Gomaa, H.: Software Design Methods for Concurrent and Real-Time Systems, Addison Wesley, 1993

[34] Gomaa, H.: A Reuse-oriented Approach for Structuring and Configuring Distributed Applications, IEE/BCS Software Engineering Journal, vol. 3/93, März 1993

[35] Graham, M., Mettala, E. (eds.): The Domain-Specific Software Architecture Program, CMU/SEI-92-SR-9, Carnegie Mellon Software Engineering Institute, Juni 1992

[36] Große-Wienker, R., Hermanns, O., Menzenbach, D. et al.: Das SUKITS-Projekt: A-posteriori-Integration heterogener CIM-Anwendungssysteme, Technischer Bericht AIB 93-11, RWTH Aachen, 162 S., 1993

[37] Hayes-Roth, R.: Architecture-Based Acquisition and Development of Software Guidelines and Recommendations from the ARPA Domain-Specific Software Architecture (DSSA) Program, Technischer Bericht, Teknowledge Federal Systems, 1994

[38] Karlsson, E.-A., Sørumgård, S., Tryggeseth, E.: Classification of Object-Oriented Software for Reuse, Proc. TOOLS Europe '92, Dortmund, Prentice Hall, 1992

[39] Kiesel, N., Schürr, A., Westfechtel, B.: GRAS, a Graph-Oriented (Software) Engineering Database System, Information Systems, vol. 20-1, S. 21–51, Februar 1995

[40] Kiesel, N., Schürr, A., Westfechtel, B.: Functionality and Applications of a Graph-Oriented Database System, Proc. ICSE Workshop on Databases and Software Engineering 94, S. 64–68, 1995

[41] Klein, P.: The Framework Revisited: A More Detailed View on the IPSEN Architecture, in [54], S. 380–396

[42] Klein, P., Schürr, A., Zündorf, A.: Generating Single Document Processing Tools, in [54], S. 440–456

[43] Kohring, C.: Ausführung von Anforderungsdefinitionen zum Rapid Prototyping, Dissertation, RWTH Aachen, Shaker Verlag, 1996

[44] Kohring, C., Lefering, M., Nagl, M.: A Requirements Engineering Environment within a Tightly-Integrated SDE, Requirements Engineering, vol. 1, S. 137–156, 1996

[45] Krasner, G., Pope, S.: A Cookbook for Using the Model-View-Controller User Interface Paradigm in Smalltalk-80, Journal of Object-Oriented Programming, vol. 1-3, S. 26–49, 1988

[46] Lefering, M.: Tools to Support Life Cycle Integration, Proc. 7th Softw. Eng. Env. Conf., S. 2–16, IEEE Comp. Soc. Press, 1993

[47] Lefering, M.: An Incremental Integration Tool between Requirements Engineering and Programming in the Large, Proc. 1st Int. Symp. on Req. Eng., S. 82–80, IEEE Comp. Soc. Press, 1993

[48] Lewerentz, C.: Interaktives Entwerfen großer Programmsysteme: Konzepte und Werkzeuge, Informatik Fachberichte 194, Springer-Verlag, Berlin, 1988

[49] Lewerentz, C.: Extended Programming in the Large in a Software Development Environment, Proc. 3rd ACM SIGPLAN/SIGSOFT Symposium on Practical Software Development Environments, ACM SIGSOFT Software Engineering Notes, vol. 13-5, S. 173–182, 1988

[50] Lewis, T. (ed.): Object-Oriented Application Frameworks, Manning Publications Co., 1995

[51] Liao, H.-C., Wang, F.-J.: Software Reuse Based on a Large Object-Oriented Library, ACM Software Engineering Notes, vol. 18-1, S. 74–80, Januar 1993

[52] Nagl, M.: Softwaretechnik: Methodisches Programmieren im Großen, Springer-Verlag, 1990

[53] Nagl, M.: Software-Entwicklungsumgebungen: Einordnung und zukünftige Entwicklungslinien, Informatik Spektrum, vol. 16, S. 273–280, 1993

[54] Nagl, M. (ed.): Building Tightly Integrated Software Development Environments: The IPSEN Approach, LNCS, Berlin, 1996

[55] Marquardt, W.: Trends in Computer-Aided Process Modeling, Comput. Chem. Engg., vol. 20-6/7, S. 591–609, 1996

[56] Meyer, B.: Object-Oriented Software Construction, Prentice Hall, Englewood Cliffs, 1988

[57] Meyer, B.: Systematic Concurrent Object-Oriented Programming, Communications of the ACM, vol. 36-9, S. 56–80, 1993

[58] Nierstrasz, O., Tsichritzis, D. (eds.): Object-Oriented Software Composition, Prentice-Hall, 1995

[59] Nierstrasz, O., Dami, L.: Component-Oriented Software Technology, in [58], S. 3–28

[60] Object Management Group: The Common Object Request Broker: Architecture and Specification, OMG, 1991

[61] Ostertag, E., Hendler, J., Prieto-Diaz, R., Braun, C.: Computing Similarity in a Reuse Library System: An AI-Based Approach, ACM Transactions on Software Engineering and Methodology SEM-1(3), S. 205–228, Juli 1992

[62] Prieto-Diaz, R., Neighbors, J.: Module Interconnection Languages, Journal of Systems and Software, vol. 6, S. 307–334, 1986

[63] Reiss, S.: Interacting with the FIELD environment, Software – Practice and Experience, vol. 20-S1, S. 89–115, Juni 1990

[64] Riebisch, M.: Halbformale Beschreibung von Softwarekomponenten zum Zweck ihrer Wiederverwendung, Proc. TOOL '91, S. 387–398, Stuttgart, November 1991

[65] Rumbaugh, J., Blaha, M., Premerlani, W., Eddy, F., Lorensen, W.: Object-Oriented Modeling and Design, Prentice Hall, Englewood Cliffs, 1991

[66] Sanden, B.: Software Systems Construction with Examples in Ada, Prentice Hall, 1994

[67] Schäfer, W., Weber, H.: The ESF Profile, in Yeh (ed.): Handbook of Computer Aided Software Engineering, van Nostrand, New York, 1989

[68] Schefstroem, D., van den Broek, G.: Tool Integration, Wiley, 1993

[69] Schürr, A.: Operationale Spezifikation mit programmierten Graphersetzungen: Formale Definitionen, Anwendungen und Werkzeuge, Dissertation, Deutscher Universitäts Verlag, 1991

[70] Schürr, A.: PROGRES – A VHL-Language Based on Graph Grammars, in: Ehrig, H., Kreowski, H.J., Rozenberg, G. (eds.): Proc. 4th Int. Workshop on Graph Grammars and Their Application to Computer Science, LNCS, S. 641–659, 1991

[71] Schürr, A.: Logic Based Programmed Structure Rewriting Systems, in: Engels, G., Ehrig, H., Rozenberg, G. (eds.): Special Issue on Graph Transformation Systems, Fundamenta Informaticae 26 vol. 3/4, S. 363–385, 1996

[72] Schürr, A., Zündorf, A.: Specification of Logical Documents and Tools, in [54], S. 297–323

[73] Schürr, A., Winter, A. Zündorf, A.: Developing Tools with the PROGRES Environment, in [54], S. 356–396

[74] Shaw, M., Garlan, D.: Software Architecture – Perspectives on an Emerging Discipline, Prentice Hall, 1995

[75] Tichy, W.: Programming-in-the-Large: Past, Present, and Future, Proc. 14th International Conference on Software Engineering, IEEE Computer Society Press, S. 362–367, 1992

[76] Tracz, W., Angeline, P., Shafer, S., Coglianese, L.: Experience Using an Avionics Domain-Specific Software Architecture, Proc. NAECON'95, Dayton, Ohio, S. 646–653, Februar 1995

[77] Waldén, K., Nerson, J.-M.: Seamless Object-Oriented Software Architecture, Prentice Hall, 1995

[78] Westfechtel, B.: A Graph-Based Approach to the Construction of Tools for the Life Cycle Integration between Software Documents, Proc. CASE '92, S. 2–13, IEEE Comp. Soc. Press, 1992

[79] Westfechtel, B.: Integrated Product and Process Management for Engineering Design Applications, Integrated Computer-Aided Engineering vol. 3-1, John Wiley & Sons, New York S. 20–35, 1996

[80] Westfechtel, B.: Specification of the Management of Products, Processes, and Resources, in [54], S. 335–355